卓越工程师教育——焊接工程师系列教程

无损检测与焊接质量保证

第2版

郑振太　编著

机械工业出版社

本书是结合高等学校“卓越工程师教育”及现代焊接制造业对“焊接”专业、“材料成型及控制”专业毕业生的要求，使学生掌握无损检测与焊接质量保证的基础知识，具备从事焊接结构无损检测与质量保证工作的基本技术素养而编写的教材。

本书包括绪论和1~6章，绪论介绍了无损检测方法及其选择、材料成型工艺缺陷和无损检测人员技术资格鉴定与认证。1~6章着重介绍和分析了五种常规无损检测方法，即射线检测、超声检测、渗透检测、磁粉检测和涡流检测的物理基础、设备器材、检测工艺和结果评价，并对焊接质量保证体系和一些关键的体系要素进行了详细的分析和阐述。

本书可以作为焊接工程师和无损检测工程师的培训教材，也可以作为材料成型及控制工程本科专业及材料加工工程专业硕士研究生相关课程的参考教材，还可以供焊接生产企业相关质量管理人员参考。

图书在版编目（CIP）数据

无损检测与焊接质量保证/郑振太编著. —2版. —北京：机械工业出版社，2019. 2

卓越工程师教育. 焊接工程师系列教程

ISBN 978-7-111-62721-0

Ⅰ. ①无…　Ⅱ. ①郑…　Ⅲ. ①无损检验-教材②焊接-质量控制-教材　Ⅳ. ①TG115. 28②TG441. 7

中国版本图书馆CIP数据核字（2019）第087849号

机械工业出版社（北京市百万庄大街22号　邮政编码100037）
策划编辑：何月秋　责任编辑：何月秋　杨　璇
责任校对：郑　婕　封面设计：马精明
责任印制：孙　炜
天津翔远印刷有限公司印刷
2019年7月第2版第1次印刷
184mm×260mm · 24. 75印张 · 612千字
0001—2500册
标准书号：ISBN 978-7-111-62721-0
定价：69. 00元

电话服务
客服电话：010-88361066
　　　　　010-88379833
　　　　　010-68326294
封底无防伪标均为盗版

网络服务
机　工　官　网：www. cmpbook. com
机　工　官　博：weibo. com/cmp1952
金　书　网：www. golden-book. com
机工教育服务网：www. cmpedu. com

卓越工程师教育——焊接工程师系列教程
编委会名单

序

教育部“卓越工程师教育培养计划”是贯彻落实《国家中长期教育改革和发展规划纲要（2010—2020年）》和《国家中长期人才发展规划纲要（2010—2020年）》的重大改革项目，也是促进我国高等工程教育改革和创新，努力建设具有世界先进水平和中国特色的现代高等工程教育体系，走向工程教育强国的重大举措。该计划旨在培养和造就创新能力强、适应经济社会发展需要的高质量各类型工程技术人才，为实现中国梦服务。

焊接作为制造领域的重要技术在现代工程中的应用越来越广，质量要求越来越高。为适应时代的发展与工程建设的需要，焊接科学与工程技术人才的培养进入了“卓越工程师教育培养计划”，本套“卓越工程师教育——焊接工程师系列教程”的出版可谓是恰逢其时，一定会赢得众多的读者关注，使社会和企业受益。

“卓越工程师教育——焊接工程师系列教程”内容丰富、知识系统，凝结了作者们多年的焊接教学、科研及工程实践经验，必将在我国焊接卓越工程师人才培养、“焊接工程师”职业资格认证等方面发挥重要的作用，进而为我国现代焊接技术的发展做出重大的贡献。

单　平

编写说明

随着高等教育改革的发展，2010年教育部开始实施“卓越工程师教育培养计划”，其目的就是要“面向工业界、面向世界、面向未来”，培养造就创新能力强、适应现代经济社会发展需要的各类型高质量工程技术人才，为建设创新型国家、实现工业化和现代化奠定坚实的人力资源优势，增强我国的核心竞争力和综合国力。

我国高等院校本科“材料成型及控制工程”专业担负着为国家培养焊接、铸造、压力加工和热处理等领域工程技术人才的重任。结合国家经济建设和工程实际的需求，加强基础理论教学和注重培养解决工程实际问题的能力成为“卓越工程师教育计划”的重点。

在普通高等院校本科“材料成型及控制工程”专业现行的教学计划中，专业课学时占总学时数的比例在10%左右，教学内容则要涵盖铸造、焊接、压力加工和热处理等专业知识领域。受专业课教学学时所限，学生在校期间只能是初知焊接基本理论，毕业后为了适应现代企业对焊接工程师的岗位需求，还必须对焊接知识体系进行较系统的岗前自学或岗位培训，再经过焊接工程实践的锻炼与经验积累，才能成为“焊接卓越工程师”。显然，无论是焊接卓越工程师的人才培养，还是焊接工程师的自学与培训都需要有一套实用的焊接专业系列教材。“卓越工程师教育——焊接工程师系列教程”正是为适应高质量焊接工程技术人才的培养和需求而精心策划和编写的。

本系列教程是在机械工业出版社1993年出版的“继续工程教育焊接教材”系列与2007年出版的“焊接工程师系列教程”的基础上修订、完善与扩充的。新版“卓越工程师教育——焊接工程师系列教程”共11册，包括《焊接技术导论》《熔焊原理》《金属材料焊接》《焊接工艺理论与技术》《现代高效焊接技术》《焊接结构理论与制造》《焊接生产实践》《现代弧焊电源及其控制》《弧焊设备及选用》《焊接自动化技术及其应用》《无损检测与焊接质量保证》。

本系列教程的编写基于天津大学焊接专业多年的教学、科研与工程科技实践的积淀。教程取材力求少而精，突出实用性，内容紧密结合焊接工程实践，注重从理论与实践结合的角度阐明焊接基础理论与技术，并列举了较多的焊接工程实例。

本系列教程可作为普通高等院校“材料成型及控制工程”专业（焊接方向）本科生和研究生的参考教材；适用于企业焊接工程师的岗前自学与岗位培训；可作为注册焊接工程师认证考试的培训教材或参考书；还可供从事焊接技术工作的工程技术人员参考。

衷心希望本系列教程能使业内读者受益，成为高等院校相关专业师生和广大焊接工程技术人员的良师益友。若发现本套教程中存在瑕疵和谬误，恳请各界读者不吝赐教，予以斧正。

编委会

前　言

焊接产品和焊接结构，尤其是大型的、重要的产品和结构的焊接质量是非常关键的，在工业生产中往往采用无损检测技术对焊接质量予以检查、确认和评价。焊接是一种特殊的、复杂的、多因素的材料成型工艺，不仅需要从技术角度保证焊接质量，也非常需要以系统的观点从质量管理的角度对焊接质量予以保证。为了满足焊接和无损检测工程技术人员以及大学生的需要，特编写了本书。本书是“卓越工程师教育——焊接工程师系列教程”丛书之一。

本书介绍和分析了射线检测、超声检测、渗透检测、磁粉检测和涡流检测这五种常规无损检测技术的物理基础、设备器材、检测工艺和结果评价，以及焊接质量保证体系及其构成要素，并就一些关键要素进行了详细分析和阐述。

本书可以作为焊接工程师和无损检测工程师的培训教材，也可以作为材料成型及控制工程本科专业及材料加工工程专业硕士研究生相关课程的参考教材，还可以供焊接生产企业相关质量管理人员参考。

在本书的编写过程中，天津大学胡绳荪教授给予了很多的关心和指导，北京化工大学的杨剑锋教授、河北省锅炉压力容器监督检验院的付坤工程师、天津市天大北洋化工设备有限公司的杜剑锋工程师和王建岐工程师提供了许多宝贵的资料，王泽龙和雷云峰等研究生对本书的资料搜集和图表绘制做了许多辛苦的工作，对上述人员和文末参考文献所列书籍的作者及文中引用标准的机构和作者一并表示衷心的感谢！天津大学王立君教授在编写该书的过程中于工作岗位不幸逝世，作者愿以本书纪念王立君教授！

由于作者水平有限，书中可能存在不当甚至错误之处，敬请读者批评指正。

编著者

目 录

绪　论

在早期的生活、科研和工程实践中，需要对物件无损伤地检查出缺陷，如陶罐中的裂纹，逐渐形成了无损探伤（Non Destructive Inspecting，NDI）。随着科学技术的发展以及不断的工程实践，无损探伤逐渐发展成为理论基础系统、检测手段丰富的一个学科门类，即无损检测（Non Destructive Testing，NDT）。随着现代工程实践的进一步广泛、深入的发展，人们认识到无损检测难以满足全系列产品链的需求。不仅需要检测出缺陷，还需要技术服务的延伸，遂发展为无损评价（Non Destructive Evaluation，NDE），即在无损检测的基础上，结合断裂力学等科学理论，对产品的应用环境、参数及预期寿命等做出评价。虽然习惯上仍然称其为无损检测，但其内涵更加丰富。

目前，无损检测的科学研究和工程应用在更广阔的背景下得到发展。一方面，通过将现代科学研究成果应用于无损检测学科，使其理论基础更加坚实、检测手段更加丰富、检测工艺更加完善；另一方面，将无损检测技术在工程上的应用纳入到企业的质量管理体系中，将无损检测作为产品质量保证的重要一环来调整、统合和规范。这势必带来无损检测学科更深入、更广泛和更丰富的发展和变化，这一趋势正在逐渐地清晰显现。焊接质量往往必须采用无损检测技术来加以检测、验证和确定。焊接产品的生产，也宜将无损检测技术作为焊接产品质量保证体系的重要一环来对待而非仅仅是一项产品检验技术，使其在保证焊接质量方面发挥更重要、更系统和更可靠的作用。焊接质量保证与无损检测技术紧密相关。

0.1　无损检测方法及其选择

1. 无损检测定义及分类

无损检测是指以不损及将来使用和使用可靠性的方式，对材料或制件进行宏观缺陷检测，几何特性测量，化学成分、组织结构和力学性能变化的评定，并进而就材料或制件对特定应用的适用性进行评价的一门学科。侧重于工程应用的相似定义为，在不损坏检测对象的前提下，以物理方法或化学方法为手段，借助相应的设备及器材，按照规定的技术要求，对检测对象的内部及表面结构、性质或状态进行检查和测试，并对检测结果进行分析和评价。可见在工程应用中，无损检测的对象主要是原材料或制件（以下统称为工件），主要用于检测工件中的缺陷。

故障诊断是对具有一定功能性的机器的故障进行监测、定位，采用的检测技术手段与无损检测手段相同或相近。理化检验是指对对象的物理性能或化学性能的检验，往往是破坏性的，也不仅限于工件。焊接检验是保证焊接质量的检验技术的统称，包括破坏性和非破坏性的检验方法，如射线检测、力学性能测试等。上述概念，与无损检测概念比较相近，应注意区分。

无损检测方法很多，分类方法各异。不同的分类方法，均从不同的角度揭示出无损检测方法的某些本质和特点，如按照缺陷部位分为内部缺陷检测方法和表面及近表面缺陷检测方法，按照所借助的物理手段分为射线检测、声学检测、磁学检测、流体检测、电学检测、光学检测及热学检测。射线检测包括 X 射线检测、γ 射线检测、高能 X 射线检测、中子射线检测及射线计算机层析检测等。声学检测包括超声检测、声发射检测、声成像检测、声全息检测及声振检测等。磁学检测包括磁粉检测、漏磁场检测、磁声发射检测、核磁共振检测、磁记忆检测及磁吸收检测等。流体检测包括渗透检测、氨渗漏检验、煤油渗漏检验、氦检漏、载水试验及沉水试验等。电学检测包括涡流检测及带电粒子检测等。光学检测包括目视检测、红外检测、光全息术检测、激光检测及微波检测等。热学检测包括液晶检测、热光效应检测、热电效应检测及热敏检测等。

虽然这种分类方法使得繁多的无损检测方法有了清晰的归类，但实际上一些无损检测方法本质上是复合方法，并不单单依赖于某一种物理手段，因此不能简单地将其归类于某一种物理手段的检测方法。无论哪一种无损检测方法均是根据检测对象主动或被动地表现出来的、人类能够感知的物理性能或化学性能的变化来判断检测对象的。例如：声发射检测就是采用检测对象主动发出的声波来实现缺陷检测的；射线检测则是将射线射入到检测对象中并根据检测对象所被动表现出来的射线强度衰减的差异性来完成缺陷检测的。

在实际工程中得到最多应用的无损检测方法有射线检测（Radiographic Testing，RT）、超声检测（Ultrasonic Testing，UT）、渗透检测（Penetrate Testing，PT）、磁粉检测（Magnetic particle Testing，MT）和涡流检测（Eddy current Testing，ET），合称为五种常规无损检测方法，这也正是本书的主要内容。

2. 无损检测方法的选择

在实际工程应用中，往往从技术性和经济性来分析并选择适宜的无损检测方法。技术性角度主要考虑两方面：一是无损检测方法的技术优势及局限性；二是特定检测对象及其缺陷的特点。以 304L 奥氏体不锈钢焊缝内部结晶裂纹的检测为例，从经济性角度来看，宜选用检测成本较低的超声检测；从裂纹检测技术分析，射线检测或超声检测均可采用；但如果从无损检测方法的局限性考虑，则由于 304L 奥氏体不锈钢焊缝晶粒比较粗大，超声检测时回波噪声很大，因此不宜采用超声检测方法。综合考虑经济性和技术性，在检测 304L 奥氏体不锈钢焊缝内部结晶裂纹时，选用射线检测方法比较适宜。

无损检测方法很多，但每种方法都有其技术优势和局限性。当我们试图在众多无损检测方法中选择一种或几种适宜于某具体的检测工程时，首先应考虑以下技术因素并综合分析：①工件的几何因素，如超声检测很难检测尺寸极小的工件；②工件的材料特点，如磁粉检测只能用于铁磁性材料的检测；③工件的材料加工工艺，如铸件较难采用超声检测；④工件缺陷的特点，如相比于射线检测，超声检测更易发现裂纹类缺陷，涡流检测不能检测内部缺陷，缺陷尺寸太小则应考虑检测方法的灵敏度；⑤工件表面条件，如表面粗糙度过大则不宜采用超声检测；⑥检测区域的可达性，如细小狭长部位的射线检测，相比于 X 射线检测，γ 射线检测更适合；⑦检测方法的技术优势及其局限性，如因超声探头压电晶片的居里温度问题而不宜采用超声检测方法来检测高温工件。

五种常规无损检测方法主要的技术特点是：渗透检测仅能检测工件表面的开口缺陷，但几乎没有材料种类方面的限制；磁粉检测只能检测铁磁性材料表面开口缺陷和近表面缺陷，但灵敏度极高，是铁磁性材料检测应该优先选用的方法；涡流检测只能检测导电材料的表面开口缺陷和近表面缺陷，但因非接触而对表面状态要求较低；射线检测和超声检测几乎可以检测任何材料中任何位置的缺陷，但是超声检测对于表面开口缺陷或近表面缺陷的检测能力低于磁粉检测、渗透检测或涡流检测，而射线检测结果直观且客观，但对人和环境有害。下面对五种常规无损检测方法的能力范围和局限性进行分析，以便在选择具体的无损检测方法时参考。

（1）射线检测的能力范围和局限性

1）能力范围

① 能检测出焊接接头中的裂纹、未焊透、未熔合、气孔及夹渣等缺陷。

② 能检测出铸件中的缩孔、夹杂、气孔和疏松等缺陷。

③ 能确定缺陷平面投影的位置、大小及缺陷的性质。

2）局限性

① 检测厚度较小，较难检测出厚铸件、厚锻件、厚壁管材和棒材中的缺陷。

② 较难检测出 T 形焊接接头和堆焊层中的缺陷。

③ 较难检测出细小裂纹和焊缝中的层间未熔合。

④ 工件直径较大并采用 γ 射线源进行中心曝光时，较难检测出面积型缺陷。

⑤ 较难确定缺陷的深度位置和缺陷高度。

（2）超声检测的能力范围和局限性

1）能力范围

① 能检测出板材、复合板材、管材和锻件等原材料和零部件中的缺陷。

② 能检测出焊接接头中的缺陷，而且危害性较大的面积型缺陷的检出率较高。

③ 可检测的厚度大。

④ 能确定缺陷的位置和相对尺寸。

2）局限性

① 较难检测晶粒粗大工件中的缺陷。

② 缺陷的位置、取向和形状，对检测结果有一定的影响。

③ A 型显示检测结果不直观、检测记录的信息少。

④ 较难确定体积型缺陷或面积型缺陷的具体性质。

（3）渗透检测的能力范围和局限性

1）能力范围。渗透检测能检测出非松孔性材料中的表面开口缺陷，如气孔、夹渣、裂纹及疏松等缺陷。

2）局限性

① 较难检测松孔性材料，如纸张、布匹和软木等。

② 不能检测封闭型表面缺陷。

（4）磁粉检测的能力范围和局限性

1）能力范围。磁粉检测能检测出铁磁性材料中的表面开口缺陷和近表面缺陷。

2）局限性

① 难以检测几何结构复杂的工件。

② 不能检测非铁磁性材料。

(5) 涡流检测的能力范围和局限性

1) 能力范围

① 能检测出金属材料对接接头和母材表面、近表面缺陷。

② 能检测出带非金属涂层的金属材料表面、近表面缺陷。

③ 能确定缺陷的位置，并能给出表面开口缺陷深度或近表面缺陷埋藏深度的参考值。

④ 灵敏度和检测深度主要由涡流激发能量和频率确定。

2) 局限性

① 很难检测出金属材料的内部缺陷。

② 较难检测出涂层厚度超过 3mm 的金属材料表面、近表面缺陷。

③ 较难检测出焊缝表面的微细裂纹。

④ 较难检测出缺陷的自身宽度和准确深度。

0.2 材料成型工艺缺陷

缺陷将造成工件的力学性能降低、耐蚀性下降、尺寸误差及成型不良等，进而影响产品的质量。一名优秀的无损检测技术人员，不仅需要熟练掌握无损检测技术，还需要对无损检测的主要对象即材料成型工艺缺陷有一定的了解。

1. 金属板材中的常见缺陷

金属板材中主要有分层、折叠和白点等，裂纹很少。分层是板坯中缩孔和夹渣等在轧制过程中未密合而形成的分离层；折叠是金属板材表面局部形成互相折合的双层金属；白点是金属板材在轧制后的冷却过程中氢原子来不及扩散而形成的白色点状缺陷，常出现在厚度大于 40mm 的钢板中。

2. 金属管材中的常见缺陷

金属管材中的无缝管常见缺陷有裂纹、折叠和夹层等；焊接管常见缺陷与焊接常见缺陷类似，一般为裂纹、未熔合、未焊透、气孔及夹渣等；锻轧管常见缺陷与锻件类似，一般为裂纹、白点及折叠等。

3. 锻件中的常见缺陷

锻件是由热态坯料经锻压变形而成，因此锻件缺陷可分为铸造缺陷、锻造缺陷和热处理缺陷。锻件中的铸造缺陷主要有缩孔残余即铸锭的切头量不足，疏松即凝固收缩时形成的不致密，以及孔穴在锻造时因锻造比不足而出现的未全焊合、夹杂及裂纹等；锻件中的锻造缺陷主要有裂纹、白点及折叠等；锻件中的热处理缺陷主要有裂纹等。

4. 铸件中的常见缺陷

铸件中的常见缺陷主要是气孔、缩孔，即液态金属冷却凝固时体积收缩得不到补充而形成的缺陷；夹杂、裂纹和疏松，即铸件凝固缓慢的区域因微观补缩通道堵塞而在枝晶间及枝晶臂之间形成的细小空洞。

5. 焊件中的常见缺陷

在焊接中，常用焊接缺欠（Weld Imperfection）和焊接缺陷（Weld Defect）来表述焊件的不完美。焊接缺欠是指焊接接头中的材料不连续性、不均匀性以及其他不健全的缺欠。在 NB/T 47014—2011《承压设备焊接工艺评定》标准中定义焊接缺欠和焊接缺陷分别为：焊接缺欠是指在焊接接头与母材中、无损检测标准允许存在的材料不连续部位；焊接缺陷是指不符合具体焊接产品使用性能的焊接缺欠，出现焊接缺陷一般意味着该条焊缝的判废或返修。在焊接中，五种常规无损检测方法主要用于检测焊接缺陷。

焊接缺陷可以分为面积型缺陷和体积型缺陷，也可以分为内部缺陷和外部缺陷，还可以分为不连续性缺陷和几何偏差缺陷等。面积型缺陷是指在某二维方向上的尺寸较大而第三维方向上的尺寸很小的缺陷，如裂纹、未熔合和未焊透等。体积型缺陷是指三维方向上的尺寸大致相当的缺陷，如气孔和夹杂等。内部缺陷如内部裂纹和内部气孔等。外部缺陷如表面裂纹、表面气孔、咬边及焊缝型面不良等。不连续性缺陷是指割裂金属基体的一种缺陷，如裂纹、夹杂及气孔等；几何偏差缺陷不是割裂金属基体，是指几何形状及尺寸不良，如角变形、波浪变形及错边等。一些比较常见且危害性较大的缺陷如裂纹，还可以根据其产生机理分为结晶裂纹、液化裂纹、失延裂纹、氢致延迟裂纹和淬硬裂纹等。上述的缺陷分类，均在焊接生产实际中得到使用，应注意区分，以免混淆。

在参照 ISO 6520-1：1998 国际标准制订的中国国家标准 GB/T 6417. 1—2005《金属熔化焊接头缺欠分类及说明》中，根据缺欠的性质和特征将焊接缺欠分为六大类，即裂纹、孔穴、固体夹杂、未熔合及未焊透、形状及尺寸不良、其他缺欠，按照缺欠存在的位置及状态将每一大类再细分为若干小类，比较系统和规范。

0. 3　无损检测人员技术资格鉴定与认证

1. 相关标准

世界上各先进工业国家及一些国际组织均有无损检测人员技术资格鉴定与认证的标准。例如：国际标准化组织的 ISO 9712《Non-destructive testing-Qualification and certification of personnel》、中国机械工程学会无损检测专业委员会提出并纳入中国国家标准的 GB/T 9445—2015《无损检测人员资格鉴定与认证》、美国无损检测学会（American Society for Nondestructive Testing，ASNT）的 SNT-TC-1A《Personnel Qualification and Certification in Nondestructive Testing》、欧盟的 EN 473《Non Destructive Testing-Qualification and Certification of NDT Personnel-General Principles》以及日本的 JIS Z 2305《非破壊試験技術者の資格及び認証》等。

此外，不同行业根据自身行业的特点，也提出了无损检测人员技术资格鉴定与认证的标准。例如：美国有军用标准 MIL-STD-410E、航空与宇航标准 NAS 410《NAS Certification & Qualification of Nondestructive Test Personnel》等。再如：中国有国家质量监督检验检疫总局的 TSG Z8001《特种设备无损检测人员资格鉴定考核规则》、国防科学技术工业委员会的 GJB 9712A《无损检测人员资格鉴定与认证》、航空与航天系统的 HB 5357《航空无损检测人员的资格鉴定与认证》、民用航空系统的 MH/T 3001《航空器无损检测人员技术资格鉴定规则》等。

2. 技术资格等级及相应职责

虽然无损检测人员技术资格鉴定与认证的标准很多，但其技术资格等级的划分及相应的职责是比较相似的。无损检测人员技术资格通常划分为Ⅰ级、Ⅱ级和Ⅲ级，Ⅲ级为最高。参考上述诸多无损检测人员技术资格鉴定与认证标准，下面介绍各级别划分的依据及相应职责。

（1）Ⅰ级　应该具有在Ⅱ级或Ⅲ级人员监督下，按无损检测作业指导书来具体实施无损检测的能力，其具体职责如下：

1）调整无损检测设备。

2）在Ⅱ级或Ⅲ级人员指导下实施检测操作。

3）记录和分类检测结果。

4）报告检测结果。

（2）Ⅱ级　应该具有按已制订的无损检测工艺规程执行或指导无损检测的能力，其具体职责如下：

1）选择所用无损检测方法的检测技术。

2）限定无损检测方法的应用范围。

3）把无损检测规范、标准、技术条件和工艺规程转化为无损检测指导书。

4）调整和验证设备设置。

5）执行和指导检测操作。

6）解释和评价检测结果。

7）执行或指导属于Ⅱ级或低于Ⅱ级的全部工作。

8）培训和指导低于Ⅱ级证书的人员。

9）编写无损检测报告。

（3）Ⅲ级　应该具有执行和指挥无损检测操作的能力，应具备用现有规范、标准、技术条件来评定和解释检测结果的能力，以及在选择检测方法、确定可接受的检测技术以及协助制订验收标准时所需要的有关原材料、制品及生产工艺方面，具有丰富的理论知识和实际经验，还要对其他无损检测方法比较熟悉，其具体职责如下：

1）对所有检测设施和人员负责。

2）确定检测技术和程序。

3）解释无损检测规范、标准、技术条件和工艺规程。

4）为特殊的无损检测工程选定特定的检测技术和程序。

5）根据现有无损检测规范、标准及技术条件对检测结果进行解释和评价。

6）实施、指导和监督各个等级人员的全部工作。

第1章

射线检测

某些射线，如X射线，能穿透工件并且与工件相互作用后射线强度被衰减，通过显式表达和分析射线强度衰减规律，从而得到工件内部特征信息的方法，称为射线检测。射线检测是五种常规无损检测方法之一。专为得到工件内部损伤信息的射线检测称为射线探伤，是工件内部缺陷两种常规探伤方法之一。

射线检测的基本原理是，射线源发出的射线经空气传播射入物质中并与物质相互作用，透过物质的射线强度已被衰减，通过某种显式表达方法，如胶片感光成像，使其强度衰减规律显现出来，从而得到物质内部的特征信息。在工业射线检测领域中，射线照相法得到最多应用。当用射线透照被检工件时，如果工件内部存在缺陷如气孔，致使沿射线透照方向上的工件实际厚度减小，从有气孔的部位入射的射线被衰减的程度与无气孔的部位相比较低，其透射射线的强度则相对较大。在射线照相法中，这种因透照厚度变化造成的透射射线强度差被射线照相胶片记录下来，经暗室处理以后，再由其底片的黑度差即反差予以反映，也即底片上较大的黑度对应较大的透射射线强度。根据射线照相底片上这种黑度变化的图像来发现被检工件中存在的缺陷，并据此对其定性定量就是射线照相法的基本原理。如果用荧光屏代替射线照相胶片接收并以光强差来显示工件透射射线的强度变化，即为射线检测的荧光屏法或工业电视法的基本原理。

与同为工件内部缺陷检测方法的超声检测相比较，射线检测的主要优点是：显示工件内部特征客观准确；检测结果显示直观；重复性好；可靠性高；几乎不受材料种类和特性的限制，甚至可以检测放射性材料，通用性强；对检测表面的预处理要求不高；对结构类型没有特殊要求；检测结果可以长期保存等。射线检测的局限性是：检出危害较大的面积型缺陷的能力略低；可检测的工件厚度较小；污染环境；操作不当时易造成人身伤害；检测成本较高；检测工艺较复杂等。

射线检测所使用的射线主要有X射线、γ射线、高能X射线、中子射线和β射线等，与材料相互作用的方式和规律均有所不同。按检测技术的不同，有射线照相技术如射线胶片成像，射线实时成像技术（Real-Time Radiography，RTR）如荧光屏和工业电视等，以及射线的计算机层析技术（Computed Tomography，CT）等几种方法。其中X射线和γ射线的射线照相法的检测灵敏度高、技术最成熟，在工业领域应用最广泛，也是学习其他射线检测技术的基础，是本章主要介绍的内容。

1895年德国的威廉·康德拉·伦琴发现X射线及1896年法国的亨利·贝克勒尔发现γ射线后的20世纪20年代，射线检测方法开始得到工业应用。发展至今，射线检测原理基本上没有发生变化。但随着现代电子技术及计算机技术等的飞速发展，射线检测设备的轻量化、小型化，高质量射线胶片及彩色图像的使用，检测技术如射线层析技术、射线检测的仿真技术、数字化照相技术、高速射线照相技术，缺陷自动识别与智能评片系统，检测结果的数据化，检测标准的规范化及检测要求等，均得到了较大的提高和发展。

射线检测的应用领域广泛，不仅应用于航空航天、核工业、兵器、造船、特种设备、机械、电力、冶金、化工、矿业、建筑及交通等工业领域，还应用于安全气囊、罐装食品以及车站、码头及机场等的安全系统中，也应用于纸张、邮票及文件的检测等一些生活领域。除此之外，它还应用于医疗和科学研究领域，如骨折的射线照相诊断、脑肿瘤的射线 CT 诊断等。射线高速照相技术可以用于弹道学，采用 600kV 高速 X 射线系统来透照手枪内弹丸高速运动的情景及研究弹丸击中目标时的情景等。研究爆炸现象，可以监视爆炸过程，如爆炸形成、传播速度和爆炸波强度，以及在固体、液体及气体介质中压缩和冲击波的形成和传播的相关效应等。它可用于研究电弧焊和电子束焊的过程，也可用于研究充液高压动力开关在开启过程中的起弧和熄弧，还可以研究浇注系统设计的合理性及缺陷产生原因等。

中子射线照相应用于航空航天部件、爆炸装置、核控制材料和核燃料等，也用于飞机构件的腐蚀检测和氧化脆化部位的检测，以及检测炸弹、导弹、火箭装置中填充的爆炸物的密度、均匀性和杂质等。在工业应用中，它可用于检测继电器等电子器件是否含有杂物，金属组件中 O 形橡胶密封圈的存在及位置是否适当，陶瓷中的含水情况，硼在镍基体或钴基体中的扩散情况等。

X 射线层析技术即 X 射线 CT 技术，能逐点测定工件薄层的密度值，当对连续横断面进行比较后可获得三维图像；具有超大面积、低对比度成像分辨力，高质量的对比度分辨率可达 0.02%，比一般的 X 射线照相法提高近两个数量级；检测具有多样性，大的如火箭发动机，质量为 49500kg、直径为 2.4m、长为 5m，小的如直径为 100mm 的工件，空间分辨率接近 25μm；检测能力强，精度高，适合于自动检测；改善了成像质量，提高了可靠性。常规的射线照相法可定性但定量不太准确，对工件需给出较高的安全系数；但 X 射线 CT 技术可以准确定量，因而可以减小安全系数，提高材料效用。X 射线 CT 技术主要应用于航空航天工业，检测精密铸件的内部缺陷、评价烧结件的多孔性、检测复合材料件的结构并控制其制造工艺。此外，美国肯尼迪空间中心用 CT 技术检测了火箭发动机中的电子束焊缝、飞机机翼的铝焊缝、涡轮叶片内 0.25mm 的气孔和夹杂物。在核工业中，它用于检测反应堆燃料元件的密度和缺陷，确定包壳管内芯体的位置、核动力装置及其零部件的质量，并用于设备的诊断和运行监测。中子射线 CT 技术还可以用来检测燃料棒中铀分布的均匀性和废物容器中铀屑的位置等。在钢铁工业中，X 射线 CT 技术可用于分析矿石含量及钢材质量的在线检测。例如，美国 IDM 公司研制的 IRIS 系统用于热轧无缝钢管的在线质量控制，25ms 即可完成一个截面的图像，可以实时检测钢管的外径、内径、壁厚、偏心率和圆度等，还可以检测热轧温度、钢管的长度和重量，以及腐蚀、蠕变、塑性变形、锈斑和裂纹等缺陷。在机械工业中，它常用于检测铸件和焊接结构的质量，如检测微小气孔、缩孔、夹杂及裂纹等缺陷，并可用于精确的尺寸测量。陶瓷中的微小缺陷将严重影响其使用，需要检测微米级的缺陷并确定其位置，采用 X 射线 CT 技术显得非常重要。在检测氧化锆、三氧化铝及碳化硅等陶瓷材料时，可以准确检测出 10~100μm 的缺陷和微小的密度分布。在电子工业中，它用于检测多层印制电路板的内部裂纹，检测同轴和带状电缆的金属线的空间分布，以及检测电子附件箱中缺损的组件和封装的微机芯片中的断裂线等。

射线检测一般由射线的产生、在空气中传播、射入物质并与物质相互作用而被衰减、透射射线强度信息的显式表达及检测结果评定等过程组成。本章的总体结构以及各节的内容也

将依此组织并进行分析和介绍。

1.1 射线检测的物理基础

1.1.1 射线的基本性质、获得方法与传播

1. 射线的基本性质

X射线和γ射线与我们所熟知的无线电波、红外线、可见光及紫外线本质上相同，同属于电磁辐射范畴。但X射线和γ射线由于波长短、能量高，因此另有一些特性，其中为射线检测所利用的特性主要如下：

1）不受电场、磁场的影响，不可见，直线传播。

2）能穿透可见光不能穿透的物质，其穿透能力的强弱取决于射线能量的高低和被检测物质的密度、厚度等。

3）有反射、折射、衍射和干涉等现象，但只能发生漫反射而非镜面反射。

4）能使物质的原子电离，与特定的物质相互作用时可产生光电、荧光、光化以及生物效应。

5）透过物质以后，其强度会因物质对射线的吸收和散射而衰减，并遵从衰减定律。

2. 射线的获得方法

射线，本质上是辐射现象。有的射线是电磁辐射，如X射线、γ射线及红外射线等；有的射线是粒子辐射，如α射线、β射线及中子射线等。工业射线检测常用X射线和γ射线。

（1）X射线

1）X射线的获得。X射线是由高速电子流撞击特定金属靶材而产生的。当高速运动的电子流在其运动方向上受阻而被突然遏止时，电子流的动能将大部分转化为热能，同时有大约百分之几的部分转换成X射线能。技术上，一般是通过X射线管的热灯丝或电子枪产生电子，在管电压或电子加速器作用下使电子加速并轰击靶材，人为地获得可控的普通X射线或高能X射线用于射线检测。

2）X射线谱。X射线的强度与X射线的波长之间的关系称为X射线谱。X射线谱是起始于某一最小波长的基本上呈连续形态的光谱，并在某些特定波长位置处叠加有几个强度非常大的特别波。X射线谱中，呈连续分布形态的部分，称为连续X射线谱；在特定位置处出现的几个强度非常大的波，称为特征X射线谱。

① 连续X射线谱。在确定的管电压下，用X射线管产生的X射线为起始于某一最小波长λ_{min}的连续光谱，具有这一特征的X射线称为连续X射线。由于阴极灯丝热发射的一次电子与阳极靶钨材料粒子发生一次或是多次碰撞，电子能量的损失情况不同，从而形成具有不同能量即不同波长的X射线，统计学效果就是形成了连续X射线。

管电压和管电流对连续X射线光谱的分布有直接影响。当管电压增加时，这一连续光谱向短波长方向迁移，同时其相对强度I的最大值也向短波长方向移动。若管电压不变而改变管电流，连续X射线的相对强度I将随管电流的增减而增减，但其波长的分布范围基本不发生改变。

② 特征 X 射线谱。当管电压超过某一临界值后，有几个强度值极大的射线出现在几个特定波长位置处，这几个波长的数值与外界条件无关，仅取决于阳极靶的元素种类。也就是，通过这几个强度值极大的射线出现的波长位置，就完全可以判断出阳极靶材的元素种类，因此称其为特征 X 射线谱，也即该特征 X 射线谱具有某元素的排他性独有特征。对应这几个波长的 X 射线称为特征 X 射线或标识 X 射线。

在 X 射线检测中，既利用特征 X 射线，也利用连续 X 射线。X 射线穿透工件的能力，很显然与射线的能量大小相关。一般而言，X 射线波长越短则能量越大，穿透能力越强，形象地称其为硬射线。相对地，波长较长的 X 射线称为软射线。X 射线的“软硬”如图 1-1 所示。

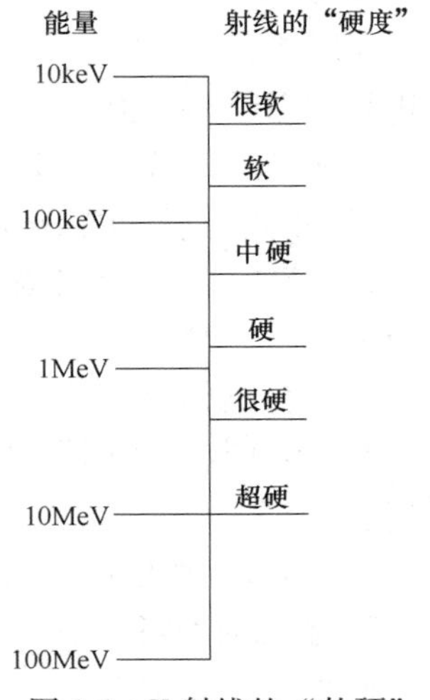

图 1-1　X 射线的“软硬”

（2）γ 射线

1）γ 射线的获得。γ 射线是一种自然辐射现象，可以来自于天然辐射源，如一些矿石；也可以来自于人工放射性同位素，如 Co60。无损检测使用的 γ 射线是利用给特定物质的原子核注入中子的办法生成的人工放射性同位素的自发蜕变过程而获得的。

2）放射性元素的衰变。放射性元素的原子核自发蜕变成为新元素原子核的过程称为放射性元素的衰变。放射性元素的衰变特性是其本身固有的性质，与温度、压力等外界环境条件无关。大量研究结果表明，所有的放射性物质都遵循一个普遍的衰变规律。就给定的放射性物质而言，一定量的放射性物质在单位时间内发生衰变的原子核数目称为该物质的放射性活度或放射性强度，国际单位为贝克（Bq）。1Bq 的含义是，放射性物质在 1s 的时间内发生 1 次核衰变。此外，也常用居里（Ci）单位表示放射性活度，它们之间的换算关系为 $1\text{Ci}=3.7\times10^{10}\text{Bq}$。

放射性活度按指数规律衰减，即

$$A=A_0\mathrm{e}^{-\lambda\tau} \tag{1-1}$$

式中　τ——衰变时间（s）；

A_0——放射性物质的初始活度（Bq）；

A——经过时间 τ 以后放射性物质的活度（Bq）；

e——自然对数的底；

λ——与放射性物质种类相关的衰变常数（s^{-1}）。

此外，也常用比活度的概念来表征某放射性物质，单位为 Bq/kg。

由式（1-1）可知，衰变常数 λ 越大，放射性物质的衰变速度越快。衰变速度的快慢可用半衰期 $\tau_{1/2}$ 表示。半衰期是指放射性活度从 A_0 衰变到 $A_0/2$ 所需要的时间，即

$$\tau_{1/2}=(\ln2)/\lambda=0.693/\lambda \tag{1-2}$$

不同放射性物质的半衰期数值差别很大，如 U238 的半衰期长达 4.51×10^9 年，而 He5 的半衰期仅为 $6\times10^{-20}\text{s}$。

3. 射线的传播规律

辐射点源的辐射扩散面积与辐射距离成平方关系。如果忽略空气对射线的衰减，辐射点

源在空气中沿其辐射方向的射线强度衰减，遵守牛顿平方倒数定律，即与其距离的平方成倒数关系，如图 1-2 所示，即

$$I = k\frac{1}{d^2} \tag{1-3}$$

式中　I——射线强度（J/s · m²）；

k——常数（J/s）；

d——距辐射点源的距离（m）。

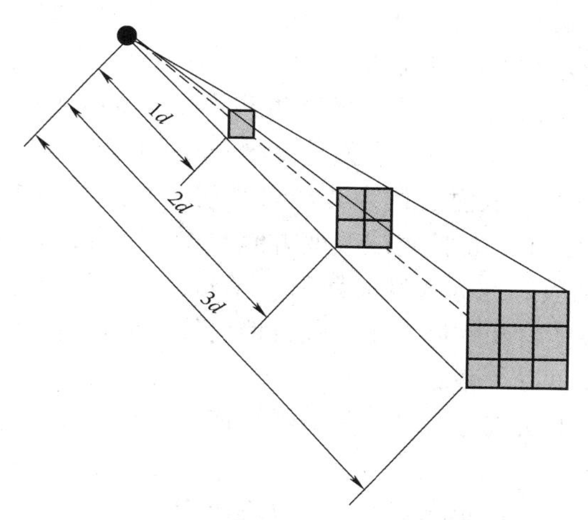

图 1-2　辐射点源的射线传播

1.1.2　射线与物质的相互作用及其衰减定律

1. 射线与物质的相互作用

射线与物质的相互作用主要有吸收和散射。

射线的吸收是指入射光子与被透照物质的粒子碰撞时，光子具有的全部能量都转换为逐出电子的逸出功和逸出后电子的动能，而入射光子本身已不复存在这一过程。射线被物质吸收是一种能量转换，在 1MeV 以下的能量范围内，吸收效应是物质对射线作用的主要形式。吸收效应的大小与射线本身能量的高低和被透照物质的性质有关。入射射线的能量越高、被透照物质的电子密度和原子序数越小，射线的吸收效应越小。

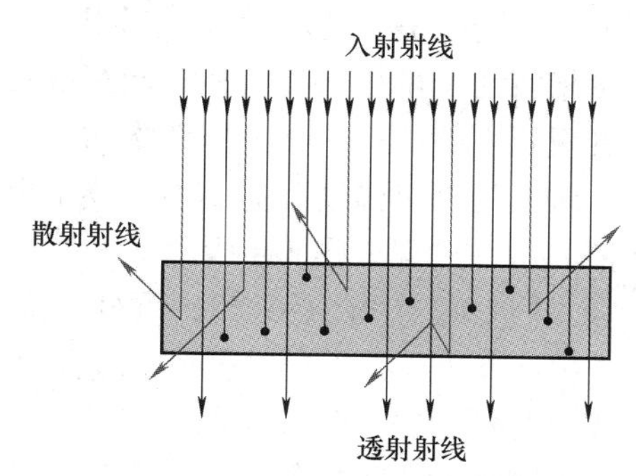

图 1-3　射线与物质的相互作用

射线的散射是指入射光子与被透照物质的粒子碰撞时，其传播方向发生改变导致的射线强度减弱，如图 1-3 所示。由图 1-3 可见，散射射线即散射线是一些偏离了原射线的入射方向，射向其他方向的射线。入射射线的能量越低，被透照物质的电子密度越大，射线的散射效应越显著，透射射线的强度越小。

射线与物质的相互作用产生四种物理现象，即光电效应、电子对效应、康普顿散射和瑞利散射。

（1）光电效应　光电效应是射线被物质吸收而打出外层电子，导致原子离子化。随着发出特征 X 射线，离子化原子又恢复到中性状态。此低能量特征射线通常被吸收并对成像无贡献。光电效应是小于 50keV 的 X 射线被物质吸收的主要形式，而且主要发生在高原子序数材料中。

（2）电子对效应　电子对效应在射线能量大于或等于 1.02MeV（负电子与正电子的静能量之和）时产生，射线能量大于 10MeV 时产生的比例较大。能量足够大的射线光子在原子核附近与物质相互作用，随着射线的消失产生了一对粒子，即负电子和正电子。正电子寿命极短，与负电子发生作用而湮灭，并伴随产生两个 0.51MeV 的 γ 光子而消失。电子对效应在高能射线射入高原子序数材料时是十分重要的一种吸收形式。

（3）康普顿散射　康普顿散射也称为非经典散射，在射线与电子相互作用时产生，不仅使电子偏离原来的运行轨道，也使射线改变方向并损失能量，因而射线波长变长。

（4）瑞利散射　瑞利散射也称为经典散射、汤姆逊散射，产生于射线光子与整个原子相互作用时，不改变射线能量和物体原子，仅仅使射线方向改变。在射线检测采用的射线能量范围内，瑞利散射往往可以忽略。

射线与物质各种作用的宏观综合结果是射线强度被衰减。

2. 射线的衰减定律

单波长射线的强度与透照物质厚度 t_A 之间遵循如下的指数衰减规律，即

$$I=I_0 e^{-\mu t_A} \tag{1-4}$$

式中　μ——射线的线性衰减系数（mm^{-1}）；

t_A——透照厚度（mm）；

I_0——入射射线强度（$J/s \cdot m^2$）；

I——透照 t_A 厚度后的射线强度（$J/s \cdot m^2$）。

（1）半价层　如果用初始强度 I_0 的单波长射线透照某给定的物质，该物质与射线相互作用的结果使得总有这样一个厚度存在，即透过该厚度的物质以后，射线强度 I 恰为其初始强度 I_0 的一半，这一厚度即称为该物质对应这一射线能量的半价层 $t_{A1/2}$。

设想将几个半价层叠合在一起组成被透照物质的厚度，其中每个半价层使得入射的射线强度衰减到入射前的一半，即假如入射前射线的相对强度为 100%，那么透过第一个半价层以后，射线的相对强度降为 50%；透过第二个半价层以后，射线的相对强度降为 25%。依次类推的这一过程如图 1-4 所示。

在式（1-4）中取 $I=I_0/2$，可得半价层的计算式为

$$t_{A1/2}=(\ln 2)/\mu=0.693/\mu \tag{1-5}$$

式（1-4）和式（1-5）的应用仅限于单波长射线。当使用连续 X 射线透照很薄的物质时，因为其连续光谱中能量低的射线要比能量高的射线衰减大，因此能量很低的射线将被吸收而无法穿透物质，也就是透过物质以后的射线含有高能量成分的射线较多，这种现象称为射线变硬，这个过程称为硬化或过滤。

（2）射线照相灵敏度与射线衰减的关系　在式（1-4）的两端先分别乘以时间 τ，再取常用对数可得

$$\lg I\tau - \lg I_0\tau = -0.434\mu t_A \quad (1\text{-}6)$$

随之可得

$$\lg(I+\Delta I)\tau - \lg I_0\tau = -0.434\mu(t_A+\Delta t_A) \quad (1\text{-}7)$$

式中 Δt_A——透照厚度差（mm）。

从式（1-7）中减去式（1-6），并注意到透射射线强度 I 与时间 τ 的乘积即为射线胶片实际接收的曝光量，可得

$$\Delta \lg K = -0.434\mu\Delta t_A \quad (1\text{-}8)$$

式中 K——曝光量。

式（1-8）中的 $\Delta\lg K$ 可以用胶片特性参数来表示，即

$$\Delta \lg K = \Delta D/G \quad (1\text{-}9)$$

式中 ΔD——黑度差；

G——胶片特性曲线的斜率。

因此可得

$$\Delta D = -0.434G\mu\Delta t_A \quad (1\text{-}10)$$

ΔD 也称为透照反差，“-”号表示底片黑度随透照厚度的增加而减小。

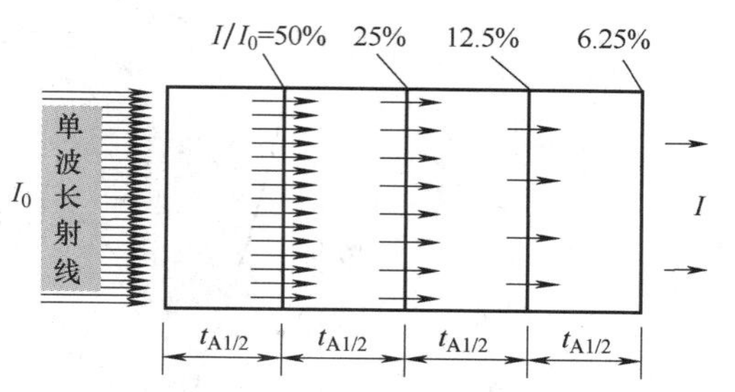

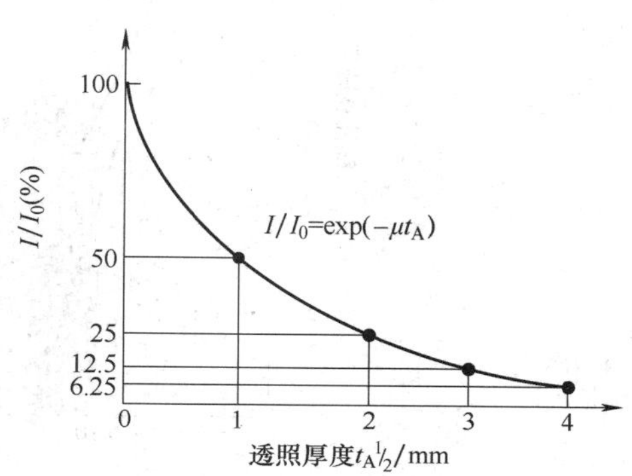

图 1-4 射线强度的衰减规律

在式（1-10）的两端再分别除以一个 t_A，并去掉“-”号可得

$$\Delta t_{Amin}/t_A = 2.3\Delta D/G\mu t_A \quad (1\text{-}11)$$

目视能够分辨的最小黑度差 ΔD_{min} 与透过底片到达眼睛的照明强度及影像细节的尺寸和形状有关，已发表的数据有 0.0043、0.0053、0.006、0.007、0.01 等。若取 $\Delta D_{min}=0.01$，则由式（1-11）可得

$$\Delta t_{Amin}/t_A = 0.023/G\mu t_A \quad (1\text{-}12)$$

式（1-12）中的 Δt_{Amin} 即为射线检测人员能够从底片上观察到的透照厚度的最小变化，称为该照相底片的绝对灵敏度，$\Delta t_{Amin}/t_A$ 则为其相对灵敏度。

由式（1-12）可见，在 t_A 一定的条件下，由于 $\Delta t_{Amin}/t_A$ 值越小则相对灵敏度越高，因此胶片特性曲线的斜率 G 和射线的线性衰减系数 μ 越大则相对灵敏度越高。就 G 对 $\Delta t_{Amin}/t_A$ 的影响规律而言，这一规律与后面关于工业射线胶片部分的平均斜率 G_m 的分析是一致的。线性衰减系数 μ 是前述的射线与物质相互作用结果的综合反映，其大小决定着透过单位厚度的物质以后射线强度相对减弱的程度。在射线能量一定的条件下，被透照物质的密度和原子序数越大则 μ 值往往越大，照相的灵敏度也越高，这正是铝合金照相灵敏度低于钢的原因。另一方面，射线与物质相互作用的四种物理现象与线性衰减系数 μ 的关系如图 1-5 所示。

由图 1-5 可见，由于工业射线照相一般应用 0.1～1.5MeV 能量的射线，因此光电效应和康普顿散射为工业射线检测中发生的主要物理现象。还可以看出，在常用的射线能量范围内，射线能量越小则线性衰减系数 μ 越大，射线照相的灵敏度越高，这正是软射线影像质量相对更好的原因。

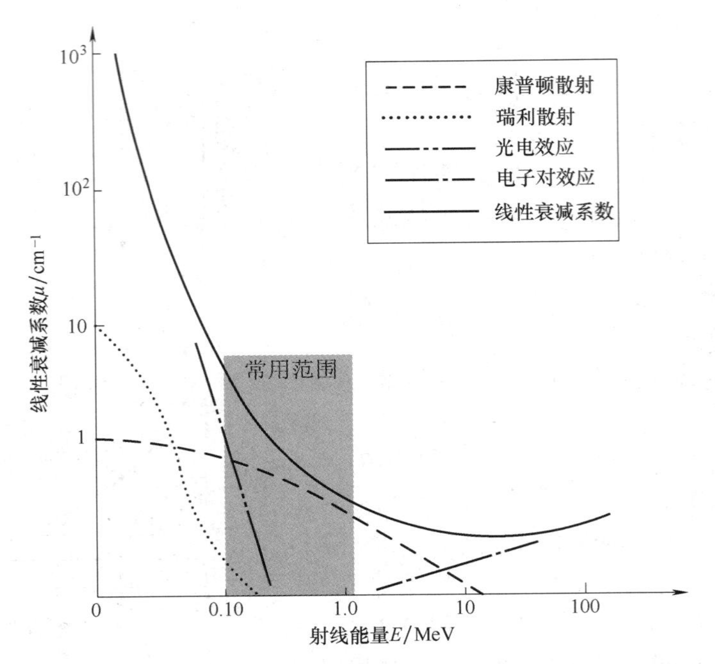

图 1-5 射线与物质相互作用的四种物理现象与线性衰减系数 μ 的关系

1.1.3 射线对特定物质的作用效应

1. 光化效应

透过物质的透射射线强度带有物质内部的特征信息，一般用荧光屏法和胶片感光法来显式表达射线的强度信息，但采用胶片感光的射线照相法在工程中得到了更多的应用。透射射线作用到胶片上，射线光子使乳胶电离。电离产生的自由电子将乳胶层中的特定物质如 AgBr 晶体中的 Ag 还原，也就是胶片的银盐在射线作用下发生化学分解，在片基上形成人眼看不到的所谓“潜像”，是对透射射线强度的隐式表达。

感光后的胶片经过在暗室的显影和定影处理，成为片基上只留下金属银的底片。对着可见光源观察底片，银原子聚集的地方因吸收光线而显得黯黑。胶片上接收的射线越多即曝光量越大，底片上的银原子数量也越多，黑度则越大。由于物质内部的不均匀性导致对射线的衰减程度不同即透射射线强度不同，使得底片的黑度不同，从而形成人眼可识别的黑白图像，进而判断物质内部的特征。即底片上记录了物质内部的特征，是物质内部特征信息的载体。

2. 荧光效应

当射线作用于特定物质如荧光物质时，将产生荧光效应。工业射线胶片对射线的感光能力较差，为了达到标准规定的最低黑度要求，需要较长的曝光时间，从而提高了生产成本、降低了生产效率。荧光增感屏正是利用了射线与荧光物质作用时产生的荧光，使胶片快速感光。

3. 生物效应

当射线作用于特定物质如生物体时，将使得生物体损伤、病变甚至失活，即产生了生物

效应。众所周知，紫外线具有杀菌作用或者长期重度照射太阳光将有可能导致皮肤病变甚至皮肤癌。波长比紫外线更短的射线，具有比紫外线更强的生物效应。因此，在射线检测时应充分重视射线对人体辐射的危险，避免人身伤害事故的发生。

1.2　射线检测设备及器材

1.2.1　射线机

工业上主要是利用X射线和γ射线进行射线检测，因此本节仅对X射线机和γ射线机进行介绍。

1. X射线机

（1）X射线机的组成　X射线机主要由四部分组成，即X射线管、高压发生器、冷却系统及控制系统，如图1-6所示。

X射线管的阴极灯丝产生热电子，在高压发生器提供的高压加速下，电子高速撞击X射线管的钨质阳极靶，在打出X射线的同时产生很多的热量，通过冷却系统对嵌有阳极靶的铜阳极体冷却来保证阳极靶不被熔化，进而保证射线机能够正常发射出X射线。控制系统不仅检测部件的运行状态及提供电路保护，还对高压发生器及冷却系统进行适时控制，并且提供功能键及显示屏等人机交互界面。

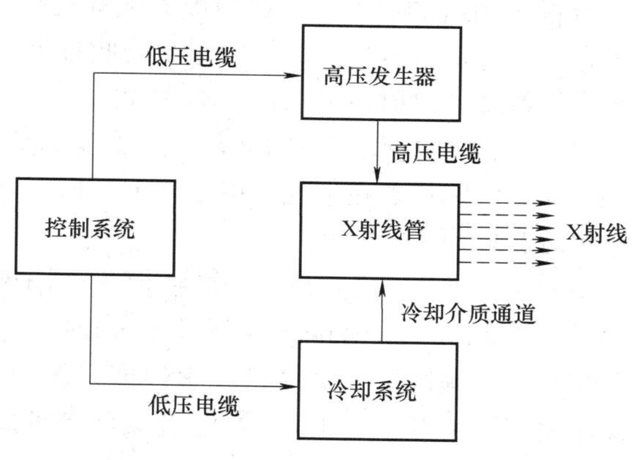

图1-6　X射线机的组成示意图

（2）X射线管　X射线管的结构决定了其工作原理。X射线管的焦点和特性曲线与X射线检测工艺直接相关。

1）X射线管的基本结构。X射线管为X射线机的核心部件，其基本结构如图1-7所示。

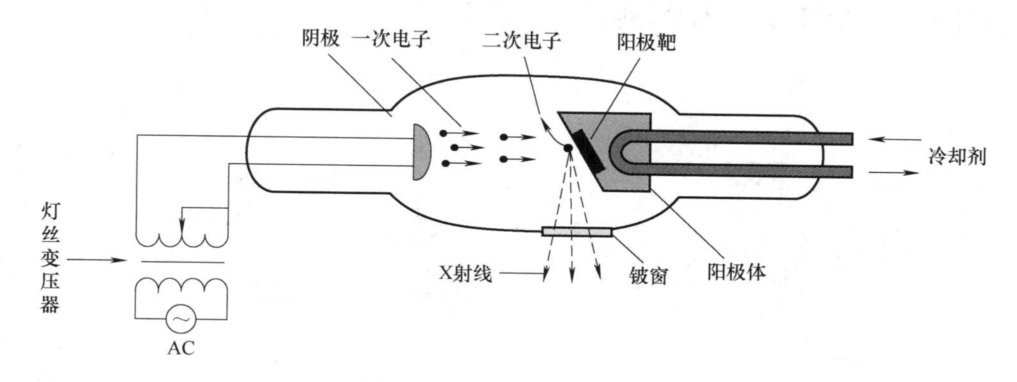

图1-7　X射线管的基本结构

由图1-7可见，在一个高真空的玻璃管或陶瓷管内，一侧安装灯丝作为阴极，高热下产

生热电子；另一侧安装钨阳极，接受高速电子撞击。

由于高速电子撞击空气中的气体粒子将使其电离，一方面阳离子撞击阴极灯丝有可能造成其损坏，另一方面发生气体导电即产生电弧，均将导致 X 射线管的损坏，因此高真空是必需的。

由于只有把阴极灯丝加热到白炽程度才能使其发射热电子而且需要能够改变管电流大小，因此阴极灯丝配有可提供不同加热电压的变压器。为了形成小焦点，有时也配有“聚焦杯”来聚拢阴极灯丝产生的热电子。

阴极产生的电子在高压发生器产生的高电压的电场力作用下高速撞击阳极，其能量的一小部分转化成 X 射线能，大部分甚至是 98%的能量转化成了热能。阳极一般由阳极靶、阳极体和阳极罩组成。阳极靶由于接受电子流轰击，故必须是高熔点金属，以免其被熔化，因此常用材料是 1.5~3mm 厚的钨片；阳极靶嵌入高导热系数的铜质阳极体中，阳极体接受冷却剂循环冷却；高导电性的铜质阳极罩用于吸收阴极产生的一次电子在高速撞击阳极靶时产生的二次电子，以免二次电子集聚于管壳上形成电场，从而影响一次电子撞击阳极靶。

沿着 X 射线的出射路径在阳极罩上开孔，并以对射线具有弱吸收作用的材料如铍薄片覆盖之，称为铍窗。铍窗的作用在于吸收掉强度很低的 X 射线，避免大量软射线在射线检测时产生过量的散射线，从而影响底片的影像质量。

2）X 射线管的焦点。阳极靶面上受电子流轰击的区域称为 X 射线管的实际焦点，也称为原焦点。实际焦点在射线发射方向上的投影称为光学有效焦点，也就是射线检测工艺中所说的焦点，如图 1-8 所示。

在图 1-8 中，设实际焦点的面积为 S_1，阳极靶面相对射线发射方向的倾角为 θ，焦点面积为 S。可见，S 随 θ 的减小而减小。X 射线管阳极靶面的倾角 θ 一般约为 20°。

焦点大小是衡量 X 射线管光学性能好坏的重要指标。在相同条件下，焦点越小，缺陷成像越清晰。由图 1-8 可见，在沿 X 射线管轴向的射线场内，焦点尺寸是变化的。靠近阴极一侧的焦点较大，而阳极一侧的焦点则较小。在有效透照范围内，阳极侧与阴极侧的焦点尺寸之比约为 1∶4。焦点尺寸的这一差异可使阴极侧和阳极侧影像的几何不清晰度相差 20%~40%。此外，焦点尺寸的变化导致在过 X 射线管轴线的平面内，射线束的强度中心偏向阴极一侧，如图 1-9 所示。比较而言，阴极侧软射线的成分较多，阳极侧硬射线的成分较多，因此透过钢板后，一般情况下阳极侧较阴极侧的射线强度大。

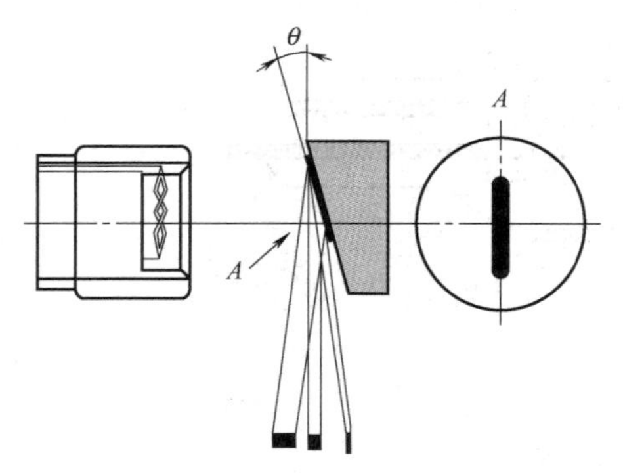

图 1-8　X 射线管的焦点

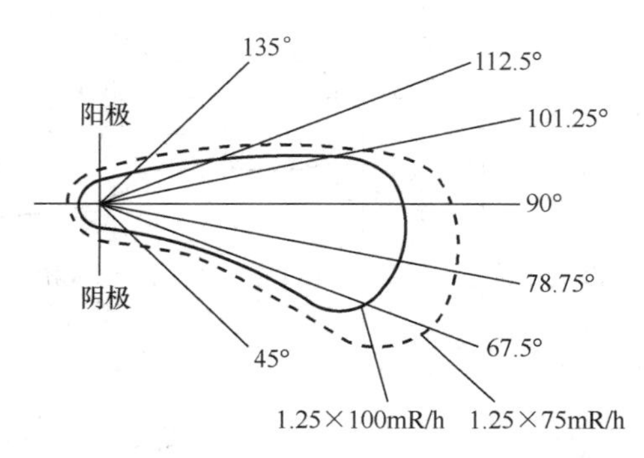

图 1-9　某 X 射线管射线场的等场强分布

鉴于上述原因，为了在有效透照范围内能获得尺寸基本不变的焦点和强度较均匀的射线以求得到较均匀的透照灵敏度，在进行焊件射线照相检测时，应尽量使焊缝垂直于 X 射线管的轴线。

X 射线管焦点的形状随阴极构造的不同而异，通常可以用图 1-10 所示的四种理想几何图形近似表示，即正方形、长方形、圆形和椭圆形。

各种形状焦点的尺寸 d 可分别按下式计算。

圆形和正方形焦点，$d=a$。

椭圆形和长方形焦点，$d=(a+b)/2$。

d 的范围一般在 0.5~5.0mm 之间。焦点越小，虽然影像越清晰，但是阳极的局部温度越高。出于对阳极散热方面的考虑，大容量 X 射线管的焦点相应也较大。

3）X 射线管的特性曲线。调节 X 射线管的工作参数可以改变 X 射线的硬度和辐射强度。辐射强度是指单位时间内垂直于辐射方向的单位面积上的辐射能。提高灯丝的工作温度，可以增加发射的电子数量，进而通过增加 X 射线光子的数目增大辐射强度。而提高阴极和阳极之间的电压即管电压，则可使电子运动加速，提高 X 射线光子的能量和射线硬度。

在不同的灯丝加热电流下，管电流即阳极电流与管电压之间的关系称为 X 射线管的特性曲线，如图 1-11 所示。

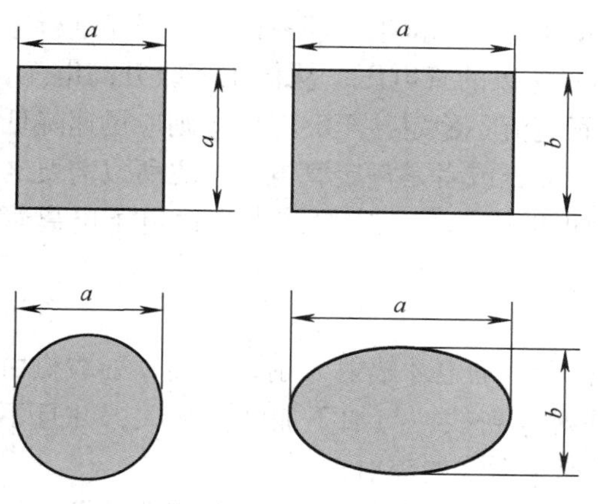

图 1-10　X 射线管焦点的形状

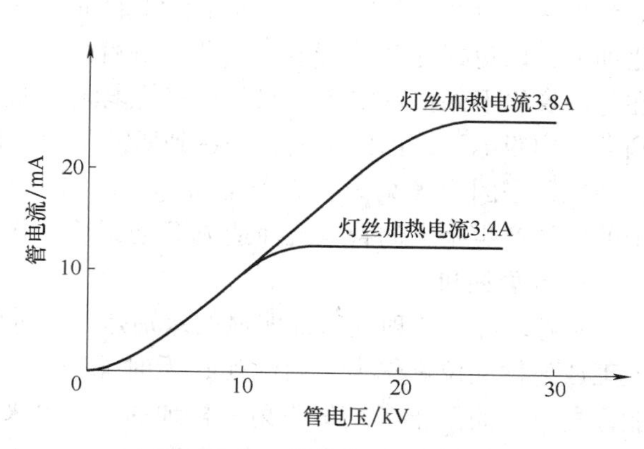

图 1-11　X 射线管的特性曲线

由图 1-11 可见，在一定的管电压下，管电流随灯丝加热电流的增加而增加，这表明到达阳极的电子数目增加，因此提高了射线强度。而在一定的灯丝加热电流下，管电流开始随管电压的增加而增加，而后当阴极灯丝发出的电子全部到达阳极以后，管电流即进入饱和状态不再增加。

（3）X 射线机的类型　按照结构组成方式可分为便携式、移动式和固定式。

1）便携式 X 射线机。一般是将 X 射线管、高压发生器及冷却系统封装于一个机壳中，该机壳通过低压电缆与控制系统相连接。便携式 X 射线机的管电流较小、管电压较低、体积小、重量轻，便于高空或异地射线检测。但由于其射线强度往往较低，因此透照厚度较小，适用于工厂生产过程中的检测。

2）移动式 X 射线机。移动式 X 射线机的四个部件分立但均安装于小车上，便于移动到现场或车间进行射线检测。其冷却系统比便携式 X 射线机的冷却能力强，往往采用金属陶瓷 X 射线管，以避免在移动过程中损伤 X 射线管，高压发生器与 X 射线管通过一较长的便于移动的高压电缆连接。相比于便携式 X 射线机，移动式 X 射线机的管电流较大、管电压较高，往往可以产生较强的 X 射线，可以满足大部分场合的检测厚度要求，适用于工厂生产过程中的检测。

3）固定式 X 射线机。相比于便携式和移动式，其部件的结构更加合理且功能完善、性能强大，可提供很高的 X 射线强度，因此可以透照大厚度工件。但它体积大、重量大，仅适用于射线检测实验室。

按照 X 射线管的辐射角大小，X 射线机可以分为定向 X 射线机和周向 X 射线机；按照 X 射线管的焦点大小，X 射线机可以分为微焦点、小焦点及常规焦点 X 射线机；按照 X 射线管的焦点个数，X 射线机可以分为单焦点和双焦点 X 射线机等。此外，工业用 X 射线机所产生的 X 射线的最大有效能量一般为 400keV 左右，还不能完全满足透照大厚度焊缝的需要。要得到能量在 1MeV 以上的所谓高能 X 射线，则应采用电子加速器。电子加速器的种类较多，常见的有电子感应加速器、直线电子加速器和回旋电子加速器等。关于电子加速器，请参考其他相关书籍。

需要注意的是，当使用 X 射线机进行射线检测时，应严格遵守生产厂家的使用说明。并且，应在规定的额定电流和额定电压下使用，注意加载和冷却周期的规定。注意日常的定期维护保养以及在新安装或长期不使用后重新投入使用时，应按生产厂家建议的程序进行老化训练，以免损坏 X 射线管。老化训练就是设定不同梯级的管电压，从低压逐级升高电压，在每一梯级上保持一定的时间并观察管电流，如果管电流不稳定甚至突然增大则应迅速降低到下一梯级电压，如此反复直到达到所需要的工作管电压或者是额定管电压。之所以需要老化训练，是因为 X 射线管必须是高真空度的，否则可能引起高压击穿或者高速电子电离管中的气体产生很大的管电流而造成 X 射线管的损坏。

2. γ 射线机

γ 射线机与 X 射线机最明显的差别是，X 射线机只有加电才辐射 X 射线，而 γ 射线机由人工放射性同位素作为 γ 射线源，无时无刻不在辐射 γ 射线，与加不加电等无关，并且不能像断电从而停止 X 射线发射一样地通过断电来关掉 γ 射线的辐射。

（1）γ 射线机的组成　γ 射线机主要由三部分组成，即 γ 射线源部件、源容器及输运机构，如图 1-12 所示。

1）γ 射线源部件由 γ 射线源、源外壳等构成，γ 射线源被密封在源外壳中。源外壳由内层为铝、外层为不锈钢焊制而成，以免轻易拆卸导致放射源的散失，并应保证在外界因素如振动、压力或温度等作用下不发生损坏。

2）源容器主要用于安放 γ 射线源部件，由屏蔽射线效果好的贫铀材料制成，防止非射线检测期间的射线外泄。

3）输运机构用于射线检测时送出和收回 γ 射线源，一般由手动驱动部件和输运导管组成，电动驱动时还配有控制部件。控制部件可控制 γ 射线源的移动速度、移动距离及曝光时间等，方便操作并减少检测人员的辐射剂量。

γ 射线机分为便携式、移动式和固定式，在应用特性和射线性能方面与 X 射线机的相同类型近似。

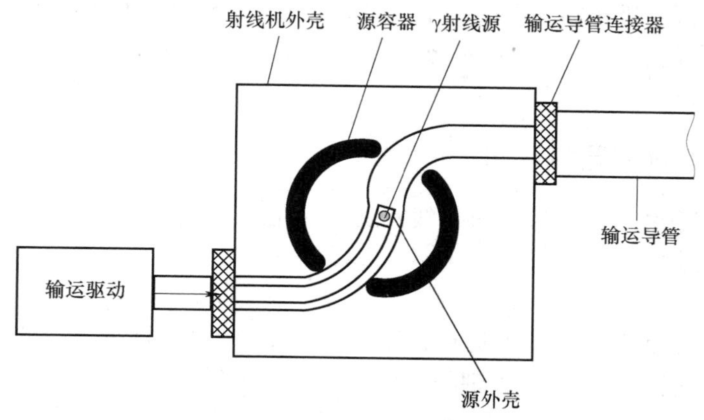

图 1-12 γ射线机组成示意图

（2）γ射线源 γ射线源是γ射线机的核心关键元件，无损检测用人工放射性同位素的γ射线源需要满足如下要求：①为了满足检测厚度的要求，产生的γ射线应具有足够的能量；②为了满足使用期的要求，应具有足够长的半衰期；③为了满足检测灵敏度的要求，应具有较小的射线源尺寸，并具有足够大的放射性活度；④为了满足人员安全的要求，应具有使用安全、便于处理的特点。NB/T 47013. 2—2015《承压设备无损检测 第2部分：射线检测》标准中推荐采用的γ射线源见表1-1。

表 1-1 标准推荐采用的γ射线源

名　　称	平均能量/keV	半衰期/d
Tm170	72	128
Yb169	156	32
Se75	206	120
Ir192	355	74
Co60	1250	5. 3 年

由表1-1可见，γ射线源发出的射线具有恒定不变的平均能量，这取决于放射性元素本身的衰变类型。不同的γ射线源适用的透照厚度是不同的，半衰期也有较大差别，一般应根据具体工件的材料种类、厚度及生产周期等因素来选择。

γ射线源的活度与其尺寸相关，以Se75为例，其比活度为 1.45×10^4Ci/g，其尺寸与最大活度的关系见表1-2。

表 1-2 γ射线源尺寸与最大活度的关系

γ射线源尺寸/mm	最大活度/Ci
1. 0×1. 0	2. 5
1. 5×1. 5	10
2. 0×2. 0	22
2. 5×2. 5	45
3. 0×3. 0	80

γ射线源焦点尺寸即柱体高度的大小，对缺陷成像的清晰度有十分重要的影响。为使具有一定放射性活度的放射性元素体积不是很大，要求该元素应具有尽可能大的比活度和密度。

1.2.2 射线检测过程器材

在射线检测过程中，除了需要有射线机之外，往往还需要像质计、工业射线胶片、增感屏及标记等检测器材。

1. 像质计

在射线照相时，像质计与工件均在底片上成像。通过像质计影像的可识别程度，可以判定检测人员射线透照技术和暗室处理技术的优劣，也可以测定射线照相的灵敏度，进而判定底片的影像质量。国际上，主要有三种类型的像质计，即线型、孔型和槽型，孔型又可分为平板孔型和阶梯孔型。中国、日本和德国等大多数国家主要使用线型像质计，美国习惯使用孔型像质计、俄罗斯习惯使用槽型像质计，但均允许使用线型像质计。

我国射线照相标准规定，采用线型像质计（JB/T 7902）或阶梯孔型像质计（GB/T 23901.2）。

（1）线型像质计　将直径不同且大约等间距的7根金属线和标识封装在外壳中而成，如图1-13所示。

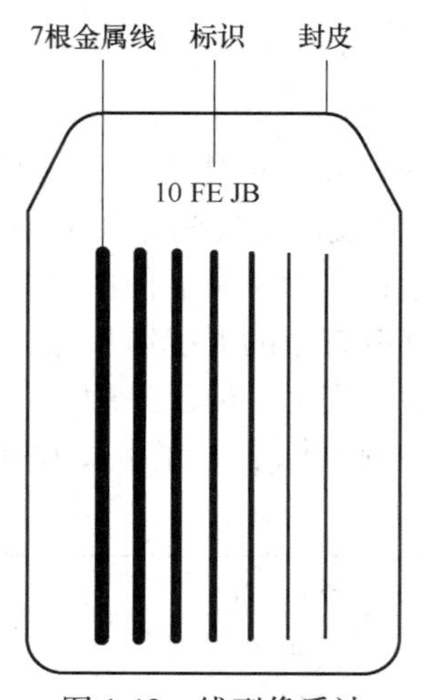

图1-13　线型像质计

在射线照相检测时，较细的金属线有可能不会在底片上成像。底片上可识别出的所有金属线中最细的那个金属线越细，则表明底片影像质量越好。

封皮由对射线非吸收或弱吸收且透明的材料制成。

金属线直径不同，共19根。根据不同用途，线长可选为10mm、25mm或50mm。线型像质计金属线编号及直径见表1-3。

表1-3　线型像质计金属线编号及直径

金属线编号	标称线径/mm	金属线编号	标称线径/mm
W1	3.20	W11	0.32
W2	2.50	W12	0.25
W3	2.00	W13	0.20
W4	1.60	W14	0.16
W5	1.25	W15	0.125
W6	1.00	W16	0.100
W7	0.80	W17	0.080
W8	0.63	W18	0.063
W9	0.50	W19	0.050
W10	0.40	—	—

为了便于将线型像质计应用于不同板厚的工件，线型像质计分为4组。线型像质计分组

及其包含的金属线编号见表1-4。

表1-4　线型像质计分组及其包含的金属线编号

组　　号	金属线编号
W1	W1~W7
W6	W6~W12
W10	W10~W16
W13	W13~W19

由表1-4可见，W1组金属线较粗，适用于较厚工件的射线检测；W13组金属线较细，适用于很薄工件的射线检测。

金属线所用的材料应与被透照的工件材料种类相同或相近，以便正确反映检测灵敏度，并通过底片上的金属线影像来判断缺陷的当量尺寸。像质计金属线材料及其适用范围见表1-5。

表1-5　像质计金属线材料及其适用范围

金属线材料	材料代号	适用的工件材料
碳素钢	FE	钢
工业纯铝	AL	铝及铝合金
3#纯铜	CU	铜、锌、锡及其合金
镍铬合金	NI	镍及镍合金
工业纯钛	TI	钛及钛合金

标识所用材料对射线的吸收不宜大于最大直径金属线的两倍，并且能在射线底片上成像，但其图像不应过于显眼，以免造成对缺陷图像识别的干扰，一般采用铅质标识。标识由该组中最大直径金属线的编号、金属线材料代号和标准号这三部分组成，如10 FE JB。

（2）阶梯孔型像质计　将钻制了通孔的金属阶梯块和标识封装在外壳中而成，如图1-14所示。

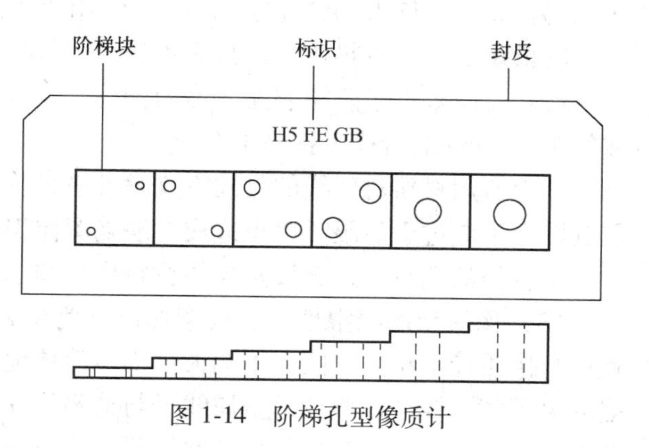

图1-14　阶梯孔型像质计

在射线照相检测时，较小的孔有可能不会在底片上成像。底片上可识别出的所有孔中最小那个孔的孔径越小，则表明底片影像质量越好。

封皮由对射线非吸收或弱吸收且透明的材料制成。

阶梯块由6个不同厚度的阶梯组成，每个阶梯上钻制出直径与阶梯厚度相同的通孔，共有18种阶梯厚度和孔径，见表1-6。

由表1-3和表1-6可见，所取的线径和阶梯厚度尺寸是有一定规律的，实际上是采用公比为$\sqrt[10]{10}$的等比数列决定的一个优选系列。

为了便于将阶梯孔型像质计应用于不同板厚的工件，阶梯孔型像质计分为4组。阶梯孔型像质计分组及其包含的孔编号见表 1-7。

表 1-6 阶梯孔型像质计孔编号、标称孔径或阶梯厚度

孔 编 号	标称孔径或阶梯厚度/mm	孔 编 号	标称孔径或阶梯厚度/mm
H1	0.125	H10	1.000
H2	0.160	H11	1.250
H3	0.200	H12	1.600
H4	0.250	H13	2.000
H5	0.320	H14	2.500
H6	0.400	H15	3.200
H7	0.500	H16	4.000
H8	0.630	H17	5.000
H9	0.800	H18	6.300

表 1-7 阶梯孔型像质计分组及其包含的孔编号

组 号	孔 编 号
H1	H1～H6
H5	H5～H10
H9	H9～H14
H13	H13～H18

由表 1-7 可见，H1 组的阶梯较薄、孔径较小，适用于很薄工件的射线检测；H13 组的阶梯较厚、孔径较大，适用于较厚工件的射线检测。

阶梯块的宽度，H1、H5 及 H9 组为 10mm，H13 组为 15mm；阶梯块每个阶梯的长度，H1 组为 5mm，H5 及 H9 组为 7mm，H13 组为 15mm。

阶梯块材料、材料代号及其适用范围，与线型像质计相同，见表 1-5。

通孔，应垂直于阶梯表面、不做倒角，并且小于 0.8mm 的阶梯上应钻制两个孔，大于或等于 0.8mm 的阶梯上钻制 1 个孔。

标识所用材料对射线的吸收不宜超过最大阶梯厚度的两倍，并且能在射线底片上成像，但其图像不应过于显眼，以免造成对缺陷图像识别的干扰，一般采用铅质标识。标识由该组中最小直径的孔编号、金属阶梯块材料代号和标准号这三部分组成，如 H5 FE GB。

（3）像质计的局限性　以线型像质计为例，由于实际缺陷的形状、吸收系数和所处位置均与像质计不相同，因此检测人员不能简单地认为像质计灵敏度就是射线照相检出实际缺陷的灵敏度。线型像质计的金属线径与缺陷尺寸之间的相关关系很复杂，如在众多的缺陷类型中，日本学者由试验仅得出球状缺陷可检出的尺寸大约相当于线型像质计可识别的最细金属线直径的 2.5 倍。也即如果欲发现 0.5mm 直径的球状缺陷，就需要底片具有能识别出的像质计最细金属线的直径应小于或等于 0.20mm 这样的影像质量。

线型像质计的局限性主要表现在以下两方面。其一，底片上形成的最细的金属线影像能否被“识别”，这一问题包含有评片人员的主观因素在内。例如：在 NB/T 47013.2—2015《承压设备无损检测 第 2 部分：射线检测》中，对于线型像质计影像识别的含义规定为“如

果底片黑度均匀部位（一般是邻近焊缝的母材金属区）能够清晰地看到长度不小于10mm的连续金属线影像时，则认为该金属线是可识别的”，而且需要在标准的评片环境下，采用合格的评片器材，并由有资格证书的合格的评片人员来识别。但所谓的“能够清晰地看到”就包含着评片人员一定的主观因素，有可能造成结论的不统一。由于评片人员主观因素造成的这种可识别和不可识别的1根金属线的差别，像质计灵敏度的相对变化就大约可达±25%之多。其二，透照工艺条件改变时，像质计灵敏度的改变不够显著。例如：透照厚度为50mm时，A级、AB级和B级检测技术等级要求达到的像质计数值分别为7、8和9，之间仅相差1~2根金属线。但实践证明，就实际缺陷而言，透照工艺条件改变时，其检出率可能有很大的变化，对裂纹类的危险性缺陷尤其如此。

像质计的上述局限性，应引起检测人员足够的重视，制订相应的检测工艺来尽量保证超标缺陷不被漏检。

2. 工业射线胶片

为了与普通民用照相胶卷及与医用射线照相胶片区分，工业上射线照相检测专用的胶片称为工业射线胶片。它一般是在醋酸纤维片基的单侧或两侧粘有由明胶和均匀混入其中的银盐颗粒构成乳胶层，并在乳胶层表面附有防止损伤的保护涂层，剖面示意图如图1-15所示。

（1）胶片特性曲线　在规定条件下，胶片曝光量与底片黑度之间关系的曲线称为胶片特性曲线，也称胶片感光曲线。最常用的特性曲线是胶片曝光量的常用对数值与黑度值之间的关系曲线，如图1-16所示。其中横坐标为胶片曝光量K的常用对数，曝光量K为照射在胶片上的射线或其他光的时间积分，单位为Gy；纵坐标为黑度D，详见1.3节中的相关内容。胶片特性曲线上$\lg K$为零，即胶片未曝光时的黑度称为胶片的灰雾度D_0。D_0的大小与胶片的保存时间、显影和定影条件以及胶片本身的质量等因素有关。

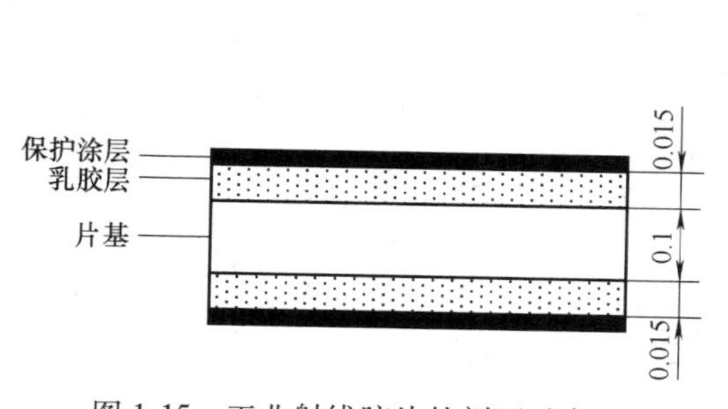

图1-15　工业射线胶片的剖面示意图

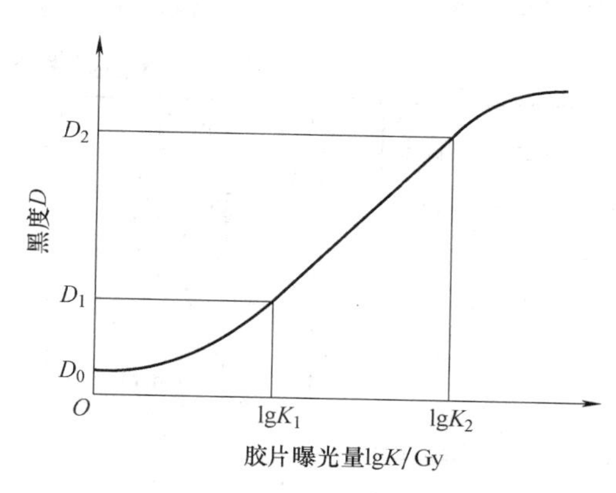

图1-16　胶片特性曲线

胶片的质量往往通过感光度S、颗粒度σ_D、对比度（即反差ΔD）及特性曲线的平均斜率G_m等指标来衡量。胶片颗粒度是指胶片曝光后的射线照相底片上迭加在影像上的随机密度波动，也就是底片上影像黑度的不均匀程度。胶片颗粒度影响底片的清晰度，并进而影响射线底片的质量。

1）胶片感光度。胶片的感光度S定义为

$$S=1/K_S \tag{1-13}$$

式中　K_S——胶片形成 2.00 加 D_0 这个量值的黑度所需要的曝光量（Gy）。

由式（1-13）可知，不同的胶片，如果想获得相同的黑度，感光度低的胶片需要的曝光量更大。这是因为胶片感光度的高低一般由乳胶层中银盐晶体粒度的大小决定。银盐晶体粒度越小，那么为了还原出同样密度的金属银使底片达到规定的黑度，胶片的乳胶层就必须更多地被电离，这就需要增加曝光量。相对而言，使用感光度低的胶片可以获得较好的影像质量，但需要更大的曝光量或更长的曝光时间。

2）胶片特性曲线的平均斜率。如图 1-16 所示，胶片特性曲线的平均斜率 G_m 定义为

$$G_m=(D_2-D_1)/(\lg K_2-\lg K_1) \tag{1-14}$$

式中　D_1——灰雾度加 1.50 的黑度；

D_2——灰雾度加 3.50 的黑度；

K_1——产生 D_1 黑度所需的曝光量（Gy）；

K_2——产生 D_2 黑度所需的曝光量（Gy）。

特别地，胶片特性曲线上某一黑度处的斜率称为胶片梯度 G。

由式（1-14）可知，对应于工件两个不同部位如焊缝和缺陷处的曝光量差别 $\lg K_2-\lg K_1$ 一定时，胶片的 G_m 越大，则底片上对应这两个部位的反差 $\Delta D=D_2-D_1$ 则越大。这意味着在透照工艺一定的条件下，G_m 大的胶片对曝光量的变化更为敏感，即选用 G_m 大的胶片将有利于提高底片影像的反差，并进而提高射线底片的质量。

（2）工业射线胶片系统的类型　对工件进行射线透射照相后得到的底片质量，不仅与工业射线胶片的质量有关，还与对已形成潜像的胶片的暗室处理环节密切相关，所以一般不按胶片进行分类，而是将胶片及其后处理当作一个系统，按胶片系统进行分类。根据 GB/T 19348.1《无损检测　工业射线照相胶片　第 1 部分：工业射线照相胶片系统的分类》，工业射线胶片系统按照质量由高到低的顺序分为 C1、C2、C3、C4、C5 及 C6 共六类，见表 1-8。

表 1-8　工业射线胶片系统分类及主要特性指标

胶片系统类别	梯度最小值 G_{min}		颗粒度最大值 σ_{Dmax}	梯度与颗粒度比值的最小值 $(G/\sigma_D)_{min}$
	$D=2.0$	$D=4.0$	$D=2.0$	$D=2.0$
C1	4.5	7.5	0.018	300
C2	4.3	7.4	0.020	230
C3	4.1	6.8	0.023	180
C4	4.1	6.8	0.028	150
C5	3.8	6.4	0.032	120
C6	3.5	5.0	0.039	100

注：D 的数值中不包含灰雾度 D_0。

在工业射线照相检测实践中，可以根据实际的影像质量要求，选用不同类别的胶片系统进行工业射线照相检测。

3. 增感屏

在射线照相检测中，由于射线穿透物质的能力强，因此工业射线胶片对射线的感光能力弱。为了缩短曝光时间、提高检测生产率，在对工件进行射线照相检测时，有时需要采用增加感光的器材，即增感屏。根据增感原理的不同，增感屏可分为金属增感屏、荧光增感屏和

金属荧光增感屏等。

（1）金属增感屏　金属增感屏是将金属箔紧密黏结在支承物上构成或将金属片直接作为增感屏。金属箔的支承物可以是硬纸片或塑料片等。根据金属箔的材料种类，金属增感屏分为钢屏、铜屏、铅屏、钽屏和钨屏等，所采用的金属材料的纯度应大于或等于99.9%。其中，最常用的是铅屏。在射线能量超过80keV的同一照相规范下，相比于无增感屏的情况，使用金属增感屏的曝光时间可缩短2~5倍。

金属增感屏之所以能够在保证底片黑度的前提下缩短曝光时间，是因为其原子被射线电离后逸出的二次电子加速了胶片上银盐的还原。金属增感屏长和宽的尺寸一般与所采用的胶片尺寸相同。金属增感屏的厚度是指金属箔或片的厚度，支承物的厚度应小于或等于1mm，见表1-9。

表1-9　金属增感屏的标称厚度与允许偏差

金属种类	标称厚度/mm	允许偏差/mm
铅	0. 01	±0. 002
	0. 02	
	0. 03	±0. 005
	0. 05	
	0. 1	±0. 01
	0. 15	±0. 02
	0. 2	
	0. 3	±0. 05
	0. 5	
	0. 7	±0. 1
	1. 0	
	1. 5	±0. 2
	2. 0	
钢、铜、钽、钨	0. 3	±0. 05
	0. 5	
	0. 7	±0. 1
	1. 0	
	1. 5	±0. 2
	2. 0	

金属增感屏的表面应光滑、清洁且平整，金属箔或片的表面不应有肉眼可辨的孔洞、划痕、擦伤、皱纹、油污及氧化等。金属增感屏的标记格式一般如下：

金属增感屏 JB/T 5075-Pb-0. 03-300×400

含义为该金属增感屏符合JB/T 5075标准、铅屏、厚度为0. 03mm、长与宽的尺寸为300mm×400mm。

（2）荧光增感屏和金属荧光增感屏　荧光增感屏是把能发出荧光的盐类，如$CaWO_4$，涂覆在对射线弱吸收的非金属材料基底上，并在表面涂覆保护层而制成的增感器材。其增加感光的原理是在射线激发下荧光物质发出的可见荧光对胶片快速曝光。

金属荧光增感屏，与荧光增感屏相似，仅是将基底材料替换为金属而制成。其增加感光的原理兼有金属增感屏和荧光增感屏对胶片的增感作用。

与无增感的情况比较，荧光增感屏可以把曝光时间缩短几十倍之多，金属荧光增感屏的增感效果也远较金属增感屏显著。但是，上述三种增感屏在增加感光的同时，也不同程度地降低了底片影像的清晰度，见表 1-10。

表 1-10　X 射线照相时不同类型增感屏的固有不清晰度

增感屏类型	固有不清晰度/mm
无	0.08
铅增感屏	0.13
荧光增感屏	0.3~0.4

由表 1-10 可见，荧光增感屏的固有不清晰度较大，因此在有些工业射线照相检测标准中规定应使用金属增感屏或不用增感屏，不得使用荧光增感屏。实际上，金属增感屏不仅起到增感的作用，还可以起到吸收强度较弱的散射线从而提高影像质量的作用，这是与荧光增感屏和金属荧光增感屏显著不同之处。

需要说明的是，射线照相中使用到的暗盒，实际上是射线胶片和增感屏的组合，即在暗室中将工业射线胶片或者是工业射线胶片和增感屏一并放入黑色塑料袋中，包扎密闭后拿出暗室并进行射线照相检测。由金属增感屏的增感原理可知，金属增感屏的金属箔一面应朝向胶片，并且应紧贴胶片。暗盒中的组成示意图如图 1-17 所示。

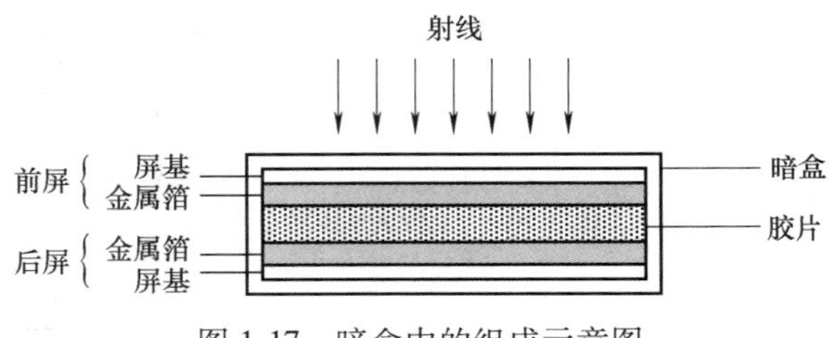

图 1-17　暗盒中的组成示意图

4. 标记

为了记录检测日期、工件信息等识别信息及透照中心等定位信息，需要在射线照相检测时放置标记，以便在照相底片上做出永久性的标识作为底片复查和重新定位的依据。标记一般由适当尺寸的铅质或其他适宜的金属材料的数字、字母和符号组成，以便这些标记在底片上成像。底片上标记的影像，一方面要清晰可辨，一方面要不至于产生眩光，以免对底片的评定带来不良影响。所采用的标记的材料和厚度，一般是根据被检工件的材料和厚度来选定。标记可以分为两大类，即识别标记和定位标记。

识别标记一般可包括设备编号、产品编号、部位编号、焊缝编号、焊工编号、检测人员编号和透照日期等内容，返修后的透照应有返修标记 R1、R2 等，扩大检测比例的透照应有扩大检测标记 K3、K5 等。

定位标记一般包括中心标记、搭接标记和检测区标记。中心标记指示透照区段的中心位置和分段编号的方向，一般用十字箭头“⍏”；搭接标记是一张胶片难以完整覆盖检测区域时分段透照的标记，可用符号“↑”或其他能显示胶片搭接情况的方法，如编号数字来标记；检测区标记是采取适当的方式清晰地标记出检测范围即可，如采用铅丝。

5. 滤光板

滤光板主要用于γ射线照相检测时放置于工件和暗盒之间，起到滤除强度弱的散射线的作用，用以提高影像清晰度；也可用于X射线照相检测。滤光板一般为铅质薄板，并在一角钻制1~2个通孔作为标识，如图1-18所示。

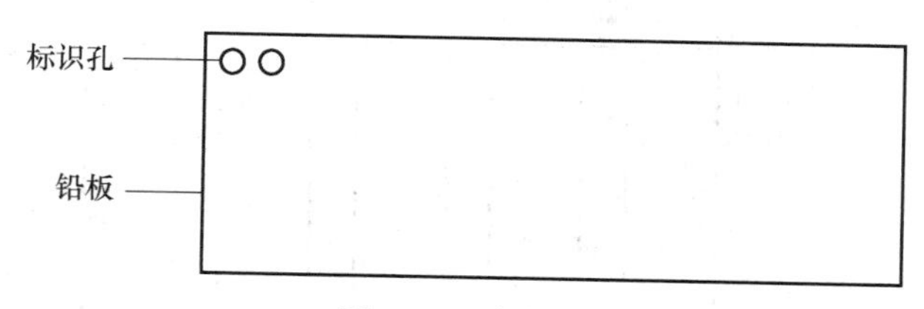

图 1-18　滤光板

滤光板的厚度有0.5mm、1.0mm、1.5mm和2.0mm，根据不同的透照厚度选择不同厚度的滤光板。标识孔，在0.5mm厚的滤光板上钻制1个ϕ2mm的通孔；在1.0mm厚的滤光板上钻制2个ϕ2mm的通孔；在1.5mm厚的滤光板上钻制1个ϕ3mm的通孔；在2.0mm厚的滤光板上钻制2个ϕ3mm的通孔。

6. 管材环向对接焊缝对比试块

该对比试块主要用于测定管材环向对接焊缝的未焊透深度，是通过试块上沟槽影像的黑度与未焊透缺陷影像的黑度对比来测得未焊透深度。因此，制作对比试块的材料应与被检工件材料的射线衰减系数相同或相近。分为Ⅰ型对比试块和Ⅱ型对比试块，Ⅰ型为管材外径D_0≤100mm的小径管环缝专用对比试块，Ⅱ型为通用槽型对比试块。

Ⅰ型对比试块的形式、规格和尺寸如图1-19所示。

Ⅱ型对比试块的形式、规格和尺寸如图1-20所示。

1.2.3　射线检测后处理器材

对工件的射线透照结束后，需要对感光胶片进行显影、定影及烘干等暗室处理，然后进行底片质量检验及缺陷评定。

1. 观片灯

观片灯是用于观察底片影像并识别缺陷影像的，应满足GB/T 19802《无损检测　工业射线照相观片灯　最低要求》的规定。

首先，应可以观察不同尺寸的底片。为了避免观察小尺寸底片时，底片未能遮盖的观察屏区域的强光干扰检测人员对底片影像的观察，观片灯的有效观察屏的大小应可调。其次，观片灯的亮度应满足评片的要求并可调节。当底片的

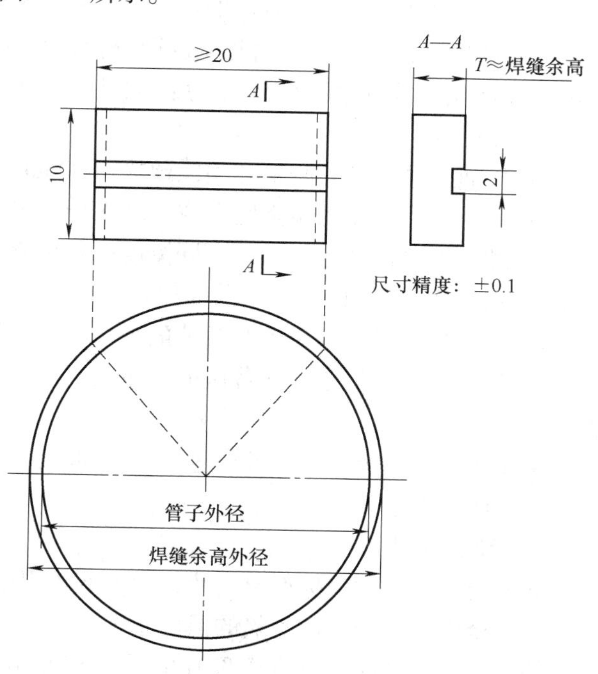

图 1-19　Ⅰ型对比试块的形式、规格和尺寸

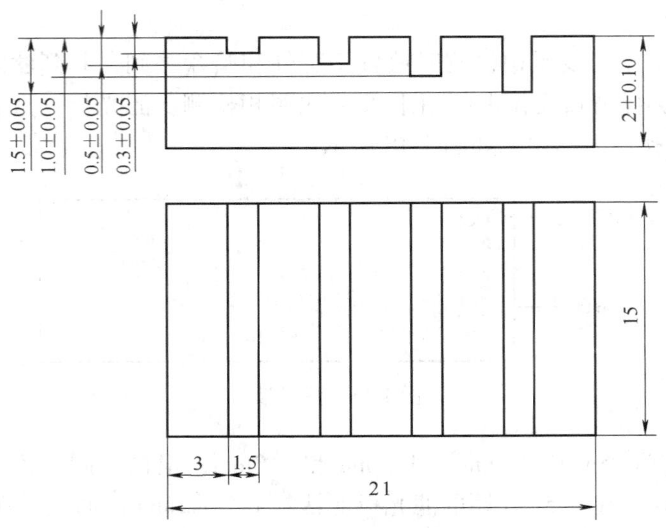

图 1-20　Ⅱ型对比试块的形式、规格和尺寸

黑度 $D\leqslant2.5$ 时，透过底片后的亮度应大于或等于 $30\mathrm{cd/m^2}$；当底片的黑度 $D>2.5$ 时，透过底片后的亮度应大于或等于 $10\mathrm{cd/m^2}$。如果可能，则透过底片后的亮度大于或等于 $100\mathrm{cd/m^2}$ 较好。但由于传统光源的光效不高而产生的较大热量将可能使得底片热变形，现在可以采用光效很高的高亮度 LED 制作观片灯来解决这个问题。最后，观片灯的光的颜色通常为白色，并且光照的均匀性要好等。

2. 黑度计

黑度计也称为黑白密度计或光学密度计，用于测量底片的黑度。黑度计可测量的黑度值应大于或等于 4.5，而且测量值的误差应在±0.05 之内。

全新的黑度计在首次使用时应进行校验，并且每 6 个月应至少进行一次校验工作，以便保证黑度计在正常可用的状态。黑度计的校验，应首选按生产厂家推荐的程序进行，也可按如下步骤进行：

1）接通电源并打开测量开关，预热约 10min。

2）用标准密度片的零黑度点或区域来调整黑度计的测量零点。

3）顺次测量标准密度片上不同黑度区的黑度值。

4）重复 2）~3）的过程，共 3 次。

5）计算出各黑度区黑度测量值的平均值并与标注值相减得到测量误差值。

6）黑度小于或等于 4.5 各区的测量误差应在±0.05 之内，否则应调整、修理或报废该黑度计。

在开始正式测量之前或者是连续工作 8h 之后，应在拟测量黑度范围内至少选测两点来验证黑度计工作正常。

3. 标准密度片

标准密度片也称为标准黑度片，用于调校黑度计。

一般至少有 8 个一定间隔的黑度基准，而且黑度范围在 0.3~4.5，应至少每两年校核一次，并且必须特别注意标准密度片的保存和使用条件。例如，某型标准密度片具有 8 阶黑度，即 0.05、0.62、1.12、2.05、2.56、3.01、4.02 和 4.86，并建议校核间隔为 12 个月。

1.3　射线检测工艺

检测工艺主要是对检测过程的方法、技术和参数做出正确和准确选择。制订工艺要遵循技术上的适宜性和经济上的合理性。

该节主要是介绍射线照相法的检测工艺，工业电视法及X射线的CT检测方法等的射线检测工艺与射线照相法有较大差别，请参考相关的专业书籍。射线照相法所有的具体检测工艺，均是为了高效地得到高质量的射线照相底片。衡量射线照相质量的两个指标是清晰度和对比度。简单而言，清晰度就是底片上影像黑度与邻近区域黑度的渐变宽度，对比度就是底片上影像与邻近区域的黑度差。在五种常规无损检测方法中，射线检测的工艺变量最多，主要包括：射线源的尺寸，射线能量，工件的材料种类、密度及厚度，胶片类型，胶片冲洗程序，底片黑度，增感屏的类型及厚度，曝光时间，射线源到工件的距离，工件到胶片的距离，以及射线源和工件是否相对运动等。实际上，如果从质量管理的角度来看，应该对射线检测实施的各个环节进行质量控制方可得到一张质量优良的射线照相底片。

1.3.1　检测前的准备

经常性的射线照相检测项目的前期准备，主要是对工件进行必要的处理、射线辐射安全防护及设备和器材的常规检查等。另外，一个全新的射线照相检测项目的前期准备，往往应确定出具体的检测工艺，包括检测技术等级的确定、射线源的选择、射线能量的选择、曝光量的确定、焦距的确定、胶片及增感屏的选用以及屏蔽散射线的措施等，并编制出射线检测工艺规程和射线检测操作指导书，用以指导经常性的射线检测工作。

1. 检测技术等级的确定

在射线照相检测中，根据底片上显现的缺陷影像对工件内部质量做出合理评价的前提是：射线照相的底片必须具有合格的影像质量。一般而言，缺陷影像的黑度波动越小，轮廓越清晰，相对于背景的反差越大，也就是清晰度和对比度越高，则底片的影像质量越好。在难以分辨出底片上的缺陷影像时，首先需要确认的是工件内部确实没有缺陷，还是由于底片的影像质量太差以至于不能有效地显示出缺陷。为了解决这样的问题，同时也是为了有效地控制影响底片影像质量的透照工艺条件，就需要在一个统一的标准上对射线照相底片的影像质量做出评价，射线检测工程上主要的评价指标是底片的黑度和像质计数值。无论是黑度还是像质计数值，均是透照技术的综合作用结果，是评价底片影像质量的高低和透照技术优劣的比较可靠的指标。

（1）检测技术等级　NB/T 47013.2—2015《承压设备无损检测　第2部分：射线检测》将射线检测技术分为三级：A级，低灵敏度技术；AB级，中等灵敏度技术；B级，高灵敏度技术。有的标准分为两级，如GB/T 3323—2005《金属熔化焊焊接接头射线照相》标准就是将检测技术分为A级和B级。

射线检测技术等级的选择，首先要根据相关的法规、规范、标准和设计技术文件来确定，同时应满足合同双方商定的具体技术及质量要求。对于普通工件，一般选择A级；对于承压设备的焊接接头，应选用AB级；对于重要设备及结构如高压、有毒设备或与人民生命财产安全紧密相关的焊接结构的焊接接头，以及采用特殊材料或特殊焊接工艺制作的焊接接头，应选用 B 级。

确定检测技术等级后，还要知晓其内涵。例如：对底片的黑度要求及对像质计数值的要求。欲达到某一检测技术等级，不仅要满足对黑度的要求，同时还要满足对像质计数值的要求。

（2）黑度　前文已多次使用“黑度”一词，通常来讲该术语符合人们的通识，即底片黑化的程度。底片的黑度是描述照相底片上某一点黑化程度的参数，其数值为强度 J_0 的可见光沿底片的法向入射到照相底片上的某点，设透过底片该点的可见光强度为 J，则该点的黑度值为

$$D=\lg (J_0/J) \tag{1-15}$$

由式（1-15）可见，黑度 D 恒大于 0。

照相底片的影像质量与其黑度的大小有直接关系。就人眼的识别规律而言，在某个黑度值以下，底片反差会显著减小。一般而言，在观片灯亮度足够的前提下，随着黑度的增大，底片反差会得到相应的改善。在常用观片灯的亮度范围内，从提高底片影像质量的角度考虑，同时兼顾到透照厚度可能变化较大的实际情况，应控制对接接头射线照相底片有效评片区域内无缺陷部位的黑度满足一定的要求，这个要求与所采用的不同胶片透照工艺和底片观察工艺相关。不同检测技术等级应满足的底片黑度见表 1-11。

表 1-11　不同检测技术等级应满足的底片黑度

检测工艺	底片黑度 D		灰雾度 D_0
单胶片透照-单底片观察	A 级	$1.5 \leqslant D \leqslant 4.5$	$\leqslant 0.3$
	AB 级	$2.0 \leqslant D \leqslant 4.5$	
	B 级	$2.3 \leqslant D \leqslant 4.5$	
双胶片透照-双底片叠加观察	$2.7 \leqslant D \leqslant 4.5$		

双胶片透照工艺就是在同一暗盒内放入两张胶片进行透照，然后将两张底片重叠起来观察透照厚度大的部位，单张底片观察透照厚度小的部位。

对于表 1-11 中的黑度范围要注意如下两点：

1）用 X 射线透照小直径管或截面厚度变化大的工件，单底片观察时，AB 级和 B 级的最低黑度可以降一级即分别降低至 1.5 和 2.0。

2）在透过底片最高黑度评定范围内的观片灯亮度能够满足标准规定要求时，评定区的最大黑度限值可以提高。

当采用双胶片透照-双底片叠加观察工艺时，还要注意如下三点：

1）如果欲对 $D>4.5$ 的区域进行单底片观察，则单张底片的黑度范围应满足单胶片透照-单底片观察工艺对黑度范围的要求。

2）采用的胶片类型相同时，在有效评定区域内每张底片上相同测量点的黑度差要求为 $\Delta D \leqslant 0.5$。

3）单底片的黑度要求为 $D \geqslant 1.3$。

（3）像质计数值　按照 GB/T 3323—2005《金属熔化焊焊接接头射线照相》中的规定，像质计数值是指底片上可识别出的线型像质计影像最细线的线径或线号，或者阶梯孔型像质计影像最小孔的孔径或孔号。由于线径或孔径数值不便于记忆或书写，往往使用线号或孔号。

按照GB/T 3323—2005《金属熔化焊焊接接头射线照相》中的规定，“可识别出”是指：在满足底片评定的基本要求的前提下，在底片黑度均匀部位能够清晰地看到长度不小于10mm的连续金属线影像，或者能够清晰地看到完整的孔的轮廓。需要注意的是，当同一阶梯上有两个孔时，则两个孔都应在底片上可识别。在对焊接接头进行透照时，“底片黑度均匀部位”一般是指邻近焊缝的母材区。对于“可识别出”的含义，该标准与NB/T 47013.2—2015《承压设备无损检测　第2部分：射线检测》中的规定基本相同。

在GB/T 23901.1—2009《无损检测　射线照相底片像质　第1部分：线型像质计　像质指数的测定》和GB/T 23901.2—2009《无损检测　射线照相底片像质　第2部分：阶梯孔型像质计　像质指数的测定》中规定的像质指数，含义与像质计数值相同。

在NB/T 47013.2—2015《承压设备无损检测　第2部分：射线检测》中并未规定像质计数值或是像质指数，而使用了像质计灵敏度值的概念，规定像质计灵敏度值为底片上能够识别的最细金属线的编号。可见，像质计灵敏度值实际上与像质计数值或像质指数是基本相同的。实际上，像质计数值或像质指数与检测的灵敏度是相关的，所以将像质计数值或像质指数称为像质计灵敏度值也是可以接受的。以线型像质计为例，射线照相的相对灵敏度S计算式为

$$S=\phi/t_A\times100\% \tag{1-16}$$

式中　t_A——实际的射线透照厚度（mm）；

ϕ——底片上可以识别的最细金属线的直径（mm）。

需要注意的是，焊件的透照厚度t_A要计入焊缝余高，一般应根据实测值确定。如实测确有困难，也可以经验性地使用表1-12和表1-13中列出的数值或计算式。

表1-12　板材对接接头的透照厚度

板材厚度	焊缝余高	透照厚度t_A/mm
t	无	t
	单面焊	$t+2$
	双面焊	$t+4$
	加垫板的单面焊（垫板厚度t_b）	$t+2+t_b$

表1-13　管材对接接头的透照厚度

透照方法		透照厚度t_A/mm
外透法	单壁透照	$t+h$
	双壁单影透照	$2t+h$
	双壁双影透照	$2t(1+d/D)$，或者 $0.8\sqrt{(D-t)\ t}+t$
内透法	中心透照	$t+h$
	偏心透照	

注：t为管材的实际壁厚，h为焊缝余高，D为管外径，d为管内径。

对底片像质计数值的要求，因透照技术等级、透照厚度、像质计类型、像质计摆放在射

线源侧还是胶片侧以及透照方法的不同而不同，表 1-14 和表 1-15 是其中两例，其他相应的表格可参见相关的标准。

表 1-14　单壁透照/线型像质计/像质计置于射线源侧时应满足的像质计数值

应满足的像质计数值	公称厚度的范围/mm		
	A 级	AB 级	B 级
W19	—	—	≤1.5
W18	—	≤1.2	>1.5~2.5
W17	≤1.2	>1.2~2.0	>2.5~4.0
W16	>1.2~2.0	>2.0~3.5	>4.0~6.0
W15	>2.0~3.5	>3.5~5.0	>6.0~8.0
W14	>3.5~5.0	>5.0~7.0	>8.0~12
W13	>5.0~7.0	>7.0~10	>12~20
W12	>7.0~10	>10~15	>20~30
W11	>10~15	>15~25	>30~35
W10	>15~25	>25~32	>35~45
W9	>25~32	>32~40	>45~65
W8	>32~40	>40~55	>65~120
W7	>40~55	>55~85	>120~200
W6	>55~85	>85~150	>200~350
W5	>85~150	>150~250	>350
W4	>150~250	>250~350	—
W3	>250~350	>350	—
W2	>350	—	—

表 1-15　双壁单影或双影透照/孔型像质计/像质计置于胶片侧时应满足的像质计数值

应满足的像质计数值	公称厚度的范围/mm		
	A 级	AB 级	B 级
H2	—	—	≤2.5
H3	—	≤2.0	>2.5~5.5
H4	≤2.0	>2.0~5.0	>5.5~9.5
H5	>2.0~5.0	>5.0~9.0	>9.5~15
H6	>5.0~9.0	>9.0~14	>15~24
H7	>9.0~14	>14~22	>24~40
H8	>14~22	>22~36	>40~60
H9	>22~36	>36~50	>60~80
H10	>36~50	>50~80	—
H11	>50~80	—	—

2. 工件处理及缺陷预判

（1）工件处理　如果射线检测标准有规定，则应按其规定对工件进行处理。如果没有，则可按如下要求处理：工件不平整一般应矫平，以保证胶片紧贴工件。例如：平板对接焊时，如果发生较大的焊接角变形，则应经压力机矫平后再进行射线检测。另外，如果存在焊接飞溅颗粒、焊缝波纹过大或工件表面过于粗糙等，以工件的不良表面影像不遮蔽或混淆于缺陷为标准，采用适当的机械加工方式进行修整后再进行射线照相检测。

如果工件形状导致透照部位的厚度差别较大，可以采用双胶片透照工艺或添置补偿块的办法使得全部透照部位的黑度相近。

（2）缺陷对成像的影响　缺陷的类型、位置、形状、尺寸、取向、数量及分布特点等对成像质量有较大影响，有时成像反差过小造成人眼难以识别甚至难以检测出而造成漏检。因此一般要在检测之前，根据具体的材料及其成型工艺特点并结合具体的检测工艺、缺陷产生原因及检测经验等，对缺陷的类型、位置、形状、尺寸、取向、数量及分布特点等进行预判，这将决定所采取的具体的射线照相检测技术的细节，如透照方向、焦距的确定等。

1）缺陷的类型。以焊缝为例，其中的缺陷有可能是气孔等（内含物质为气体的），该类缺陷的线性衰减系数 μ 近似为 0，还有夹渣、夹钨等缺陷（内部含有某些密度较大、线性衰减系数 μ 较大的物质）。相比较这两类缺陷，气孔类缺陷影像的反差 ΔD 往往更大，成像质量更好。一般而言，缺陷与基体材料对射线的线性衰减系数差别越大，反差 ΔD 越大，底片成像质量越好。

2）缺陷的形状。不同形状的缺陷在照相底片上成像的差别如图 1-21 所示。由于矩形截面缺陷的透照厚度突变，因此在照相底片上比透照厚度渐变的圆形或梯形截面缺陷更容易被发现。鉴于这一原因，相比于在同一射线透照方向上尺寸大致相当的球形气孔，断面形状接近矩形的焊缝根部未焊透在底片上成像往往更清晰。

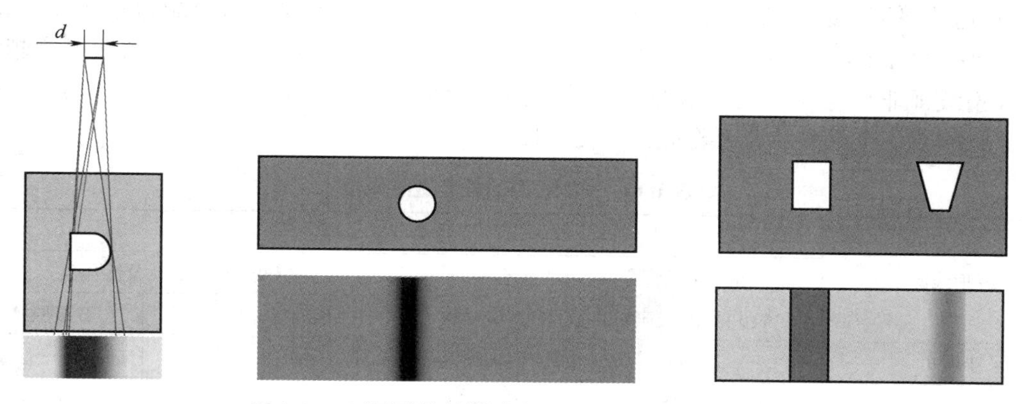

图 1-21　不同形状的缺陷在照相底片上成像的差别

3）缺陷的取向。图 1-22 所示为缺陷取向对底片影像的影响。

当裂纹的最大延伸方向与射线的入射方向平行时，因其透照厚度差 Δt_A 大，故底片上的反差 ΔD 也大。反之若裂纹的最大延伸方向与射线的入射方向斜交或正交时，则有可能因 $\Delta t_A<\Delta t_{Amin}$，致使底片上其影像的 ΔD 低于目视能够分辨的黑度变化最小值 ΔD_{min} 而造成其漏检。而且裂纹的宽度越大，被漏检的概率越小。

其他如缺陷的位置、尺寸、数量及分布特点等，也在一定程度上影响到检测工艺细节的确定。

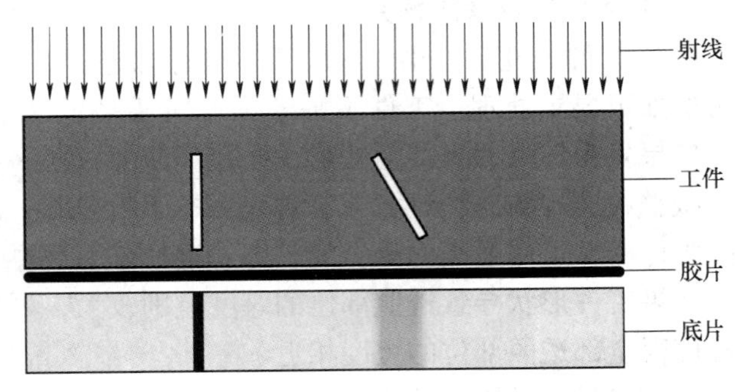

图 1-22　缺陷取向对底片影像的影响

3. 射线源及射线能量的选择

（1）射线源的选择　射线源的选择需要考虑诸如射线源的特点、透照厚度、工件材料种类、检测场所、影像清晰度及工件形状特点等因素。

1）射线源的特点。主要是选择 X 射线还是 γ 射线来进行检测的问题。

相比于 X 射线机，γ 射线源的优点如下：

① 能量高因而穿透厚度大。

② 设备体积小、重量轻。

③ 设备成本低且运行维护费用低。

④ 不需要用电，适宜于野外作业。

⑤ 对筒体或球壳类焊接接头等进行周向或全景曝光时，工作效率很高。

⑥ 由于射线源很小，可用于狭长、细小部位等特殊检测场合。

其缺点如下：

① 对设备的可靠性和防护性能要求较高。

② 射线能量不可人为调节。

③ 固有不清晰度大、对比度较小，检测灵敏度一般较低。

④ 射线强度随时间发生变化，对制订工艺不便甚至有时造成曝光时间过长。

2）透照厚度。射线必须对工件具有足够的穿透力，所以射线的透照能力是选择射线源时最主要的考虑因素。X 射线的透照厚度主要取决于管电压，管电压越高则透照厚度越大。普通 X 射线即非高能 X 射线的透照厚度的上限一般是 100mm。γ 射线的透照厚度取决于 γ 射线源的种类及检测技术等级要求，见表 1-16。

表 1-16　γ 射线源的推荐透照厚度

γ 射线源	透照厚度/mm			
	钢、铜及铜合金、镍及镍合金		铝及铝合金、钛及钛合金	
	A 级和 AB 级照相	B 级照相	A 级和 AB 级照相	B 级照相
Tm170	≤5	≤5	—	—
Yb169	≥1~15	≥2~12	10~70	25~55
Se75	≥10~40	≥14~40	35~120	—
Ir192	≥20~100	≥20~90	—	—
Co60	≥40~200	≥60~150	—	—

注：1. 采用源在内的中心透照方式，在底片的像质计灵敏度可达到规定要求时，透照厚度可以取下限值的 1/2。

2. 在底片的像质计灵敏度可达到规定要求并经合同双方商定，A 级和 AB 级照相时，Ir192 和 Se75 的下限值可分别为 10mm 和 5mm。

3）工件材料种类。一般而言，γ射线尤其是Ir192和Co60，与X射线的影像相比更不清晰，透照铝及铝合金这类影像质量较难保证的轻合金时，应尽量采用X射线进行检测。

4）检测场所。γ射线是自然辐射而X射线必须有电源，所以在野外或施工现场检测时，γ射线源更方便。另外，γ射线不受高温、高压或高磁场的影响，而X射线的产生过程将受到其严重影响，所以在高温、高压或高磁场的场合检测只能选择γ射线源。

5）影像清晰度。在射线照相检测时，射线源的焦点越小则影像越清晰，请参见本节“5. 焦距的确定”部分。所以，当要求较高的射线检测技术等级时，无论是X射线检测还是γ射线检测，往往应选用具有小尺寸焦点的射线源。而且，由于X射线检测比γ射线检测的清晰度更高，因此应首选X射线检测。

6）工件形状特点。γ射线源小巧轻便，可以用传输管伸入到工件的狭长部位进行检测，而X射线机则几乎不可能。另外，γ射线源是球面360°辐射，所以非常适合一次性检测球壳类工件或是环形工件，如管道对接环缝的一次性检测。X射线管有周向辐射形式的，也可以用于一次性检测环形工件。但一般而言，X射线不能实现对球壳类工件的一次性检测。

（2）射线能量的选择　当γ射线源确定后，其射线能量是不可人为调整的，也就不可能存在射线能量的选择问题，只能选择不同的γ射线源。选择γ射线源，如本节1. 2. 1所述。因此，所谓的射线能量的选择主要是针对X射线的能量。

X射线能量选择的基本原则是：在保证穿透厚度的前提下，应选用较低的管电压，以保证底片较高的影像对比度。从后面的分析可以看出：软射线影像质量更好，这正是选用较低管电压的原因所在。我国某些标准规定不同材料、不同板厚时允许使用的最高X射线管电压如图1-23所示。

由图1-23可见，在相同透照厚度下，铝及铝合金、钛及钛合金所允许使用的管电压更小，这是因为正如“射线衰减定律”部分所讨论的，密度较低合金的影像质量更加难以保证。

但是，并不是管电压越低越好。如果X射线的能量过低，则到达胶片上的射线强度过小，造成底片黑度难以满足标准要求，而且增加曝光时间、降低检测效率，还有可能增加散射线。不仅如此，当采用过低的X射线能量进行透照，对透照厚度的宽容度较小，即当采用较低能量的X射线透照时，较小的透照厚度差的变化将带来较大的黑度差，有可能使得工件某部位的黑度超出标准允许的黑度范围。承压设备射线检测标准规定：透照厚度差别大的工件，在保证透照灵敏度的前提下，允许采用超过图1-23规定的管电压。但是对于钢、铜及铜合金、镍及镍合金，增量不应超过50kV；对于钛及钛合金，增量不应超过40kV；对于铝及铝合金，增量不应超过30kV。

4. 曝光量的确定

在射线检测中，曝光量定义为射线强度与透照时间的乘积。由有关胶片特性的讨论可知，曝光量直接影响底片的黑度。为使底片黑度满足标准规定的要求（见表1-11），就必须控制好作用到胶片上的曝光量。

为说明控制曝光量的方法，由式（1-6）可得

$$\lg I_0\tau=\lg I\tau+0.434\mu t_A \tag{1-17}$$

由图1-16可知，若取黑度为定值，则$\lg I\tau$为常量。在这一前提以及射线源、被透照工件、胶片型号及其冲洗加工、增感方式、射线能量及射线源至工件上表面的距离等因素均固

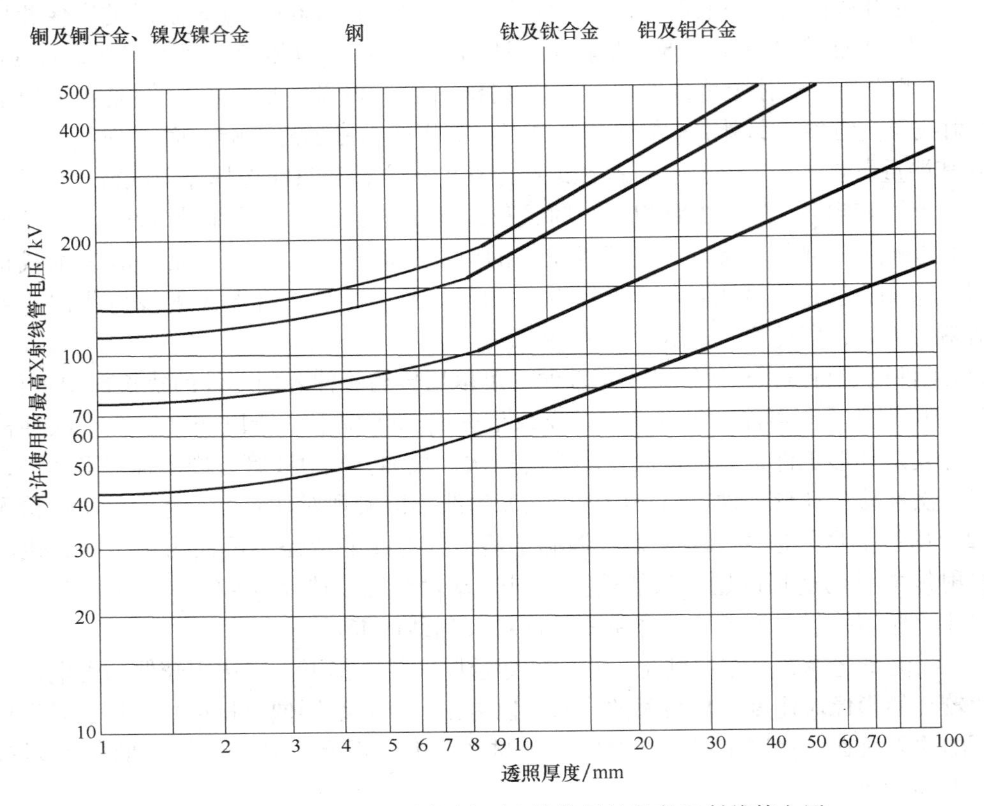

图 1-23　不同材料、不同厚度时允许使用的最高 X 射线管电压

定的条件下，式（1-17）为 $\lg I_0\tau\text{-}t_A$ 坐标系下的直线方程，$\lg I\tau$ 和 0.434μ 分别为其截距和斜率。

（1）X 射线照相检测时曝光量的确定　X 射线照相检测时，对于一定的射线源至工件上表面的距离和某给定的管电压，I_0 的大小仅取决于管电流。因此 $\lg I_0\tau\text{-}t_A$ 坐标系的纵坐标可以用管电流与时间的乘积表示，并称其为 X 射线照相的曝光量，单位为 mA · min。当管电压分级变化时，该直线的斜率随之改变，由此得到的直线族习惯上称为 X 射线照相的曝光曲线，如图 1-24 所示。

利用图 1-24 所示的曝光曲线可以很快地确定出 X 射线照相的曝光规范。透照厚度 t_A 确定以后，过该 t_A 点在图 1-24 上作平行于纵轴的直线与曝光曲线相交，得到若干使底片具有预定黑度的曝光量与管电压的组合。从提高透照灵敏度的角度考虑，应从中选取较低的管电压和较大的曝光量作为曝光规范。例如：当焦距为 700mm 时，X 射线照相检测钢质工件的曝光量的推荐值为：A 级和 AB 级不小于 15mA · min；B 级不小于 20mA · min。

（2）γ 射线照相检测时曝光量的确定　γ 射线照相检测时，对于一定的射线源至工件上表面的距离，I_0 的大小取决于当时放射性物质的放射性活度 A，见式（1-1）。因此 $\lg I_0\tau\text{-}t_A$ 坐标系的纵坐标可以用放射性活度与时间的乘积表示，并称其为 γ 射线照相的曝光量，常用单位为 Ci · min。当射线源至工件上表面的距离由 L_1 变为 L_1^* 时，由式（1-3）的牛顿平方倒数定律可得

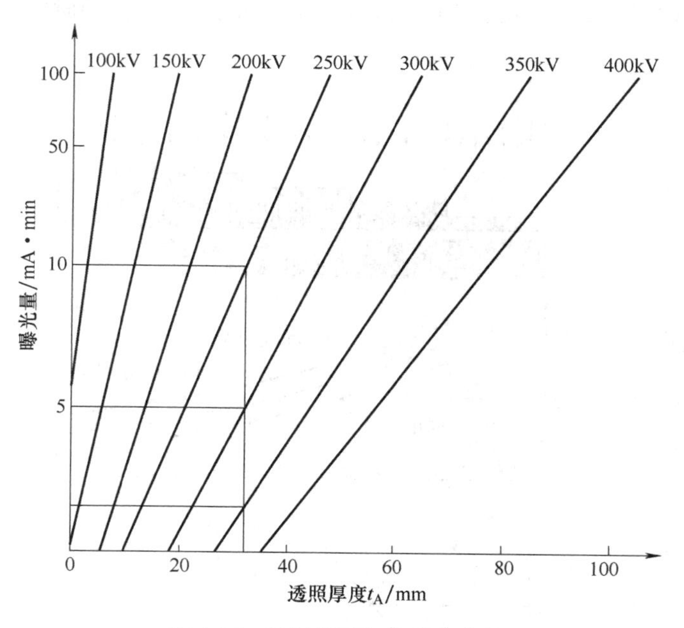

图 1-24 X 射线照相的曝光曲线

$$I_0/I^* = (L_1^*/L_1)^2 \tag{1-18}$$

因此有

$$\lg I_0\tau = \lg I^*\tau + 2\lg(L_1^*/L_1) + 0.434\mu t_A \tag{1-19}$$

即该直线的截距随射线源至工件上表面的距离的改变而改变。由此得到的平行线族习惯上称为γ射线照相的曝光曲线，如图1-25所示。

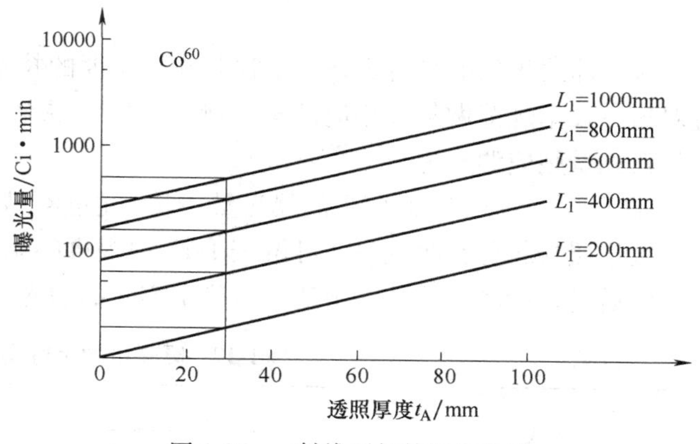

图 1-25 γ射线照相的曝光曲线

利用该曝光曲线和式（1-1）放射性元素的衰变规律，可以很快地确定γ射线照相的曝光规范。

（3）曝光曲线的制作 射线机制造厂一般随机提供曝光曲线，但由于射线机厂家所采用的试件材料种类及射线透照工艺等与实际使用射线机的情况不同，该曝光曲线不一定适用。曝光曲线也可以根据实际情况用透照梯形试块的方法由射线检测单位自行测量和制作。对使用中的曝光曲线，每年应至少核查一次。射线设备更换重要部件如X射线管或者是经较大修理后，应及时对曝光曲线进行核查，必要时应重新制作。

制作X射线照相曝光曲线的具体方法是：在一定的管电压下，用某曝光量透照各级厚度差通常为2mm的阶梯形试块，得到一张黑度分级变化的底片。从该底片上找到预定的黑度区，通常取D=2.0，即得到与之对应的透照厚度。改变曝光量并重复上述过程，然后由3个以上曝光量和透照厚度的离散点即可绘出一条该管电压下的曝光曲线。改变管电压并重复上述过程即可测出全部曝光曲线，如图 1-26 所示。γ 射线照相的曝光曲线也可仿此办法做出。

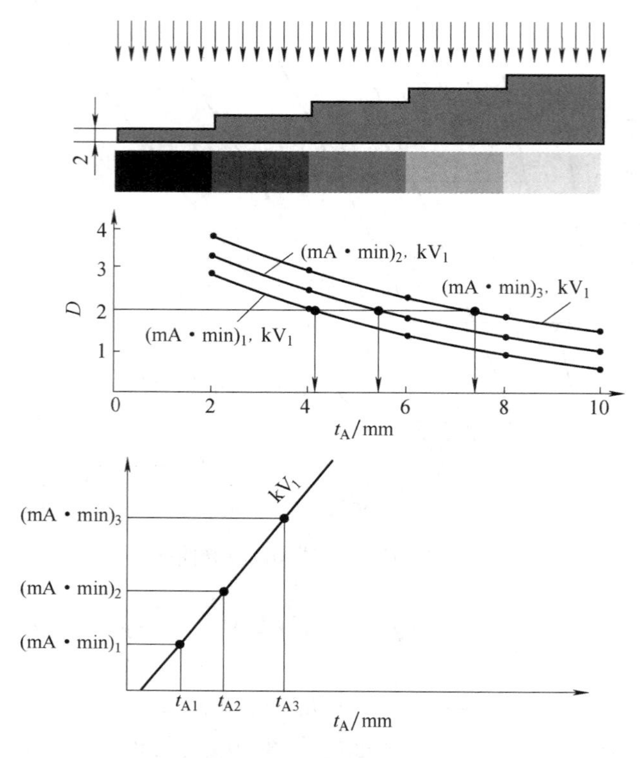

图 1-26 曝光曲线的制作

曝光曲线提供的是特定条件下控制底片黑度的技术规范。当实际透照条件发生变化时，应对这一技术规范做某些相应调整。例如，射线源至工件上表面的距离 L_1 改变，X 射线照相的曝光量则应调整为

$$L_1 \text{ 改变后的曝光量} = \text{原曝光量} \times (\text{改变后的 } L_1 / \text{原 } L_1)^2 \tag{1-20}$$

被透照材料种类改变时，可按表 1-17 中提供的系数，以钢为基准来换算出相应的曝光量，然后进行检测工艺的评定实验后确定实际的曝光量。

表 1-17 曝光量的相对换算系数

射线种类		被透照的材料					
		镁	铝	钢	铜	锌	铅
X 射线	100kV	0.05	0.08	1	1.6	—	—
	150kV	0.05	0.12	1	1.6	1.4	14
	200kV	0.08	0.18	1	1.5	1.3	12
	400kV	—	—	1	1.5	1.3	—
γ 射线	Ir192	—	—	1	1.1	1.1	4.0
	Co60	—	—	1	1.1	1.0	2.3

5. 焦距的确定

焦距的大小直接影响底片影像的清晰度。

照相底片上的透照反差 ΔD 源于透照厚度的变化 Δt_A，由式（1-10）可知，在 Δt_A 这一客观事实确定的条件下，为了提高射线照相检测的透照灵敏度，应设法提高 G 和 μ 值以求获得较大的 ΔD。除此之外，还希望黑度是突变的，以使得底片上出现的缺陷的影像即低黑度基底上的高黑度区域或者是高黑度基底上的低黑度区域有一个清晰的轮廓，如图 1-27 所示。

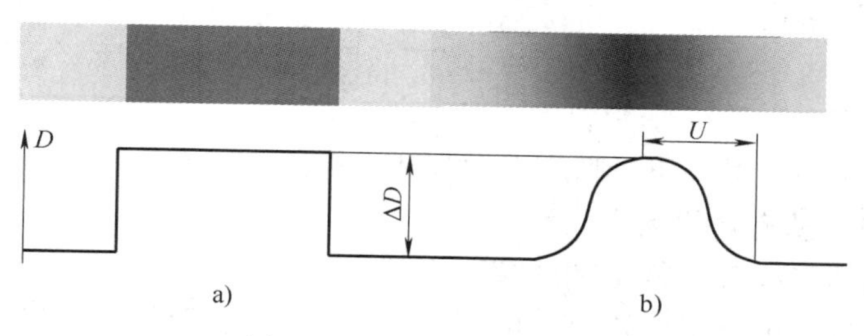

图 1-27 底片上黑度的变化

图 1-27a 所示为理想情况下的结果。但实测结果表明，底片上高低黑度区的交界部位是有一黑度渐变的过渡区的，如图 1-27b 所示。这个过渡区的宽度 U 称为半影，又称为影像的不清晰度。U 的存在导致视觉上的“模糊”直接影响到检测人员对 ΔD_{min} 的辨别，因而降低了底片的影像质量。

按形成原因的不同，不清晰度 U 主要由固有不清晰度 U_i、几何不清晰度 U_g 和运动不清晰度 U_m 组成。

（1）固有不清晰度　固有不清晰度 U_i 的形成如图 1-28 所示。

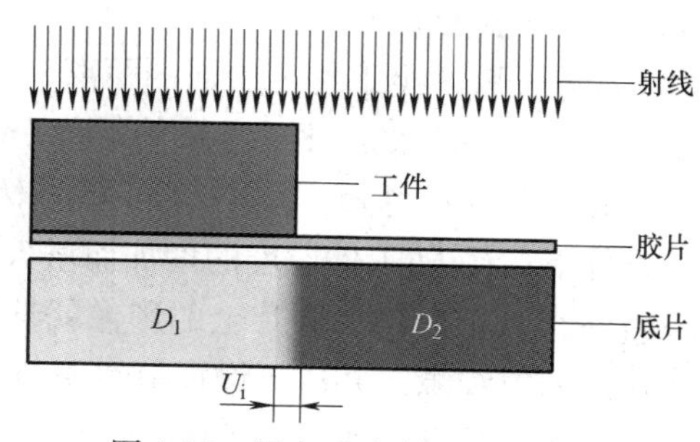

图 1-28 固有不清晰度 U_i 的形成

由图 1-28 可见，平行射线直接作用到胶片上产生的黑度为 D_2，透射过工件的射线在胶片上产生的黑度为 D_1。由于工件边缘刃边效应的存在，在 D_1 与 D_2 的交界处产生了一个黑度渐变区，这个区域的宽度就是固有不清晰度 U_i。

产生固有不清晰度的原因是，由于透照厚度较薄部位的强度较大的射线作用在胶片乳胶层内而产生的电离，不仅使胶片上对应的区域感光，而且还因为电离产生的具有不同动能的电子的迁移，使黑色影像的周围区域也被不同程度地感光，以致在影像周围形成了这个黑度渐变区。由于只要是射线照相检测则该现象一定发生，因此称其为固有不清晰度。

U_i 的大小取决于电离出来的电子在胶片乳胶层内行程的长短，因此实质上取决于射线能量的高低。试验表明，射线的能量越高，U_i 越大。不同射线能量下的固有不清晰度 U_i 值见表 1-18。

由表 1-18 可见，U_i 的大小不仅与射线能量的高低有关，而且还与增感屏的类型有关。在可能的情况下，使用能量较低的射线有利于减小 U_i，从而获得较清晰的缺陷影像。这与前文讨论的选取射线能量的原则是一致的。

表 1-18　不同射线能量下的固有不清晰度 U_i 值

射　线　源		增感屏类型	U_i/mm
X 射线	100~250kV	无	0.08
		铅	0.13
	250~420kV	铅	0.15
		荧光	0.3~0.4
γ 射线	Ir192	铅	0.23
	Co60	铅	0.63
		钢	0.43

（2）几何不清晰度　几何不清晰度 U_g 的形成如图 1-29 所示。

由图 1-29 可见，从有效焦点尺寸为 d 的射线源上任一点发出的射线都使得工件的棱边在底片上成像。由于这些射线来自焦点上的不同点，因此工件的棱边分别在胶片上的不同部位同时成像，以至于在底片上形成宽度为 U_g 的半影，此即为射线照相检测的几何不清晰度。

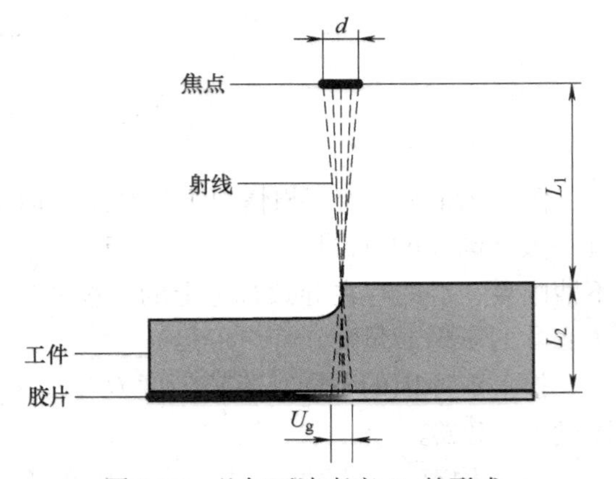

图 1-29　几何不清晰度 U_g 的形成

利用图 1-29 中相似三角形的简单几何关系可得

$$U_g=\frac{dL_2}{L_1} \tag{1-21}$$

式中　d——焦点尺寸（mm）；

L_2——胶片至工件上表面的距离（mm）；

L_1——射线源至工件上表面的距离（mm）。

由式（1-21）可知，减小 L_2 可降低 U_g，因此应该尽量让胶片紧贴被检工件。在 d/L_1 一定的条件下，U_g 随工件厚度的增加而增大。

另外，d/L_1 越小，底片上的影像就越清晰。因此在可能的条件下，应首先考虑选用小尺寸焦点的射线源，并适当增加射线源至工件上表面的距离。

需要注意的是，图 1-29 的描述和式（1-21）给出的 U_g 实际上是在工件中不同埋藏深度缺陷的影像中最大的情况。可以分析得到，埋藏缺陷的位置越靠近胶片，其影像的轮廓就会越清晰。这是标准规定用以衡量透照灵敏度的像质计应放在靠近射线源一侧的工件表面上的原因，以便保证在整个透照厚度范围内都能至少达到像质计所指示的透照灵敏度。

（3）运动不清晰度 U_m　在大多数的射线照相检测中，射线源、工件和胶片是相对静止的。但在某些特殊情况下，如透照较长管道的纵向焊缝时，有可能采用射线源沿焊缝连续移动的方式进行透照。这相当于增大了射线源的焦点尺寸，因而影像的几何不清晰度将明显增大，增大的部分称为运动不清晰度 U_m。

除 U_i、U_g 和 U_m 这三个主要的不清晰度之外，造成底片上影像轮廓不清晰的因素还有散射线、胶片银盐粒度、底片灰雾度以及显影条件等多种因素。方向杂乱的散射线会使影像的轮廓变得模糊不清。胶片银盐粒度和底片的灰雾度越大，影像的边界越不清晰，而显影时间过长则会增加底片的灰雾度。

在静止照相的条件下，影像的不清晰度 U 可用下式计算：

$$U=\sqrt{U_i^2+U_g^2} \tag{1-22}$$

（4）焦距的选择　由于固有不清晰度 U_i 的大小基本上由射线源的种类、X射线的能量范围及增感屏的类型所决定，加之很少进行运动情况下的射线照相检测，因此在射线照相检测过程中应采取工艺措施重点来减小几何不清晰度 U_g。当射线源确定的情况下，这往往也是实际检测过程中首先确定下来的，对 U_g 值的控制是通过调节射线照相的焦距即图1-29所示的 L_1+L_2 来实现的。

检测实践中经常使用的焦距范围在500～1000mm。在欧美国家，700mm是射线照相的标准焦距。在世界上主要工业国家的射线照相检测标准中，控制 U_g 的方法主要有两种：一种是区别不同的检测技术等级或对不同的透照厚度范围分别规定允许的 U_g 值；另一种则将 U_g 的允许值视为变量，其值随透照厚度的增加而增大，随检测技术等级的改变而改变。我国NB/T 47013.2—2015《承压设备无损检测　第2部分：射线检测》中规定，射线源至工件上表面的距离 L_1 应满足下式的要求，即

$$\left.\begin{aligned} &L_1 \geqslant 7.5d\,L_2^{\frac{2}{3}} \quad \text{A级} \\ &L_1 \geqslant 10d\,L_2^{\frac{2}{3}} \quad \text{AB级} \\ &L_1 \geqslant 15d\,L_2^{\frac{2}{3}} \quad \text{B级} \end{aligned}\right\} \tag{1-23}$$

根据式（1-23）做出的最小 L_1/d 和 L_2 的关系如图1-30所示。根据梯形的中线原理和式（1-23）做出的确定最小 L_1 值的诺模图的示例，如图1-31所示。诺模图可以在射线检测实际工作中非常方便地快速确定适合的最小 L_1 值。

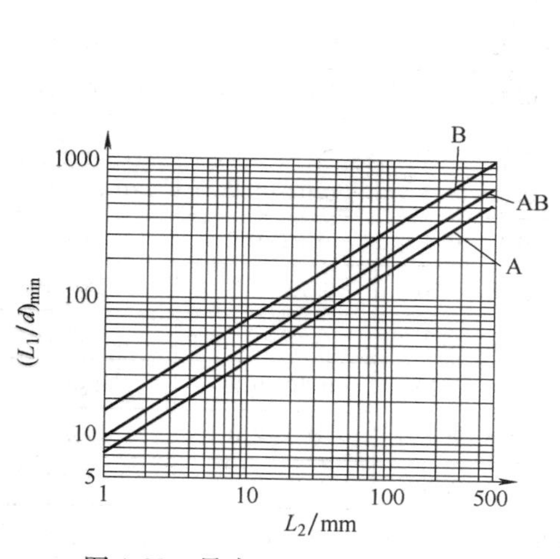

图1-30　最小 L_1/d 和 L_2 的关系

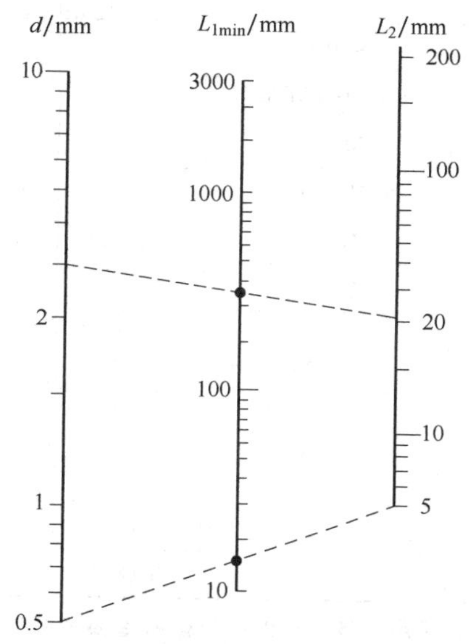

图1-31　AB级射线照相检测时确定 L_{1min} 的诺模图

诺模图就是用三条尺度线表示一个三元方程，如 d、L_2、L_1 三元方程的线图，使得任一直线与这三条尺度线相交时，所得的三个交点均满足该方程。基于这一原理，当已知有效焦

点尺寸 d 和胶片至工件上表面的距离 L_2 后，如图 1-31 所示的两例，在诺模图上作过 d 和 L_2 两点的直线相交于 L_{1min} 轴，其交点即为在 d 和 L_2 确定的条件下满足式（1-23）要求的最小 L_1 值。查出最小 L_1 值后应化整到较大的整数值，从而使 U_g 符合标准的规定。

在控制 U_g 的同时，还应注意 U_i 在 U 中的作用。为了说明这个问题，将式（1-22）写成

$$U/U_i=\sqrt{1+(U_g/U_i)^2} \tag{1-24}$$

由式（1-24）可见，在 $U_g/U_i\approx1$ 时，U/U_i 的相对变化率远不如 U_g/U_i 的显著。而射线源确定以后，减少 U_g 的主要措施是增大 L_1，这意味着要因增加曝光时间而提高成本，因此一般以 $U_g/U_i\approx1$ 作为 U_g 的最佳控制条件。例如，在常见的透照厚度 $t_A=8\sim64$mm，AB 级底片允许的 U_g 值在 0.2~0.4mm。由表 1-18 可见，在不使用荧光增感屏的条件下，X 射线照相的 U_i 值较小。在这种情况下合理地确定 U_g 十分重要，若恰当地选择透照的几何条件进一步降低 U_g，使 $U_g/U_i\approx1$，则可以显著降低不清晰度 U，提高底片的影像质量。而对于 Co60 的 γ 射线源，由于其 U_i 已大于 U_g 上述的允许范围，因此再设法进一步降低 U_g 也不能明显地改善底片的影像质量。

6. 胶片系统和增感屏的选用

（1）胶片系统的选用　A 级和 AB 级射线检测技术等级，应采用 C5 类及以上类别的胶片系统；B 级射线检测技术等级应采用 C4 类及以上类别的胶片系统。γ 射线检测时应采用 C4 类及以上类别的胶片系统。

（2）增感屏的选用　射线照相检测时，应该不使用增感屏或使用金属增感屏，通常不得使用荧光增感屏。随着射线能量的增加，金属增感屏前屏的厚度也要随之增加，反之亦然。应注意选用完全干净、抛光并无纹道的金属增感屏。金属增感屏的材料和厚度选用见表 1-19。

表 1-19　金属增感屏的材料和厚度选用

射线源		材料种类	检测技术等级	厚度/mm		
				前屏	后屏	中屏
X 射线	≤100kV	铅	全部	≤0.03 或无	≤0.03	—
	>100~150kV			0.02~0.10	0.02~0.15	2×0.02~2×0.10
	>150~250kV			0.02~0.15	0.02~0.15	2×0.02~2×0.10
	>250~500kV			0.02~0.20	0.02~0.20	2×0.02~2×0.10
γ 射线	Tm170			≤0.03 或无	≤0.03 或无	—
	Yb169			0.02~0.15	0.02~0.15	2×0.02~2×0.10
	Se75		A	0.02~0.2	0.02~0.2	2×0.10
			AB、B	0.10~0.20	0.10~0.20	2×0.10
	Ir192		A	0.02~0.2	0.02~0.2	2×0.10
			AB、B	0.10~0.20	0.10~0.20	2×0.10
	Co60	铅	A、AB	0.5~2.0	0.5~2.0	2×0.10
		钢或铜	全部	0.25~0.70	0.25~0.70	0.25

注：1. 采用 Se75 和 Ir192 源进行 AB 级或 B 级照相检测时，如果使用前屏小于或等于 0.03mm 的真空包装胶片，则应在工件和胶片之间加 0.07~0.15mm 厚的附加铅屏。

2. Co60 源透照有延迟裂纹倾向或是标准抗拉强度下限值 $R_m\geq540$MPa 的材料时，AB 级和 B 级应采用钢或铜增感屏。

3. 采用双胶片透照工艺时，应该使用中屏。

4. 采用 X 射线或 Yb169 源透照时，每层中屏的厚度应不大于前屏的厚度。

7. 屏蔽散射线的措施

射线照相检测过程中产生的散射线不仅会增加影像的不清晰度（见图 1-32），而且会降低底片的透照反差 ΔD。散射线比例 n 与射线能量和透照厚度有关，如图 1-33 所示。散射线比例 n 是指散射线在作用于胶片上的全部射线量中所占的比例。

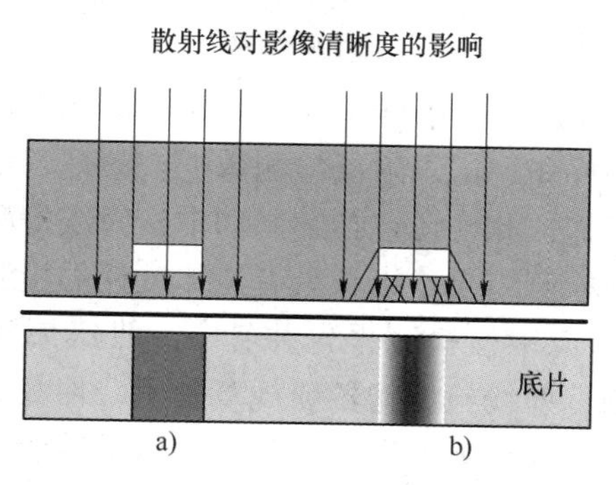

图 1-32　散射线对缺陷影像清晰度的影响
a）理想情况　b）实际情况

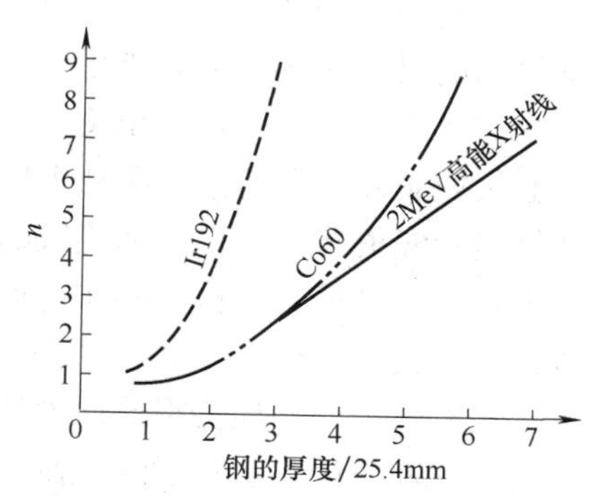

图 1-33　散射线比例 n 与射线能量和透照厚度的关系

由图 1-33 可见，在射线能量一定的条件下，透照厚度越大，散射线比例 n 越大，因此透照灵敏度越低。而在透照厚度一定的条件下，射线能量越低，散射线比例 n 越大，透照灵敏度也越低，这一规律也适用于管电压大于 200kV 以上的 X 射线。

除了图 1-3 和图 1-32 所示的射线与工件作用后发出的散射线以外，射线透照场所中的一些其他物质，如墙壁、地面及桌子等，受到射线照射也会产生散射线，并给底片的影像质量带来不良的影响。

散射线是射线与物质相互作用的产物，想要完全消除其不良影响是不可能的，但实践中可以采用一些措施来降低散射线的不良影响。

（1）限制辐射场　将射线的辐射场尽量限制在检测范围内，能有效地减小散射线的不良影响。具体做法是在射线出口处使用铅集光罩缩小射线束，或用铅板遮挡射线源一侧检测范围以外的其余被检表面。如果胶片尺寸超过了被检焊缝的长度，也应用铅板遮挡暗盒超过焊缝长度的多余部分。暗盒背面 2~3m 以内如果是钢板、墙壁、地面或其他物体，还要考虑在暗盒背面放置一块约 2mm 厚的铅板，上述措施对 X 射线照相尤其重要。由于铅被射线照射后也会产生少量的次级射线，因此如果能在暗盒与铅板之间再衬一块 1mm 厚的锡或铜板，屏蔽散射线的效果会更好。在可能的条件下，最好让胶片背面是开阔的空间。

（2）选择合适的射线能量　由于线性衰减系数 μ 和散射线比例 n 均随射线能量的降低而增大，因此在为提高透照灵敏度而选用低能量射线时，应兼顾 n 的增大有降低透照灵敏度的作用。在 X 射线照相中，存在着使用较软的射线通常可以提高透照灵敏度但射线能量过低又会使透照灵敏度下降的规律，其原因正在于此。

8. 检测时机的选择

由于有些工件的缺陷不是在进行处理过程中或制造结束后马上产生的，因此应在恰当的时机进行射线检测才有可能检测出工件中的缺陷。例如：由于在某些焊接接头中有可能产生延迟裂纹，因此有关标准规定对有延迟裂纹倾向的材料，在焊接接头制造完工 24h 之后才可进行射线检测。此外，检测时机应满足相关法规、规范、标准和设计技术文件的要求，同时还应满足合同双方商定的其他技术要求。对于具体实施射线检测的工作人员而言，只有收到“射线检测委托单”后才可进行射线检测。

9. 射线检测人员资格及辐射安全

（1）射线检测人员资格　从事射线检测的人员应按照国家或行业规定取得相应的资格，不同资格级别的射线检测人员只能从事该级别资格许可的射线检测工作。

Ⅰ级是初级资格，代表具有相关基础知识，可以参与射线检测的工作，具体工作内容一般包括在Ⅱ级或Ⅲ级人员的指导下从事射线检测操作，记录射线检测数据，整理射线检测资料等。Ⅱ级是中级资格，可以包括Ⅰ级的所有工作，此外还包括编制和审核射线检测工艺规程和工艺卡，独立进行射线检测操作，评定射线检测结果，出具具有法律责任的检测记录和检测报告，同时也可担任射线检测责任人员，可以审核检测报告并签字。Ⅲ级属于高级资格，涵盖Ⅰ级和Ⅱ级的各项资格，此外还可以制订射线检测的各项规章制度，仲裁Ⅱ级人员对检测结论的技术争议，制订射线检测工艺规程的评定方案等，也就是可以涵盖所有的射线检测工作。实际上，上述级别的各项资格内容相似地适用于其他无损检测方法。关于人员资格的详细内容请参考绪论中的相关内容。

（2）射线检测人员的辐射安全　由于射线有生物效应，将给人员健康和生命安全带来很大的危险，因此从事射线检测过程中应时刻注意辐射安全，并在射线检测之前就确定出合理的辐射安全措施。辐射防护应符合 GB 18871、GBZ 117 和 GBZ 132 的有关规定，一般可根据具体情况采取如下安全措施。

1）控制辐射源。据统计，人类受到的辐射约 80%来源于自然源，20%来源于人造源，其中工业射线应用是主要来源之一。对于 X 射线源而言，射线检测工作室可以采用门控断电装置，即不关闭检测室铅门则 X 射线机不得电，从而控制辐射源对人员的伤害。

2）时间防护措施。辐射剂量的大小直接影响射线辐射对人员的伤害程度，因此应尽量减少射线辐射时间。

3）距离防护措施。射线的强度与对人员的辐射剂量直接相关，因此应尽量远离射线源。

4）屏蔽防护措施。检测室应符合相关规定，如墙壁厚度、是否内置铅板等。在车间或野外现场检测时，采用必要的屏蔽措施，如铅板遮挡等。

5）辐射剂量监控防护措施。在制造现场进行射线检测时，应划定控制区以及管理区或监督区，并在区域边界设置足够数量的警告标志，检测工作人员应佩戴个人剂量计并携带剂量报警仪。必要时测量控制区边界辐射水平，确认在安全辐射水平范围内。

10. 射线检测工艺文件

参照相关法规、规范、标准和有关的技术文件，结合本单位的特点和技术条件，根据上述射线检测工艺内容编制“射线检测工艺规程”，并根据具体的检测对象编制“射线检测操作指导书”或“射线检测工艺卡”，用以检测过程的具体指导。并应编制“射线检测记录”，用以记录实际射线检测过程中的信息及数据。最后，在所有检测结束后，根据“射线检测记录”，出具“射线检测报告”这一总结性文件。

射线检测工艺规程中应明确规定相关因素的具体范围和要求，如果相关因素的变化超出规定时，应重新编制或修订。射线检测操作指导书或射线检测工艺卡在第一次使用之前应进

行工艺验证，验证底片质量是否达到标准规定的要求。是则该检测工艺可用于实际工程的射线检测，否则应在分析原因的基础上重新调整检测工艺并再次进行工艺验证，直到满足标准要求。射线检测工艺验证可通过专门的透照实验进行，该透照实验可以采用对比试块、模拟试块或直接在具体的检测对象上进行；也可以以产品的第一批底片作为工艺验证依据。不管采取哪一种工艺验证方式，作为验证依据的底片均应做出相应的标识。

（1）射线检测工艺规程　射线检测工艺规程一般应包括如下内容：

1）工艺规程编号及版本号。

2）适用范围，结构、材料种类及透照厚度等。

3）依据的规范、标准或其他技术文件。

4）检测人员要求，包括检测人员资格、视力和工作内容方面的规定。

5）检测设备和器材，包括对射线检测设备和器材的检定、校准或核查周期的规定，以及对合格周期内的经常性核查项目、周期和性能指标的规定；射线源种类、能量及焦点尺寸；胶片型号及等级；像质计种类；增感屏型号；滤光板型号；标记。

6）工艺规程涉及的相关因素项目及其范围。

7）不同检测对象的检测技术和检测工艺选择。

8）检测实施要求，包括检测技术等级、透照技术、透照方式、胶片暗室处理方法或条件、底片观察技术、透照时机、透照前的表面准备要求及标记摆放要求等。

9）检测结果的评定和质量分级。

10）对射线检测操作指导书的要求。

11）对射线检测记录的要求。

12）对射线检测报告的要求。

13）编制者（级别）、审核者（级别）和批准者。

14）编制日期。

（2）射线检测操作指导书　射线检测操作指导书一般应包括如下内容：

1）操作指导书编号。

2）依据的工艺规程编号及其版本号。

3）检测技术要求，包括执行标准和合格级别。

4）适用范围，包括被检工件的类型、形状、结构、厚度或其他几何尺寸，适用材料的种类。

5）检测对象，包括产品类别，检测对象的名称、编号、规格尺寸、材质和热处理状态及检测部位（包括检测范围）等。

6）检测设备和器材，包括射线源种类、型号、焦点尺寸，胶片的型号或牌号及其分类等级，增感屏类型、数量和厚度，像质计种类和型号，滤光板，背散射屏蔽铅板，标记，胶片暗室处理和观察设备，对于可反复使用的射线检测设备和灵敏度相关器材的检查项目、时机和性能指标等。

7）透照程序。

8）透照示意图。

9）透照检测工艺，包括采用的检测技术等级，胶片工艺即单胶片或双胶片透照，透照方式即射线源、工件和胶片的相对位置，曝光参数，像质计摆放位置和数量，标记符号类型和摆放，布片原则，检测时机，检测比例，检测前的表面准备，胶片暗室处理方法和条件要求，底片观察技术即双片叠加或单片观察评定等。

10）底片质量要求，包括几何不清晰度、黑度、像质计灵敏度及标记等。

11）工艺验证要求（如果有）。

12）对射线检测记录的规定。

13）编制者（级别）和审核者（级别）。

14）编制日期。

（3）射线检测记录　射线检测记录一般应包括如下内容：

1）射线检测记录表的编号。

2）委托单位或制造单位。

3）依据的操作指导书名称及编号。

4）检测技术要求，包括执行标准和合格级别。

5）检测对象，包括产品类别，检测对象的名称、编号、规格尺寸、材质和热处理状态，材料成型方法及主要工艺，检测部位和检测比例，检测时的表面状态，检测时机等。

6）检测设备和器材，包括射线源的种类、型号及焦点尺寸，胶片的型号或牌号及其分类等级，增感屏的类型、数量和厚度，像质计的种类和型号，滤光板，背散射屏蔽铅板等。

7）检测工艺及参数，包括检测技术等级，透照技术包括单胶片或双胶片，透照方式，透照参数包括几何参数、管电压、管电流、曝光时间（或源强度、曝光时间），暗室处理方式和条件，底片评定包括底片黑度、底片像质计数值及缺陷位置和性质等。

8）布片图。

9）检测数据的评定结果及质量分级。

10）编制、审核人员及其技术资格。

11）检测日期和地点。

12）操作指导书工艺验证情况（如果有）。

13）其他需要说明或记录的事项。

（4）射线检测报告　检测报告将在所有检测内容完成后出具，是对检测的总结性文件，应依据射线检测记录来出具射线检测报告。其一般应包括如下内容：

1）委托单位或制造单位及检测单位。

2）检测标准，包括验收要求。

3）透照技术及等级，包括像质计和要求达到的像质计数值。

4）被检工件，包括名称、材质、热处理状态、材料透照厚度、材料成型方法及主要工艺、检测部位、焊缝坡口形式及焊接方法等。

5）检测设备及器材，包括射线源的种类、型号、焦点尺寸，胶片的牌号及其分类等级，增感屏的类型、数量和厚度，像质计种类和型号，背散射屏蔽铅板，标记，滤光板等。

6）检测工艺及参数，包括检测技术等级，胶片技术（包括单胶片或双胶片），透照布置，透照方式，透照参数（包括几何参数、管电压、管电流、γ 源的活度、曝光时间），暗室处理方式和条件等。

7）布片图。

8）底片评定及质量分级。

9）检测结果与合同各方商定的或所依据的检测标准中规定的差异及其说明。

10）编制、审核人员及其技术资格。

11）透照及检测报告日期。

1.3.2　射线透照过程

当如1.3.1小节所述做好了前期准备工作后，进行实际射线透照时，依据“射线检测操作指导书”的规定进行透照布置，并按步骤对工件施加射线进行射线透照。该阶段最主要的工作内容是透照布置及采用的具体透照方式，实际透照人员应对透照方式及透照布置有全面的了解并可以完整、正确地实施。

1. 透照方式

对筒体和管材焊接接头进行射线照相检测时比较多样化，但透照方式主要有三种类型，即单壁单影、双壁单影和双壁双影方式。

具体的透照方式如图1-34~图1-45所示，其中的内透是指射线源在筒体或管材的内部进行透照，外透是指射线源在筒体或管材的外部进行透照。

由图1-34~图1-45可见，在单壁透照的情况下，应首先考虑使射线束的中心尽可能垂直于被透照的焊缝和胶片。倾斜透照时，射线的入射角度也要尽可能小。用双壁双影法透照管道焊缝时，应使焊缝的影像在底片上呈椭圆显示，椭圆的短轴又称为开度，以控制在3~10mm之间为宜。

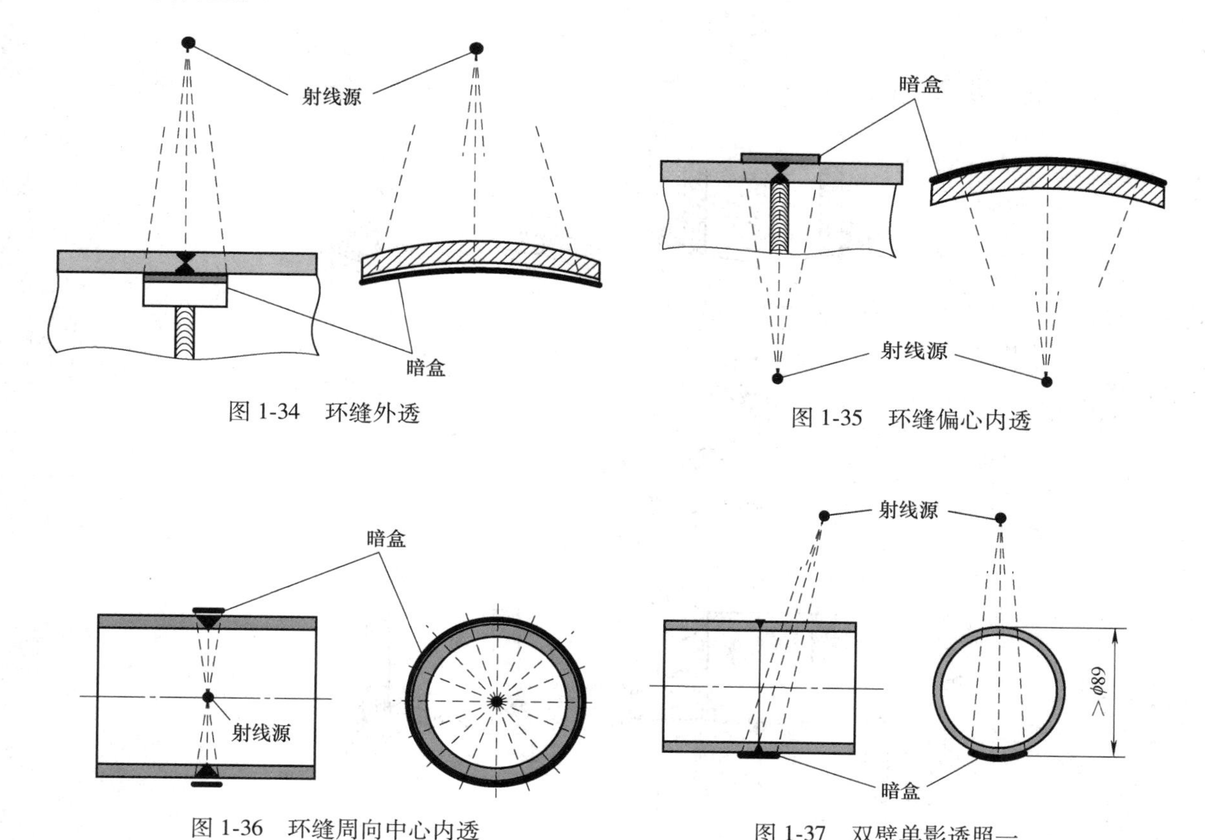

图1-34　环缝外透

图1-35　环缝偏心内透

图1-36　环缝周向中心内透

图1-37　双壁单影透照一

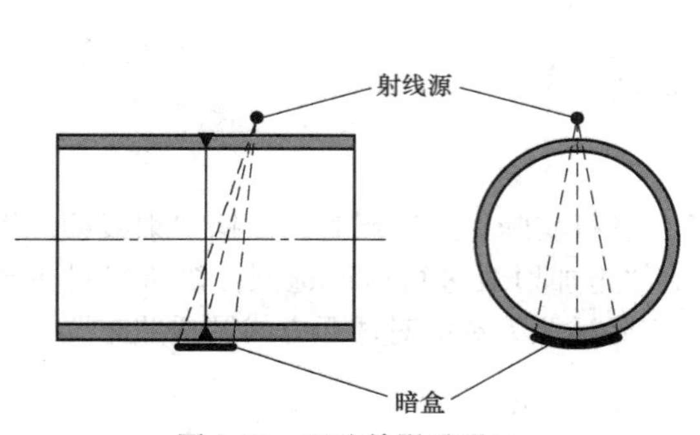

图 1-38　双壁单影透照二

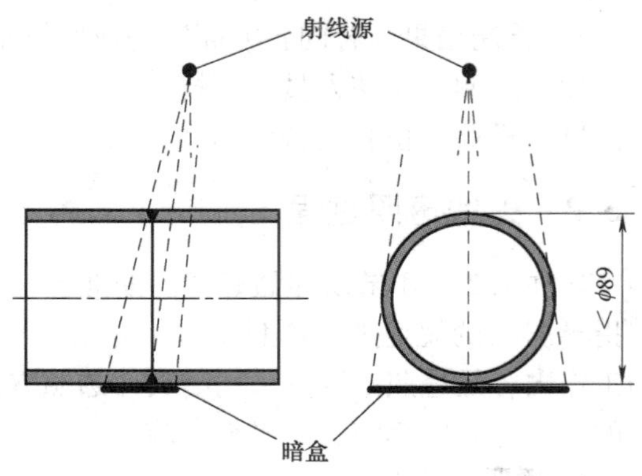

图 1-39　双壁双影透照

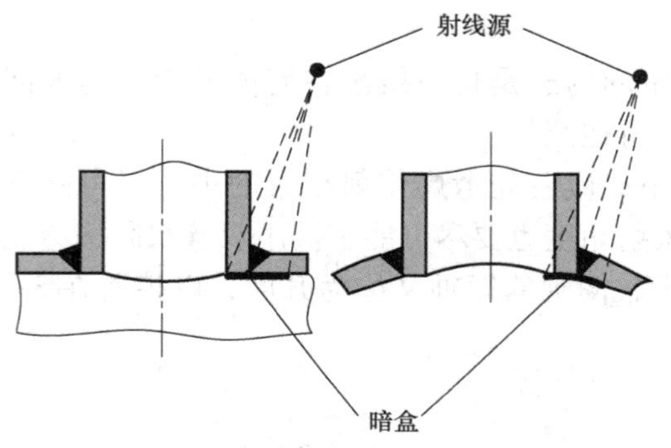

图 1-40　管座焊缝外透一

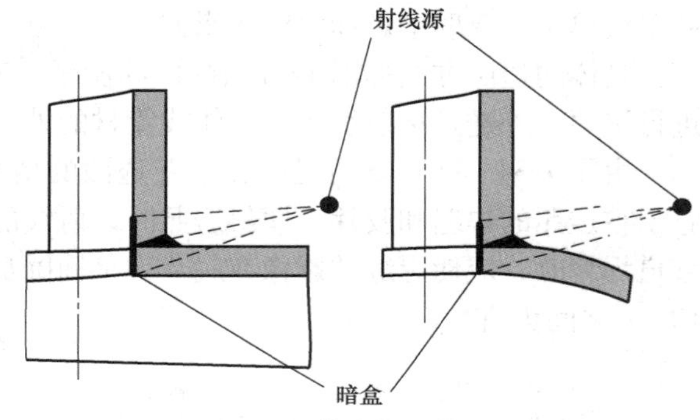

图 1-41　管座焊缝外透二

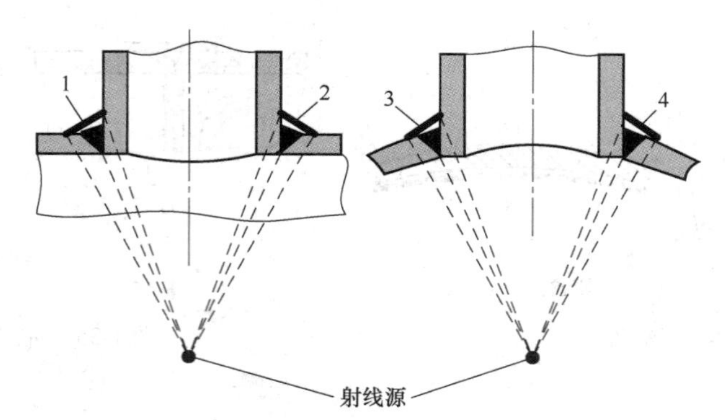

图 1-42　管座焊缝中心内透一

1~4—暗盒

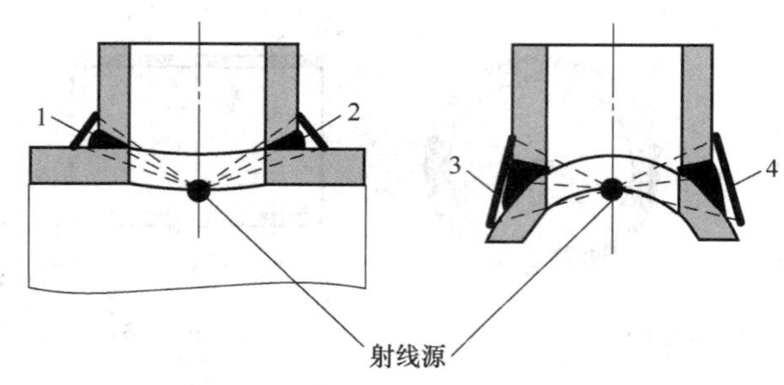

图 1-43　管座焊缝中心内透二

1~4—暗盒

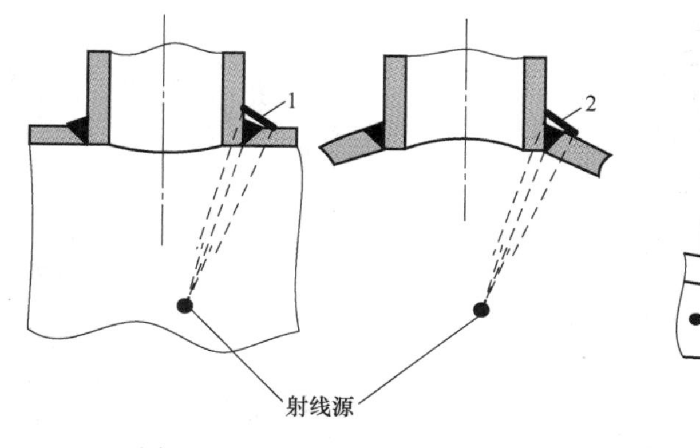

图 1-44　管座焊缝偏心内透一
1、2—暗盒

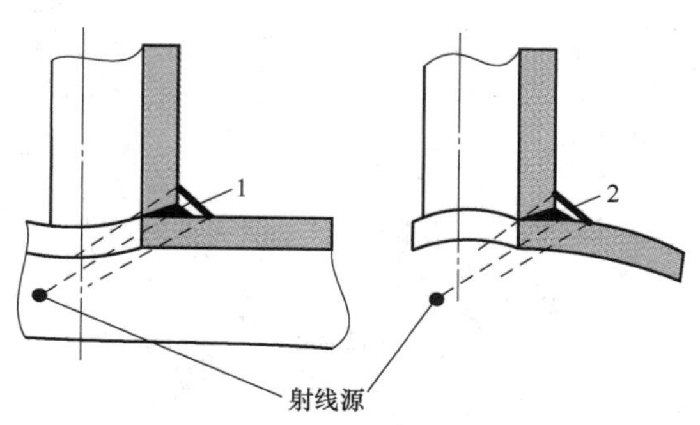

图 1-45　管座焊缝偏心内透二
1、2—暗盒

应根据工件的特点和技术要求来选择适宜的透照方式。相比于双壁透照方式，应优先选用单壁透照方式。安放式和插入式管座焊缝应优先选用射线源在外部的透照方式。当射线源在内部透照插入式管座焊缝时，应优先采用射线源在支管轴线上的透照方式。可见，对于管座焊缝的射线照相检测，从提高透照灵敏度的角度考虑，应优先采用图 1-40 和图 1-41 所示的透照方式，其次采用图 1-42 和图 1-43 所示的透照方式，尽量避免采用图 1-44 和图 1-45 所示的透照方式。

2. 透照布置

透照布置因射线种类及工件特点不同而有些不同，以最常见的小型平板对接焊缝射线照相检测为例，其透照布置如图 1-46 所示。

由图 1-46 可见，一般先放置一块铅板用以屏蔽背散射，然后放置暗盒，将焊缝对准暗盒中线位置放置工件，在工件上放置像质计、识别标记和定位标记，必要时还要放置搭接标记，再用铅板遮蔽非检测部位即完成透照布置。需要注意的是，上述布置很显然因工件特点不同而不同，但大同小异。

（1）射线源的布置　射线束的中心线一般应垂直指向透照区中心，并应尽量与工件表面法线重合。如有必要，也可选用有利于发现缺陷的方向进行透照。

（2）散射线的屏蔽　通常默认射线源侧为工件正面，在工件背面放置铅板的目的是屏蔽背面散射线，以避免背面散射线对底片影像质量造成不良影响。对第一次使用的射线照相检测工艺或者使用该工艺的检测条件、环境等发生改变时，一般应评估背散射的影响。评估背散射的方法是，射线照相检测前，在暗盒背面的适当位置贴附一铅质的字高为 13mm、厚度为 1. 6mm 的 B 字标记，然后按照检测工艺进行透照和暗室处理。如果在底片上出现黑度低于周围背景黑度的 B 字影像，则说明背散射不合格，应增大背散射屏蔽铅板的厚度；如果底片上不出现或出现黑度高于周围背景黑度的 B 字影像，则说明背散射符合射线照相检测要求。

用铅板遮蔽正面非检测部位，是为了避免射线与非检测部位的物质作用后产生散射线从而影响底片的影像质量。

（3）暗盒的整备　在暗室中，将一张胶片放入暗盒中，必要时还应放入前、后金属增

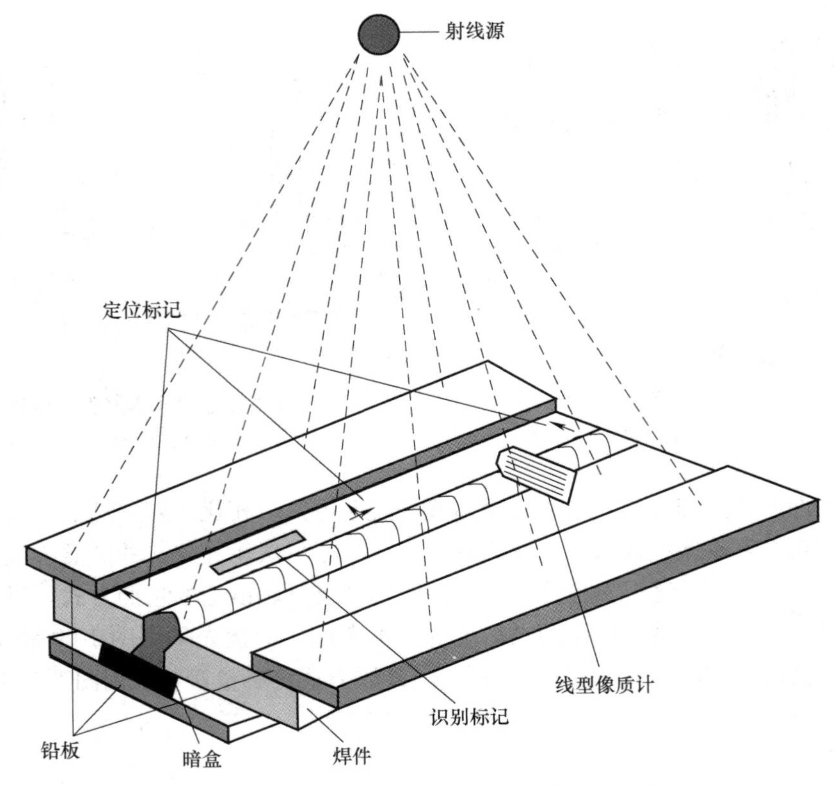

图 1-46　小型平板对接焊缝射线照相检测透照布置

感屏。采用双胶片透照工艺进行透照时应放入两张胶片，并在胶片之间放入中屏。但要注意，管电压小于或等于 100kV 的 X 射线和 γ 射线源 Tm170 应采用单胶片透照工艺；双胶片透照工艺使用的两张胶片分类等级应相同或相近。

（4）像质计的布置

1）像质计的摆放。像质计一般应放置在工件的正面。因为工件结构等原因而不能放置于正面时，允许放置在工件背面暗盒和工件之间，同时在像质计适当位置上应附加“F”铅质标记以示区别，F 字符与像质计的标记均应成像于底片上，还要注意底片评定时选择对应的像质计数值表进行是否符合检测技术等级要求的判定。

对焊接接头进行透照并放置线型像质计的基本原则：应放置于焊接接头的一端，一般是被检区长度的 1/4 左右的位置；最细线必须远离射线中心；金属线横跨焊缝并尽量垂直于焊缝。对焊接接头进行透照并放置阶梯孔型像质计的基本原则：一般应放置于被检区中心部位的热影响区以外，一般为距离焊缝边缘 5mm 以外。在不可能实现的情况下，至少应放置于焊缝以外。

此外，还应注意如下特殊情况下的像质计的放置：

① 当一张胶片上同时透照上多个焊接接头时，像质计应放置在透照区域最边缘的焊缝处。

② 对于如图 1-40 或图 1-41 所示的管座焊缝进行透照时，推荐采用线型像质计，并且应根据像质计能够投影到被检区的位置而放置。如果可能，则应尽量置于黑度最小的区域。

③ 管道类焊接接头单壁透照时，应放置在射线源侧；如果无法放置在射线源侧，则可以放置在胶片侧，球罐全景曝光时除外。但要注意，如果放置在胶片侧，则应进行对比试验。对比试验的方法是：在射线源侧和胶片侧各放置一个像质计，用与工件透照相同的条件进行透照，测定出像质计放置在上述两侧的透照灵敏度差异，依此修正像质计灵敏度的规定，以保证实际透照灵敏度符合要求。

④ 管道类焊接接头双壁单影透照时，应放置在胶片侧。

⑤ 管道类焊接接头双壁双影透照时，可放置于射线源侧或胶片侧。

⑥ 一般而言，厚度不同或者材料种类不同时，其对射线的衰减程度也不同。因此，同种材料不等厚焊件或是不同种材料的焊件，对其焊接接头的射线照相检测时，如果焊接接头的几何形状允许，厚度不同或材料种类不同的部位应分别采用与被检材料厚度或种类相匹配的像质计，并分别放置于焊接接头对应的部位。

2）像质计布置的数量。原则上，每张胶片上均应放置 1 个像质计。但是，如果一次透照完成多张胶片的曝光时（双胶片透照中的两张胶片视为一张胶片），使用像质计的数量允许减少，但应满足以下要求：

① 如图 1-36 所示的环形焊接接头透照并采用射线源置于中心的周向透照技术时，应在环缝上大约等间隔地放置至少 3 个像质计。

② 对球罐焊接接头透照并采用射线源置于球心的全景透照技术时，在上半极（也称为北半极）和下半极（也称为南半极）的焊缝的每张胶片上都应放置 1 个像质计，并且在每个带（也称为温度带）的纵缝和环缝上等间隔地放置至少 3 个像质计。

③ 连续排列的多张胶片一次曝光时，至少在第一张、中间一张和最后一张胶片处各放置 1 个像质计。

（5）定位标记的布置　定位标记布置的基本原则：放置位置不应遮蔽被检部位，而且不能重叠。例如，透照焊接接头时，应放置在距离焊缝边缘至少 5mm 之处，以避免遮蔽焊缝和热影响区。

1）对接焊缝定位标记的放置位置。图 1-47～图 1-51 所示为定位标记应该放置在射线源侧还是胶片侧的不同工况，图中“定位标记√”为正确的放置，“定位标记×”为错误的放置。

2）管座焊缝定位标记的放置位置。图 1-52～图 1-55 所示为管座焊缝时定位标记的放置位置，管座角接头分为插入式和安放式两种。

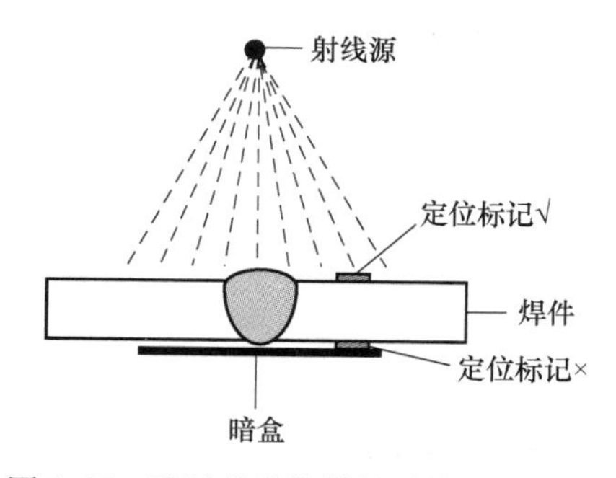

图 1-47　平板或筒体纵缝对接接头的透照

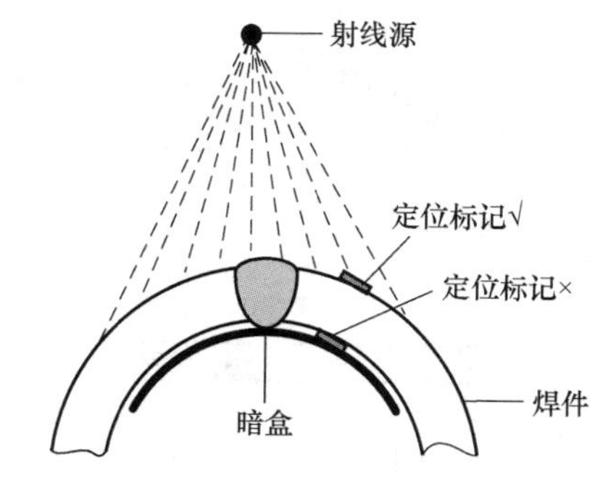

图 1-48　凸面朝向射线源侧的曲面部件的透照

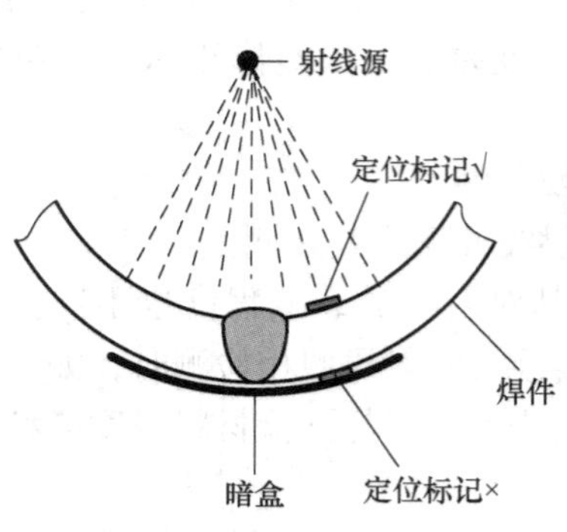

图 1-49　焦距 f 小于曲面工件的曲率半径的透照

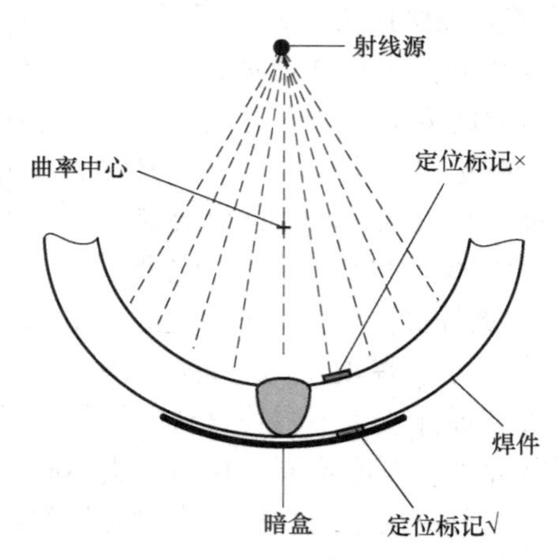

图 1-50　焦距 f 大于曲面工件的曲率半径的透照

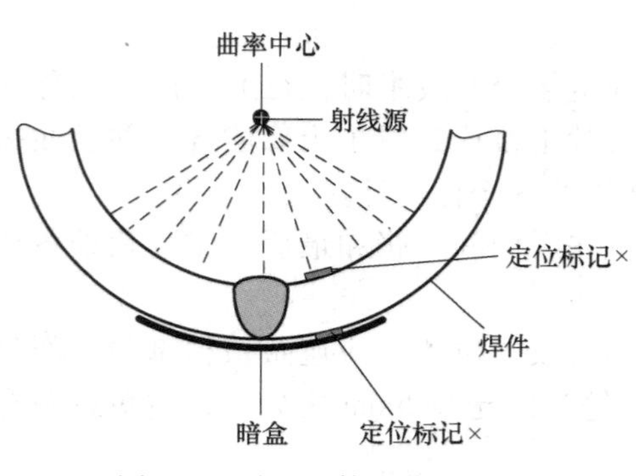

图 1-51　焦距 f 等于曲面工件的曲率半径的透照

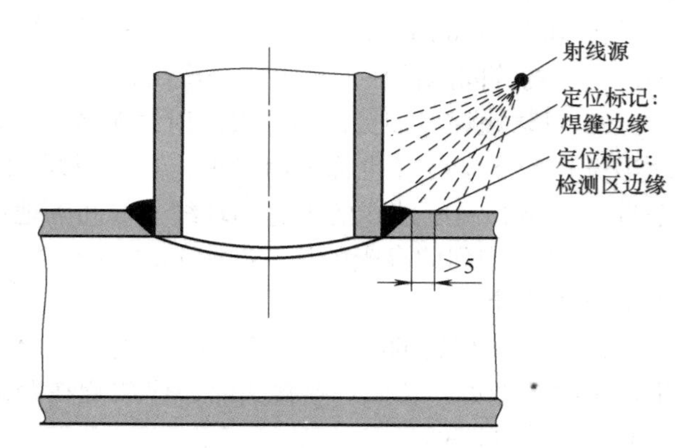

图 1-52　外透插入式管座焊缝时定位标记的放置位置

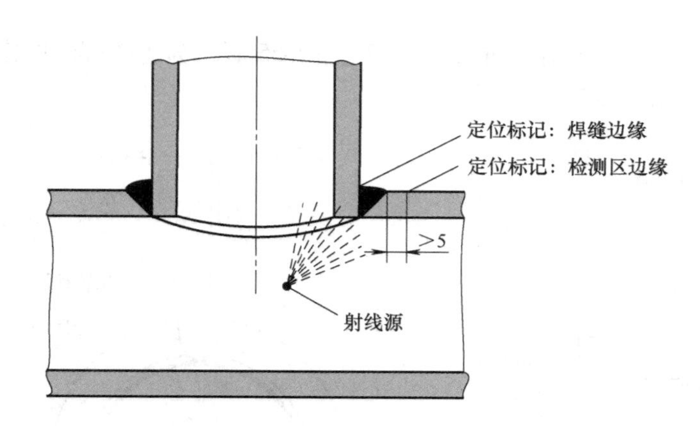

图 1-53　内透插入式管座焊缝时定位标记的放置位置

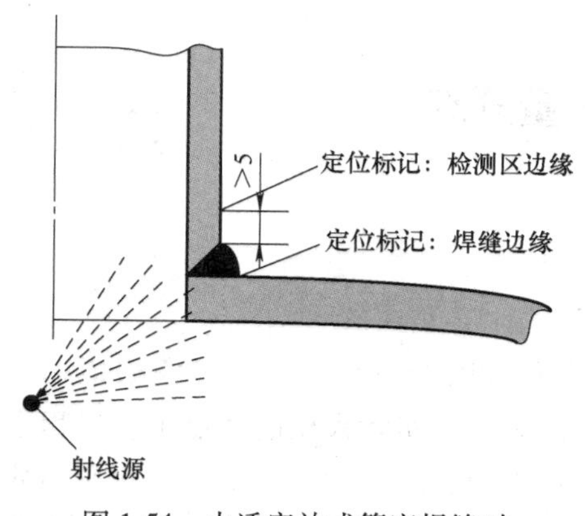

图 1-54 内透安放式管座焊缝时定位标记的放置位置

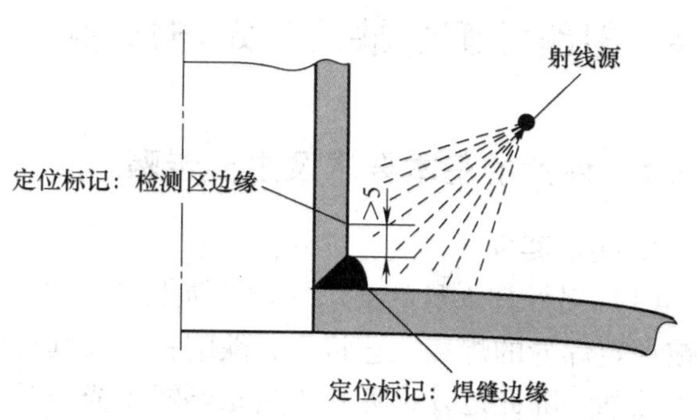

图 1-55 外透安放式管座焊缝时定位标记的放置位置

此外还要注意如下一些特殊情况：检测之前将焊缝正面和背面余高均打磨平齐于母材表面并导致从底片上很难确定出检测区位置和宽度时，应采用适当的定位标记（如铅质细丝）进行标识。另外，可以将识别标记预曝光在胶片上，但必须采取有效措施保证根据射线底片上的预曝光的识别标记能够追踪到工件的相应被检区域，并必须采取有效屏蔽措施保证除了放置识别标记的位置以外的胶片区域不被曝光。

1.3.3 感光胶片的处理

射线透照过程结束后，即可对感光胶片进行冲洗加工处理。感光胶片的冲洗加工处理一般应按照胶片生产厂说明书的规定进行，可以采用手动处理或自动处理方式。胶片生产厂在提供胶片的特性曲线、感光度和平均斜率时，一般还提供胶片的冲洗加工材料。冲洗加工材料说明书中规定了每一步加工的药品、时间、温度、搅拌、设备和工艺，以及为获得胶片的最佳成像效果而需要的任何附加说明，以指导用户对感光胶片进行处理。应该指出，用不同的冲洗加工方法得到的感光度和平均斜率可能有显著差别。改变冲洗加工过程虽然可以改变胶片的感光度和平均斜率，但同时其他的感光性能和物理性能也会随感光度和平均斜率的改变而改变，从而影响底片的影像质量。因此，冲洗药剂应优先选用胶片生产厂生产的或者是其推荐的。如果选用其他冲洗药剂，应该按照 GB/T 19348.2—2003《无损检测 工业射线照相胶片 第2部分：用参考值方法控制胶片处理》的规定，进行比较试验予以证明可用。感光胶片宜在曝光后 8h 之内对胶片进行处理，最长不应超过 24h，以免影像质量劣化。

感光胶片的处理过程一般由显影、清洗、定影、冲洗和底片干燥五个阶段组成，最后得到底片。其中前三个阶段必须在暗室内完成，暗室的灯光应满足胶片生产厂推荐的安全灯光条件。此外，还要注意胶片在暗室中的处理时间不应超过暗室安全照射时间。暗室安全照射时间的确定方法可参考相关技术标准。

由于残留在底片上的硫代硫酸盐离子的浓度对底片的保存年限有较大的影响，因此一般要求底片的硫代硫酸盐离子的浓度应低于 0.050g/m^2。测量后如果发现不满足此要求，则应停止暗室处理并采取纠正措施，重新核查定影和冲洗工序的符合性，并重新处置所有含有缺陷的底片。

1.4 射线检测的缺陷评定与焊接接头质量分级

1.4.1 评片的基本要求及主要步骤

1. 基本要求

（1）对评片人员的要求　评片人员应持有Ⅱ级或Ⅱ级以上射线检测人员资格证书，了解被评定焊缝的焊接工艺特点、缺陷种类及其产生原因等，对实际采用的透照工艺过程也要较为熟悉。除此之外，评片人员未经矫正或经矫正的近视力和远视力应不低于5.0或小数记录值1.0，并且应每年检查一次视力。要求在400mm距离时能读出高为5mm、间隔为0.5mm的一组印刷体字母。

在评片前，评片人员应经历一定的暗适应时间，建议从阳光下进入评片室评片的暗适应时间一般为5~10min，从一般的室内进入评片室评片的暗适应时间不少于30s。

（2）对观片灯的要求　对观片灯的亮度要求如下：底片黑度$D\leqslant2.5$时，透过底片后的光线亮度不低于30cd/m^2；底片黑度$D>2.5$时，不低于10cd/m^2。其他要求见1.2.3节中观片灯的部分。

（3）对被评定底片的要求　除被评定底片的黑度和像质计数值必须符合有关标准的规定外，还要求底片上显现的像质计位置和放置正确，定位标记和识别标记影像应完整且位置正确以及背散射情况不超标等。此外，不应该有机械损伤和化学污染，以避免对被透照工件的受检区域产生遮蔽或混淆缺陷的影像。遮蔽或混淆缺陷的影像包括但不限于下列各种：①灰雾；②胶片处理时产生的缺陷，如条纹、水迹或化学药品污斑等；③机械损伤，如划痕、指纹、褶皱、压痕、静电斑纹、黑点或撕裂等；④由于增感屏缺陷产生的伪缺陷显示等。几种常见伪缺陷影像的形态及形成原因见表1-20。

表1-20　几种常见伪缺陷影像的形态及形成原因

外　观	形　态	形成原因
暗斑	边缘不清的云状或光线状斑	胶片包装不严
	圆形或水滴状斑	显影前干燥的胶片上溅上显影液或水
	指痕	用不干净的手指拿胶片
暗线	直线	铅增感屏上有折痕或划痕
	弯月形或其他	曝光以后手指或褶皱造成压痕
亮斑	指痕	用油污的手指拿干燥的胶片
亮线	弯月形或其他	曝光以前手指或褶皱造成压痕
亮点	细小，数量多而分散	灰尘

（4）对评片环境的要求　评片一般应在专用评片室内进行，评片室应整洁、安静、温度适宜、光线暗且柔和，室内亮度应大致与底片上被观察部位的亮度相等，照明用光不得在底片表面产生反射。

2. 主要步骤

1）依据委托单和原始透照记录，按部件、按焊缝编号等将底片顺序排列。

2）通过观察底片的黑度、像质计摆放位置与像质计数值和定位标记、识别标记是否符合有关标准规定，底片上是否出现衡量背散射水平的“B”字影像和伪缺陷，剔除影像质量不合格的底片并做好记录，然后通知操作人员返工重照。

3）依据相应标准，按底片顺序号逐张评定焊接接头的质量等级并填写评片记录。

4）发现质量不合格的焊接接头，用色笔或适当方式在底片上圈出接头上需要返修的部位，与返修通知单一起转送施焊部门返修。返修底片要登记并及时收回存档。返修后复照的底片上应带有返修标记R1、R2、R3，复照底片评定合格后与返修底片一起存档。

5）整个部件的焊接接头均评定合格后，应及时填写射线检测报告。检测报告通常一式两份，一份作为产品质量证明书的原始资料，另一份与底片一起存档备查。

1.4.2　熔化焊焊接接头射线检测缺陷评定与质量分级

得到合格的射线照相底片以后，就可以根据底片上显现的焊接接头中存在的缺陷性质、尺寸、数量和密集程度，评定出焊接接头的质量等级。缺陷评定与焊接接头质量分级，因不同行业对缺陷的严重程度及质量分级的理解不同而不同，也有因材料种类和接头形式的不同而不同的，但是缺陷评定与质量分级方法大同小异。下面依据NB/T 47013.2—2015《承压设备无损检测　第2部分：射线检测》进行介绍和分析。

1. 熔化焊对接接头射线检测缺陷评定与质量分级

适用于厚度$T\leqslant400$mm的钢和镍及镍合金、$T\leqslant80$mm的铜及铜合金、$T=2\sim80$mm的铝及铝合金以及$T=2\sim50$mm的钛及钛合金，适用的焊接接头形式包括双面熔化焊对接接头、相当于双面焊的全焊透单面焊对接接头，以及沿焊缝根部有紧贴母材的垫板的单面焊对接接头。

熔化焊对接接头中的缺陷按性质和形状分为裂纹、未熔合、未焊透、夹铜（仅铝材，下同）、条形缺陷、圆形缺陷和深孔缺陷（仅要求焊缝致密性时，下同），共七种。其中，条形缺陷定义为长宽比大于3的缺陷，主要包括条状夹渣和长气孔等；圆形缺陷定义为长宽比小于或等于3的缺陷，主要包括气孔、夹渣和夹钨等；深孔缺陷定义为缺陷影像黑度大到可能影响焊缝致密性的圆形缺陷。熔化焊对接接头的质量分为Ⅰ级、Ⅱ级、Ⅲ级和Ⅳ级。

（1）基本步骤

1）初步评级。按照对接头质量等级的基本要求进行。可以通过这一步骤，提高评片工作效率。例如，如果发现焊接接头有裂纹，则直接判为Ⅳ级。

2）分类评级。在初步评级中确定焊接接头是否满足基本要求，然后确定出合适的评定区域，对不同类型的缺陷（即条形缺陷和圆形缺陷）进行分别评定和质量分级。

3）综合评级。如果圆形缺陷评定区内同时存在圆形缺陷和条形缺陷，则应进行综合评级。其方法是，分别对评定区内的圆形缺陷和条形缺陷单独进行评级，然后将两者级别相加减1的级别作为综合评级的质量级别。

（2）基本要求　焊接接头首先要满足以下基本要求：

1）Ⅰ级焊接接头内不允许存在裂纹、未熔合、未焊透、夹铜、深孔缺陷和条形缺陷。

2）Ⅱ级和Ⅲ级焊接接头内不允许存在裂纹、未熔合、未焊透、夹铜和深孔缺陷。

3）除了Ⅰ、Ⅱ、Ⅲ级以外的焊接接头，均判为Ⅳ级，即不合格。

（3）圆形缺陷评定与质量分级　圆形缺陷评定与质量分级的规定，因母材材料种类的不同而不同。

1）确定评定区。首先，评定区应选在缺陷最严重的位置；其次，评定区应是一个平行于焊缝的矩形；再次，与矩形评定区 4 条边相交的缺陷划入评定区内；最后，评定区的尺寸见表 1-21。

表 1-21　熔化焊对接接头圆形缺陷评定区的尺寸　（单位：mm）

材料种类	母材公称厚度 T	评定区尺寸
钢、镍及镍合金、铜及铜合金	≤25	10×10
	>25～100	10×20
	>100	10×30
铝及铝合金	≤20	10×10
	>20～80	10×20
钛及钛合金	≤20	10×10
	>20～50	10×20

在表 1-21 中，当不同厚度板材焊接时，母材公称厚度 T 取较薄板的公称厚度，下同。

2）不计点数。焊接接头射线底片圆形评定区内的缺陷尺寸如果小于表 1-22、表 1-23 和表 1-24 时，该缺陷则不计点数，即该缺陷点数为 0。

表 1-22　钢、镍及镍合金、铜及铜合金熔化焊对接接头不计点数的缺陷长度

（单位：mm）

母材公称厚度 T	缺陷长度
$T \leqslant 25$	≤0.5
$25 < T \leqslant 50$	≤0.7
$T > 50$	≤1.4%T

表 1-23　铝及铝合金熔化焊对接接头不计点数的缺陷长度　（单位：mm）

母材公称厚度 T	缺陷长度
$T \leqslant 20$	≤0.4
$20 < T \leqslant 40$	≤0.6
$T > 40$	≤1.5%T

表 1-24　钛及钛合金熔化焊对接接头不计点数的缺陷长度　（单位：mm）

母材公称厚度 T	缺陷长度
$T \leqslant 10$	≤0.3
$10 < T \leqslant 20$	≤0.4
$20 < T \leqslant 50$	≤0.7

3）点数换算。将评定区内的圆形缺陷逐个按表 1-25、表 1-26 和表 1-27 换算为点数，然后累加得到总点数。

表 1-25 钢、镍及镍合金、铜及铜合金熔化焊对接接头圆形缺陷的点数换算

缺陷长度/mm	点　　数
≤1	1
>1~2	2
>2~3	3
>3~4	6
>4~6	10
>6~8	15
>8	25

表 1-26 铝及铝合金熔化焊对接接头圆形缺陷的点数换算

缺陷长度/mm	点　　数
≤1	1
>1~2	2
>2~3	3
>3~4	6
>4~6	10
>6~8	15
>8~10	25

表 1-27 钛及钛合金熔化焊对接接头圆形缺陷的点数换算

缺陷长度/mm	点　　数
≤1	1
>1~2	2
>2~4	4
>4~8	8
>8	16

4）质量分级。计算得到总点数后，根据表 1-28、表 1-29 和表 1-30 确定出通过圆形缺陷评定而得到的接头质量等级。

表 1-28 钢、镍及镍合金、铜及铜合金熔化焊对接接头各质量级别允许的圆形缺陷点数

<table>
<tr><th rowspan="2">评定区尺寸/mm</th><th rowspan="2">母材公称厚度 T/mm</th><th colspan="4">质 量 等 级</th></tr>
<tr><th>Ⅳ级</th><th>Ⅲ级</th><th>Ⅱ级</th><th>Ⅰ级</th></tr>
<tr><td rowspan="3">10×10</td><td>≤10</td><td rowspan="6">缺陷长度大于 1/2 的母材公称厚度，或者缺陷点数大于Ⅲ级</td><td>6</td><td>3</td><td>1</td></tr>
<tr><td>>10~15</td><td>12</td><td>6</td><td>2</td></tr>
<tr><td>>15~25</td><td>18</td><td>9</td><td>3</td></tr>
<tr><td rowspan="2">10×20</td><td>>25~50</td><td>24</td><td>12</td><td>4</td></tr>
<tr><td>>50~100</td><td>30</td><td>15</td><td>5</td></tr>
<tr><td>10×30</td><td>>100</td><td>36</td><td>18</td><td>6</td></tr>
</table>

表 1-29　铝及铝合金熔化焊对接接头各质量级别允许的圆形缺陷点数

<table>
<tr><th rowspan="2">评定区尺寸/mm</th><th rowspan="2">母材公称厚度 T/mm</th><th colspan="4">质量等级</th></tr>
<tr><th>Ⅳ级</th><th>Ⅲ级</th><th>Ⅱ级</th><th>Ⅰ级</th></tr>
<tr><td rowspan="4">10×10</td><td>≤3</td><td rowspan="6">缺陷长度大于 10mm 或 2/3 的母材公称厚度，或者缺陷点数大于Ⅲ级</td><td>6</td><td>3</td><td>1</td></tr>
<tr><td>>3~5</td><td>14</td><td>7</td><td>2</td></tr>
<tr><td>>5~10</td><td>21</td><td>10</td><td>3</td></tr>
<tr><td>>10~20</td><td>28</td><td>14</td><td>4</td></tr>
<tr><td rowspan="2">10×20</td><td>>20~40</td><td>42</td><td>21</td><td>6</td></tr>
<tr><td>>40~80</td><td>49</td><td>24</td><td>7</td></tr>
</table>

表 1-30　钛及钛合金熔化焊对接接头各质量级别允许的圆形缺陷点数

<table>
<tr><th rowspan="2">评定区尺寸/mm</th><th rowspan="2">母材公称厚度 T/mm</th><th colspan="4">质量等级</th></tr>
<tr><th>Ⅳ级</th><th>Ⅲ级</th><th>Ⅱ级</th><th>Ⅰ级</th></tr>
<tr><td rowspan="4">10×10</td><td>≤3</td><td rowspan="6">缺陷长度大于 1/2 的母材公称厚度，或者缺陷点数大于Ⅲ级</td><td>4</td><td>2</td><td>1</td></tr>
<tr><td>>3~5</td><td>8</td><td>4</td><td>2</td></tr>
<tr><td>>5~10</td><td>12</td><td>6</td><td>3</td></tr>
<tr><td>>10~20</td><td>16</td><td>8</td><td>4</td></tr>
<tr><td rowspan="2">10×20</td><td>>20~30</td><td>20</td><td>10</td><td>5</td></tr>
<tr><td>>30~50</td><td>24</td><td>12</td><td>6</td></tr>
</table>

5）点数容让。由于材质或结构等原因，如果进行返修可能会产生不利后果的焊接接头，为了减少返修作业给接头质量带来的危害，表 1-28～表 1-30 中各质量等级对圆形缺陷点数的要求可放宽 1～2 个点数。

6）级别补查。通过上述五个步骤确定了焊接接头质量等级后，还应该根据评定区内的不计点数缺陷的总个数，按照标准规定进行补查，以便确定依据圆形缺陷评定的焊接接头的最终等级。补查规定如下：

① 母材为钢、镍及镍合金、铜及铜合金时，质量等级为Ⅰ级或是母材公称厚度 $T\leqslant5$mm 的Ⅱ级焊接接头，如果不计点数缺陷的总个数多于 10 个，则降一级。

② 母材为铝及铝合金时，质量等级为Ⅰ级或是母材公称厚度 $T\leqslant5$mm 的Ⅱ级焊接接头，如果不计点数缺陷的总个数多于 10 个，则降一级；Ⅲ级焊接接头，如果允许的缺陷连续存在且其长度超过评定区尺寸的 3 倍，则降一级。

③ 母材为钛及钛合金时，质量等级为Ⅰ级或是母材公称厚度 $T\leqslant5$mm 的Ⅱ级焊接接头，如果不计点数缺陷的总个数多于 10 个，则降一级；$T>5$mm 的Ⅱ级焊接接头，如果不计点数缺陷的总个数多于 20 个，则降一级；$T>5$mm 的Ⅲ级焊接接头，如果不计点数缺陷的总个数多于 30 个，则降一级。

（4）条形缺陷评定与质量分级　条形缺陷的评定与质量分级的规定，与母材材料的种类无关。

条形缺陷评定分为单个条形缺陷评定和一组条形缺陷评定。单个条形缺陷通过比较焊接接头中所有单个条形缺陷长度与最大长度允许值来评定；一组条形缺陷通过比较在条形评定

区内的一组条形缺陷累计长度与最大累计长度允许值来评定。单个条形缺陷和一组条形缺陷同时满足规定的某等级的要求，方为该质量等级，见表 1-31。

表 1-31　熔化焊对接接头允许的条形缺陷长度　（单位：mm）

级　别	单个条形缺陷最大长度	一组条形缺陷最大累计长度
Ⅰ级	0	
Ⅱ级	≤T/3（最小可为 4）且≤20	在长度为 12T 的任意选定的条形缺陷评定区内，相邻缺陷间距不超过 6L 的任意一组条形缺陷的累计长度应不超过 T，但最小可为 4
Ⅲ级	≤2T/3（最小可为 6）且≤30	在长度为 6T 的任意选定的条形缺陷评定区内，相邻缺陷间距不超过 3L 的任意一组条形缺陷的累计长度应不超过 T，但最小可为 6
Ⅳ级	不满足Ⅰ、Ⅱ、Ⅲ级要求的	

在使用表 1-31 时，需要注意如下几点：

1）L 为该组条形缺陷中最长者的长度，T 为母材公称厚度。

2）条形缺陷评定区是指与焊缝平行且具有一定宽度的矩形区域，其宽度见表 1-32。

表 1-32　条形缺陷评定区宽度　（单位：mm）

母材公称厚度 T	评定区宽度
T≤25	4
25<T≤100	6
T>100	8

3）当两个或两个以上条形缺陷处于同一直线上且相邻缺陷的间距小于或等于较短缺陷长度时，应视这些条形缺陷为 1 个条形缺陷，并且这些缺陷之间的间距计入缺陷的长度之中。

2. 管材熔化焊环向焊接接头射线检测缺陷评定与质量分级

适用于壁厚 T≥2mm 的钢、镍及镍合金、铜及铜合金、铝及铝合金以及钛及钛合金的管材，适用的焊接接头形式包括沿焊缝根部全长有紧贴母材的垫板的单面焊环向对接接头和不加垫板的单面焊环向对接接头。

焊接接头中的缺陷按性质和形状分为裂纹、未熔合、未焊透、夹铜（仅铝材，下同）、条形缺陷、圆形缺陷、根部内凹及根部咬边，共八种。熔化焊环向对接焊接接头的质量分为Ⅰ级、Ⅱ级、Ⅲ级和Ⅳ级。

（1）基本步骤

1）初步评级。按照对接头质量等级的基本要求进行。可以通过这一步骤，提高评片工作效率。例如，如果发现焊接接头有裂纹，则直接判为Ⅳ级。

2）分类评级。在初步评级中确定焊接接头是否满足基本要求，然后确定出合适的评定区域，对不同类型的缺陷（即条形缺陷、圆形缺陷、未焊透、根部内凹和根部咬边）进行分别评定和质量分级。

3）综合评级。如果条形缺陷评定区内同时存在多种类型缺陷时，则应进行综合评级。其方法是，分别对评定区内的各种缺陷单独进行评级。如果各种缺陷的级别相同，则降低一级作为综合评级级别；如果各种缺陷的级别不相同，则取质量级别最低的级别作为综合评级级别。

（2）基本要求　焊接接头首先要满足以下基本要求：

1）Ⅰ级焊接接头内不允许存在裂纹、未熔合、未焊透、条形缺陷、根部内凹、根部咬边和夹铜。

2）Ⅱ级和Ⅲ级焊接接头内不允许存在裂纹、未熔合以及加垫板单面焊中的未焊透。

3）不满足Ⅰ、Ⅱ、Ⅲ级要求的焊接接头，均判为Ⅳ级，即不合格。

（3）圆形缺陷评定与质量分级　与熔化焊对接接头射线检测缺陷评定与质量分级中圆形缺陷评定与质量分级方法相同。但对管外径 $D_o \leqslant 100$mm 的小径管，其缺陷评定区取10mm×10mm。

（4）条形缺陷评定与质量分级　与熔化焊对接接头射线检测缺陷评定与质量分级中条形缺陷评定与质量分级方法相同。

（5）不加垫板单面焊的未焊透缺陷评定与质量分级　熔化焊环向对接接头不加垫板单面焊时，对未焊透缺陷评定与质量分级按管外径大小分为两种情况：管外径 $D_o>100$mm 时，按表 1-33 中的规定进行；管外径 $D_o \leqslant 100$mm 时，按表 1-34 中的规定进行。注意事项如下：

1）表中 T 为管材的壁厚。

2）累计长度是指评定区内存在单个未焊透时的该缺陷长度，或者一个以上未焊透缺陷时的各未焊透缺陷长度相加的长度。

3）管外径 $D_o>100$mm 管材未焊透深度，采用管材环向对接焊缝Ⅱ型对比试块测定；管外径 $D_o \leqslant 100$mm 管材未焊透深度，采用管材环向对接焊缝Ⅰ型对比试块测定。测定时，对比试块放置于靠近被测未焊透缺陷的附近。

表 1-33　管外径 $D_o>100$mm 时环向焊接接头不加垫板单面焊的未焊透缺陷评定及接头质量分级

接头质量级别	未焊透最大深度/mm		单个未焊透最大长度/mm	未焊透累计长度/mm
	与壁厚之比	最大值		
Ⅰ	0			
Ⅱ	≤10%	≤1.0	≤T/3（最小可为 4）且≤20	在任意 6T 长度区内，累计长度≤T（最小可为 4），且任意 300mm 长度范围内，累计长度≤30
Ⅲ	≤15%	≤1.5	≤2T/3（最小可为 6）且≤30	在任意 3T 长度区内，累计长度≤T（最小可为 6），且任意 300mm 长度范围内，累计长度≤40
Ⅳ	不满足Ⅰ、Ⅱ、Ⅲ级要求的			

表 1-34　管外径 $D_o \leqslant 100$mm 时环向焊接接头不加垫板单面焊的未焊透缺陷评定及接头质量分级

接头质量级别	未焊透最大深度/mm		未焊透累计长度/焊缝总长度
	与壁厚之比	最大值	
Ⅰ	0		
Ⅱ	≤10%	≤1.0	≤10%
Ⅲ	≤15%	≤1.5	≤15%
Ⅳ	不满足Ⅰ、Ⅱ、Ⅲ级要求的		

（6）不加垫板单面焊的根部内凹和根部咬边缺陷评定与质量分级　熔化焊环向对接接头不加垫板单面焊时，对根部内凹和根部咬边缺陷评定与质量分级按管外径大小分为两种情况：管外径 D_o>100mm 时，按表 1-35 中的规定进行；管外径 D_o≤100mm 时，按表 1-36 中的规定进行。注意事项如下：

1）表中 T 为管材的壁厚。

2）累计长度是指评定区内存在单个根部内凹或根部咬边时的该缺陷长度，或者一个以上根部内凹或根部咬边缺陷时的该类各缺陷长度相加的长度。

3）管外径 D_o>100mm 管材或容器筒节的根部内凹和根部咬边的深度，采用管材环向对接焊缝Ⅱ型对比试块测定；管外径 D_o≤100mm 小径管的根部内凹和根部咬边的深度，采用管材环向对接焊缝Ⅰ型对比试块测定。测定时，对比试块放置于靠近被测根部内凹或根部咬边缺陷的附近。

表 1-35　管外径 D_o>100mm 时环向焊接接头不加垫板单面焊的根部内凹和根部咬边缺陷评定及接头质量分级

接头质量级别	根部内凹或根部咬边最大深度/mm		根部内凹或根部咬边累计长度/mm
	与壁厚之比	最大值	
Ⅰ	0		
Ⅱ	≤15%	≤1.5	在任意 3T 长度区内≤T，并且累计长度≤100
Ⅲ	≤20%	≤2.0	
Ⅳ	不满足Ⅰ、Ⅱ、Ⅲ级要求的		

表 1-36　管外径 D_o≤100mm 时环向焊接接头不加垫板单面焊的根部内凹和根部咬边缺陷评定及接头质量分级

接头质量级别	根部内凹或根部咬边最大深度/mm		根部内凹或根部咬边累计长度/焊缝总长度
	与壁厚之比	最大值	
Ⅰ	0		
Ⅱ	≤15%	≤1.5	≤30%
Ⅲ	≤20%	≤2.0	
Ⅳ	不满足Ⅰ、Ⅱ、Ⅲ级要求的		

1.5　射线检测的工程实例

2016 年 10 月 23 日，天津市天大北洋化工设备有限公司为山东齐鲁晟华制药有限公司制造完成了一座总高为 27m 的乙醇精馏塔。本节将以此乙醇精馏塔为例介绍其质量检验，尤其是射线检测的工程应用。

1.5.1　乙醇精馏塔的基本情况

精馏过程的实质是利用混合物中各组分具有不同的挥发度，即同一温度下各组分的蒸气分压不同，使液相中轻组分转移到气相，气相中的重组分转移到液相，实现组分的分离。精馏塔是进行精馏的一种塔式气液接触装置，其工作原理一般是：蒸气由塔底进入，与下降液进行逆流接触，两相接触中，下降液中的易挥发组分不断地向蒸气中转移，蒸气中的难挥发组分不断地向下降液中转移，蒸气越接近塔顶，其易挥发组分的浓度越高，而下降液越接近塔底，其难挥发组分则越富集，达到组分分离的目的。

1. 乙醇精馏塔的技术指标

天津市天大北洋化工设备有限公司设计制造的乙醇精馏塔的技术指标，见表 1-37 和表 1-38。

表 1-37　总高 27m 乙醇精馏塔的主要技术指标

技术指标	参数值	技术指标	参数值
设计压力	0.1MPa	工作压力	常压
设计温度	130℃	工作温度	100℃
工作介质	乙醇、水	介质特性	易爆、中毒危害
腐蚀裕量	0mm	设计寿命	20 年
全容积	$19m^3$	总净重	9200kg
不锈钢净重	7000kg	内径	1000mm
保温层厚度	100mm	防火层厚度	50mm

表 1-38　总高 27m 乙醇精馏塔的其他技术特性

水压试验压力/MPa		气密性试验压力/MPa	基本风压/$N \cdot m^{-2}$	地震参数	厂土地类别
卧式	立式				
0.36	0.125	0.1	450	6 度 0.05g 第三组	Ⅳ

设计及制造的依据是 NB/T 47041—2014《塔式容器》和 HG/T 20584—2011《钢制化工容器制造技术要求》。精馏塔外表面防腐要求按 JB/T 4711—2003 中的规定，塔体内的不锈钢材料表面在清洗干净后应进行酸洗钝化处理，对所形成的钝化膜进行蓝点检查，以无蓝点为合格。

2. 乙醇精馏塔的结构

乙醇精馏塔的结构如图 1-56 所示。

乙醇精馏塔的结构及部件偏差见表 1-39。

表 1-39　乙醇精馏塔的结构及部件偏差

结构及部件	偏差/mm
筒体的圆度偏差（直径公差）	±2.5
塔体安装垂直度公差（含裙座）	20
筒体的直线度偏差（不含裙座）	任意 3m 长度内筒体的直线度公差≤3，塔体总直线度公差≤26
裙座中心线与塔体中心线的重合度	±5

3. 乙醇精馏塔主要受压元件及其使用的材料

主要受压元件的材料及其标准：S30408，GB 24511—2009；16MnⅡ，GB 713—2014。主要受压元件及其使用的材料性能见表 1-40。

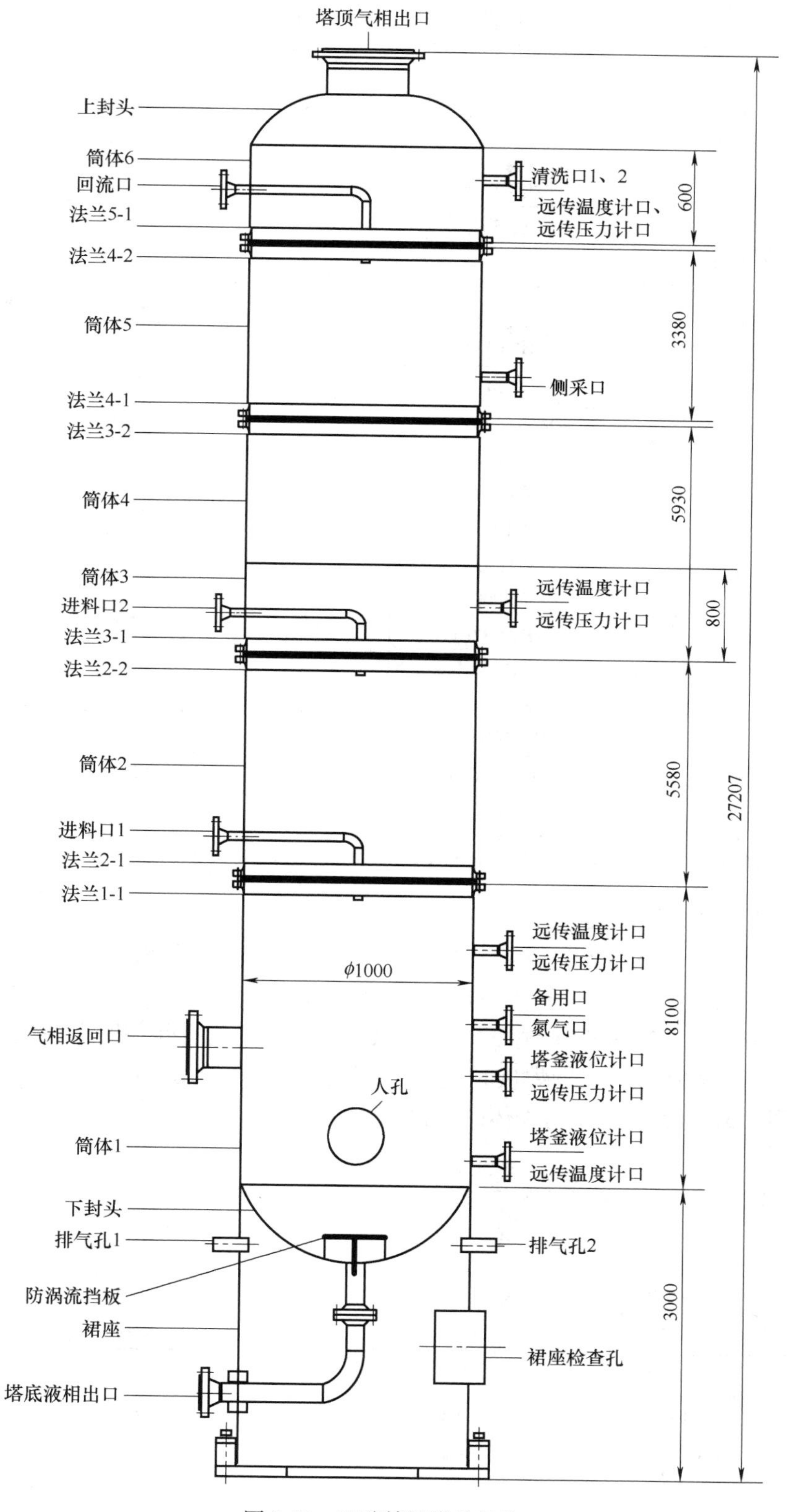

图1-56　乙醇精馏塔的结构

表 1-40 主要受压元件及其使用的材料性能

元件名称	材料牌号	材料规格/mm	供货状态	力学性能			
				硬度(HBW)	屈服强度/MPa	抗拉强度/MPa	伸长率(%)
下椭圆封头	S30408	EHA1000×12	固溶酸洗	190	253~293	660	56.5~61
衬筒		3		78	243	674	58.5
筒体		10		185	269	723	48.5
筒体、人孔筒体		8		173	263	674	56.5
上椭圆封头		EHA1000×8		182	269	641	60
衬环		14		181	280	682	51.5
人孔法兰/盖	S30408 Ⅱ	SO450 (B)-16FM BL450-16M	固溶	—	213	522	36
法兰	16Mn Ⅱ	C-FM1000-2.5 C-M1000-2.5 C-FM1000-1.6 C-M1000-1.6 C-FM1000-1.0 C-M1000-1.0 C-FM1000-0.6 C-M1000-0.6	正火	—	308	544	21
	S30408 Ⅱ	WN350 (B)-16FM	固溶	—	213	522	36
接管	S30408	377×ϕ10	固溶	—	—	570~575	52~54

注：材料为 16Mn Ⅱ 的法兰，在冲击试验温度为 0℃时的 3 个冲击试样的吸收能量为 63J、71J 和 68J。

4. 乙醇精馏塔的焊接工艺

采用埋弧焊、焊条电弧焊和手工钨极氩弧焊的焊接工艺。筒体的焊接接头系数为 0.85，封头的焊接接头系数为 1.0。焊接工艺规程按 NB/T 47015—2011 中的规定。焊接接头形式，除注明外，按 HG/T 20583—2011 中的规定，采用全焊透结构；除注明角焊缝腰高外，按焊件中较薄者厚度；管法兰与接管焊接时，按相应法兰标准。使用的焊接材料见表 1-41。对接焊接接头如图 1-57 所示，接管与壳体的焊接接头如图 1-58 所示。

表 1-41 使用的焊接材料

焊材名称	牌号	规格	商标	力学性能	
				抗拉强度/MPa	伸长率（%）
焊条	A102	ϕ4.0mm	金威	600	46
焊条	A302	ϕ4.0mm	金威	600	36
埋弧焊焊剂	HJ260	8~40 目	牡丹	—	—
埋弧焊焊丝	H08Cr21Ni10Si	ϕ3.2mm	金威	600	37
埋弧焊焊丝	H08Cr21Ni10Si	ϕ4.0mm	金威	590	37
TIG 焊焊丝	H08Cr21Ni10Si	ϕ3.2mm	金威	590	37

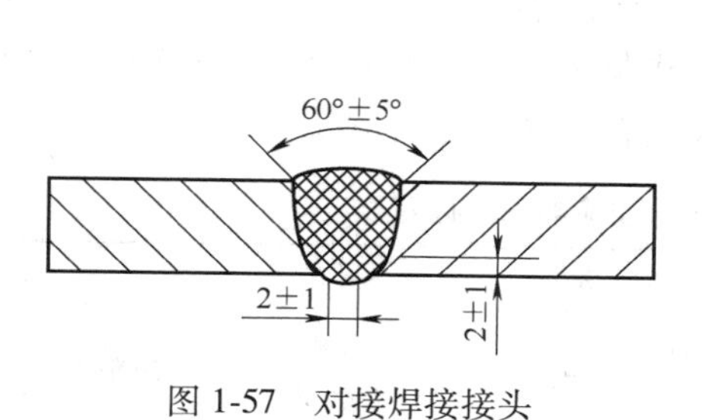

图 1-57 对接焊接接头

50°±5°
1±0.5
2±0.5

图 1-58 接管与壳体的焊接接头

1.5.2 乙醇精馏塔的射线检测

裙座壳体与塔体下封头的焊接接头按 NB/T 47013.5—2015 进行 100%渗透探伤，并应符合Ⅰ级要求，不允许有任何裂纹和分层存在。

射线检测技术等级为 AB 级，对 A 类和 B 类焊缝的检测率为 20%，射线检测焊接接头要求的合格等级为Ⅲ级。

总高 27m 乙醇精馏塔的 A 类焊缝总长为 22.97m，B 类焊缝总长为 58.89m。图样规定射线检测比例为 20%，单条焊缝实际检测最小比例为 20%。实际射线检测焊缝长度：A 类焊缝为 8.5m，B 类焊缝为 11.56m。无损检测依据 NB/T 47013.1~6—2015《承压设备无损检测》进行。

乙醇精馏塔焊缝射线检测的布片图如图 1-59 所示。

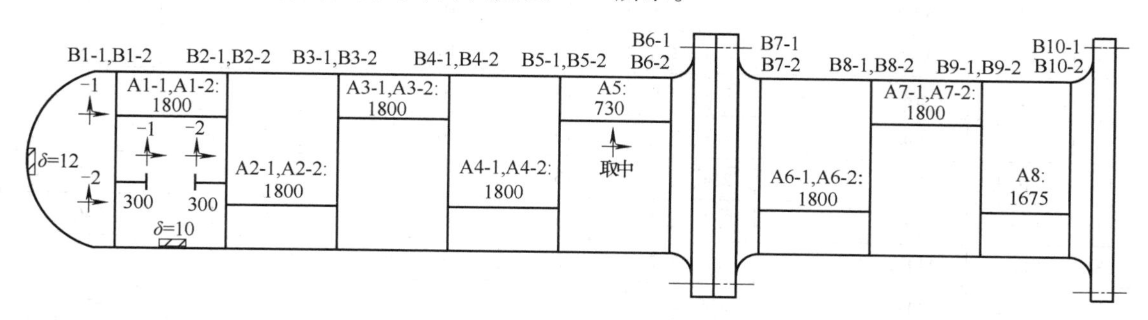

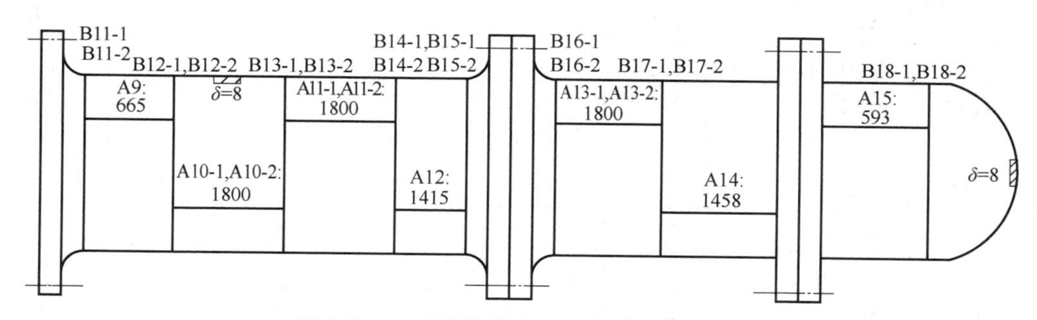

图 1-59 乙醇精馏塔焊缝射线检测的布片图

注：塔顶气相出口 ϕ377mm×9mm 和气相返回口 ϕ377mm×98mm 与壳体焊接的焊缝的底片编号为 B19 和 B20；人孔筒节 ϕ480mm×8mm×232mm 焊接的纵焊缝的底片编号为 A16。

图 1-59 中的标注主要为底片编号，例如："A10-1，A10-2：1800mm" 是指 A 类（筒体纵缝）第 10 号焊缝的两张底片编号，焊缝总长 1800mm；"B10-1，B10-2" 是指 B 类（筒体连接环缝）第 10 号焊缝的两张底片编号。乙醇精馏塔焊缝射线检测底片评定表及报告分别见表 1-42 和表 1-43。乙醇精馏塔焊缝渗透检测报告见表 1-44。乙醇精馏塔外观及几何尺寸检验报告见表 1-45。乙醇精馏塔压力试验检验报告见表 1-46 和表 1-47。

表 1-42　乙醇精馏塔焊缝射线检测底片评定表

产品编号：CR16028

序号	焊缝编号	底片编号	相交焊缝	底片黑度	像质计数值	板厚/mm	缺陷性质及数量	评定级别	一次透照长度/mm
1	A1-1	A1-1	—	2.3、2.8	13	10	圆缺 6	Ⅲ	340
2	A1-2	A1-2	—	2.4、2.8	13	10	—	Ⅰ	340
3	A2-1	A2-1	—	2.4、2.7	13	10	—	Ⅰ	340
4	A2-2	A2-2	—	2.3、2.8	13	10	—	Ⅰ	340
5	A3-1	A3-1	—	2.4、2.8	13	10	—	Ⅰ	340
6	A3-2	A3-2	—	2.4、2.7	13	10	—	Ⅰ	340
7	A4-1	A4-1	—	2.3、2.7	13	10	—	Ⅰ	340
8	A4-2	A4-2	—	2.3、2.7	13	10	—	Ⅰ	340
9	A5	A5	—	2.4、2.7	13	10	—	Ⅰ	340
10	A6-1	A6-1	—	2.3、2.7	13	10	圆缺 2	Ⅱ	340
11	A6-2	A6-2	—	2.3、2.7	13	10	—	Ⅰ	340
12	A7-1	A7-1	—	2.3、2.8	13	10	圆缺 2	Ⅱ	340
13	A7-2	A7-2	—	2.4、2.8	13	10	—	Ⅰ	340
14	A8	A8	—	2.3、2.8	13	10	—	Ⅰ	340
15	A9	A9	—	2.3、2.7	13	10	—	Ⅰ	340
16	A10-1	A10-1	—	2.4、2.8	13	8	—	Ⅰ	340
17	A10-2	A10-2	—	2.4、2.7	13	8	—	Ⅰ	340
18	A11-1	A11-1	—	2.3、2.7	13	8	—	Ⅰ	340
19	A11-2	A11-2	—	2.3、2.7	13	8	—	Ⅰ	340
20	A12	A12	—	2.3、2.7	13	8	—	Ⅰ	340
21	A13-1	A13-1	—	2.3、2.8	13	8	—	Ⅰ	340
22	A13-2	A13-2	—	2.3、2.8	13	8	—	Ⅰ	340
23	A14	A14	—	2.4、2.8	13	8	—	Ⅰ	340
24	A15	A15	—	2.3、2.7	13	8	—	Ⅰ	340
25	A16	A16	—	2.4、2.7	13	8	—	Ⅰ	340
26	B1-1	B1-1	√	2.3、2.8	13	10	—	Ⅰ	340
27	B1-2	B1-2	—	2.3、2.7	13	10	—	Ⅰ	340
28	B2-1	B2-1	√	2.4、2.7	13	10	—	Ⅰ	340
29	B2-2	B2-2	√	2.4、2.8	13	10	—	Ⅰ	340

（续）

产品编号：CR16028									
序号	焊缝编号	底片编号	相交焊缝	底片黑度	像质计数值	板厚/mm	缺陷性质及数量	评定级别	一次透照长度/mm
30	B3-1	B3-1	√	2.4、2.8	13	10	—	Ⅰ	340
31	B3-2	B3-2	√	2.3、2.7	13	10	条缺 3	Ⅱ	340
32	B4-1	B4-1	√	2.4、2.8	13	10	—	Ⅰ	340
33	B4-2	B4-2	√	2.4、2.8	13	10	圆缺 4	Ⅲ	340
34	B5-1	B5-1	√	2.4、2.7	13	10	—	Ⅰ	340
35	B5-2	B5-2	√	2.4、2.8	13	10	—	Ⅰ	340
36	B6-1	B6-1	√	2.4、2.8	13	10	—	Ⅰ	340
37	B6-2	B6-2	—	2.4、2.7	13	10	—	Ⅰ	340
38	B7-1	B7-1	√	2.3、2.8	13	10	—	Ⅰ	340
39	B7-2	B7-2	—	2.3、2.7	13	10	—	Ⅰ	340
40	B8-1	B8-1	√	2.3、2.7	13	10	—	Ⅰ	340
41	B8-2	B8-2	√	2.3、2.8	13	10	圆缺 2	Ⅱ	340
42	B9-1	B9-1	√	2.4、2.8	13	10	圆缺 6	Ⅲ	340
43	B9-2	B9-2	√	2.3、2.7	13	10	—	Ⅰ	340
44	B10-1	B10-1	√	2.3、2.8	13	10	—	Ⅰ	340
45	B10-2	B10-2	√	2.4、2.8	13	10	—	Ⅰ	340
46	B11-1	B11-1	√	2.3、2.8	13	10	—	Ⅰ	340
47	B11-2	B11-2	—	2.3、2.7	13	10	—	Ⅰ	340
48	B12-1	B12-1	√	2.3、2.8	13	8	圆缺 2	Ⅱ	340
49	B12-2	B12-2	√	2.4、2.8	13	8	—	Ⅰ	340
50	B13-1	B13-1	√	2.3、2.7	13	8	—	Ⅰ	340
51	B13-2	B13-2	√	2.3、2.8	13	8	圆缺 2	Ⅱ	340
52	B14-1	B14-1	√	2.4、2.8	13	8	圆缺 1	Ⅰ	340
53	B14-2	B14-2	√	2.3、2.8	13	8	—	Ⅰ	340
54	B15-1	B15-1	√	2.3、2.7	13	8	—	Ⅰ	340
55	B15-2	B15-2	—	2.4、2.7	13	8	—	Ⅰ	340
56	B16-1	B16-1	√	2.3、2.8	13	8	—	Ⅰ	340
57	B16-2	B16-2	—	2.3、2.8	13	8	—	Ⅰ	340
58	B17-1	B17-1	√	2.3、2.7	13	8	—	Ⅰ	340
59	B17-2	B17-2	√	2.4、2.8	13	8	—	Ⅰ	340
60	B18-1	B18-1	√	2.3、2.8	13	8	—	Ⅰ	340
61	B18-2	B18-2	—	2.3、2.8	13	8	—	Ⅰ	340
62	B19	B19	—	2.4、2.8	13	10	—	Ⅰ	340
63	B20	B20	—	2.4、2.8	13	10	圆缺 6	Ⅲ	340
初评人（资格）：张三（Ⅰ）2016年9月29日　复评人（资格）：李四）（Ⅱ）2016年9月30日									

表 1-43 乙醇精馏塔焊缝射线检测报告

产品编号：CR16028

工件	材料牌号	S30408							
检测条件及工艺参数	射线源	■X □Ir192 □Co60			设备型号		XXHA-3005		
	焦点尺寸/mm×mm	1.0×6.0			胶片型号		天Ⅲ		
	增感方式	■Pb □Fe ■前屏 ■后屏			胶片规格/mm×mm		80×360		
	像质计组号	W10			冲洗方式		□自动 ■手动		
	显影液配方	胶片厂提供			显影规范		5min、20℃		
	检测质量等级	■AB □B			底片黑度要求		2.0~4.5		
	焊缝编号	A1~A4	A5	A6~A7	A8	A9	A10~A11	A12	A13
	板厚/mm	10					8		
	透照方式	单壁透照							
	源-物距离/mm	600							
	管电压/kV	180							
	管电流/mA	5							
	曝光时间/min	3					2.5		
	要求的像质计数值	13							
	焊缝长度/mm	7200	730	3600	1675	665	3600	1415	1800
	一次透照长度/mm	340							
合格级别		Ⅲ							
要求检测比例（%）		20							
实际检测比例（%）		38	46.5	38	20	51	38	24	38

产品编号：CR16028

工件	材料牌号	S30408					
检测条件及工艺参数	射线源	■X □Ir192 □Co60			设备型号		XXHA-3005
	焦点尺寸/mm×mm	1.0×6.0			胶片型号		天Ⅲ
	增感方式	■Pb □Fe ■前屏 ■后屏			胶片规格/mm×mm		80×360
	像质计组号	W10			冲洗方式		□自动 ■手动
	显影液配方	胶片厂提供			显影规范		5min、20℃
	检测质量等级	■AB □B			底片黑度要求		2.0~4.5
	焊缝编号	A14	A15	A16	B1~B11	B12~B18	B19~B20
	板厚/mm	8			10	8	10
	透照方式	单壁透照			中心法		单壁透照
	源-物距离/mm	600			500		600
	管电压/kV	180					
	管电流/mA	5					
	曝光时间/min	2.5			3	2.5	3
	要求的像质计数值	13					
	焊缝长度/mm	1458	593	232	34540	21980	2367
	一次透照长度/mm	340	340	232	340	340	250
合格级别		Ⅲ					
要求检测比例（%）		20					
实际检测比例（%）		23	57	100	22	22	21

检测标准		NB/T 47013.2—2015		检测工艺卡编号			JCGY-02		
底片合格张数	A类焊缝	B类焊缝	相交焊缝	共计	最终评定结果	Ⅰ级	Ⅱ级	Ⅲ级	Ⅳ级
	25	10	28	63		53	6	4	0

（续）

缺陷及返修情况说明	检测结果
返修共计0处	本产品焊缝质量符合Ⅲ级要求，结果合格；检测位置及底片情况详见布片图及射线检测底片评定表（另附）

报告人（资格）： 张三（Ⅰ级） 2016年9月30日	审核人（资格）： 李四（Ⅱ级） 2016年9月30日	无损检测专用章： 2016年9月30日

表1-44 乙醇精馏塔焊缝渗透检测报告

产品编号：CR16028

工件	部件名称	裙座与下封头焊接接头	材料牌号	S30408
	部件编号	C	表面状态	无焊渣、飞溅、凹凸不平等缺陷
	检测部位	焊缝及周边至少25mm范围		
器材及参数	渗透剂种类	Ⅱ	检测方法	着色渗透
	渗透剂	溶剂去除型	乳化剂	—
	清洗剂	溶剂	显像剂	溶剂悬浮型
	渗透剂施加方法	■喷 □刷 □浸 □浇	渗透时间/min	20
	乳化剂施加方法	□喷 □刷 □浸 □浇	乳化时间/min	—
	显像剂施加方法	■喷 □刷 □浸 □浇	显像时间/min	20
	工件温度/℃	17	对比试块类型	■铝合金 □镀铬
技术要求	检测比例（%）	100	合格级别	Ⅰ级
	检测标准	NB/T 47013.5—2015	检测工艺卡编号	JCGY-05

检测部位缺陷情况	序号	焊缝（工件部位）编号	缺陷编号	缺陷类型	缺陷痕迹尺寸/mm	缺陷处理方式及结果				最终评级
						打磨后复检缺陷		补焊后复检缺陷		
						性质	痕迹尺寸/mm	性质	痕迹尺寸/mm	
	1	C	—	—	—	—	—	—	—	Ⅰ级

（续）

<table>
<tr><td colspan="3">检测结论：
本产品符合 NB/T 47013.5—2015 中Ⅰ级合格标准的要求，评定为合格
检验部位及缺陷位置详见检测部位示意图（另附）</td></tr>
<tr><td>报告人（资格）：
张三（Ⅰ级）
2016 年 10 月 14 日</td><td>审核人（资格）：
李四（Ⅱ级）
2016 年 10 月 14 日</td><td>无损检测专用章：

2016 年 10 月 14 日</td></tr>
</table>

表 1-45　乙醇精馏塔外观及几何尺寸检验报告

<table>
<tr><td colspan="6">产品编号：CR16028</td></tr>
<tr><td>序号</td><td colspan="2">检 验 项 目</td><td>标准或设计规定</td><td>实 测 结 果</td><td>结　　论</td></tr>
<tr><td>1</td><td colspan="2">产品的 □总长 ■总高/mm</td><td>27207</td><td>27210</td><td>■合格 □不合格</td></tr>
<tr><td>2</td><td colspan="2">壳体内径/mm</td><td>1000</td><td>1000</td><td>■合格 □不合格</td></tr>
<tr><td>3</td><td colspan="2">壳体长度/mm</td><td>23670</td><td>23670</td><td>■合格 □不合格</td></tr>
<tr><td>4</td><td colspan="2">壳体直线度</td><td>≤23</td><td>12</td><td>■合格 □不合格</td></tr>
<tr><td>5</td><td colspan="2">壳体圆度</td><td>≤10</td><td>8</td><td>■合格 □不合格</td></tr>
<tr><td>6</td><td colspan="2">冷卷筒节投料的钢材厚度/mm</td><td>10/8</td><td>10/8</td><td>■合格 □不合格</td></tr>
<tr><td>7</td><td colspan="2">封头成形后最小厚度/mm</td><td>10.3/7.0</td><td>10.9/7.3</td><td>■合格 □不合格</td></tr>
<tr><td>8</td><td colspan="2">封头内表面形状偏差/mm</td><td>−6~12</td><td>4/0</td><td>■合格 □不合格</td></tr>
<tr><td>9</td><td colspan="2">封头直边纵向褶皱深度/mm</td><td>≤1.5</td><td>0</td><td>■合格 □不合格</td></tr>
<tr><td>10</td><td colspan="2">A 类焊缝最大棱角度/mm</td><td>≤3/≤2.8</td><td>0.5/0.5</td><td>■合格 □不合格</td></tr>
<tr><td>11</td><td colspan="2">B 类焊缝最大棱角度/mm</td><td>≤3/≤2.8</td><td>0/0</td><td>■合格 □不合格</td></tr>
<tr><td>12</td><td colspan="2">A 类焊缝最大错边量/mm</td><td>≤2.5/≤2</td><td>0.5/0.5</td><td>■合格 □不合格</td></tr>
<tr><td>13</td><td colspan="2">B 类焊缝最大错边量/mm</td><td>≤2.5/≤2</td><td>1/1</td><td>■合格 □不合格</td></tr>
<tr><td>14</td><td colspan="2">最大咬边深度/长度/mm</td><td>0</td><td>0</td><td>■合格 □不合格</td></tr>
<tr><td rowspan="2">15</td><td rowspan="2">焊缝余高/mm</td><td>单面坡口</td><td>—</td><td>—</td><td>□合格 □不合格</td></tr>
<tr><td>双面坡口</td><td>≤1.5/≤1.2</td><td>1/1</td><td>■合格 □不合格</td></tr>
<tr><td>16</td><td colspan="2">对接焊缝外观质量</td><td>符合图样及标准</td><td>■符合 □不符合</td><td>■合格 □不合格</td></tr>
<tr><td>17</td><td colspan="2">角焊缝外观质量</td><td>符合图样及标准</td><td>■符合 □不符合</td><td>■合格 □不合格</td></tr>
<tr><td>18</td><td colspan="2">端盖开合及联锁</td><td>符合图样及标准</td><td>—</td><td>—</td></tr>
<tr><td>19</td><td colspan="2">法兰面垂直于接管或筒体</td><td>符合图样及标准</td><td>■符合 □不符合</td><td>■合格 □不合格</td></tr>
<tr><td>20</td><td colspan="2">法兰密封面质量</td><td>无径向贯穿划痕</td><td>■符合 □不符合</td><td>■合格 □不合格</td></tr>
<tr><td>21</td><td colspan="2">法兰螺栓孔与设备主轴中心线位置</td><td>符合图样及标准</td><td>■符合 □不符合</td><td>■合格 □不合格</td></tr>
<tr><td>22</td><td colspan="2">支座位置及地脚螺栓孔间距</td><td>符合图样及标准</td><td>■符合 □不符合</td><td>■合格 □不合格</td></tr>
<tr><td>23</td><td colspan="2">管口方位及尺寸</td><td>符合图样及标准</td><td>■符合 □不符合</td><td>■合格 □不合格</td></tr>
<tr><td>24</td><td colspan="2">补强圈、衬环打压无泄漏</td><td>符合图样及标准</td><td>■符合 □不符合</td><td>■合格 □不合格</td></tr>
<tr><td>25</td><td colspan="2">主要内件位置及尺寸</td><td>符合图样及标准</td><td>■符合 □不符合</td><td>■合格 □不合格</td></tr>
<tr><td>26</td><td colspan="2">容器内外表面质量</td><td>符合图样及标准</td><td>■符合 □不符合</td><td>■合格 □不合格</td></tr>
</table>

（续）

产品编号：CR16028				
序号	检 验 项 目	标准或设计规定	实 测 结 果	结 论
27	铭牌安装位置及拓印图	符合图样及标准	■符合 □不符合	■合格 □不合格
28	标志、涂装、包装	符合图样及标准	■符合 □不符合	■合格 □不合格

结论：

合格

监检员：张三 检验责任师：李四 检验员：王五 2016年10月23日

表1-46 乙醇精馏塔压力试验检验报告一

产品编号：CR16028					
压力类型	■水压 □气压 □气密性				
试压部位	筒体	试验日期	2016/10/22	工艺规程卡编号	1
压力表精度等级	1.5	压力表量程/MPa	0~1	压力表检定日期	2016/06/22
压力表编号	16-01、16-02	压力表盘直径/mm	100	试验介质	水
氯离子含量/(mg/L)	19	环境温度/℃	16	介质温度/℃	13

设计要求压力试验曲线

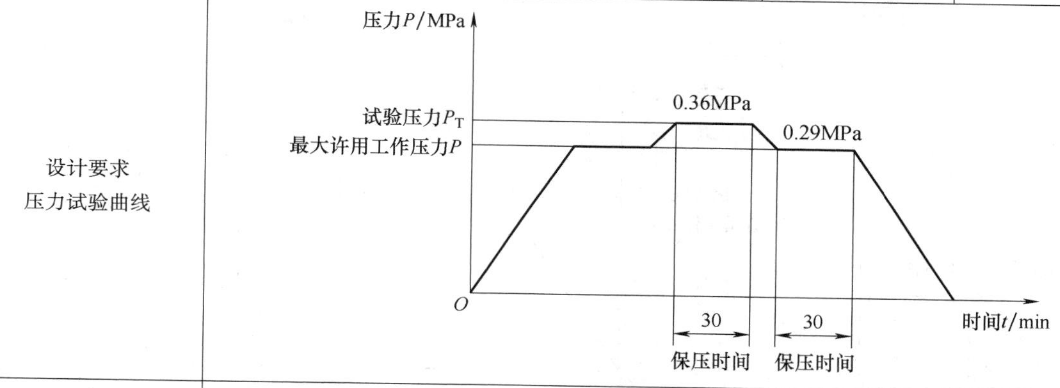

实际压力试验曲线

结论：

合格

本产品经0.36MPa试验，无渗漏，无可见的异常变形，无异常响声，试验结论合格

监检员：张三 检验责任师：李四 检验员：王五 2016年10月22日

表 1-47　乙醇精馏塔压力试验检验报告二

产品编号：CR16028

压力类型	□水压　□气压　■气密性				
试压部位	筒体	试验日期	2016/10/23	工艺规程卡编号	1
压力表精度等级	1.5	压力表量程/MPa	0~0.6	压力表检定日期	2016/06/22
压力表编号	16-07、16-08	压力表盘直径/mm	100	试验介质	压缩空气
氯离子含量/$mg \cdot L^{-1}$	—	环境温度/℃	16	介质温度/℃	19

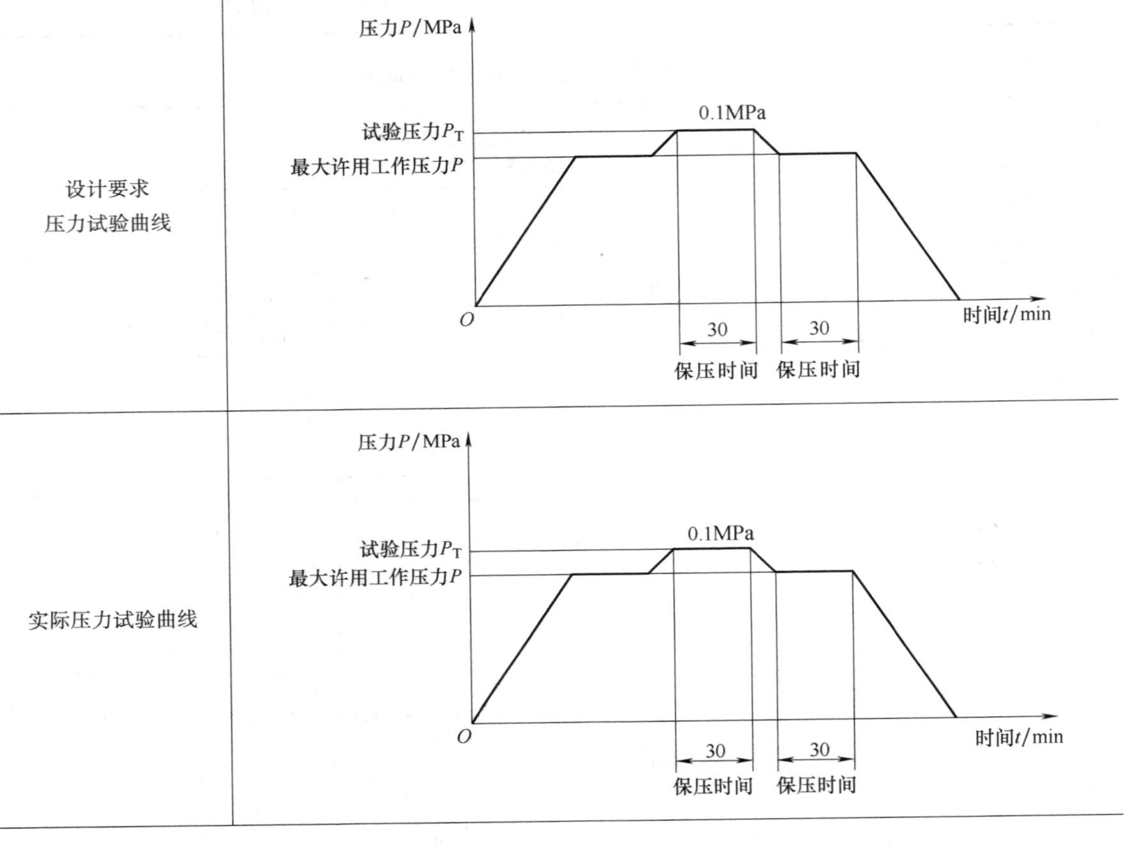

结论：

合格

本产品经 0.1MPa 试验，无渗漏，无可见的异常变形，无异常响声，试验结论合格

监检员：张三　　　　检验责任师：李四　　　　检验员：王五　　　　2016 年 10 月 23 日

第2章

超声检测

超声波传播时，因为声介质（以下简称介质）的不同或是介质的不均匀性，其声学特性参数将发生变化。通过超声波在介质中传播时的声学特性参数的变化，来检测材料特性和工件缺陷的方法称为超声检测。超声检测是五种常规无损检测方法之一。特别地，专为得到工件内部损伤信息的超声检测称为超声探伤，是工件内部缺陷两种常规探伤方法之一。

超声检测的基本原理是，机械振动产生的超声波传入被检工件，超声波在工件的传播过程中，当遇到不同介质组成的界面（如金属材料中气孔缺陷的金属-气体界面）或者同一金属材料的不同密度区界面等时，在能量被衰减的同时将被界面反射、透射和散射，特定波长的波将产生共振现象。通过电子技术检测其声能衰减程度、反射波的声强及其传播时间以及共振次数等参数，并通过数据处理将其显示在显示屏上，经与标准试块及其反射体的检测结果进行对比，从而确定被检工件的厚度、物理特性、力学特性或缺陷特性等。

与同为工件内部缺陷检测方法的射线检测相比较，超声检测的主要优点是：成本低、操作方便、技术灵活、检测设备轻便、可检测厚度大、对人和环境无害、对内部缺陷和表面缺陷敏感，特别是对焊接的裂纹、未熔合等危害性大的面积型缺陷有较高的检测灵敏度，可以定量确定缺陷在工件中的深度，一般仅需在工件的一侧即可进行检测，可实时提供检测结果，除探伤外还可进行材料特性测定以及在役检测方便等。超声检测的局限性是：缺陷判定不直观，难以确定疏密、缺陷大小及类型等，对检测人员的技能和经验要求很高，很难检测粗晶材料及表面过于粗糙、形状不规则、检测对象过小或过薄及非同质材料，难以检测平行于声束的线状缺陷，设备和缺陷均需依据标准进行标定等。在工程实践中，超声检测与射线检测经常配合使用来对工件缺陷进行检测，以提高检测效率和检测结果的可靠性。

超声检测最早是应用于医学诊断领域中的，1929年开始用于检测金属物体。时至今日，超声检测技术在多个方面得到了飞速发展。设备及其技术方面，图像显示器件由CRT、LCD到LED、超声检测彩色显示设备及数字超声探伤仪，自动化程度的提高，如扫描动作自动控制、UT机器人；检测技术方面，从传统的A型显示脉冲反射式到衍射时差法超声检测技术、超声相控阵技术，从接触式超声检测技术到非接触式的激光超声检测技术、电磁超声检测技术，从普通环境下的检测到特殊环境下的检测，如水下超声检测等。目前正在向过程控制中的在线测量技术、定量化的无损评定、先进的仿真技术及高分辨率的声学影像的获得方向发展。

超声检测的应用范围非常广泛，不仅用于检测工件内部缺陷，还可用于表面波检测工件表面缺陷；不仅用于缺陷探伤，还可用于材料特性检测；不仅用于航空航天、核工业、兵器、造船、特种设备、机械、电力、冶金、化工、矿业、建筑及交通等工业领域，还可用于科学研究及医疗领域；不仅用于探伤和材料特性检测，如检测材料声速、声衰减、厚度、应力及硬度等，还可用于对液体的浓度、密度、黏度、流速、流量、料位及液位的测定，以及地层断裂、空洞测量、岩石的空隙率及含水量检测等。

超声检测的分类方法很多，均从不同角度揭示了超声检测的内涵。

1）根据超声检测原理的不同，超声检测可分为脉冲反射法、穿透法、衍射时差法（Time of Flight Diffraction，TOFD）和共振法。其中，脉冲反射法是通过缺陷对以脉冲方式发射的超声波的反射来检测缺陷的；穿透法是通过超声脉冲波或连续波在穿透工件后超声能量的变化来检测缺陷的；TOFD 方法是利用缺陷两端对超声波的衍射信号来检测缺陷和测定缺陷尺寸的；共振法是利用超声波在工件中传播时引起工件共振的特性来判断缺陷和检测工件厚度的。

2）根据超声检测时采用的超声波的波型不同，超声检测可分为纵波法、横波法、表面波法、板波法和爬波法。

3）按探头与工件的接触方式，超声检测可分为直接接触式、间接接触式（即液浸式）和非接触式（即电磁耦合式）等。电磁耦合式就是利用外加磁场和高频线圈，通过电磁感应原理在工件中直接激发出电磁超声波。

4）根据超声检测的自动化程度，超声检测可分为手工检测、机械检测和自动检测。

5）按显示的方式，超声检测可分为 A 型显示法和超声成像法，其中超声成像法又分为 B 型、C 型、D 型及 P 型显示法等，即俗称为 A 超、B 超及 C 超等。A 型显示法显示缺陷的反射脉冲，横坐标代表超声波的传播时间，纵坐标代表反射脉冲幅度。B、C、D 型显示，显示屏上显示的是工件的某个截面，以亮度代表反射波信号的幅度大小。B 型显示法显示与声束传播方向平行且与扫查表面垂直的工件截面，是反映幅度在预置范围内的回波，即反射波信号的声程长度与探头仅沿一个方向扫查时声束轴线位置之间关系的工件截面图；C 型显示法显示与声束传播方向垂直且与扫查表面平行的工件截面，是按探头扫描位置来绘制幅度或声程在预置范围内的回波信号的存在；D 型显示法显示与声束截面和扫查表面均垂直的工件截面。简单来说就是，假设工件是一个立方六面体，B 型显示工件的垂直截面，C 型显示工件的水平截面，D 型显示工件的另一垂直截面。P 型显示法同时显示工件的俯视图和侧视图，可以说是 C 型和 D 型显示法的组合显示。

6）按使用的探头数目，超声检测可分为单探头法、双探头法、多探头法及相控阵法。相控阵法是通过自动控制探头上组成不同形状阵列的多个压电晶片单元发射超声波的角度和时间，从而形成声束的聚焦、偏转等而在工件中形成多种多样的超声场，从而高效、方便地得到全面、充分、详细的工件内部信息。综合上述，采用单探头或双探头、利用横波或纵波、直接接触式 A 型显示脉冲反射式手工超声检测，在实际工程中得到大量、广泛的应用，也是学习其他超声检测技术的基础，是本章介绍的主要内容。

工程上主要应用的超声检测，一般由超声波的产生、传入工件并与工件物质相互作用而被反射、反射波信息的显式表达及检测结果评定等过程组成。本章的总体结构以及各节的内容也将依此组织并进行分析和介绍。

2.1 超声检测的物理基础

2.1.1 超声波及其发射和接收

1. 超声波的基本概念

16Hz~20kHz 为人耳可闻声频范围，频率低于 16Hz 的声波为次声波，频率高于 20kHz

的声波称为超声波。包含超声波和次声波的声波是一种机械波。从能量角度来看，声波属于机械能的一种形式。高频机械振动在介质中的传播形成了超声波。超声波本质上是构成固体、液体或气体介质的质点的机械振动现象，即当受到外力持续的压缩或拉伸作用下质点产生受迫振动。超声波的应用领域非常广泛，主要用于清洗、焊接及检测。

大多数超声检测所使用的超声波频率为0.5~25MHz，金属材料超声检测常用的频率范围为1~5MHz，其中2.0~2.5MHz被推荐为焊接接头超声检测的公称频率。

（1）超声波的波型　根据介质质点的振动方向与波的传播方向之间关系的不同，在超声检测中使用的超声波主要有纵波、横波、表面波和板波这四种类型。

1）纵波。介质质点振动方向与波的传播方向平行的波称为纵波，如图2-1所示，用符号L表示。纵波中的介质质点受到交变拉应力和压应力作用而使介质发生伸缩变形，因此也称其为压缩波；又由于纵波中的介质质点疏密相间，因此也称其为疏密波。

凡是在外力交变变化时质点能够相向振动和相反振动的介质均可传播纵波。固体介质，承受拉应力时质点相反振动，承受压应力时质点相向振动，故可以传播纵波。液体和气体介质，在压应力作用下质点相向振动，虽然一般的液体或气体不能承受拉应力，但在压应力释放时质点之间的固有结合力使质点分离产生相反振动，故也可传播纵波。总而言之，纵波可在固体、液体和气体介质中传播。

纵波常用于钢板及塑性成型工件的超声检测。

2）横波。介质质点振动方向与波的传播方向垂直的波称为横波，如图2-2所示，用符号S表示。横波中的介质质点承受交变剪切力而使介质发生切变变形，因此也称其为剪切波或切变波。

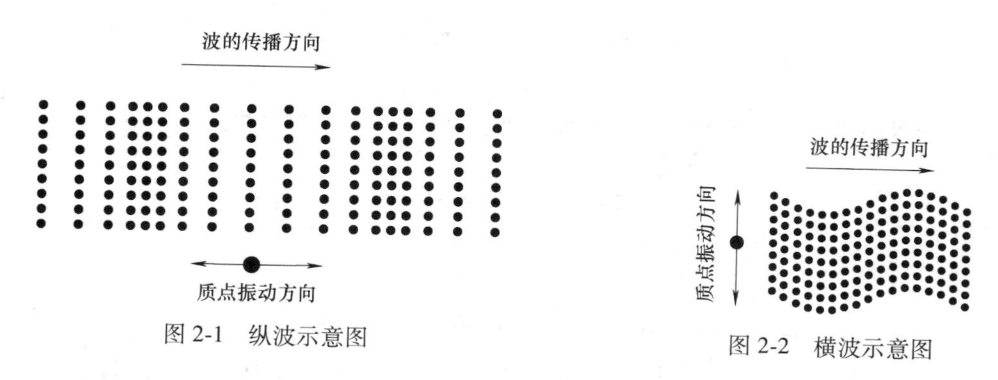

图2-1　纵波示意图

图2-2　横波示意图

由于固体介质可以承受交变剪切力并且发生切变变形，故可以传播横波；液体和气体介质在受到剪切应力时不能发生切变变形或其他有规律的变化，也即介质质点不能有规律地切向振动，故不能传播横波。总而言之，横波仅可在固体介质中传播，不能在液体和气体介质中传播。

横波常用于钢管及焊接件的超声检测。

3）表面波。当介质表面受到交变应力作用时，产生沿介质表面传播的波称为表面波，如图2-3所示，用符号R表示。表面波是瑞利在1887年首先研究并发现的，故又称为瑞利波。后经研究证实，瑞利波仅是表面波的一种。瑞利波传播时，介质质点的振动轨迹是椭圆形，是纵波质点振动形式和横波质点振动形式的合成，椭圆轨迹的长轴垂直于波的传播方向，短轴平行于波的传播方向。表面波在距离介质表面大于一个波长的深度内振动很弱，在

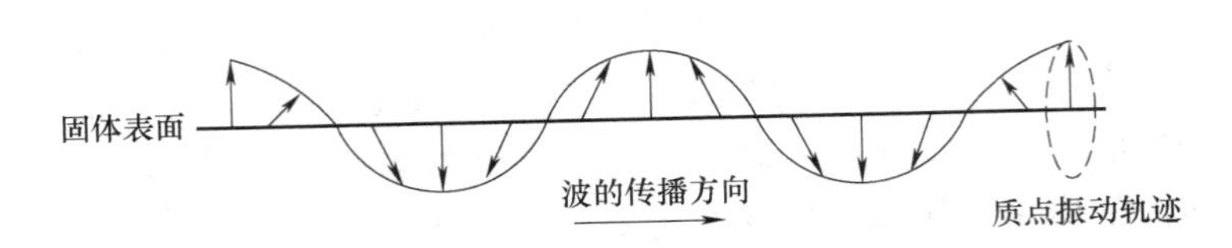

图 2-3　表面波示意图

1/4 波长深度处振幅最大。

由于质点有横波质点振动形式，因此很显然表面波只能在固体介质中传播。

瑞利波常用于厚壁钢管的超声检测。

4）板波。在板厚是几个波长且厚度均匀的薄板中传播的波称为板波，最常见的板波为兰姆波。兰姆波传播时，薄板两表面的质点振动也是纵波质点振动形式和横波质点振动形式的合成，其振动轨迹也是椭圆形。依据薄板两表面的质点振动方向，兰姆波分为对称型，用符号 S 表示；非对称型，用符号 A 表示。对称型兰姆波传播时，薄板中心质点做纵向振动，两表面质点做椭圆振动且振动相位相反，对称于板中心，如图 2-4 所示。非对称型兰姆波传播时，薄板中心质点做横向振动，两表面质点做椭圆振动且振动相位相同，非对称于板中心，如图 2-5 所示。

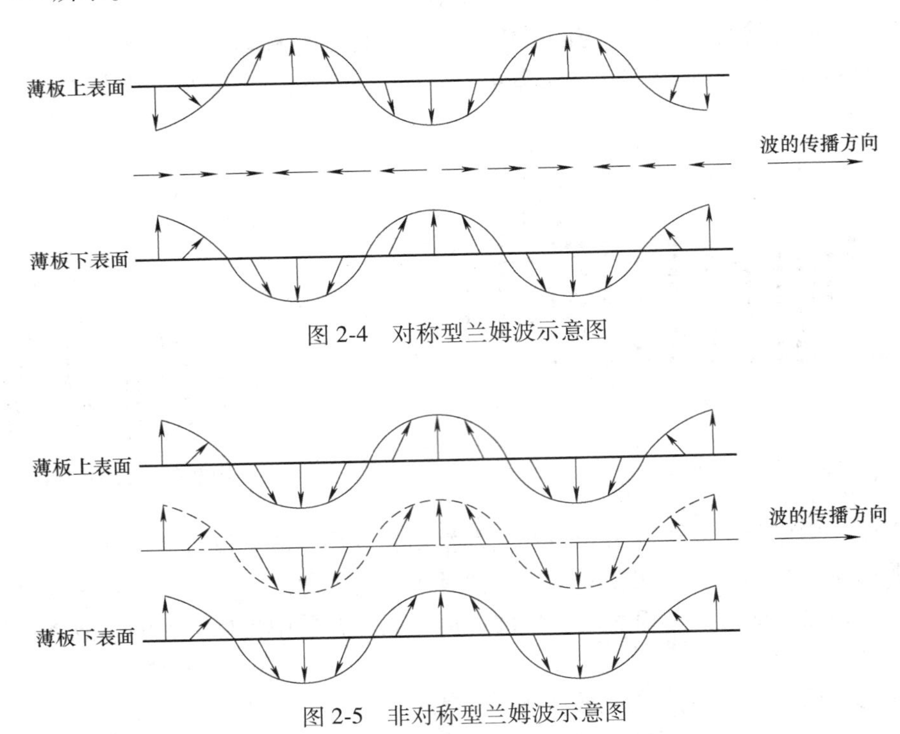

图 2-4　对称型兰姆波示意图

图 2-5　非对称型兰姆波示意图

兰姆波常用于板厚小于 6mm 的薄板和薄壁钢管的超声检测。

在超声检测中，常用纵波和横波，较少使用表面波和板波。由于发射纵波相对容易，因此在超声检测中应用广泛。当需要采用其他波型的超声波进行检测时，常采用纵波声源并经波型转换处理来得到。

（2）超声波的声速　超声波的声速是指单位时间内超声波传播的距离，习惯上也称为传播速度，用符号 C 来表示。弹性介质可视为无限个质点之间以弹簧互相连接，质点受其附近质点的惯性和弹性回复力的作用，如图2-6所示。

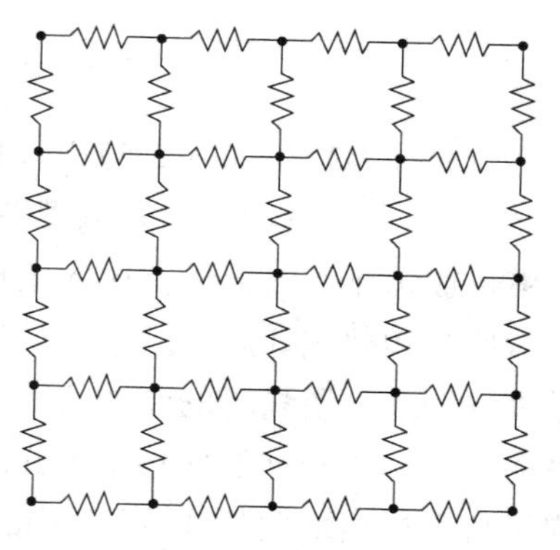

图2-6　弹性介质的刚球-弹簧模型

介质的质点之间存在结合力，该力将抵抗外力的压缩或拉伸。液体或气体介质，该结合力大小的宏观表现形式为体积模量。固体介质不同于液体或气体介质，一方面表现出可以抵抗压缩和拉伸，宏观表现形式为弹性模量 E；另一方面表现出可以抵抗剪切载荷，宏观表现形式为切变模量 G。

当固体介质受到外力作用使质点受到拉伸时，质点满足胡克定律，即

$$F=kx \tag{2-1}$$

式中　F——质点受到的拉伸力（N）；

k——介质的刚度系数（N/m）；

x——质点的位移（m）。

根据牛顿第二定律，则有

$$ma=-kx \tag{2-2}$$

式中　m——质点的质量（kg）；

a——质点的加速度（m^2/s）。

对于某一给定的介质，其质量 m 及刚度系数 k 可视为常数，即只有加速度 a 和位移 x 是变量。质点位移增加则反向加速度增大，使质点移动并回到平衡位置，而且与力大小无关，因此传播速度与施加力无关且恒定。传播速度因介质的不同，即 m 和 k 不同而不同。实际上，在波型一定的前提下，介质的密度和弹性是影响超声波声速的决定性因素，另外一个介质因素即泊松比的影响相对较小但作用至关重要。此外，超声波的声速还与超声波的形式相关，这是由于超声波的波型不同则介质的弹性变形形式不同所致。

1）固体介质中的声速

① 无限大固体介质中的声速。当传播超声波介质的几何尺寸远大于超声波的波长时，该介质就可以视为无限大。在无限大固体介质中，纵波声速 C_L 的计算式为

$$C_L=\sqrt{\frac{E}{\rho}\frac{1-\nu}{(1+\nu)(1-2\nu)}} \tag{2-3}$$

式中　E——介质的弹性模量（Pa）；

ρ——介质的密度（kg/m^3）；

ν——介质的泊松比。

在无限大固体介质中，横波声速 C_S 的计算式为

$$C_S=\sqrt{\frac{G}{\rho}}=\sqrt{\frac{E}{\rho}\frac{1}{2(1+\nu)}} \tag{2-4}$$

式中　G——介质的切变模量（Pa）。

在无限大固体介质中，瑞利波声速 C_R 的计算式为

$$C_R = \frac{0.87+1.12\nu}{1+\nu}\sqrt{\frac{E}{\rho}\frac{1}{2(1+\nu)}} \tag{2-5}$$

由式（2-3）~式（2-5）可知，对于固体介质恒有 $C_L>C_S>C_R$，而且根据经验，$C_S \approx 0.5C_L$，$C_R \approx 0.9C_S$。还可知，超声波在固体介质中的声速与介质密度成反比、与介质的弹性模量成正比。以弹性介质的刚球-弹簧模型为例，超声波在介质中的传播速度取决于每个刚球使其相邻刚球起振的速度。当弹簧的刚度即介质的弹性模量和驱动力一定时，相比于质量大的刚球，质量轻的刚球将更快速地使相邻刚球起振，也即密度小则超声波传播速度快。另一方面，当刚球的质量也即介质的密度和驱动力一定时，相比于刚度小的弹簧，刚度大的弹簧将更快速地使相邻刚球起振，也即介质的弹性模量大则超声波传播速度快。

固体介质中的声速不仅与上述的介质声学特性参数和波型相关，还与介质的温度、应力和均匀性相关。一般而言，固体介质中的声速随介质温度的升高而降低。当应力方向与声波传播方向一致时，压应力值增大则声速提高，拉应力值增大则声速下降。固体介质的均匀性对声速也有一定影响，在铸铁中表现较为突出，表面细晶区的声速大，心部粗晶区的声速小；此外，在石墨铸铁中，石墨含量和尺寸增加则声速减小。

需要注意的是，上述计算式中介质的密度 ρ 和弹性模量 E 的准确数值很难得到，这是因为其与合金成分及具体的冶金工艺和材料加工工艺相关。因此，超声检测中常常通过与被检测件同材质的已知厚度试块对检测设备进行校准。虽然上述计算式难以直接用于计算，但对于理解介质对声速的影响规律、界面的反射和透射、波型转换以及超声波探头的制作等均有重要的意义。

② 细长棒中的纵波声速。当棒材的直径 d 小于或等于超声波的波长 λ 时，可以视为细长棒。在细长棒中轴向传播的纵波声速 C_{Lb}不同于无限大固体介质中的纵波声速，在 $d \ll 0.1\lambda$ 时，声速与泊松比 ν 无关，其计算式为

$$C_{Lb} = \sqrt{\frac{E}{\rho}} \tag{2-6}$$

在超声检测中，常用固体介质的声速值见表 2-1。

表 2-1 常用固体介质的声速值 （单位：m/s）

介质种类	C_L	C_S	C_{Lb}
钢	5880~5950	3230	—
铸铁	3500~5600	2200~3200	—
铝	6260	3080	5040
铜	4700	2260	3710
有机玻璃	2730	1460	—
环氧树脂	2400~2900	1100	—

2）液体和气体介质中的声速。液体和气体中的纵波声速 C_{GL}的计算式为

$$C_{GL} = \sqrt{\frac{K}{\rho}} \tag{2-7}$$

式中 K——液体或气体介质的体积模量（Pa），即产生单位容积相对变化量所需的压强。

除了水以外的几乎所有液体，当温度升高时体积模量 K 减小，C_{GL}减小。水，在 74℃时声速达到最大值；当温度低于 74℃时，声速随温度的升高而增加；当温度高于 74℃时，声速随温度的升高而降低。

常用流体介质的声速值见表 2-2。

表 2-2　常用流体介质的声速值　（单位：m/s）

介质种类	C_{GL}
水（20℃）	1480
空气	344
水玻璃	2350
酒精	1440
甘油	1880
汽油	1250
煤油	1295
变压器油	1425

（3）超声波的波长　在超声波的传播方向上相位相同的相邻两质点间的距离称为超声波的波长，习惯上用符号 λ 来表示。在图 2-1 中，纵波波长为相邻两稠密区或两稀疏区中心之间的距离；在图 2-2 中，横波波长是相邻两波峰或两波谷之间的距离。

超声波的波长与声速和频率之间的关系为

$$\lambda=\frac{C}{f}=CT \tag{2-8}$$

式中　λ——波长（m）；

C——声速（m/s）；

f——频率（Hz）；

T——周期（s）。

由式（2-8）可见，在同一频率下，横波的波长比纵波的短。例如，当 $f=2.5$MHz 时，钢中的 $\lambda_L\approx2.36$mm、$\lambda_S\approx1.30$mm。正是由于波长很短，所以超声波才能像光波一样在介质中沿直线传播，而且其声束具有很强的指向性。最小反射体的主尺寸至少不小于 0.5λ 才能被检测到。反之，如果已知需要检测出的最小缺陷的尺寸，则可以利用式（2-8）计算出适宜的超声波频率。此外，波长还与声束的形状及其特性（如近场长度）等密切相关。

不同频率超声波检测钢或铝中缺陷，理论上可检测到的最小缺陷尺寸见表 2-3。

表 2-3　不同频率超声波在钢或铝中可检测到的最小缺陷尺寸

频率/MHz	最小缺陷尺寸/mm			
	钢		铝	
	纵　波	横　波	纵　波	横　波
0.625	9.408	5.168	10.016	4.928
1.25	4.704	2.584	5.008	2.464
2.50	2.352	1.292	2.504	1.232
5.00	1.176	0.646	1.252	0.616
10.00	0.588	0.323	0.626	0.308

由表 2-3 可知，焊接接头超声检测采用的频率一般在 2. 50~5. 00MHz 是合理的。频率太低，则检测不到较小尺寸缺陷；频率过高，则可能造成缺陷信号复杂，不利于检出较大尺寸缺陷。依据检测标准的要求，尺寸极小的缺陷有时是不必检出的。

2. 超声波的检测特性

超声波具有方向性好、能量高、穿透能力强及在声界面上产生反射、透射及波型转换等的检测特性。按波阵面的形状即波形分类，超声波可分为平面波、球面波和柱面波。超声检测所用的超声波，由于是一个圆盘形的声源振动发出的，因此形象地称为活塞波。活塞波不是上述的简单波形，而是一种介于平面波和球面波之间的混合波形。理论上，在其圆盘形声源附近，因严重的声干涉现象故其波形较复杂，在距声源较远处近似于球面波。按振动持续时间分类，超声波可分为连续波和脉冲波。连续波检测时，反射波和连续到来的发射波相混叠，同相则信号增强，反相则信号减弱，因此连续波很难应用于反射式超声检测中，但可用于穿透法超声检测中。实际上，通常所说的超声检测一般使用的是脉冲波，即发射的脉冲波之间设定足够的时间间隔使得反射波衰减消失，以避免发射波与反射波混叠。

3. 超声波的发射与接收

（1）超声波的发射　从原理上讲，20kHz 以上频率的机械振动就可以产生超声波，即发射超声波。在实际工程中，利用某些材料的特殊物理效应可以实现超声波的发射。发射超声波的方法比较多，如机械方法的流体哨、激光激发、电磁感应激发、压电法和磁致伸缩法等。在工业中得到较多应用的是压电法和磁致伸缩法。

磁致伸缩法利用的是铁磁性材料的磁致伸缩效应。磁致伸缩效应是指铁磁体在被外磁场磁化时体积和长度发生变化的现象。磁致伸缩效应引起的体积和长度变化虽是微小的，但其长度的变化比体积的变化大得多，引起的长度变化又称为线磁致伸缩，其逆效应是压磁效应。

压电法是超声检测中发射超声波所采用的方法。压电法利用的是压电材料的逆压电效应，即在天然或人工压电材料制成的圆形或方形压电晶片的两侧施加高频的交变电场，使晶片在厚度方向上出现相应的压缩和伸长变形的现象。在逆压电效应作用下，压电晶片将随外加超声频率电压的变化在其厚度方向上做相应的超声频率的机械振动，即发射出超声波。压电法发射超声波如图 2-7 所示。

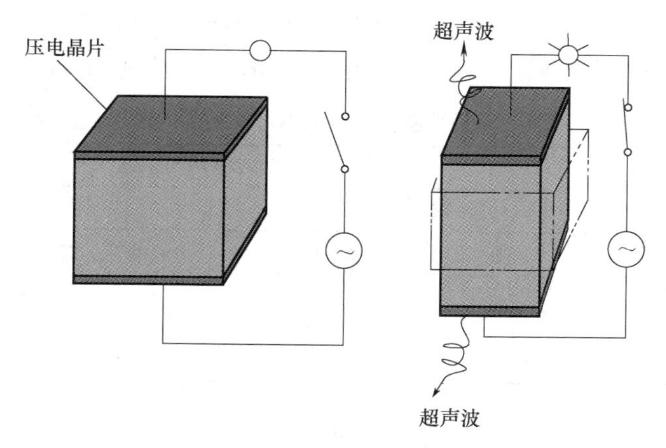

图 2-7　压电法发射超声波

（2）超声波的接收　当铁磁体在外力作用下发生形变时，其自发磁化强度会发生变化，这是接收超声波的物理原理。但实际上很少采用磁致伸缩换能器来接收超声波，多利用压电换能器中压电晶片的压电效应来接收超声波。与逆压电效应相反，压电效应是指沿厚度方向做超声振动的压电晶片的表面受压和释放而产生交变电压的现象。通过对该交变电压的放大、整形等信号处理，并显示这一源于超声波振动压电晶片产生的交变电压，即实现了超声波的接收。压电法接收超声波如图2-8所示。

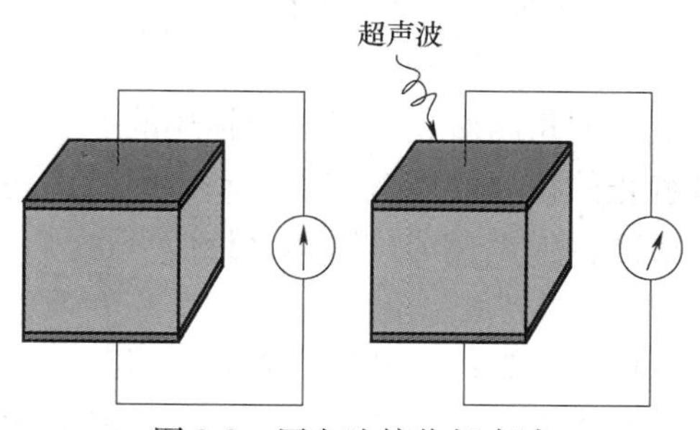

图2-8　压电法接收超声波

2.1.2　超声波在介质中的传播

超声波在传播过程中，遇到不同介质组成的界面将发生反射、透射和散射，强度也将被衰减，同时传播方向和波型也可能改变等。发生的上述物理现象，均与超声波及介质相关。在某一确定的超声波作用下，具体检测对象使得超声波发生上述变化，这必将带有该介质即工件的特征信息，分析该特征信息就可以实现对工件的检测。因此，超声检测的关键是要搞清某一确定的超声波与具体检测对象作用时所发生的物理现象及其变化。

1. 超声场

超声波达到的介质空间称为超声场。超声场具有一定的空间大小和形状，并有可能随时间而发生变化。而且，只有当缺陷等被检对象位于超声场内才有可能被检测到。

（1）描述超声场的物理量

1）振动速度。振动速度是指超声波在介质中传播时引起介质中某质点在其平衡位置附近往复运动的速度，用符号 v 来表示，单位为m/s。振动速度 v 与声速 C 是两个完全不同的概念。v 的计算式为

$$v=\omega A=2\pi fA \tag{2-9}$$

式中　ω——角频率（Hz）；

A——波的振幅（m）。

2）声压。超声场内某点于某瞬时具有的压强与无超声波扰动时该点的静压强之差称为超声压，简称声压，用符号 p 来表示，单位为Pa。一般电子仪表测得的和人们习惯上指的声压是有效声压，有效声压 p_e 为取一定时间内某一点的瞬时声压的均方根值，其计算式为

$$p_e=\frac{p_m}{\sqrt{2}}=\frac{\rho Cv}{\sqrt{2}}=\frac{Zv}{\sqrt{2}} \tag{2-10}$$

式中　p_m——声压幅值（Pa）；

Z——声阻抗［$kg/(m^2\cdot s)$］。

声压的大小反映超声波的强弱。超声场内任一点的声压随时间和与声源距离的变化而变化，声压幅值与介质的密度和超声波的声速、频率成正比。可见，超声波的声压远大于人耳可听声波的声压。超声检测时显示在屏幕上的信号波的波高与其所检测到的超声波声压成正比，而声压值大小一般反映缺陷的当量大小。

v 和 p 是表征超声场的两个基本物理参量，研究超声场一般就是求出这两个参量的瞬时

值、振幅以及它们之间的相互关系。

3）声强。单位时间内通过垂直于超声波传播方向的单位面积上的声能量称为声强度，简称声强，用符号 I 来表示，单位为 W/m^2。声强是单位面积上声波传递功率的平均值，是从能量的角度对超声场进行描述的一个物理参量。也就是，超声波传播到介质中某处时，原来静止的该处的质点产生振动，因而该处质点具有动能；另一方面，由于质点的振动，该处介质产生弹性变形，因而该处质点也具有弹性位能，总能量为两者之和。平均声强计算式为

$$I=0.5\rho C A^2\omega^2=0.5Zv^2 \tag{2-11}$$

由式（2-11）和式（2-9）可见，声强 I 与频率 f 的平方成正比，即超声波的声强远大于可听声波，因此超声波可以用于检测大厚度或衰减较大的介质。此外，在同一介质中，声强 I 与声压 p 的平方成正比。

4）声阻抗　超声场中任意一处的声压 p 与该处质点的振动速度 v 之比，称为声阻抗，用符号 Z 来表示，单位为 $kg/(m^2\cdot s)$。其计算式为

$$Z=\frac{p}{v}=\rho C \tag{2-12}$$

由式（2-12）可见，介质的声阻抗值等于介质密度与声速的乘积，是介质对质点振动阻碍作用大小的表征。一般情况下，由于材料的密度 ρ 和声速 C 均随温度的升高而降低，因而介质的声阻抗 Z 随温度的升高而降低。两种介质声阻抗的差别大小直接影响超声波在该两种介质界面上的反射和透射情况。表 2-4 给出了一些常用介质的超声纵波声阻抗值。

表 2-4　一些常用介质的超声纵波声阻抗值

介 质 种 类	声阻抗/$10^6kg\cdot m^{-2}\cdot s^{-1}$
钢	45.3
铸铁	25~42
铝	16.9
铜	41.8
有机玻璃	3.2
$BaTiO_3$	359
聚苯乙烯	2.5
环氧树脂	2.7~3.6
尼龙	1.98~2.64
水（20℃）	1.48
空气	0.0004
水玻璃	3.99
酒精	1.14
甘油	2.38
汽油	1.01
煤油	1.06
变压器油	1.22

5）分贝。声波的声强数值往往相差很大，如引起听觉的声强范围为 $10^{-12}\sim1.0W/m^2$，因此采用声强的绝对数值来表达是不方便的，故对声波的声强描述通常采用与一标准值的比

值即相对数值。这一标准值通常规定为引起人耳听觉的最弱声强 I_0，$I_0 = 10^{-12}\text{W/m}^2$。当某一声波的声强为 I 时，其声强的相对数值按式（2-13）计算：

$$I_\Delta = 10\lg\frac{I}{I_0} = 20\lg\frac{p}{p_0} \tag{2-13}$$

式中 p_0——标准声压，即人耳对1kHz纯音可闻阈声压，为 2×10^{-5}Pa。

式（2-13）中，I 和 I_0 的单位为 W/m^2，但 I_Δ 的单位为dB（分贝）。

当超声检测仪具有良好的垂直线性时，显示屏上的信号波波高 H 与仪器检测到的超声波的声压成正比，即

$$I_\Delta = 10\lg\frac{I}{I_0} = 20\lg\frac{p}{p_0} = 20\lg\frac{H}{H_0} \tag{2-14}$$

在超声检测中，信号波的基准波高 H_0 可以任意选取。

（2）超声场的结构　超声检测时，活塞探头发出束状的超声场，通常称其为超声波束。超声波束一般由主声束和副声束构成，如图2-9所示。

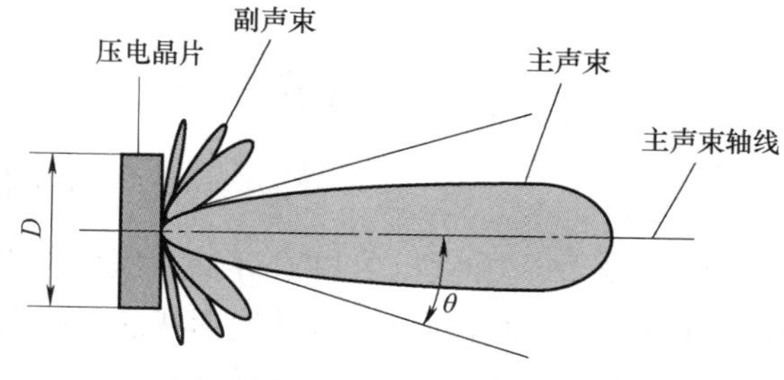

图2-9　直探头发出的超声波束

由图2-9可见，副声束的截面小、能量弱，其数量和传播方向随晶片直径 D 与波长 λ 之比的改变而改变。主声束的截面大、能量集中，并具有良好的指向性。

1）主声束轴线上的声压分布。圆形晶片直探头向无声能衰减的液体介质中发射连续正弦纵波的主声束轴线上的声压分布，如图2-10所示。图2-10中的 p_0 为探头表面的起始声压，p 为声程 x 处的声压。

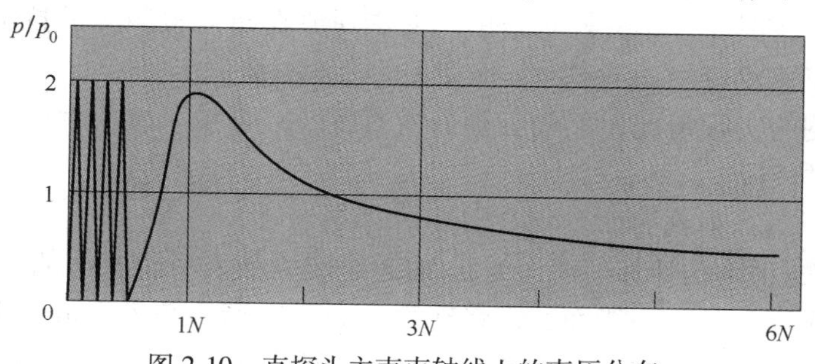

图2-10　直探头主声束轴线上的声压分布

由图2-10可见，在探头表面附近，由于波的干涉现象导致主声束轴线上的声压出现若干极大值和极小值，这段声程称为超声波束的近场。其中距探头最远的声压极大值点至探头表面的距离称为近场长度，用符号 N 来表示。近场以外（$x>N$）即为超声波束的远场。在远场中，紧靠近场的一段区域内，声压的幅度与声程基本无关，该区域称为超声波束的未扩展区。在未扩展区以外，特别是在 $x>3N$ 以外区域，声压 p 与声程 x 近似成反比。除此之外，远场声压 p 还与探头的面积 S 和起始声压 p_0 成正比，与超声波波长 λ 成反比。

2）近场长度。就圆形晶片直探头发射的纵波声束而言，近场长度的近似计算式为

$$N\approx\frac{D^2}{4\lambda} \tag{2-15}$$

式中 D——直探头压电晶片的直径（mm）；

N——近场长度（mm）；

λ——超声波波长（mm）。

由式（2-15）可见，压电晶片的直径 D 越大，超声波的频率 f 越高或波长 λ 越小，探头的近场越长。这一结论也定性地适用于斜探头发出的横波声场。

由于近场内的声压分布极为复杂，因此在超声检测中应尽量避开近场，利用远场中声压与声程成反比的关系对被检缺陷做定量分析。

3）指向特性。指向特性是指超声波束向某一方向集中发射的特性。指向特性的优劣由指向角 θ 来表征，指向角又称为半扩散角，如图 2-9 所示。指向角越小，超声波束的指向性越好，声能越集中。若定义主声束中声压为零的边缘线与主声束轴线间的夹角为零值指向角 θ_0，那么就圆形晶片直探头发出的纵波声场而言，0 值指向角的计算式为

$$\theta_0=\arcsin\left(\frac{1.22\lambda}{D}\right) \tag{2-16}$$

在同样条件下，声束边缘的声压为其轴线声压的 10%的指向角的计算式为

$$\theta_{10\%}=\arcsin\left(\frac{1.08\lambda}{D}\right) \tag{2-17}$$

由式（2-16）和式（2-17）可见，压电晶片的直径 D 越大，超声波束的指向性越好。这一规律也可定性地用以分析其他形状晶片的探头及斜探头发出的横波声场的指向特性。

2. 超声波在介质中的传播规律

超声波在均匀介质中传播时，声能无疑要被衰减，理论上并不发生其他变化。但是超声波在传播过程中遇到不同介质组成的界面，如气孔的气体介质和金属固体介质的界面，将发生反射、透射和声能衰减等现象，同时传播方向和波型也可能发生改变。不仅如此，在一些特定条件下，超声波因反射和折射而聚焦。聚焦现象在超声检测先进技术（如相控阵超声检测技术）中得到广泛应用，可参考其他相关的专业书籍。

根据超声检测的实际情况，下面分别分析直探头（垂直入射）和斜探头（倾斜入射）时发生上述变化的情况。

（1）超声波垂直入射到界面

1）反射率和透射率的计算。声压为 p_0 的超声波垂直入射至光滑的无限大单一界面时，将发生反射和透射等现象。一般而言，将在第一介质中产生与入射波方向相反、声压为 p_r 的反射波，在第二介质中产生与入射波方向相同、声压为 p_t 的透射波，如图 2-11 所示。

在界面两侧，声波应符合总声压相等和质点振动速度幅值相等这两个条件，可以得出声压反射率 R_P 为

$$R_P=\frac{p_r}{p_0}=\frac{Z_2-Z_1}{Z_2+Z_1} \tag{2-18}$$

式中 Z_1——第一介质的声阻抗；

Z_2——第二介质的声阻抗。

声压透射率 T_P 为

$$T_P=\frac{p_t}{p_0}=\frac{2Z_2}{Z_2+Z_1} \tag{2-19}$$

相类似地，声强反射率 R_I 为

$$R_I=\frac{I_r}{I_0}=\left(\frac{Z_2-Z_1}{Z_2+Z_1}\right)^2 \tag{2-20}$$

式中 I_r——反射波的声强。

声强透射率 T_I 为

$$T_I=\frac{I_t}{I_0}=\frac{4Z_2Z_1}{(Z_2+Z_1)^2} \tag{2-21}$$

式中 I_t——透射波的声强。

由式（2-18）~式（2-21）可见，超声波垂直入射到单一界面时，在界面两侧的声压或声强的分配比例仅与两侧介质的声阻抗相关。

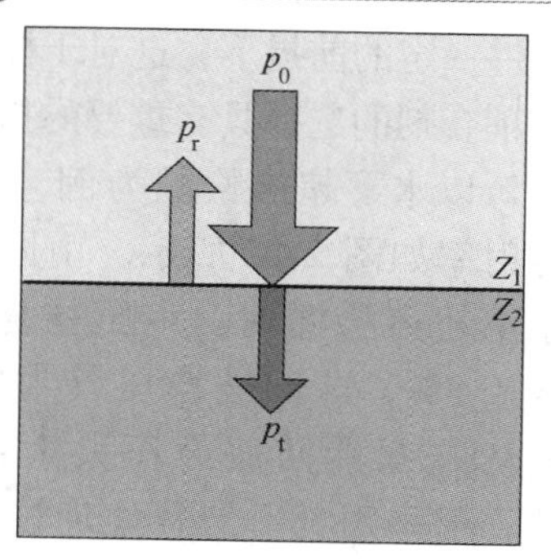

图 2-11 界面两侧垂直入射超声波的声压分配

2）反射率分析。声压反射率或声强反射率越大，缺陷被检出的概率越高。因此，从缺陷的脉冲反射式超声检测角度来看，R_P 越大越好。从声压分配的角度来分析式（2-18）~式（2-21），可以得出如下结论：

① 如果 $Z_1 \approx Z_2$，如焊缝金属/金属夹杂物界面，则 $R_P \approx 0$、$T_P \approx 1$，即超声波将几乎全部透过该界面，由第一介质进入第二介质。这是超声检测无法检出声阻抗与焊缝金属很接近的金属夹杂物缺陷的原因。

② 如果 $Z_1 \gg Z_2$，如钢/空气界面，则 $R_P \approx -1$、$T_P \approx 0$，即超声波在界面上几乎被全反射，且入射波声压与反射波声压的相位相反。由此可知，在超声波垂直入射的条件下，钢中的分层或焊缝中的裂纹被检出的概率会很高。

3）透射率分析。声压透射率或声强透射率越大，超声波越容易发射到被检工件中。因此，从减小超声波耦合损失的角度考虑，探头和工件界面的 T_P 越大越好。从声压分配的角度来分析式（2-18）~式（2-21），可以得出如下结论：

① 由于空气的声阻抗远远小于其他介质的声阻抗，因此如果在探头和工件之间存在空气，即形成探头材料/空气界面，则透射率极低即超声波很难发射到工件中，也就无法进行超声检测。例如，探头材料 $BaTiO_3$（Z_1）/空气（Z_2）/钢（Z_3）界面而言，纵波入射时，探头/空气界面的 $T_{P1/2} \approx 2.2\times10^{-6}$，空气/钢界面的 $T_{P2/3} \approx 1.9998$，最终由探头进入钢中的超声波的声压透射率为 $T_{P1/3} \approx 4.4\times10^{-6}$，这表明若探头与钢之间存在空气隙，超声波就几乎无法进入工件去检测缺陷，这正是超声检测时必须在探头和工件之间施加油等耦合剂的原因。

② 如果用水作为耦合剂填充探头与钢之间的空隙，那么最终进入钢中的超声波的声压透射率增至约16%，这一数值已能满足一般超声检测的实际需要。

③ 在常用的单探头超声检测中，由于探头既发射超声波又接收超声波，因此还应考虑超声波往复透射率的大小。声压往复透射率 T_{TR} 是回波声压与发射声压之比，在不考虑声能衰减损失的条件下，其计算式为

$$T_{TR}=\frac{4Z_1Z_2}{(Z_1+Z_2)^2} \tag{2-22}$$

由式（2-22）可见，如果底面全反射，则声压往复透射率与声强在单一界面的透射率数值相等。还可见，界面两侧介质的声阻抗值越接近，声压往复透射率越高，检测灵敏度越高。在

工件一定的前提下，这对于探头表面材料和耦合剂的选择具有重要的指导意义。

以水下超声检测为例，其声压往复透射率如图2-12所示。由图2-12可见，水下超声检测时，声压往复透射率 T_{TR} 为1.3%，即回波声压仅为发射声压的1.3%。虽然回波声压大大低于发射声压，但采用电子信号处理技术仍然可以检测到回波信号并正确地予以显示。

4）超声波垂直入射薄层界面分析。在超声检测中，直探头与钢之间的耦合层及焊缝中的大面积裂纹或钢中的分层等缺陷均与薄层界面模型近似。从改善探头声耦合状态的角度考虑，相应薄层界面的声压往复透射率越高越好。但从提高缺陷检出率的角度考虑，相应薄层界面的声压反射率越高则越有利。

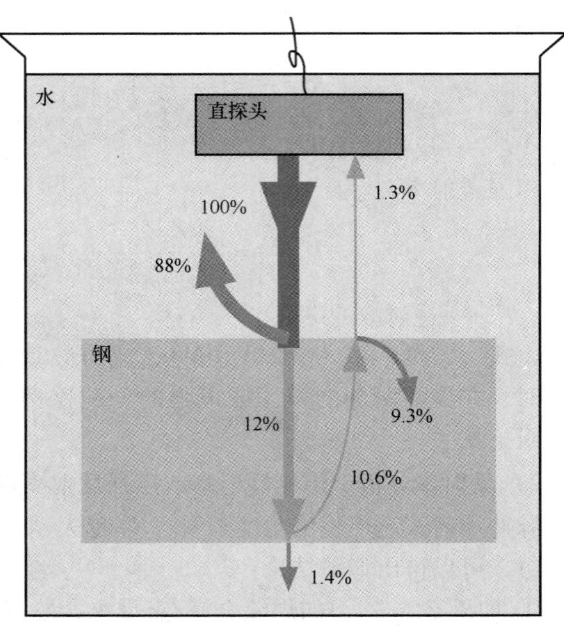

图2-12　水下超声检测时的声压往复透射率

① 声阻抗为 Z_1 的均匀介质中存在声阻抗为 Z_2 的大面积薄层。这种情况与焊缝中存在大面积裂纹或钢中存在分层的实际情况相似。在平面波垂直入射的条件下，这种薄层界面的声压反射率为

$$R_P=\frac{\frac{Z_2}{Z_1}-\frac{Z_1}{Z_2}}{\sqrt{4\cot^2\frac{2\pi d}{\lambda_2}+\left(\frac{Z_2}{Z_1}+\frac{Z_1}{Z_2}\right)^2}} \tag{2-23}$$

式中　d——薄层的厚度（mm）；

λ_2——薄层内超声波的波长（mm）。

由式（2-23）可得出如下结论：

a. 当 d 为 $0.25\lambda_2$ 的奇数倍时，R_P 为极大值。

b. 当 d 为 $0.5\lambda_2$ 的整数倍时，R_P 为极小值。

就具体的缺陷，如焊缝中由裂纹形成的薄层界面而言，$Z_2 \ll Z_1$。在这一条件下，如果 d 很小，则有

$$\cot\frac{2\pi d}{\lambda_2}\gg\frac{Z_1}{Z_2} \tag{2-24}$$

因此式（2-23）可近似表示为

$$R_P=\frac{\pi d}{\lambda_2}\left(-\frac{Z_1}{Z_2}\right) \tag{2-25}$$

由式（2-25）可知，垂直入射纵波的频率越高，越容易发现焊缝中细微的裂纹。这正是A型脉冲反射式超声检测对裂纹等面积型缺陷有较高检测灵敏度的原因。

② 声阻抗分别为 Z_1 和 Z_3 的两种介质之间存在声阻抗为 Z_2 的大面积薄层。这种情况与由直探头（Z_1）、耦合介质（Z_2）和钢（Z_3）三种介质构成耦合界面的实际情况相似。在平面波垂直入射的条件下，这种薄层界面的声压往复透射率的计算式为

$$T_{TR}=\frac{4Z_1Z_3}{(Z_1+Z_3)^2\cos^2\frac{2\pi d}{\lambda_2}+\left(Z_2+\frac{Z_1Z_3}{Z_2}\right)^2\sin^2\frac{2\pi d}{\lambda_2}} \tag{2-26}$$

由式（2-26）可得出如下结论：

a. 如果探头与钢之间为空气隙，则因 Z_2 趋向于零，使得 T_{TR} 也趋向于零，这一结果也解释了在超声检测中必须使用耦合剂的原因。

b. 当 Z_2 不很小且 d 为 $0.5\lambda_2$ 的整数倍时，式（2-26）可简化为

$$T_{TR}=\frac{4Z_1Z_3}{(Z_1+Z_3)^2} \tag{2-27}$$

或者 $d\ll 0.25\lambda_2$ 时，式（2-26）可简化为

$$T_{TR}\approx\frac{4Z_1Z_3}{(Z_1+Z_3)^2} \tag{2-28}$$

在这两种条件下，T_{TR} 与耦合介质的声学特性无关，因此在手工操作的超声检测中，为获得较大的声压往复透射率，耦合层的厚度越小越好。

c. 当 d 为 $0.25\lambda_2$ 的奇数倍时，式（2-26）可简化为

$$T_{TR}=\frac{4Z_1Z_3}{\left(Z_2+\frac{Z_1Z_3}{Z_2}\right)^2} \tag{2-29}$$

此时如果再取 $Z_2=\sqrt{Z_1Z_3}$，可使 $T_{TR}=1$，这是制作直探头压电晶片保护膜应遵循的选材原则。

5）超声波垂直入射时人工反射体的反射声压。人工反射体是一种缺陷模型，也就是根据不同缺陷或被检对象特征部位的形状特点，人为加工出类似形状的超声波反射体，以便研究或定量评估超声波反射的特点及参数，如加工出横通孔模拟条状缺陷等。通常是将已知的人工反射体的反射波高与缺陷的反射波高相比较，据此评估缺陷相比于人工反射体的可能的尺寸。上述做法就是A型脉冲反射式超声检测对缺陷定量的当量法。在当量法中，作为参照物使用的人工反射体主要有平底孔、横通孔、球孔和大平底面几种。

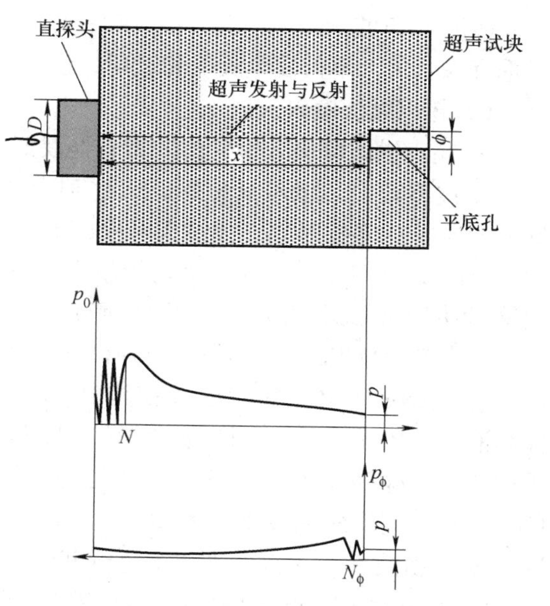

图2-13 平底孔的反射声压

设在直探头超声波声束轴线上的远场 x 处有一平底孔，该平底孔的直径 ϕ 大于超声波波长，并且底面与声束轴线垂直，如图2-13所

示。假设直探头发射超声波的初始声压为 p_0，入射到平底孔时的声压为 p。如果超声波在孔的平底面上全反射，即声压反射率为 1，那么就反射波而言，可以将孔的平底面也视为声源，其起始声压就是平底面上的入射声压 p，并且反射波声程与入射波声程相等。

平底孔反射波声源的近场长度 N_ϕ 为

$$N_\phi=\frac{\phi^2}{4\lambda} \tag{2-30}$$

反射到直探头的声压 p_ϕ 与直探头发射的初始声压 p_0 之比为

$$\frac{p_\phi}{p_0}=\frac{H_\phi}{H_0}=\frac{S_\phi S}{(\lambda x)^2} \tag{2-31}$$

式中 H_ϕ——平底孔的反射波高度（%）；

H_0——初始波高度（%）；

S——直探头压电晶片的面积（m^2）；

S_ϕ——平底孔的底面积（m^2）；

x——声程（m）。

在不考虑介质对超声波强度衰减的前提下，表 2-5 中归纳了几种人工反射体的反射波高度计算式。

表 2-5　几种人工反射体的反射波高度计算式

人工反射体	远场区反射波高度计算式
底面积为 S_ϕ 的平底孔	$H_\phi/H_0=S_\phi S/(\lambda x)^2$
直径为 d 的球孔	$H_\phi/H_0=Sd/(4\lambda x^2)$
直径为 $2R$、长为 $2b$ 的横通孔	$H_\phi/H_0=Sb\sqrt{2R/(\lambda^3 x)}$
无限大平底面	$H_\phi/H_0=S/(2\lambda x)$

（2）超声波倾斜入射到界面　以一定角度倾斜入射至两种介质组成的界面时，是不同于垂直入射的。不仅发生反射和透射，还发生波型转换，声压的分配也更为复杂。

1）超声纵波倾斜入射

① 超声纵波倾斜入射时的波型转换及斯奈尔定律

a. 波型转换。超声纵波倾斜入射到介质界面时发生的反射、透射（即折射）以及波型转换，如图 2-14 所示。

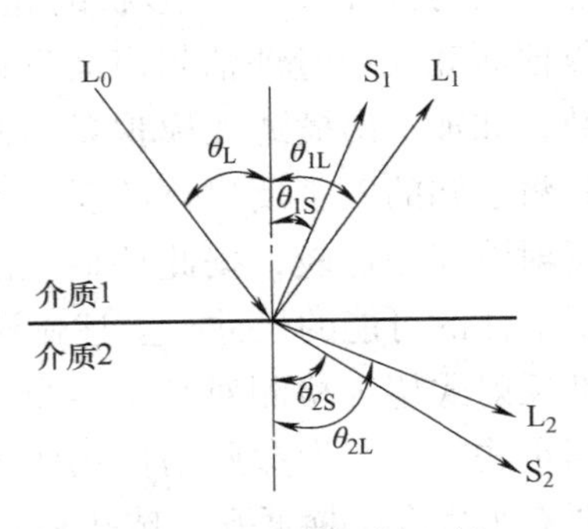

图 2-14　纵波倾斜入射

由图 2-14 可知：首先，当初始超声纵波 L_0 倾斜入射到固体/固体界面（如有机玻璃/钢界面）时，在介质 1 的有机玻璃中产生反射纵波 L_1 和反射横波 S_1，在介质 2 的钢中产生折射纵波 L_2 和折射横波 S_2；其次，由于横波不能在气体和液体中传播，因此当初始超声纵波 L_0 倾斜入射到液体/固体和气体/固体这两种界面（如水/钢界面）时，在介质 1 的水中只产生反射纵波 L_1，在介质 2 的钢中产生折射纵波 L_2 和折射横波 S_2；再次，当初始超声纵波 L_0 倾斜入射到固体/液体和固体/气体这两种界面（如钢/油界面）时，在介质 1 的钢中产生反射纵波 L_1 和

反射横波 S_1，在介质2的油中只产生折射纵波 L_2；最后，当初始超声纵波 L_0 倾斜入射到液体/气体-液体/气体这个可能出现的四种界面（如水/油界面）时，在介质1的水中只产生反射纵波 L_1，在介质2的油中只产生折射纵波 L_2。

b. 斯奈尔定律。设图2-14中的反射波或折射波的反射角或折射角分别为 θ_{1L}、θ_{1S}、θ_{2L} 和 θ_{2S}，超声波的反射和折射也符合光学中的斯奈尔定律，即

$$\frac{\sin\theta_L}{C_{1L}}=\frac{\sin\theta_{1L}}{C_{1L}}=\frac{\sin\theta_{1S}}{C_{1S}}=\frac{\sin\theta_{2L}}{C_{2L}}=\frac{\sin\theta_{2S}}{C_{2S}} \tag{2-32}$$

式中　θ_L——纵波入射角（°）；

θ_{1L}——介质1中的纵波反射角（°）；

θ_{1S}——介质1中的横波反射角（°）；

θ_{2L}——介质2中的纵波折射角（°）；

θ_{2S}——介质2中的横波折射角（°）；

C_{1L}——介质1中的纵波速度（m/s）；

C_{1S}——介质1中的横波速度（m/s）；

C_{2L}——介质2中的纵波速度（m/s）；

C_{2S}——介质2中的横波速度（m/s）。

由式（2-32）可见，$\theta_L=\theta_{1L}$；由于在同一固体介质中横波速度小于纵波速度，因此 $\theta_{1S}<\theta_{1L}$，$\theta_{2S}<\theta_{2L}$。

c. 实际检测过程中斜探头的波型转换分析。实际超声检测过程中，如焊接接头的检测，往往使用斜探头在焊件中产生横波来进行检测。图2-15给出了超声检测用斜探头内压电晶片发出的超声波在有机玻璃/甘油/钢界面上发生的波型转换过程。

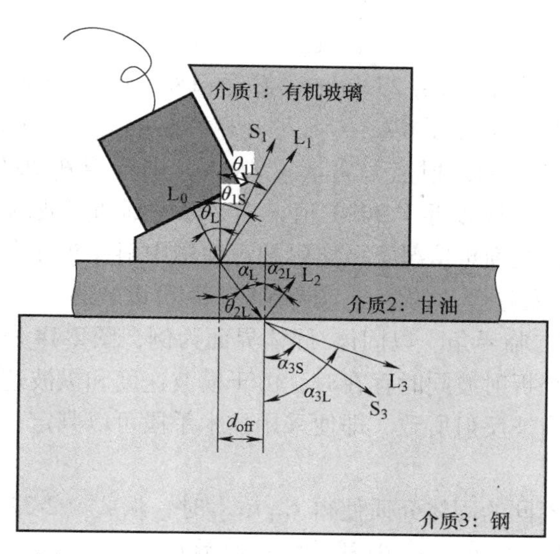

图2-15　有机玻璃/甘油/钢界面上的波型转换

在图2-15中，压电晶片发出的初始超声纵波 L_0 入射至有机玻璃/甘油界面时，在有机玻璃透声楔内产生反射纵波 L_1 和反射横波 S_1，这两个反射波经楔内多次反射后被逐渐衰减，无法再返回压电晶片表面形成干扰性的所谓楔内回波。折射进入甘油的纵波再入射至甘油/

钢界面时，除在甘油内出现反射纵波 L_2 外，钢中产生折射的纵波 L_3 和横波 S_3。根据斯奈尔定律有如下两个关系式成立：

$$\frac{\sin\theta_{L}}{C_{1L}}=\frac{\sin\theta_{1L}}{C_{1L}}=\frac{\sin\theta_{1S}}{C_{1S}}=\frac{\sin\theta_{2L}}{C_{2L}},\ \frac{\sin\alpha_{L}}{C_{2L}}=\frac{\sin\alpha_{2L}}{C_{2L}}=\frac{\sin\alpha_{3S}}{C_{3S}}=\frac{\sin\alpha_{3L}}{C_{3L}} \tag{2-33}$$

式中　θ_L——有机玻璃中的纵波入射角，即初始入射角（°）；

θ_{1L}——有机玻璃中的纵波反射角（°）；

θ_{1S}——有机玻璃中的横波反射角（°）；

θ_{2L}——甘油中的纵波折射角（°）；

α_L——甘油中的纵波入射角，即二次入射角（°）；

α_{2L}——甘油中的纵波反射角（°）；

α_{3S}——钢中的横波折射角（°）；

α_{3L}——钢中的纵波折射角（°）；

C_{1L}——纵波在有机玻璃中的传播速度（m/s）；

C_{1S}——横波在有机玻璃中的传播速度（m/s）；

C_{2L}——纵波在甘油中的传播速度（m/s）；

C_{3S}——横波在钢中的传播速度（m/s）；

C_{3L}——纵波在钢中的传播速度（m/s）。

由图 2-15 可见，理想情况下是 $\theta_L=\alpha_L$，即等同于耦合剂甘油不影响入射方向。由于 $\alpha_L+\theta_{2L}=90°$，因此理想情况下有如下方程式成立：

$$\begin{cases}\theta_{L}+\theta_{2L}=90° \\ \dfrac{\sin\theta_{L}}{C_{1L}}=\dfrac{\sin\theta_{2L}}{C_{2L}}\end{cases} \tag{2-34}$$

由表 2-1 和表 2-2 可知，$C_{1L}=2730\text{m/s}$，$C_{2L}=1880\text{m/s}$，求解得到初始入射角 $\theta_L\approx55.5°$，$\theta_{2L}\approx34.5°$，也即二次入射角 $\alpha_L\approx55.5°$。在理想情况下，不仅希望耦合剂不影响入射方向，也不希望图 2-15 中的入射点偏离量 d_{off} 太大，则希望 θ_{2L} 取值较小。但由于下面介绍的临界角问题，θ_L 不可能取接近于 90°的值，加之考虑到超声波的衰减等因素，所以耦合剂往往越薄越好。总之，在理想情况下，实际超声检测中斜探头在有机玻璃/甘油/钢界面条件下，其入射角在 55°左右且极薄的耦合剂层情况下，可以视为耦合剂层不存在。

② 第一临界角和第二临界角。以固体/固体界面为例，图 2-14 所示的介质 2 往往是被检工件，被检工件中的两个折射波同时存在时，由于横波速度和纵波速度不相等，因此较难判定回波是纵波反射还是横波反射所致，即便采用技术手段可以判定也将使检测设备和检测技术复杂化，不利于检测。

实际上，通过选配不同的固体介质使得 $C_{1L}<C_{2L}$ 时，从式（2-32）可以看出，一定存在一个使 $\theta_{2L}=90°$ 的纵波入射角 θ_L，该 θ_L 称为第一临界角 θ_{I}，即

$$\theta_{\text{I}}=\arcsin\frac{C_{1L}}{C_{2L}} \tag{2-35}$$

更进一步，通过选配不同的固体介质使得 $C_{1L}<C_{2S}$ 时，从式（2-32）可以看出，一定存在一个使 $\theta_{2S}=90°$ 的纵波入射角 θ_L，该 θ_L 称为第二临界角 θ_{II}，即

$$\theta_{\text{II}} = \arcsin \frac{C_{1L}}{C_{2S}} \tag{2-36}$$

可见，选配合适的探头中的固体介质，并使倾斜入射的超声纵波入射角 θ_L 介于第一临界角和第二临界角之间，即 $\theta_{\text{I}} < \theta_L < \theta_{\text{II}}$，就可以在介质 2 即工件中仅存在折射横波，更方便检测。实际上，这也是斜探头制作和使用的基本原理。以超声检测往往采用的有机玻璃/钢界面为例，$\theta_{\text{I}} \approx 27.6°$，$\theta_{\text{II}} \approx 57.7°$。

③ 超声纵波倾斜入射时的往复透射率。从超声检测的实际需要出发，应该考虑超声纵波倾斜入射至耦合界面（即有机玻璃/液体/钢的界面）的往复透射率，如图 2-16 所示。

这种情况下的往复透射率的计算结果如图 2-17 所示。

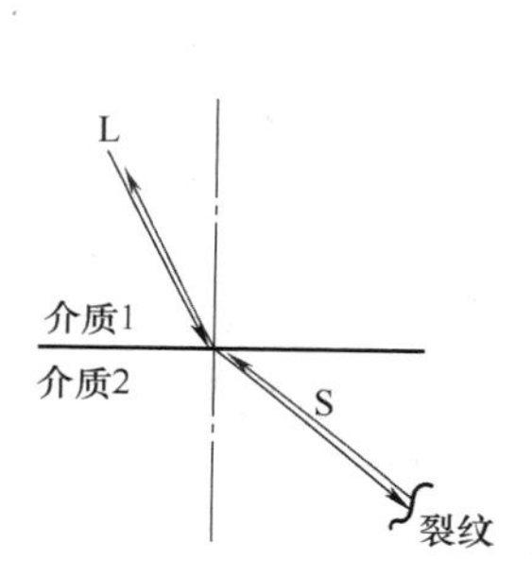

图 2-16　耦合界面上的往复透过情况

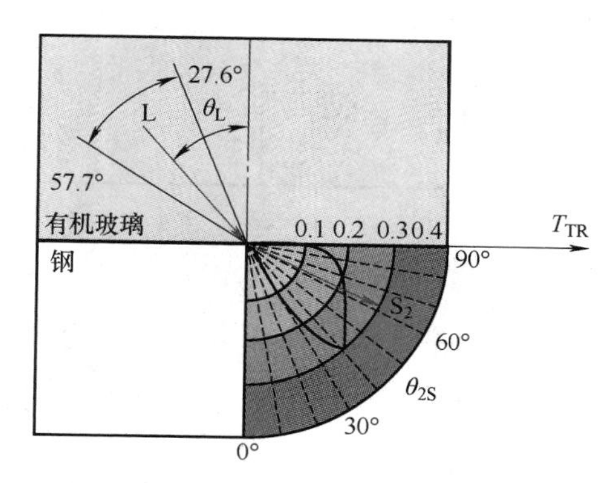

图 2-17　耦合界面的往复透射率的计算结果

在图 2-17 中，纵波 L 从探头中的有机玻璃入射，在钢中产生折射横波 S_2。水平轴上标出的 T_{TR} 为这种情况下的往复透射率。由图 2-17 可见，T_{TR} 不仅与两种介质的声阻抗有关，而且取决于纵波的入射角 θ_L。为了得到较大的往复透射率从而提高声耦合性能，就应该使横波折射角 θ_{2S} 取值在 35°~80°，其中以 40°左右的折射角最为有利，$T_{TR} \approx 30\%$。

2）超声横波倾斜入射

① 超声横波倾斜入射时的波型转换。与超声纵波倾斜入射相似，超声横波倾斜入射时也存在着波型转换，如图 2-18 所示。

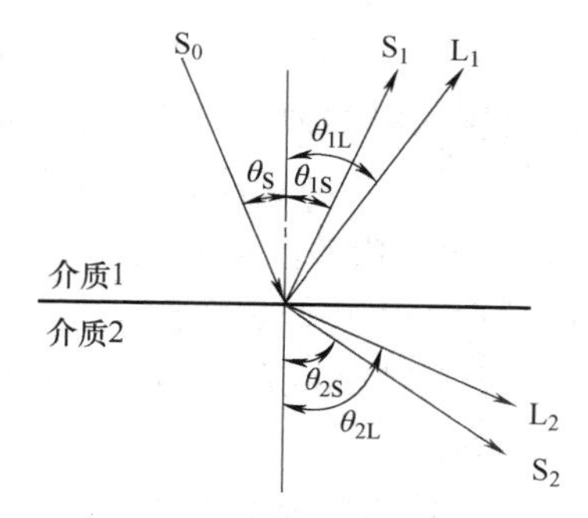

图 2-18　横波倾斜入射

由于横波不能在气体和液体中传播，因此介质 1 仅可为固体。由图 2-18 可知：首先，当初始超声横波 S_0 倾斜入射到固体/固体界面（如钢/夹渣界面）时，在介质 1 的钢中产生反射纵波 L_1 和反射横波 S_1，在介质 2 的夹渣中产生折射纵波 L_2 和折射横波 S_2；其次，当初始超声横波 S_0 倾斜入射到固体/液体或固体/气体界面（如钢/气孔界面）时，在介质 1 的钢中产生反射纵波 L_1 和反射横波 S_1，在介质 2 的气体中只产生折射纵波 L_2。

与超声纵波倾斜入射相似，超声横波倾斜入射时也符合斯奈尔定律，即

$$\frac{\sin\theta_S}{C_{1S}} = \frac{\sin\theta_{1S}}{C_{1S}} = \frac{\sin\theta_{1L}}{C_{1L}} = \frac{\sin\theta_{2S}}{C_{2S}} = \frac{\sin\theta_{2L}}{C_{2L}} \tag{2-37}$$

式中　θ_S——横波入射角（°）。

② 第三临界角。由图 2-18 和式（2-37）可见，由于 $C_{1L}>C_{1S}$，因此 $\theta_{1L}>\theta_S$。当 θ_S 增大时 θ_{1L}也会随之增大，θ_{1L}增大到 90°时的横波入射角 θ_S 为第三临界角 $\theta_{Ⅲ}$，即

$$\theta_{Ⅲ}=\arcsin\frac{C_{1S}}{C_{1L}} \tag{2-38}$$

可见，当 $\theta_S\geqslant\theta_{Ⅲ}$时，在介质 1 中只有反射横波，即横波产生全反射。钢中的 $\theta_{Ⅲ}\approx33.2°$，即横波入射角 $\theta_S\geqslant33.2°$时产生全反射，这将有利于缺陷的检测。

③ 超声横波倾斜入射时的声压反射率。从超声检测的实际需要出发，应该考虑超声横波倾斜入射至缺陷界面或者钢板底面和空气界面的声压反射率，其横波声压反射率 R_P 的计算结果如图 2-19 所示。

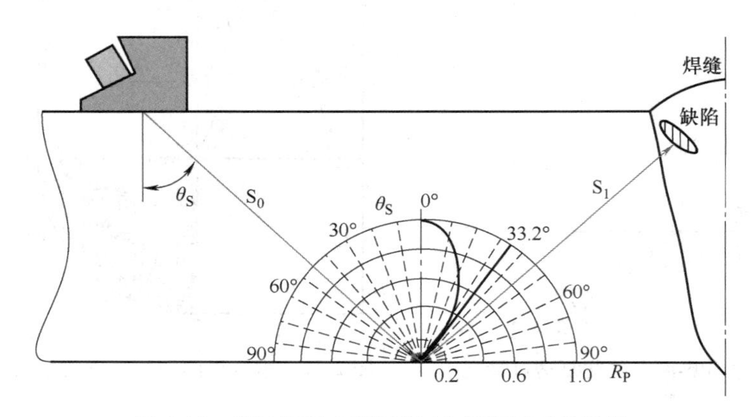

图 2-19　横波倾斜入射至钢/空气界面时的反射

图 2-19 所示为超声波在钢板底面经过一次反射后再去检测焊缝中缺陷的实际检测情况。在图 2-19 中，设入射横波的声压反射率为 1.0，水平轴的 R_P 即为横波的声压反射率。由图 2-19 可见，当入射角 $\theta_S=0°\sim30°$时，声压反射率 R_P 由 0°（即垂直入射）时的1.0降为趋近于 0。因此，为使经过底面一次反射后的横波在其传播过程中仍有足够的缺陷检出能力，就不能使用入射角为 30°左右的横波。由于横波在钢板底面上发生全反射的入射角约为 33.2°，因此为了便于检出缺陷，入射角以大于或等于第三临界角 $\theta_{Ⅲ}$为宜。

④ 超声横波倾斜入射时的端角反射。在两平面构成的直角界面上的反射称为端角反射。这种反射可以将倾斜入射至直角界面任一边的超声波对称于过直角顶点的直线再平行地反射回去，如图 2-20 所示。超声检测焊缝中的单面未焊透和与焊缝表面垂直的表面裂纹，类似于端角缺陷。

超声端角反射的声压反射率与超声波的入射角度有关。横波倾斜入射时，端角声压反射率如图 2-21 所示。

由图 2-21 可见，端角缺陷检测时的超声波入射角为 35°~55°时，端角声压反射率 $R_P=1.0$，为全反射。因此，超声检测这种端角缺陷时，相对于端角缺陷的入射角（也即斜探头的折射角）应为 35°~55°，以提高检出这类缺陷的能力。

3. 超声波的衰减

随着超声波在介质中声程的增加，超声波能量逐渐减弱的现象称为超声波的衰减。

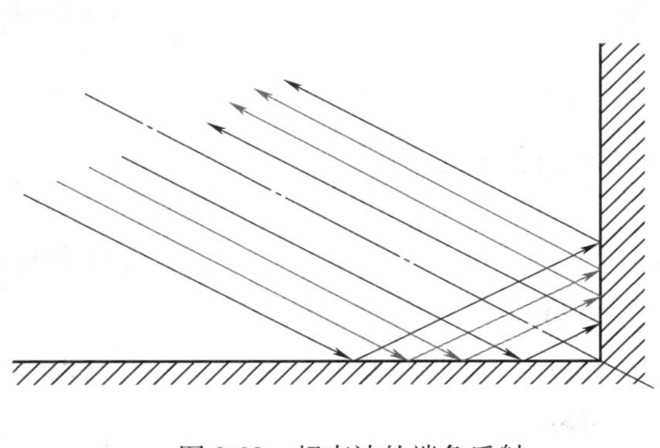

图 2-20　超声波的端角反射

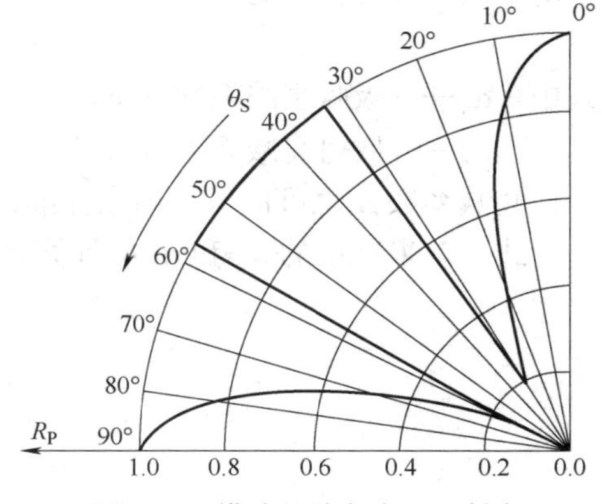

图 2-21　横波的端角声压反射率

（1）衰减类型　严格意义上所说的超声波衰减一般不包括因声程增加、声束扩散而造成的声强降低。超声波被介质散射和吸收是造成其能量损失的根本原因。

1）散射。超声波遇到尺寸与波长相当或更小的介质界面并因此而产生散乱反射的现象称为超声波的散射。如果介质中有许多类似的散射中心，如粗大晶粒或有方向的微观组织的晶界造成衰减、反射、晶界折射的改变和晶粒内声速的变化等，那么因散射而造成的超声波声束的声能衰减就比较严重。而且，偏离超声波声束的散射超声波，沿着复杂的途径传播到超声探头将在显示器上显示出杂乱的称为“草波”的回波信号，使得信噪比下降，不利于超声检测。因此，在通常情况下，粗晶材料，如铸铁焊缝、铁素体不锈钢焊缝、奥氏体不锈钢焊缝及镍基合金焊缝等，较难进行超声检测，如图 2-22 所示。粗晶晶界发生散射时，散射波的强度随晶粒平均直径与波长之比的增大而增大。此外，利用散射使超声波衰减的原理可以抑制造成干扰的超声波，如在斜探头的吸收块中故意混入钨粉等散射源来提高探头的性能。

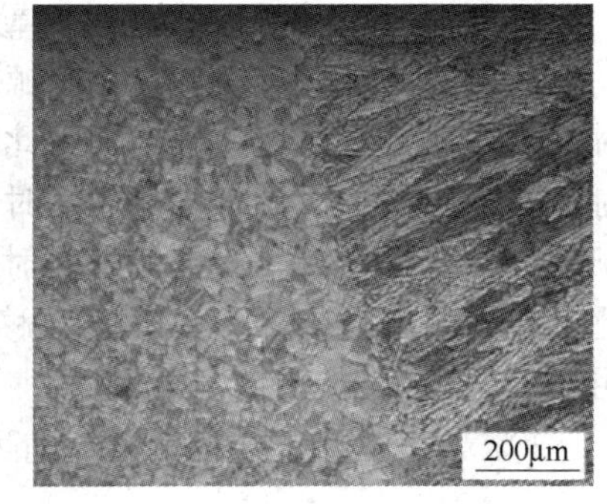

图 2-22　Inconel601H 镍基合金焊接接头微观组织

2）吸收。因介质的黏滞性使得超声波传播过程中引起的质点振动将产生内摩擦，使部分声能转换为热能并热传导而导致的声能损耗现象称为超声波的吸收。与散射衰减相比，超声波在金属材料中传播的吸收衰减较小，可以忽略不计。

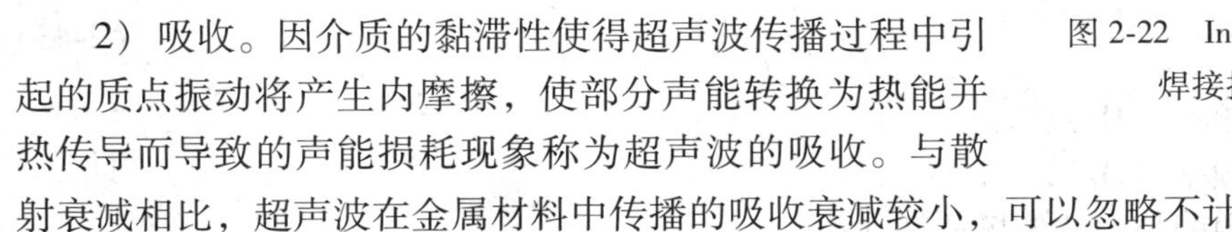

（2）超声波衰减规律　对于平面波，其声压衰减方程为

$$p_x = p_0 e^{-\alpha x} \tag{2-39}$$

式中　p_x——与声源距离 x 处的声压（Pa）；

p_0——超声波的初始声压（Pa）；

e——自然对数的底；

α——介质衰减系数（mm^{-1}）；

x——与声源的距离（mm）。

对于金属材料等固体介质而言，介质衰减系数 α 是散射衰减和吸收衰减的综合作用效

果的反映，其计算式为

$$\alpha=\alpha_a+\alpha_s \tag{2-40}$$

式中　α_a——吸收衰减系数（mm^{-1}）；

α_s——散射衰减系数（mm^{-1}）。

衰减系数 α 也可以依据国家标准，采用试验方法进行测定。

式（2-40）中的 α_a 和 α_s 的计算式分别为

$$\alpha_a=c_1 f \tag{2-41}$$

$$\alpha_s=\begin{cases} c_2 F d^3 f^4 & d<\lambda \\ c_3 F d f^2 & d\approx\lambda \\ c_4 F/d & d>\lambda \end{cases} \tag{2-42}$$

式中　f——超声波频率（Hz）；

d——介质的平均晶粒直径（mm）；

λ——超声波波长（mm）；

F——各向异性系数；

c_1、c_2、c_3、c_4——常数。

由式（2-40）~式（2-42）可知，介质的吸收衰减随 f 的增加而增加；介质的散射衰减与 f、d 和 F 相关。实际经验是，介质晶粒尺寸粗大到与超声波波长相当时，如果采用较高的频率，将会引起严重的衰减。

4. 运动中超声波传播的多普勒效应

前面的所有分析，均是在声源和工件相对静止的前提下进行的。通常情况下，超声检测时探头往往是有扫查动作的，因此声源与工件之间存在着相对运动，尤其是自动化超声检测时。当声源与工件具有相对运动时，不仅存在静止条件下分析的所有情况，而且存在超声波频率发生变化的情况。也就是反射波频率不同于发射波频率，这种现象称为多普勒效应，由此引起的频率变化称为多普勒频移。但在相对运动速度不是很大的情况下，多普勒效应不明显。

1）当声源静止并且接收点向远离声源方向运动时，接收到的超声波频率为

$$f_0=f_s\frac{C-v_0}{C} \tag{2-43}$$

式中　f_0——反射波频率（Hz）；

f_s——发射波频率（Hz）；

C——某介质中的超声波传播速度（m/s）；

v_0——接收点的运动速度（m/s）。

2）当接收点静止并且声源向靠近接收点方向运动时，接收到的超声波波长为

$$\lambda'=\frac{C-v_s}{f_s} \tag{2-44}$$

式中　v_s——声源的运动速度（m/s）。

因此，接收到的超声波频率为

$$f_0=\frac{C}{\lambda'}=f_s\frac{C}{C-v_s} \tag{2-45}$$

3）当声源和接收点同时同向移动时，接收到的超声波频率为

$$f_0=f_s\frac{C-v_0}{C-v_s} \tag{2-46}$$

4）运动中采用脉冲反射式进行超声检测时，超声波的发射与接收通常都由一个探头完成。一般情况下都是探头静止、工件移动，此时接收到的超声波频率为

$$\begin{cases} f_0=f_s\dfrac{C+v}{C-v}\approx(C+2v)\dfrac{f_s}{C} & \text{当工件向靠近探头方向移动时} \\ f_0=f_s\dfrac{C-v}{C+v}\approx(C-2v)\dfrac{f_s}{C} & \text{当工件向远离探头方向运动时} \end{cases} \tag{2-47}$$

2.2 超声检测设备及器材

超声检测，一般采用超声检测仪并选配合适的探头，根据检测要求在试块上对检测仪-探头的组合性能进行测试和标定，然后通过耦合剂将超声波发射入待检工件进行检测。超声检测的设备及器材主要包括超声检测仪、探头、试块及耦合剂等。

2.2.1 超声探伤仪

根据采用的电子信号处理技术，超声检测仪可以分为模拟式超声检测仪和数字式超声检测仪；根据超声反射波的显示方式，超声检测仪可以分为A型显示超声检测仪、B型显示超声检测仪和C型显示超声检测仪等；根据发射超声波的方式，超声检测仪可以分为连续式超声检测仪和脉冲式超声检测仪等；根据接收到的超声波的来源，超声检测仪可以分为透射式超声检测仪和反射式超声检测仪；根据用途，超声检测仪可以分为测厚用超声检测仪（即超声测厚仪）和探伤用超声检测仪（即超声探伤仪）等。

1. 基本结构和工作原理

模拟式A型脉冲反射式超声探伤仪的基本结构和工作原理如图2-23所示。

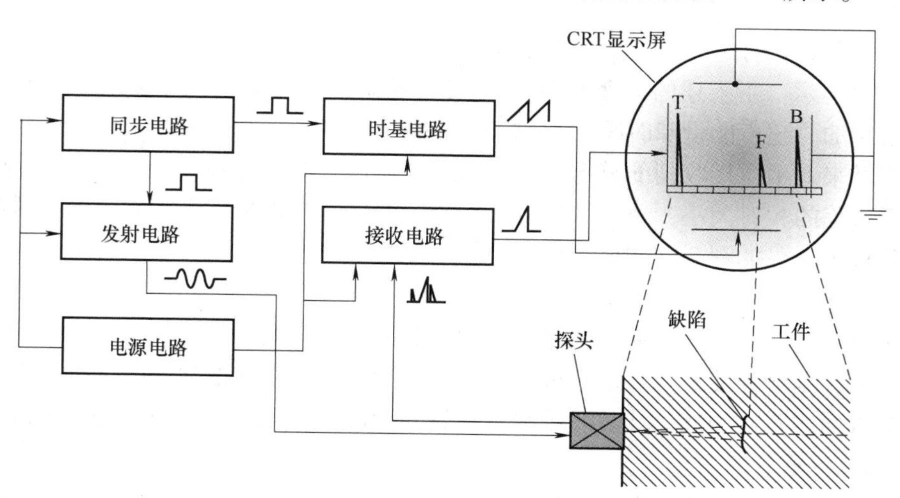

图2-23 模拟式A型脉冲反射式超声探伤仪的基本结构和工作原理

由图 2-23 可见，A 型脉冲反射式超声探伤仪主要由电源电路、发射电路、同步电路、时基电路、接收电路及阴极射线管（即 CRT 显示屏）组成。除此之外，还包括延时电路、报警电路等附加功能电路。

超声探伤仪的工作原理如下：电源提供各功能电路所需要的不同电压，同步电路产生触发脉冲，该触发脉冲同步施加到时基电路和发射电路。一方面，发射电路接收到触发脉冲后，产生超声频率的电信号并间断而非连续地施加至探头的压电晶片上，压电晶片因逆压电效应而发射出持续时间较短的超声波（即脉冲超声波）到工件中。超声波在工件传播过程中遇到异质界面（如缺陷）而反射回到探头的压电晶片上，压电晶片因压电效应故产生与反射波相应的电信号，经接收电路对该反射波电信号的滤波、放大等信号处理后施加至 CRT 的垂直偏转板上，使 CRT 阴极热灯丝发射的电子束发生垂直偏转，也就是使得电子束在 CRT 显示屏的 Y 轴方向上发生位移，位移的大小与反射波信号电压的大小成正比。另一方面，在发射电路接收到触发脉冲开始工作的同时，时基电路接收到触发脉冲后也同步开始工作，产生锯齿波扫描信号施加至 CRT 的水平偏转板，使 CRT 阴极热灯丝发射的电子束发生水平偏转，也就是使得电子束在 CRT 显示屏的 X 轴方向上发生位移，位移的大小与超声波传播的时间成正比。最终，在水平偏转和垂直偏转共同作用下，使得电子束打在 CRT 显示屏上相应的 X-Y 位置上激发出荧光，从而显示出位置和波幅均准确的反射波信号。上述过程循环往复进行下去，就可以在 CRT 上得到一个稳定显示的反射波信号。检测人员通过观察和分析带有工件内部信息的该反射波信号在时基线上的位置与反射波幅度的高低来判定工件的缺陷特征。

数字式 A 型脉冲反射式超声探伤仪，是在模拟式 A 型脉冲反射式超声探伤仪的基础上，采用现代单片机（即 MCU）或数字信号处理器（即 DSP）的测量、信号处理和控制技术，替代或升级部分功能电路，主要是将接收到的反射波信号进行 A/D 转换后输入到 MCU 或 DSP 中进行数据存储，因此可以反复回放、观察和分析反射波。当然还有其他优点，如由 MCU 或 DSP 控制来实现同步、对信号的实时增益、数字滤波等数字信号处理技术及现代显示器技术，彩色液晶显示、二维点阵 LED 显示等。

2. 显示方式

常用的显示方式有 A 型显示、B 型显示和 C 型显示。

（1）A 型显示　由上述的 A 型脉冲反射式超声探伤仪的工作原理可知，A 型显示就是显示所接收到的总超声能量和时间的函数关系，能量为纵坐标，时间为横坐标。通常用反射信号强度高低来表示所接收到的总超声能量的大小。通过对比已知反射体和未知缺陷的回波幅度而判断缺陷的相对大小，通过缺陷波在横坐标的位置判定缺陷在工件中的埋藏深度等缺陷特征，其显示效果如图 2-24 所示。

（2）B 型显示　B 型显示本质上是显示工件的垂直截面，显示的是声强、超声波的行程时间和探头位置之间的函数关系，纵坐标是超声波的行程时间，横坐标是探头位置。如果声强超过门槛值，则触发使该点显示在屏幕上，多点则形成反射体的轨迹，可确定反射体的深度和沿检测方向的直线距离。此技术的缺点是近表面的大缺陷将屏蔽下面的小缺陷，其显示效果如图 2-25 所示。

（3）C 型显示　C 型显示本质上是显示工件的水平截面，显示的是不同声强等级、超声波的行程时间和探头位置之间的函数关系，结合了 A 超和 B 超的特点，是真正的图像显示。

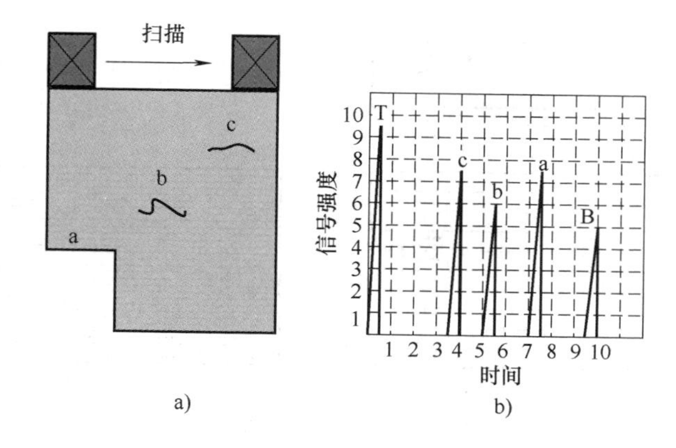

图 2-24　A 型显示效果
a）工件正视图及扫描路径　b）仪器显示屏

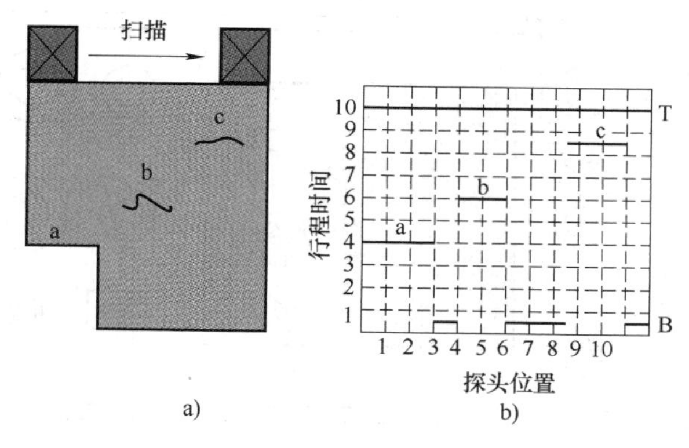

图 2-25　B 型显示效果
a）工件正视图及扫描路径　b）仪器显示屏

与 B 型显示相同，纵坐标是超声波的行程时间，横坐标是探头位置。如果声强超过门槛值，则触发使该点显示在屏幕上，其信号幅度差别可用不同灰度或彩色表示。它可确定缺陷的水平位置和缺陷的形状及尺寸，其显示效果如图 2-26 所示。

3. 超声探伤仪主要的开关、旋钮及其功能

超声探伤仪的工作频率范围至少应为 1～5MHz，如 NB/T 47013.3—2015《承压设备无损检测　第 3 部分：超声检测》规定：工作频率按-3dB 测量应至少包括 0.5～10MHz 的频率范围。

（1）模拟超声探伤仪　模拟超声探伤仪面板上有各种功能开关、调节旋钮、指示器及显示屏等，用于设定和调节探伤仪的功能、工作状态、物理量值、报警信息指示及探伤结果显示等。模拟超声探伤仪面板如图 2-27 所示。

1）发射探头插座和接收探头插座。用于双探头工作方式下连接发射探头和接收探头，单探头工作方式下的探头可连接到发射探头插座上或者接收探头插座上。

2）工作方式设定旋钮。用于设定工作方式，可设定为双探头工作方式，即一发一收工

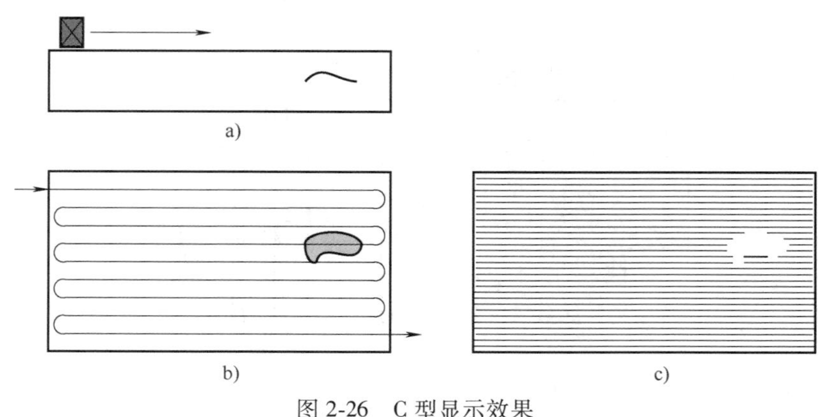

图 2-26　C 型显示效果

a）工件正视图　b）工件俯视图及扫描路径　c）仪器显示屏

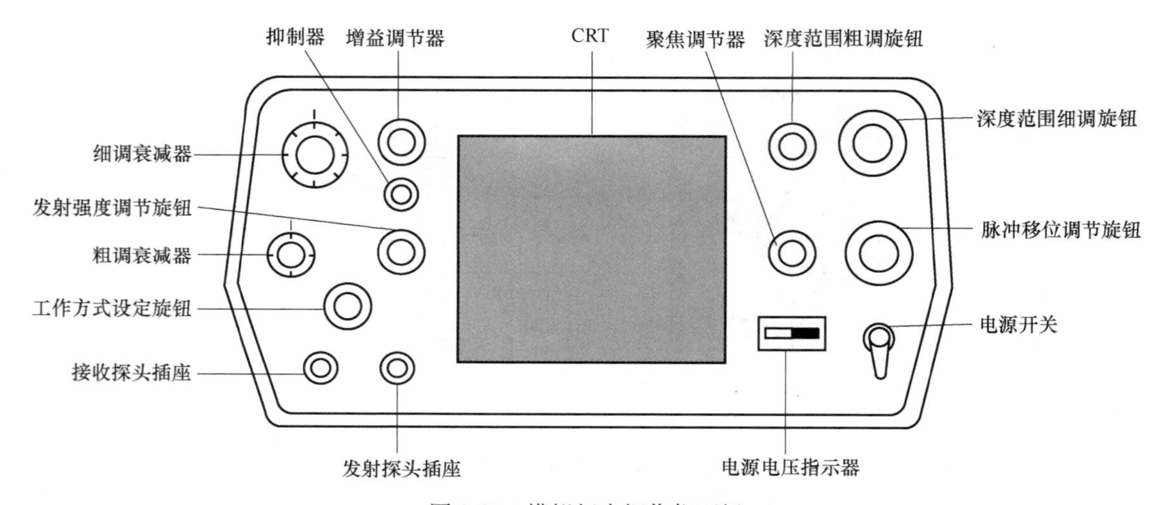

图 2-27　模拟超声探伤仪面板

作方式，或者设定为单探头工作方式，即自发自收工作方式。

3）发射强度调节旋钮。用于调节发射超声波的强度，增大发射强度可以提高仪器的灵敏度，但因脉冲变宽导致分辨率下降。一般是在满足发射强度条件下，置于发射强度较低的位置。

4）衰减器。衰减器的作用是调节检测灵敏度和测量反射波幅度。衰减器读数小则灵敏度高或回波幅度低，衰减器读数大则灵敏度低或回波幅度高。旋钮分为粗调旋钮和细调旋钮，粗调每档一般为 10dB 或 20dB，细调每档一般为 1dB 或 2dB。

5）抑制器。抑制 CRT 上低幅度脉冲或检测者认为的杂乱脉冲波，即去除幅度低于某一门槛值的所有显示信号的方法来降低噪声，如草状反射波，使之在 CRT 上消失从而清晰显示主观认为有用的检测信号。抑制器就是用于调节该门槛值的。可见，有可能抑制掉小缺陷的低幅度反射脉冲从而造成漏检，因此应慎重使用抑制器。

6）增益调节器。通过调节来改变接收放大器的放大倍数，也即通过调节该旋钮可以将显示在 CRT 上的反射波幅度控制在合适的高度。一般应具有 2. 0dB 或以下的步进增益档位。

7）聚焦调节器。用于调节打在CRT上电子束的聚焦程度，使显示屏上显示的波形轮廓清晰而无模糊边界。

8）深度范围调节旋钮。用于调节时间扫描线（即时基线）在显示屏上显示的长度，可以使得反射波脉冲间隔增大或减小。由于检测用超声波速度一定，因此反射波显示的时间即反射波在显示屏上的水平位置与超声波到达工件的深度有定量关系，故而称其为深度范围调节。可见，厚度大的工件宜选择较大的档位，厚度小的工件宜选择较小的档位。调节旋钮分为粗调旋钮和细调旋钮。

9）脉冲移位调节旋钮。又称延迟旋钮，用于调节开始发射脉冲时刻与开始扫描时刻之间的时间差。可以在不改变回波之间距离的前提下，大范围移动回波在时基线上的位置。

（2）数字超声探伤仪　数字超声探伤仪是采用现代电子技术，以MCU或DSP为主控单元，将模拟信号通过A/D转换转变为数字信号，便于信号的存储、处理和显示，并增加了打印机接口、串行通信接口及其他数据传输接口，也便于采用先进的高分辨率平面显示屏，可预置多组探伤参数，可存储上千个探伤回波、曲线和数据，具有明显的优点。数字超声探伤仪面板如图2-28所示。数字超声探伤仪功能子菜单如图2-29所示。

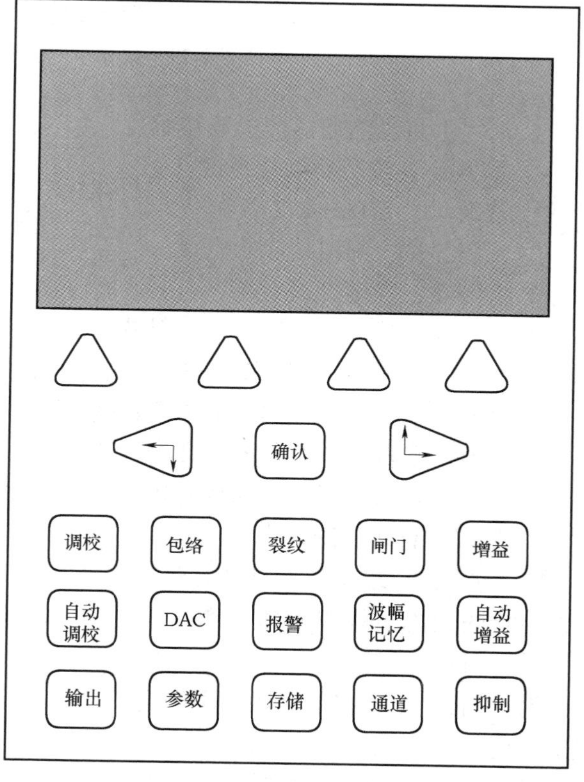

图2-28　数字超声探伤仪面板

下面仅介绍图2-28和图2-29中数字超声探伤仪的一些功能键的含义及其显示屏的应答。

1）调校：调校类功能选择键

① 范围：0~5500mm无级调节。

② 零偏：调节探头零点。

③ 声速：材料声速0~9000mm/s连续可调。

④ K值：斜探头的K值或折射角的测量。

2）闸门：闸门类功能选择键

① 闸门：闸门A或B的选择。

② 起始：闸门A或B的起始位置。

③ 宽度：闸门A或B的宽度。

④ 高度：闸门A或B在显示屏上的高度。

3）DAC：距离-波幅曲线类功能选择键

① 制作：制作DAC。

② 调整：调整或修补已制作的DAC。

③ 删除：删除已制作好的DAC。

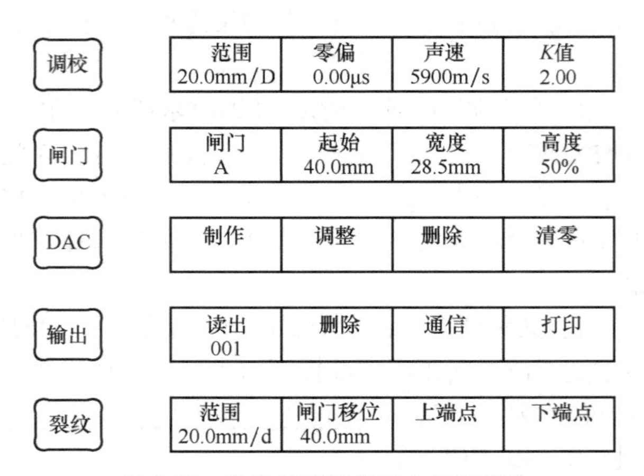

图 2-29　数字超声探伤仪功能子菜单

④ 清零：将当前通道的参数初始化。

4）裂纹：裂纹类功能选择键

① 范围：0~5500mm 无级调节。

② 闸门移位：闸门的起始位置。

③ 上端点：确定裂纹上端点衍射波的位置。

④ 下端点：确定裂纹下端点衍射波的位置。

5）输出：输出菜单选择键

① 读出：读出当前读出号的缺陷数据及波形。

② 删除：删除当前存储号或几个存储号的缺陷数据和波形。

③ 通信：与计算机建立通信并传送存储的检测数据。

④ 打印：打印检测报告。

6）包络：包络功能主要对斜探头而言，用来记录变化的缺陷波峰点的轨迹图，主要用于缺陷的定性分析。

7）波幅记忆：仪器自动以闸门内最高动态回波进行记录，并保留在屏幕上。在实际探伤中，这有助于最大缺陷回波的捕捉。

8）参数：可在检测画面与参数画面来回切换。数字超声探伤仪参数画面如图 2-30 所示。

探伤参数　　通道：01

➔	材料声速	…………………	3200	m/s
	工件厚度	…………………	200	mm
	探头类型	…………………	斜探头	
	探头频率	…………………	2.5	MHz
	探头K值	…………………	2.5	
	探头规格	…………………	00×00	mm
	探头前沿	…………………	0.0	mm
	表面补偿	…………………	0	dB
	判　废	…………………	0	dB
	定　量	…………………	0	dB
	评　定	…………………	0	dB

图 2-30　数字超声探伤仪参数画面

4. 仪器的主要检测性能

与超声检测密切相关的仪器性能，主要是水平线性和垂直线性。

（1）水平线性　由经校准的时间发生器或由已知厚度平板的多次反射所提供的输入信号与在时基线上所指示的信号位置之间成正比关系的程度称为水平线性。实际上，水平线性表示仪器对声程不同的反射体所产生的多个回波在显示屏上显示的与初始波的距离和反射体与探头的实际距离之间能按比例显示的能力。水平线性的优劣直接影响仪器对缺陷的定位精度。NB/T 47013.3—2015《承压设备无损检测 第3部分：超声检测》规定，水平线性偏差应不大于1%。

（2）垂直线性 反射波经探头转换的电信号幅度与显示屏显示的反射波幅度成正比关系的程度称为垂直线性。实际上，垂直线性是表示仪器接收的电信号幅度与显示屏所显示的回波幅度之间能按比例显示的能力。垂直线性的优劣直接影响仪器对缺陷的定量精度。NB/T 47013.3—2015《承压设备无损检测 第3部分：超声检测》规定，垂直线性偏差应不大于5%。

5. 超声检测仪的校准与核查

应对超声检测仪进行日常维护，对超声检测仪的校准、核查和检查的要求，不同的标准具有相似的规定。NB/T 47013.3—2015《承压设备无损检测 第3部分：超声检测》的规定如下：

1）应在标准试块上进行，并应使探头主声束垂直对准反射体的反射面，以获得稳定和最大的反射信号。

2）每年至少一次，对超声仪器-探头系统的水平线性、垂直线性、组合频率、直探头的盲区、灵敏度余量、分辨力及仪器的衰减器精度进行校准并记录。

3）在运行中，模拟超声检测仪应每三个月或数字超声检测仪应每六个月，对仪器-探头系统的水平线性和垂直线性至少进行一次核查并记录；对灵敏度余量、分辨力及直探头的盲区，每三个月至少进行一次核查并记录。

2.2.2 超声探头

在超声检测中，用以实现电能和声能相互转换的声学器件称为超声换能器，习惯上也称为超声探头。发射和接收纵波的称为纵波探头，从声束入射到工件的角度方面又称为直探头；发射和接收横波的称为横波探头，从声束入射到工件的角度方面又称为斜探头；发射和接收表面波的称为表面波探头等。探头的材料、机械结构、电气结构、外部的机械负载和电气负载条件等，均影响探头的工作性能。机械结构参数主要包括表面发射区域、阻尼块、外壳、连接器类型及其他物理结构变量。探头标示的频率（即公称频率）均为中心频率，中心频率是指幅度比峰值频率的幅度低6dB时所对应的频率的算术平均值。公称频率在0.5~2.25MHz的低频探头的灵敏度较低，但传播距离远；公称频率在15.0~25.0MHz的高频探头的传播距离小，但灵敏度高，易于发现小缺陷。商用超声波探头频率最高一般为150MHz。脉冲反射式超声检测所用探头的标称频率一般应为1~5MHz，除非工件材料、晶粒结构等因素要求使用其他频率以保证适当的穿透力或分辨力。

1. 探头的种类

按超声波的波型分类，探头可分为纵波探头、横波探头、表面波探头和板波探头；按探头的声束入射工件的角度分类，探头可分为直探头和斜探头；按与工件的接触方式分类，探头可分为接触式探头和非接触式探头；按耦合方式分类，探头可分为直接接触式探头、液浸探头和电磁耦合探头；按超声波束的形态分类，探头可分为聚焦探头和非聚焦探头；按压电晶片数量分类，探头可分为单晶探头、双晶探头和相控阵探头；按探头适用的温度分类，探头可分为常温探头和高温探头；按入射角是否可变分类，探头可分为固定角探头和变角度探

头等。此外，还有特种探头，如延迟线探头，以及上述分类的组合类型，如液浸式聚焦探头等。

其中，接触式纵波探头、接触式横波探头和接触式双晶直探头较为常用。

2. 常用探头的结构及特性

超声检测中使用的探头因检测对象、目的和条件的不同而异，但其中最常使用的主要是压电晶片面积不超过 500mm^2，且任一边长不大于 25mm 的纵波直探头和横波斜探头。

（1）直探头　声束轴线垂直于检测面即声束垂直入射到工件的探头，发射的是纵波。

1）结构。直探头主要由壳体、保护膜、压电元件、吸收块（也称阻尼块或背衬）等部分组成，其基本结构如图 2-31 所示。

① 压电元件。压电元件由压电晶片及电极层组成。为使电压在晶片上均匀分布，在压电晶片两面涂上电极层，其一般为金层或铂层，底层接地线，上层接信号线引至接头处。常用的压电材料，单晶体结构的有：石英，居里温度为 570℃，性能稳定，温度稳定性好；硫酸锂，Li_2SO_4，居里温度为 75℃；铌酸锂，$LiNbO_3$，居里温度为 1210℃，在很高的温度范围内其参数随温度的变化很小，适合于高温高频换能器。多晶体结构的压电陶瓷有：钛酸钡，$BaTiO_3$，居里温度为 120℃，因其损耗大不适合高频应用，而且特性随温度变化很大；锆钛酸铅，$Pb(Ti_{0.47}Zr_{0.53})O_3$，简称 PZT，居里温度为 365℃，在较大的温度范围内性能都比较稳定，最常用。压电晶片常制成圆形、正方形或矩形。当压电材料选定后，压电晶片的厚度、直径等外形尺寸及其固有频率与发射声场的强度、距离-波幅特性及指向性密切相关，还与声场的对称性、分辨力及信噪比等特性相关。晶片尺寸的设计取决于三个因素：频率常数（即频率和厚度的乘积）、指向性、近场长度。由式（2-16）和式（2-17）可知，晶片直径 D 越大指向性越好。一般 $D=(5\sim8)\lambda$ 可以获得较好的指向性。但是，由式（2-15）可知，晶片直径 D 越小，近场长度 N 就越小，对检测越有利。实际上，晶片直径还与晶片的谐振频率相关。因此，应兼顾指向性、近场长度和振动频率而取最佳直径。为保证能量传输效果，压电晶片的厚度一般为 0.5λ。

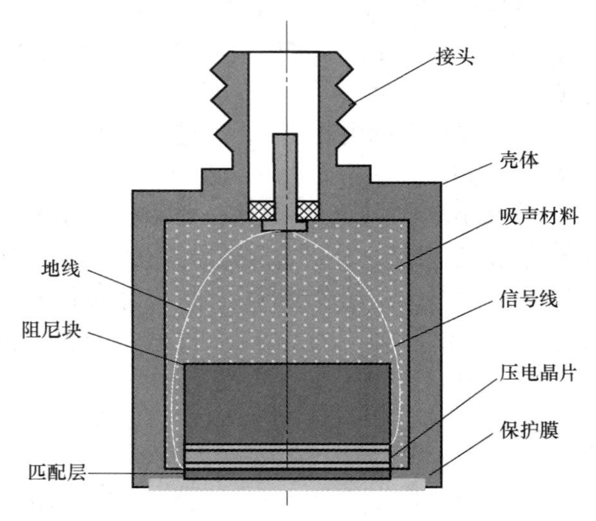

图 2-31　直探头的基本结构

② 吸收块。超声检测仪对压电换能器施以高频电脉冲时，将激励晶片振动而产生超声波。当施加的电脉冲信号停止后，由于晶片存在的力学惯性作用，晶片还要维持一段时间的振动才能逐渐恢复静止状态。这种情况对超声检测是不利的，例如在单探头检测中，因为晶片的这种持续振动将产生附加电信号导致回波波形失真；在双探头检测中，晶片的持续振动将与下一个激励电脉冲的激发相叠加而形成干扰。上述的结果降低了分辨率、增大了检测盲区。为了获得较高的分辨率和减小检测盲区及波形畸变，一般都希望发射的超声脉冲在满足功率要求的情况下时间尽可能短。要获得这样的窄脉冲，除了激励源电路产生电脉冲的宽度

要尽可能窄以外，还要从探头结构设计上抑制晶片的持续振动，即采取加大阻尼的办法。当阻尼不充分时，探头因为出现振铃现象（所谓振铃就是自由振荡或所谓的“余振”“尾振”）或处于宽脉冲的工作状态，从而导致分辨率的降低和检测盲区的增大，而且可能出现因为材料、耦合剂引起的波的干涉造成干扰，影响超声脉冲的形状等。此外，晶片做厚向振动时是向前后两个方向同时发射超声波能量，向前发射是我们所需要的，即发射超声波，而向后发射的声能被晶片背衬支承物反射回到晶片时就会造成干扰，所以也要通过吸收块来加以抑制。综上所述，要克服和改善这些缺点，主要是在晶片背面加上高阻尼的吸收介质，即吸收块。当吸收块的声阻抗等于晶片的声阻抗并且其超声衰减系数越大，则效果越好。这是因为晶片背面发射的超声波将不会在晶片与吸收块界面上产生反射，而是顺利进入吸收块并将其能量吸收掉。应当指出，加入吸收块的效果固然能使脉冲变窄、提高检测分辨率、减小检测盲区及减少波形畸变，但是以降低机械品质因数、辐射功率及检测灵敏度为代价。

吸收块主要有以下三个方面的作用：作为支承晶片的背衬材料；吸收晶片向背面发射的声波和抑制杂波；吸收晶片多余的振动能量，缩短晶片的振铃时间，使晶片被发射脉冲激励后能很快停振，以保证波形不失真并满足分辨率的要求。

吸收块主要由散射微粒（如钨粉、钵钨粉、胶木粉、聚硫橡胶粉、二氧化铅粉或二硫化钼粉等）和起黏结、固定和声吸收作用的声吸收材料（如环氧树脂）混合并凝固成一定的形状而成。吸收块的密度越大、散射点越多，则声衰减越大，阻尼吸收作用越强，而吸收块的声阻抗越接近晶片的声阻抗则透声率越好，从而可以起到良好的吸声作用。

③ 匹配层。匹配层有时和保护膜合二为一。如果有单独的匹配层，其厚度一般为 0.25λ，以便获得最大的声压往复透射率。接触式探头的匹配层的声阻抗通常应在压电晶片和钢的声阻抗之间，理论上应为压电晶片和钢的声阻抗的几何平均值。水浸探头的匹配层的声阻抗应在压电晶片和水的声阻抗之间，理论上应为压电晶片和水的声阻抗的几何平均值。

④ 保护膜。为避免压电晶片或匹配层的损坏以及在长期频繁使用中的磨损和腐蚀，探头前端最外层一般安装有保护膜。保护膜分为软性保护膜和硬性保护膜，软性保护膜是用耐磨橡胶或塑料膜等制成，方便探头在表面较粗糙的工件上检测，但声能损失大；硬性保护膜是用不锈钢片、刚玉片或环氧树脂浇注而成，声能损失小但始波宽度增大、分辨力变差及检测灵敏度变低，可在表面较光洁的工件检测中使用。

选取保护膜的材料时，不仅要耐磨，而且更重要的是它的透声率。假设没有匹配层，由晶片、保护膜和工件构成的三层介质中，若声阻抗分别为 Z_1、Z_2、Z_3 及保护膜的厚度为 d，则保护膜材料同时满足下面两个条件时即可达到声能的全透射：

$$\begin{cases} Z_2=\sqrt{Z_1Z_3} \\ d=(2n+1)\dfrac{\lambda}{4},n=0,1,2,\cdots \end{cases} \tag{2-48}$$

有匹配层时，匹配层材料的选择应满足式（2-48），保护膜只起保护作用，不再起声阻抗匹配作用。

直探头的主要参数是公称频率和压电晶片尺寸。

2）特性

① 主要用于检测与工件表面平行或近似平行的缺陷。

② 检测深度大，适用范围广。

③ 检测灵敏度高。

④ 对于焊缝等不易检测。

（2）斜探头　声束轴线倾斜于检测面即声束倾斜入射到工件的探头，以发射横波居多。

1）结构。斜探头包括横波探头、表面波探头和兰姆波探头。以横波探头为例，斜探头的基本结构与直探头相似，仅是多了一个使压电晶片与入射面成一定角度的透声楔，以便使得发出的纵波经折射而产生横波，其基本结构如图 2-32 所示。

纵波以在第一临界角和第二临界角之间的透声楔角度入射至工件表面，通过波型转换在钢中得到单一的折射横波。透声楔的形状设计，应使得由界面反射回来的声波在透声楔内经多次反射和散射而消耗掉，不至于回到压电晶片上以便减少杂波，保证对工件的缺陷回波的准确判别。透声楔材料一般选用有机玻璃，其纵波声速为 2730m/s。根据检测用的波型，用斯奈尔定律可以计算出合适的透声楔角度。例如，要用横波探头检测钢或铝材，已知钢的横波声速为 3230m/s、铝的横波声速为 3080m/s，经计算得出透声楔中纵波入射角与在钢中或铝中产生横波折射角之间的关系，见表 2-6。

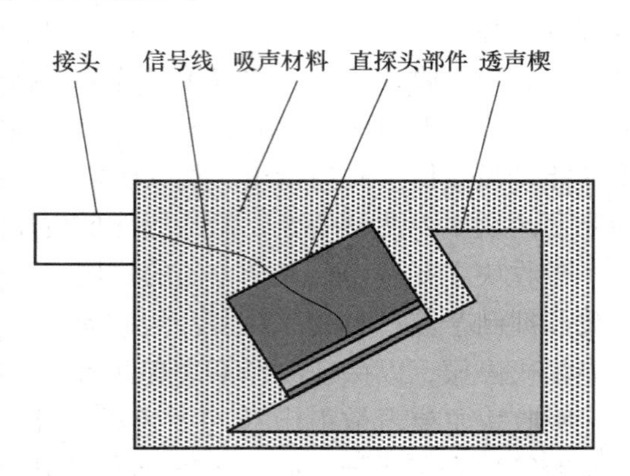

图 2-32　斜探头的基本结构

表 2-6　有机玻璃中的入射角与钢、铝中的横波折射角

有机玻璃纵波入射角	钢中横波折射角	铝中横波折射角
30°	36. 2°	34. 4°
40°	49. 5°	46. 5°
45°	57°	53°
50°	65°	60°
60°	75°	69. 5°

横波斜探头关于角度的表示有三种，即纵波入射角、横波折射角或者横波折射角的正切值。虽然用角度表示直观，但是不便于缺陷的定位计算，所以实际检测中我国往往用折射角的正切值 K 来表示斜探头的角度参数，K=0. 8、1. 0、1. 5、2. 0、2. 5 及 3. 0 等，常用的为 1. 0、1. 5、2. 0 及 2. 5。

2）主要结构参数。斜探头的主要结构参数，除公称频率、声束扩散角和晶片尺寸等之外还有：

① 声束折射角。一般以其正切值即称为斜探头的 K 值这一参数来代表。斜探头的公称折射角可为 45°、60°或 70°，K 值可为 1. 0、1. 5、2 或 2. 5。折射角的实测值与标称值的偏差应不超过 2°，K 值的偏差不应超过±0. 1。

② 前沿长度。斜探头的声束入射点至探头前端的水平距离称为斜探头的前沿长度。在实际检测时可用来在工件表面上确定缺陷距探头前端的距离，以便缺陷的定位，其偏差不应超过 1mm。

③ 声束轴线偏向角。探头实际主声束轴线与其理论几何中心轴线之间的夹角称为声束轴线偏向角。对于面积小于声束截面积的规则反射体而言，在位于远场区的圆盘声源轴线上且反射面垂直于声束轴线时，其反射波声压与反射面面积成正比。当反射面不垂直于声束轴线时，反射波声压随反射面与声束轴线的不垂直度的增加而减小。可见，声束轴线偏向角与检测性能密切相关。为保证缺陷定位与缺陷指示长度的测量精度，声束轴线偏向角不应大于2°。

④ 斜探头的入射点。斜探头的入射点是指声束轴线与探头底面的相交点。入射点标记通常刻在斜探头的侧面。

斜探头的声束折射角或 K 值、前沿长度及声束轴线偏向角应该在探头开始使用时及每隔一段时间按相关标准规定的方法及要求进行检查。

需要注意的是，探头必须和检测仪组合后，才可以测定上述参数。不仅如此，组合后某些参数可能与探头参数值有一定的误差，因此上述参数或性能也可归为检测仪-探头的组合性能。

3）特性

① 主要用于检测探头斜下方不同角度方向的缺陷。

② 检测工件厚度较小，适用于直探头难以检测的部位。

③ 检测灵敏度较高。

（3）双晶探头

1）结构。双晶探头又称为分割探头，探头内有两块压电晶片，一块用于发射超声波，一块用于接收超声波，中间由声障层分隔。根据入射角的不同，可分为双晶纵波探头和双晶横波探头。很显然，双晶纵波探头的纵波入射角应小于第一临界角 θ_{I}，双晶横波探头的纵波入射角应在第一临界角 θ_{I} 和第二临界角 θ_{II} 之间，其基本结构如图2-33所示。

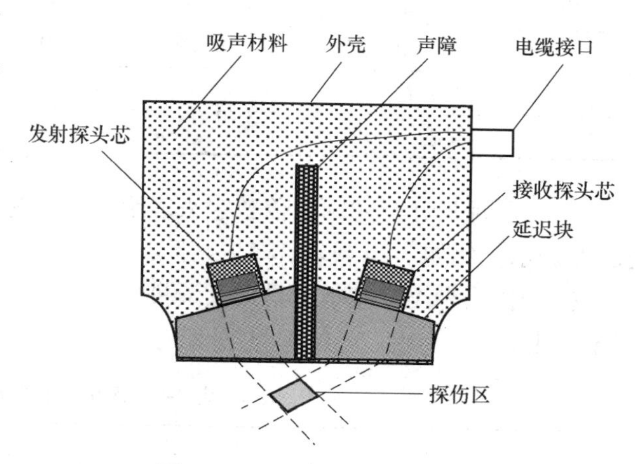

图2-33 双晶探头的基本结构

由于发射和接收可以采用不同的压电材料制作，而且发射和接收可以分用不同性能参数的晶片，因此具有较高的灵活性。它主要用于检测近表面缺陷和已知缺陷的定点测量，如对堆焊层的检测，其主要参数为公称频率、压电晶片尺寸和声束交汇区（也即声场重叠区）的范围。

2）特性

① 声场重叠区处的检测灵敏度高，常用于定位、定向检测。

② 检测工件的厚度较小。

③ 检测灵敏度较高。

④ 杂波少、盲区小。

⑤ 近场区域较小。

⑥ 检测范围可调。

其他一些特殊探头，如水浸式聚焦探头，连接处的设计考虑了水密性。其聚焦方式分为圆柱形聚焦（即线聚焦）和球形聚焦（即点聚焦），如图 2-34 所示。

3. 探头型号的命名方法

依据 JB/T 11276—2012《无损检测仪器 超声波探头型号命名方法》，探头的型号由标称频率、压电材料、晶片尺寸、探头种类和探头特征共五部分按上述顺序组成。

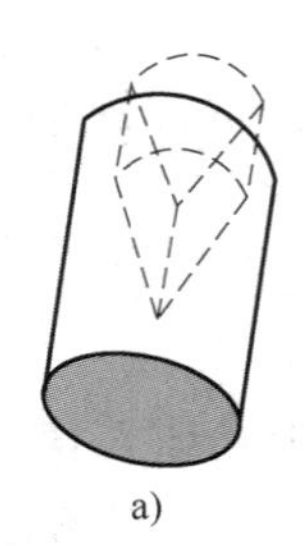

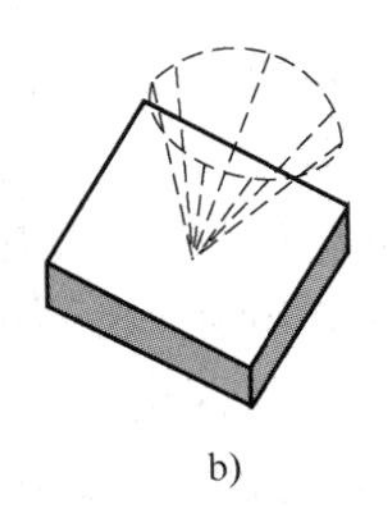

图 2-34 水浸式聚焦探头聚焦方式
a）圆柱形聚焦 b）球形聚焦

（1）标称频率 用阿拉伯数字表示，单位为 MHz，如 2.5 代表标称频率为 2.5MHz。

（2）压电材料 用压电材料分子式的缩写符号来表示，如钛酸钡的分子式为 $BaTiO_3$，用其缩写符号 B 来代表钛酸钡。各种压电材料的缩写符号见表 2-7。

表 2-7 各种压电材料的缩写符号

压电材料	化学分子式	缩写符号
锆钛酸铅陶瓷	$Pb(Ti_{0.47}Zr_{0.53})O_3$	P
钛酸钡陶瓷	$BaTiO_3$	B
钛酸铅陶瓷	$PbTiO_3$	T
铌酸锂单晶	$LiNbO_3$	L
碘酸锂单晶	$LiIO_3$	I
石英单晶	—	Q
其他	—	N

（3）晶片尺寸 用阿拉伯数字来表示，单位为 mm。圆形的，用直径表示；方形的，用长×宽表示。例如：20 或者 3×4。

（4）探头种类 基本上是用汉语拼音的缩写符号表示，见表 2-8，直探头的“Z”也可以不标出。

表 2-8 探头种类的缩写符号

探头种类	汉语拼音	缩写符号
直探头	Zhi	Z
斜探头	型号中含 *K* 值的，K	K
斜探头	型号中含折射角度的，Xie	X
联合双探头（分割探头）	FenGe	FG
水浸式探头	ShuiJin	SJ
表面波探头	BiaoMian	BM
可变角探头	KeBian	KB

（5）探头特征 斜探头的 *K* 值用阿拉伯数字表示；斜探头的折射角用阿拉伯数字表示，

单位为（°）；分割探头在被检工件中的声束交汇区深度用阿拉伯数字表示，单位为mm；水浸式探头在水中的焦距用阿拉伯数字表示，单位为mm，DJ表示点聚焦，XJ表示线聚焦。

例如：型号为2.5P20，2.5是指标称频率为2.5MHz，P是指压电材料为PZT，20是指晶片直径为20mm，是直探头；型号为5B3×4K3，5是指标称频率为5MHz，B是指压电材料为$BaTiO_3$，3×4是指晶片为矩形，其尺寸为3mm×4mm，是斜探头，其K值为3；型号为5L12SJ15DJ，5是指标称频率为5MHz，L是指压电材料为$LiNbO_3$，12是指晶片直径为12mm，SJ是指该探头为水浸式探头，15是指焦距为15mm，DJ是指聚焦方式为点聚焦。

4. 仪器-探头系统的组合性能

检测时需要检测仪和探头组合进行，所以仪器-探头系统的组合性能是与检测效果紧密相关的设备性能，其直接影响检测效果。一般应在新购置超声检测仪或探头时、仪器或探头在维修或更换主要部件后以及检测人员不能确定仪器和探头状态时，应测定仪器-探头系统的组合性能，看是否满足相关标准的规定。仪器-探头系统的组合性能主要包括组合频率、灵敏度余量、远场分辨力、盲区和最大声程的有效灵敏度等。

（1）组合频率　超声检测仪和探头组合后，发射的超声波频率可能发生一些变化，故用组合频率来代表检测时的实际超声波频率。组合频率与探头标称频率之间的偏差应不大于10%。

（2）灵敏度余量　灵敏度是指检测仪和探头组合后所具有的检测出最小缺陷的能力。在超声检测系统中，以一定电平表示的标准缺陷检测灵敏度与最大检测灵敏度之间的差值称为灵敏度余量，表示反射波高度调节到显示屏的指定高度时，检测仪剩余的放大能力，一般以此时衰减器的读数来表示。在采用直探头时，灵敏度余量应不小于32dB；在采用斜探头时，灵敏度余量应不小于42dB。

（3）远场分辨力　超声检测系统能够把声程不同的两个临近缺陷在显示屏上作为两个回波区别出来的能力称为分辨力，分为横向（水平）分辨力和纵向（深度）分辨力，通常是指纵向分辨力。在采用直探头时，远场分辨力应不小于20dB；在采用斜探头时，远场分辨力应不小于12dB。

（4）盲区　超声场的近场区不宜用于探伤。盲区是指在正常检测灵敏度下，检测面附近不能检测出缺陷的区域，一般以检测面到能够检测出缺陷的最小距离来表示，仅限于使用直探头时。在基准灵敏度下，对于标称频率为5MHz的直探头，盲区应不大于10mm；对于标称频率为2.5MHz的直探头，盲区应不大于15mm。

（5）最大声程的有效灵敏度　在达到所检测工件的最大检测声程时，有效灵敏度应不小于10dB。

以上组合性能中，组合频率的测试方法可按JB/T 10062—1999《超声探伤用探头　性能测试方法》的规定，其他组合性能的测试方法可参照JB/T 9214—2000《无损检测　A型脉冲反射式超声检测系统工作性能测试方法》的规定。

2.2.3　超声试块

超声检测与其他许多无损检测方法一样，对被检工件的质量检测与评价，是通过将被检工件的检测结果与“样品”的已知检测结果进行比较而实现的。这类作为比较基准的“样品”，在无损检测中统称为试块或试样。

1. 超声试块的分类及人工反射体

（1）超声试块的分类　超声检测是通过工件中缺陷对超声波反射的电子信号来判断缺陷特性的，因此通常需要用未知缺陷的反射波电信号与已知反射体电信号进行特征比对，以便尽量真实地得到工件中的缺陷特性。试块就是专门设计制作的带有简单形状人工反射体来提供已知反射体电信号的超声检测用试件。试块是用于辅助超声检测仪和探头进行超声检测的不可或缺的器材。试块主要用于校验、测试和整定超声检测仪-探头系统的性能，调整检测灵敏度，调整扫描速度，以便于缺陷定位以及对缺陷当量的定量分析。

1）按标准化程度分类。试块可分为标准试块和对比试块。

① 标准试块。标准试块是由权威机构制定和检定的，具有规定的化学成分、表面状态、热处理工艺和几何形状的材料块，简称 STB。如国际焊接学会的 IIW 试块、日本的 STB-G 试块和我国的 CSK-IB 试块等。它主要用于评定和校准超声检测设备，即用于仪器、探头及仪器-探头系统性能的校准，即“设备性能校准”，同时也可用于“工件检测校准”，但不如对比试块有针对性。

② 对比试块。对比试块是指与被检工件的化学成分相似并含有意义明确的参考反射体的试块，一般根据检测对象的具体要求而设计，是专用型试块。用以调节超声检测设备的信号幅度和声程，以便将缺陷信号与试块上的已知反射体的信号进行对比，即用于“工件检测校准”。对比试块的外形尺寸应能代表被检工件的特征，试块的厚度应与被检工件的厚度相对应，对比试块一般为一组而非一个。

2）按用途分类。试块可分为校验试块和灵敏度试块。

① 校验试块。校验试块是用于测试和校验仪器性能指标的试块。

② 灵敏度试块。灵敏度试块是调整仪器和探头的综合性能并确定检测对象中缺陷当量的试块，又称为定量试块。

3）按人工反射体形状分类。试块可分为平底孔试块、横孔试块、槽口试块和特殊试块。

① 平底孔试块。在垂直于试块底面钻孔，用平行于探测面的圆形平面作为标准反射面。其以平底孔直径尺寸来定量表示缺陷的大小，广泛用于纵波检测。

② 横孔试块。在试块侧面加工一定直径和深度的圆孔，用平行于检测面的圆柱面作为标准反射面，广泛用于横波检测。

③ 槽口试块。在表面加工出一定深度、长度和宽度的槽口，槽的轴向与声束轴线垂直，槽口断面形状为矩形、U 形和 V 形，其侧面为标准反射面，如图 2-35 所示。主要用于管材、棒材和线材的横波或表面波检测。

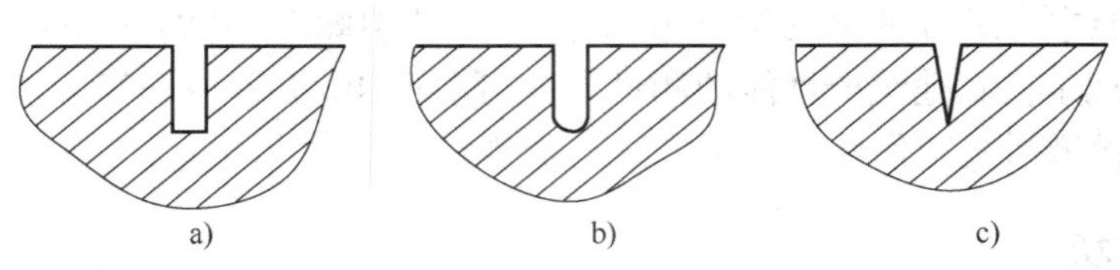

图 2-35　槽口试块

a）矩形槽口　b）U 形槽口　c）V 形槽口

④ 特殊试块。为检测某些特殊缺陷而制作的，如为模拟焊接缺陷，可以预埋夹渣或制

作气孔缺陷。

（2）人工反射体　超声试块上常见的人工反射体主要有两大类，即孔和槽。其中，孔形人工反射体主要有横孔和平底孔。具体应该选用哪种人工反射体来校验仪器，取决于被检工件中可能存在的缺陷类型，即尽量选择与可能存在的缺陷的形状、特征相近的人工反射体。

1）横孔。横孔分为长横孔、短横孔和横通孔。要求横孔的圆柱面或轴线应与检测面平行，误差应不大于±0.03mm，表面粗糙度值应不大于 3.2μm，孔径和长度的偏差应不大于±0.05mm。

长横孔和横通孔的反射波幅比较稳定，有线状反射体特征，适用于各种角度的斜探头。长横孔和横通孔模拟的焊接缺陷有危害性较大的裂纹、未焊透、未熔合和条状夹渣，主要用于焊接接头、螺栓和铸件的超声检测。短横孔在超声场的近场区表现出线状反射体的特征，在远场区表现出点状反射体的特征，适用于各种角度的斜探头，主要用于焊接接头的超声检测。

2）平底孔。平底孔底面应与检测面平行，底面的平面度误差应不大于±0.03mm，表面粗糙度值应不大于 3.2μm，孔径偏差应不大于±0.05mm。

平底孔一般具有点状的面积型反射体的特点，适用于直探头和双晶探头的校准和检测，主要用于锻件、板材、堆焊层及对接焊接接头的超声检测。

3）槽口。槽口分为矩形、U 形和 V 形槽口。纵向槽口应与试块轴线平行，而且如果是圆柱形试块则槽口中心面还应与试块轴线重合；横向槽口应与试块轴线垂直。U 形槽口和矩形槽口的两个侧面应互相平行且与试块表面垂直，而且槽底应与两个侧面垂直。V 形槽口的两个侧面的夹角通常为 45°或 60°，槽底和侧面的平面度误差应不大于±0.03mm，表面粗糙度值应不大于 3.2μm，槽深度的偏差应不大于±0.05mm。

槽口具有表面开口的线状反射体的特点，适用于各种角度的斜探头，主要用于板材、管材及锻件的横波检测，也可模拟表面或近表面缺陷用以调整检测灵敏度。

2. 标准试块

标准试块是由权威官方机构或学术组织制定出制作要求及其特性标准的试块，标准中一般要规定试块的化学成分、材质均匀度、表面粗糙度、热处理规定、几何形状及尺寸精度等。设计标准试块的目的是为检测设备提供具有标准化的反射条件和声传播条件，主要用于评定超声检测仪性能的优劣以及使用超声检测仪时的性能校验和整定。不同的官方机构或学术组织制定的试块标准不同，因而标准试块的种类很多，如国际焊接学会的 IIW 试块、我国的 CSK-IA 和 CSK-IB 试块等。实际上，我国对焊接接头进行超声检测常用的试块主要是上述三种标准试块。

（1）IIW 试块　IIW 试块是由国际焊接学会制定的标准试块，由荷兰代表首先提出，因此又称为荷兰试块，形似船形故又称为船形试块，其结构及尺寸如图 2-36 所示。

各人工反射体及其用途如下：

1）25mm 厚度和 100mm 高度，用于调整纵波检测范围和时基线比例；25mm 厚度或 100mm 高度，用于校验仪器的水平线性、垂直线性和动态范围。

2）槽口的 100mm、85mm 和 91mm 平面，用于测定超声检测仪-直探头组合的远场分辨力。

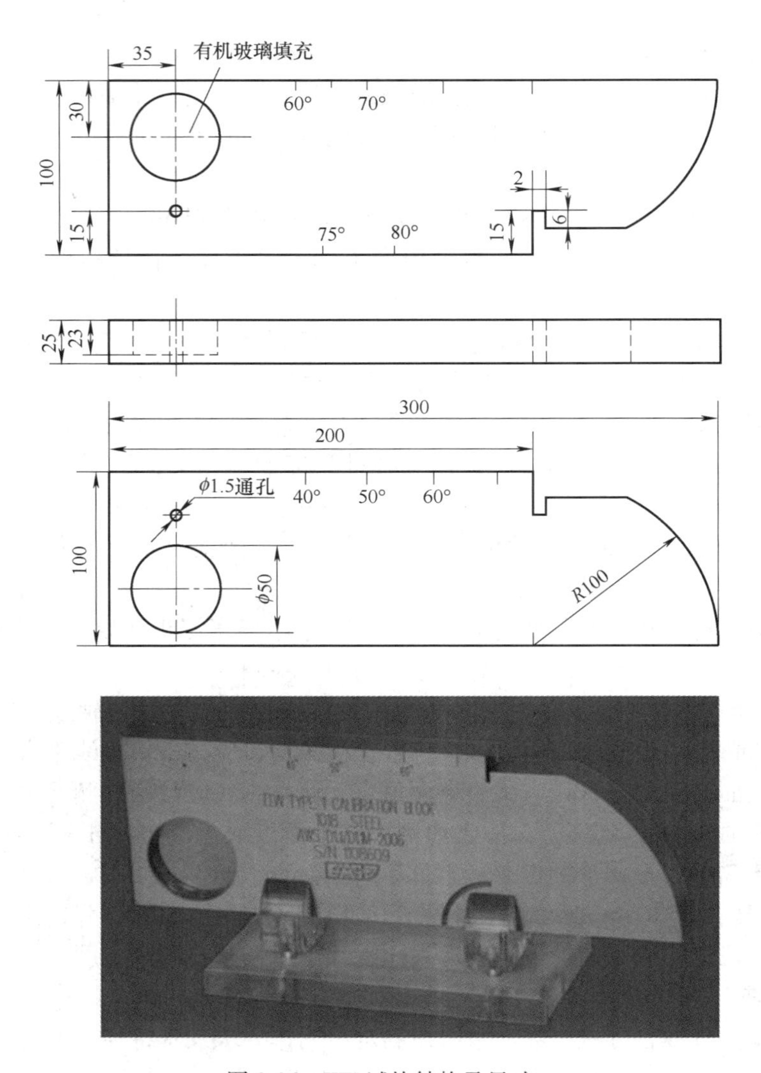

图 2-36　IIW 试块结构及尺寸

3）ϕ50mm 的有机玻璃块，利用超声波在有机玻璃与试块钢基体之间两个界面的多次反射，用于测定超声检测仪-直探头组合的最大穿透能力。

4）ϕ50mm 的有机玻璃块圆弧与两个侧面最小间距 5mm 和 10mm，用于测定超声检测仪-直探头组合的盲区。

5）ϕ50mm 的孔，用于测定 35°～76°范围内的折射角。

6）ϕ1. 5mm 的孔，用于测定 74°～80°范围内的折射角，还可用于测定超声检测仪-斜探头组合的灵敏度余量。孔的纵向，用于测定横波斜探头的声束轴线偏向角。

7）R100mm 的圆弧面，用于测定斜探头的入射点及前沿长度，还可用于测定超声检测仪-斜探头组合的灵敏度余量和标定仪器的时基线。

8）直角棱边，用于测定斜探头声束轴线的偏离。

欧盟 EN12223—2000 标准的 1 号试块，与 IIW 试块基本相同，仅将 ϕ1. 5mm 的孔的直

径增加至 ϕ3mm。日本的 JIS-STB-A1 试块也与 IIW 试块类似。

（2）CSK-IA 试块和 CSK-IB 试块　我国的 CSK-IA 试块和 CSK-IB 试块，是在 IIW 试块基础上的改进型，分别如图 2-37 和图 2-38 所示。

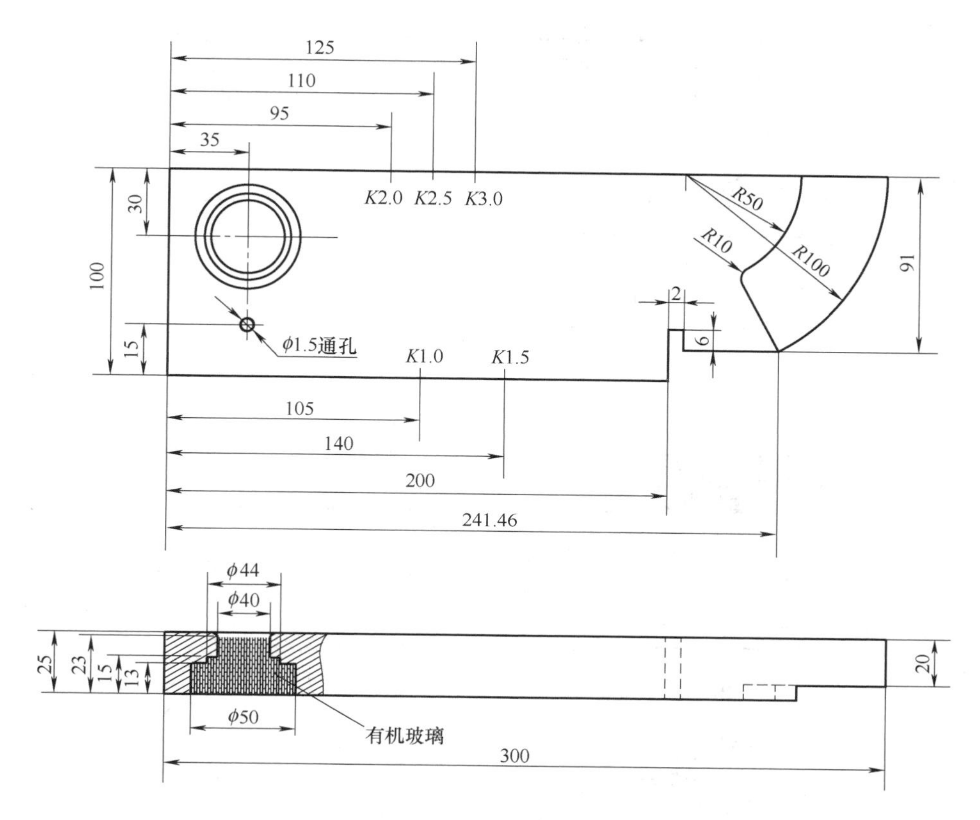

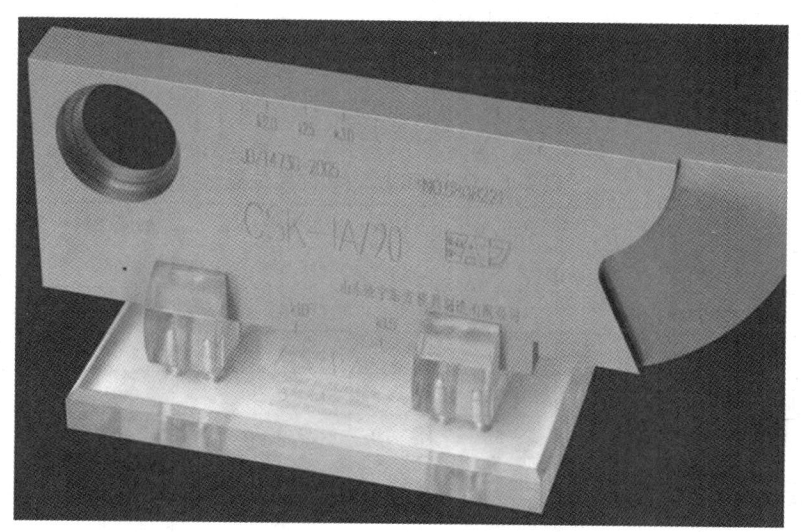

图 2-37　CSK-IA 试块结构及尺寸

CSK-IB 试块的刻度位置见表 2-9 和表 2-10。

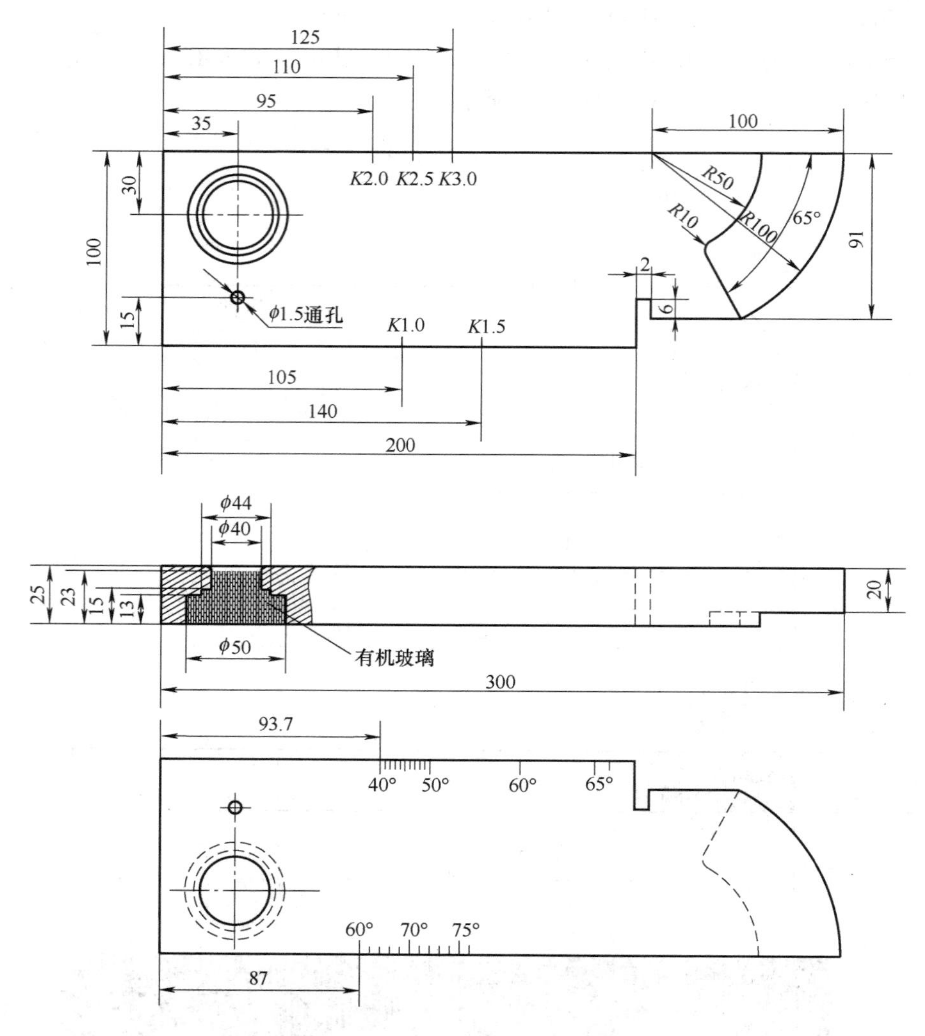

图 2-38 CSK-IB 试块结构及尺寸

表 2-9 CSK-IB 试块的刻度位置一

刻度/(°)	距直边端距离/mm	刻度/(°)	距直边端距离/mm	刻度/(°)	距直边端距离/mm
40	93.7	49	115.5	58	147.0
41	95.9	50	118.4	59	151.5
42	98.0	51	121.4	60	156.2
43	100.3	52	124.6	61	161.2
44	102.6	53	127.9	62	166.7
45	105.0	54	131.3	63	172.4
46	107.0	55	135.0	64	178.5
47	110.1	56	138.8	65	185.1
48	112.7	57	142.8	66	192.2

表 2-10 CSK-IB 试块的刻度位置二

刻度/(°)	距直边端距离/mm	刻度/(°)	距直边端距离/mm	刻度/(°)	距直边端距离/mm
60	87.0	68	109.3	73	133.1
62	91.4	70	117.4	74	139.6
64	96.5	71	122.1	75	147.0
66	102.4	72	127.3	76	155.3

CSK-IA 试块各人工反射体及其用途如下：

1）CSK-IA 试块人工反射体的用途与 IIW 试块相同。

2）ϕ50mm、ϕ44mm 和 ϕ40mm 孔，利用其不同直径的圆柱曲面反射波来测定超声检测仪-横波斜探头组合的分辨力。

（3）IIW2 试块 IIW2 试块也是国际焊接学会发布的一款超声波标准试块，其与 IIW 试块相比，IIW2 试块重量轻、尺寸小而便于携带，形状简单而容易加工，但人工反射体不如 IIW 试块丰富。IIW2 试块结构及尺寸如图 2-39 所示，由于形似牛角故又称为牛角试块。

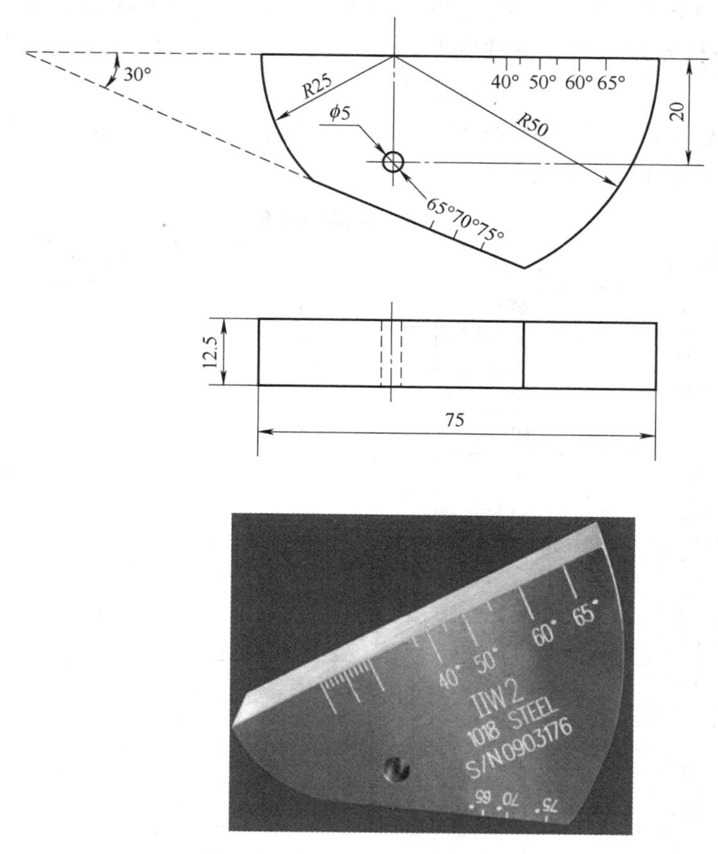

图 2-39 IIW2 试块结构及尺寸

各人工反射体及其用途如下：

1）R25mm 或 R50mm 圆弧，用于测定斜探头的入射点，用于调整斜探头的检测范围和扫描速度，还可用 $R50$mm 圆弧测定超声检测仪-探头的组合灵敏度。

2）$\phi5$mm 横通孔，用于测定斜探头的折射角，还用于测定超声检测仪-探头的组合灵敏度。

3）厚度 12.5mm，用于测定仪器的水平线性、垂直线性及动态范围，还用于多次反射波来调整直探头的检测范围和扫描速度。

（4）其他标准试块　除了上述四种标准试块之外，还有其他各种标准试块，如参考 IIW 试块的 US-1 美国通用标准试块，专为美国空军开发的标准试块 US-2、US-1 的小型版 US-mini，AWS 的标准试块，阶梯形校准楔即声程/振幅试块等。

3. 对比试块

对比试块是针对一些特定检测情况而设计制作的非标准试块，一般要求与具体检测条件尽量相同，并依此进行实际工件的超声检测。主要用于调节和校验检测范围和检测灵敏度、评估缺陷的当量尺寸以及将检测得到的电信号与试块中已知反射体的电信号相比较以便判定未知缺陷的特征。对比试块的种类也很多，根据 JB/T 8428—2015《无损检测　超声试块通用规范》，常用的对比试块有 CS-1、CS-2（纵波直探头试块）、CS-3（纵波双晶直探头试块）、CS-4（曲面对比试块）、RB-1、RB-2 及 RB-3 等。GB/T 11259—2015《无损检测　超声检测用钢对比试块的制作和控制方法》中规定了另外一种圆柱体含平底孔的对比试块。

（1）CS-1 试块　CS-1 试块包含有 15 个试块，是组合试块。CS-1 试块形状及尺寸如图 2-40 所示，CS-1 试块编号及尺寸见表 2-11。

表 2-11　CS-1 试块编号及尺寸　（单位：mm）

<table>
<tr><th>试块编号</th><th>试块长度 L</th><th>试块直径 D</th><th>检测面至平底孔距离 h</th><th>平底孔孔深 H</th><th>平底孔孔径 d</th></tr>
<tr><td>1</td><td>75</td><td>40</td><td>50</td><td rowspan="15">25</td><td rowspan="5">2</td></tr>
<tr><td>2</td><td>100</td><td>45</td><td>75</td></tr>
<tr><td>3</td><td>125</td><td>50</td><td>100</td></tr>
<tr><td>4</td><td>175</td><td>60</td><td>150</td></tr>
<tr><td>5</td><td>225</td><td>70</td><td>200</td></tr>
<tr><td>6</td><td>75</td><td>40</td><td>50</td><td rowspan="5">3</td></tr>
<tr><td>7</td><td>100</td><td>45</td><td>75</td></tr>
<tr><td>8</td><td>125</td><td>50</td><td>100</td></tr>
<tr><td>9</td><td>175</td><td>60</td><td>150</td></tr>
<tr><td>10</td><td>225</td><td>70</td><td>200</td></tr>
<tr><td>11</td><td>75</td><td>40</td><td>50</td><td rowspan="5">4</td></tr>
<tr><td>12</td><td>100</td><td>45</td><td>75</td></tr>
<tr><td>13</td><td>125</td><td>50</td><td>100</td></tr>
<tr><td>14</td><td>175</td><td>60</td><td>150</td></tr>
<tr><td>15</td><td>225</td><td>70</td><td>200</td></tr>
</table>

（2）CS-2 试块　CS-2 试块包含有 66 个试块，是组合试块。CS-2 试块形状及尺寸如图 2-41 所示，部分 CS-2 试块编号及平底孔尺寸见表 2-12。

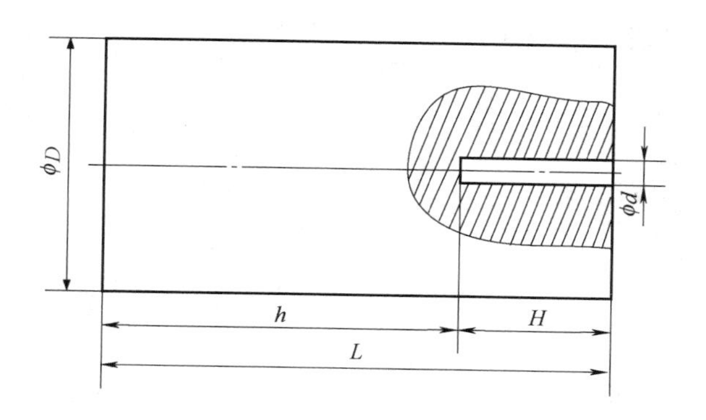

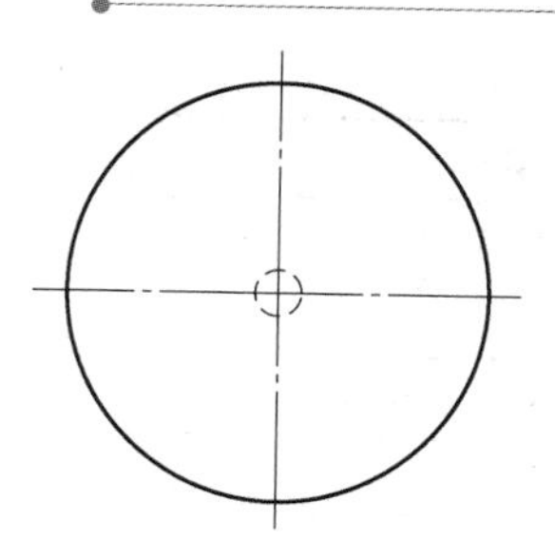

图 2-40　CS-1 试块形状及尺寸

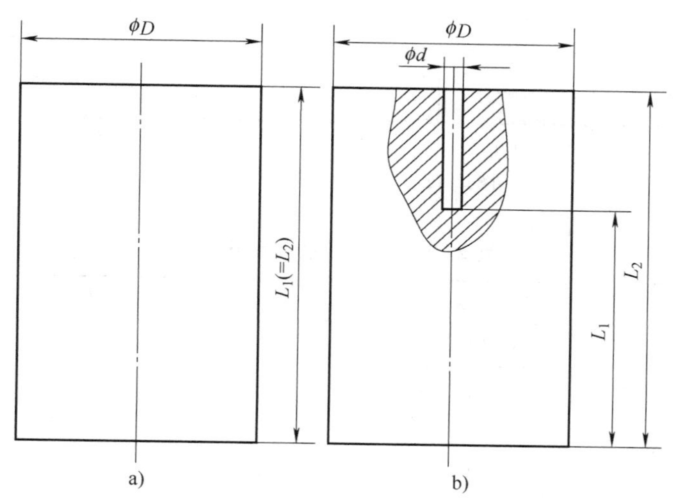

图 2-41　CS-2 试块形状及尺寸

a）无平底孔　b）有平底孔

表 2-12　部分 CS-2 试块编号及平底孔尺寸　　（单位：mm）

<table>
<tr><th>试块编号</th><th>d</th><th>L_1</th><th>L_2</th><th>D</th></tr>
<tr><td>1</td><td>0</td><td rowspan="6">25</td><td>25</td><td rowspan="6">≥35</td></tr>
<tr><td>2</td><td>2</td><td rowspan="6">50</td></tr>
<tr><td>3</td><td>3</td></tr>
<tr><td>4</td><td>4</td></tr>
<tr><td>5</td><td>6</td></tr>
<tr><td>6</td><td>8</td></tr>
<tr><td>7</td><td>0</td><td rowspan="6">50</td><td rowspan="6">≥50</td></tr>
<tr><td>8</td><td>2</td><td rowspan="5">75</td></tr>
<tr><td>9</td><td>3</td></tr>
<tr><td>10</td><td>4</td></tr>
<tr><td>11</td><td>6</td></tr>
<tr><td>12</td><td>8</td></tr>
</table>

（3）CS-3 试块　CS-3 试块包含有 4 个试块，是组合试块。CS-3 试块形状及尺寸如图 2-42 所示，CS-3 试块编号及尺寸见表 2-13。

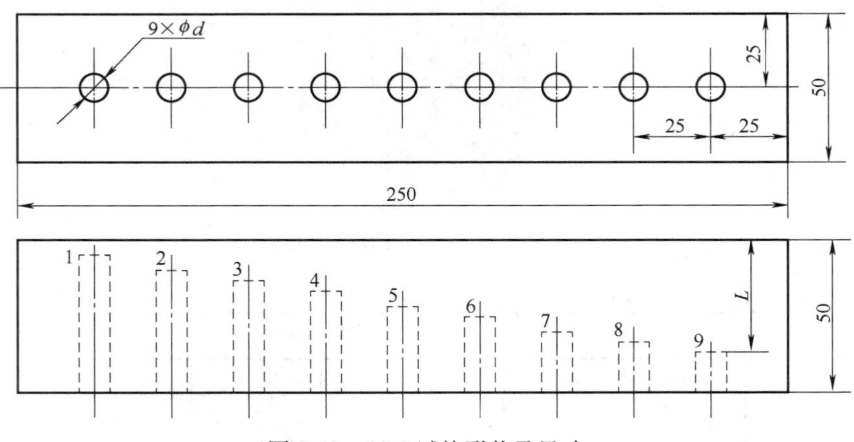

图 2-42　CS-3 试块形状及尺寸

表 2-13　CS-3 试块编号及尺寸　　（单位：mm）

<table>
<tr><th rowspan="2">试块编号</th><th rowspan="2">孔径 d</th><th colspan="9">各个横孔的检测距离 L</th></tr>
<tr><th>1</th><th>2</th><th>3</th><th>4</th><th>5</th><th>6</th><th>7</th><th>8</th><th>9</th></tr>
<tr><td>1</td><td>2</td><td rowspan="4">5</td><td rowspan="4">10</td><td rowspan="4">15</td><td rowspan="4">20</td><td rowspan="4">25</td><td rowspan="4">30</td><td rowspan="4">35</td><td rowspan="4">40</td><td rowspan="4">45</td></tr>
<tr><td>2</td><td>3</td></tr>
<tr><td>3</td><td>4</td></tr>
<tr><td>4</td><td>6</td></tr>
</table>

（4）CS-4试块　CS-4试块形状及尺寸如图2-43所示，其中的曲率半径R一般为待检工件曲率半径的90%～150%，以便形成两端间隙或中间间隙作为反射体。

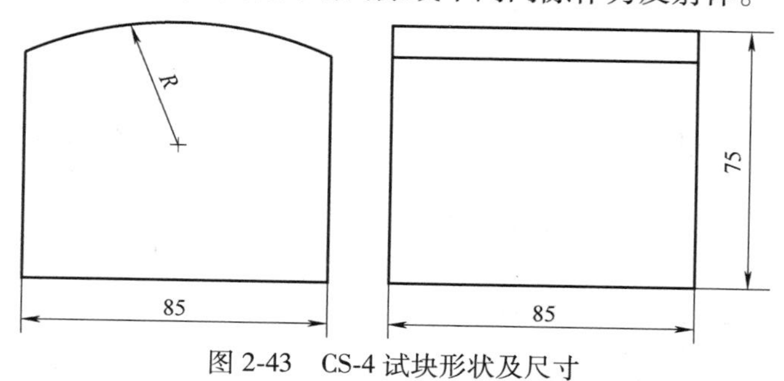

图2-43　CS-4试块形状及尺寸

（5）RB系列试块　RB-1～RB-3试块形状及尺寸分别如图2-44～图2-46所示。其中，RB-1试块适用板厚8～25mm，RB-2试块适用板厚8～100mm，RB-3试块适用板厚8～150mm。这三种试块提供的标准反射体均为ϕ3mm×40mm的横通孔。

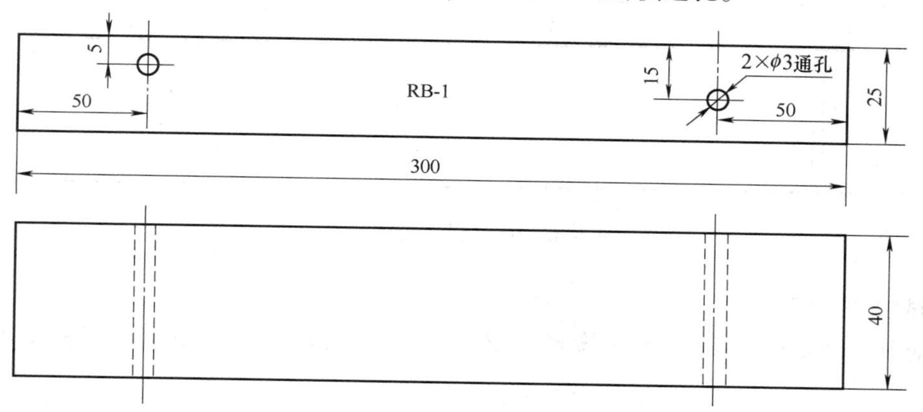

图2-44　RB-1试块形状及尺寸

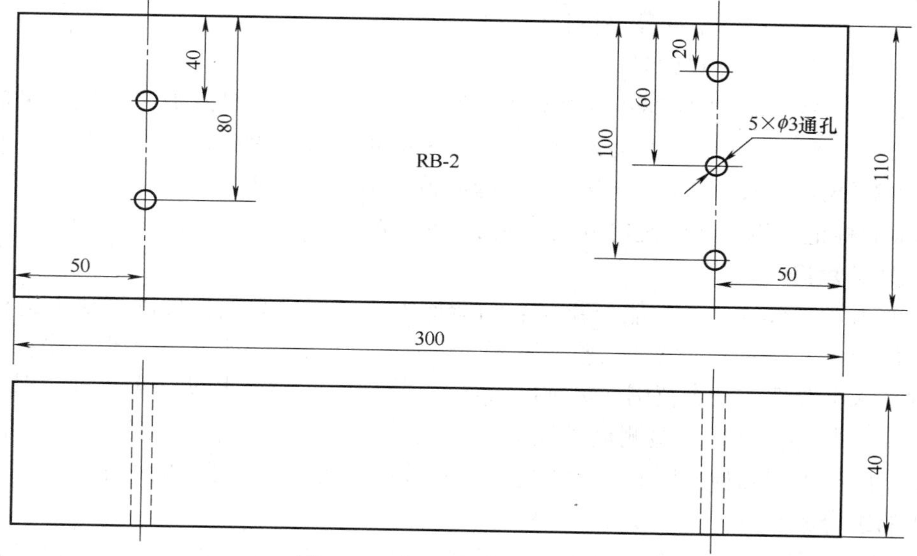

图2-45　RB-2试块形状及尺寸

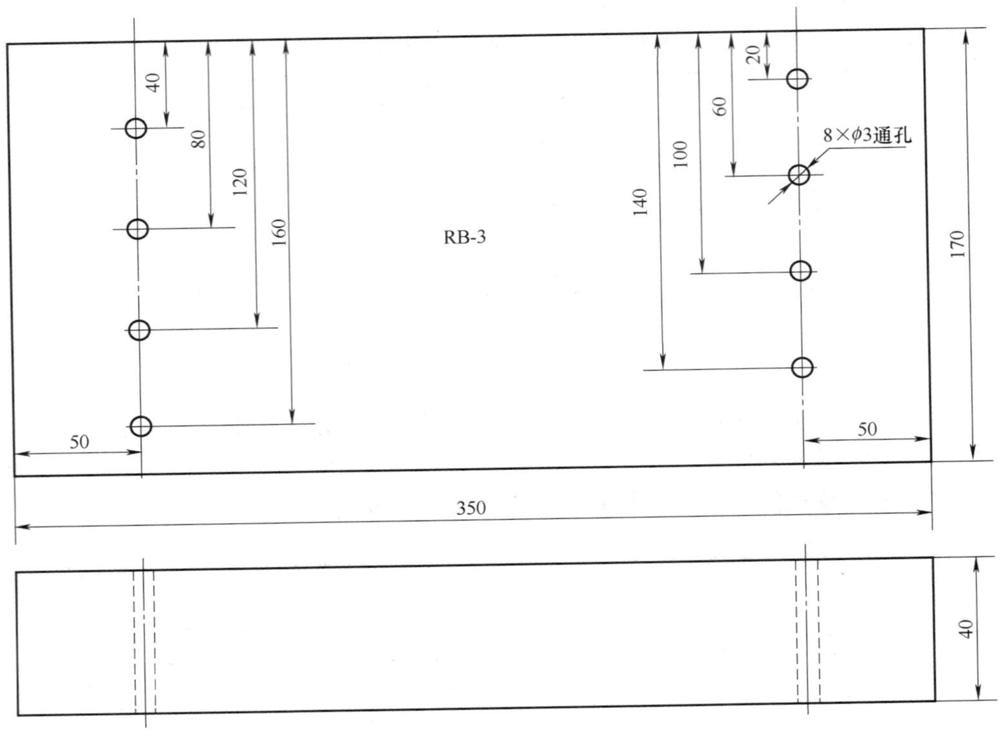

图 2-46　RB-3 试块形状及尺寸

4. 试块的标记

依据 JB/T 8428—2015《无损检测　超声试块通用规范》，试块的标记格式可为如下之一：

1）超声试块 标准号-试块类型符号/材料牌号。

2）标准号-试块类型符号/材料牌号。

3）超声试块-试块类型符号/材料牌号。

4）试块类型符号/材料牌号。

其中，标准号为 JB/T 8428；试块类型符号由英文字母、短横及数字组成，包括标准试块的 CSK-IA、CSK-IB（CSK-1B 或 CSK-ZB）以及对比试块的 CS-1、CS-2、CS-3、CS-4、RB-1、RB-2、RB-3 等；材料牌号由英文字母或数字组成。例如，超声试块 JB/T 8428-CSK-IA/45 和最简标记 CSK-IA/45 是等同的，表示 CSK-IA 标准试块，材质为 45 钢。

5. 试块的用途

（1）校验仪器和探头的性能　新仪器和新探头在使用前必须在标准试块上进行测试和验收，使用中也要按照要求定期校验，以便确保检测结果的可靠性和准确性。主要用于校验垂直线性、水平线性、动态范围、灵敏度余量、分辨力、盲区、探头入射点及 K 值等。

（2）确定检测灵敏度　检测灵敏度太高或太低均不好，太高则杂波多、判伤困难，太低则有些缺陷有可能漏检。因此，检测之前通常采用试块上某一特定的人工反射体来调整仪器和探头的组合灵敏度。

（3）缺陷的定位定量　在试块上调整仪器显示屏上水平刻度值与实际声程之间的比例

关系也即扫描速度，以便对缺陷进行定位。利用对比试块绘制出距离-波幅曲线来给缺陷定量是超声检测常用的缺陷定量方法。实际上是根据缺陷回波幅度和试块的反射体回波幅度进行比较，从而对缺陷进行当量评价。

（4）调整检测距离和确定缺陷位置 检测前根据工件的尺寸，在试块上调整检测距离，并依此可对缺陷定位。

（5）检测材料的声学特性 对某些新材料的声学特性（如声速、衰减及弹性模量等）均可用特定的对比试块进行检测。

2.2.4 耦合剂

就探头材料 $BaTiO_3$/空气/钢界面而言，纵波入射时最终由探头进入钢的超声波的声压透射率仅约为 4.4×10^{-6}。也即，若探头与钢之间存在空气隙，超声波就几乎无法进入工件来检测缺陷。因此，超声检测时往往在探头和工件之间存在能排除空气的耦合剂。接触式探头的超声耦合如图2-47所示，液浸式探头的超声耦合如图2-48所示。

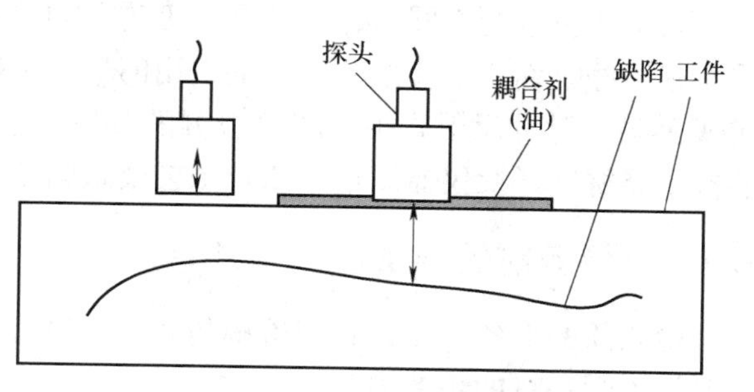

图2-47 接触式探头的超声耦合

图2-47和图2-48中的油或水是耦合剂。耦合剂就是起到排除空气使超声波顺利地耦合到工件中的物质，因此耦合剂首先应具有较高的透声率。耦合剂除了主要起到耦合作用外，还起到扫查时接触式探头和工件间的润滑作用，并且起到便于液浸式探头在表面不平整工件上的扫查动作的作用。一般而言，对耦合剂有如下基本要求：①润湿性要求，即容易附着在工件表面上，并易于在工件表面铺展，有一定的流动性，以便填充粗糙不平的凹陷并排除空气；②耦合性要求，即尽量与被检工件材料的声阻抗相近，以便保证最大的透声率；③安全性要求，即对人无害，对工件无损伤；④清洗性要求，即易于清洗，以便检测后的清除。

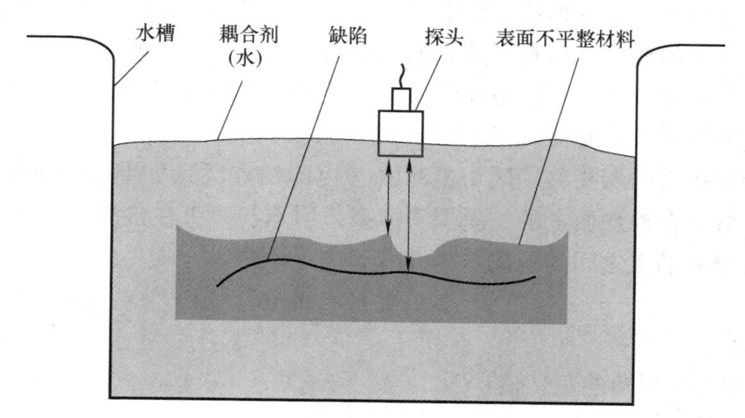

图2-48 液浸式探头的超声耦合

耦合剂主要有水、油类及脂类。常用的耦合剂有机油、变压器油、甘油、水、水玻璃、凡士林和化学糨糊等。特殊场合的超声检测，如测量距离、多孔或是低密度材料（如木材）的超声检测，也是可以采用空气耦合方式的，但是通常采用衰减系数小的低频超声波（如25~250kHz 的超声波）进行检测，也可以采用在探头下方加入软橡胶或塑料片，即干压耦合方式。当工件形状比较特殊，也可以使用与工件轮廓相符的接触楔块，以获得良好的超声耦合。此外，当进行高温工件的超声检测时，对耦合剂还有特殊的耐高温要求，如可以采用低熔点共晶合金作为耦合剂。常用耦合剂的声阻抗值见表 2-4，可见大部分的液体耦合剂的声阻抗均小于大多数的固体结构材料。

2.3 超声检测工艺

因检测技术的不同，超声检测有工艺上的差别。不仅如此，检测工艺也因检测对象的不同而有一些差别。下面主要介绍最常用的采用单探头或双探头、利用横波或纵波、直接接触式 A 型显示脉冲反射式手工超声检测的具体工艺。超声检测的通用过程一般包括检测前的准备、器材选择及仪器调整、扫查工艺及缺陷信号的判定等。

2.3.1 检测前的准备

检测前的准备工作，超声检测与射线检测有一些相似之处，如检测时机的选择等，请参考射线检测一章的相关内容。

1. 对检测人员的基本要求

超声检测人员必须掌握超声检测的基本技能和一定的材料与材料成型工艺方面的基础知识，具有足够的超声检测经验和责任心，并经过专门培训和严格考核，持有相应考核组织颁发的等级资格证书，并从事符合相应资格的超声检测工作。此外，检测人员的矫正视力不得低于 1.0。

2. 检测区和检测面的选择

首先，应根据工件材料及材料成型工艺特点，分析可能的缺陷类型，并根据缺陷的可能位置、形状、尺寸、取向、数量和分布特点来确定检测区和检测面。一般应根据缺陷的可能取向，使超声波尽量垂直于缺陷的主反射面。其次，应根据工件形状确定可能的声入射面或反射面，如长度很大的棒状原材料一般只能从圆周面进行超声检测。再次，应结合具体的检测工艺进行选择，如是纵波检测还是横波检测，是单探头还是双探头等。最后，根据上述分析综合考虑来选择最终的检测面。

平板对接焊接接头的探头移动区与检测区（也即扫查区）如图 2-49 所示，参数 P 为跨距。所谓跨距，就是在检测面上的，斜探头声束入射点与声束在检测面的背面一次反射后声束轴回射至该检测面的点之间的距离。P 可由下式计算得到：

$$P=2Kt \text{ 或 } P=2t\tan\beta \tag{2-49}$$

式中 P——跨距（mm）；

K——斜探头折射角的正切值；

t——工件厚度（mm）；

β——探头折射角（°）。

检测区由所关心的检测范围来确定，一般是一个三维的体。例如对于焊接接头而言，检

测区宽度一般应包括焊缝和热影响区，通常选择焊缝及其两侧各相当于30%母材厚度的范围为检测区，焊缝两侧区域的宽度一般最小为10mm，最大为20mm。检测区厚度一般可为焊缝厚度，但是对于某些材料（如易出现热影响区液化裂纹的镍基合金材料）的焊接接头，应以工件厚度为检测区厚度。检测区长度一般应为焊缝全长度，或按标准规定的检测比例确定的焊缝长度。

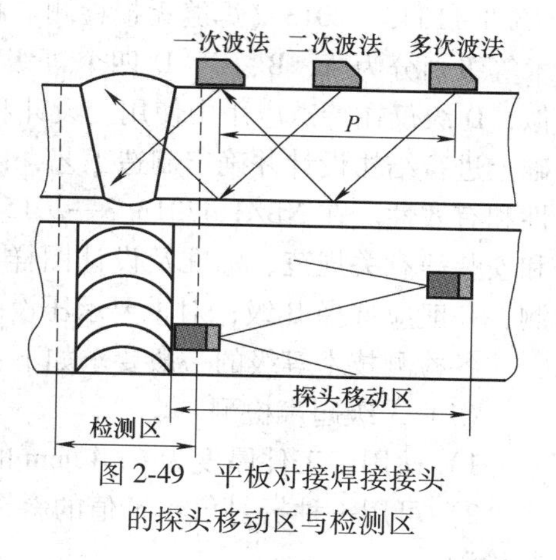

图2-49　平板对接焊接接头的探头移动区与检测区

探头移动区由检测区来确定，一般是一个平面或者曲面。探头移动区的大小以能完全扫查到所有检测区为基准并留有一定的余量。可见，一次波法和二次波法的检测区是相同的，即不因具体检测工艺的变化而变化。但是，一次波法和二次波法的探头移动区的长度和宽度可以相同，其具体位置一般是不同的，而且要注意盲区也不同。

探头移动区的垂直于焊缝轴线的移动长度 L 可由下式估算：

$$L \geqslant 1.5Kt \tag{2-50}$$

以平板对接焊接接头的超声检测为例，可能的检测面与检测侧如图2-50所示。

由图2-50可见，超声检测平板对接焊接接头时，可在平板的两面进行检测，即有两个检测面，每一个检测面还可以以焊缝为中心分为两个检测侧。涉及该部分的具体检测工艺，当采用单探头时可为单面单侧检测，当采用一收一发双探头检测时可为单面双侧检测。

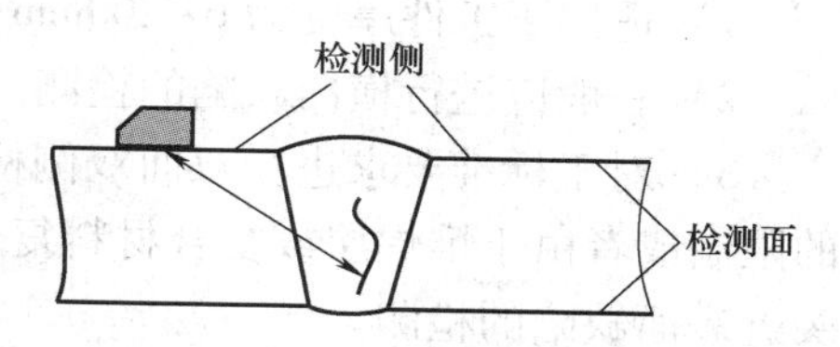

图2-50　平板对接焊接接头超声检测时的检测面与检测侧

3. 工件的准备

为提高超声波在检测面上的透声性能，应对探头移动区进行外观检查。检测前应彻底清除探头移动区内的焊接飞溅物、松动的氧化皮或锈蚀层、折叠、毛刺、油污、颗粒物及其他表面附着物。材质均匀度，应能满足欲检出的最小缺陷的信号幅度与无关噪声信号幅度比大于或等于6dB。检测表面的粗糙度值一般不超过6.3μm，以利于探头的自由移动、提高检测速度，并避免探头的过度磨损。

如果工件的实际检测面与对比试块表面之间最大的超声波传播损失差超过2dB（包括表面耦合损失和材质衰减），则应在调节灵敏度时予以补偿。一般情况下，焊缝表面不必再做修整。但若焊缝的余高形状或咬边等缺陷给正确评价检测结果造成困难，则需要对焊缝的相应部位做适当的修磨以使其圆滑过渡，甚至去除焊缝余高至与母材表面平齐。

4. 检测技术等级的确定

并不是所有的超声检测都对检测技术进行等级划分，超声检测技术的等级划分主要用于某些焊接接头的超声检测中。但是，检测技术等级的划分是便于超声检测技术的交流及规范化，应该积极推行这种做法。不同的标准具有不同的等级划分，如NB/T 47013.3—2015《承压设备无损检测　第3部分：超声检测》中对承压设备的I形焊接接头的超声检测进行了检测技术等级划分，分为A、B、C三个等级，A级最低、B级一般、C级最高。但是

GB/T 11345—2013《焊缝无损检测　超声检测　技术、检测等级和评定》中将超声检测技术等级划分为A、B、C、D四个等级，其中A、B、C等级划分与NB/T 47013.3—2015相似，D级仅在特殊应用中使用。设计和工艺技术人员应在尽量充分考虑超声检测可行性的基础上进行结构设计并确定制造工艺，以避免工件的几何形状限制相应检测技术等级的可实施性和有效性。在NB/T 47013.3—2015中规定，选择超声检测技术等级时，应注意符合制造和安装等有关规范、标准及设计图样的规定。制造和安装承压设备时的焊接接头的超声检测，一般应选择B级；对重要承压设备的焊接接头，一般应选择C级。

各检测技术等级的一般要求如下：

（1）A级超声检测

1）适用于工件厚度为6~40mm的焊接接头。

2）可用一种折射角或K值的斜探头采用一次波法或二次波法在焊接接头的单面双侧进行检测。

3）如果2）难以实现，则可以选择双面单侧或单面单侧进行检测。

4）一般不要求进行横向缺陷的检测。

5）用两种或两种以上不同折射角或K值的斜探头进行检测时，两个探头的折射角相差不应小于10°。

（2）B级超声检测

1）适用于工件厚度为6~200mm的焊接接头。

2）一般应进行横向缺陷的检测。

3）对于标准要求进行双面双侧检测的焊接接头，如果受到结构形状及尺寸等几何条件的限制或者由于堆焊层或复合材料复合层的存在而选择单面双侧检测时，还应补充进行斜探头近表面缺陷的检测。

4）用两种或两种以上不同折射角或K值的斜探头进行检测时，两个探头的折射角相差不应小于10°。

（3）C级超声检测

1）适用于工件厚度为6~500mm的焊接接头。

2）应将焊缝的余高加工至与母材平齐。

3）对斜探头扫查经过的母材区域，应该先用直探头进行检测，以便检测是否有影响斜探头检测结果的分层或其他类型缺陷存在。

4）工件厚度大于15mm时，一般应在双面双侧进行检测，如果受结构形状及尺寸等几何条件的限制或者由于堆焊层或复合材料复合层的存在而选择单面双侧检测时，还应补充进行斜探头近表面缺陷的检测。

5）对于单侧坡口角度小于5°的窄间隙焊缝，如果可能则应增加检测与坡口表面平行的缺陷。

6）工件厚度大于40mm时，还应增加直探头的检测。

7）应该进行横向缺陷的检测。

8）用两种或两种以上不同折射角或K值的斜探头进行检测时，两个探头的折射角相差应不小于10°。

对不同的焊接接头形式，不同检测技术等级有不同的具体检测要求。例如，GB/T

11345—2013《焊缝无损检测 超声检测 技术、检测等级和评定》和 NB/T 47013. 3—2015《承压设备无损检测 第3部分：超声检测》对对接接头、T形接头、十字接头、L形接头、插入式接管角接头、安放式接管与筒体或封头的角接头及嵌入式接管与筒体或封头的对接接头分别做出了相应于检测技术等级的具体检测要求。以最常见的平板对接焊接接头为例，如图2-51及表2-14所示。

图2-51中，A~L为探头的位置，b为探头移动区宽度，P为跨距。

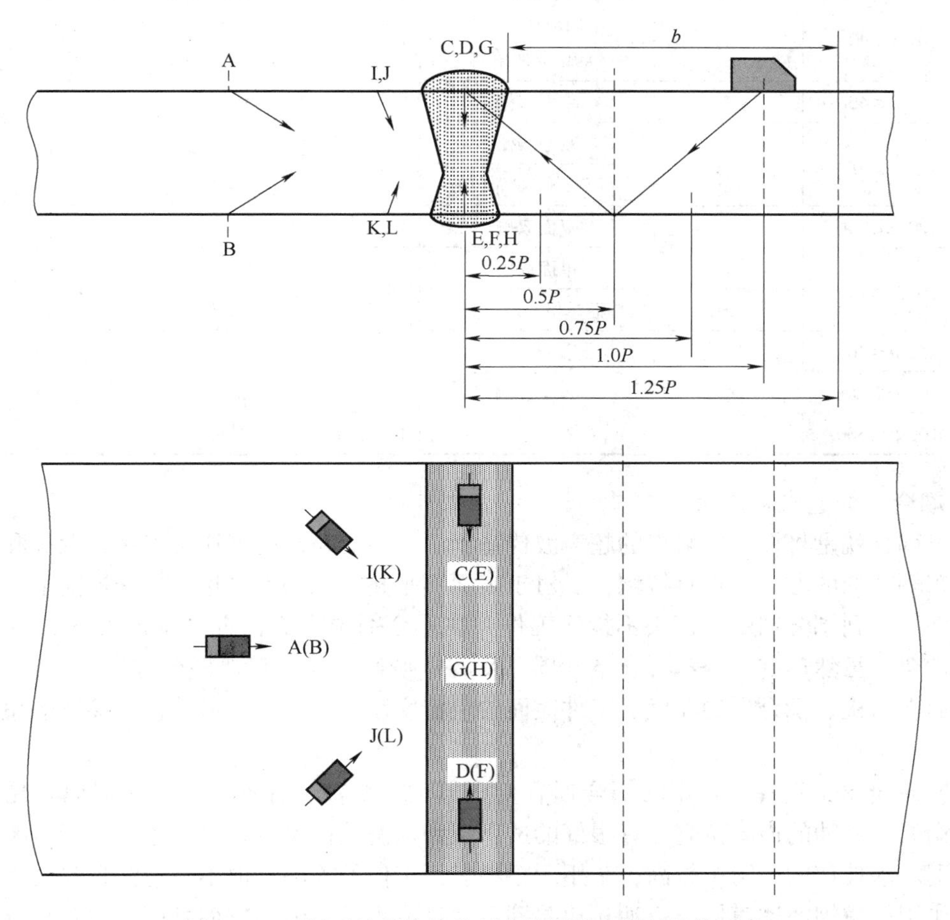

图2-51 平板对接焊接接头超声检测技术等级具体要求

2. 3. 2 器材选择及仪器调整

超声检测仪、探头、试块和耦合剂组成一套完整的超声检测系统。它们之间是互相关联的，并与具体的检测技术相关。例如：如果选用两个探头一发一收，则检测仪应具有相应的一发一收接口及工作方式；再如根据工件特点决定采用液浸法进行超声检测，探头及耦合剂的选择则比较确定，超声检测仪和试块的选择也要考虑到这种检测工艺的特点等。也就是，虽然可以分别考虑超声检测仪、探头、试块和耦合剂的选择，但一般要根据具体的检测技术并综合考虑超声检测仪、探头、试块和耦合剂的选择规则，予以一个适当的选择和使用。

表 2-14　平板对接焊接接头超声检测技术等级具体要求

<table>
<tr><th rowspan="4">检测技术等级</th><th rowspan="4">工件厚度 t/mm</th><th colspan="4">纵向缺陷检测</th><th colspan="2">横向缺陷检测</th></tr>
<tr><th colspan="3">斜探头检测</th><th>直探头检测</th><th colspan="2">斜探头横向扫查</th></tr>
<tr><th>折射角或 K 值不同的探头数量</th><th>检测面（侧）</th><th>移动区宽度 b</th><th>探头位置</th><th>折射角或 K 值不同的探头数量</th><th>检测面</th></tr>
<tr></tr>
<tr><td>A 级</td><td>$6 \leqslant t \leqslant 40$</td><td>1</td><td>单面双侧/单面单侧/双面单侧</td><td rowspan="4">1.25P</td><td rowspan="8">—</td><td>—</td><td>—</td></tr>
<tr><td rowspan="4">B 级</td><td>$6 \leqslant t \leqslant 40$</td><td>1</td><td>单面双侧</td><td rowspan="3">1</td><td rowspan="9">单面</td></tr>
<tr><td rowspan="2">$40 < t \leqslant 100$</td><td>1</td><td>双面双侧</td></tr>
<tr><td>2</td><td>单面双侧/双面单侧</td></tr>
<tr><td>$100 < t \leqslant 200$</td><td>2</td><td>双面双侧</td><td>0.75P</td><td>2</td></tr>
<tr><td rowspan="5">C 级</td><td rowspan="2">$6 \leqslant t \leqslant 15$</td><td>1</td><td>单面双侧</td><td rowspan="4">1.25P</td><td rowspan="2">1</td></tr>
<tr><td>2</td><td>单面单侧/双面单侧</td></tr>
<tr><td>$15 < t \leqslant 40$</td><td rowspan="3">2</td><td rowspan="3">双面双侧</td><td rowspan="3">2</td></tr>
<tr><td>$40 < t \leqslant 100$</td><td rowspan="2">单面（G 或 H）</td></tr>
<tr><td>$100 < t \leqslant 500$</td><td>0.75P</td></tr>
</table>

1. 耦合剂的选择和使用

超声耦合就是将探头发射出的超声波传播到工件中。超声检测通常采用在探头和检测面之间涂布耦合剂的方式实现直接耦合。对于表面不平整或探头不可达等特殊情况下，也可采用将工件浸入到耦合剂中，探头不接触工件并在耦合剂中完成扫查（即液浸法）的方式实现间接耦合。虽然还有干压耦合、空气耦合及液体喷射耦合等其他耦合方式，但较少使用。耦合剂的声阻抗、耦合层的厚度、工件表面的粗糙度以及工件表面形状，直接影响超声耦合的效果。

（1）耦合剂的选择　常用的耦合剂有变压器油、机油、甘油、水、水玻璃、凡士林和化学糨糊等。甘油的声阻抗高，有很好的透声性和水洗性但价格较贵，主要用于重要工件的精确检测。水玻璃的声阻抗较高，常用于粗糙表面工件的检测，但不易清洗且对工件有一定的腐蚀作用。糨糊的透声性与机油相比差别不大且成本低，但因糨糊黏度较大且具有良好的水洗性，因而更适宜在非水平位置（如垂直检测位置）上使用。用水作为耦合剂时，虽然成本低但存在着易流失、易使工件生锈及有时存在着润湿性问题等，因此一般应在其中加入适量的润湿剂、活性剂及消泡剂等来改善其耦合性能。机油或变压器油的黏度、流动性、润湿性及附着力适当且对工件无腐蚀，成本也较低，因此得到大量、广泛的使用。

选择耦合剂，应根据耦合剂的特性、成本及具体的检测对象的特点，综合分析来选择一种或几种合适的耦合剂。与检测对象特点相关的，如 ASME 的锅炉和压力容器规范的第 V 卷（以下简称为 ASME BPVC. V）《无损检测》规定，检测钛合金或奥氏体不锈钢时，要求耦合剂中卤族元素（如 F 元素、Cl 元素）的总体积分数不高于 250×10^{-6}；检测镍基合金时，要求耦合剂中 S 元素的体积分数不高于 250×10^{-6}。进行时基范围调节、灵敏度设定和工件检测时，为保证声学一致性应采用同一种耦合剂。

（2）耦合层的厚度　在直接耦合条件下，最优的耦合层厚度为在耦合介质中传播的超声波的0.5λ的整数倍。但在手工扫查中，要长时间地将耦合层厚度精确控制在这一水平难以实现。但理论和实践均已证明，当耦合层厚度小于在耦合介质中传播的超声波的0.25λ时，超声波在检测面上的往复透射率将随耦合层厚度的减薄而增大。因此，在不影响扫查动作等的前提下，“越薄越好”是确定耦合层厚度的一条基本原则。

（3）耦合剂的温度　耦合剂的性能是随着温度发生变化的，因此在进行液浸法超声检测时，仪器校验时的耦合剂与检测时的耦合剂温差一般应控制在14℃以内。

2. 试块的选择和使用

（1）试块的选择　从2.2.3小节可知，试块有很多种，具体应该选择哪些试块，取决于使用试块的目的。试块无外乎有两种用途，即设备性能校准和工件检测校准。就超声检测工艺而言，无论选择标准试块还是对比试块，均可以完成工件检测前的检测信号的校准。如果超声检测是依据某标准进行，并且规定了所应该采用的试块型号，则应依据标准选择试块。如果没有可依据的标准，一般可按如下规则来选择试块：

1）要注意试块材料应与被检工件的材料相同或相近，很显然不能用铝材试块校准后去检测钢质工件。当检测异种金属焊接接头时，应根据检测侧的工件材料来选择相应材料的试块，如果是从焊缝两侧检测则应选择相应材料的试块校验仪器后进行检测。

2）虽然标准试块和对比试块均可以完成检测信号的校准，但对比试块更有针对性，因此应尽量选用对比试块来完成检测时的信号校准。

3）选择对比试块要注意其外形尺寸应能代表被检工件的特征，尤其是试块厚度应与被检工件的厚度相对应。如果是检测不同厚度工件，则试块厚度应依据较大工件厚度来选择确定。如果不同工件的厚度差过大，则应采用不同厚度的试块。

4）选择对比试块时，要注意尽量选择含有与欲检测缺陷类型相近似的人工反射体的对比试块。人工反射体的形状、尺寸和数量有标准予以规定的，则依据标准来选择适宜的对比试块。

（2）试块的使用方法　接触法超声检测时，除了要注意试块与检测表面的温差一般应控制在14℃以内等细节工艺之外，试块主要用于调校检测仪-探头的组合性能及对缺陷当量的标定。

主要使用方法如下：

1）灵敏度余量的测定

① 将仪器的“抑制”旋钮置于“0”或“断”的位置。

② 将仪器的“增益”旋钮调至最大。如果因此电噪声较大，则应略降低增益使噪声电平降至显示屏满刻度的10%，记录衰减器的读数α_0。

③ 加适当的耦合剂，将斜探头压在CSK-IB试块上并保持稳定的声耦合，以获得R100mm曲面的最大回波。调节衰减器将该回波降至满刻度的50%，记录衰减器读数α_1。

④ 以分贝数表示的斜探头与仪器组合的灵敏度余量为$\alpha=\alpha_1-\alpha_0$。

2）分辨力的测定

① 加适当的耦合剂，将斜探头压在CSK-IB试块上并保持稳定的声耦合。

② 移动探头使ϕ50mm和ϕ44mm两孔的反射波高度相等，并调至满刻度的20%～30%。

③ 调节衰减器，使两反射波波峰之间的波谷上升至原波峰的高度，此时衰减器释放的

分贝数即为斜探头超声检测系统的远场 Z 分辨力。

采用类似的方法，利用 CSK-IB 试块上宽度为 2mm 的矩形槽即可测定直探头超声检测系统的远场 X 分辨力。

3）斜探头入射点和前沿长度的测定

① 加适当的耦合剂，将斜探头压在 CSK-IB 试块上并保持稳定的声耦合。

② 移动探头获得 R100mm 曲面的最高反射波，此时试块上该曲面的曲率中心标记恰好对应斜探头透声楔上的声束入射点。

③ 用直尺量出声束入射点至探头前沿的长度，读数精确到 0.5mm。

4）斜探头声束折射角度或 K 值的测定

①按照斜探头声束折射角或 K 值的标称值的大小，将探头压在 CSK-IB 试块相应的检测面上，加适当的耦合剂并保持稳定的声耦合。

② 移动探头获得 ϕ50mm 孔的最高反射波，此时斜探头入射点对应的试块侧面上角度或 K 值即为探头实际的声束折射角度或 K 值。

用试块测试仪器、探头及其组合性能的方法可参见 GB/T 18852—2002《无损检测　超声检验　测量接触探头声束特性的对比试块和方法》等相关标准。

3. 探头的选择和配置

（1）探头的选择　探头的选择一般应考虑如下因素：检测方式、波形、接触方式、超声频率、探头尺寸限制、折射角或 K 值、保护膜、楔块、被检工件的温度、检测灵敏度及其他（如材料微观组织不均匀性等）。在实际超声检测中，应根据相应的检测技术等级、被检工件的特点及拟检出的缺陷种类等具体条件来确定探头的频率、尺寸和声束折射角等主要的探头特性，依此并尽量兼顾探头选择的各种因素来选择适宜的探头。

1）频率的选择。频率一般应在 2~5MHz 范围内选择，同时应依照验收等级要求来选择合适的频率。

① 应满足检测灵敏度的要求，即波长应足够小，但也不能太小以免产生过多杂波。一般而言，频率上限由衰减和草状回波的信噪比决定，频率下限由检测灵敏度、脉冲宽度和指向性来决定。

可依下式算出可选择的范围：

$$1.5d_{K}<\frac{C}{4f}<d_{r} \tag{2-51}$$

式中　d_K——材料平均晶粒尺寸（m）；

d_r——拟检出的最小缺陷尺寸（m）；

f——超声波频率（Hz）；

C——声速（m/s）。

② 要考虑入射声束与缺陷取向之间的关系。若缺陷垂直于入射声束，则宜选用指向性好、声能集中、遇界面反射强烈的高频声束。而对那些与入射声束斜交的面积型缺陷，则宜选用对缺陷取向敏感性较差的低频声束。

③ 要考虑到有关标准对系统远场分辨力的要求。检测频率越高，系统的远场分辨力越好，对缺陷定位也就越准确。

④ 需要注意可检测的厚度要求。频率越高，材料对超声波的衰减越大，可检测的距离

也就越小。当被检工件的衰减系数高于材料的平均衰减系数时，如有必要则可选择1MHz左右较低的检测频率。

在实际检测中许多因素难以预知的情况下，可以从以下两方面来衡量选择的频率是否适宜：①在该频率下检测时能发现检测范围内所有规定发现的缺陷；②仪器尚存有足够的灵敏度余量和无妨碍辨认缺陷回波的杂波信号，并且信噪比大于2。为兼顾较高的检出率和较高的定位定量精度这两方面的需要，可以在初始检测（即粗检测）时使用标准允许的下限频率，以避免因杂波过多导致缺陷漏检。在规定检测（即精检测）时在允许的范围内适当提高频率，以提高缺陷定位和定量结果的准确性。

2）探头尺寸的选择。探头尺寸选择实际上是探头压电晶片尺寸的选择，与频率和声程相关，一般应遵循以下原则：

① 在相同的频率下，晶片尺寸越小则近场长度和声束宽度越小，远场中声束扩散角越大，反之则相反。直径为6~12mm的圆形晶片或等效面积的矩形晶片的探头，适合于短声程检测。直径为12~24mm的圆形晶片或等效面积的矩形晶片的探头，适合于长声程检测，如单晶直探头检测大于100mm的声程或斜探头检测大于200mm的声程。

② 探头发射的初始声压与压电晶片的尺寸成正比。从增加检测距离，弥补超声波的材质衰减损失的角度考虑，选用大尺寸探头不失为一种有效方法。

③ 在移动区凹凸不平、表面粗糙度值或曲率较大的情况下，为减少透射声能损失且方便探头扫查，应选用小尺寸探头。

3）斜探头声束折射角或K值的选择。斜探头主要用于焊接接头的超声检测，斜探头声束折射角或K值应根据母材厚度、焊接接头坡口形式及欲检测的缺陷种类来选择。选择原则为既要保证超声波束能覆盖整个焊缝截面，又要让入射声束尽可能垂直于缺陷主平面。当采用非一次波法（即采用二次波法等）时，应保证声束与工件底面法线的夹角在35°~70°。当使用多个斜探头进行检测时，其中一个探头应符合上述要求，且应保证一个探头的声束尽可能与焊缝熔合面垂直，以免漏检未熔合缺陷。还要注意，当选用多个斜探头进行检测时，斜探头间的折射角相差应不小于10°。

4）探头数量的选择。超声检测时，应该采用的探头数量与具体的检测条件相关。采用的探头数量一般为1个或2个，即所谓的单探头检测或双探头检测。当工件双面可达时，可以采用单探头或双探头；当只能接触到工件一面时，通常采用单探头。双探头检测，一般是一个探头发射，一个探头接收。特殊场合检测，有可能选择多探头检测。

5）探头类型的选择。超声检测中常用的探头类型主要有纵波直探头、横波斜探头、纵波斜探头、双晶探头和聚焦探头等。

简单而言，检测平行于检测面的近表面缺陷，用双晶纵波探头；检测薄壁管焊缝根部缺陷，用双晶横波探头；检测管材和棒材尤其是小直径管材和棒材，用水浸聚焦探头；检测晶粒粗大的铁素体不锈钢、奥氏体不锈钢和镍基合金焊接接头，用纵波斜探头；用延时法检测表面裂纹深度，用表面波探头；检测厚度小于6mm的薄板，用板波探头；欲提高灵敏度及便于缺陷定位，用声能集中的点聚焦或线聚焦探头。选择的依据是：工件形状，可能出现缺陷的部位，可能缺陷的大小、方向及形状等。选择的原则是：使声束轴线尽量垂直于缺陷的主反射面。纵波直探头的声束轴线垂直于探头移动面，因此主要用于检测与探头移动面平行或近似平行的缺陷，如锻件或钢板中的夹层、折叠等缺陷。横波斜探头的声束轴线与探头移

动面成一定的角度，因此主要用于检测与探头移动面垂直或成一定角度的缺陷，如焊接接头中的未焊透、裂纹、未熔合、气孔及夹渣等。此外，由于在同一介质中的横波波长比纵波波长短，因此横波斜探头的检测灵敏度要高于纵波直探头。纵波斜探头的声束轴线与探头移动面也成一定的角度，因此也主要用于检测与探头移动面垂直或成一定角度的缺陷。但纵波斜探头一般在采用横波斜探头时横波衰减过大导致难以检测时才被选择使用。由于纵波斜探头发射的声束既有纵波也有横波，因此需要注意横波对检测的干扰。双晶探头由于其一收一发，因此避免了单晶片的振铃效应，非常适合厚度测量及薄壁工件或近表面缺陷的检测。水浸聚焦探头往往多用于管材或曲面工件缺陷的检测。

有些标准，直接给出了适应某种检测场合的探头的选择，可以方便地依据标准完成对探头的选择。但要注意的是，标准给出的探头选择一般是一个范围，具体选用某一型号的探头，仍然要依据上述的选择规则进行细分选择。例如，NB/T 47013.3—2015《承压设备无损检测　第3部分：超声检测》中就给出了如下探头选择的规定：承压设备用板材超声检测时，一般用直探头，其选用应遵守表2-15中的规定。

表2-15　承压设备用板材超声检测直探头的选用

板厚/mm	探头类型	标称频率/MHz	推荐的晶片尺寸/mm
6~20	双晶直探头	4~5	圆形晶片：直径10~30 方形晶片：边长10~30
>20~60	双晶直探头/单晶直探头	2~5	
>60	单晶直探头	2~5	

如果选用横波斜探头来检测板材，原则上选用折射角为45°（*K*1.0）的斜探头，晶片有效直径应在13~25mm之间，也可选用其他折射角或*K*值和晶片尺寸的探头。标称频率应为2~5MHz。

（2）探头的配置　根据超声检测时采用的探头数目，可分为单探头法、双探头法和多探头法，在实际超声检测中常用单探头法和双探头法。其中双探头法，可将两个探头的相对位置配置为交叉式、V形串列式、K形串列式和普通串列式，如图2-52所示。

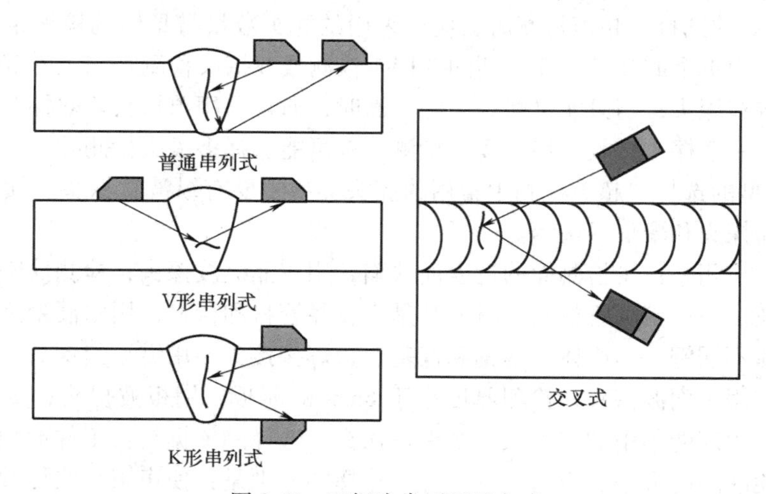

图2-52　双探头常用配置方式

如图2-53所示，进行串列式配置之前，需要先确定检测的基准截面。在多数情况下，常以焊缝的中心截面作为串列式扫查的基准截面，然后在距基准截面0.5P处的检测面上作一条串列基准线。检测时，两个探头一个发射超声波，一个接收超声波，对称于串列基准线进行垂直或平行于焊缝的扫查，以测定缺陷的指示高度或指示长度。

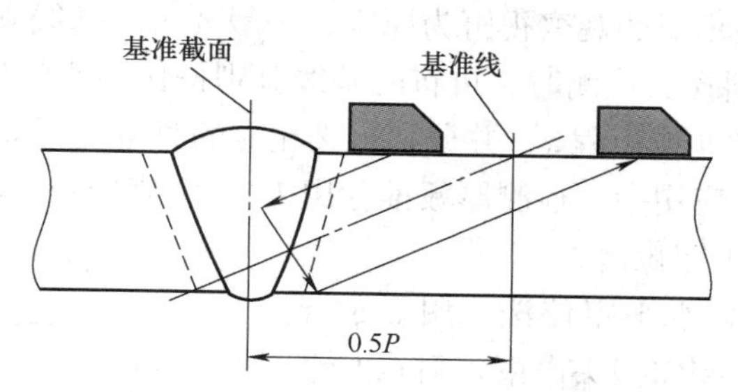

图2-53　双探头串列式配置时的基准截面和基准线

4. 仪器的选择、检查与调节

（1）超声检测仪的选择　超声检测仪因检测目的的不同而不同，下面主要以A型显示脉冲反射式超声探伤仪作为对象进行介绍。超声探伤仪对超声检测的重要性毋庸赘言，一般应从探伤对象的材料种类、实际检测工况以及可能存在的缺陷特点等进行选择。现在最常用的A型显示脉冲反射式超声探伤仪的基本功能（如参量选择功能）及基本特性（如准确度、稳定性等）能满足通常的超声检测要求。因此，应根据具体检测对象的材料、材料成型工艺方法、可能的缺陷特点及探伤目标等来选择适宜的超声探伤仪。一般可依据如下规则进行选择：

1）对于缺陷定位要求高的，应选择水平线性好的超声探伤仪。

2）对于缺陷定量要求高的，应选择垂直线性好的超声探伤仪。

3）对于有可能是密集缺陷或怀疑一个缺陷信号可能是相邻两个或多个缺陷的合成信号时，应换选分辨力更好的超声探伤仪。

4）对于工业现场探伤的，应选择重量轻、显示屏亮度高且可调的最好是无视觉角度问题的LED屏、抗电磁干扰能力强的便携式超声探伤仪。

5）检测大厚度或声能高衰减工件时，应选择发射功率大、可调增益范围广及仪器自身电噪声低的超声探伤仪。

6）进行快速自动扫查时，应选择最高重复频率较高的超声探伤仪。

7）对于厚度较小工件探伤或是近表面缺陷探伤时，应选择可将发射脉冲调节为窄脉冲的超声探伤仪。

（2）超声检测仪的检查　每次检测前，应先在对比试块上校验已调整好的时基线定位比例和距离-波幅曲线的灵敏度，校验点不少于两点。并且使用斜探头时，由于有机玻璃楔块容易磨损，因此每次检测前应测定声束入射点或前沿距离和折射角或K值。如果校验点的反射波在时基线上的读数相对原读数的偏差超过了原读数值的10%或时基线满刻度的5%（以两者中的较小值计），就应重新测定前一次校验后已经记录的缺陷的位置参数。如果校验点的反射波幅相对距离-波幅曲线降低了20%或2dB以上，就应重新调节检测灵敏度并重新检测前一次校验后检测的部位。如果校验点的反射波幅相对距离-波幅曲线增加了20%或

2dB 以上，也应重新调节检测灵敏度，重新测定前一次校验后已经记录的缺陷的尺寸参数。

（3）超声检测仪的调节方法

1）检测范围与时基线的调节。在仪器显示屏上，时基线表示的是直探头能够检测的最大板厚或斜探头能够检测的最大声程，或与之相对应的水平或垂直距离称为检测范围。确定检测范围应以尽量扩大显示屏的观察视野为原则，一般要占时基线满刻度的 2/3 以上。

如图 2-54 所示，用斜探头检测时，可将时基线分别按比例调节为代表缺陷的水平距离 L 或简化水平距离 L' 或深度 h 或声程 x，并分别定义相应的时基线调节方法为水平定位、深度定位和声程定位。在实际应用中，检测厚板推荐用 1∶1 深度定位，检测中薄板推荐用 1∶1 水平定位或 1∶1 简化水平定位。

① 水平定位法和简化水平定位法。用显示屏时基线的刻度表示反射体到斜探头声束入射点水平距离的方法称为水平定位法。区别调节时基线所用试块，水平定位有对比试块法和标准试块法，差别仅在于选用的反射体不同。用对比试块调节时基线的过程如下：

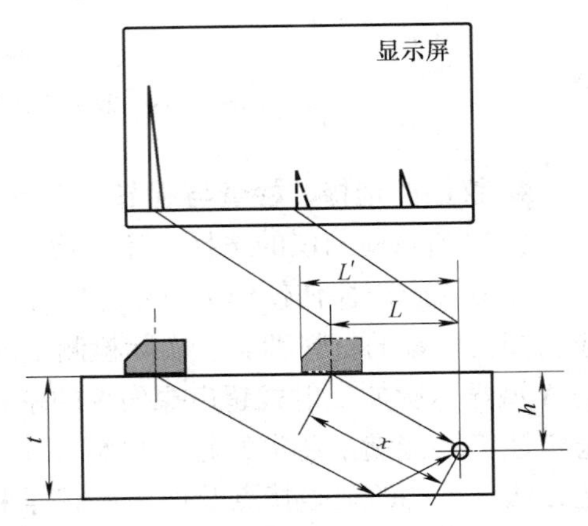

图 2-54　用对比试块调节时基线

a. 用前面介绍的方法在标准试块上测定斜探头的 K 值、声束入射角和前沿长度。

b. 根据母材厚度和斜探头的 K 值将定位比例确定为 1∶1 或 1∶2，但采用 1∶1 定位较方便。

c. 进行零位校正，即将超声波在有机玻璃透声楔内传播的水平距离移到时基线“0”刻度的左面。

d. 用斜探头检测图 2-54 所示深度为 h 的横通孔，并使用控制时基线的“微调”旋钮将其最大反射波按比例调至时基线的相应刻度。在 1∶1 定位情况下，应使最大反射波出现在时基线刻度 L 处。

e. 对另一横通孔进行检测。该横通孔的声程与前面检测的横通孔的声程成 n 倍关系，为简化调节过程，通常选用两倍声程的横通孔。得到最大反射波后，在试块上量出其水平距离 L。此时若该孔的最大反射波恰好位于时基线刻度 L 处，即表明时基线比例已调好。

在 1∶1 水平定位条件下，缺陷至斜探头入射点的水平距离 L 可直接从显示屏时基线上读出，继而不难算出缺陷在检测平面下的埋藏深度 h。

一次波法时的计算式为

$$h=L/K \tag{2-52}$$

二次波法时的计算式为

$$h=2t-L/K \tag{2-53}$$

如果用斜探头前沿长度代替其声束入射点作为水平定位的基准，也就是所谓的简化水平定位，仪器调节过程相似。

② 深度定位法。用显示屏时基线的刻度表示反射体到检测面垂直距离的方法称为深度定位法。深度定位法的仪器调节方法与水平定位法相同。在 1∶1 深度定位条件下，缺陷在检测平面下的埋藏深度可直接从显示屏时基线上读出，继而可由式（2-52）或式（2-53）得

到缺陷至斜探头声束入射点的水平距离或简化水平距离。

③ 声程定位法。用显示屏时基线的刻度表示反射体到斜探头声束入射点之间的直线距离（即声程）的方法称为声程定位法。声程定位法的仪器调节方法与水平定位法相同。但由于这种方法的定位计算较为烦琐，因而在实际检测中较少使用。

2）灵敏度校准技术。超声检测的灵敏度是指在最大检测距离上可检出的最小缺陷尺寸及其反射波高度。在校准时基线后，超声检测仪的灵敏度校准可以采用如下技术之一进行。

① 单反射体技术。当评定的反射波与试块上某参考反射体的反射波的声程相同，即可利用该单个参考反射体作为参考。

② 距离-波幅曲线技术。距离-波幅曲线（Distance-Amplitude Correction Curve，DAC），是相同的反射体随探头距离的变化其回波幅度变化规律的曲线。具体而言是通过对比试块上一系列不同声程的相同反射体（如横孔或平底孔）的反射波进行绘制的。实际上，DAC 是下面 DGS 曲线的特例。

③ DGS 技术。也称 AVG 技术，A、V、G 分别是距离、回波幅度、当量尺寸的德文字头，用于对缺陷定量和灵敏度调整。该灵敏度校准技术是使用一系列理论上与声程、增益、垂直于声束轴线的平底孔尺寸相关的导出曲线，即 DGS 曲线。该技术就是利用 DGS 图，以平底孔表示来自一反射体的回波高度，按圆盘形反射体的当量回波高度给出当量回波的方法。DGS 图就是表示沿声束的距离和对一无限反射体和不同尺寸平底孔的反射波所需增益之间关系的一系列曲线。

3）灵敏度调节方法

① 选用材质、形状、表面状态、人工反射体尺寸和位置均与可能缺陷基本一致的对比试块。

② 置探头于对比试块上的适当位置并给予良好耦合，以获得人工反射体的最大反射波。

③ 调节仪器的“增益”或“衰减”旋钮使反射波达到某一规定的高度，此时衰减器上还应至少保留有 10dB 的余量。

在焊接接头的超声检测中，灵敏度校准过程也是绘制距离-波幅曲线的过程。DAC 描述的是反射波波幅随检测距离（即图 2-54 中的 L、h 或 x）变化的关系，如图 2-55 所示。DAC 既可绘制在坐标纸上，也可直接标示在显示屏上。图 2-55 中，评定线与定量线之间区域并包括评定线，为Ⅰ区；定量线与判废线之间区域并包括定量线为Ⅱ区；判废线及其以上区域为Ⅲ区。

4）DAC 曲线的绘制方法。以绘制 ϕ3mm 横通孔的 DAC 为例，介绍 DAC 曲线绘制的具体方法，在实际检测中可将其画在显示屏上。如图 2-56 所示，DAC 曲线的绘制步骤为：

① 在仪器最大检测范围内按水平、深度或声程定位方法调节时基线。

② 按母材厚度和检测面曲率选择相应的对比试块。以试块上与检测深度相同或相近的横通孔为第一基准孔，并获得其最大反射波。

③ 调节仪器的“增益”或“衰减”旋钮使该孔的反射波达到某一基准高度，如满幅的 40%，并保留 10dB 以上的衰减器余量。

④ 在同样的条件下，依次检测对比试块上其余的横通孔，并用衰减器分别记录各孔反射波的相对波幅值。

⑤ 在以波幅为纵坐标，检测距离（即 L、h 或 x）为横坐标的坐标纸上描点连线并外推至整个检测范围，即坐标原点与最近的孔之间画水平线，就可以得到 ϕ3mm 横通孔的 DAC。

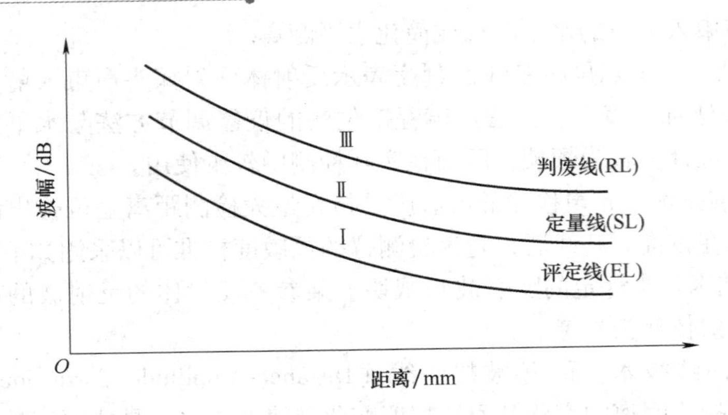

图 2-55　距离-波幅曲线

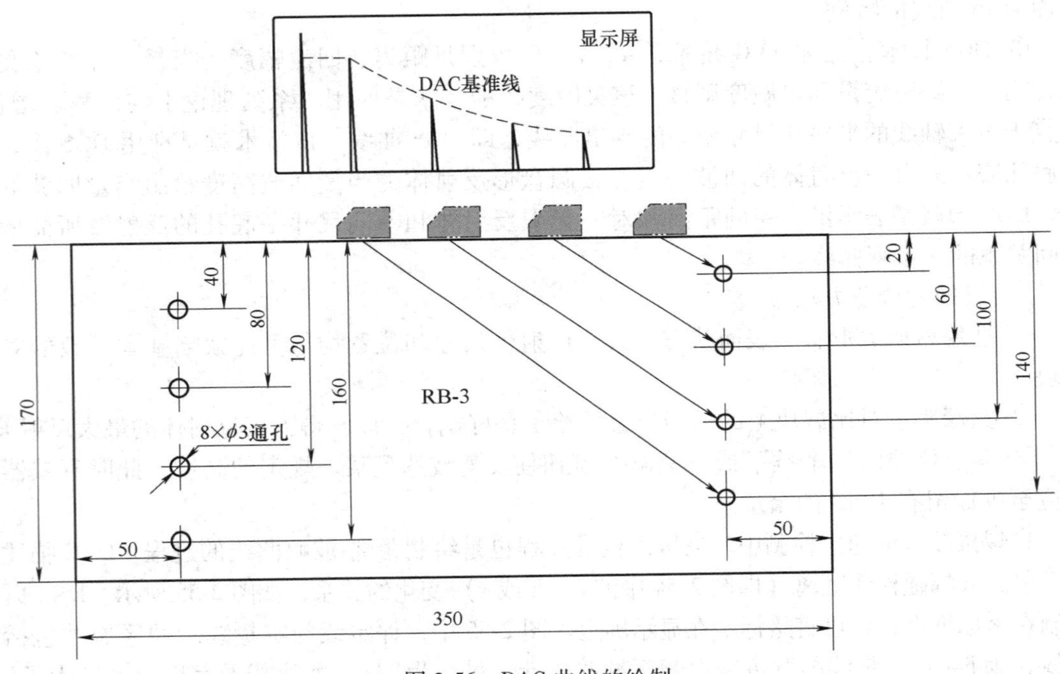

图 2-56　DAC 曲线的绘制

⑥ 按表 2-16 中规定的灵敏度在 DAC 基准线下分别绘出判废线（RL）、定量线（SL）和评定线（EL），并标出波幅的Ⅰ、Ⅱ、Ⅲ区。探头和仪器调节的主要参数一般也应标注在曲线图上。

表 2-16　距离-波幅曲线的灵敏度

曲　线	A 级	B 级	C 级
	板厚 t=8~50mm		
判废线	DAC	DAC−4dB	DAC−2dB
定量线	DAC−10dB	DAC−10dB	DAC−8dB
评定线	DAC−16dB	DAC−16dB	DAC−14dB

注：表中的“DAC”代表 ϕ3mm 横通孔的 DAC 基准线。

2.3.3　扫查工艺

探头移动速度即是扫查速度，由于过快的扫查速度在一定程度上影响检测结果的稳定性和真实性，因此扫查速度一般不应大于150mm/s。直探头声束轴线与探头轴线相重合，一般用于发现探头之下轴线附近的缺陷，因此扫查方式主要是依据欲检测部位，直接进行扫查。但是，斜探头由于存在一定的声束折射角，加之检测对象的复杂性，因此要遵循一定的扫查规则。

1. 发现缺陷的扫查方式

在对接焊接接头的超声检测中，以发现缺陷为目的的斜探头扫查方式分为锯齿形扫查、平行扫查和方形扫查。

（1）锯齿形扫查　锯齿形扫查如图2-57所示。为检测焊缝及其热影响区内的纵向缺陷，斜探头在检测面上沿锯齿形轨迹做垂直于焊缝的往复移动即所谓锯齿形扫查。在锯齿形扫查中，斜探头在相对焊缝做前后移动的同时应辅以10°~15°角的转动，前后移动范围应满足探头移动区的规定。确定锯齿间距的原则是保证探头处于相邻位置时，在其宽度上至少有10%的重叠。

（2）平行扫查　平行扫查如图2-58所示。为检测焊缝及其热影响区内的横向缺陷，斜探头在靠近焊缝的母材上或在磨平余高后的焊缝上做平行于焊缝方向的往复移动即所谓平行扫查。斜平行扫查是平行扫查的一种变化形式，即在检测面上斜探头与焊缝成一定角度做平行于焊缝方向的往复移动，如图2-58所示。用这种扫查方法检测横向缺陷时，DAC中各线的灵敏度均应再提高6dB。

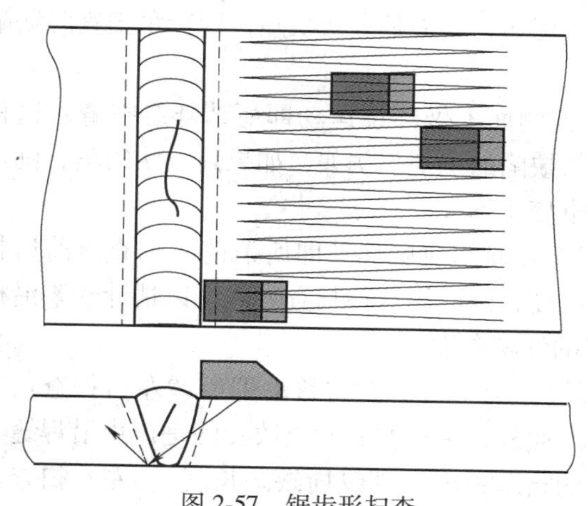

图2-57　锯齿形扫查

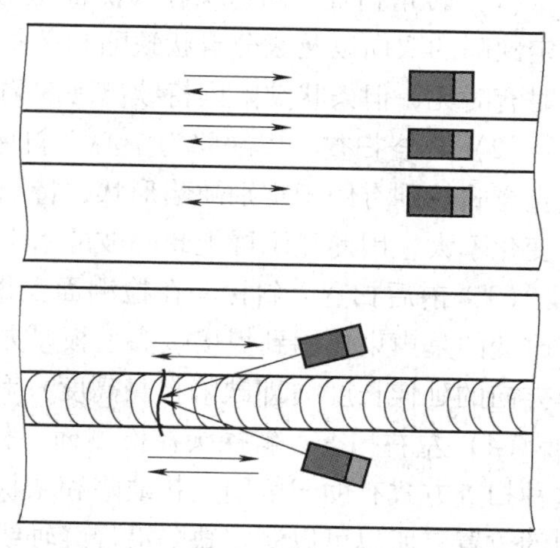

图2-58　平行扫查与斜平行扫查

（3）方形扫查　方形扫查分为横方形扫查和纵方形扫查，如图2-59所示。斜探头此时平行于焊缝移动或垂直于焊缝移动，可以发现纵向缺陷或横向缺陷。相比于锯齿形扫查，由于方形扫查更易于动作控制，因此通常用于自动化焊缝超声检测中。

2. 分析缺陷的扫查方式

在对接焊接接头的超声检测中采用分析缺陷的各种扫查方式，目的是观察缺陷信号的动态波形以便尽可能多地得到有关缺陷位置、取向、形状与大小等多方面的信息并评定缺陷。基本扫查方式包括转角扫查、环绕扫查、前后扫查和左右扫查四种，如图2-60所示。

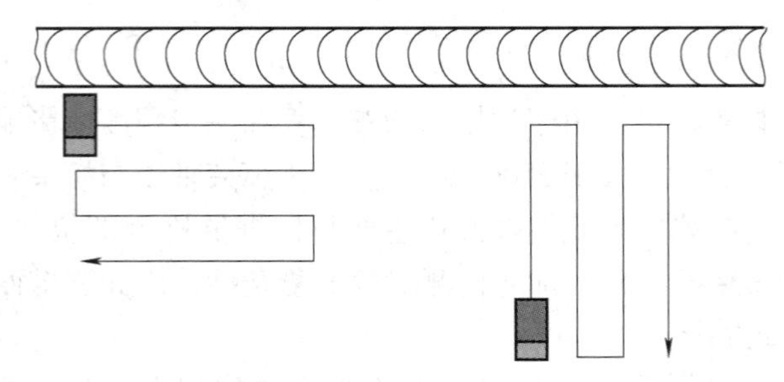

图 2-59　横方形扫查和纵方形扫查

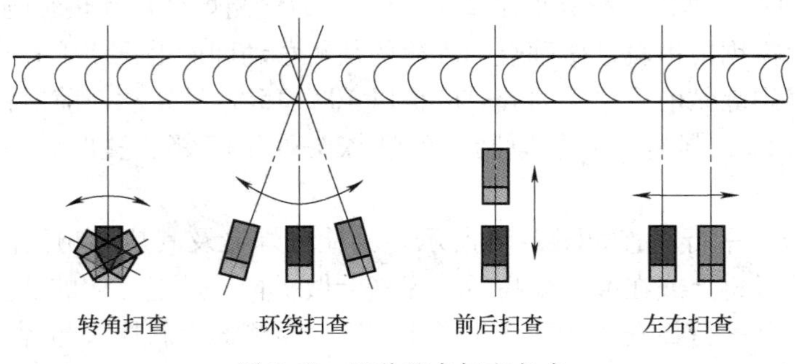

图 2-60　四种基本扫查方式

（1）转角扫查　斜探头在检测面上做定点转动即所谓转角扫查。这种扫查方式有助于确定缺陷的取向以及区分点状缺陷和条状缺陷。例如，如果是点状缺陷，则转角扫查时缺陷波时有时无，但条状缺陷则持续出现缺陷波。

（2）环绕扫查　以缺陷为中心，斜探头在检测面上做环绕运动即所谓环绕扫查。这种扫查方式特别有助于辨别缺陷形状，特别是点状缺陷的识别。例如，如果是点状缺陷，则声程变化不大，因此显示屏上缺陷波的水平位置也变化不大。

（3）前后扫查　斜探头在检测面上做垂直于焊缝的前后移动即所谓前后扫查。前后扫查改变的是声束作用到焊接接头上板厚方向的深度，因此用这种扫查方式可以估计缺陷沿板厚方向的延伸长度（即缺陷自身高度）和缺陷的埋藏深度。

（4）左右扫查　斜探头在检测面上做与焊缝方向平行的左右移动即所谓左右扫查。用这种扫查方式有助于区别点状缺陷和条状缺陷。此外，由于左右扫查改变的是声束沿焊缝方向的位置，所以可以测定缺陷沿焊缝轴线方向的指示长度（即纵向缺陷长度）。左右扫查区分点状缺陷和条状缺陷的原理与转角扫查相似。

除了上述扫查方式之外，还有其他一些特殊扫查方式，如螺旋扫查（即管子或探头沿管子的长度方向即纵向移动的同时进行转动的扫查）等。

2.3.4　缺陷信号的判定

A 型显示脉冲反射式超声检测，是依据显示屏上缺陷波出现的位置、幅度及其在扫查中表现出的波形特征来判断缺陷性质并进行定量的。缺陷波形分为静态波形和动态波形两大类，分别是指探头静止或移动时的缺陷波波形。对缺陷信号的判定，不仅需要掌握原材料缺陷和材料加工工艺缺陷的相关知识以及典型缺陷波形特征与缺陷的可能关系（即波形模式），还要具有丰富的超声检测实际经验。

缺陷信号的判定，包括对缺陷的定性和定量。对缺陷的定性，包括对缺陷类型（如是点状缺陷还是条形缺陷）、分布形态（如是单个缺陷还是密集缺陷）等的判断，主要是依据缺陷回波的波形形态来判断。对缺陷的定量，包括对缺陷位置的确定和缺陷尺寸的确定。对缺陷定量时，应在缺陷的最大反射波幅处进行，并且应充分移动探头进行检测以获得缺陷的真正的最大反射波幅，包括使用不同折射角或 K 值的斜探头或从不同检测面或检测侧检测同一缺陷时获得的最大缺陷波幅。

1. 缺陷回波动态模式

在 A 型显示脉冲反射式超声检测中，仪器显示屏上的反射信号仅可能提供有关缺陷位置、形状、取向及指示长度等方面的信息，不能直观显示缺陷的类型。在焊接接头超声检测中，判断缺陷性质是指用焊接缺陷术语为缺陷定名，这是 A 型显示脉冲反射式超声检测方法目前难以很好解决的问题。尽管在实际检测中有时也能给出这样的定名，但其准确程度在很大程度上要取决于检测人员的技术水平和对焊接工艺的熟悉程度。为提高这种判断的准确性，检测人员有必要掌握不同的焊接方法及不同材料接头内容易产生的典型缺陷及其分布特征。通过分析缺陷回波信号的特征并结合焊接缺陷特点，就缺陷性质做出综合判断。

就缺陷回波提供的信息而言，缺陷回波幅度随斜探头移动而变化的动态波形与缺陷形状和缺陷反射面的状态有关。用斜探头的四种基本扫查方式测出并记录下缺陷回波幅度的变化情况，然后分析缺陷回波包络线的形状及探头扫查时回波在显示屏上游动的特征，较之分析探头固定不动时得到的静态波形，可以获得更多有关缺陷性质的信息。缺陷回波波形的某些典型的动态变化，具有较固定的、较明确的缺陷信息。缺陷回波动态模式可分为回波模式Ⅰ-点状反射体、回波模式Ⅱ-光滑平面反射体、回波模式Ⅲ-粗糙平面反射体和回波模式Ⅳ-密集型反射体。

（1）回波模式Ⅰ-点状反射体　点状反射体产生的典型回波即回波模式Ⅰ，如图 2-61 所示。

一般在显示屏上显示出一个单一且尖锐的回波波形。当斜探头前后、左右扫查时，其波幅平滑地由零值上升到最大值，然后又平滑地下降到零值。焊接接头中的气孔和夹渣等体积型缺陷常呈现近似的Ⅰ模式动态回波波形。

（2）回波模式Ⅱ-光滑平面反射体　光滑平面反射体（即平滑平面反射体）产生的典型回波即回波模式Ⅱ，如图 2-62 所示。

探头在各个不同位置检测时，显示屏上均显示出一个单一且尖锐的回波波形。当探头前后扫查或左右扫查时，开始时波幅平滑地上升到最大幅度，探头继续移动时则波幅基本不变或波幅的变化范围不大于 4dB。随着探头离开反射体，波幅又平滑地下降。焊接接头中的未熔合等平面型缺陷呈现近似的Ⅱ模式动态回波波形。

（3）回波模式Ⅲ-粗糙平面反射体　粗糙平面反射体（即不规则平面反射体）在声束近似垂直入射和倾斜入射时产生的典型回波即回波模式Ⅲ，如图 2-63 和图 2-64 所示。

如图 2-63 所示，声束近似垂直入射粗糙平面反射体情况下，探头在各个不同位置检测时，显示屏上均呈现一个单一且参差不齐的回波波形。当探头移动时，回波幅度显示出不规则的起伏变化，并且波幅变化大于 6dB。这种起伏变化是由于粗糙平面反射体的不同反射面

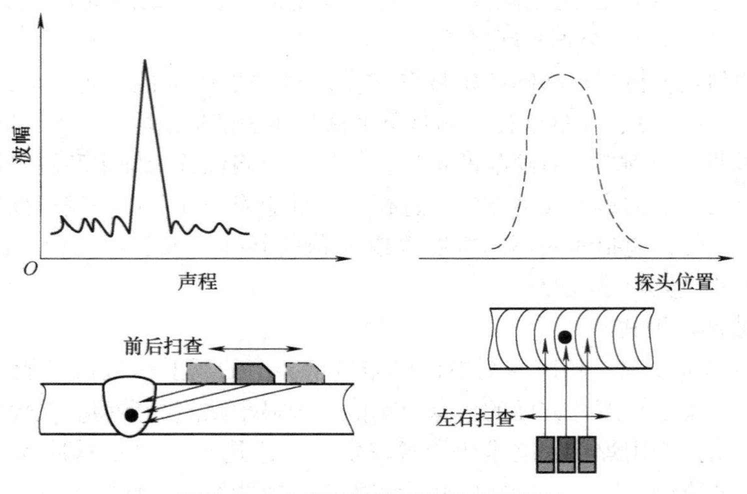

图 2-61 点状反射体产生的典型回波

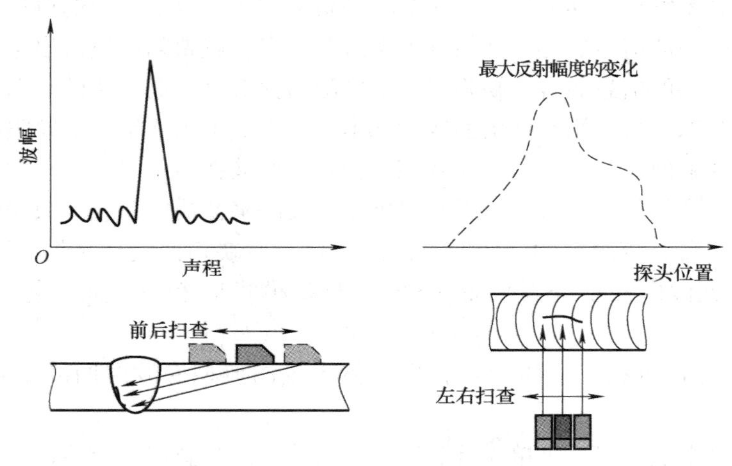

图 2-62 光滑平面反射体产生的典型回波

的回波引起的。此外，反射面回波之间可能存在的相互干涉，也会引起回波幅度的不规则起伏变化。

如图 2-64 所示，声束倾斜入射粗糙平面反射体情况下，探头在各个不同位置检测时，显示屏上显示脉冲包络线呈现钟形的一系列连续信号，并有很多个小波峰。当探头移动时，每个小波峰也在脉冲包络线中游动，小波峰向脉冲包络中心游动的波幅逐渐升高然后又下降，信号波幅起伏变化较大，一般大于 6dB。因此，声束倾斜入射时又称为“游动回波波形模式”。

焊接接头中的裂纹类面积型缺陷常呈现近似的Ⅲ模式动态回波波形。

（4）回波模式Ⅳ-密集型反射体　密集型反射体产生的典型回波即回波模式Ⅳ，如图 2-65 所示。

探头在各个不同位置检测时，显示屏上显示一群密集型反射体回波。探头移动时，反射体回波时起时伏。如果能够在显示屏时基线上分辨，则可发现每个单独信号均显示模式Ⅰ波

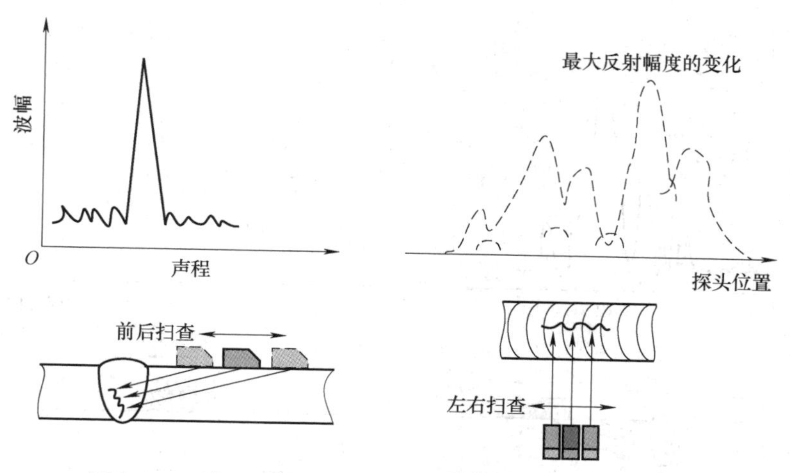

图 2-63 近似垂直入射时粗糙平面反射体产生的典型回波

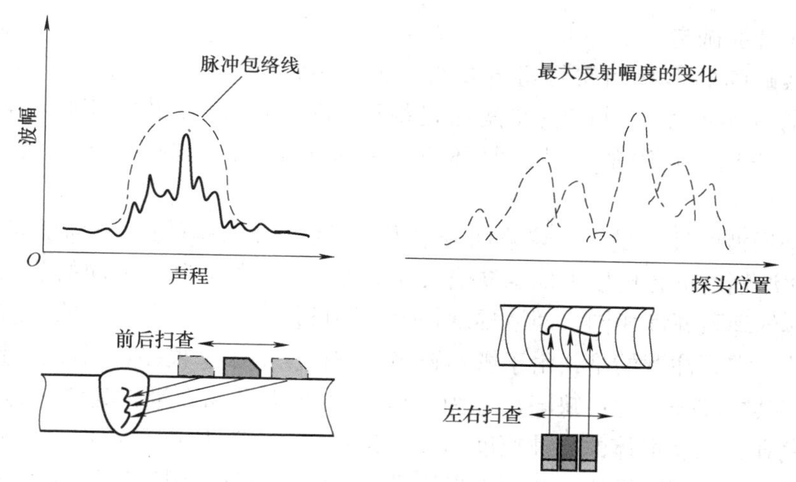

图 2-64 倾斜入射时粗糙平面反射体产生的典型回波

形的特征。焊接接头中的密集气孔缺陷常呈现近似的模式Ⅳ的动态回波波形。

2. 缺陷位置的确定

（1）直探头检测时缺陷位置的确定 直探头直接接触式超声检测时，由于直探头的纵波声束轴线与直探头的几何轴线重合，如果有缺陷回波即可认为缺陷在探头的正下方，虽然声束偏斜且声束有一定的宽度，但是在检测精度允许的情况下仍然可以认为缺陷在探头的正下方。缺陷的深度可由时基线的调节比例 n 来确定，即如果缺陷回波前沿所在的水平刻度为 x，则缺陷至工件表面的距离（即缺陷的埋藏深度）$h=nx$。也可以从显示屏上的始波、缺陷波和一次底波之间的水平位置的比例来确定，如缺陷波在始波和一次底波的正中间，则缺陷的深度为工件厚度的中间位置。

（2）横波斜探头检测时缺陷位置的确定 横波斜探头直接接触式超声检测时，缺陷位置的定位可参考图 2-54 所示，并通过折射角或 K 值以及几何关系计算出缺陷与探头的水平距离 L 和距离检测面的深度 h，即可对缺陷定位。

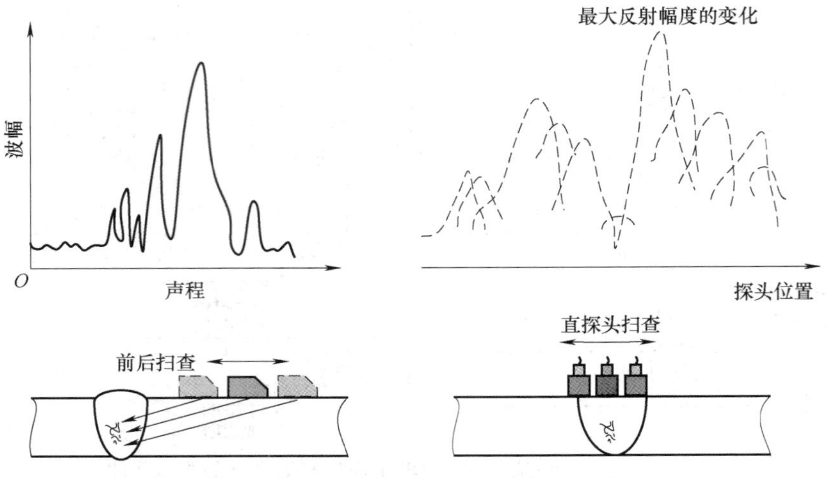

图 2-65　密集型反射体产生的典型回波

3. 缺陷尺寸的确定

由于自然缺陷的形状和反射超声波的形态是多种多样的，因此很难简单地通过回波来确定缺陷的真实尺寸。目前主要是通过缺陷回波的幅度以及沿工件表面测出的缺陷延伸范围等，来确定缺陷的尺寸。具体方法主要有缺陷回波幅度当量法和缺陷指示长度测量法。

（1）缺陷回波幅度当量法　缺陷回波幅度当量法是将缺陷的回波幅度与规则形状的人工反射体的回波幅度进行比较来确定缺陷尺寸的方法。在材质基本相同的前提下，如果缺陷和人工反射体的埋藏深度相同、回波幅度相等，则可认为该人工反射体的反射面尺寸就是缺陷的当量尺寸。需要注意的是，由于影响缺陷回波幅度的因素很多，因此当量尺寸并非缺陷的实际尺寸，其标准表述为：缺陷尺寸为 ϕ2mm+2dB 平底孔当量，其含义为缺陷波幅度高于 ϕ2mm 平底孔人工反射体的回波幅度 2dB。实际上，由于人工反射体形状规则且其界面反射率较大，因此缺陷实际尺寸通常大于当量尺寸。该方法仅适用于反射面积小于声束截面的小尺寸缺陷（如点状缺陷）的尺寸确定，并主要用于直探头检测中。

（2）缺陷指示长度测量法　在超声检测中，如果是大尺寸缺陷，即反射面积大于声束截面或长度大于声束截面的直径的缺陷（如条形缺陷），则按规定的方法和灵敏度，用沿缺陷延伸方向平行移动探头（即左右扫查）的方法确定缺陷边界而测量得到的缺陷尺寸称为缺陷指示长度。当扫查以便确定缺陷边界时，声束的一部分离开缺陷时，缺陷对超声波的反射减弱导致缺陷回波幅度降低。但是，由于声束具有一定的宽度，如果以完全没有缺陷回波为缺陷边界是不科学的，而且在实际检测中难以界定缺陷回波完全消失的临界位置。

由于影响测量结果的因素很多，如测量方法、操作者技术水平、仪器精度及缺陷本身形态等，因而不能认为指示长度即是缺陷的真实长度。根据灵敏度基准不同，测定缺陷指示长度的方法主要有两种，即相对灵敏度法和绝对灵敏度法。

1）相对灵敏度法。在斜探头左右扫查的过程中，以缺陷反射波幅相对其反射波幅包络线的某一极大值衰减若干分贝为阈值来确定缺陷边界的方法，称为测定缺陷指示长度的相对

灵敏度法。衰减值可为 6dB、10dB 或 20dB 等，其中 6dB 法最为常用。

根据选取参考反射波幅（即基准波高）方法的不同，6dB 法还可分成-6dB 法和端点 6dB 法。

① -6dB 法。又称为衰减 6dB 法、半波高度法。若缺陷反射波幅包络线仅有一个极大值，则应用衰减 6dB 法测定缺陷指示长度，如图 2-66 所示。衰减 6dB 法适合于回波模式Ⅱ类型的缺陷。

采用衰减 6dB 法来测定缺陷指示长度的步骤如下：

a. 移动斜探头找到缺陷的最大反射波并将其作为基准波高。

b. 将超声检测仪的衰减器的读数释放 6dB。

c. 左右平移探头，当缺陷的反射波高降低至基准波高时，即认为斜探头中心已对准了缺陷边界。

d. 量出斜探头左右移动的间距作为缺陷指示长度。

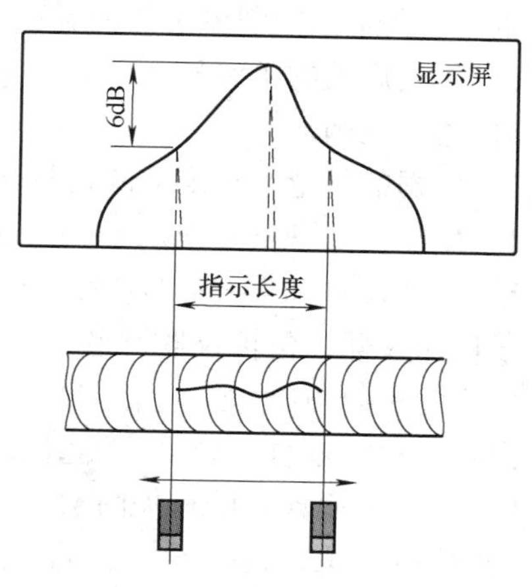

图 2-66 衰减 6dB 法

② 端点 6dB 法。若缺陷反射波有若干个极大值，则可用端点 6dB 法测定缺陷指示长度。这一方法将缺陷反射波两端的极大值作为测长的基准波高。除此以外，具体的测定步骤与衰减 6dB 法相同。若以缺陷反射波两端极大值之间的距离作为缺陷指示长度，即为测定缺陷指示长度的端点峰值法。端点 6dB 法适合于回波模式Ⅲ及回波模式Ⅳ类型的缺陷。

2）绝对灵敏度法。在斜探头左右扫查过程中，以缺陷反射波降至规定的参考波高为标准来确定缺陷边界的方法，称为测定缺陷指示长度的绝对灵敏度法。如果将 DAC 中的评定线规定为参考波高，则缺陷的反射波幅包络线超过评定线的部分所对应的斜探头左右移动的间距，即为在评定线灵敏度下测得的缺陷指示长度，如图 2-67 所示。

2.3.5 超声检测工艺文件

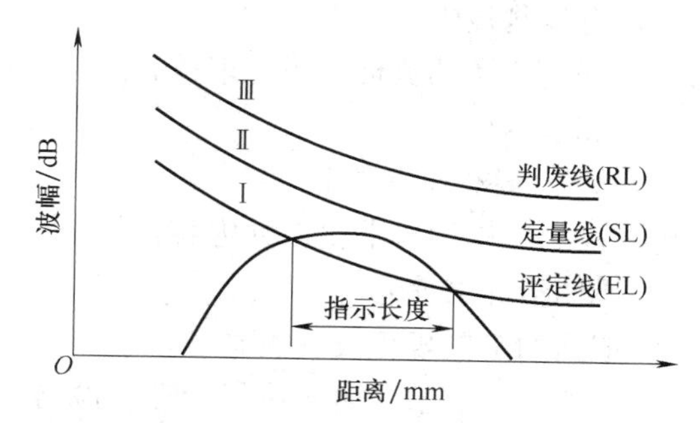

图 2-67 评定线灵敏度下缺陷指示长度的测定

参照相关规范、标准和有关的技术文件，结合本单位的特点和技术条件，根据上述超声检测工艺内容来编制“超声检测工艺规程”。根据具体的检测对象，编制“超声检测操作指导书”或“超声检测工艺卡”，用以检测过程的具体指导。根据检测过程中的现场操作的实际情况，将检测过程的有关信息和数据记入到“超声检测记录”中。依据“超声检测记录”，出具总结性工艺文件，即“超声检测报告”。

超声检测工艺规程规定了与超声检测相关的因素及具体参数范围或要求，一般应进行实际验证其可行性。如果实际检测过程中的相关因素超出工艺规程规定的参数范围或要求，一般应重新编制或修订并验证新的工艺规程的可行性。超声检测操作指导书或超声检测工艺卡一般是根据工艺规程的内容及具体的检测对象特点进行编制，用以指导具体的超声检测操作。在首次应用前应该进行工艺验证，可通过相关的对比试块进行，验证内容包括检测范围内灵敏度、信噪比等是否满足检测要求。超声检测记录是对实际检测过程中的工艺及其参数范围的记录，一般具有单一的参数数值和具体工艺。超声检测报告是对某检测项目的总结性文件，并给出检测结论。

1. 超声检测工艺规程

超声检测工艺规程要求的内容：

1）工艺规程的版本号。

2）适用范围。

3）依据的规范、标准或其他技术文件。

4）检测人员资格要求。

5）检测设备和器材：①检定、校准或核查的要求及运行核查的项目、周期和性能指标；②检测仪器，包括仪器类型、型号等；③探头，包括类型、标称频率、晶片形状及尺寸和斜探头的折射角等，还包括专用探头、楔块、衬垫或鞍座；④所用的试块及校准方法；⑤耦合剂，包括耦合剂牌号、类型及名称等。

6）工艺规程涉及的相关因素项目及其范围。

7）检测对象，包括形状、规格、材质及进行检测的表面状态等，如焊缝形状、材料厚度、产品形式（如管材或板材）；不同检测对象的检测技术和检测工艺选择。

8）检测实施要求：检测技术，包括是直探头检测还是斜探头检测、在工件中的波型是纵波还是横波、是直接接触式还是液浸法等；扫查方式，是手动扫查方式还是自动扫查方式、扫查方向及范围等；检测时机、检测前的表面准备要求、检测标记及检测后处理要求等；缺陷的定量、缺陷信号的鉴别方法（几何形状）及测定信号大小的方法等。

9）检测结果的评定和质量分级。

10）对操作指导书的要求。

11）对检测记录的要求。

12）对检测报告的要求。

13）编制者及其资格等级、审核者及其资格等级和批准者。

14）编制日期。

2. 超声检测操作指导书

超声检测操作指导书要求的内容：

1）操作指导书编号。

2）依据的工艺规程及其版本号。

3）检测技术要求，包括执行标准、检测时机、检测比例及合格级别。

4）检测对象，包括工件的类别、名称、编号、规格尺寸、材质、热处理状态及检测部位（包括检测范围）。

5）检测设备和器材：①检测仪器，包括仪器类型、型号等；②探头，包括类型、标称频率、晶片形状及尺寸和斜探头的折射角等，还包括专用探头、楔块、衬垫或鞍座；③所用的试块及校准方法；④耦合剂，包括耦合剂牌号、类型及名称等；⑤仪器和探头工作性能检查的项目、时机和性能指标。

6）检测程序。

7）检测技术，包括是直探头检测还是斜探头检测、在工件中的波型是纵波还是横波、是直接接触式还是液浸法、检测前的表面准备、扫查方向及范围、检测工艺参数、检测示意图、缺陷的定量方法、检测记录和评定要求等与检测实施相关的技术要求。

8）编制者及其资格等级和审核者及其资格等级。

9）编制日期。

3. 超声检测记录

超声检测记录要求的内容：

1）检测依据的规程或工艺卡编号及版本号，以及记录编号。

2）检测技术要求，即所执行的检测标准和合格级别。

3）检测技术等级（如果有）。

4）检测对象，包括名称、编号、规格尺寸、材质和热处理状态。

5）检测设备和器材：①超声检测仪型号和编号，一般应包括制造厂产品编号；②探头型号和编号，一般应包括制造厂产品编号及探头类型、晶片尺寸、折射角或K值、标称频率等；③试块型号；④所用耦合剂的牌号或类型；⑤所用的探头线、类型和长度；⑥其他设备器材（使用时），如楔块、衬垫、自动扫查设备及记录设备等。

6）检测工艺，包括：①检测范围，如焊缝编号和部位、限制接近的区域或不能接近的焊缝部位等；②检测位置，即检测面和检测侧；③检测比例；④检测时机；⑤表面状态及其处理方法等；⑥扫查方式；⑦检测灵敏度；⑧耦合补偿量及其他需要记录的检测工艺。

7）检测结果，包括：①检测部位示意图；②缺陷位置、尺寸及回波幅度等；③缺陷评定级别；④如果要求，应记录缺陷类型及缺陷自身高度等。

8）实际检测人员及其资格等级和复核人员及其资格等级。

9）检测日期和地点。

10）其他需要说明或记录的事项。

4. 超声检测报告

超声检测报告应依据超声检测记录出具，一般应包括如下内容：

1）报告编号。

2）委托单位、委托单及检测合同编号等。

3）检测技术要求，即所执行的标准和合格级别。

4）所采用的检测技术等级。

5）所采用的超声检测规程版本号。

6）检测对象，包括产品类别，检测对象的名称、编号、规格尺寸、材质和热处理状态，检测部位和检测比例，检测时的表面状态，检测时机及工件温度等。

7）检测设备和器材：①超声检测仪制造商、机型和编号；②探头制造商、类型、标称频率、晶片尺寸、折射角度和编号；③试块型号；④耦合剂的名称及类型等。

8）检测部位示意图以及发现缺陷的位置、尺寸及分布，检测工艺参数。

9）检测结果和检测结论。

10）编制者及其资格等级和审核者及其资格等级。

11）检测地点和日期。

12）检测机构标识和检测人员资格认证信息。

13）应写明与检测标准或合同要求的偏离（如果有）。

14）编制日期。

2.3.6 钢板对接焊接接头超声检测工艺举例

本节以 20mm 厚钢板对接焊接接头的 B 级超声检测为例，依据 NB/T 47013.3—2015《承压设备无损检测　第 3 部分：超声检测》，系统介绍超声检测工艺的选择和实施过程。承压设备是指锅炉、压力容器和压力管道。最重要的焊接接头包括锅炉压力容器的筒体或封头上的对接接头、接管与筒体或封头的角接接头、T 形焊接接头、管子环向或纵向对接接头以及压力管道的环向或纵向对接接头。对于大直径（如曲率半径大于或等于 250mm）的筒体纵缝对接接头超声检测而言，可按平板对接焊接接头超声检测来处理。

1. 前期准备

（1）对检测人员的基本要求　应该由按照国家特种设备无损检测人员考核的相关规定取得超声检测Ⅰ级、Ⅱ级或Ⅲ级资格的人员进行超声检测，应该至少有一名超声检测Ⅱ级或Ⅲ级人员。

（2）检测面的选择　检测区宽度应为焊缝加上熔合线两侧各 10mm 的区域，厚度是板的全厚度包括焊缝余高。对于大直径筒体，可以选择在筒体外侧或筒体内侧进行超声检测。最简单的工艺是：筒体外侧单面单侧检测但要符合技术等级的要求。探头移动区宽度应能覆盖整个检测区，可以采用一次波法或二次波法来达到。一次波法时探头移动区宽度应大于或等于 0.75P，二次波法时应大于或等于 1.25P。如果仍然难以覆盖整个检测区，则应考虑增加检测面和检测侧，甚至是其他无损检测方法。

（3）工件的准备

1）检测面应清除油漆、焊接飞溅、铁屑、油垢及其他异物，以免影响超声耦合和缺陷判断。

2）检测面应平整，检测面与探头楔块底面或保护膜之间的间隙不应大于 0.5mm，其表面粗糙度 Ra 值应小于或等于 25μm，检测面一般应打磨。

3）如果焊缝表面有咬边、较大隆起和凹陷等，则应进行适当修磨并做圆滑过渡，以免影响检测结果的评定。

4）由于是采用 B 级超声检测技术而非 C 级，因此余高不用去除。

（4）检测技术等级的确定　除了重要的承压设备，大部分可以定为 B 级超声检测技术。B 级超声检测技术的内容，可参见 2.3.1 小节。

2. 检测器材的选择及检测仪器的调整

（1）耦合剂的选择和使用　可以选择机油作为检测用耦合剂。

（2）试块的选择和使用　标准试块选用 CSK-ⅠA 试块，对比试块选用推荐的 CSK-ⅡA。

CSK-ⅡA 对比试块由 3 个试块组成，编号分别为 CSK-ⅡA-1、CSK-ⅡA-2 和 CSK-ⅡA-3。其形状与尺寸如图 2-68 和表 2-17 所示。由表 2-17 可见，根据钢板厚度为 20mm，可选用 CSK-ⅡA-1 试块。

表 2-17　CSK-ⅡA 试块尺寸

（单位：mm）

编　　号	适用的工件厚度 t	试块厚度 T	横 孔 位 置	横孔直径 d
CSK-ⅡA-1	≥6~40	45	5、15、25、35	2.0
CSK-ⅡA-2	>40~100	110	10、30、50、70、90	
CSK-ⅡA-3	>40~200	210	10、30、50、70、90、110、140、170、200	

注：1. 孔径误差不大于±0.02mm，其他尺寸误差不大于±0.05mm。

2. 试块长度由使用的声程等确定。

3. 如声学特性相同或相近，试块也可以厚代薄。

4. 可以在试块全厚度范围增加横孔数量。

5. 也可以使用其他直径的横孔，灵敏度应与此相当。

6. 开孔的垂直度偏差不大于0.1°。

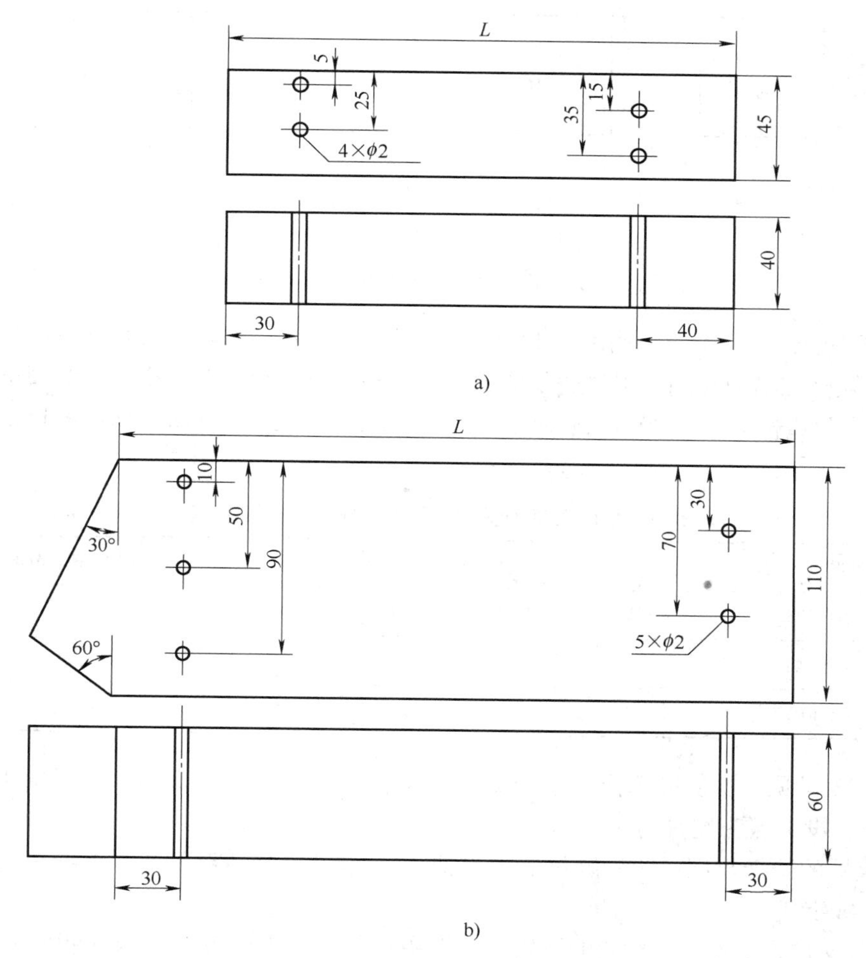

图 2-68　CSK-ⅡA 试块

a）CSK-ⅡA-1 试块　b）CSK-ⅡA-2 试块

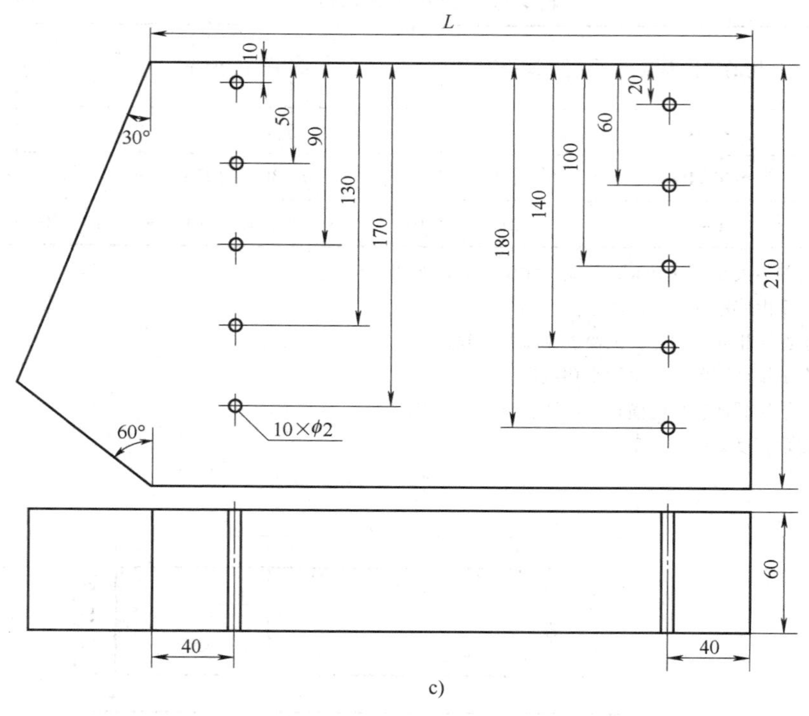

c)

图 2-68　CSK-ⅡA 试块（续）

c）CSK-ⅡA-3 试块

（3）探头的选择和配置　由表 2-14 可知，20mm 厚钢板对接的 B 级超声检测技术，需要检测纵向缺陷和横向缺陷，根据需要的检测面与检测侧，仅需要一个斜探头即可完成 B 级检测。选择晶片边长不大于 40mm 的即可。斜探头的折射角或 *K* 值和标称频率可依照表 2-18 来选择。

表 2-18　推荐采用的斜探头折射角或 *K* 值和标称频率

工件厚度 *t*/mm	折射角（*K* 值）/(°)	标称频率/MHz
≥6~25	63~72（2.0~3.0）	4~5
>25~40	56~68（1.5~2.5）	2~5
>40	45~63（1.0~2.0）	2~2.5

由表 2-18 可见，本例应选择 *K* 值为 2.0~3.0、标称频率为 4~5MHz 的斜探头。由于是单探头扫查，没有探头配置问题。

（4）仪器的选择与调校　检测仪器可以选用 A 型显示脉冲反射式超声探伤仪，可以选用模拟式或数字式。

1）斜探头的入射点和折射角的测定。斜探头入射点和折射角或 *K* 值的测定采用 CSK-ⅠA 试块，测定方法可参考 2.3.2 小节来进行。

2）仪器时基线的调节。按照 2.3.2 小节的水平定位法，采用 CSK-ⅡA-1 对比试块来调节仪器的时基线。

3）距离-波幅曲线的绘制。按照2.3.2小节的方法，采用CSK-ⅡA-1试块来绘制距离-波幅曲线。但要注意，应依据表2-19中的灵敏度。

表2-19 斜探头检测的距离-波幅曲线的灵敏度

试块	工件厚度 t/mm	评定线	定量线	判废线
CSK-ⅡA	≥6~40	ϕ2×40-18dB	ϕ2×40-12dB	ϕ2×40-4dB
	>40~100	ϕ2×60-14dB	ϕ2×60-8dB	ϕ2×60+2dB
	>100~200	ϕ2×60-10dB	ϕ2×60-4dB	ϕ2×60+6dB

由于本例工件厚度为20mm，因此应选择ϕ2×40-18dB、ϕ2×40-12dB和ϕ2×40-4dB来分别绘制出评定线、定量线和判废线。上述是纵向缺陷检测和评定时的距离-波幅曲线的绘制。当检测和评定横向缺陷时，应该将评定线、定量线和判废线的灵敏度均提高6dB。

3. 扫查工艺

检测纵向缺陷时，斜探头轴线应垂直于焊缝轴线放置在检测面上，做锯齿形扫查，如图2-57所示。探头的移动区应保证扫查到全部的检测区。在保持探头垂直于焊缝做前后移动的同时，还应做10°~15°的左右转动。如果发现了缺陷，为了观察缺陷的动态波形和区分缺陷信号和伪缺陷信号并确定缺陷的位置、取向和形状，采用前后、左右、转角及环绕四种基本扫查方式进行扫查，如图2-60所示。检测焊接接头的横向缺陷时，在焊接接头两侧边缘使斜探头与焊缝轴线成不大于10°做两个方向的斜平行扫查，如图2-58所示。

4. 缺陷信号的判定

对于波幅达到或超过评定线的缺陷应进行定量判定，即应确定其位置、波幅和指示长度等。但要注意，应充分移动探头进行检测以获得缺陷的最大反射波幅，并以最大反射波幅进行表征。缺陷位置的定位可参考图2-54所示，并通过折射角或K值以及几何关系计算出缺陷与探头的水平距离L和距离检测面的深度h。对于缺陷的指示长度，当缺陷的反射波只有一个极值点，且位于DAC的Ⅱ区或Ⅱ区以上时，用-6dB法来测量其指示长度。当缺陷最大反射波幅位于Ⅰ区时，将探头左右移动使得波幅降到评定线，用评定线绝对灵敏度法测量缺陷指示长度，具体方法参见2.3.4小节。

2.4 超声检测的缺陷评定与焊接接头质量分级

依据缺陷信号和距离-波幅曲线的关系进行缺陷评定与焊接接头质量分级。

2.4.1 缺陷评定

超过评定线的信号应注意其是否具有裂纹、未熔合和未焊透等类型缺陷的特征，如果难以确定则应采取改变探头折射角或K值、增加检测面和检测侧、观察动态波形特点并结合材料成型工艺做出判断。在难以做出这类判断的情况下，应辅以其他检测方法（如RT等）来做综合评定。

还要注意如下几点：

1）由于横波斜探头的超声波经由母材传播到焊缝处，因此发现的缺陷有可能是母材处的缺陷。基于此，要首先确定评定的缺陷是在焊缝和热影响区处，否则可不予评定。

2）沿缺陷长度方向相邻的两个缺陷，其长度方向间距小于其中较短的缺陷长度且两个缺陷在与缺陷长度相垂直方向的间距小于5mm时，应将两个缺陷当作一个缺陷，并以两个缺陷长度之和作为其指示长度，并且间距也应计入。如对管道环向焊接接头缺陷进行评定时，如果相邻两个缺陷在一条直线上，其间距小于其中较短的缺陷长度时应作为一个缺陷处理，并以两个缺陷长度之和且计入间距作为其单个缺陷的指示长度。具体应如何处理上述情况，可根据超声检测时所依据的具体标准中的规定来评定。

3）如果两个缺陷在长度方向投影上有重叠，则以两个缺陷在长度方向上投影的左、右端点间距离作为其指示长度。

4）点状缺陷的间距，以两缺陷的中心之间的距离为间距。

2.4.2 焊接接头质量分级

不同行业有不同的标准来规定等级划分的方法，同一标准对不同类型的焊接接头也有不同的等级划分方法。下面，以 NB/T 47013.3—2015《承压设备无损检测　第3部分：超声检测》中对承压设备不同焊接接头的质量分级方法进行介绍。

1. 锅炉和压力容器本体焊接接头超声检测质量分级

锅炉和压力容器本体焊接接头是指筒体或封头的对接接头、接管与筒体或封头的角接接头及T形焊接接头，分级方法见表2-20。

表2-20　锅炉和压力容器本体焊接接头超声检测质量分级方法

焊接接头质量等级	反射波峰位于DAC的区域	工件厚度 t/mm	单个缺陷指示长度的允许值 L/mm	多个缺陷累计长度的允许值 L'/mm
Ⅰ	Ⅰ	≥6~100	≤50	—
		>100	≤75	—
	Ⅱ	≥6~100	≤t/3，最小10，最大30	在任意9t焊缝长度范围内不超过t
		>100	≤t/3，最大50	
Ⅱ	Ⅰ	≥6~100	≤60	—
		>100	≤90	—
	Ⅱ	≥6~100	≤2t/3，最小12，最大40	在任意4.5t焊缝长度范围内不超过t
		>100	≤2t/3，最大75	
Ⅲ	Ⅰ	≥6	超过Ⅱ级者	—
	Ⅱ		超过Ⅱ级者	
	Ⅲ		所有缺陷（任何缺陷指示长度）	

注：焊缝长度，Ⅰ级时不足9t或Ⅱ级时不足4.5t，则应按实际焊缝长度的比例折算出L'。如果折算后的L'小于该级别的L，则以L作为L'。

2. 锅炉和压力容器管子环向或纵向焊接接头超声检测质量分级

锅炉和压力容器管子环向或纵向焊接接头超声检测质量分级方法，见表2-21。

表 2-21 锅炉和压力容器管子环向或纵向焊接接头超声检测质量分级方法

焊接接头质量等级	反射波峰位于 DAC 的区域	单个缺陷指示长度允许值 L/mm
Ⅰ	Ⅰ	≤40
	Ⅱ	≤t/3，最小 5，最大 30
Ⅱ	Ⅰ	≤60
	Ⅱ	≤2t/3，最小 10，最大 40
Ⅲ	Ⅰ	超过Ⅱ级者
	Ⅱ	超过Ⅱ级者
	Ⅲ	所有缺陷

注：对接接头两侧母材厚度不同时，工件厚度取薄板侧厚度值。

2.5 超声检测的工程实例

2016 年 9 月 22 日，河北省电力建设第一工程公司对华能国际电力股份有限公司上安电厂一台 600MW 超临界发电机组的锅炉进行了超声检测，该锅炉部件为东方锅炉（集团）有限公司生产，本节将以此锅炉部件汽水分离器为例介绍其无损检测尤其是超声检测的工程应用。

2.5.1 汽水分离器的基本情况

华能国际电力股份有限公司上安电厂三期工程 600MW 超临界发电机组的锅炉为超临界参数变压直流炉，一次再热、单炉膛、尾部双烟道、采用挡板调节再热蒸汽温度、平衡通风、半露天布置、固态排渣、全钢构架及全悬吊结构Ⅱ型锅炉。汽水分离器为锅炉的重要承压部件，工作原理为大量含水的蒸汽进入汽水分离器，并在其中以离心倾斜式运动。夹带的水分由于速度降低而被分离出来，被分离的液体流经汽水联通管路排出，干燥清洁的蒸汽从分离器出口排出。

1. 主要技术参数

汽水分离器的主要技术参数见表 2-22。

表 2-22 汽水分离器的主要技术参数

参　　数	BMCR 工况	THA 工况	BRL 工况
过热蒸汽流量/(t/h)	2090	1864.3	2029.1
过热器出口蒸汽压力/MPa	—	25.15	25.33
过热器出口蒸汽温度/℃	571	571	571
再热蒸汽流量/(t/h)	1723.68	1549.04	1666.93
再热器进口蒸汽压力/MPa	4.61	4.14	4.45
再热器出口蒸汽压力/MPa	4.42	3.95	4.26
再热器进口蒸汽温度/℃	324	313	320
再热器出口蒸汽温度/℃	569	569	569
省煤器进口给水温度/℃	286	279	284

该汽水分离器按照 TSG G7001—2015《锅炉监督检验规则》的要求进行生产。

2. 总体结构

汽水分离器的结构如图 2-69 所示。

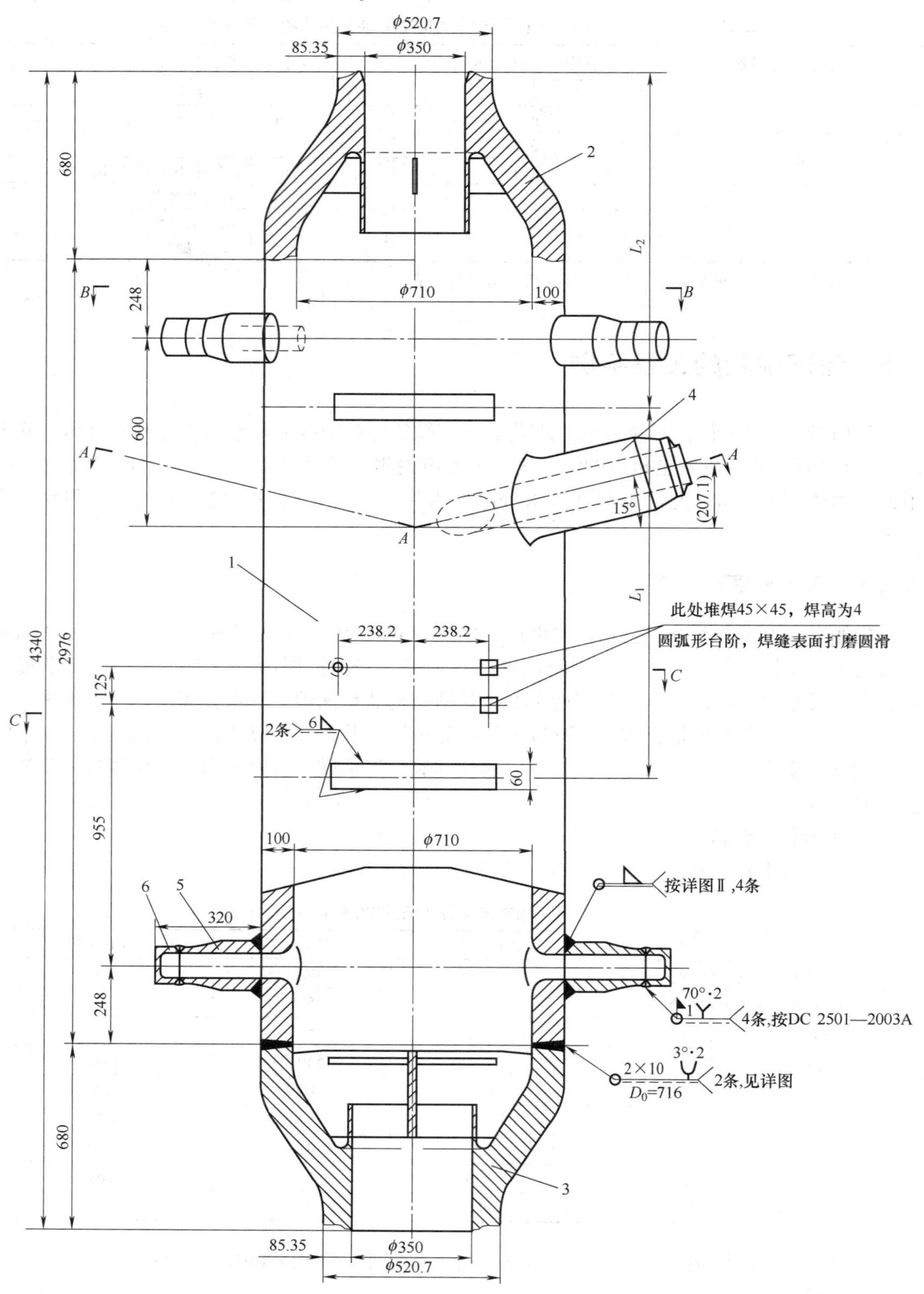

图 2-69　汽水分离器的结构

3. 受压元件规格及材质

汽水分离器主要受压元件的规格及材质见表2-23。

表2-23 汽水分离器主要受压元件的规格及材质

图2-69中编号	部件名称	规格/mm	材质
1	筒身	ϕ910×100	FA-336F12
2	汽侧封头	ϕ910×100	FA-336F12
3	水侧封头	ϕ910×100	FA-336F12
4	接管头	ϕ280×78	FA-182F12CL. 2
5	手孔接管头	ϕ160×70	FA-182F12CL. 2
6	手孔端盖	ϕ120×20	FA-182F12CL. 2

4. 汽水分离器接管的焊接工艺

汽水分离器的安装，采用现场组焊方式进行。采用钨极氩弧焊打底、焊条电弧焊盖面的方式进行焊接，其焊接工艺卡见表2-24。

表2-24 焊接工艺卡

HEPCC-1 河北省电力建设第一工程公司	焊接工艺卡 WELDING PROCEDURE SPECIFICATION		编号 HEP-WPS-QY-GZZS-001
依据工艺评定报告编号	HEP-HP-009		
工程名称	华能国际电力股份有限公司上安电厂汽水分离器		
产品名称	汽水分离器管道坡口		
焊接方法	GTAW/SMAW	自动化程度	手工

母材及接头形式

母材	FA-182F12CL. 2	接头形式	对接	接头简图
规格	ϕ160mm×70mm	坡口形式	双V形	δ 1~2 2~5
焊接位置	全位置	衬垫	—	
焊接方向	由下向上	衬垫材料	—	
其他	—			

预热及热处理

预热方法	电加热	预热温度	100~200℃	层间温度	≤400℃	测温方法	热电偶
热处理	电加热	热处理温度	600~650℃	热处理时间	2h	测温方法	热电偶

其他：—

保护气体

种类	Ar	纯度	≥99.95%	流量	8~10L/min	背部保护	是/否√

其他：—

焊接参数

焊道	焊接方法	焊条（丝）		焊接电流及极性		电弧电压/V	焊接速度/(mm/min)
		型（牌）号	直径/mm	极性	电流/A		
1	GTAW	TIG-J50	2.5	直流正	80~120	10~15	40~60
2	SMAW	E5015	3.2	直流反	90~130	20~26	80~120
其他	SMAW	E5015	4.0	直流反	140~170	20~26	120~160

（续）

施焊技术：
1. 无摆动焊或摆动焊：摆动焊
2. 打底焊道和中间焊道清理方法：手工清理
3. 环境温度≥-10℃
4. 运条方式：往复式

编写		审核		批准	
日期		日期		日期	

2.5.2 汽水分离器的超声检测

汽水分离器的所有对接焊缝均应该按照NB/T 47013.3—2015《承压设备无损检测 第3部分：超声检测》的要求进行100%的超声检测，要求质量为Ⅰ级合格，不允许存在任何夹渣、裂纹等缺陷。超声检测工艺卡见表2-25，超声检测报告见表2-26。

表2-25 超声检测工艺卡

河北省电力建设第一工程公司

超 声 检 测 工 艺 卡

工艺卡编号：JS（ZZ）PC-UT-LDZG01

工程名称	华能国际电力股份有限公司上安电厂				
系统名称	汽水分离器	工件编号	QSFLQ	规格/mm	ϕ280×78
材　质	FA-336F12	检测部位	焊接接头	表面状态	Ra ≤6.3μm
焊接方法	GTAW/SMAW	坡口形式	双V形	工件厚度/mm	40～100
仪器型号	PXUT-330 N 10406	试块种类	CSK-Ⅰ、CSK-Ⅲ	耦合方式	接触法
				耦合剂种类	工业糨糊
检验级别	B	合格级别	Ⅰ	检测比例	100%
工艺标准	NB 47013.3—2015	验收标准	DL/T 869—2012	检验时机	热处理后
扫查方式	锯齿形扫查	扫查速度/（mm/s）	≤150	扫查覆盖率	>晶片直径10%
扫描比例	深度1：1	基准波高	80%	表面状态	打磨修整
检测方法	横波反射法	检测面	单面双侧	探头	2.5P 13×13K2.5
参考反射体/mm	ϕ2×60	扫查灵敏度/dB	ϕ2×40-8	表面补偿/dB	4
评定线/dB	ϕ2×40-14	定量线/dB	ϕ2×40-8	判废线/dB	ϕ2×40+2
检测区域要求	检测区域：焊缝宽度+两侧热影响区。探头移动范围应≥1.25P				
横向缺陷检测	探头前后移动的范围应保证扫查到全部焊接接头截面，在保持探头垂直焊缝做前后移动的同时，还应做10°～15°的左右转动				

（续）

扫查示意图：			
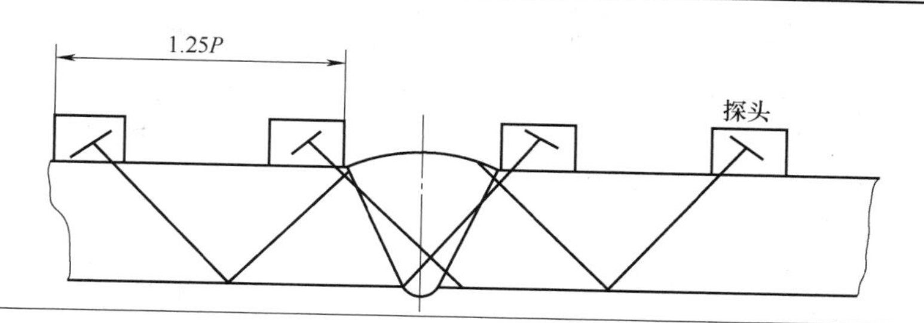			
备注：			
编制/资格		审核/资格	
日 期	年　月　日	日 期	年　月　日

表 2-26　超声检测报告

河北省电力建设第一工程公司

管道焊缝超声检测报告

报告编号：JS（ZZ）REP-UT-ZZQ

记录编号：JS（ZZ）REC-UT-ZZQ

委托单位		热机公司	工艺卡编号	JS（ZZ）PC-UT-LDZG01		
工程名称		华能国际电力股份有限公司上安电厂				
工件	工件名称	汽水分离器	工件编号	QSFLQ	焊缝数量	3
	规格/mm	ϕ910×100	材　质	FA-336F12	表面状态	$Ra \leqslant 6.3\mu m$
工件	焊接方法	GTAW/SMAW	坡口形式	双 V 形	热处理状态	高温回火
	检测部位	焊接接头	检测时机	热处理后	检测面	单面双侧
器材及参数	仪器型号	PXUT-360B	仪器编号	R62662	探头型号	2. 5P13×13 K2/K1
	试块型号	CSK-ⅠA（91）、RB-3（91）	评定灵敏度/dB	ϕ2×40-8	耦合剂	工业糨糊
	扫描比例	深度 1：1	扫查灵敏度/dB	ϕ2×40-8	灵敏度补偿/dB	4
	基准波高	80%	参考反射体/mm	ϕ2×60	扫查方式	锯齿形+斜平行
技术要求	检测方法	直射法	工艺标准	NB/T 47013. 3—2015	验收标准	DL/T 869—2012
	应检比例	100%	实检比例	100%	合格级别	Ⅰ

检测记录

序号	坡 口 编 号	焊工代号	缺陷记录	级别	结论	检验日期
1	QSFLQ-1	RJ31	未发现可记录缺陷	Ⅰ	合格	2016. 10. 23
2	QSFLQ-2	RJ42/RJ31	未发现可记录缺陷	Ⅰ	合格	2016. 10. 24
3	QSFLQ-3	RJ42/RJ31	未发现可记录缺陷	Ⅰ	合格	2016. 10. 24

缺陷及返修情况说明	检测结果
本工件共 3 道，检测 3 道，返修共计 0 道，合格率 100%	本工件焊接接头质量符合标准要求，结果合格

（续）

<table>
<tr><td rowspan="2">编制</td><td>姓名：　　　资格：</td><td rowspan="2">审核</td><td>姓名：　　　资格：</td><td>批准：</td></tr>
<tr><td>日期：　　　年　月　日</td><td>日期：　　　年　月　日</td><td>检测报告专用章：
日期：　　　年　月　日</td></tr>
</table>

第3章

渗透检测

利用渗透力极强并易于显式观察的液体，通过毛细作用渗入到固体材料表面开口缺陷中，在将表面多余液体清除干净后，再通过毛细作用将渗入到表面开口缺陷中的液体吸出到表面上从而发现缺陷的方法，称为渗透检测。渗透检测是五种常规无损检测方法之一。特别地，专为得到工件表面损伤信息的渗透检测称为渗透探伤，并且渗透检测主要就是用于探伤，是三种工件表面和近表面缺陷常规探伤方法之一。

渗透检测的基本原理是，当将渗透剂铺散到清洁、干燥的工件表面时，如果工件存在着表面开口缺陷，则渗透力极强的渗透剂将渗入到缺陷中，待到充分渗入之后，通过去除剂以合适的方式清除干净工件表面上的渗透剂，并要保证缺陷中的渗透剂不被清洗或很少被清洗。然后通过专用的显像剂来将缺陷中的渗透剂吸出到表面上来发现缺陷，并得到缺陷的位置、形状、类型、大小及走向等缺陷信息。渗透检测的基本过程如图 3-1 所示。

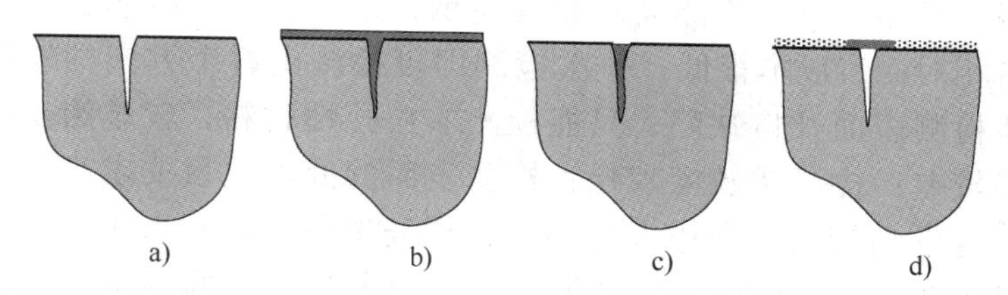

图 3-1 渗透检测的基本过程

a）表面开口缺陷 b）渗透剂渗入 c）清洗剂清洗 d）显像剂显示

由于渗透剂在显像剂中扩散性强，故有对缺陷宽度的放大作用，因此渗透检测往往可以检测非常细小的缺陷。如果采用着色渗透剂，则称为着色渗透探伤；如果采用荧光渗透剂，则称为荧光渗透探伤。

最早的渗透检测是采用固体渗透检测方法即炭黑法来检测陶器的裂纹。1940 年，在铁路系统的工厂中采用了液体渗透检测方法即油白法来对铁或钢零件进行渗透检测。与此同时，也有采用油漆法检测的，即采用油漆涂于待检测的零件表面，油漆干结后用锤子轻敲零件使有裂纹处的油漆出现裂纹从而发现缺陷。1942 年，美国芝加哥的 Magnaflux 公司开发了渗透性更好、对比度更强的渗透材料，增强了渗透检测缺陷的能力，即着色渗透检测，随之开发了荧光渗透检测方法，这标志着渗透检测开始了正式的工业化应用。

渗透检测发展至今，渗透检测标准逐步完善成熟，渗透检测的半自动化检测线也得到越来越多的应用，尤其是在渗透材料的质量和灵敏度方面得到较大的提高，以及采用数字摄像扫描并输入到计算机进行数据存储和图像处理来提高检测的重现性和缺陷轮廓的清晰度等，近些年都取得了一系列新进展。如两用渗透剂，即渗透剂中含有着色染料和荧光染料，可用于灵敏度要求不高时的着色渗透法，也可用于灵敏度要求较高时的荧光渗透法；冷光法，即在显像剂施加时渗透剂和显像剂混合而产生荧光；液晶法，即利用液晶对溶剂的旋光效应，使得液晶显现出彩色从而指示缺陷；真空渗透法，即施加渗透液后将工件放入真空箱中，可使缺陷中的空气逸出而增加渗透深度，使得检测灵敏度提高；超声振动法，即在渗透过程中对工件施加超声振动，提高渗透效率和检测灵敏度等。

渗透检测的应用领域广泛，主要应用于航空航天、核工业、兵器、造船、特种设备、机械、冶金、化工装备、矿业及交通等工业领域。其一般用于磁粉检测不能检测的非铁磁性材料，可检测除了泡沫金属之外的非松孔性金属材料，包括黑色金属和有色金属，以及非松孔性非金属材料，如奥氏体不锈钢、各种有色金属、玻璃、橡胶、塑料及釉面陶瓷、致密性陶瓷等大多数的陶瓷。其可检测的主要缺陷类型包括焊缝表面的针气孔、裂纹及未熔合，以及工件中的疲劳裂纹、淬火裂纹、研磨裂纹、过载造成的裂纹、发纹、折叠、冷隔、分层及贯穿孔等缺陷，也可以检测材料的多孔性。

与同为材料表面和近表面缺陷检测方法的磁粉检测和涡流检测相比较，渗透检测的主要优点是：对表面微细裂纹有较高的灵敏度，甚至可以检测出 0.1μm 开口宽度的缺陷；对材料类型的限制很少，无论是金属还是非金属、导体还是非导体、铁磁性材料还是非铁磁性材料，只要是非松孔性材料，均可检测；大面积或大体积工件可以低成本、高效率地进行检测；不受工件复杂的结构和几何形状所限制；缺陷显示直接展示在缺陷的实际位置上，结果直观、可靠；喷罐检测器具非常便携，适合野外无电场合及高空作业等；渗透材料及其设备相对而言成本很低；一次检测即可检测出各个方向的缺陷。渗透检测的局限性是：只能检测表面开口缺陷；只能检测非松孔性材料；较难给出缺陷深度；检测结果的可重复性较差；检测灵敏度较低；检测表面的处理质量要求高，表面污物和粗糙度等对检测灵敏度影响较大；操作人员必须在现场进行判断；由多个检测环节组成，检测质量控制稍显复杂；渗透材料的某些化学成分对人有一定的危害；检测后的工件表面清理以及化学药剂的无害处理较麻烦。

同为表面和近表面缺陷检测方法的渗透检测、磁粉检测和涡流检测方法的比较见表 3-1。

表 3-1　渗透检测、磁粉检测和涡流检测方法的比较

对　比　项	渗 透 检 测	磁 粉 检 测	涡 流 检 测
主要的工作原理	毛细作用	漏磁现象	电磁感应
应用范围	探伤	探伤	探伤、材质分拣、测厚
检测对象	表面开口缺陷	表面和近表面	表面和极近表面
适用材料	非松孔性材料	铁磁性材料	导电材料
检测目标	裂纹、白点、疏松、针孔、夹杂	裂纹、发纹、白点、折叠、夹杂	裂纹、材质、尺寸
检测速度	慢	较快	很快
显示方式	渗透剂和显像剂	磁粉	记录仪、示波器等
缺陷表现形式	渗透液的回渗	磁痕	线圈输出的电信号
缺陷显示	直观	直观	不直观
缺陷性质判断	能大致确定	能大致确定	难以判断

（续）

对比项	渗透检测	磁粉检测	涡流检测
检测灵敏度	较高	高	较高
污染	较重	较轻	很轻
其他	适用于复杂形状工件任意方向缺陷的现场检测	适用于复杂形状工件任意方向缺陷	非接触检测

渗透检测一般由工件的表面清理、渗透剂渗入、清洗剂清洗、显像剂显像、缺陷观察及后处理等过程组成，本章的总体结构以及各节的内容也将依此组织并进行分析和介绍。

3.1 渗透检测的物理基础

从渗透检测的基本原理和工艺过程来看，渗透检测中不仅存在着液体的润湿作用及表面张力、毛细作用、荧光等物理基础，也存在着渗透材料制造和应用中的化学基础。但从工程应用角度来看，化学基础与检测过程工艺关系不大，因此本节主要对渗透检测的物理基础进行介绍和分析。

3.1.1 表面张力

表面张力是指与液体表面相切且作用于液体表面上的力，主要是两个共存相之间出现的一种界面现象，是液体表面层收缩趋势的表现，即表面张力试图使得液体的表面积最小。液体表面层收缩趋势是指液体表面层中的分子，一方面受内部液体分子的吸引力，一方面受外部相邻气体分子的吸引力，而气体分子较少，故吸引力往往小于液体分子吸引力，因此液体表面层分子有被拉进液体内部的趋势。

表面张力的大小可以用表面张力系数 σ 表示，即液面对单位长度边界线的作用力，其单位为 N/m，工程上也常用 J/m^2。表面张力系数表征的是液体表面发生单位面积变化时表面张力所做的功。在大气中，表面张力系数与液体的种类和温度有密切的关系。一般而言，易挥发液体如酒精、丙酮等比不容易挥发液体如水银等的表面张力小。液体温度越高，表面张力越小。液体纯度越高，表面张力越大。液体接近汽化温度时，表面张力系数趋于零。20℃时常用液体的表面张力系数见表3-2。

表3-2 20℃时常用液体的表面张力系数

名称	表面张力系数/(mN/m)
水	72.75
乙醇	22.32
乙醚	17.01
丙酮	23.7
煤油	23
甘油	65.0
醋酸	27.6
水银	484

3.1.2 润湿作用

1. 润湿现象

润湿是液体与固体的界面现象，实际上是气体-液体-固体三相共存时发生的物理化学现象，如在大气中，水在荷叶表面上发生的行为。在液体-固体界面上有一层液体附着层，附着层内的液体分子，一方面受到液体内部分子的吸引力 F_{L-L}，另一方面也受到固体分子的吸引力 F_{L-S}。如果 $F_{L-S}>F_{L-L}$，则附着层内的液体分子浓度将比液体内部的大，因此分子间距变小导致产生斥力，则附着层内的液体分子有扩散的趋势，这种液体附着在固体表面并扩大接触面积的现象，称为润湿。反之，如果 $F_{L-S}<F_{L-L}$，则附着层内的液体分子浓度将比液体内部的小，因此分子间距变大导致产生引力，则附着层内的液体分子有聚集的趋势，使得液体与固体的接触面积缩小，称为不润湿或润湿性差。

2. 接触角

液体对固体的润湿性好坏，用接触角来表征。液体和固体接触时的接触角，是指气体-液体界面处液体表面的切面与液体-固体界面之间且包含液体的那个夹角 θ，也称为润湿角，如图 3-2 所示。

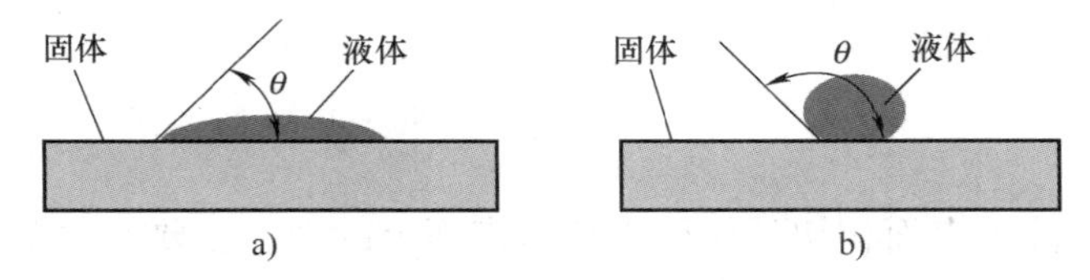

图 3-2 接触角

a）接触角小于 90° b）接触角大于 90°

3. 润湿方程

在大气中，当液体在固体表面上时，存在着三个界面及其张力，即液体-气体界面张力、固体-液体界面张力和固体-气体界面张力。其中，液体-气体界面张力和固体-液体界面张力试图使液体表面收缩，固体-气体界面张力试图使液体表面扩大，如图 3-3 所示。

可见，如果液体在固体表面处于稳定状态，则三种界面张力应该符合如下方程：

$$f_{S-G}=f_{S-L}+f_{L-G}\cos\theta \tag{3-1}$$

式中 f_{S-G}——固体-气体界面张力（N）；

f_{S-L}——固体-液体界面张力（N）；

f_{L-G}——液体-气体界面张力（N）；

θ——润湿角（°）。

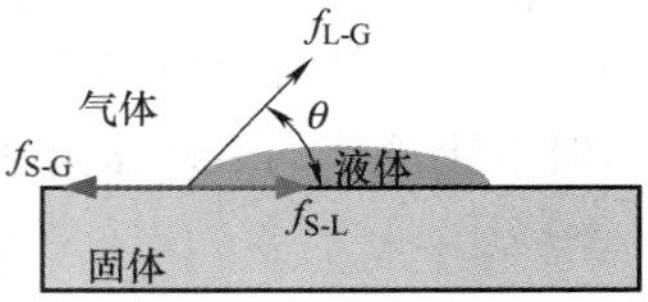

图 3-3 润湿受力情况

在实际工程中，液体在固体表面的润湿性能分为如下四种情况：①$\theta=0°$，f_{L-G}作用于固体表面，即液体在固体表面铺散成薄膜状，称为完全润湿；②$0°<\theta<90°$，f_{L-G}作用于液体表面且成锐角，即液体在固体表面铺散成小于半球的球冠形，称为润湿；③$90°\leqslant\theta<180°$，f_{L-G}作用于液体表面且成钝角即液体在固体表面铺散成大于半球的球冠形，称为不润湿；④$\theta=180°$，f_{L-G}作用于液体表面且成 180°，即液体在固体表面形成完整的球形，称为完全不润湿。

在润湿情况中，接触角 θ 越小，则润湿性越好。

渗透检测中，希望渗透剂完全铺散开，因此渗透剂和工件之间的接触角在 $0°<\theta<5°$ 为佳。液体在固体表面的润湿性能，不仅与液体种类、环境（如是否真空及温度高低）等相关，很显然也与固体材料种类及其表面状态相关，如水银在玻璃表面润湿性很差，水在干净的玻璃表面润湿性很好，但在有油脂的玻璃表面则润湿性较差。在通常的渗透检测中，渗透剂及环境因素是确定的，因此在确定了被检测对象之后，润湿性能就与工件的表面状态关系很大，这也是渗透检测往往对工件表面粗糙度以及表面预处理要求较高的原因。

3.1.3　毛细作用

众所周知，通常情况下多管路的液面是等高的。但是，如果将毛细管即内径小于 1mm 的玻璃管插入盛有液体（如水或水银）的容器中，由于润湿性能的影响，管内液面高于容器液面（如水中），或者管内液面低于容器液面（如水银中）的现象称为毛细现象，如图 3-4 所示。

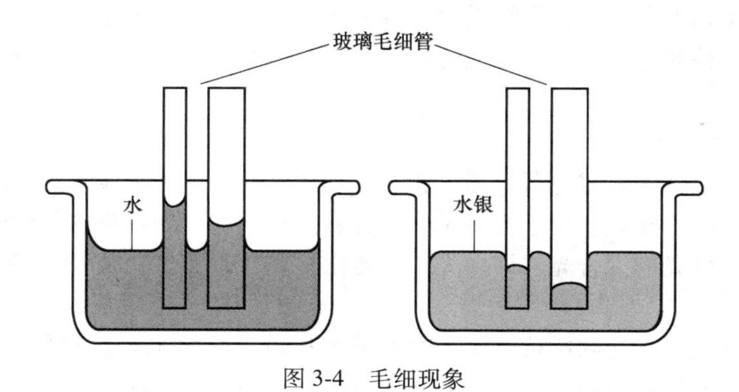

图 3-4　毛细现象

毛细现象的本质，是因为液体在固体表面上的润湿性及表面张力所致。液体在毛细管中上升或下降的高度计算式为

$$h=\frac{2\sigma\cos\theta}{r\rho g} \tag{3-2}$$

式中　h——液体在毛细管中上升的高度（m）；

σ——液体的表面张力系数（N/m）；

θ——液体对固体表面的接触角（°）；

r——毛细管的内半径（m）；

ρ——液体密度（kg/m^3）；

g——重力加速度（m/s^2）。

在式（3-2）中，计算后得到正值表示毛细管内液面相对于容器液面上升，负值表示毛细管内液面下降。理论上，在半径为 1m 的玻璃管中，水可以上升 0.014mm，因此感觉管内水面没有上升；在半径为 1cm 的玻璃管中，水可以上升 1.4mm；在半径为 1mm 的毛细管中，水可以上升 14mm，毛细现象就非常容易被观察到了。

毛细现象不仅仅局限于毛细管中，间距很小的两平行板之间也存在着毛细现象，其液面上升或下降高度计算式为

$$h = \frac{2\sigma\cos\theta}{d\rho g} \tag{3-3}$$

式中　d——两平行板间距（m）。

实际的渗透检测中，工件表面的开口缺陷（如表面针状气孔和表面裂纹）可分别视为毛细管或毛细缝隙。渗透检测中的渗透剂是靠毛细作用渗入缺陷中的而非依靠重力流入，因此即便是开口朝下的裂纹，如钢梁下表面的开口缺陷，渗透剂依然可以渗入从而进行渗透检测。

需要注意的是，式（3-2）和式（3-3）的情况与实际渗透检测的气孔或裂纹不完全相同。通常的气孔或裂纹是非贯穿性的，缺陷中的气体将阻碍渗透剂的渗入导致渗入深度较小。因此，必要时可以采用振动渗入方式使缺陷中的气体逸出，从而渗入更多的渗透液，以便提高检测灵敏度。

3.1.4　光学基础

在渗透检测中，着色渗透检测结果以及荧光渗透检测结果的观察工艺与光学紧密相关，而且第4章的磁粉检测中也涉及彩色磁粉和荧光磁粉的磁痕观察，这两者的光学基础相近，在此一并予以介绍及分析。

1. 可见光和紫外线

人眼可见光，包括赤、橙、黄、绿、青、蓝、紫，共七色光。波长大于红色光的红外线和波长小于紫色光的紫外线，属于不可见光。在着色渗透检测和彩色磁粉的磁粉检测中使用的可见光通常是七色光的混合光，即白光，一般由日光、白炽灯、荧光灯或高压水银灯等光源来获得。

在荧光渗透检测和荧光磁粉检测中，在可见光环境下是看不到经显像处理后的缺陷的，必须通过紫外线激发缺陷处的荧光物质使其发出明亮的荧光，并在暗场中观察缺陷。国际照明委员会将紫外线按频谱范围分为：①长波紫外线，即UV-A，波长范围为320~400nm，又俗称为“黑光”；②中波紫外线，即UV-B，波长范围为280~320nm；③短波紫外线，即UV-C，波长范围为100~280nm。UV-A对人安全，可用于检测；UV-B可烧伤皮肤和眼睛，焊接电弧可产生UV-B；UV-C对生物细胞有危害，一般用于工业和医学上的杀菌。渗透检测和磁粉检测，采用中心波长为365nm的350~380nm的安全的UV-A，由黑光灯获得。黑光通过激发荧光物质发出人眼比较敏感的黄绿色光及其他颜色的荧光来显示缺陷。

2. 光致发光

发光类型有自发发光（如太阳）、化学能激励发光（如磷的氧化发光）、场致发光（如电弧发光）、光致发光（如荧光和磷光）和受激发光（如激光）。

光致发光是指在环境光激励下物质发光的现象。根据发光机制不同，光致发光物质分为两大类，即磷光物质和荧光物质。磷光物质是指被环境光激励后，在没有外界激励光作用的情况下仍能持续发光的物质。荧光物质是指被环境光激励后，如果撤除外界激励光则立即停止发光的物质。渗透检测和磁粉检测，主要是采用荧光物质来显示缺陷。荧光就是某些特殊物质即荧光物质当受到某波段波长的电磁波辐射后，随即发出波长稍长的可见光的现象。荧光现象很早就被人类发现，但一直得不到合理的解释。直到19世纪末20世纪初，德国物理学家普朗克创立了量子学说，认为能量可以是阶梯式的突变才得到理论解释，即认为荧光是

受激辐射，就是荧光物质的原子中低能级的电子受到环境光的辐射得到能量，则由低能级轨道跃迁到高能级轨道运行，处于激发态。由于高能态的不稳定性，将很快地由激发态自发向基态过渡，即跳变回低能级轨道。由于高能级和低能级的能量差一定，因此根据普朗克公式 $E=h\nu$，辐射出的光的频率一定，这就解释了某些荧光物质总是辐射黄绿色光的原因。由于此过程有能量损失，故通常发出比激励光即紫外线波长较长的光，即人眼可见的荧光。

3. 光度学基本概念

（1）辐射通量　辐射通量是指某一辐射源的辐射在单位时间内通过某一截面的辐射能，又称为辐射功率，国际单位为 W。

（2）光通量　光源所发出的光量是向所有方向辐射的。光通量，又称为光流，是指人眼所能感觉到的光辐射功率，或者说是人眼感受到的辐射通量，一般用 ϕ 来表示，国际单位为 lm 即流明。1 个流明是指发光强度为 1cd 即 1 个坎德拉的光源在一个球面度内所通过的光通量。人眼对各色光的敏感度有所不同，即使各色光的辐射通量相等，在视觉上并不能产生相同的明亮程度。在各色光中，黄色和绿色光能够激起人眼最大的明亮感觉。

（3）发光强度　简称为光强，是指光源向某方向的单位立体角发射的光通量，国际单位是坎德拉（cd）。发光强度为 1cd 的点光源在一个球面度内发出的光通量为 1lm，也就是如果以 1cd 的点光源为中心，作半径为 1m 的球面，那么通过球面上 $1m^2$ 面积的光通量就是 1lm，如图 3-5 所示。

（4）光亮度　光亮度表示发光表面的明亮程度，是指发光表面在指定方向的发光强度与垂直且指定方向的发光面的面积之比，单位是 cd/m^2，即坎德拉/平方米。对于一个漫散射面，尽管各个方向的光强和光通量不同，但各个方向的亮度都是相等的。

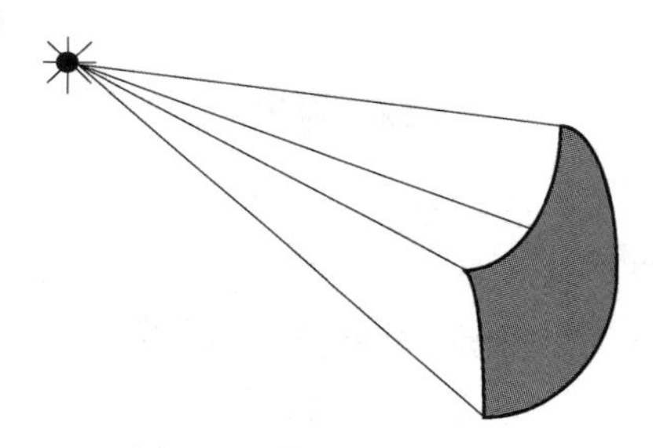
图 3-5　光强定义示意图

（5）光照度　光照度是表示物体被照明的程度，是指被光源照射的物体，在单位面积上所接受到的光通量。光照度的单位是 lx 即勒克斯。被光均匀照射的物体，在 $1m^2$ 面积上得到的光通量是 1lm 时，它的光照度就是 1lx。有时为了充分利用光源，常在光源的非定向光路上附加一个反射装置，使得定向光路上能够得到比较多的光通量，以增加这一被照面上的光照度。

4. 可见度和对比度

人眼视网膜由杆状细胞和锥状细胞组成。杆状细胞对 498nm 的青绿光最敏感，用于黑暗环境下的视觉。L-锥状细胞对 564nm 的红色光最敏感，M-锥状细胞对 533nm 的绿色光最敏感，S-锥状细胞对 437nm 的蓝色光最敏感，提供了对三基色的视觉。人眼有瞳孔效应，即由暗到明或由明到暗时瞳孔大小发生变化，因此当进行荧光渗透检测或荧光磁粉检测时，检测人员进入暗环境需要有一定的暗适应时间。人眼也有放大效应，即感觉光源比真实物体要大。此外，人眼对不同波长的光的视觉灵敏度是不同的，称其为视见率。人眼对 555nm 的黄绿光视见率最大，设定为 1，其他光均小于 1，对紫外线和红外线的视见率为 0，即不可见。人眼均有视阈，但因人而异，一般为 0. 076mm，即如果物体长度小于 0. 076mm 则人眼不可见。人眼在强光下，对光强的微小差别不敏感，而对颜色和对比度差别的辨别能力很强，适合于强光下着色渗透检测的缺陷观察。但在暗光下，对颜色和对比度差别的辨别能力很弱，而对光强的微小差别却很敏感，适合于暗环境下荧光渗透检测的缺陷观察。

（1）可见度　可见度是观察者相对于背景、外部光等条件下能看到显示的一种特征，是用来衡量缺陷显示能否被观察到的指标。可见度与显示的颜色、背景颜色、显示的对比度、显示本身的反射光或发射光的强度、周围环境光线的强弱及观察者的视力等因素有关。如果缺陷显示与其背景的对比度高，则可见度也高。可见度与显示的对比度密切相关。

（2）对比度　在进行着色探伤时，对比度是尤显重要的检测性能指标。对比度是指观察区域中显示部分与背景之间的亮度差或是颜色差。对比度可用显示和背景之间反射光或发射光的相对量来表示。

对比度为120就可容易地显示生动、丰富的色彩，当对比度高达300时便可支持各阶的颜色。但现今尚无一套有效又公正的标准来衡量对比度，最好的辨识方式还是依靠人眼。试验结果表明，纯白色表面反射的最大光强约为入射光强的98%，而最黑色表面反射的最小光强约为入射光强的3%，也就是黑白对比度约可达33。实际上，黑色渗透剂在白色显像剂背景下的对比度约为9，红色渗透剂在白色显像剂背景下的对比度约为6。缺陷的荧光显示与暗环境的对比度要远高于上述的颜色对比度，一般可以达到300甚至达到1000。因此，荧光渗透检测的对比度远高于着色渗透检测，即荧光渗透检测的灵敏度相对更高。

3.2　渗透检测设备及器材

3.2.1　渗透检测设备

渗透检测设备可以分为固定式渗透检测装置、专用式渗透检测装置和便携式渗透检测装置，各有其不同的特点和适用场合。

1. 固定式渗透检测装置

固定式渗透检测装置适用于检测场所比较固定、检测工作量大、工件体积及重量较大或者产品的生产全过程需要建立自动化生产线等情况。可能的情况下，应尽量采用可水洗型的渗透检测工艺，以便降低设备结构的复杂性及检测过程成本等。固定式渗透检测装置一般由多个装置组成，包括预清洗装置、渗透装置、乳化装置、清洗装置、干燥装置、显像装置及后处理装置等，在渗透检测线中形成不同工位。

（1）预清洗装置　一般采用化学法清洗，如采用三氯乙烯或三氯乙烷对除了橡胶、塑料和涂漆工件之外工件的脱脂，用酸洗后再水洗来清理黑色金属，用碱性清除剂再加水洗来清理铝合金及镁合金等有色金属。有时还配有喷枪等清洗器具，也有时配置超声波辅助清洗装置来增强清洗效果。

（2）渗透装置　渗透装置主要由渗透液槽、喷淋装置和滴落架组成。泵出渗透液槽中的渗透剂，通过喷淋装置将渗透液喷淋到工件上，然后将工件置于滴落架上待渗透液滴落到合适程度后进入下一道工序。也有采用浸泡方式的相关设备，有时还配有工件筐、液面标记、排液口及排渣口等辅助装置。

（3）乳化装置　采用浸泡方式的乳化装置一般包括储存乳化剂的乳化剂槽、增强乳化效果的搅拌器等。乳化时不应开动搅拌器，以免难以稳定地控制乳化效果。有时，也采用简易操作时的乳化剂喷枪等。

（4）清洗装置 清洗装置一般是格栅式，配有液面标记，即限位口及排水口等。人工清洗时一般采用喷枪清洗，自动清洗装置一般配有喷洗槽及多把喷枪，或者采用配有搅拌装置的清洗槽，这一般需要根据工件的具体结构特点来选择合适的清洗方式和装置。

（5）干燥装置 干燥装置一般采用热风系统，即由加热器、风扇及恒温控制系统等组成。

（6）显像装置 因显像的原理不同而不同。采用湿式显像剂时，与渗透装置相近，显像槽中安装有搅拌器，以便使显像剂均匀地涂覆于工件，也有气雾喷涂等方式。采用干粉显像剂时，可采用显像粉槽用于较小工件的滚动涂粉，还可以采用配有显像剂罐、喷枪或鼓风机的喷粉柜等用于较大型工件，也可以采用高效率的静电喷涂方式用于大型工件。采用荧光渗透剂时，显像装置还必须配有暗室及黑光灯等。

2. 专用式渗透检测装置

专用式渗透检测装置适用于某产品或某类产品的大批量、自动化及流水线式渗透检测，检测效率高，自动化程度较高，专业性强。通常根据产品的特点，如体积、重量、形状、材质以及上道工序和下道工序来规划和建设。专用式渗透检测装置的组成与固定式渗透检测装置组成类似，也要包括预清洗装置、渗透装置、乳化装置、清洗装置、干燥装置、显像装置及后处理装置等，但要根据产品和生产量特点来设计工装夹具、检测材料槽或罐的形状及容积等。

3. 便携式渗透检测装置

便携式渗透检测装置适用于野外或工地现场的随机、少量检测，以及体积或重量大的工件的局部检测，灵活方便。通常采用的是便携式小型压力喷罐方式，为了便携及操作简便，一般采用溶剂去除型着色渗透剂。通常有三种500mL或其他容量的喷罐，即渗透剂喷罐、溶剂清洗剂喷罐和溶剂悬浮型显像剂喷罐。根据使用量按渗透剂：显像剂：清洗剂为1：2：3统一包装市售。稍完整些的便携式渗透检测装置一般还配有清理工件表面用的金属刷、观察用的照明灯或黑光灯、涂抹渗透材料或清理表面用的毛刷等。为了便于人工按压喷嘴进行操作以及使得喷出的渗透检测材料均匀，喷罐内通常配有一定比例的乙烷、二氧化碳等气雾剂，因此要注意不要使喷罐靠近热源等高温物体。显像剂喷罐中，一般还配有一个小钢球便于摇晃均匀后喷出显像剂。

3.2.2 渗透检测材料

渗透检测材料是指渗透检测过程中使用的耗材，也称为渗透检测剂，主要包括渗透剂、乳化剂、清洗剂和显像剂。

1. 渗透剂

渗透剂是指具有极强渗透能力、很容易地渗入工件的表面开口缺陷中并含有染料或荧光物质以便指示缺陷的渗透检测材料。通常的渗透剂主要由荧光物质或着色染料和溶剂组成，但水洗型渗透剂中还含有乳化剂。荧光物质一般采用人眼敏感度最高的黄绿光荧光物质，着色染料几乎都是暗红色的，这是因为配以显像剂的白色背景可以得到高的对比度，而且大部分红色染料都有较高的溶解度。溶剂用于溶解加入的荧光物质和着色染料，同时其本身也具有渗透作用。由于溶解度与温度有关，为保证低温时的溶解度，一般还需加入一定量的助溶剂。

无论在工业应用还是军事应用，对渗透剂均有一系列的规定和要求，如毒性、闪点、表面润湿性、黏性、颜色或亮度、热稳定性、紫外线照射稳定性、耐水性、可清除性及腐蚀性等。

（1）对渗透剂的要求

1）理想的渗透剂应具有如下特点：

① 能容易地渗入工件表面开口的微细缺陷中。

② 即使是浅而宽的开口缺陷，渗透剂也不容易从缺陷中清洗出。

③ 不易挥发，不会很快地干结在工件表面上。

④ 容易清洗。

⑤ 易于被吸附到工件表面上来。

⑥ 扩展成薄膜时仍然有足够的颜色强度或荧光亮度。

⑦ 当暴露于热、光及紫外线下时，化学性能和物理性能稳定，有持久的荧光亮度或颜色强度。

⑧ 不受酸、碱影响。

⑨ 在存放和使用过程中，各种性能稳定，不分解、不沉淀、不浑浊。

⑩ 对检测对象无腐蚀性，无不良气味。

⑪ 闪点高，不易燃烧。

⑫ 成本低。

⑬ 无毒、不污染环境。

⑭ 对检测对象无害。

2）对渗透剂的基本要求如下：

① 容易铺展，可全部覆盖检测区域。

② 通过毛细作用可渗入到缺陷中。

③ 留在缺陷中但表面的容易去除。

④ 保持液态的性能，保证可从缺陷中被吸附到工件表面上来。

⑤ 高的颜色强度或高的发光强度以便观察。

⑥ 对检测对象、环境及检测者无害。

（2）渗透剂的分类　根据不同的分类方法，渗透剂有不同的种类。

1）按渗透剂所含的物质分类。渗透剂分为着色渗透剂、荧光渗透剂和两用渗透剂。着色渗透剂是指在溶剂液体中含有染料的渗透剂，染料一般为红色。荧光渗透剂是指在溶剂液体中含有荧光物质的渗透剂，可在 UV-A 紫外线激发下发出荧光。荧光渗透剂的视觉敏感度更高，但是着色渗透剂不需要黑光灯及暗室环境。两用渗透剂是指添加的染料既有颜色又有荧光效应，给出的显示既可以在可见光下又可以在 UV-A 辐射下进行观察的渗透剂。

2）按去除多余渗透剂的方式分类。渗透剂分为水洗型渗透剂，即 A 型渗透剂；后乳化型渗透剂，细分为亲油后乳化型即 B 型渗透剂和亲水后乳化型即 D 型渗透剂；溶剂去除型渗透剂，即 C 型渗透剂。A 型渗透剂配方中含有乳化剂，故也称为自乳化型。由于 A 型渗透剂内含乳化剂，因此满足渗透剂的驻留时间后即可直接用水去除。B 型渗透剂和 D 型渗透剂属于后乳化型渗透剂，后乳化型渗透剂既不溶于水也不能单独用水去除，需要施加乳化剂使渗透剂乳化充分后方可用水清洗来去除渗透剂。B 型渗透剂与油基乳化剂结合方可去除，

D型渗透剂与亲水性乳化剂结合方可去除，也就是B型和D型渗透剂需要用一个单独的乳化工艺环节后方可去除。C型渗透剂可用专用于该类渗透剂的化学清洗剂去除。后乳化型渗透剂中有时加入表面活性剂、改进渗透剂黏度和增加着色力的增光剂以及减小渗透剂挥发的抑制剂等。

3）按检测灵敏度分类。如美国军用标准MIL-I-25135和航天材料标准2644将荧光渗透剂分为Level½，即超低灵敏度渗透剂；Level 1，即低灵敏度渗透剂；Level 2，即中灵敏度渗透剂；Level 3，即高灵敏度渗透剂；Level 4，即超高灵敏度渗透剂。Level ½渗透剂和Level 1渗透剂适用于表面粗糙的零件，主要用于轻合金铸件。Level 2渗透剂适用于精密铸钢件。Level 3渗透剂适用于良好的加工面，如用于精密铸造涡轮叶片。Level 4渗透剂适用于特殊重要构件，如航空涡轮盘。着色渗透剂一般分为两级：Level 1，即普通灵敏度渗透剂；Level 2，即高灵敏度渗透剂。两用渗透剂一般没有灵敏度分级，可参考着色渗透剂。

4）按基础液体的种类分类。渗透剂分为水基渗透剂、油基渗透剂和醇基渗透剂。水基渗透剂一般要加入表面活性剂以便增强润湿性和渗透能力，成本低且灵敏度低，一般用于较低要求的渗透检测场合，最常用的是油基渗透剂和醇基渗透剂。

2. 去除剂

去除剂是指待渗透剂充分渗入缺陷中之后清除掉工件表面多余渗透剂的渗透检测材料。去除剂与渗透剂紧密相关，根据上述的渗透剂分类，去除剂主要是乳化剂和清洗剂。就乳化剂而言，在A型渗透剂中就含有乳化剂，喷洒在工件表面上多余的渗透剂可以直接用水去除；B型和D型渗透剂，需要单独的乳化剂，也即在渗透剂充分渗入工件表面缺陷之后，喷洒乳化剂使渗透剂充分乳化，然后用水清洗。清洗剂一般是有机溶剂，专用于直接去除C型渗透剂，不需要乳化过程，也不需用水清洗。

（1）乳化剂　乳化是指使一种物质稳定地分散在另一种物质中的作用。例如：油和水不相溶，但在油中加入某种物质后油珠便能很好地分散在水中，即油被乳化，所加入的物质就是乳化剂。乳化剂是指使得后乳化型渗透剂变成可水洗物质的渗透检测材料。可见，乳化剂的作用是乳化不溶于水的渗透剂，使其可以水洗。

水洗型渗透剂本身即含有乳化剂，该乳化剂可以吸附在水和油之间，以便降低油和水之间的表面张力，使其容易用水清洗。另外，乳化剂也有增溶染料的作用。溶剂去除型渗透剂的去除，不使用乳化剂。因此乳化剂的单独使用或者说在检测环节中需要乳化环节的渗透剂是B型和D型渗透剂，即亲油后乳化型渗透剂和亲水后乳化型渗透剂。

乳化剂分为油性乳化剂和水性乳化剂，分别用于乳化B型渗透剂和D型渗透剂。油性乳化剂是一类油性混合溶液，是油包水型，即将水分散在油中，可使表面多余的渗透剂产生乳化，使其变为可水洗。水性乳化剂是一类水性混合溶液，是水包油型，即将油分散在水中，使工件表面多余的渗透剂产生乳化，使其变为可水洗。

（2）清洗剂　清洗剂是指用以去除工件表面多余渗透剂的化学溶剂类渗透检测材料。

水洗型渗透剂的清洗采用水，后乳化型渗透剂经乳化环节后也是用水清洗，因此渗透检测中所谓的清洗剂通常专指配合溶剂去除型渗透剂使用的有机溶剂，如丙酮、酒精及三氯乙烯等。

3. 显像剂

显像剂是指具有充分吸出缺陷内渗透剂并使其具有铺散的性能以便缺陷显示的渗透检测

材料。除了上述作用外，着色渗透检测用显像剂还可提供高对比度的背景，以便提高检测灵敏度。

（1）显像剂的显像原理　显像剂中包含微米级的微细粉末，当粉末覆盖在工件表面的缺陷上方时，粉末间形成毛细间隙，通过毛细作用将缺陷中的渗透剂吸出到工件表面上来。如果是荧光渗透检测用显像剂，则很快就可以在暗室中用黑光灯激发荧光来显示缺陷。如果是着色渗透检测用显像剂，在将渗透剂吸出到工件表面的基础上，经历一定的时间，白色粉末之间的毛细作用可使红色渗透剂进一步扩散，便在白色显像剂粉末的基底上形成远大于缺陷开口间隙宽度的红色缺陷痕迹，形成高对比度而易于观察的缺陷显示。

（2）显像剂应具备的性能

1）吸湿能力强，显示速度快，易于被缺陷内残存的渗透剂所润湿。

2）易于在被检表面形成薄而均匀的覆盖层，能尽量多地遮住被检表面光泽和颜色。

3）颗粒细微，能将缺陷处微量的渗透剂扩展到尽量大的范围，并能保证轮廓清晰。

4）在黑光照射下，不发出荧光，不减弱荧光物质的亮度。

5）对着色染料无消色作用，能保持最佳的颜色对比度。

6）对人体、工件及其容器无害。

7）使用方便，易于去除。

（3）显像剂种类　根据显像剂的使用特点，显像剂主要分为干式显像剂和湿式显像剂。

1）干式显像剂。主要是干粉显像剂，一般常与荧光渗透剂配合使用，通常是使用喷枪施加于干燥的工件表面，适用于螺纹及粗糙表面工件。为了提供高的吸附渗透剂的功能，干粉粉末粒度一般为1~3μm，并且应干燥、松散、轻质及不结块，吸水吸油性强，在工件表面的附着性强等。为了提供高的显示对比度，应采用白色粉末。通常采用白色无机盐粉末，如氧化镁、碳酸镁、氧化锌及氧化钛粉末等。有时加入少量的有机颜料或有机纤维素，可以减小白色背景对黑光的反射，提高显示的对比度和清晰度。

2）湿式显像剂。湿式显像剂主要是水悬浮型、水溶解型、溶剂悬浮型和溶剂溶解型，共四种，但溶剂溶解型湿式显像剂很少使用。水基湿式显像剂通常以干粉状态供货，可溶于水或悬浮于水，现场加水配制后使用，其配制浓度、使用及保存应遵守生产厂家说明书的规定。非水基湿式显像剂一般是将显像剂粉末悬浮于非水的溶剂性载体中并以此状态供货，便于在供货状态下使用。干燥后，非水的湿式显像剂在工件表面上形成一层涂层，作为起显像作用的基底。

① 水悬浮型湿式显像剂。它是干式显像剂与水按最佳比例，即每升水中加入30~100g干式显像剂配制而成的悬浮液体。如果粉末浓度过大则在工件表面形成的显示薄膜厚度过大，这样不仅对显示细小缺陷不利，还容易掩盖缺陷，而且不利于检测结束后的清除。此外，一般再加入一定量的其他物质来改善显像剂的工艺性能。加入润湿剂，来改善显像剂对工件表面的润湿性以便显像剂铺散；加入消泡剂，防止形成气泡使得粉末均匀；加入分散剂，防止粉末沉淀和结块；加入限制剂，防止缺陷显示无限制地扩散，保证显示的轮廓清晰和分辨力；加入防锈剂，防止对工件的腐蚀。

② 水溶解型湿式显像剂。将显像粉末溶解在水中而制成的溶液，克服了水悬浮型湿式显像剂容易沉淀和结块的缺点，但仍然要加入润湿剂、消泡剂、限制剂和防锈剂，此外一般还要加入助溶剂。

水溶解型和水悬浮型湿式显像剂，当水蒸发后形成显像薄膜。常用喷射方法施加，检测表面可干可湿；有时也可采用浸、浇、刷等方法涂覆。为了提高显像效率，可采用快速干燥方法，即在20~24℃的热空气中进行烘干操作。水悬浮型湿式显像剂槽中一般还应配备搅拌装置使其粉末均匀。

③ 溶剂悬浮型湿式显像剂。它是用显像粉末与易挥发的有机溶剂配制而成的悬浮液体。常用的有机溶剂有乙醇、丙酮及二甲苯等。此外，通常加入限制剂控制显像范围的过渡扩大，加入稀释剂防止黏度过大并增加限制剂的溶解度。由于挥发快故又称为快干式显像剂。一方面，溶剂的吸附力强，在挥发过程中不断地将渗透剂吸附上来；另一方面，由于挥发快，形成的显示扩散小而轮廓清晰，灵敏度较高。溶剂悬浮型湿式显像剂，一般用挥发性溶剂而且用喷罐，非常便携。在使用前需要充分摇动喷罐，利用罐内的钢球使粉末均匀后再喷出。一般不必在喷洒显像剂后采取强制干燥措施，但通常在喷洒前需要干燥的检测表面。

美国的 AMS 2644 标准和 MIL-I-25135 标准，将显像剂分为六类：干粉类、水溶液类、水悬液类、非水溶剂荧光类、非水溶剂染料类及专用类。其中，前五类显像剂基本与上述分类相同。专用类的显像剂，如液膜显像剂，是树脂或高分子聚合物在适当载体中的溶液或胶体悬浮液，可在工件表面上形成一种透明或半透明的涂层。而且，可将显像剂膜从工件表面剥下作为记录保存。

对渗透检测材料，根据具体的检测对象还有一些特殊要求。例如：如果工件是镍基合金材料，则渗透检测材料中硫的总质量分数应少于0.02%，而且一定量的渗透检测材料，其蒸发或挥发后残留物中硫的质量分数一般不应超过1%。对于奥氏体钢和钛及钛合金材料的工件，渗透检测材料中的氯、氟等卤族元素占总含量的质量分数应少于0.02%，而且一定量的渗透检测材料，其蒸发或挥发后残留物中的氯、氟元素含量的质量分数一般不应超过1%。

3.2.3 渗透检测辅助器具

1. 参考试块

参考试块，也称为对比试块。使用参考试块的主要目的是检验在相同条件下渗透检测材料的性能及显示缺陷痕迹的能力。具体而言，参考试块的用途为：灵敏度测定；工艺试验，用以确定工艺参数如渗透时间、乳化时间等；渗透材料质量检验；评定渗透检测系统。

渗透检测试块，虽然有自然缺陷试块及陶器专用试块等，但最常用的渗透检测试块主要有三种，根据机械行业标准 JB/T 6064—2015《无损检测　渗透试块通用规范》，有 A 型试块，即铝合金淬火裂纹参考试块；B 型试块，即镀铬辐射裂纹参考试块；C 型试块，即镀镍铬横裂纹参考试块。

（1）A 型试块　材料采用的是2A12或类似的铝合金板材。为了正确使用 A 型试块，简单介绍其制作过程如下：

1）从厚度为10mm±1mm 的2A12或类似的铝合金板材中，裁切出尺寸为（76mm±0.1mm）×(50mm±0.1mm）的板，并使长度为76mm 的边沿着板材轧制方向进行裁切。

2）将试块的某一面加工成表面粗糙度 Ra 为1.2~2.5μm，并在该面的正中心用喷灯或其他适宜方法加热至510~530℃并保持温度约4min 后在水中急冷淬火，使其产生宽度和深度不同的许多淬火裂纹。

3）为了使用方便，将淬火后的试板分割成两部分或两块，分别称为 A、B，并应予以标注，如图 3-6 和图 3-7 所示。分割为两部分时，分割槽口可为矩形也可为 60°V 形。

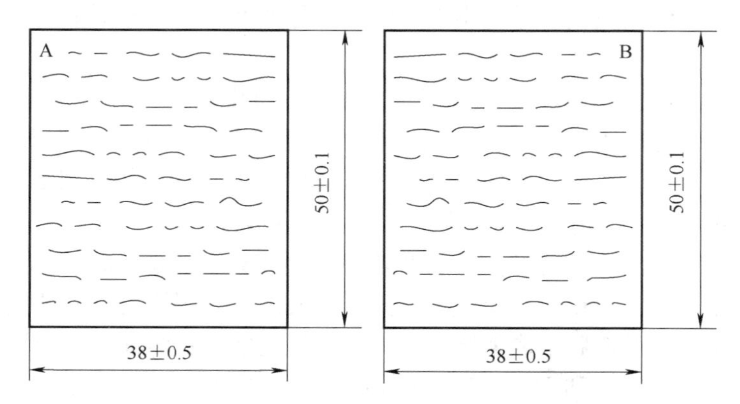

图 3-6　分割成两块的 A 型试块

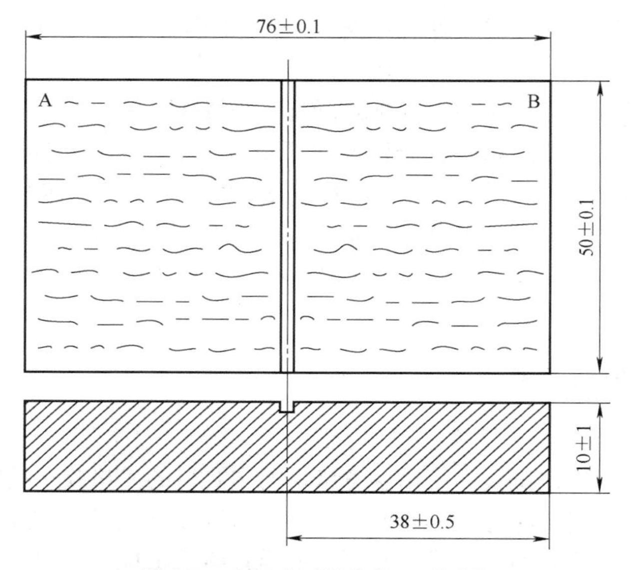

图 3-7　分割成两部分的 A 型试块

制作合格的标准为：试块的 A、B 两表面上应有无规则分布的宽度在 3μm 以下、3 ~ 5μm 和大于 5μm 的开口裂纹，并且在单个表面上的裂纹总数不应少于 4 条，其中应至少有两条宽度不大于 3μm 的开口裂纹，试块的 A、B 两个表面上的裂纹分布应大致相似。

分割成近似的两部分或两块，是为了对比测试两种渗透检测材料的性能优劣或是检验渗透检测材料是否能够满足检测要求。A 型试块的优点是制作简单，类似自然裂纹，并且在同一试块上有不同尺寸的各种裂纹，其缺点是裂纹尺寸不可控，而且由于裂纹尺寸往往较大，因此仅适用于低中灵敏度测试，不能用于高灵敏度渗透剂的性能检验。

（2）B 型试块　B 型试块有两块，即：三点式 B 型试块，简称为 B3 型试块；五点式 B 型试块，简称为 B5 型试块。两种试块的形状及尺寸如图 3-8 和图 3-9 所示。

B3 型试块的材料是 321 型不锈钢或其他适当的奥氏体不锈钢。由图 3-8 可见，其长度、

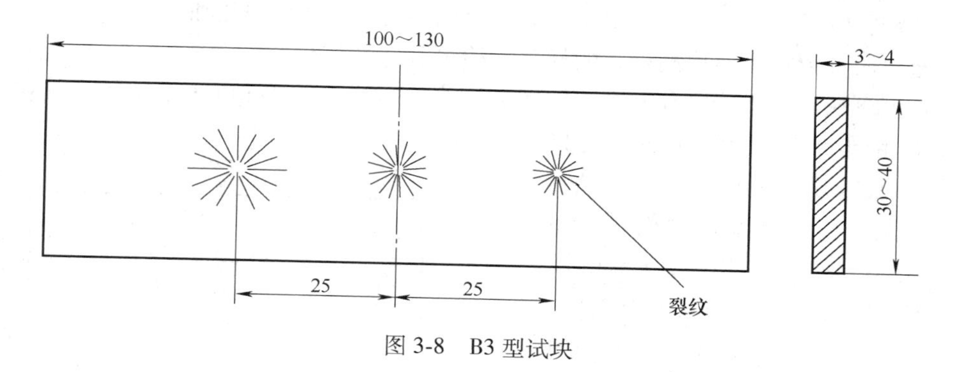

图 3-8 B3 型试块

宽度和厚度尺寸均为一定的范围，推荐尺寸是 100mm×35mm×4mm。在试块的某一面有厚度不大于 150μm 的镀铬层，并在镀铬层的中间有相距约 25mm、人眼不易发现、从大到小、裂纹区长径差别明显的三个辐射状裂纹。这三个辐射状裂纹是在镀铬层背面以 ϕ12mm 钢球用布氏硬度计依次施加 12.5kN、10kN 和 7.5kN 的载荷后形成的。裂纹由大到小编号为 1#、2#和 3#。

B5 型试块的材料与 B3 型试块相似。由图 3-9 可见，试块的某一面被分为两个区域，宽度为 57mm 的区域进行了喷砂处理，其表面粗糙度 *Ra* 为 1.2～2.5μm；宽度为 45mm 的区域有厚度不大于 150μm 的镀铬层，其表面粗糙度 *Ra* 为 0.63～1.25μm。在镀铬层的中间有相距约 25mm、人眼不易发现、从大到小、裂纹区长径差别明显的五个辐射状裂纹。这五个辐射状裂纹是在镀铬层背面用布氏硬度计依次施加由大到小的载荷后形成的，其裂纹区长径依次应在如下范围：5.5～6.3mm、3.7～4.5mm、2.7～3.5mm、1.6～2.4mm 及 0.8～1.6mm。并在靠近试块最大裂纹区一端有一个 ϕ6mm 的通孔。裂纹由大到小编号为 1#、2#、3#、4#和 5#。

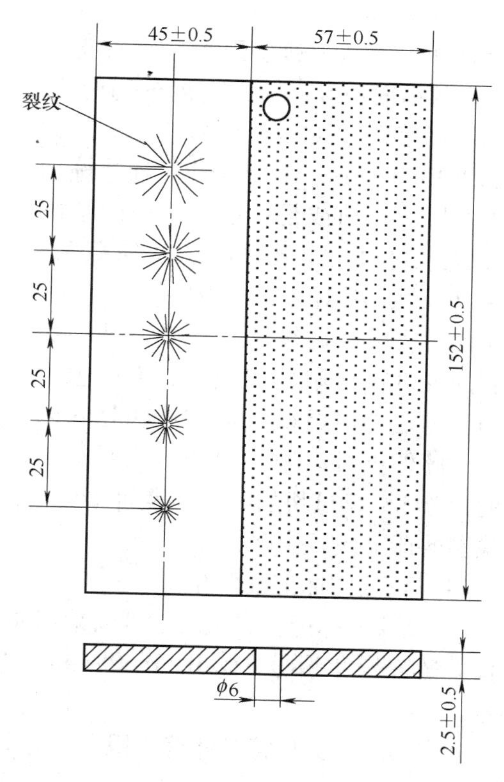

图 3-9 B5 型试块

由于 B 型试块的裂纹微细、裂纹深度由镀铬层厚度决定而且有大小不同的裂纹，因此主要用于检验渗透检测材料系统的灵敏度以及校验检测工艺的正确性。与 A 型试块的 A、B 试块对照不同，B 型试块裂纹显示的对比参照物是标准工艺的参考图片或照片。因此，不便于比较不同渗透材料或不同渗透检测工艺方法灵敏度的优劣。B3 型试块适用于低、中和高灵敏度检验，如 1 级灵敏度即低灵敏度应能显示出 1#和 2#裂纹，但 2#裂纹显示可以不完整；2 级灵敏度即中级灵敏度应能显示出 1#、2#和 3#裂纹，但 3#裂纹显示可以不完整；3 级灵敏度即高灵敏度应能全部完整显示出1#、2#和3#裂纹。B5型试块适用于中、高及超高灵敏度，因此通常用于荧光渗透检测材料的检验及检测工艺性的校验。

（3）C型试块　C型试块有3块，分别简称为C1型、C2型和C3型试块，其材料、形状及尺寸均相同，但其上的镀层厚度和裂纹尺寸不同，如图3-10所示。

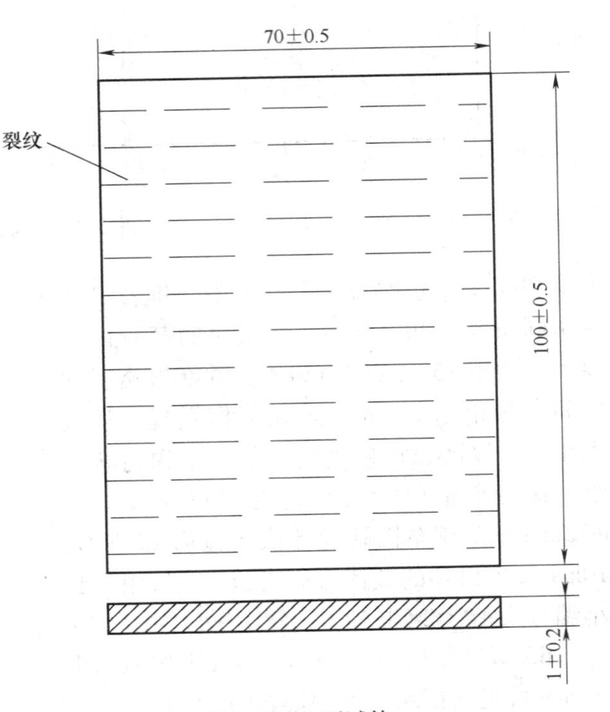

图3-10　C型试块

采用黄铜或奥氏体不锈钢板材，在C1型试块的某一面上有40～50μm的镀镍层，在C2型试块的某一面上有20～30μm的镀镍层，在C3型试块的某一面上有10～13μm的镀镍层，在镀镍层之上3个试块均有约1μm的镀铬层。在镀层上有许多深度为镀层厚度并垂直于长度方向的横向裂纹，裂纹宽度分别为C1型试块4～5μm，C2型试块2～3μm，C3型试块1～1.3μm。这些裂纹是通过施加适当的拉伸载荷或是镀层为凸面的弯曲载荷后产生的。如果是施加弯曲载荷，当裂纹产生后需对弯曲试块整平。

C型试块的裂纹非常微细，与渗透检测的灵敏度极限比较接近，因此主要应用于测定超高灵敏度渗透检测材料的性能，此外也可以用于渗透检测系统性能的检验。C型试块的缺点是表面非常光洁，因此清除多余渗透剂非常容易，但这与实际渗透检测的情况差异较大。

（4）试块的标记及保存

1）试块的标记。在试块上可以采用如下标记格式中的一种：①渗透试块　JB/T 6064-试块类型符号和编号；②JB/T 6064-试块类型符号和编号；③渗透试块-试块类型符号和编号。

其中，试块类型符号和编号用大写英文字母加数字来表示，见表3-3。

表3-3　渗透检测试块类型符号和编号

试块名称	类型符号和编号
A型试块	A
三点式B型试块	B3
五点式B型试块	B5
1#C型试块	C1
2#C型试块	C2
3#C型试块	C3

例如：标记为“渗透试块　JB/T 6064-B3”的试块表明是符合JB/T 6064标准的渗透检

测用三点式B型试块。

2）试块的保存。所有的上述A型、B型及C型试块上的裂纹都是微细裂纹，如果裂纹开口被堵塞则失去了其应有的测试渗透检测系统性能或检测灵敏度的功能，因此应采取适当的措施予以保存。在通常情况下，使用试块结束后应及时用丙酮彻底清除干净试块上残余的渗透检测材料，并浸泡在盛有丙酮或是体积比为1：1的丙酮和无水乙醇的混合液的密闭容器中30min，取出干燥后保存至下次使用。在特殊情况下，如反复使用多次后，必要时可以用水煮沸半小时并在100℃左右热空气下干燥15min，然后再采取上述方法处理后保存。

（5）其他参考试块　GB/T 18851.3—2008《无损检测　渗透检测　第3部分：参考试块》标准中给出了类似的两种参考试块：1型参考试块和2型参考试块。

1）1型参考试块。1型参考试块用于确定着色渗透和荧光渗透检测材料族的灵敏度等级，由4块试块组成，与C型试块的制作相似。参考图3-10，采用（100mm±1mm）×（35mm±1mm）×（2mm±0.1mm）的黄铜板，在黄铜板的某一面均匀镀上镍铬层，4块试块的镀层厚度分别为10μm、20μm、30μm和50μm，通过沿长度为100mm的方向拉伸，形成与长度100mm方向垂直、深宽比约为20：1的横向连续裂纹。

2）2型参考试块。2型参考试块用于评定着色渗透和荧光渗透检测材料族的性能，与B5型试块类似，其形状与尺寸如图3-11所示。

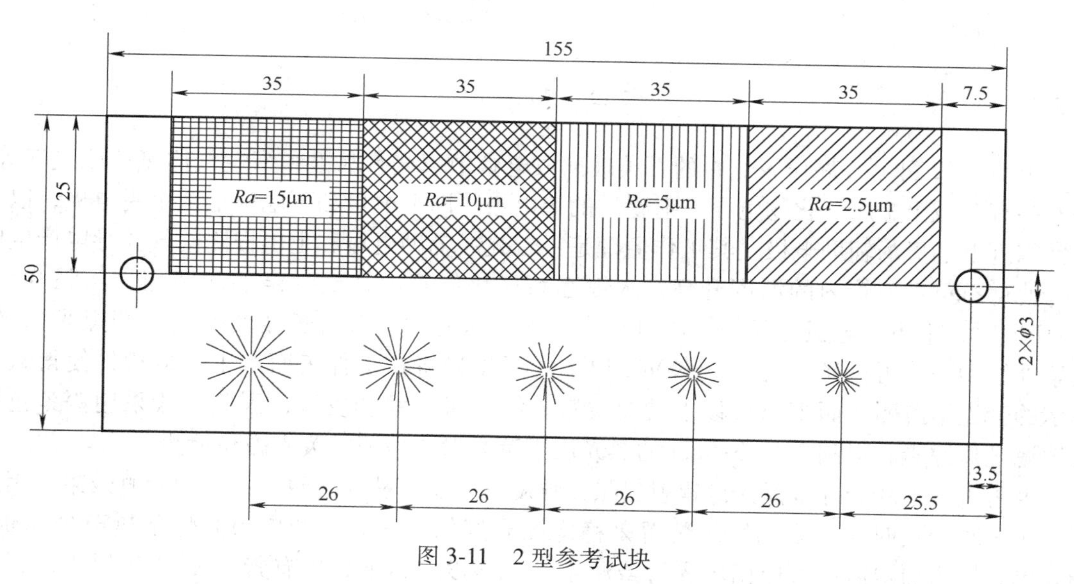

图3-11　2型参考试块

图3-11中尺寸误差均为±10%。材料为2.5mm厚的316LN或316L板。4个相邻的35mm×25mm区域具有不同的表面粗糙度，用于检验渗透剂的可水洗性和去除剂的去除性能，还可以校验去除工件表面多余渗透剂的工艺是否妥当，如乳化时间、水温及水压控制等。其中Ra=2.5μm区域用喷砂工艺制备，其他区域可用电腐蚀工艺制备。在另外半区，电镀一层厚度为60μm±3μm的镍，再在其上电镀一层厚度为0.5～1.5μm的铬，然后在405℃下加热70min，使镀层硬度达到$HV_{0.3}$=900～1000，镀层表面粗糙度Ra=1.2～1.6μm。在镀层的背面，分别在2.0kN、3.5kN、5.0kN、6.5kN和8.0kN载荷下，用半球状压头在镀层中压出裂纹，裂纹区域的典型直径分别为3mm、3.5mm、4mm、4.5mm和5.5mm。

2. 黑光灯

黑光灯发出称为黑光的波长范围为 315~400nm、峰值波长约为 365nm 的紫外线，即 UV-A，用于荧光渗透检测时激发荧光物质发出荧光，以便显示缺陷。

黑光灯主要由镇流器、高压汞灯和紫外线滤光片组成，如图 3-12 所示。

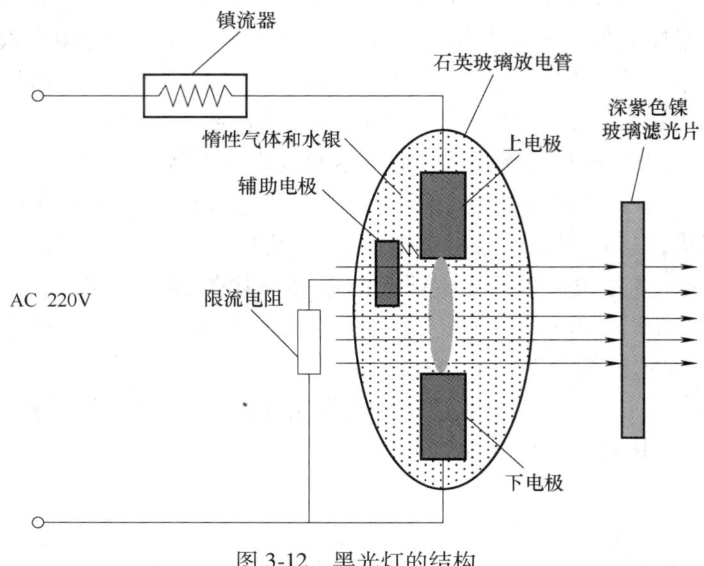

图 3-12　黑光灯的结构

由图 3-12 可见，高压汞灯中的石英玻璃放电管中填充有水银和惰性气体氖气或氩气等，并安装有含碱土金属氧化物电子发射物质的钨电极，即上电极和下电极这两个主电极，以及非常靠近上电极的辅助电极。其工作原理是：首先，辅助电极和上电极之间气体导电产生电弧，使得石英玻璃管内的温度升高，水银逐渐气化使管内达到一定的水银蒸气压强 0.4~0.5MPa 时，上下主电极之间气体放电形成电弧，弧光中包含着长波紫外线（即黑光）、短波紫外线和一些可见光。波长在 390nm 以上的可见光将在工件表面产生不良背景使得缺陷显示的荧光不鲜明，而 330nm 以下的短波紫外线伤害人眼和皮肤，因此一般采用深紫色镍玻璃滤光片滤光，得到 330~390nm 的黑光用于荧光渗透检测或荧光磁粉检测。

因为电压下降会导致黑光灯辐射出黑光强度的减弱，从而导致不一致的检测效果，因此当电压波动较大时，应采用恒压装置来稳定黑光灯的电压。应开启黑光灯预热至少 5min，待其黑光辐出稳定后方可使用黑光灯或测定黑光强度。目前，也有紫外 LED 型黑光灯，不仅光效高而且体积小、重量轻、寿命长。

除了参考试块和黑光灯之外，渗透检测有时还使用如下辅助器具：黑光辐照度计，用于测量黑光的辐照度，其测量波长范围应至少在 315~400nm 之内，峰值波长约为 365nm；光照度计，用于测量工件表面的可见光照度；荧光亮度计，用于测量渗透剂的荧光亮度，其波长应在 430~600nm 范围，峰值波长在 500~520nm。

3.3　渗透检测工艺

渗透检测的基本工艺流程如图 3-13 所示。

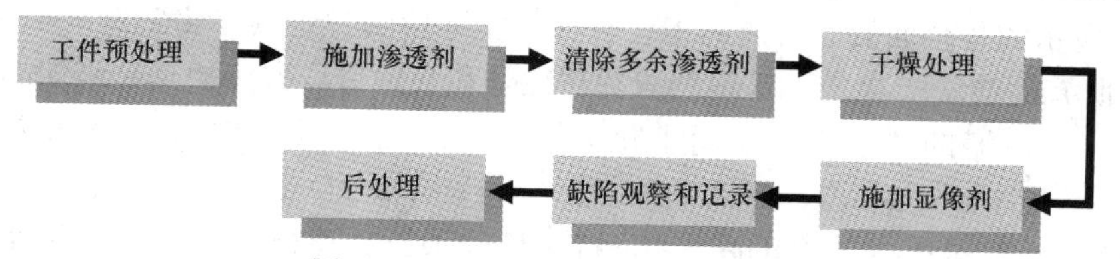

图 3-13　渗透检测的基本工艺流程

渗透检测的基本工艺流程主要包括工件的表面清整、干燥等预处理，施加渗透剂进行渗透，去除表面多余的渗透剂，工件表面的干燥处理，施加显像剂显像，缺陷痕迹观察、测量和记录，最后是对工件的后处理。

渗透检测具体而全面的工艺过程及手段如图 3-14 所示。

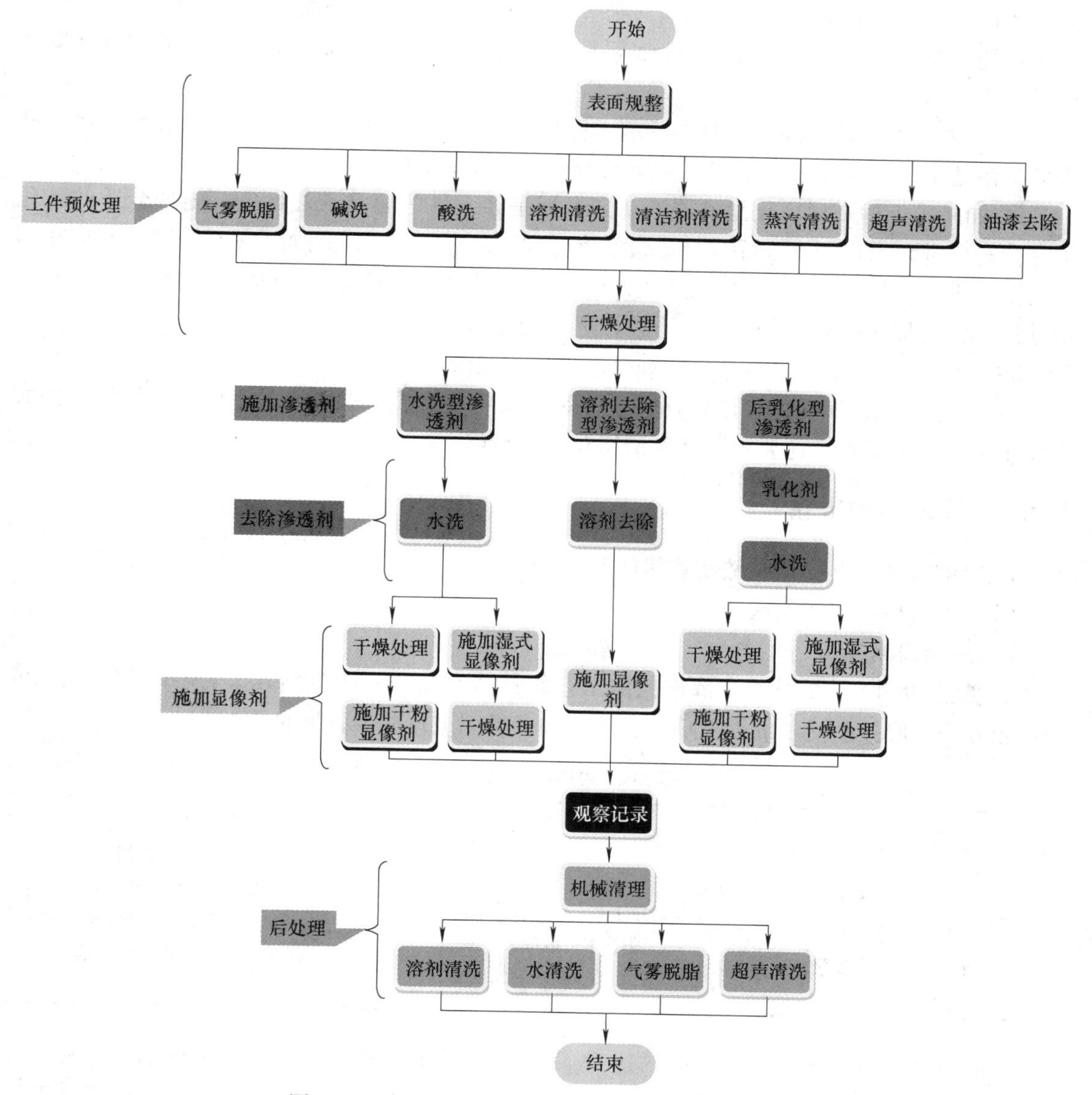

图 3-14　渗透检测具体而全面的工艺过程及手段

图3-14所示的是全面的、可能的工艺过程，实际检测时应具体化。例如：预处理环节，不可能执行所有的清洗步骤，而且超声清洗往往是和某种清洗方法相复合施加的，如酸洗液中清洗时施加超声振动，本质上应属于化学清洗法或是机械-化学复合清洗法。具体详述如下。

1）根据工件表面状态，有可能需要进行机械清理，如焊接飞溅等需要用扁铲或角磨机清理。如果是机械加工如磨削后的光洁表面则不需要该步骤。然后根据工件表面的污染物选择对应的清洗方法并干燥，如根据表面是否有油脂或油漆面覆盖等，可以采用蒸气脱脂或溶剂脱漆等化学法清除，油漆也可在第一步采用机械法清理。

2）待工件表面彻底干燥后，施加渗透剂进行渗透。

① 如果施加的是水洗型渗透剂，则保持充分的驻留时间后，即可用水清洗去除工件表面的渗透剂。如果欲施加干粉显像剂，则应在用水清洗并进行干燥处理后施加干粉显像剂。如果欲施加湿式显像剂，则在用水清洗后不必干燥处理可直接施加显像剂，然后进行干燥处理进行显像。

② 如果施加的是溶剂去除型渗透剂，则保持充分的驻留时间后，即可用溶剂去除工件表面的渗透剂，待挥发干净后即可施加干粉显像剂或湿式显像剂。

③ 如果施加的是后乳化型渗透剂，则根据是亲水性的还是亲油性的，施加合适的乳化剂并待充分乳化后再用水去除表面多余的渗透剂。然后，如果欲施加干粉显像剂，则应在用水清洗并进行干燥处理后施加干粉显像剂。如果欲施加湿式显像剂，则在用水清洗后不必干燥处理直接施加显像剂，然后进行干燥处理进行显像。

3）待显像后，对缺陷痕迹进行观察、分析和记录。

4）如果必要，如显像剂比较难以去除则可以采用擦拭等机械方法清理。如果对工件表面质量有较高的要求，还要采取各种清脂及清洗措施。

3.3.1 检测前的准备

1. 检测方法的选择及灵敏度等级的确定

（1）渗透检测方法及选择

1）渗透检测方法

① 渗透检测方法的分类。渗透检测工艺因具体实施的渗透检测方法的不同而不同。渗透检测方法一般按照使用的渗透剂、去除剂和显像剂进行分类，见表3-4。

表3-4 渗透检测方法的分类

渗透剂	去除剂	显像剂
Ⅰ型：荧光渗透剂 Ⅱ型：着色渗透剂 Ⅲ型：两用渗透剂	方法A：水洗型 方法B：亲油后乳化型 方法C：溶剂去除型 方法D：亲水后乳化型	a：干粉型显像剂 b：水溶解型湿式显像剂 c：水悬浮型湿式显像剂 d：溶剂悬浮型湿式显像剂 e：自显像

某种具体的渗透检测方法可以描述为，如ⅠAa采用的是水洗型荧光渗透剂及干粉显像方法。但在实际渗透检测中，并非所有工艺方法均得到应用，如后乳化型的着色渗透方法

（即ⅡB和ⅡD）就几乎不使用。此外，Ⅲ型渗透剂或是e型显像方法也很少使用。

② 不同渗透检测方法的优缺点。ⅠA法、ⅠB法、ⅠC法和ⅠD法相比，ⅠA法的优点是易水洗、速度快，适用于表面粗糙和形状复杂的工件，而且成本低、荧光亮度高；缺点是灵敏度低、容易冲洗过度，也易受到污染，检测结果的重复性较差。ⅠB法和ⅠD法的优点是亮度高，易于检测微细缺陷，灵敏度高，可以检测浅而宽的缺陷，检测结果的重复性好；缺点是操作周期相对较长，成本较高、清洗困难，不适用于粗糙的工件表面和大型工件的检测。ⅠC法的优点是操作简单，适用于大型工件的局部检测和无水场合的检测；缺点是溶剂相对而言易燃，而且挥发出难闻气味等，也不适用于粗糙工件表面的检测。

ⅡA法和ⅡC法相比，ⅡA法的优点是适用于表面粗糙、不允许接触油的工件，操作简单、成本低；缺点是灵敏度低，不易检测微细缺陷，也容易漏检浅而宽的缺陷。ⅡC法的优点是适用于野外现场检测和大型工件的局部检测，大多采用喷罐方式，便携、灵活、方便；缺点是成本较高，不适用于大批量或大面积的检测，去除多余的渗透剂时容易将浅而宽的表面缺陷中的渗透剂去除。

不同的显像剂也适用于不同的检测对象和条件，因此其不同的检测方法也各有其适用性和优缺点。例如，a方法不能有效地吸附在非常光滑的表面上，在粗糙表面上效果较好，而b、c、d湿式显像剂法正相反，可以有效地显示细微裂纹，但对浅而宽的表面缺陷显示效果较差。

2）选择渗透检测方法的基本原则如下：

① 应满足检测缺陷类型和检测灵敏度的要求，并在此基础上根据工件表面粗糙度、检测批量大小和检测现场的水源、电源等条件来选择确定。

② 对于表面光洁且检测灵敏度要求高的工件，宜优先采用检测灵敏度高的后乳化型荧光渗透检测方法，也可采用溶剂去除型荧光渗透检测方法。

③ 对于表面粗糙且检测灵敏度要求较低的工件，宜采用最方便的水洗型着色渗透检测方法或水洗型荧光渗透检测方法。

④ 对于现场无水源和电源的渗透检测，宜采用不使用水和电的溶剂去除型着色渗透检测方法。

⑤ 对于大批量或大型工件的检测，宜优先采用低成本且方便的水洗型着色渗透检测方法，也宜选择水洗型荧光渗透检测方法。

⑥ 对于大型工件的局部检测，宜采用溶剂去除型着色渗透检测方法或溶剂去除型荧光渗透检测方法。

3）选择渗透剂的基本原则。采用何种渗透剂，对渗透检测而言最为重要。选择渗透剂的基本原则是，对于疲劳裂纹、磨削裂纹、微细裂纹或者表面光洁的工件，宜选择后乳化型荧光渗透剂；对于大型工件的局部检测，宜选用溶剂去除型荧光或着色渗透剂；对于表面粗糙的工件，宜选择水洗型荧光渗透剂。

不同的渗透剂适用于不同的检测对象和条件，因此不同的检测方法各有其适用性和优缺点。着色渗透检测和荧光渗透检测相比，着色渗透检测的优点是只需日光下即可检测而且不需要电源，但荧光渗透检测必须使用暗室及电源。荧光渗透检测的优点是灵敏度更高，有利于检测出更细小的缺陷。荧光渗透检测的灵敏度主要取决于工艺过程中渗透剂保留在各种尺寸缺陷中的能力、显像剂的回吸能力和由荧光产生的缺陷显示。

4）选择指南。相对于其他四种常规无损检测方法，渗透检测方法比较复杂，影响因素较多。例如，由于不同厂家生产的渗透检测材料的化学成分会有差别，因此在检测中一般应选用同一厂家的产品；再如，具体检测方法和工艺参数，如表面预清洗、渗透时间、表面多余渗透剂的去除方法等，要根据所采用的具体渗透检测材料、工件特点（即大小、性质、表面状态、材料种类）和可能的缺陷性质（即类型、位置、形状、尺寸、方向、数量及分布特点）来确定。

一般情况下，可以参考表3-5进行具体检测方法的选择。

表3-5 渗透检测方法的优先选择指南

对象或条件		渗透剂	显像剂
缺陷	浅而宽的缺陷、细微缺陷	ⅠB	b、c、d
	深度为30μm及以上的缺陷	ⅠA、ⅡA、ⅠC、ⅡC	a、b、c、d
	密集缺陷或观察缺陷表面形状	ⅠA、ⅠB	a
工件	批量连续检测	ⅠA、ⅠB	a、b、c、d
	不定期及局部检测	ⅠC、ⅡC	b、c、d
工件表面状态	表面粗糙的铸、锻件	ⅠA、ⅡA	a、b、c、d、e
	中等表面粗糙度的精密铸件	ⅠA、ⅠB	a
	车削加工表面	ⅠA、ⅡA、ⅠB、ⅡC	a、b、c、d
	磨削加工表面	ⅠB、ⅡC	b、c、d
	螺纹、键槽等拐角处	ⅠA、ⅡA	a
	焊缝及其他缓起伏的凹凸面	ⅠA、ⅡA、ⅠC、ⅡC	a、b、c、d
设备条件	有场地、水、电、气、暗室	ⅠA、ⅠB	a、b、c、d
	无水、电，现场检测	ⅡC	b、c、d
其他	要求重复检测（≤6次）	ⅡC、ⅠB	a、b、c、d
	泄漏检测	ⅠA、ⅠB	a、b、c、d、e

（2）灵敏度等级的确定 渗透检测的灵敏度与渗透检测材料的性能（如渗透剂的渗透能力）、检测设备的性能（如黑光灯的发光特性）、具体的检测工艺（如采用的具体检测方法）、检测的环境条件（如是否是野外现场检测、温度、气压等），以及被检工件和缺陷的特点（如工件的形状复杂程度、缺陷的深宽比等）相关。

灵敏度等级与具体的检测方法关系很大。当选择某一具体的检测方法后，应根据规范、标准或其他技术文件的要求，对检测方法是否能够满足灵敏度的要求予以评定。我国承压设备渗透检测的灵敏度等级一般分为A级、B级和C级，其中C级灵敏度最高。灵敏度等级的具体要求为三点式镀铬试块上需要显示的裂纹区的个数，见表3-6。

表3-6 渗透检测灵敏度等级的条件

渗透检测的灵敏度等级	必须显示的裂纹区的个数
A级	1~2
B级	2~3
C级	3

通常采用A、B级灵敏度进行渗透检测。C级灵敏度一般可用于采用高强度钢或对裂纹敏感的材料制造的在用承压设备的渗透检测或者长期工作在腐蚀介质下有可能产生应力腐蚀裂纹或疲劳裂纹的场合。

2. 检测时机、温度及安全要求

（1）检测时机　首先，对于焊接接头的渗透检测应在焊接完工后或焊接工序完成后进行。对有延迟裂纹倾向的材料，应在焊接完成至少24h后进行焊接接头的渗透检测。其次，紧固件和锻件的渗透检测一般应安排在最终热处理之后进行。再次，对于欲进行表面处理的工件，渗透检测总是要尽量安排在表面处理工艺之前，如喷丸、喷砂及涂漆等之前。最后，对于需要机械加工或热处理的工件，一般应在这些工序之后进行渗透检测。

（2）检测温度　NB/T 47013.5—2015《承压设备无损检测　第5部分：渗透检测》中规定，渗透检测时渗透检测材料以及工件表面的温度应在5～50℃，而ASME BPVC.V的《无损检测》中规定的是4～52℃。如果温度超出该范围，则渗透材料的黏度、流动性等与检测性能密切相关的性能发生较大变化，将在很大程度上影响检测过程和检测结果。因此，必须经工艺评定试验后，才可进行渗透检测。

通常采用A型试块进行评定试验。如果是在低于5℃的温度条件下进行渗透检测，则在试块和所有使用到的渗透检测材料均降到实际检测时的温度后，将拟采用的低温检测工艺施行于B区，并在A区用标准方法进行渗透检测，然后比较A、B两区的裂纹显示痕迹。如果显示痕迹基本相同，则认为是可行的。如果是在高于50℃的温度条件下进行渗透检测，则需将B区加热并在整个检测过程中保持这一温度，将拟采用的检测工艺施行于B区，并在A区用标准方法进行渗透检测，然后比较A、B两区的裂纹显示痕迹。如果显示痕迹基本相同，则认为是可行的。

（3）安全要求　渗透检测材料可能是有毒有害、易燃易爆和挥发性的，因此应注意安全防护，并应遵循国家和地方颁布的有关安全卫生及环保法规或条例的规定。渗透检测通常应该在通风良好或开阔的场地进行。当在有限空间或使用黑光灯进行检测时，应佩戴防护器具。

3. 工艺评定及仪器校验

我国的做法是，在首次应用操作指导书之前应对其进行工艺评定。在使用新的渗透检测材料、改变或替换渗透检测材料的类型或操作规程时，实施检测操作前应该用镀铬试块进行试验，以检验渗透检测材料系统灵敏度及操作工艺的正确性。通常情况下，每周均应使用镀铬试块检验渗透检测材料系统灵敏度及操作工艺的正确性。检测前、检测过程中或检测结束后认为必要时应随时检验。在室内固定场所进行检测时，应定期测定检测环境可见光照度和工件表面的黑光辐照度。黑光灯、黑光辐照度计、荧光亮度计和光照度计等仪器应按相关规定进行定期校验。

ASME BPVC.V的《无损检测》规定，渗透检测应制订工艺规程并按其执行渗透检测。渗透检测工艺规程至少要包含对表3-7中工艺要求的描述，并确定一个单一的数值或数值范围。工艺要求分为重要变素和非重要变素，如果重要变素发生变化，则必须重新对工艺进行评定并重新编制工艺规程。如果非重要变素发生变化，则可不重新进行工艺评定，但应修改和补充工艺规程。

表 3-7　渗透检测的工艺要求

工艺要求	重要变素	非重要变素
渗透检测材料族、类型和材质证明的任何变化	√	
工件表面的预处理（表面规整和清洗，包括溶剂类型）	√	
施加渗透剂的方法	√	
去除工件表面多余渗透剂的方法	√	
乳化剂的浓度、工件在浸泡槽中的驻留时间及亲水性乳化剂的搅动时间	√	
喷射施加时的亲水性乳化剂的浓度	√	
施加显像剂的方法	√	
步骤间的最短和最长的时间周期和干燥手段	√	
渗透时间的减少	√	
显像时间的增加（观察和分析缺陷痕迹的时间）	√	
最小发光强度	√	
工件表面温度超出 5~52℃ 范围或以前验证过的温度	√	
需要时的检测技能证明	√	
检测人员资格要求		√
材料、形状、尺寸及检测范围		√
后处理技术		√

4. 工艺文件

工艺文件主要包括渗透检测工艺规程、渗透检测操作指导书、渗透检测记录和渗透检测报告。

（1）渗透检测工艺规程　除了要满足一些通用要求外，还应规定如下相关因素的具体范围或要求，如果相关因素的变化超出规定，则应重新编制或修订工艺规程。

1）工件的类型、规格，如形状、尺寸、厚度和材质等。

2）所依据的法规、标准。

3）检测设备和器材以及校准、常规核查、运行核查或检查的要求。

4）检测工艺，如渗透方法、去除方法、干燥方法、显像方法和观察方法等。

5）操作技术。

6）工艺试验报告。

7）缺陷评定与质量分级。

（2）渗透检测操作指导书　渗透检测操作指导书应以工艺规程为基础并结合工件的具体检测要求进行编制，其内容除了一些通用要求外，至少还应包括以下内容：

1）渗透检测材料。

2）工件表面预处理。

3）渗透剂施加方法。

4）去除工件表面多余渗透剂的方法。

5）乳化剂浓度、在液槽内的驻留时间和亲水性乳化剂的搅动时间。

6）喷淋操作时的亲水性乳化剂的浓度。

7）施加显像剂的方法。

8）两步骤间的最长和最短时间周期。

9）干燥方法。

10）最小光强要求，包括可见光或黑光。

11）非标准温度检测时对比试验的要求。

12）检测人员的要求。

13）工件的材料、形状、尺寸和检测范围。

14）后处理要求。

（3）渗透检测记录　应根据现场操作的实际情况详细如实地记录检测过程中相关的过程描述、数据及草图等信息。渗透检测记录除了符合一般规定外，还至少应该包括以下内容：

1）工艺规程名称及版本。

2）照明设备。

3）渗透检测材料类型、名称及牌号。

4）检测灵敏度校验、试块名称、工件预处理方法、渗透剂施加方法、乳化剂施加方法、多余渗透剂去除方法、干燥方法、显像剂施加方法、观察方法和后处理方法、渗透温度、渗透时间、乳化时间、冲洗的水温及水压、干燥温度和时间及显像时间。

5）缺陷显示的分布图或记录、工件草图或示意图。

6）工件材料及厚度。

7）检测人员及其资格、等级。

8）记录人员和复核人员签字及日期。

（4）渗透检测报告　渗透检测报告应依据渗透检测记录出具。渗透检测报告除了应符合一般规定外，还至少应包括以下内容：

1）委托单位。

2）检测工艺规程编号及版本。

3）检测比例、检测标准名称和质量等级。

4）检测人员和审核人员签字及其资格、等级。

5）报告签发日期。

3.3.2 工件的预处理

渗透检测通常是在研磨、矫直、机械加工、焊接及热处理等各种材料加工工序之后对其可能产生的开口缺陷进行检测，因此渗透检测前的工件是经焊接、轧制、铸造或锻造等之后的工件，其表面状态不经处理即可能得到比较满意的渗透检测结果。但是如果工件表面存在污染物或是不规整，如工件表面有机械加工痕迹或其他表面状况造成表面的局部凸凹不平，则可能对渗透检测造成不良影响并产生非相关显示，甚至难以检测。再如，堵塞渗透剂的渗透、渗透剂与缺陷中的油污混合使荧光亮度或颜色强度降低、渗透剂残留在油污处而掩盖该处的缺陷以及渗透剂残留在毛刺、氧化皮等处形成虚假显示等，均干扰缺陷的检测。渗透检测的工件预处理主要包括表面规整及表面预清洗。表面清理方法主要分为机械清理方法和化学清理方法两大类。一般而言，机械清理方法用于表面规整，化学清理方法用于表面预清洗，但有些化学清理方法也可用于表面规整。

1. 表面规整

表面规整是指清理工件表面存在的铁屑、铁锈、毛刺、氧化皮、焊接飞溅、积炭层、焊剂、焊渣、油脂层、污垢以及各种防护层（如油漆）等。机械加工工件表面质量应达到表面粗糙度 $Ra \leqslant 25\mu m$，非机械加工表面的表面粗糙度值可以稍大但不应影响渗透检测结果。局部检测时，清理范围应从检测区的轮廓向外扩展25mm。

机械清理方法主要包括车削、铣削、刨削、磨削、锉削、刮削、抛光、机械研磨、液体研磨、砂纸打磨、钢丝刷刷除、振动光饰及喷砂等，可以适用于不同形式的表面规整作业。但是，上述机械清理方法有可能造成缺陷的表面开口堵塞，从而降低渗透检测效果甚至造成漏检，尤其对于强度较低的金属（如铝、钛、镁和铍及其合金）更是如此，应慎重选用和实施。表面规整，有时还可以采用化学清理方法，如酸洗去除氧化皮及碱洗去除积炭等。

2. 表面预清洗

预清洗是指去除检测区表面的油污等表面污染。检测区表面污染物的状况在很大程度上影响着渗透检测的质量，因此在进行表面规整之后应进行工件的表面预清洗，以去除检测区表面的污染物。清洗时，可采用溶剂或洗涤剂等进行，清洗范围是检测区轮廓向外扩展25mm。铝合金、镁合金、钛合金和奥氏体钢工件经机械加工的表面，如果确有需要，可先进行酸洗或碱洗，然后再进行渗透检测。在上述的清洗后，由于检测面上遗留的强碱等任何液体都会妨碍渗透剂的渗入，而且降低检测灵敏度和可操作性，因此必须彻底用水清洗并干燥，且应保证在施加渗透剂之前不被污染或立即施加渗透剂。

选择合适的清洗方法需要考虑如下因素：需要清洗的污染物类型，因为没有一种方法能同等有效地去除所有的污染物；清洗方法对工件的影响；清洗方法对工件的有效性，如大型工件较难采用超声清洗等。

化学方法主要包括清洁剂清洗、溶剂清洗、气雾脱脂、碱洗、蒸汽清洗、超声清洗及酸洗等。

（1）清洁剂清洗　清洁剂是含有特殊表面活性剂、非易燃并可溶于水的化合物，对各种污染物起到润湿、渗入、乳化及皂化作用。清洗温度、时间及清洁剂浓度等清洗工艺参数应按清洁剂生产厂家的说明书选择。

（2）溶剂清洗　其能有效地溶解油脂、油膜、石蜡、密封剂、油漆以及其他有机污染物，通常不用于清除氧化皮及焊接飞溅等无机污染物。溶剂清洗后应无残渣，尤其是使用手工擦拭的溶剂或液槽中的脱脂溶剂。有些溶剂具有毒性和挥发性，使用中应注意。

（3）气雾脱脂　其仅用于从工件表面或表面开口缺陷中清除油或油脂类污染物。由于接触时间短，对于一些深度较大的缺陷可能清洗不完全，因此建议随后采取溶剂浸泡方式继续进行清理。

（4）碱洗　碱性清洗剂是非易燃的、含有特殊选择的可对各类污染物润湿、渗入、乳化和皂化的去污剂，可以去除遮盖缺陷的锈及氧化皮。碱洗后应该用水彻底漂洗干净工件。

（5）蒸汽清洗　蒸汽清洗是热碱槽清洗法的一个改进，就是使得热碱液达到沸点汽化，利用饱和蒸汽的高温和外加高压，清洗工件表面的油渍污物并将其汽化蒸发。一般用于大而笨重的工件，可清除各种无机和有机污染物，但也可能清洗不到深度较大缺陷的底部，因此

建议随后采取溶剂浸泡方式继续进行清理。

（6）超声清洗　超声清洗是利用超声波在液槽中的振动、空化和直进流作用，辅助清洁剂清洗或溶剂清洗，可以提高清洗效率和效果。需要注意的是，超声波本身没有清洁作用，并且超声清洗后必须用水彻底冲洗并干燥。

（7）酸洗　加入缓蚀剂的酸溶液通常用于去除可能遮盖缺陷的氧化皮以及切屑。由于酸类和铬酸盐类物质会对荧光物质的荧光作用产生不良影响，因此酸洗后必须将其彻底漂洗干净，然后再对其表面进行中和处理。此外，由于酸中含氢故有可能造成氢脆时，应加热除氢并冷却至低于52℃后再进行渗透检测。

3.3.3 渗透工艺

工件经表面规整、表面预清洗及干燥，冷却至接近环境温度后，对检测表面施加渗透剂，使得整个工件表面或需要检测的局部区域表面均被渗透剂完全覆盖。但有时需要对工件的盲孔或通孔等进行必要的处理，如用橡皮泥或胶带纸堵塞孔洞口，以免渗入渗透剂后造成后清洗的困难，尤其对于清洗较困难的后乳化型渗透检测更是如此。渗透是以渗透剂覆盖工件并且渗透剂通过毛细作用自动进入缺陷中的过程。

1. 施加渗透剂的方法

施加渗透剂的方法包括喷涂、刷涂、浇涂及浸涂等。喷涂，可以采用静电喷涂装置、喷罐以及低压泵等方式，将渗透剂喷出并涂覆在工件表面。刷涂，可用刷子、棉纱或布等蘸取渗透剂后刷在工件表面。浇涂，是将渗透剂直接浇在工件表面上，利用渗透剂液体的流动性使得渗透剂涂覆在工件表面。浸涂，是将整个工件浸泡在渗透剂中使渗透剂涂覆在工件表面。

施加渗透剂方法的选择，应根据渗透剂种类，工件的材质、大小、形状、数量，检测部位及缺陷特点等来确定。一般而言，小工件多用浸涂法，大工件用喷涂法、浇涂法，焊缝用刷涂法，局部检测用刷涂法或喷罐喷涂法，全面检测用浸涂法或喷涂法，均要保证完全覆盖及在整个渗透时间内保持润湿状态。对于数量较多且足够小的工件，通常采用将其放置于工件筐然后放入渗透剂液槽中，以浸涂的方式施加渗透剂。对于较大且几何形状复杂的工件以及需要进行局部检测的工件，通常采用喷涂、刷涂或浇涂的方法来施加渗透剂。传统喷涂或静电喷涂均是高效的渗透剂施加方法，但静电喷涂方法并不适用于所有类型的渗透剂。静电喷涂可以最大限度地减少过量施加渗透剂，可避免出现渗透剂进入空心孔洞成为渗透剂驻留处，在显像时引起严重的过度渗出而造成干扰显示的问题。喷罐方式便携且方便，适用于局部检测。

特殊情况下，可以辅以加载渗透，即对工件施加拉伸载荷使微细裂纹张开后再施加渗透剂，一般用于极微细裂纹或不便于清洗操作的工件的渗透检测。例如疲劳裂纹的检测，一般初期疲劳裂纹在静态下是闭合的，而热疲劳裂纹中有氧化物、腐蚀物等。钛合金工件中的微细裂纹采用通常的渗透检测是很难检测出的，往往必须采用加载渗透法，也可以采用机械振动的方法辅助渗透。

2. 渗透时间及温度

影响渗透剂渗入开口缺陷的主要因素包括渗透剂的性能、工件的材质、工件的材料成型工艺、工件表面状态（如涂层、污染物及机械障碍物等）、工件和渗透检测材料的温度、开口缺陷的特点（如尺寸、形状及缺陷侧壁的粗糙程度）以及操作时的大气压等。

渗透时间也称为渗透剂驻留时间或渗透剂滞留时间，是指渗透剂与工件表面接触的总时间，施加时间和滴落时间包含在内。

在渗透过程中，时间的长短与温度范围与裂纹检测的灵敏度有很大关系。通常情况下，渗透检测材料和工件表面的温度应在5~50℃的范围内，超出此范围则应按规定程序进行工艺评定。在10~50℃的温度条件下，渗透剂驻留时间（也即渗透时间）一般应不少于10min。在5~10℃的温度条件下，渗透时间一般不应少于20min。或者，按渗透检测材料生产厂家的说明书操作。除非有特殊说明，否则最大渗透时间不应超过生产厂家的规定。

推荐的最小渗透时间可以参考表3-8来选取。

表3-8　推荐的最小渗透时间

材料种类	成型工艺	缺陷类型	最小渗透时间/min
铝、镁、钢、黄铜、青铜、钛及高温合金	锻件、挤压件、轧制板	折叠、裂纹	10
	铸件和焊件	冷隔、气孔、未熔合、裂纹	5
硬质合金工具	—	未熔合、气孔、裂纹	
塑料	所有	裂纹	
玻璃	所有	裂纹	
陶瓷	所有	裂纹、气孔	

表3-8中的最小渗透时间适用于10~52℃的检测环境温度。如果检测环境温度为5~10℃，则最小渗透时间应增加1倍。

3.3.4　去除多余渗透剂

在满足规定的渗透时间后，去除并清洗工件表面多余的渗透剂时，一方面要注意过度去除导致检测效果不佳甚至失败；另一方面也要注意去除不足导致的过度背景造成缺陷显示识别困难而降低检测灵敏度。此外，在清除荧光渗透剂时，推荐在暗环境中紫外线的照射下去除，以便观察和控制渗透剂的去除程度。荧光渗透检测时，缺陷显示应在暗的工件表面背景下发出明亮的黄绿色荧光。如果荧光亮度不足，则表明清洗过度；如果非缺陷部位的工件表面也发出一定亮度的荧光，则表明清洗不足。着色渗透检测时，渗透剂应将白色显像剂染成深红色。如果缺陷显示呈淡粉色，则表明清洗过度；如果背景颜色过深导致缺陷显示难以辨别，则表明清洗不足。

1. 水洗型渗透剂的去除

水洗型渗透剂的去除可采用手工、半自动或全自动喷水冲洗或浸泡冲洗设备及方法进行清除操作，水温、水压及冲洗时间均影响去除效果。水温应在10~40℃温度范围内。喷水冲洗时，射出的水束与工件表面的夹角不宜过大，以约30°为宜。如无特殊规定，冲洗装置喷嘴处水的压强应小于或等于0.34MPa。浸泡冲洗时，工件完全浸泡在压缩空气或机械搅拌的水槽中，通过水流进行冲洗。在无冲洗装置而采用手工操作时，可采用干净且不脱毛的布蘸水后对工件表面分区、逐步擦洗或者用粗水流冲洗。去除水洗型渗透剂时，应注意控制水洗的时间，避免过度水洗。由于水洗型渗透剂中含有乳化剂，因此相比于其他种类的渗透剂，缺陷中的渗透剂更易被洗出。如果漂洗阶段时间过长或是过强，则有可能将缺陷中的渗透剂洗出而难以显示出缺陷。

2. 溶剂去除型渗透剂的去除

溶剂去除型渗透剂，除了特别难以去除的部位外，首先应采用擦拭方法除去绝大部分工件表面上多余的渗透剂，但不能进行往复擦拭。可以用一块干燥、清洁且不起毛的棉麻材料反复干擦工件，直至工件表面的大部分渗透剂被擦除。然后再用一块新的不起毛的棉麻织物蘸取溶剂清洗剂，轻轻擦拭工件表面残余的渗透剂痕迹。选用不起毛的棉麻织物是为了避免在擦除过程中蘸出或洗出缺陷中的渗透剂从而降低检测灵敏度。如果是光滑的工件表面，则可以采用干燥、清洁的布来擦拭。应避免过量使用溶剂清洗剂，如禁止以冲洗或浸泡的方法进行清除。溶剂去除法最有可能清洗掉缺陷中的渗透剂，因此检测灵敏度相对最低。

3. 后乳化型渗透剂的去除

后乳化型渗透剂需要专用的乳化剂对渗透剂起到充分的乳化作用后用水清除。无论是油性乳化剂还是水性乳化剂，乳化时间取决于渗透剂和乳化剂的特点，主要是黏度和化学成分、工件几何形状以及表面粗糙度。后乳化型渗透剂不溶于水而且不能仅用水清洗，因此缺陷中的渗透剂通常不会受到过度冲洗的影响。但是要注意通过试验来确定合适的施加乳化剂的方法，尤其重要的是试验确定出适当的乳化时间，并严格执行试验确定的乳化时间，以免因过度乳化使得缺陷中的渗透剂被乳化洗出而导致缺陷得不到显示。只要控制严格的乳化过程，清洗出缺陷中渗透剂的可能性最小，因而具有最高的检测灵敏度。

（1）亲油性后乳化型渗透剂的去除　待渗透充分后，在渗透剂上面浇涂专用的油性乳化剂或将工件浸泡入乳化剂液槽中使其浸涂上乳化剂，渗透剂随即产生乳化作用。但是，浸涂时不得扰动工件或乳化剂。油性乳化剂不能以喷涂或刷涂方式施加，施加乳化剂后应防止乳化剂淤积，如将工件悬挂于工件架上使其滴落。

乳化时间也称为乳化剂驻留时间或乳化剂滞留时间，是指乳化剂与工件表面接触的总时间，施加时间和滴落时间包含在内，应从施加乳化剂时刻开始计算。乳化时间取决于所采用的乳化剂类型和工件表面粗糙度，这里的乳化剂类型指的是快作用型的还是慢作用型的，是油性的还是水性的。标称乳化时间通常应按乳化剂生产厂家的建议。在此基础上，对每一具体应用均应通过试验确定出实际的乳化时间。工件表面粗糙度在乳化剂的选择和乳化时间的确定中是一个重要因素。应保持最短的乳化剂与渗透剂的接触时间，以便得到一个可接受的显示背景，通常应不超过3min。

达到乳化时间后，可采用手工、半自动或全自动的水浸或喷水清洗设备，有效地清洗乳化了的渗透剂。喷射冲洗时，可采用手动或自动方式，水的温度应保持在10~38℃范围内。并且，使用手动压力喷枪操作时，水的喷射压强应小于或等于275kPa；使用液压-气压联动压力喷枪操作时，压缩空气的压强应小于或等于172kPa。浸泡冲洗时，工件完全浸泡在压缩空气或机械搅拌的水槽中，通过水流进行冲洗。并且浸泡时间应是清除已乳化的渗透剂所需要的最短时间。此外，水的温度应保持在10~38℃范围内。如果浸泡清洗后还需要清洗干净个别地方，则按喷射冲洗的要求进行。

（2）亲水性后乳化型渗透剂的去除　水性乳化剂一般是以浓缩液形式供货，使用时加水稀释，并采用浸泡或喷射方法施加到工件表面上。其配制浓度、使用和保存应依据生产厂家说明书。水性乳化剂是通过净化作用从工件表面去除多余的渗透剂。喷射的水压和敞开式液槽中的压缩空气或机械搅动起到擦洗作用，以净化、排除工件表面的多余渗透剂。

1）预清洗。由于是亲水性后乳化型渗透剂，因此在施加乳化剂之前可直接用水预清洗工件。该预清洗步骤可以使渗透剂污染亲水性乳化剂槽的可能性最小化，并延长其使用周期。如果是以喷射方式施加乳化剂，则可以不预清洗。预清洗时，可采用手动、半自动或自动方式。并且，使用手动压力喷枪或液压-气压联动压力喷枪操作时，水的喷射压强应小于或等于275kPa；使用液压-气压联动压力喷枪操作时，压缩空气的压强应小于或等于172kPa。水中应无污染物，否则可能堵塞喷嘴或残留在工件上。

2）施加乳化剂。通过浸泡在搅动的亲水性乳化剂槽中或者喷射亲水性乳化剂到工件表面上，使渗透剂发生乳化作用。浸泡施加时，工件应完全浸入乳化剂槽中。水性乳化剂的浓度应按生产厂家的建议。并且在整个乳化作用阶段，乳化剂槽或工件应通过空气或机械方式轻缓地扰动。应保持最短的乳化剂与渗透剂的接触、乳化作用时间，以便得到一个可接受的显示背景，通常应不超过2min，除非经过合同对方的准许。喷射施加时，所有工件表面应被均匀一致地喷涂上乳化剂和水的混合液，使渗透剂发生乳化作用。喷射用乳化剂的浓度应按生产厂家的建议，但一般不应超过5%。喷射压力应小于275kPa。也应保持最短的乳化剂与渗透剂的接触、乳化作用时间，以便得到一个可接受的显示背景，通常不超过2min。水温应保持在10~38℃范围内。

3）乳化作用后渗透剂的清洗。可用手工或自动的喷射清洗、浸泡清洗或两者并用，但是不管采用了几种方法，总的清洗时间不应该超过2min。如果使用扰动水流的浸泡方法进行清洗，则工件在液槽中的总的清洗时间应是去除乳化的渗透剂所需要的最短时间，且不能超过2min。此外，水温应在10~38℃范围内。虽然浸泡清洗后还需要进行残余渗透剂痕迹的清洗，但是总的清洗时间仍然不能超过2min。还可以使用手工、半自动或自动的水喷射来清洗乳化的渗透剂。使用手动压力喷枪或液压-气压联动压力喷枪操作时，水的喷射压强应小于或等于275kPa；使用液压-气压联动压力喷枪操作时，压缩空气的压强应小于或等于172kPa。水温应保持在10~38℃。除非有其他规定，喷射冲洗的时间应小于2min。

不管是亲油性后乳化型渗透剂的去除还是亲水性后乳化型渗透剂的去除，如果乳化作用和清洗步骤效果不良，如在工件表面仍有过量的残余渗透剂，则应对工件按上述过程进行彻底的再清除操作。

3.3.5 干燥工艺

在渗透检测过程中，预清洗、去除渗透剂并水洗、施加水基湿式显像剂以及检测后处理后，均可能需要干燥处理。如果采用的渗透剂去除方法是溶剂去除法，则一般不必进行专门的干燥处理，溶剂会在室温下迅速挥发。但是水洗型的，无论施加的是水洗型渗透剂还是后乳化型渗透剂，并且在后续工序中欲施加干粉显像剂或溶剂悬浮型湿式显像剂，则在施加显像剂前均应进行干燥处理。如果在后续工序中欲施加水溶解型湿式显像剂或水悬浮型湿式显像剂，则在施加显像剂前没有必要进行干燥，而是在施加显像剂之后进行干燥处理。

可以在干燥箱中采用强制热风或红外线加热等强制干燥方法，或放置在室温环境下自然干燥。还可以在开放环境下采用干净布擦干、压缩空气吹干及热风吹干等方法。

干燥温度不能太高，否则将使缺陷中的渗透剂黏度增大或干结，难以或不能被吸附到工件表面上来。干燥箱温度不应超过71℃，无论何种干燥方式，金属工件表面的温度均不应超过50℃，塑料工件一般不应超过40℃。

干燥时间，一方面与干燥方式及其参数有关，另一方面与工件材料、尺寸、表面粗糙度、工件表面上水分的多少以及工件初始温度等因素有关。干燥的时间越短越好，干燥时间以充分干燥所需最短时间为准，通常为5~10min，超过30min将降低检测灵敏度。达到干燥时间后应立即将工件从干燥箱中取出。

3.3.6　显像工艺

显像的过程是用显像剂将缺陷处的渗透剂吸附至工件表面并扩展，从而产生清晰可见的缺陷图像。选择显像剂时，需要考虑工件的几何形状、尺寸和表面状态以及检验数量等。

1. 施加显像剂

可以有效施加显像剂的方式很多，如泡、喷、浇、撒及工件滚动等方式，适用于不同类型的显像剂，但工件滚动涂粉工艺比较适合无孔且凸面工件采用。通常情况下，显像剂的施加应薄而均匀，厚度一般以0.05~0.07mm为宜。悬浮型显像剂，在使用前应充分搅拌均匀。采用喷涂方法施加显像剂时，喷嘴距工件表面的距离应为300~400mm，喷涂方向与工件表面的夹角在30°~40°。不同种类的显像剂，其施加工艺也不同。

（1）干粉显像剂　干粉显像剂即类型a显像剂，不能用于着色渗透检测方法中。

1）施加显像剂。干粉显像剂必须在工件表面充分干燥后施加，并应保证完全覆盖检测区。可以采用将工件放入盛放干粉显像剂的容器中使得干粉显像剂完全包覆或埋没工件，也可以将工件埋没到干粉的流态床中，也可采用手动的喷粉气囊或喷粉枪将干粉显像剂喷洒到工件上，还可以在干粉槽中滚动工件等。最常用和最有效的方法是在一个密封的喷粉室或喷粉柜中施加干粉显像剂，其可以有效且可控地形成一个粉雾环境，并且对周围环境影响不大。

2）去除过量显像剂。过量的干粉，可以采用轻微抖动或敲击工件的方法去除，或用不超过34kPa的低压气流来去除。

相比于湿式显像剂，干粉显像剂的优点是容易施加，成本低，喷枪操作时易于均匀覆盖，没有挥发性有害气体，易于清除，可以对批量的工件一次性喷粉，效率较高；其缺点是灵敏度低，粉末容易飘散在空气中从而对人和环境不利，需要检测人员佩戴防尘口罩或配备除尘装置等。干粉显像法大量用于荧光渗透检测，干燥后应立即进行显像操作，因为温度高的工件能得到更好的显像效果。

（2）水基湿式显像剂　水溶解型湿式显像剂即类型b显像剂，禁止用于着色渗透检测和水洗型荧光渗透检测。水悬浮型湿式显像剂即类型c显像剂，既可以用于荧光渗透检测，也可以用于着色渗透检测。

1）施加显像剂。水基湿式显像剂应在去除多余渗透剂之后并在其干燥之前施加，水基湿式显像剂的配制和保存应依据生产厂家的说明书，并且施加时应完全、均匀地覆盖工件，可以采用喷、浇、浸等方式施加。采用在显像剂槽中浸泡方式施加时，仅使得显像剂覆盖全部工件表面即可，因为如果在显像剂槽中停留时间过长则有可能造成缺陷显示的灭失。

2）去除过量显像剂。从显像剂槽中取出工件后，应以适当的方式使得显像剂滴落，以便从所有的淤积处排出过量的显像剂，从而消除有可能模糊缺陷显示的显像剂聚集现象。按前述的干燥方法干燥后，干结的显像剂犹如一个半透明或白色的涂层在工件表面上。

（3）溶剂悬浮型湿式显像剂　溶剂悬浮型湿式显像剂即类型d显像剂，可以采用喷射方式施加到工件表面上，形成完全覆盖的一个薄而均匀的显像剂膜。溶剂悬浮型湿式显像剂，在实际检测工程中只以喷射工艺使用。显像剂的施加，在某种程度上应与所使用的渗透剂相适应。对于着色渗透剂，应施加得足够厚，以便提供一个鲜明的显示背景。对于荧光渗透剂，应薄薄地施加，以便形成一个半透明的覆盖层。禁止采用浸、浇施加方式，以防止显像剂中的溶剂冲刷和分解缺陷中的渗透剂。施加溶剂悬浮型湿式显像剂后，要进行自然干燥或用 30~50℃的暖风吹干。

2. 显像工艺参数

显像工艺参数主要是显像时间，是指施加显像剂开始至开始观察之间的时间。显像时间与显像剂类型、需要检测的缺陷大小以及工件温度有关。显像时间通常不应少于 10min，一般为 10~15min。对于干粉显像剂，显像时间从施加干粉后立即开始计时。对于湿式显像剂，显像时间从显像剂干结即水蒸发或溶剂挥发后开始计时。显像时间不能太长，否则缺陷显示轮廓会变模糊。通常情况下允许的最长显像时间，干粉显像剂是 4h，水基显像剂是 2h，溶剂型显像剂是 1h。

3.3.7 缺陷显示的观察、测量及记录

1. 缺陷显示的观察

着色渗透检测时，缺陷显示的观察是在自然光或人造光环境下进行的，足够的照度方可保证着色渗透检测的灵敏度。通常应在不小于 1000lx 照度的白光下进行缺陷显示观察。如果是采用便携设备和器材在生产现场进行着色渗透检测，则当可见光照度难以满足 1000lx 的最低要求时，可以适当降低但不能低于 500lx。

荧光渗透检测时，缺陷显示的观察在暗室或暗处进行，其可见光照度应不大于 20lx。黑光强度要足够，在工件表面的黑光辐照度应不低于 1000μW/cm^2，并且应每天进行校核。检测人员进入暗室后应至少等待 5min 以便眼睛适应暗室环境，检测人员不能佩戴对观察检测结果有影响的变色眼镜或有色眼镜。辨认细小显示时可用 5 ~10 倍的放大镜进行观察。

在干粉显像剂施加后或湿式显像剂干燥后开始至显像时间结束，反复、连续地观察缺陷的显示。对于溶剂悬浮型湿式显像剂，应按照生产厂家说明书的规定或评定试验结果进行操作。如果工件尺寸较大而无法在显像时间内完成观察和记录，可以采用分区检测的方法。如果难以分区检测则可适当增加时间，并使用试块进行验证性试验后实施。

2. 缺陷显示的测量和记录

可以采用照相、录像或可剥离性塑料薄膜等的一种或几种方法进行记录，同时标示于草图上。非拒收显示，如有规定则应按规定进行记录。拒收显示，至少应记录缺陷显示的类型（如点状或线状）、位置、尺寸（即长度、直径）以及缺陷分布等，以便对缺陷进行评定。

3.3.8 后处理工艺

在观察和记录渗透检测结果后，为了防止残留的显像剂和渗透剂腐蚀工件表面或影响其使用，应对工件表面进行清理，其主要包括显像剂的清除和显示缺陷痕迹的残余渗透剂的清除。

1. 显像剂的清除

如果采用的是干粉显像剂，则可以采用鼓风机或压缩空气清除或用水冲洗的方式清除。如果采用的是湿式显像剂，则显像剂干结膜可以采用水冲洗或用水和清洗剂冲洗并辅以毛刷

等手工擦拭或清洗剂清除等。一些专用显像剂，可溶于水则可简单地在水中溶解、漂洗来清除。如果是非水溶性的，则应该用其专用清洗剂予以溶解、擦拭来清除。

2. 残余渗透剂的清除

显示缺陷痕迹的检测区处的残余渗透剂以及非检测区处未清理的残余渗透剂，可以根据其类型，分别用水、溶剂或施加乳化剂后用水清洗等方式予以清除。推荐采用溶剂浸泡15min以上或超声波溶剂清洗3min以上等方式来清除。在有些情况下，可以先进行气雾脱脂，然后再用溶剂浸泡。这两个阶段所需要的时间与工件的特点相关，可由试验进行确定。

3.4 渗透检测的缺陷评定与质量分级

3.4.1 缺陷评定

1. 相关显示、非相关显示及伪显示

渗透检测的显示分为相关显示、非相关显示和伪显示。相关显示是指缺陷中的渗透剂渗出到工件表面所形成的显示痕迹，也称缺陷显示，如裂纹、气孔、折叠、冷隔及疏松等形成的显示。非相关显示是指与缺陷无关的外部因素所形成的显示，如键槽、装配结合部等处形成的显示。伪显示是指由于渗透剂污染及检测环境等所造成的显示，如渗透剂施加或清洗时造成的渗透剂飞溅处等形成的显示。对于非相关显示和伪显示，不予评定。长度小于0.5mm的缺陷显示，一般也不予评定。此外的相关显示均应作为缺陷进行评定。

2. 缺陷显示的分类

长度与宽度之比大于3的缺陷显示，视为线性缺陷。长度与宽度之比小于或等于3的缺陷显示，视为圆形缺陷。轴类或管类工件的轴线或母线与缺陷显示的长轴方向的夹角大于或等于30°时，该缺陷显示视为横向缺陷；小于30°时，视为纵向缺陷。两条及两条以上的线性缺陷在同一条直线上且间距不大于2mm时按一条缺陷处理，该条线性缺陷的长度为所有线性缺陷长度及间距的累加之和。

不仅如此，评定缺陷时还需要确定缺陷的类型和分布特点，如是否是裂纹，是连续性还是断续性，是分散型还是密集型等。而且，分析缺陷产生原因及避免措施时也需要对缺陷类型进行区分，如需要确定是气孔还是裂纹，如果是裂纹那么是焊接裂纹、淬火裂纹还是使用过程中的疲劳裂纹等。

3.4.2 质量分级

不允许存在任何裂纹。此外，紧固件和轴类工件不允许存在任何横向缺陷显示。

1. 焊接接头质量分级

焊接接头按表3-9进行质量分级。

表3-9 焊接接头的渗透检测质量分级

质量等级	线性缺陷	圆形缺陷
Ⅰ	$l \leq 1.5$mm	$d \leq 2.0$mm，且不多于1个
Ⅱ	大于Ⅰ级者	

表 3-9 中，l 为线性缺陷显示的长度，d 为圆形缺陷显示在任何方向上的最大尺寸。圆形缺陷的评定，应先确定出评定区。评定区为矩形，尺寸为 35mm×100mm，且应尽量选定在缺陷密集区。

2. 其他工件质量分级

除了焊接接头之外的其他工件，按表 3-10 进行质量分级。

表 3-10　焊接接头之外的其他工件的渗透检测质量分级

质量等级	线性缺陷	圆形缺陷
Ⅰ	不允许	d≤2.0mm，且不多于 1 个
Ⅱ	l≤4.0mm	d≤4.0mm，且不多于 2 个
Ⅲ	l≤6.0mm	d≤6.0mm，且不多于 4 个
Ⅳ	大于Ⅲ级者	

表 3-10 中的 l 和 d 的定义与表 3-9 相同。圆形缺陷的评定，应先确定出评定区。评定区为矩形，其面积为 $2500mm^2$，其中一条矩形边的最大长度为 150mm，且应尽量选定在缺陷密集区。

3.5　渗透检测的工程实例

2016 年 10 月 13 日，河北巨邦质检技术服务有限公司在石家庄中冀正元化工有限公司对一台由河北金梆子锅炉有限公司生产的 WNS6-1.25-Y（Q）型蒸汽锅炉的管板角焊缝进行渗透检测，本节将以此为例介绍无损检测尤其是渗透检测的工程应用。

3.5.1　蒸汽锅炉的基本情况

WNS6-1.25-Y（Q）型蒸汽锅炉为卧式内燃型锅炉，额定蒸发量为 6t/h，蒸汽压力为 1.25MPa，燃料为油或天然气。

1. 蒸汽锅炉的技术指标

1）锅炉按 TSG G0001—2012《锅炉安全技术监察规程》和 GB/T 16508.4—2013《锅壳锅炉　第 4 部分：制造、检验与验收》进行制造、检验与验收，并接受质量技术监察部门监察。

2）制造锅炉使用的焊条为 E5016、E4316 及 E4303；埋弧焊焊丝为 H10Mn2，焊剂为 HJ431；钨极氩弧焊焊丝选用 ER50-6。锅炉制造所用的焊材，应符合 NB/T 47018《承压设备用焊接材料订货技术条件》的规定。

3）所有对接焊缝射线检测应按 NB/T 47013.2—2015《承压设备无损检测　第 2 部分：射线检测》的规定执行，射线检测技术等级不低于 AB 级，焊接接头的质量等级不低于Ⅱ级，壳体（筒体、管板）的每条焊缝应进行 100%的射线检测，炉胆、回燃室的每条焊缝应进行 20%的射线检测，焊缝交叉部位必须进行射线检测。检查孔装置与后管板 T 形焊接接头处按 NB/T 47013.3—2015《承压设备无损检测　第 3 部分：超声检测》的规定进行 50%的超声检测，焊接接头质量等级不低于Ⅰ级，超声检测技术等级不低于 B 级。锅筒、吊耳与垫板的连接焊缝应进行 100%的磁粉检测，锅筒和底座上底板的连接焊缝应进行 10%的磁粉检测，磁粉检测按 NB/T 47013.4—2015《承压设备无损检测　第 4 部分：磁粉检测》的规定进行，焊接接头质量等级不低于Ⅰ级。管板角焊缝应进行 100%的渗透检测，渗透检测

按NB/T 47013.5—2015《承压设备无损检测 第5部分：渗透检测》的规定进行，焊接接头质量等级不低于Ⅰ级。

4）水压试验按《锅炉安全技术监察规程》的第4、第5、第6条和GB/T 16508.1—2013的第6、第7条和GB/T 16508.4—2013的第5、第6条进行，试验压力为1.65MPa，保压20min。

5）回燃室前管板与烟管先胀后焊，焊后削平。

6）对接单面焊，采用钨极氩弧焊打底，焊条电弧焊填充，焊条电弧焊或埋弧焊盖面工艺。

2. 蒸汽锅炉的整体结构

蒸汽锅炉的整体结构如图3-15所示。

3. 蒸汽锅炉的主要受压元件及材料

蒸汽锅炉的主要受压元件及材料见表3-11。

表3-11 蒸汽锅炉的主要受压元件及材料

序号	名称	规格/mm	数量	材料	质量/kg	
					单件	总计
1	前管板	ϕ2400×16	1	Q345R	672	672
2	锥形炉胆	ϕ1050/ϕ850×12	2	Q345R	88	176
3	波纹炉胆	ϕ1050×10	2	Q345R	811	1622
4	螺纹烟管	ϕ63.5×3.5	100	20	21.26	2126
5	光管	ϕ70×3.5	72	20	28.1	2024
6	水位计组件	—	2	组件	4.32	8.64
7	1#斜拉杆	ϕ42	8	20	13.39	107.1
8	2#斜拉杆	ϕ42	12	20	7.85	94.2
9	压力表管座	DN20PN16	1	组件	0.74	0.74
10	吊耳装置	—	4	组件	11.1	44.4
11	人孔装置	280×380	1	组件	49	49
12	补强圈	ϕ250×10	1	Q345R	3.77	3.77
13	主气阀管座	DN125PN16	1	组件	9.8	9.8
14	锅内装置	—	1	组件	12.74	12.74
15	副气阀管座	DN50PN16	1	组件	3.45	3.45
16	给水装置	—	1	组件	11.95	11.95
17	安全阀管座	DN65PN16	1	组件	4.51	4.51
18	锅壳筒体	ϕ2400×10	1	Q345R	2784	2784
19	后管板	ϕ2400×16	1	Q345R	672	672
20	回燃室前管板	ϕ1600×10	1	Q345R	200	200
21	回燃室筒体	ϕ1600×14	1	Q345R	223	223
22	回燃室后管板	ϕ1600×14	1	Q345R	280	280
23	直拉杆	ϕ36	36	20	1.93	69.5
24	检查孔装置	ϕ325×10	1	20	12.3	12.3
25	底座	—	1	组件	784	784
26	锅筒排污装置	DNM50PN16	1	组件	3.45	3.45
27	挡板	80×274×4	1	Q235B	0.69	0.69
28	补强圈	760×560×10	1	Q345R	30	30

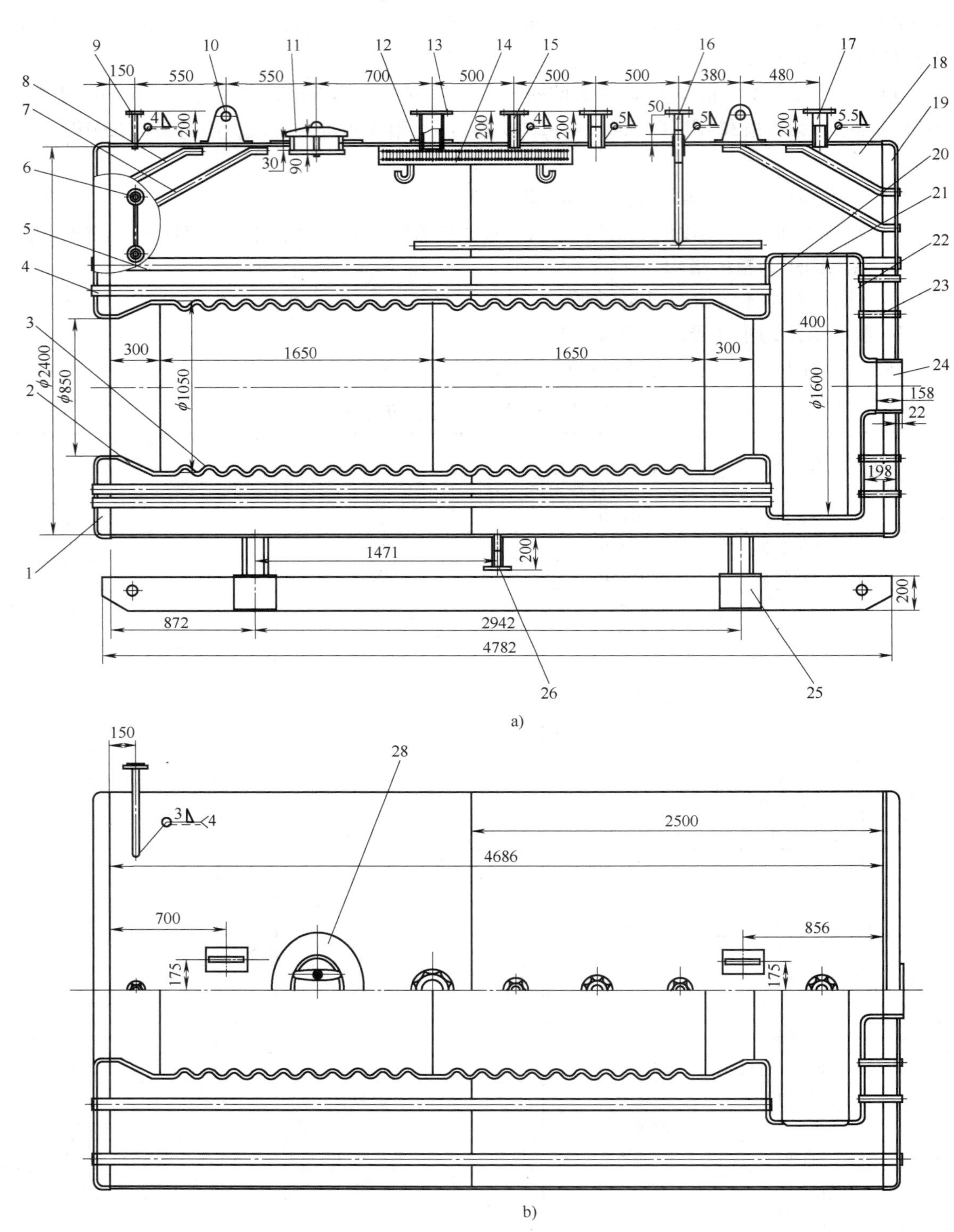

图 3-15　蒸汽锅炉的整体结构

a）主视图　b）俯视图

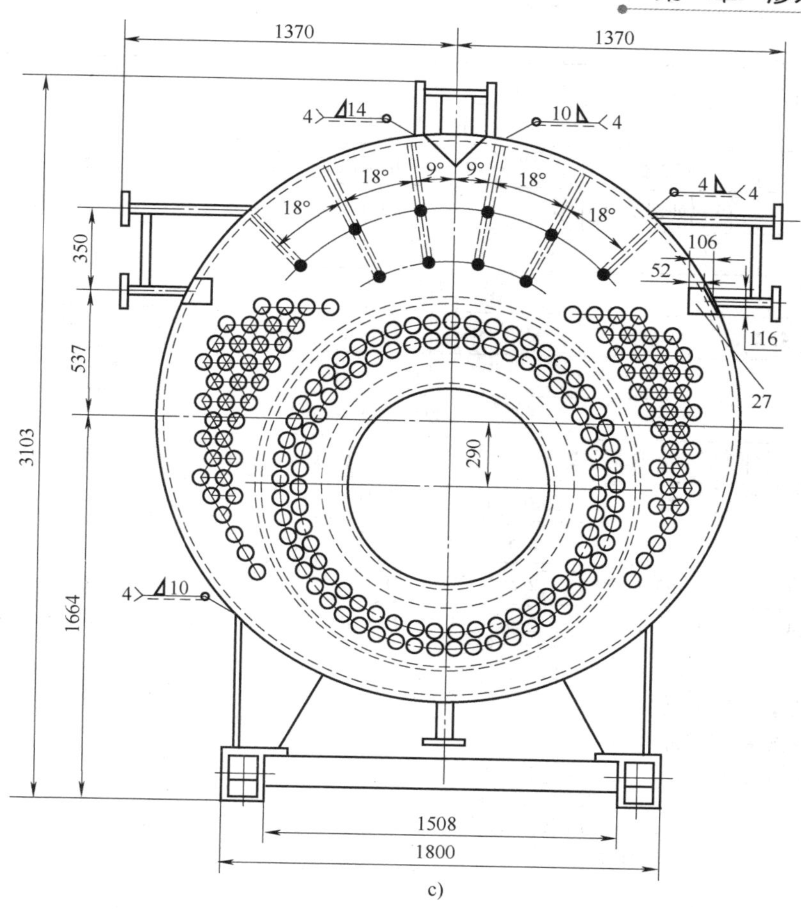

c)

图 3-15　蒸汽锅炉的整体结构（续）

c）左视图

4. 蒸汽锅炉角焊缝的焊接工艺

蒸汽锅炉角焊缝的焊接工艺卡见表 3-12。

表 3-12　蒸汽锅炉角焊缝的焊接工艺卡

<table>
<tr><td colspan="2">某 公 司</td><td colspan="3">焊接工艺卡
WELDING PROCEDURE SPECIFICATION</td><td>编号
HEP-WPS-QY-LSM-001</td></tr>
<tr><td colspan="2">依据工艺评定报告编号</td><td colspan="4">HEP-HP-006</td></tr>
<tr><td colspan="2">工 程 名 称</td><td colspan="4">WNS6-1. 25-Y（Q）型蒸汽锅炉</td></tr>
<tr><td colspan="2">产 品 名 称</td><td colspan="4">锅炉管板角焊缝</td></tr>
<tr><td colspan="2">焊 接 方 法</td><td>GTAW</td><td>自动化程度</td><td colspan="2">手工</td></tr>
<tr><td colspan="6">母材及接头形式</td></tr>
<tr><td>母材</td><td>20</td><td>接头形式</td><td>对接</td><td rowspan="4" colspan="2">接头简图</td></tr>
<tr><td>规格</td><td>ϕ1600mm×14mm</td><td>坡口形式</td><td>V 形</td></tr>
<tr><td>焊接位置</td><td>全位置</td><td>衬　垫</td><td>—</td></tr>
<tr><td>焊接方向</td><td>由下向上</td><td>衬垫材料</td><td>—</td></tr>
</table>

（续）

<table>
<tr><td>其　他</td><td colspan="4">—</td><td colspan="4"></td></tr>
<tr><td colspan="9">预热及热处理</td></tr>
<tr><td>预热方法</td><td colspan="2">—</td><td>预热温度</td><td>—</td><td>层间温度</td><td>≤400℃</td><td>测温方法</td><td>测温仪（笔）</td></tr>
<tr><td>热处理</td><td colspan="2">—</td><td>热处理温度</td><td>—</td><td>热处理时间</td><td>—</td><td>测温方法</td><td>—</td></tr>
<tr><td colspan="9">其他：—</td></tr>
<tr><td colspan="9">保护气体</td></tr>
<tr><td>种类</td><td colspan="2">Ar</td><td>纯度</td><td>≥99.95%</td><td>流量</td><td>8~10L/min</td><td>背部</td><td>是/否 √</td></tr>
<tr><td colspan="9">其他：—</td></tr>
<tr><td colspan="9">焊接参数</td></tr>
</table>

<table>
<tr><td rowspan="2">焊道</td><td rowspan="2">焊接方法</td><td colspan="2">焊条（丝）</td><td colspan="2">焊接电流及极性</td><td rowspan="2">电弧电压
/V</td><td rowspan="2">焊接速度
/(mm/min)</td></tr>
<tr><td>型（牌）号</td><td>直径/mm</td><td>极性</td><td>电流/A</td></tr>
<tr><td>1</td><td>GTAW</td><td>ER50-6</td><td>2.5</td><td>DCEN</td><td>80~120</td><td>10~15</td><td>40~60</td></tr>
<tr><td>2</td><td>GTAW</td><td>ER50-6</td><td>2.5</td><td>DCEN</td><td>80~120</td><td>10~15</td><td>40~60</td></tr>
<tr><td>其他</td><td>GTAW</td><td>ER50-6</td><td>2.5</td><td>DCEN</td><td>80~120</td><td>10~15</td><td>40~60</td></tr>
</table>

施焊技术：

1. 无摆动焊或摆动焊：摆动焊
2. 连弧焊或断弧焊：连弧焊
3. 环境温度：≥-10℃
4. 多层单道

编写		审核		批准
日期		日期		日期

3.5.2　蒸汽锅炉管板角焊缝渗透检测

渗透检测操作指导书见表3-13，渗透检测报告见表3-14。

表3-13　渗透检测操作指导书

<table>
<tr><td colspan="6">渗透检测操作指导书</td></tr>
<tr><td colspan="6">编号：LT（BT）PC-PT-LDG</td></tr>
<tr><td>工程名称</td><td colspan="5">WNS6-1.25-Y（Q）型蒸汽锅炉</td></tr>
<tr><td>产品名称</td><td>锅炉管板角焊缝</td><td>规格</td><td>ϕ1600mm×14mm</td><td>材质</td><td>20</td></tr>
<tr><td>坡口形式</td><td>V形</td><td>焊接方法</td><td>GTAW/SMAW</td><td>热处理状况</td><td>—</td></tr>
<tr><td>检测时机</td><td>打磨后</td><td>表面状况要求</td><td>Ra≤12.5μm</td><td>检测部位</td><td>焊缝两侧各200mm</td></tr>
<tr><td>检测比例</td><td>100%</td><td>检测方法</td><td>ⅡC-d</td><td>检测温度范围</td><td>10~50℃</td></tr>
<tr><td>对比试块</td><td>B型试块</td><td>观察亮度</td><td>≥1000lx</td><td>观察方式</td><td>目视</td></tr>
<tr><td>渗透时间</td><td>≥10min</td><td>干燥时间</td><td>自然干燥</td><td>显像时间</td><td>≥7min</td></tr>
<tr><td>渗透剂</td><td>YP-ST</td><td>清洗剂</td><td>YR-ST</td><td>显像剂</td><td>YD-ST</td></tr>
<tr><td>检测设备</td><td>携带式喷罐</td><td>渗透剂施加方法</td><td>喷涂</td><td>去除方法</td><td>擦拭</td></tr>
<tr><td>显像剂施加方法</td><td>喷涂</td><td>黑光辐照度</td><td>—</td><td>灵敏度等级</td><td>3级</td></tr>
<tr><td>执行标准</td><td>NB/T 47013.5</td><td>验收标准</td><td>DL/T 869—2012</td><td>合格级别</td><td>Ⅰ</td></tr>
</table>

（续）

检测部位示意图：略			
工序号	工序名称	技术参数及要求	备注
1	表面准备	清理焊缝表面及两侧各 225mm 区域	1）渗透剂必须覆盖整个被检区域，并在整个渗透时间内保持润湿 2）不得往复擦洗，不得用溶剂直接冲洗被检工件表面，防止过清洗或清洗不足 3）喷涂显像剂要薄而均匀，显像时间不少于 7min
2	预清洗	用溶剂擦洗，待检表面必须保持清洁干燥	
3	施加渗透剂	采用喷涂的方式施加渗透剂，渗透时间不少于 10min	
4	去除多余渗透剂	用干净的布蘸清洗剂进行擦除	
5	干燥	自然干燥，干燥时间通常为 5~10min	
6	施加显像剂	显像前充分摇匀，喷嘴与检测面距离 300~400mm，夹角为 30°~40°	
7	观察及评定	在显像剂施加后 7~60min 内进行观察	
8	复验	如需进行复验，应对被检面进行彻底清洗	
9	后处理	擦除被检面显像剂，彻底清除渗透检测的残留物	
编制/资格		审核/资格	
日 期	年 月 日	日 期	年 月 日

表 3-14 渗透检测报告

渗透检测报告			
产品名称	WNS6-1.25-Y（Q）型蒸汽锅炉角焊缝	规格/mm	ϕ1600×14
材料	20	表面状态	露出金属光泽
渗透剂型号	YR-ST	清洗剂型号	YR-ST
显像剂型号	YD-ST	环境温度/℃	18
对比试块	B 型	渗透时间/min	10
干燥时间/min	5	显像时间/min	10
检测标准	NB/T 47013.5—2015		
检测部位	□内表面 ☑外表面 □对接焊缝 ☑角焊缝		
检测部位（区段）及缺陷位置示意图：略			

区段编号	缺陷位置	缺陷痕迹尺寸/mm	缺陷类型	缺陷处理				最终级别
				打磨后复验		补焊后复验		
				缺陷痕迹尺寸/mm	缺陷类型	缺陷痕迹尺寸/mm	缺陷类型	
1								Ⅰ
2								Ⅰ
3								Ⅰ
4								Ⅰ

（续）

<table>
<tr><th rowspan="3">区段编号</th><th rowspan="3">缺陷位置</th><th rowspan="3">缺陷痕迹尺寸/mm</th><th rowspan="3">缺陷类型</th><th colspan="4">缺陷处理</th><th rowspan="3">最终级别</th></tr>
<tr><th colspan="2">打磨后复验</th><th colspan="2">补焊后复验</th></tr>
<tr><th>缺陷痕迹尺寸/mm</th><th>缺陷类型</th><th>缺陷痕迹尺寸/mm</th><th>缺陷类型</th></tr>
<tr><td>5</td><td></td><td></td><td></td><td></td><td></td><td></td><td></td><td>I</td></tr>
<tr><td>6</td><td></td><td></td><td></td><td></td><td></td><td></td><td></td><td>I</td></tr>
<tr><td>7</td><td></td><td></td><td></td><td></td><td></td><td></td><td></td><td>I</td></tr>
<tr><td colspan="9">检测结果：☑所检焊缝均为Ⅰ级焊缝；□Ⅰ级焊缝 mm；□Ⅱ级焊缝 mm</td></tr>
<tr><td colspan="2">检验人员/日期</td><td colspan="3"></td><td colspan="2">审核人员/日期</td><td colspan="2"></td></tr>
</table>

第4章 磁粉检测

如果磁化铁磁性工件，则在工件表面或近表面的缺陷处的磁场发生改变而形成漏出工件表面的磁场，借助吸附聚集的磁粉来显示出该漏磁场的位置、形状、尺寸及走向等来检测工件表面或近表面缺陷的方法称为磁粉检测。磁粉检测是五种常规无损检测方法之一。特别地，专为得到工件表面损伤信息的磁粉检测称为磁粉探伤，并且磁粉检测主要就是用于探伤，是三种工件表面和近表面缺陷常规探伤方法之一。

磁粉检测的基本原理是，当外加磁场或直接通以电流磁化铁磁性工件后，将在工件中建立内部感应磁场。如果在工件的表面或近表面存在着缺陷，由于缺陷处的磁性往往很低，因此工件内部磁场的磁力线试图绕过该缺陷处从而导致方向发生改变。在磁力线离开和进入工件表面处产生磁极，即在缺陷处形成一个漏出工件表面的漏磁场。此时施加被磁化性能极强的磁粉则磁粉将被该漏磁场磁化、吸附并聚集而形成人眼可见的磁痕，从而发现工件表面和近表面的缺陷。

与同为工件表面和近表面缺陷检测方法的渗透检测和涡流检测相比较，磁粉检测的主要优点是：可以检测表面开口缺陷和近表面缺陷；具有极高的检测灵敏度，甚至可以检测出微米级宽度的缺陷；检测结果的重复性好；显示缺陷的位置、形状、尺寸、取向、数量及分布特点等直观可靠；检测工艺简单且易于掌握；检测效率高；成本较低；对人无害并对环境污染小；几乎不受工件大小和几何形状的影响；对检测表面的预处理要求较低，可以直接检测表面腐蚀的工件；可以采用永磁铁或电磁轭（U 形磁铁）进行检测，适合野外现场的简单检测；较薄的非铁磁性金属或非金属涂层或镀层不影响检测。磁粉检测的局限性是：只适用于铁磁性材料，即主要是铁、钴、镍及其合金，奥氏体不锈钢等虽然是铁基合金，但因其不是铁磁性材料故不能检测；只能检测表面和近表面缺陷，不能检测内部缺陷，可检测深度一般在 1~2mm；单一的磁化方向有可能造成漏检；在缺陷检测结束后，往往要附加退磁工序和清理磁粉工序；采用直接通电法磁化时，电接触工件表面易被烧伤；当构件外形复杂、突变或材料特性局部变化等，易形成伪磁痕等干扰显示。正因为磁粉检测在灵敏度及检测成本等方面具有较大的优势，所以是铁磁性材料表面和近表面缺陷检测的首选方法。

磁粉检测发端于 1868 年利用磁性罗盘仪指针的晃动来判断缺陷所在的磁性检测，并于 20 世纪 20 年代，由威廉·霍克（William Hoke）采用磁粉作为显现缺陷的一种手段而基本得以确立。发展至今，磁粉检测已经成为一种成熟的常规无损检测方法。磁粉检测的发展主要体现在设备与器材方面，磁粉检测设备有固定式、移动式和便携式，从手工式发展到半自动、全自动和专用设备。随着传感器技术、信息技术和自动控制技术的飞速发展，磁粉检测设备正向智能化方向发展，磁粉检测的效率和可靠性得到进一步的提升。磁粉检测的器材主要是磁粉，有着色磁粉和荧光磁粉，还有干粉和湿粉等种类。磁粉检测技术的标准越来越完善和规范。磁痕的观察和评定也由人眼观察、分析和评定向 CCD 数字摄像记录及计算机自动识别、分类及机器智能评定方向发展。

磁粉检测的应用领域非常广泛，主要应用于航空、航天、兵器、交通运输、机械、冶金、电力、石油及核能等行业，不仅应用于板材、管材、棒材、铸件及锻件等原材料和零部件，还应用于焊件、机械加工件、热处理件及电镀件等成品和半成品，甚至应用于锅炉、压力容器、压力管道、石油化工等重要设备的在役检测。特别地，水下磁粉检测可以应用于海上采油平台及水下管道系统的缺陷检测。磁粉检测主要用于铁磁性材料的原材料、毛坯、半成品和成品以及在役零件表面和近表面的裂纹、折叠、发纹、夹杂和其他缺陷的检测。磁粉检测除了探伤之外，还偶用于工件冷作硬化检测及应力检测等。

磁粉检测一般由预处理，磁化工件，施加磁粉，磁痕分析、记录及评定，退磁及后处理组成。本章的总体结构以及各节的内容也将依此组织并进行分析和介绍。

4.1 磁粉检测的物理基础

在磁粉检测中，磁化过程几乎是最重要的环节。磁化，由两要素构成，即励磁磁场和铁磁性材料。此外，磁粉检测可以认为是漏磁检测和目视检测的结合。磁粉检测中的光学基础，可参考渗透检测部分的相关内容。下面，仅就与磁粉检测相关的物理基础进行简单介绍和分析。

4.1.1 励磁磁场及磁化

1. 励磁磁场

磁粉检测首先要磁化工件。铁磁性材料本身不具有磁性，只有在外界激发下才能具有磁性，即工件的磁化需要一个外部激励源，也就是所谓的励磁磁场。励磁磁场是由磁体提供的，磁体主要有两种：永磁体和电磁体。永磁体通常是自然存在，电磁体则完全是人工所为，均可以提供励磁磁场来磁化欲检测的工件。

（1）永磁体及其磁场　永磁体是指在外加磁场的有效作用去除后很长时间仍然能持续有磁性的物体，有天然永磁体（如磁铁矿）和人造永磁体（如铝镍钴合金）之分，最常见的就是我们俗称的“磁铁”。永磁体也称为硬磁体，不易退磁。但若加热永磁体超过其居里温度，或位于反向高磁场强度的环境下，其磁性也会减少或消失。永磁体材料有很多种，但在实际磁粉检测中最常用的是铁氧体永磁材料。磁粉检测中最常见的永磁体是条形磁铁和马蹄形磁铁。条形磁铁所建立的磁场，磁力线是从磁铁的一极到另一极。磁力线总是试图寻找一个磁阻最小的路径而形成一个闭合回路于 N、S 极之间。马蹄形磁铁所建立的磁场，其 N、S 极在一个平面内，并由于 N、S 极非常接近且有直接的磁通路，故磁场主要集中在两极之间。磁粉检测，采用马蹄形磁铁较多，也偶用条形磁铁。相比于电磁体，永磁体由于不需要电能，因此经常在野外磁粉检测、不易连接电源的高空或者是简单磁粉检测等中使用。但由于其磁场强度和磁化品质难以人为控制，因此在磁粉检测中大量使用建立电磁场来磁化被检工件的方法。

（2）电磁体及其磁场　永磁体作为激励源，由于其磁场强度不可控制而缺少检测工艺的灵活性，因此在磁粉检测中常用电磁体作为激励源来建立励磁磁场。电流通过导体时，在导体内部及其周围存在着磁场，磁场方向可由右手定则来确定。磁粉检测时主要通过三种方式建立励磁的电磁场：通电给非铁磁性导电材料（如铜棒）从而建立励磁磁场来磁化铁磁性工件；

直接通电给铁磁性导电材料的工件（如钢棒或钢管）来建立励磁磁场同时磁化工件；给线圈通电从而建立励磁磁场来磁化铁磁性工件。上述的励磁磁场均是由电生磁，即所谓的电磁场，从而铜棒、钢棒及线圈等成了电磁体。下面对磁粉检测中的励磁磁场进行简单分析。

1）通电圆柱形导电体的电磁场。圆柱形导电体通电，分为非铁磁性导电体（如铜棒）通电和铁磁性导电体（如钢棒）通电两种情况，分别对应于钢管或环状工件（如齿轮等）磁粉检测时的给铜棒通电的心棒法（也称为中心导体法，即铜棒穿入钢管或环状工件的孔中），以及钢棒磁粉检测时的给钢棒通电的直接通电法。这种情况下建立的励磁磁场，是沿着管、棒类工件环向方向的周向磁场。

圆柱形导电体通直流电下的电磁场如图 4-1 所示。

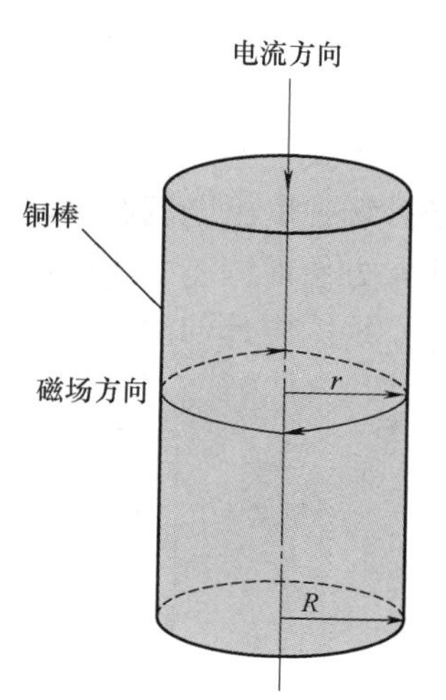

图 4-1　圆柱形导电体通直流电下的电磁场

通电圆柱形导电体内部距轴线 r 处的磁场强度，通过安培环路定律推导，计算式为

$$H=\frac{Ir}{2\pi R^2} \tag{4-1}$$

式中　H——磁场强度（A/m）；

I——通电电流（A）；

r——距圆柱形导电体轴线的距离（m）；

R——圆柱形导电体的半径（m）。

由式（4-1）可知，圆柱形导电体通电建立的电磁场，在导电体内部轴心处的磁场强度为 0，表面最大。

通电圆柱形导电体外部距轴线 r 处的磁场强度，通过安培环路定律推导，计算式为

$$H=\frac{I}{2\pi r} \tag{4-2}$$

由式（4-2）可知，圆柱形导电体通电建立的电磁场，在导电体外部的磁场强度，导电体表面最大，随着距轴心的距离增大而减小。

综合式（4-1）和式（4-2）可知：首先，周向磁场的磁场强度可由电流 I 值来表征；其次，表面处最大的磁场强度仅取决于通电电流 I 和导电体的半径 R；最后，磁场强度总是随着电流的增大而增大，实际上这个结论适用于所有的电磁场的情况。

根据式（4-1）和式（4-2），我们可以绘出某具体条件下的通电圆柱形导电体的电磁场强度的分布，如图 4-2 所示。

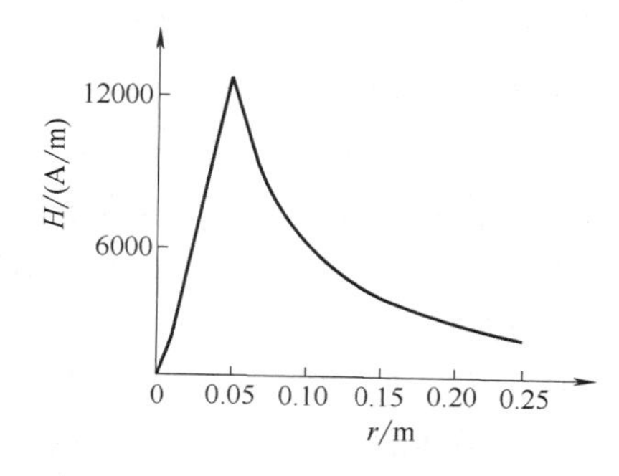

图 4-2　通电圆柱形导电体的电磁场强度的分布

给非铁磁性材料的铜管或铁磁性材料的钢管通直流电时的励磁磁场的强度分布，与图 4-2 类似，磁场强度也是在外表面达到最大。但不同的是，磁场强度为 0 的是管材的内表面而非圆柱形导电体时的轴线处。

2）通电线圈的电磁场。给线圈通电建立的励磁磁场，对应于磁粉检测时管、棒类的铁磁性工件插入到线圈中进行磁化的情况。对于铁磁性的管、棒类工件而言，通电线圈建立的励磁磁场是沿

着管、棒类工件轴线方向的纵向磁场。通电线圈内部无铁心（空载时的线圈中心）时的磁场强度，通过安培环路定律推导，计算式为

$$H=\frac{IN}{\sqrt{L^2+D^2}} \tag{4-3}$$

式中　N——线圈匝数；

　　L——线圈长度（m）；

　　D——线圈直径（m）。

由式（4-3）可知：首先，纵向磁场的磁场强度可由安匝数 IN 值来表征；其次，线圈内部磁场强度由电流、线圈匝数和线圈的结构尺寸决定，通常是通过改变电流或匝数的方法来非常方便地调整励磁磁场强度。

线圈内部的磁场分布是不均匀的，与其结构参数有关，如图 4-3 所示。

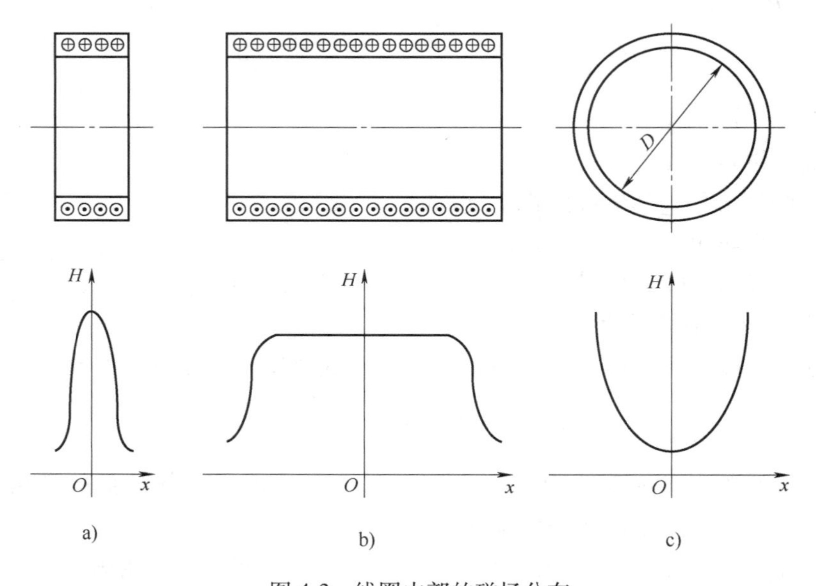

图 4-3　线圈内部的磁场分布

a）短线圈轴线上的磁场分布　b）长线圈轴线上的磁场分布　c）线圈横截面上的磁场分布

由图 4-3 可见，线圈建立的励磁磁场，从横截面来看，其轴线处磁场强度较低，越靠近线圈的内表面，其磁场强度越高；从沿轴线的强度分布来看，短线圈轴线上的磁场强度呈现中部较大两端较低的分布，长线圈轴线上的磁场强度也是呈现相同的分布规律，但不同在其较长的范围内的磁场强度呈现一个稳定分布。

2. 磁化

所谓磁化，简单来说就是在励磁磁场的作用下，使原来不具有磁性的材料获得磁性的过程。获得磁性的强弱用矢量磁化强度 M 来表示，即单位体积内分子磁矩的矢量和。也可以用磁化率 x 来表示，磁化率 x 的表达式为

$$x=\frac{M}{H} \tag{4-4}$$

由式（4-4）可知，磁化率 x 是衡量材料在励磁磁场作用下获得磁性能力的一个参数。

实际上，不同材料对外加磁场（励磁磁场）影响的反应不同。有些材料的磁化强度的方向与励磁磁场的方向相反，呈现出抵抗励磁磁场的效果，即磁化率 $x<0$，这类材料即抗磁性材料。有些材料，虽然磁化强度的方向与励磁磁场的方向一致，即磁化率 $x>0$，但仅表现出较低的磁化强度值，这类材料即顺磁性材料。有些材料，不仅磁化强度的方向与励磁磁场的方向一致，而且表现出很高的磁化强度，即磁化率 $x\gg0$，这类材料即铁磁性材料。

现代科学揭示了磁化的本质，即磁化过程就是在外部励磁磁场的作用下，铁磁性材料磁畴的磁矩与励磁磁场方向平行排列的过程。通常情况下，铁磁性材料磁畴的磁矩方向是杂乱无章的，如图 4-4a 所示。但是，如果有外部磁场作用于铁磁性材料，则部分磁畴的磁矩朝向与 H 平行排列，对外表现出磁性，即被磁化，如图 4-4b 所示。如果磁场强度 H 足够大，则将使所有磁畴的磁矩全部与 H 平行排列，此时的磁化强度 M 达到最大，再增大磁场强度 H 并不会增大磁化强度 M，即所谓的磁饱和，如图 4-4c 所示。所以，铁磁性材料并不总是如式（4-4）所表达的磁化强度随磁场强度的增大而一直增大。

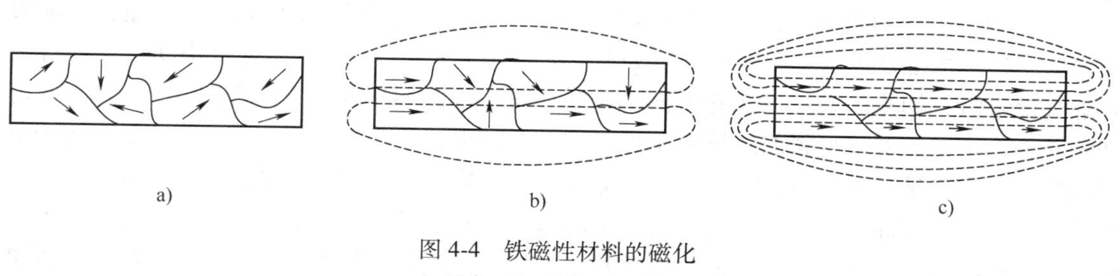

图 4-4　铁磁性材料的磁化

a）通常　b）磁化　c）磁饱和

4.1.2　感应磁场及漏磁

1. 感应磁场

正如前述，材料将感受外加磁场作用表现出某种响应，即产生磁化强度。材料内部磁场中某一点的强度是矢量 $\boldsymbol{H}$ 和矢量 $\boldsymbol{M}$ 的相加，相加后的强度矢量称为磁感应强度 $\boldsymbol{B}$，这正是磁感应强度被俗称为“总场强度”的原因。一种材料在励磁磁场作用下的磁感应能力，可以用磁导率 μ 来表征。磁导率 μ 的表达式为

$$\mu=\frac{B}{H} \tag{4-5}$$

正如根据磁化率来对材料分类一样，也可以根据材料的磁感应能力的不同，将材料分为抗磁性材料、顺磁性材料和铁磁性材料。抗磁性材料，仅有极弱的磁感应能力，磁导率 $\mu<1$，而且没有剩磁，元素周期表中的大部分元素为抗磁性，包括金、银及铜等；顺磁性材料，有较低的磁感应能力，磁导率 $\mu>1$，也无剩磁，包括铝、铬、镁、锰、钼、锂及钽等；铁磁性材料，有很强的磁感应能力，磁导率 $\mu\gg1$，有剩磁，包括铁、钴、镍及其合金。所有材料均可以被磁化，但磁粉检测关注的主要是对铁磁性材料的磁化和检测。

在实际的磁粉检测中，很难检测磁化强度 M，因此我们关心的是励磁磁场强度 H 和磁感应强度 B，H 可以表征设备的磁化能力，B 代表工件的磁化效果。在磁粉检测中，十分重要的是磁化效果和磁化品质。事实上，虽然 H 和 M 与磁粉检测相关，但直接相关的就是 B，

因为缺陷的漏磁场与 B 直接、紧密相关。

由于在实际的磁粉检测中肯定是要存在欲检测的铁磁性工件的，因此根据 4.1.1 小节中的通电圆柱形导电体的电磁场理论和通电线圈的电磁场理论计算得到的某点的磁场强度，仅适用于单纯的非铁磁性导电体通电时的电磁场或是通电线圈未插入管、棒状类工件时的情况，并不能直接用于磁粉检测时工件内部的磁场强度计算。虽然 4.1.1 小节中的理论公式不能直接定量适用于实际磁粉检测的电磁场，但是叠加后的电磁场强度（磁感应强度）分布与上述理论分析的结果相近，可用于磁粉检测的定性分析。

2. 磁粉检测时的磁感应强度分布

上述分析，均是指通以平稳直流电（直流磁化）下的分析。实际上，也可以通以交流电（交流磁化），其磁感应强度 B 的分布还是不同于直流电的。下面，我们结合实际磁粉检测中涉及的一些磁化情况，介绍磁感应强度的分布规律，便于在实际磁粉检测中针对性地制订检测工艺。

（1）钢棒直接通电磁化法时的磁感应强度分布　直接给钢棒这类实心铁磁性材料通直流电时，钢棒内部及外部的磁感应强度分布，如图 4-5 所示。直接给钢棒这类实心铁磁性材料通交流电时，钢棒内部及外部的磁感应强度分布，如图 4-6 所示。综合图 4-5 和图 4-6 可知：首先，由于铁磁性材料的磁导率 μ 很高，因此磁化时的 B 远高于 H，这个结论适用于所有的铁磁性材料被磁化的情况；其次，心部的磁感应强度很低，随着接近表面磁感应强度几乎线性增大并在表面达到最大，离开表面则迅速下降至励磁磁场强度的程度，并随着远离表面逐渐缓慢减小；最后，由于交流的趋肤效应，使得交流电磁化下的磁感应强度的分布更集中于表面和近表面，这也是交流磁化的灵敏度往往高于直流磁化的原因之一，同时也是直流磁化时的检测深度较交流磁化时大的原因。

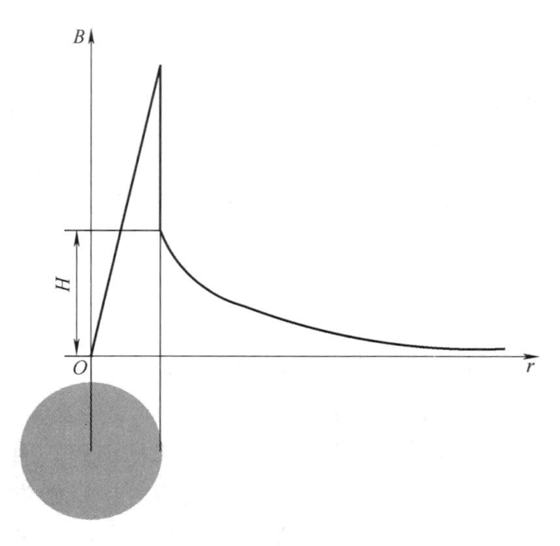

图 4-5　通直流电时实心棒状铁磁性材料直接通电法的磁感应强度分布

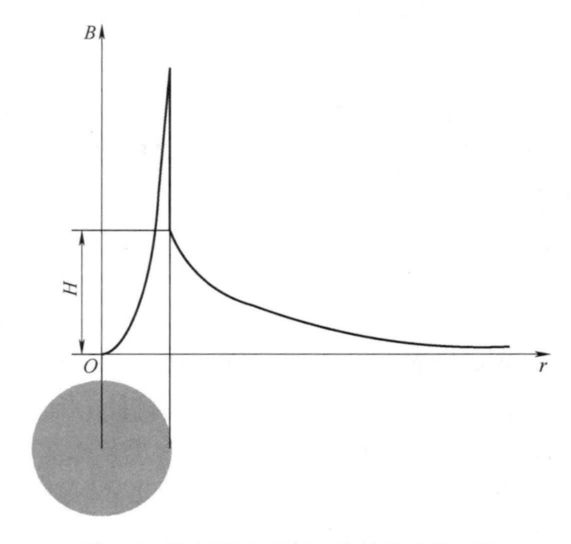

图 4-6　通交流电时实心棒状铁磁性材料直接通电法的磁感应强度分布

（2）钢管直接通电磁化法时的磁感应强度分布　直接给钢管这类中空管状铁磁性材料通直流电或交流电时，管壁及其他部分的磁感应强度分布，分别如图 4-7 和图 4-8 所示。综

合图 4-7 和图 4-8 可知：首先，实心棒状铁磁性材料的磁感应强度分布的结论，也基本可用于中空管状铁磁性材料的磁感应强度分布的分析；其次，与实心棒状类的不同之处就在于，不管是直流磁化还是交流磁化钢管这类中空管状铁磁性材料时，其内表面的磁感应强度很低，因此不能用直接通电法来进行其内表面缺陷的磁粉检测。

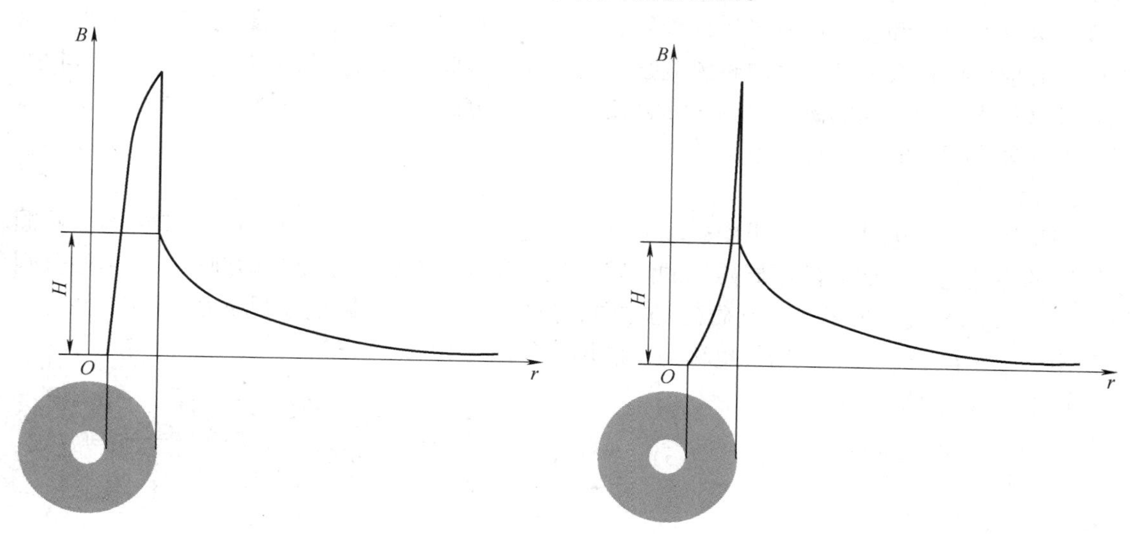

图 4-7　通直流电时中空管状铁磁性材料直接通电法的磁感应强度分布

图 4-8　通交流电时中空管状铁磁性材料直接通电法的磁感应强度分布

（3）钢管采用心棒通电磁化法时的磁感应强度分布　钢管这类中空管状铁磁性材料，不仅可以采用直接通电的方法来磁化，还可以采用心棒法进行磁化。所谓心棒法，就是将非铁磁性导电材料棒，通常采用纯铜棒，穿入中空部位，然后给纯铜棒通电建立励磁磁场来间接磁化中空管状工件的方法，其磁感应强度分布如图 4-9 所示。

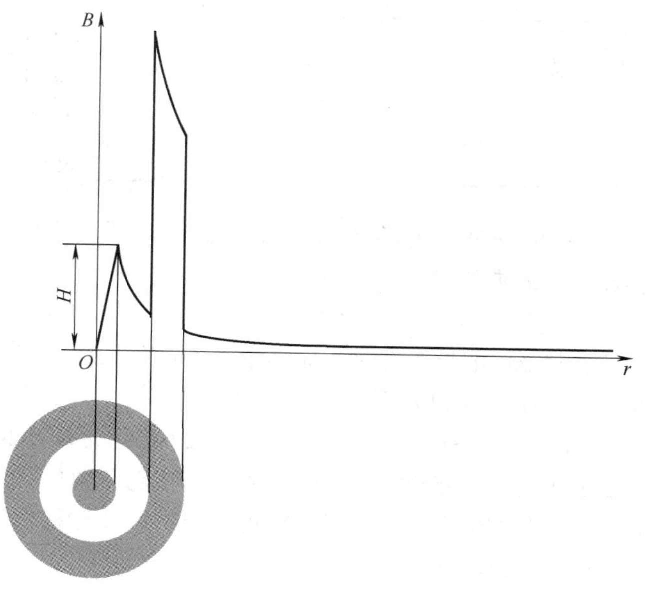

图 4-9　中空管状铁磁性材料采用心棒通电法的磁感应强度分布

由图 4-9 可见：首先，由于铜棒为非铁磁性材料故只存在磁场强度，因此铜棒内部及其周围的磁感应强度的分布与 4.1.1 小节分析的通电圆柱形导电体相同；其次，钢管内表面处的磁感应强度突然增大至最大，然后随着接近外表面有一定的下降，在外表面处磁感应强度近乎垂直下降，然后随着远离外表面缓慢减小；再次，由于空气与铜棒相似，也是仅有磁场强度，因此在空气和铁磁性材料的钢管界面存在着磁感应强度突变的现象；最后，钢管内表面的磁感应强度最大，外表面的磁感应强度也较高，因此心棒通电磁化法适合于中空管状类铁磁性材料内表面缺陷的磁粉检测，而且仅有心棒通电磁化法才能同时对中空管状类铁磁性材料的内外表面同时进行磁粉检测。

3. 退磁场

当采用线圈通电法并建立纵向磁场来开路磁化插入线圈中的管、棒类细长工件时，不同于上述的直接通电法建立的圆周磁场的闭路磁化，存在着退磁场现象。即细长工件两端分别感应出 N 极和 S 极，形成了与励磁磁场方向相反的一个磁场，减弱了励磁磁场对工件的磁化作用，故称该磁场为退磁场，也称为反磁场，如图 4-10 所示。

退磁场强度 H_T 的计算式为

$$H_T = N\frac{J}{\mu_0} \tag{4-6}$$

式中　N——退磁因子；

J——磁极化强度（T）；

μ_0——真空磁导率（H/m）。

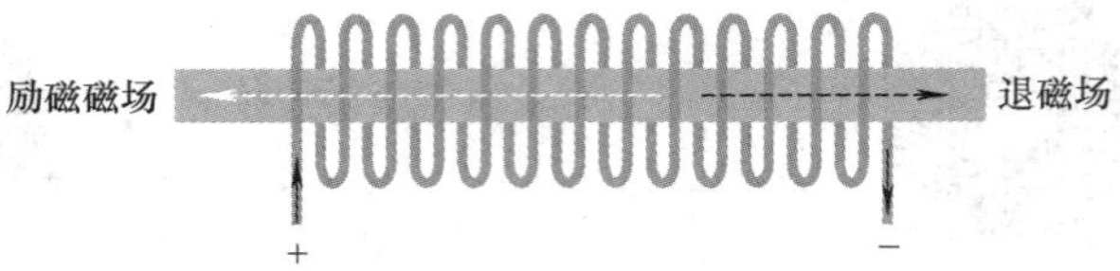

图 4-10　退磁场

N 的大小主要取决于工件的形状：球体，$N=0.333$；长短轴比为 2 的椭圆体，$N=0.14$；棒状，N 与其长径比 L/D 成反比，见表 4-1。

表 4-1　钢棒在不同长径比 L/D 下的退磁因子 N 的值

L/D	N
1	0.27
2	0.14
5	0.04
10	0.017
20	0.006

由于退磁场方向与线圈的励磁磁场方向相反，因此对细长工件类磁化效果与如下磁场强度有关，也即有效励磁磁场强度 H_e 的表达式为

$$H_e = H - H_T \tag{4-7}$$

因此，当采用线圈通电磁化细长工件时，应尽量减小退磁场强度。退磁场强度的大小与励磁磁场强度、工件的形状和尺寸以及磁化电流种类等相关。一般而言，励磁磁场强度越大，退磁场强度越大。退磁因子与工件形状相关，工件的长径比 L/D 越小，退磁场强度越大，钢管比钢棒的退磁场强度小。交流电磁化时，由于存在趋肤效应，因此退磁场强度小于直流电磁化时。由于通电线圈磁化细长工件时存在退磁场，因此往往要提高磁化电流值或将较短的工件接长后进行磁粉检测。

4. 漏磁

当断面相同、内部组织均匀的工件被磁化后，工件内部的感应磁场的磁力线是平行、均匀分布的。但是如果工件内部存在裂纹、夹渣及气孔等缺陷时，由于缺陷处是非铁磁性材料因此其磁阻很大，磁力线将试图不从缺陷中间穿过。即缺陷在表面和近表面时，缺陷附近区域的磁力线不仅在工件内部发生绕行，而且在工件表面和近表面的磁力线漏出工件本体到空气中而形成一个局部磁场，这种现象称为漏磁，如图4-11所示。

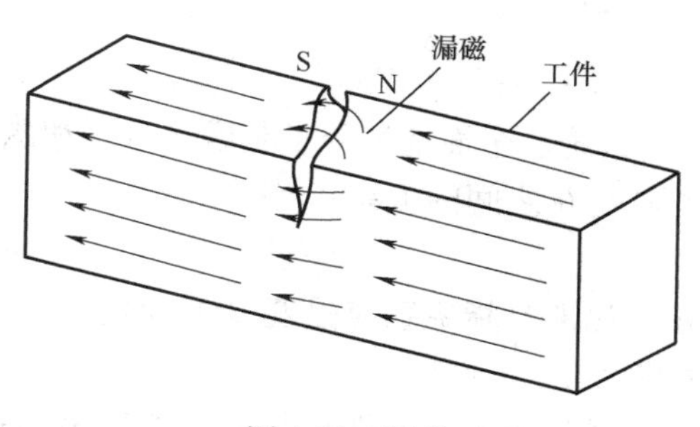

图4-11　漏磁

漏磁场的大小直接与磁粉检测灵敏度相关，其与励磁磁场强度、缺陷的形状、缺陷距表面的距离、缺陷和磁力线的相对位置、工件材料的性质和状态以及工件表面状态有关。励磁磁场强度越大，越容易形成漏磁并且漏磁场强度也越大。缺陷形状方面，球形缺陷（如气孔）的磁力线绕行不显著，即漏磁场强度不大。缺陷距离方面，距表面较深时，即使绕行显著也不能在表面产生漏磁；如果缺陷在工件的表面开口，则一个确定尺寸和形状的缺陷将产生最大的漏磁；如果位于表面之下，则漏磁将减少。实际上，可检测的缺陷必须是表面开口或在近表面才能产生足够强度的漏磁从而吸引磁粉聚集。缺陷的相对位置方面，如果缺陷的延伸方向与磁力线垂直，则绕行最显著，而平行则最不显著，即垂直时更容易产生漏磁也就是更容易检出。漏磁与缺陷的关系如图4-12所示。

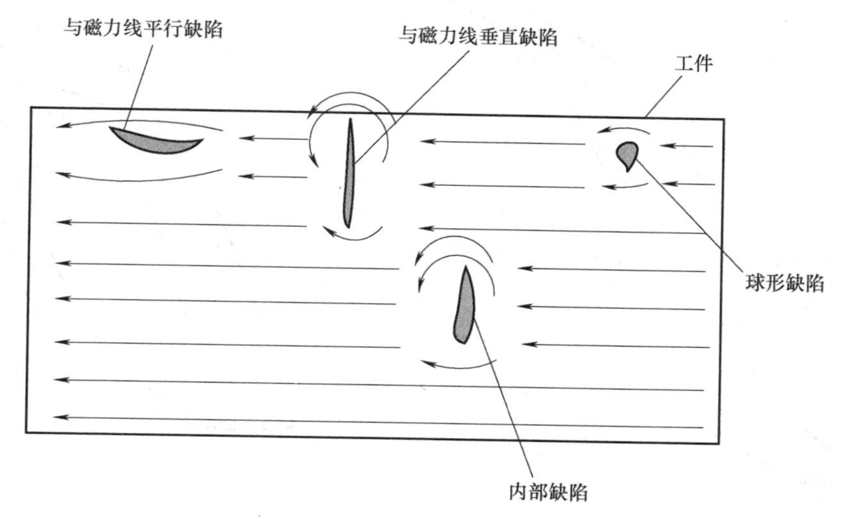

图4-12　漏磁与缺陷的关系

此外，工件状态方面，如果表面存在油脂、涂料或非铁磁性镀层材料等，将降低漏磁场强度。工件材料的性质及状态方面，材料的合金化、冷加工经历及热处理状态都会影响材料的磁性能，从而影响漏磁场的大小。但相对而言，工件材料的性质及状态对漏磁场的影响较小。总之，磁粉检测最容易发现接近表面的有一定延伸且延伸方向与磁力线近似垂直的缺陷。需要注意的是，晶粒的粗大、组织的不均匀、工件表面的不平整、截面变化或是磁导率发生改变等也将引起漏磁，其将造成磁粉检测的复杂性，并降低检测的准确性。

4.1.3 剩磁磁场及退磁

铁磁性材料的磁滞回线，系统、全面地解释了其磁化过程和磁化规律，揭示了磁粉检测中磁感应强度 B 与励磁磁场强度 H 之间的关系。

1. 磁滞回线

磁滞回线如图 4-13 所示。磁滞是指磁感应强度 B 的变化落后于磁场强度 H 的变化的现象，如 H 降为 0 时，B 并未降为 0。

由图 4-13 可见，当外加磁场作用于铁磁性材料时，随着磁场强度 H 的增大，磁感应强度 B 由 0 一直增大，可分为可逆磁化阶段、急速磁化阶段、近饱和磁化阶段和饱和磁化阶段。到达 a 点后则几乎所有磁畴已规则排列，再增加 H 则 B 不再增大，即 a 点是饱和点。如果降低 H 至 0，则 B 由 a 点降到 b 点，即仍有一定的磁通存在于材料中，此谓剩磁，剩余磁感应强度为 B_r，称 b 点为剩磁点。随着磁场方向的改变，由 b 点到达 c 点，此时 B 为 0，c 点称为矫顽力点，矫顽力为 $-H_c$。随着反向磁场强度 $-H$ 的增加，由 c 点到达 a' 点，即反向饱和点。再次降低 H 至 0，则由 a' 点到达 b' 点，即反向剩磁点。再正向增加 H 则由 b' 点到达 c' 点，即反向矫顽力点，此时 B 也为 0。如果继续增加 H，则由 c' 点回到 a 点，形成闭合回线。磁滞回线的形态，反映了磁性材料的一些特性，如图 4-14 所示。

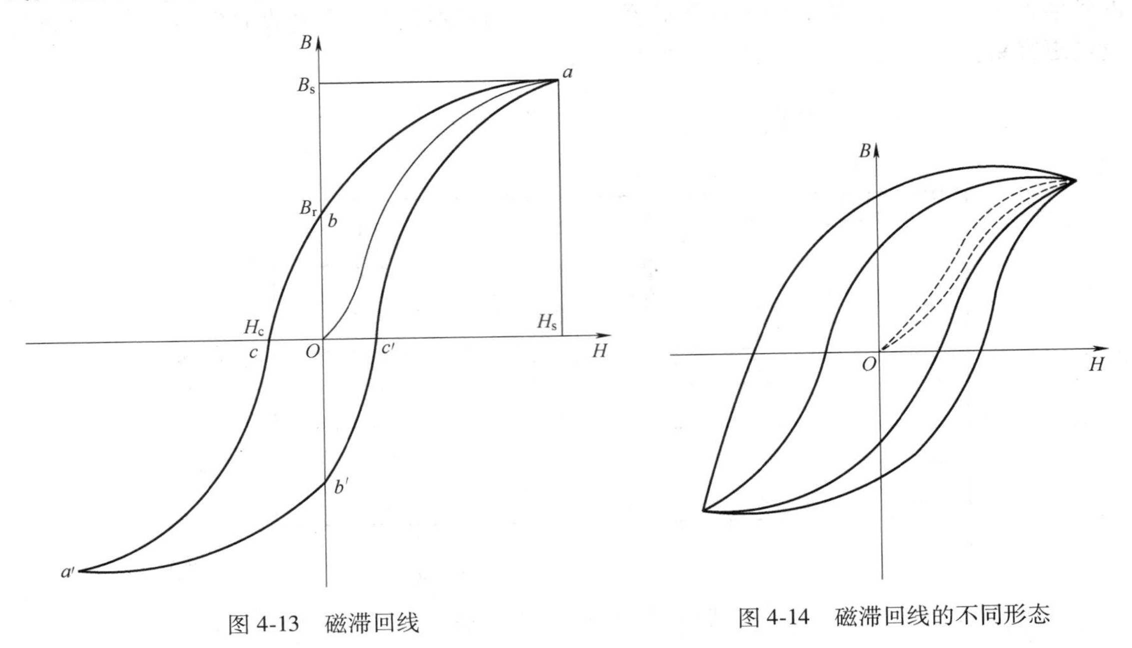

图 4-13 磁滞回线

图 4-14 磁滞回线的不同形态

由图 4-14 可见，磁滞回线较窄的磁性材料具有较高的磁导率、较低的剩磁、较低的矫

顽力和较低的磁阻，在磁粉检测时易磁化也易退磁。而磁滞回线较宽的磁性材料则正相反。通常将易磁化和易退磁的磁性材料称为软磁材料，对应地将不易磁化和不易退磁的磁性材料称为硬磁材料。在实际应用中，以矫顽力 H_c 的大小来区分。例如：$H_c \leqslant 400$A/m 的磁性材料认为是软磁材料，广泛用于电工设备和电子设备中，应用最多的软磁材料包括变压器用硅钢片、纯铁、低碳钢及各种软磁铁氧体等；$H_c \geqslant 8000$A/m 的磁性材料认为是硬磁材料，包括钕铁硼稀土合金及钡铁氧体等，一般用于制作永磁体。

2. 剩磁磁场

由图 4-13 可见，当励磁磁场磁化铁磁性材料后去掉励磁磁场时，材料中仍然存在着感应磁场，称其为剩磁磁场，其强度为 B_r。B_r 的大小与励磁磁场强度、磁化方法、材料的磁性能以及工件性质与状态等因素有关。

如果工件中存在足够强的剩磁磁场，则当工件中存在表面和近表面缺陷时，缺陷处仍然会产生漏磁，也即可以进行磁粉检测，这种方式的磁粉检测称为剩磁法磁粉检测。但是，由于 B_r 小于饱和磁感应强度，因此剩磁法磁粉检测的灵敏度要低于连续法磁粉检测（在饱和磁感应强度下的磁粉检测）。

3. 退磁

（1）剩磁对工件的不良影响　剩磁磁场，一方面可用于磁粉检测而检出缺陷，另一方面会对工件的后续使用产生一定的不良影响。例如：使得清除黏附在检测完的工件上的磁粉变得困难；运动件，由于剩磁而黏附在工件上的铁屑、磁粉等将可能引起附加的磨料磨损；欲焊接件，剩磁将可能导致后续焊接的磁偏吹，影响焊接过程的稳定性并降低焊接质量；欲机械加工件，剩磁的存在导致加工出的铁屑黏附，将影响机械加工过程和质量；欲电镀件，剩磁将可能导致电镀电流在洛伦兹力作用下偏离，从而影响电镀过程及质量；影响剩磁工件附近的磁罗盘和指针式仪表的精度；剩磁严重时，可能影响工件附近电子设备的正常工作等。因此，磁粉检测结束后往往应将工件中的剩磁除去，即退磁。

（2）退磁原理　退磁就是将被检工件的剩磁减小至不产生不良影响程度的过程。不同的退磁方法，其原理也不同。加热法退磁是将磁粉检测结束后有剩磁的工件加热到居里温度以上，低碳钢一般为 770℃，保持一定的时间后冷却即可退磁。其原理是，当加热温度超过居里温度时，钢质工件的微观组织变成高温奥氏体从而磁性消失，冷却后剩磁场被去除。但注意长度方向应为东西向以免地磁场对退磁过程的影响。由于需要加热并保温，此方法的工艺参数较多且不易控制，尤其是体积较大或者是热敏感材料的工件，不宜施行。

在磁粉检测工程中，通常采用外加退磁电磁场的方法方便地进行退磁，即采用逐步减小外加的退磁磁场强度及转换退磁磁场方向的办法进行退磁。可以采用从通以交流电的线圈中逐步拉出的办法退磁，也可以采用通以交变电流的电磁轭改变电流大小的办法进行退磁。在固定式磁粉探伤机中，通常采用逐步、缓慢地减小通过线圈的交流电流的办法进行退磁，其退磁原理如图 4-15 所示。

从图 4-15 可见，随着逐步、缓慢地减小并改变退磁线圈的电流 I 的大小和方向，对工件而言的外加退磁磁场强度 H 也同步地减小并改变方向，使得工件中存在的磁感应强度 B 也随时间的增加而逐步、缓慢地改变方向并减小，可见退磁的基本要求是“换向且衰减”。

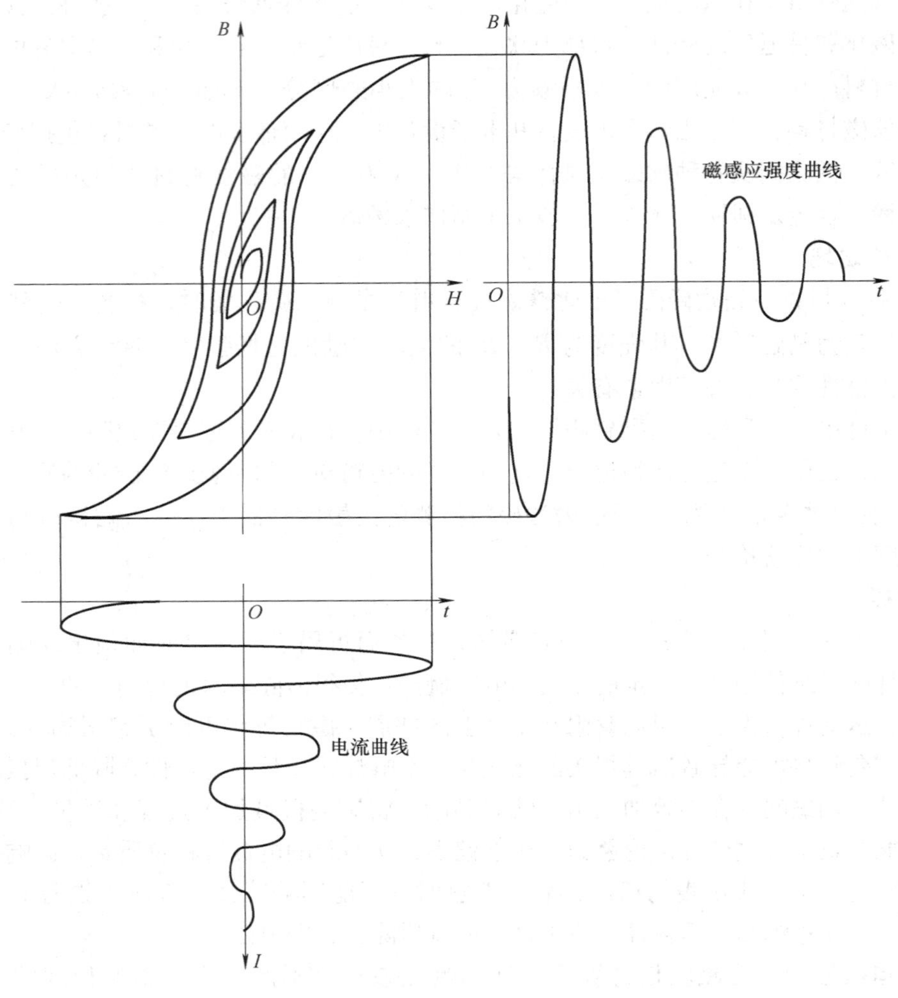

图 4-15 退磁原理

4.2 磁粉检测设备及器材

4.2.1 磁粉探伤机

1. 磁粉探伤机的分类

磁粉探伤机分为固定式磁粉探伤机、移动式磁粉探伤机和便携式磁粉探伤机，其中固定式磁粉探伤机的磁化电流大，并且配置的相关部件比较完备。

（1）固定式磁粉探伤机　安装在固定场合，有卧式或立式之分。一般可以提供 1～10kA 以上的最大磁化电流，可以对检测对象进行周向、纵向及各种形式的复合磁化。检测结束后，可以用交流或直流进行退磁。通常配有电触头及电缆，可以对不能搬上工作台的大型、重型工件进行检测。

（2）移动式磁粉探伤机　主体是磁化电源，附件有支杆电触头、吸附电触头、钳形电

触头、磁化线圈及软性电缆等。设备底部一般安装有滚轮，便于在工地或车间内移动，一般以不易移动的大型工件为检测对象。一般为3~6kA的磁化电流，有的可以达到10kA。

（3）便携式磁粉探伤机　主要有小型电磁轭、交叉电磁轭和永久磁轭等几种。其自重轻，便于随身携带，适用于野外和高空作业；有小巧轻便、不会烧伤被检工件表面等优点，在锅炉和压力容器的焊缝检测中得到广泛应用。其主要技术指标为衡量磁化能力的最大磁极间距下的提升力。交叉电磁轭分为十字交叉和平面交叉，一般在四个磁极上均装有滚轮，可以在被检工件上连续滚动，检测速度快，特别适用于大型工件的检测。在无电源（如野外检测）时可以使用“Π”形永久磁轭进行检测，在最大磁极间距下，其提升力通常应不小于177N。

2. 磁粉探伤机型号的识别

依据JB/T 10059—1999《试验机与无损检测仪器型号编制方法》[⊖]的规定，磁粉探伤机型号的命名规则为C××-×。C，是“磁”汉语拼音的首字母；第一个×，用大写英文字母表示磁化方式；第二个×，用大写英文字母表示结构形式；第三个×，用数字表示最大磁化电流的安培数，磁化电流值是指交流有效值或直流平均值，具体含义见表4-2和表4-3。

表4-2　磁粉探伤机型号中第二个字母的具体含义

字　母	含　义
B	半波整流脉冲
D	多功能
E	交流或直流
J	交流
Q	全波整流脉冲
X	旋转磁场
Z	直流

表4-3　磁粉探伤机型号中第三个字母的具体含义

字　母	含　义
D	移动式
E	磁轭式
G	荧光磁粉探伤
Q	超低频退磁
W	固定式
X	便携式

例如，型号为CED-5000，则表示该磁粉探伤机是移动式、具备交流磁化或直流磁化能力、最大磁化电流为5kA的一台设备；再如，型号为CJW-6000，则表示该磁粉探伤机是固定式、交流磁化、最大磁化电流为6kA的一台设备。

⊖　该标准已废止，这里给出是因为仍有许多厂家在沿用。

需要说明的是，由于 JB/T 10059—1999 已被废止，因此并不是所有探伤机型号都遵循该编制方法，建议参考具体设备的说明书进行选择。

3. 磁粉探伤机的组成

磁粉探伤机除了磁化装置这个主要功能部件之外，一般还有工件夹持机构、磁悬液喷淋装置、指示仪表、磁痕观察辅助灯具及退磁装置等，以便完成全部的磁粉检测工作。

（1）磁化装置　磁化装置由磁化电源和磁化机具组成。

为了防止探伤人员触电事故的发生，往往使用安全电压，即输出的工频交流电压的有效值不得大于 50V。但为了能磁化较大工件，就必须使用大电流。因此，磁化电源是低压大电流电源。传统的磁化电源，是将 50Hz 三相或单相 380V 或 220V 交流电通过降压变压器变为低压交流电并直接磁化工件，也可以通过整流器将交流电变换为直流电后再磁化工件。通过改变初级绕组匝数来粗调磁化电流，通过改变初级回路中双向晶闸管的导通角来细调磁化电流。现代的磁化电源，采用 MCU 或 DSP 控制技术及晶闸管可控整流技术，使得磁化电源体积小、重量轻、灵活性强。为了适应不同的磁化性能要求，磁化电源通过单相半波整流、单相全波整流或三相全波整流以及滤波，可以提供交流、稳恒直流（电压基本恒定不变，也即整流并充分滤波后的直流电）、单相半波整流时的 50Hz 脉动直流、单相全波整流时的 100Hz 脉动直流等多种磁化电流类型，见表 4-4。

表 4-4　不同的磁化电流类型

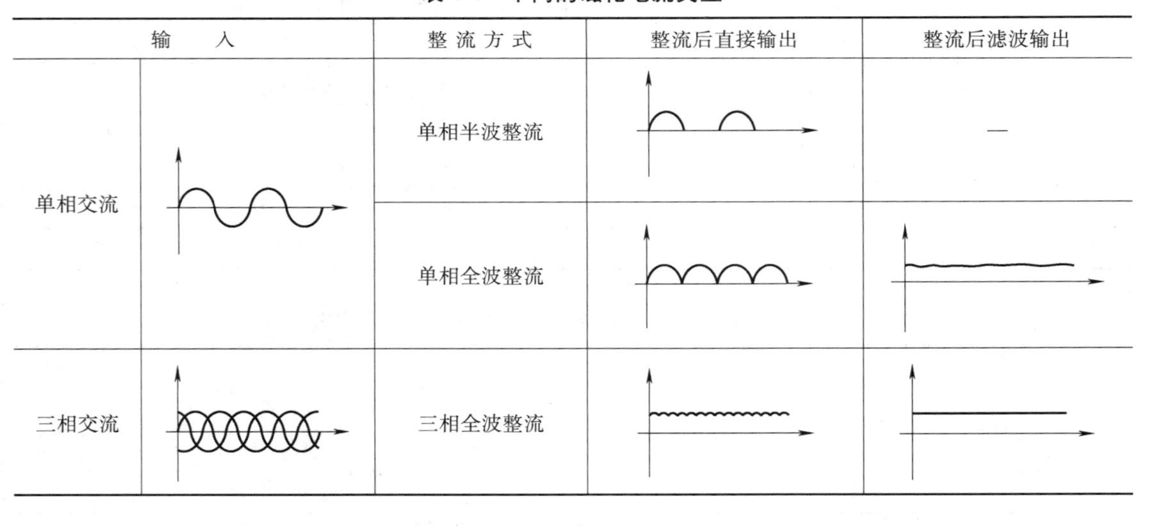

输入		整流方式	整流后直接输出	整流后滤波输出
单相交流		单相半波整流		—
		单相全波整流		
三相交流		三相全波整流		

三相全波整流输出波形，常用于大功率磁粉检测设备，可以得到所希望的大磁化电流。固定式三相全波整流磁化电源主要用于输出稳恒直流，也可以输出交流磁化电流，因而提供磁化电流能力全面灵活。

固定式磁粉探伤机的磁化机具一般为螺线管，其可以对工件进行纵向磁化。移动式或便携式磁粉探伤机有时还采用电磁轭、便携线圈或电缆缠绕方式来磁化工件。

（2）工件夹持机构　工件夹持机构有夹头和顶头。为了适应不同尺寸的工件，夹头或顶头的间距是可调的，调节可用电动、手动或气动等多种形式来实现。夹头或顶头一般应包有铜编织网以利于电接触，避免因接触不良导致的过大接触电阻在大磁化电流下起弧而烧伤工件。需要注意的是，应尽量不使用有毒的铅垫包覆夹头来改善电接触状态。此外，夹持机

构一般具有360°旋转功能，以便于对工件所有表面进行磁粉检测。

由上述可见，工件夹持机构不仅仅用于夹持，往往还通过夹头或顶头给细长工件通电来进行周向磁化，从而成为磁化机具。

（3）磁悬液喷淋装置　固定式磁粉探伤机往往采用检测灵敏度较高的磁悬液。固定式磁粉探伤机的磁悬液喷淋装置由磁悬液槽、电动泵、软管、喷嘴及回收盘组成。磁悬液槽用于储存磁悬液并通过电动泵叶片将槽内磁悬液搅拌均匀，并依靠泵的压力使磁悬液通过软管从喷嘴喷洒到工件上。在磁悬液槽的上方装有格栅，在格栅上方有夹持机构夹持工件，从而回收从工件滴落的磁悬液以供反复使用。为防止铁屑等杂物进入磁悬液槽内，在回流口上装有过滤网。

在移动式和便携式磁粉探伤机中，通常没有搅拌、喷淋装置，而是采用电动或手动压力喷壶、喷粉器或喷罐来喷淋磁悬液，采用空气压缩机、喷粉器或是橡胶气囊来使手动洒下的干粉散布均匀。

（4）指示仪表　磁粉探伤机的指示装置主要有指针式电流表和电压表，也有一些工作状态指示灯。电流表又称为安培表，分为直流电流表和交流电流表。交流电流表与互感器连接，测量交流磁化电流的有效值。直流电流表与分流器连接，测量直流磁化电流的平均值。也有简单地用晶闸管导通角度来指示磁化电流大小的。在现代磁粉探伤机中，单片机控制下也有用数字显示电流值和电压值的方式，一般采用霍尔传感器检测磁化电流并经A/D转换后输入到单片机中，并采用数码管或液晶显示器予以显示，也有采用触摸屏进行显示的。

（5）磁痕观察辅助灯具　磁痕观察应根据磁粉的类别进行。着色磁粉，在太阳光、荧光灯、白炽灯或LED灯下进行；荧光磁粉，需要在暗室环境用黑光灯来激发荧光以便观察。着色磁粉探伤时，被检工件表面的可见光照度应不小于1000lx。荧光磁粉探伤时，黑光灯距被检工件表面400mm时，被检工件表面的黑光强度应大于$1000\mu W/cm^2$，基底可见光照度应不大于20lx。当无法使用常规照明设备时，应使用特殊的照明观察手段，如笔式黑光光源、黑光光导管或内窥镜等。

（6）退磁装置　退磁往往是磁粉检测必不可少的一个环节，因此探伤机中也常配置有退磁装置，也可以分立而作为一个单独的磁粉检测辅助设备。根据不同的退磁方法，退磁装置可分为退磁交流线圈、交流降压退磁装置、直流换向降压退磁装置、扁平线圈退磁器以及简便的交流磁轭退磁器等。

1）退磁交流线圈。它是利用交流电的换向和工件离开线圈时的磁场强度逐渐减小（衰减）来实现退磁的，这需要工件和退磁交流线圈之间有相对运动。也可以在静止状态下退磁，即工件和退磁交流线圈相对静止，通过交流电的换向和交流电电流有效值的逐步降低（磁场强度的衰减）来实现退磁。退磁交流线圈的形状，有长方形的也有圆形的，可依据工件尺寸大小来选择不同尺寸的线圈，线圈电源电压一般为单相交流220V或三相交流380V，其中心磁场强度一般在16~20kA/m。大型退磁交流线圈，由于质量和体积较大，因此往往配置有轨道和工件承载小车，以利于安放工件和移动。如果工件为重型或大型，则推进线圈产生相对运动。有的还配置有按钮、定时器和指示灯，以便控制和显示退磁进程。供电电源的逐步降压方式可以有多种，如可以采用改变初级绕组匝数、调压变压器或者控制初级回路晶闸管的导通角等。

2）交流降压退磁装置。其退磁原理与退磁交流线圈相同，也是通过交流电的“换向”

和逐步降压的“衰减”来实现退磁。差别在于，该装置用于直接给细长工件通电的情况，不同于线圈建立间接磁场来作用于工件。电源输出电压的逐步降低，也与退磁交流线圈的供电电源大同小异。

3）直流换向降压退磁装置。其退磁原理也与退磁交流线圈基本相同。实际上，虽然电源输出的是直流电，但通过换向器使得作用于工件上的磁场方向发生变化，再采用逐步降低直流电压的磁场强度衰减作用来实现退磁。不同之处就在于，作用于工件上的电流是恒定电流，不同于退磁交流线圈的电流由小到大再到小的变化。此外，在采用超低频换向时，电流的趋肤效应很小，退磁深度较大。换向，可由接触器或继电器等机械开关的交替导通或由双向晶闸管或其他功率电子开关（如 IGBT 等）来实现。衰减，在采用机械开关时可简单采用串联不同阻值的大功率电阻来实现，在采用电子开关时可采用双向晶闸管的导通角的改变或 IGBT 的导通时间变化来实现。

4）扁平线圈退磁器。就是在一个扁平的 U 形铁心的左右两支柱上串绕两组线圈，将此线圈通以衰减的交流电，形成一个“换向衰减”的外加磁场。由于是扁平形状，因此特别适合于大面积工件（如钢板）的退磁，驱动扁平线圈退磁器的操作与使用熨斗相似。

5）交流磁轭退磁器。电磁轭具有功率低、自重轻、体积小、机动性强及操作方便灵活的特点，比较适用于对焊缝或细长杆件类工件的分段局部退磁。

除了上述介绍的装置外，在自动或半自动磁粉探伤机中还有单片机或 PLC 控制器装置，用以自动控制部分或全部的磁粉探伤过程。

4.2.2 磁粉

微米尺度的磁粉在漏磁场处聚集形成宏观磁痕从而显示出缺陷的位置、大小、走向等，对磁粉检测十分关键。正确选择磁粉与正确选择磁化方法、确定磁化规范一样，均直接关系到磁粉检测的灵敏度。磁粉检测使用的磁粉，其基础原料主要是金属磁粉（工业纯铁粉）或氧化物磁粉（红褐色的 γ-Fe_2O_3 粉末或黑色的 Fe_3O_4 粉末）。

1. 磁粉的种类

磁粉，按照其是否能在外部激励源（如黑光灯）作用下发出荧光而分为荧光磁粉和非荧光磁粉，按照是否与某种液体混合而分为干磁粉和磁悬液，干磁粉也称为干粉，磁悬液也称为湿粉。磁悬液是将干磁粉与其非溶解性液体混合而成的流动性较好的液态磁粉。干磁粉悬浮于该非溶解性液体中，故称该非溶解性液体为载液。

由上述可见，细分磁粉种类应该有非荧光湿粉、荧光湿粉、非荧光干粉和荧光干粉。但实际的磁粉检测工程中，主要使用前三种磁粉，也即荧光干粉主要用于制作磁粉的原料，往往是配以载液以湿粉方式使用。此外，还有磁膏及磁性聚合物的弥散物等商业产品可供选用。

2. 干磁粉

（1）种类　干磁粉可分为非荧光干磁粉和荧光干磁粉两大类。

1）非荧光干磁粉。非荧光干磁粉可用于干粉法磁粉检测，也可以和载液（如油）混合配制成湿粉后用于湿粉法磁粉检测，可直接在白光下观察磁痕，分为红褐色的 γ-Fe_2O_3 干磁粉、黑色的 Fe_3O_4 干磁粉和彩色干磁粉三类。

红褐色的 γ-Fe_2O_3 干磁粉主要用于背景较暗的工件。黑色的 Fe_3O_4 干磁粉主要用于背景为浅色或光亮的工件。彩色干磁粉通常是以工业纯铁粉末、γ-Fe_2O_3 粉末或 Fe_3O_4 粉末等为

原料，用黏合剂包覆染料制成的白色磁粉或其他颜色的磁粉，目的是增强磁痕与工件表面背景的对比度，从而突出显示缺陷。专用于干粉法的磁粉表面常常覆有浅灰色、黑色、红色或黄色等。彩色干磁粉一般只用于干粉法磁粉检测。在纯铁粉中添加Cr、Al和Si等元素制成的干磁粉，可以用于在300~400℃的高温检测。

2）荧光干磁粉。荧光干磁粉是指用树脂黏附或经化学处理，在磁性氧化铁粉（如黑色的Fe_3O_4、红褐色的γ-Fe_2O_3）或工业纯铁粉的表面附着荧光染料所制成的磁粉，主要将其配制成湿粉后用于湿粉法磁粉检测，在黑光灯的紫外线照射下激发出人眼比较敏感的波长范围在510~550nm的黄绿色光，可见度和对比度好，可以在任何颜色的被检工件表面上使用。

（2）性能

1）磁性。理想的磁粉首先应具有高的磁导率，易于被微弱的缺陷漏磁场磁化并吸附聚集；其次应具有低的矫顽力和低剩磁，使得磁粉容易自然退磁从而在退磁后磁粉之间不吸附成团，并且可使得磁粉和工件表面不紧密黏附从而易于清理，保证后续检测或工件的使用。

磁粉的磁性是磁粉最主要的性能，需要有确定的方法进行评价，通常采用磁性称量法来衡量。磁性称量法测定磁粉磁性的原理是，通过一个标准的交流电磁铁在规定条件下吸引的磁粉多少来评价磁粉磁性大小。一般非荧光磁粉的磁性称量值应大于7g，荧光磁粉可以略低于7g。

2）粒度。磁粉的颗粒度主要影响其在载液中的悬浮性及漏磁场对磁粉的吸附能力。一般应小于76μm（大于200目）。干粉以10~60μm为好，湿粉宜控制在10μm以下甚至到0.1μm。超过60μm的磁粉很难在载液中悬浮，不宜在湿粉法中使用。荧光磁粉因其表面有涂覆层，粒度应控制在5~25μm。

选择磁粉的粒度应兼顾到缺陷的性质、尺寸和磁粉的使用方式。用干粉法检测近表面缺陷或大尺寸缺陷时，宜采用较粗的磁粉；用湿粉法检测表面缺陷或小尺寸缺陷时，宜采用较细的磁粉。实际检测使用的磁粉中含有各种不同粒度的磁粉，因而对各类缺陷都可以得到较均衡的检测灵敏度。在实际的磁粉检测中，干粉法磁粉检测推荐使用80~160目的干磁粉，湿粉法磁粉检测推荐使用300~400目的干磁粉配制的磁悬液。

3）形状。磁粉的形状有条状和球状之分。一般而言，条状磁粉更容易磁化形成稳定磁极而连接成磁粉链条，球状磁粉因其不易磁化、球形并且磁极不稳定从而具有较好的流动性。此两种性能均是磁粉需要具备的检测特性，所以实际的磁粉是将这两种形状的磁粉按一定比例混合而成，条状磁粉和球状磁粉的混合比例一般为1∶1~2∶1。磁粉的流动性，在干粉法磁粉检测时尤显重要。

3. 磁悬液

磁悬液由干磁粉与油或水按一定比例混合而成，搅拌时应呈均匀的悬浮状，只用于湿粉法磁粉检测。磁悬液可分为非荧光磁悬液和荧光磁悬液，非荧光磁悬液由非荧光干磁粉与载液混合配制而成，荧光磁悬液由荧光干磁粉与载液混合配制而成。

载液选用油时，特别是采用荧光干磁粉时应优先选用无毒、轻质、低黏度、闪点在94℃以上的无味煤油，也可以采用变压器油或变压器油与煤油的混合液。变压器油中的磁粉悬浮性好，但其运动黏度大，因而检测灵敏度不如煤油。

载液选用水时，优点是显示快、灵敏度低、成本低、无火灾危险、无石油化工产品的难闻气味及容易清洁等。其缺点有：为了避免腐蚀工件，往往要添加防锈剂；为了使其在工件表面易于铺散开来，需要添加润湿剂；为了去除工件表面的油污，需要添加除油污剂从而需要附加消泡剂等。相对而言，选用水做载液比较麻烦，除特殊场合一般不选用。

每升磁悬液中含有的磁粉克数（即磁悬液的浓度）将大大影响检测灵敏度。磁悬液的浓度太低则小缺陷漏检，太高则使对比度降低从而干扰缺陷的显示。

湿粉也有以磁膏或浓缩磁粉的方式供货的，检测时按一定比例用水稀释后即可使用，这是因为磁膏中一般已经含有润湿剂和防锈剂等。

4.2.3 磁化品质评价器材

在实际检测工件前，一般应对工件的磁化效果进行评价和确认，以免因磁化效果不良导致检测不出缺陷。在磁粉检测中，常用标准试片、标准试块、磁场指示器等来对磁化效果进行评估。试片和试块主要用于评价综合性能并间接地考察检测操作的合理性。磁场指示器除了具有上述用途外还可以定性地反映被检工件表面的磁场分布特征，确定磁粉检测规范。

1. 标准试片

标准试片主要用于检验连续法磁粉检测时的磁粉检测系统的综合性能，一般可以明示被检工件表面具有足够的有效磁场强度及方向、有效检测区以及磁化方法是否正确。标准试片根据外形及尺寸，可分为 A 型试片、C 型试片及 D 型试片；按照热处理状态可分为退火试片和未退火试片；按照人工刻槽缺陷的深度由浅到深分为高灵敏度试片、中灵敏度试片和低灵敏度试片。需要注意的是，灵敏度分类是指在同一热处理状态下的。一般而言，同一类型和灵敏度等级的试片，未退火试片比退火试片的灵敏度高出约 1 倍。

（1）试片材料及表面状态要求　试片的材料采用符合 GB/T 6983—2008 规定的 DT4A 超高纯且低碳的纯铁，经退火处理或未经退火处理。试片表面粗糙度 Ra 为 0.8μm，并且应光亮，无划痕、点蚀坑、锈斑、毛刺、折痕或明显的变形。

（2）试片形状及尺寸

1）A 型试片。A 型试片形状及尺寸如图 4-16 所示。

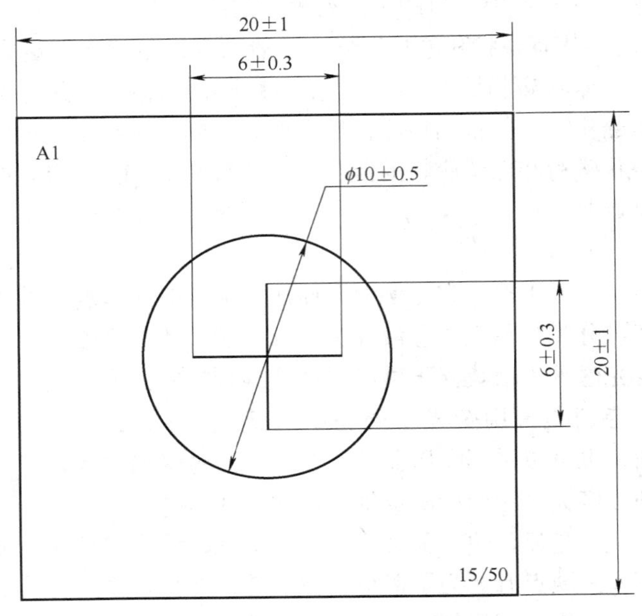

图 4-16　A 型试片形状及尺寸

图 4-16 中的 A1 和 15/50 是试片的标识，具体含义见下文“试片的标识”部分。十字刻槽的两条直线应垂直，并分别与试片的两条边平行。圆形刻槽的圆心应与十字刻槽的交点重合，并在试片的中心。磁粉检测 A 型试片厚度及刻槽深度和宽度见表 4-5。

表 4-5　磁粉检测 A 型试片厚度及刻槽深度和宽度　（单位：μm）

试片厚度	刻槽深度	刻槽宽度
50±5	7±1.0	60~180
	15±2.0	
	30±4.0	
100±10	15±2.0	
	30±4.0	
	60±8.0	

2）C 型试片。C 型试片形状及尺寸如图 4-17 所示。

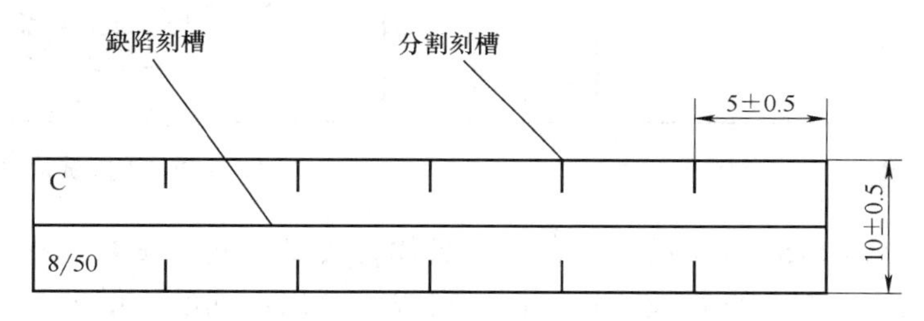

图 4-17　C 型试片形状及尺寸

图 4-17 中的 C 和 8/50 是试片的标识，具体含义见下文“试片的标识”部分。试片的分割刻槽可方便地剪切和分割试片为 6 片小试片。磁粉检测 C 型试片厚度及刻槽深度和宽度见表 4-6。

表 4-6　磁粉检测 C 型试片厚度及刻槽深度和宽度　（单位：μm）

试片厚度	刻槽深度	刻槽宽度
50±5	8±1.0	60~180
	15±2.0	
	30±4.0	

3）D 型试片。D 型试片与 A 型试片相似，但尺寸稍小，为 A 型试片的迷你型，如图 4-18 所示。

图 4-18 中的 D 和 7/50 是试片的标识，具体含义见下文“试片的标识”部分。磁粉检测 D 型试片厚度及刻槽深度和宽度见表 4-7。

表 4-7　磁粉检测 D 型试片厚度及刻槽深度和宽度　（单位：μm）

试片厚度	刻槽深度	刻槽宽度
50±5	7±1.0	60~180
	15±2.0	
	30±4.0	

4）M 型试片。还有一些其他类型的试片，如特种设备行业标准规定有 M 型试片，其形状及尺寸如图 4-19 所示。

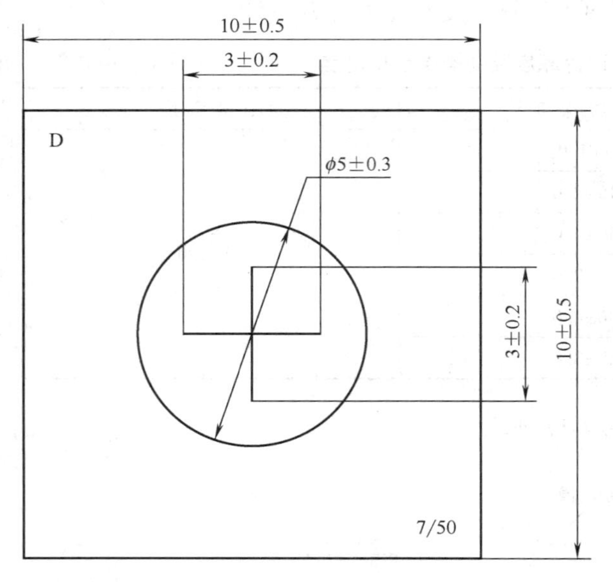

图 4-18　D 型试片形状及尺寸

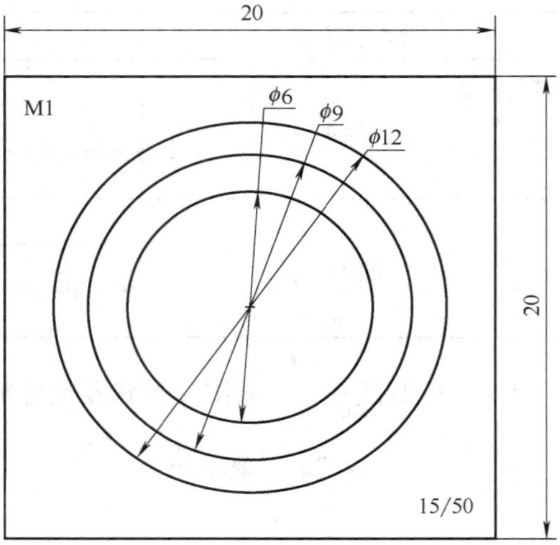

图 4-19　M 型试片形状及尺寸

图 4-19 中的 M1 和 15/50 是试片的标识，具体含义见下文“试片的标识”部分。试片中心处的 3 个同心圆刻槽的直径及深度不同，可以反映出不同的灵敏度，相当于 A 型和 D 型试片中不同灵敏度的 3 个试片的组合。磁粉检测 M 型试片厚度及刻槽尺寸见表 4-8。

表 4-8　磁粉检测 M 型试片厚度及刻槽尺寸

圆形刻槽直径/mm	试片厚度/μm	刻槽深度/μm
12	50	7
9		15
6		30

综合来看，一般应首先采用 A 型试片，当检测狭小部位时可采用 C 型试片或 D 型试片，也可根据具体检测工况采用 M 型试片。

（3）试片的标识　试片的标记格式为：“试片类型符号” + “热处理状态符号” + “缺陷刻槽深度/试片厚度”。缺陷刻槽深度及试片厚度见表 4-5～表 4-8，试片类型符号及热处理状态符号分别见表 4-9 和表 4-10。

表 4-9　磁粉检测标准试片类型符号

试 片 类 型	试片类型符号
A 型	A
C 型	C
D 型	D
M 型	M

表 4-10 磁粉检测标准试片热处理状态符号

热处理状态	热处理状态符号
退火处理	1 或无
未退火处理	2

例如，标识为 A1-15/50 或 A-15/50，表示该试片为 A 型退火中灵敏度试片，试片厚度为 50μm，缺陷刻槽深度为 15μm；再如，标识为 C2-8/50，表示该试片为 C 型未退火高灵敏度试片，试片厚度为 50μm，缺陷刻槽深度为 8μm。

2. 标准试块

我国使用的主要是环形试块，分为 B 型试块和 E 型试块，用于心棒磁化法时对磁化品质进行评价。

（1）B 型试块

1）形状及尺寸。B 型试块也称为直流环形试块，其形状及尺寸如图 4-20 所示。

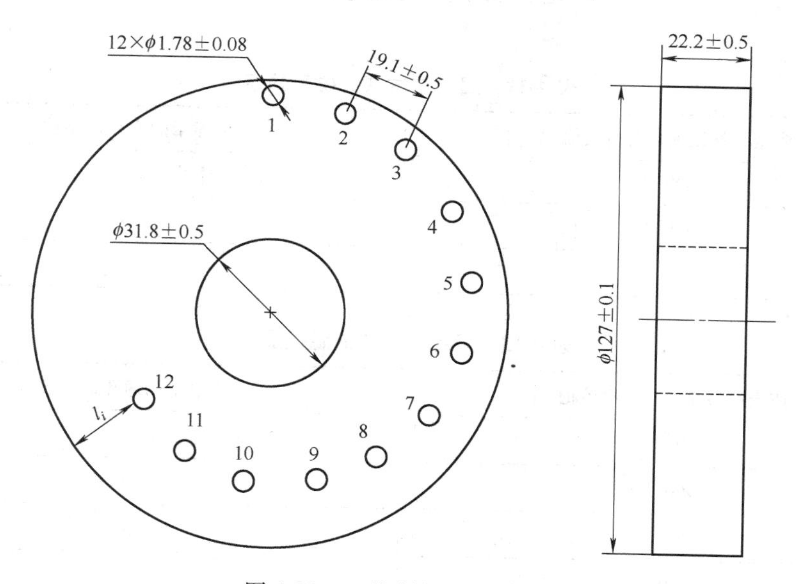

图 4-20 B 型试块形状及尺寸

B 型试块小通孔边缘距试块外表面的距离见表 4-11。

表 4-11 B 型试块小通孔边缘距试块外表面的距离 （单位：mm）

小孔编号 i	l_i	l_i 的允许偏差
1	1. 78	±0. 08
2	3. 56	
3	5. 33	
4	7. 11	
5	8. 89	
6	10. 67	

（续）

小孔编号 i	l_i	l_i 的允许偏差
7	12.45	±0.08
8	14.22	
9	16.00	
10	17.78	
11	19.56	
12	21.34	

由表4-11可见，12个小通孔至试块外表面的距离依次增加，可以用于评价磁化深度，即通过观察显示的小孔磁痕个数，可以对中心导体法及直流或全波整流脉动直流磁粉检测时的磁粉材料与检测系统的灵敏度进行比较和评定。测试时，可用直径为32mm的铜质中心导体对试块进行周向磁化，在不同磁化电流下，应显示的通孔最小数目见表4-12和表4-13。

表4-12　湿粉法试块的磁痕显示

直流或全波整流磁化的电流值/A	应显示的通孔最小数目
1400	3
2500	5
3400	6

表4-13　干粉法试块的磁痕显示

直流或全波整流磁化的电流值/A	应显示的通孔最小数目
500	4
900	4
1400	4
2500	6
3400	7

2）材料及表面状态。材料为9CrWMn钢，试块为锻件并经退火处理，晶粒度不低于4级，硬度应达到90～95HRB。试块的表面，除了内圆表面外，其表面粗糙度 Ra 应不大于3.2μm。

（2）E型试块

1）形状与尺寸。E型试块也称为交流环形试块，其形状及尺寸如图4-21所示。

由图4-21可见，实际上E型试块组件由 ϕ50mm的E型试块、ϕ38mm的衬套及 ϕ19mm的心棒组合而成。试块与衬套以及衬套与心棒之间应紧密配合组装。在 ϕ50mm的E型试块上有3个 ϕ1mm的通孔，正偏差为0.08mm，负偏差为0.05mm。3个 ϕ1mm的通孔边缘至E型试块外边缘的距离见表4-14。

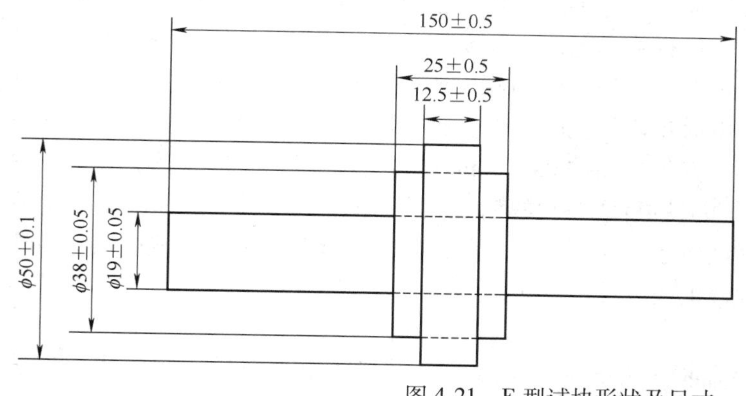

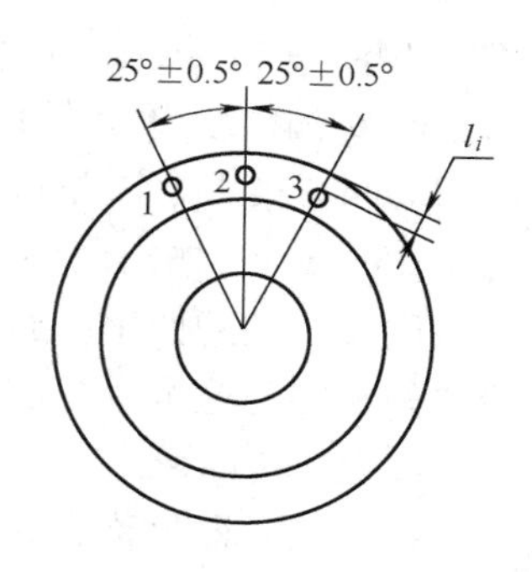

图 4-21　E 型试块形状及尺寸

表 4-14　3 个 ϕ1mm 的通孔边缘至 E 型试块外边缘的距离　（单位：mm）

小通孔编号 i	l_i	l_i 的偏差
1	1. 5	±0. 05
2	2. 0	
3	2. 5	

2）材料及表面状态。ϕ50mm 的 E 型试块为锻件，材料为铁磁性材料 10 钢，并经退火处理，晶粒度不低于 4 级；ϕ38mm 的衬套应采用耐热、耐油并抗变形的非金属电绝缘材料，如酚醛胶木等；ϕ19mm 的心棒应采用导电性良好的金属材料，如纯铜等。E 型试块的表面，除内圆表面外，其表面粗糙度 *Ra* 应不大于 3. 2μm。

E 型试块的使用与 B 型试块相近，可对不同交流磁化电流下的心棒法磁化效果及磁化深度进行评定。通以有效值 700A 的交流电，用连续法检测，在试块外部边缘上最少有 1 个人工孔的磁痕显示清晰为系统综合性能合格，若通以平均值为 1000A 的单相半波整流电，则最少需要 3 个人工孔的磁痕显示清晰。

3. 工艺试板

工艺试板形状及尺寸如图 4-22 所示。

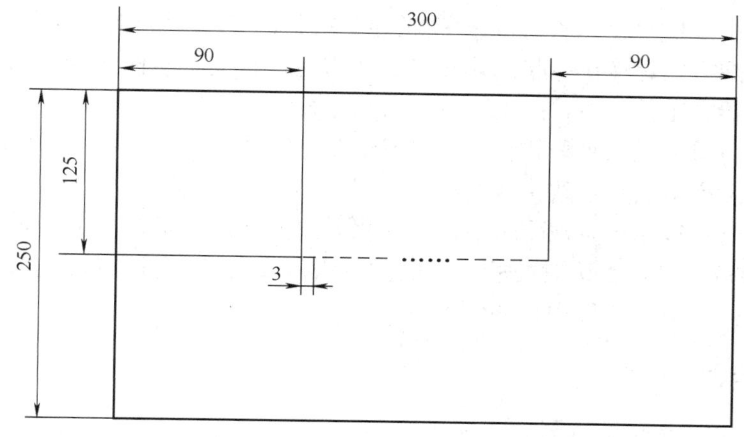

图 4-22　工艺试板形状及尺寸

试板的长度、宽度和厚度可以根据工厂实际检测工艺需要而改变，试板的材料应取自待检测的材料，但是所有的低合金钢材料可用一种低合金钢材料代替。当被检工件厚度小于或等于19mm时，试板厚度应小于6.4mm；当工件厚度大于19mm时，试板厚度取19mm。试板上模拟缺陷的10个人工槽，用电火花切割机床加工，长度均为3mm，宽度均为0.125 mm±0.025mm。第1个槽深0.125mm，其他各槽按0.125mm增量的深度进行加工，第10个槽深为1.25mm。小槽内用环氧树脂等非铁磁性材料填满，以防小槽中进入磁悬液从而影响检测灵敏度及以后的使用。通过观察试板上最浅的磁痕，可以比较和评定用磁轭法或触头法检测时磁粉材料与检测系统的灵敏度，也可以评定磁化深度。

4. 磁场指示器

磁场指示器也称为饼式指示器或八角试块，与A型试片类似，但仅用于粗略指示出被检工件表面的磁场方向、有效检测区以及磁化方法是否正确，一般不能作为磁场强度及其分布的定量评价。饼式指示器形状及尺寸如图4-23所示。

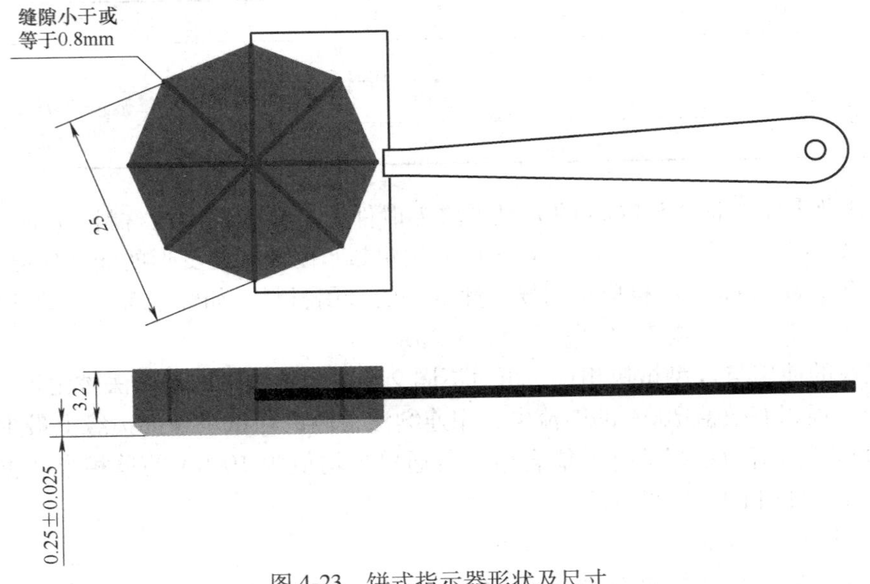

图4-23　饼式指示器形状及尺寸

饼式指示器由8块厚度为3.2mm的高磁导率材料的三角形低碳钢片覆在0.25mm厚的铜片上，采用钎焊方式焊接在一起，并安装非铁磁性材料的手柄而成。使用时，钢面朝下、铜面朝上将其放置在工件表面，磁化工件并向铜片表面喷洒磁粉，与磁场方向近似垂直的缝隙作为人工缺陷将有漏磁而吸附磁粉。饼式指示器比较适合平面检测使用，如果是凹面或凸面，则由于有接触空隙故易导致错误显示。

除了上述器材可以用于直观定量地评价磁化方向及磁化深度等之外，还可以用磁场测量仪（高斯仪或特斯拉仪）直接对被检工件的磁场强度及方向进行测量，进而直接评价磁化效果及间接地对缺陷显示效果进行评估。

4.2.4　其他器材

1. 磁悬液的磁粉浓度测试器

磁悬液中的磁粉浓度是磁粉检测中十分重要的检测工艺控制因素，对缺陷检测灵敏度有很大影响。磁悬液中的磁粉浓度是指每升磁悬液中所含的磁粉的质量，单位为g/L，主要用于配制磁悬液时，故称为配制浓度。或者，是指每100mL磁悬液所沉淀出的磁粉的体积，单位为mL/100mL，主要用于平时磁悬液的维护，也称为沉淀浓度。磁悬液的磁粉沉淀浓度应定期测试，如ASTM E-1444-01标准要求在磁粉检测工作中每8h进行一次沉淀浓度测试。

磁粉浓度应适宜，不宜过高或过低。如果浓度过低，则漏磁场吸附磁粉的量较小，磁痕显示不清晰，严重时会造成缺陷的漏检。如果浓度过高，则有可能在检测工件的表面残留较多磁粉，形成过度背景从而干扰缺陷显示，这在使用荧光磁粉时更为严重。但是，通常而言，由于配制磁悬液时一般严格按比例进行配制，因此浓度过高的情况较少出现。在实际的检测中，随着磁悬液的使用会造成磁粉的流失，往往出现问题的是磁悬液的磁粉浓度偏低。

磁悬液的磁粉沉淀浓度测试过程一般如下：

1）搅动磁悬液容器至少30min，以便保证磁粉分布均匀。

2）取样品注入100mL的梨形离心分离机中。

3）对磁粉退磁以免沉淀后黏附成团。

4）在不扰动情况下，油基载液的磁悬液至少保持60min，水基载液的磁悬液至少保持30min。

5）读出沉淀的磁粉量。为了便于磁粉量的测量以便与标准要求对比，梨形离心分离机的下部做成了量筒形，荧光磁粉的为1.0mL，最小刻度为0.05mL；非荧光磁粉的为1.5mL，最小刻度为0.1mL。

合格标准为，100mL荧光磁悬液中应含有0.1~0.4mL固体磁粉，或者100mL非荧光磁悬液中应含有1.2~2.4mL固体磁粉。不合格的则应补充载液或磁粉。此外，由于磁悬液在使用过程中有损失或被污染，因此每隔1个星期应进行一次亮度和聚集度测试，荧光磁粉用紫外线，非荧光磁粉用白光。其亮度和聚集度与参考液的亮度和聚集度进行比较，如果差别大，则应清换容器中的磁悬液。参考液一般是在配制磁悬液时保存的备份样品。

2. 反差增强剂

当工件表面粗糙不平或磁粉颜色与工件表面颜色接近导致磁痕和工件的对比度较低时，将使缺陷检测困难从而容易造成漏检。为了提高磁痕和工件的对比度，在较难更换磁粉的条件下，可在检测前在待检工件表面涂覆一层对比度高的白色悬乳液，待其干燥后再进行磁粉检测。该白色悬乳液，即为反差增强剂。反差增强剂一般罐装市售，要求不高时也可采用市售的油漆作为反差增强剂来使用。

反差增强剂的施加方法：如果工件较大、检测面积较大，则可采用效率高的浸涂法；如果工件较小或大工件的局部检测，则可采用刷涂、喷涂等方法。待检测完毕，一般应将反差增强剂清除，可用工业丙酮、酒精或油漆的稀料以浸入方式清洗或棉纱擦洗。

4.3　磁粉检测工艺

磁粉检测由检测前的准备、工件的预处理、磁化工件、施加磁粉、磁痕的观察及记录、退磁及后处理等过程组成。

4.3.1 检测前的准备

1. 检测时机

磁粉检测应安排在所有可能产生缺陷的工艺过程以后，以免造成漏检。由于在锻造、热处理、电镀、磨削、矫正及机械加工时有可能产生缺陷，因此一般情况下应在上述材料加工工艺结束之后再实施磁粉检测。此外，焊接接头的磁粉检测，应安排在焊接工序完成并经外观检查合格后进行。对于容易产生延迟裂纹的焊接工艺过程，一般应在焊接结束24h之后实施磁粉检测。

但是，由于喷丸造成工件表面应力状态发生变化等而容易形成伪磁痕显示，此外在工件表面施加的保护层（如底漆、面漆或其他涂层以及非金属镀层）将降低磁粉检测的灵敏度，因此一般情况下应在上述材料表面处理工艺之前实施磁粉检测。

特殊情况，如检测极细小缺陷，则需要在使用过程中检测或在施加负载期间检测才有可能不至于造成漏检。另外，有些电镀工艺不仅需要电镀后的磁粉检测，而且需要电镀前的磁粉检测。

2. 磁粉检测工艺文件

在充分考虑所有磁粉检测的过程工艺后，应形成书面的磁粉检测工艺文件，用以指导具体的磁粉检测操作。

（1）磁粉检测工艺规程　磁粉检测工艺规程应规定下列工艺因素的具体范围和要求。并且，当下述工艺因素的一项或几项发生变化并超出规定时，应重新编制或修订工艺规程。

1）检测用仪器设备。

2）磁粉的类型、颜色及供应商。

3）工件的形状、尺寸和材质等。

4）工件表面状态。

5）磁化方法。

6）磁化电流类型及其参数。

7）磁粉施加方法。

8）最低光照强度。

9）非导电表面反差增强剂。

10）荧光磁粉检测时的黑光辐照度。

（2）磁粉检测操作指导书　磁粉检测操作指导书应依据磁粉检测工艺规程来编制，在首次应用前应采用标准试片或试块进行工艺可行性验证，以便确认是否能够达到标准规定的要求。磁粉检测操作指导书一般应包括以下内容：

1）编号和日期。

2）工件的名称、编号及材料种类。

3）用于磁粉检测系统性能校验的试件。

4）检测部位和区域及其示意图、草图或照片。

5）检测前的预处理要求。

6）工件相对于磁化设备的设置方向。

7）磁化设备的型号和磁化电流类型。

8）检测方法（即连续法或剩磁法）及磁化方法（即触头法、线圈法、支杆法、磁轭法或电缆缠绕法等）。

9）磁化方向、磁化顺序和磁化间的退磁程序。

10）磁化规范，主要是磁化电流或安匝数及磁化时间。

11）磁粉种类，施加磁粉的方法、设备及磁悬液的浓度。

12）检测后的记录方式和标记方法。

13）磁痕观察条件、评判的验收标准和工件评判后的处理措施。

14）检测后工件的退磁和清洗要求。

15）与制造过程相关的特殊磁粉检测工序。

16）检测环境要求，主要是荧光磁粉检测时的暗室环境要求。

（3）磁粉检测记录　在磁粉检测过程中，应对具体实施的检测工艺及其参数进行记录，以便依此出具检测报告。

1）委托单位和检测单位。

2）检测执行的工艺规程和操作指导书编号及版本。

3）检测设备、器材的名称和型号。

4）磁粉种类、磁悬液浓度和施加磁粉的方法。

5）检测灵敏度校验、标准试片或标准试块。

6）磁化方法、磁化电流类型和磁化规范。

7）检测方法。

8）环境条件。

9）检测部位及其示意图。

10）相关显示记录及其位置示意图。

11）记录人员和复核人员签字及日期。

（4）磁粉检测报告　磁粉检测报告应依据磁粉检测记录出具，一般应包括如下内容：

1）委托单位和报告编号。

2）检测技术要求：执行标准和合格级别。

3）被检工件名称、编号、规格尺寸、材质和热处理状态、检测部位和检测比例、检测时的表面状态及检测时机等。

4）检测设备和器材：名称和规格型号。

5）检测工艺参数。

6）检测部位示意图。

7）检测结果和质量等级。

8）编制者签字及其资格级别，审核者签字及其资格级别。

9）编制日期。

4.3.2　工件的预处理

为了避免漏检或对检测的干扰，对待检的工件有一定的要求，一般应从如下方面予以考虑并采取必要工艺措施，使待检工件满足磁粉检测的基本要求。

1. 退磁

如果工件有剩磁并有可能影响检测结果的可靠性，则应对工件做退磁处理。

2. 表面处理

表面状态对灵敏度有很大影响，如光滑表面有助于磁粉的迁移，而锈蚀或油污表面将妨碍磁粉迁移。表面应光洁、干净，原则上工件的表面不应存在可能影响磁粉正常分布、磁粉堆积的密集度、特性以及显示清晰度的杂质。具体而言，工件被检区表面及其相邻至少25mm 范围内应干燥，并不得存在油污、油脂、污垢、铁锈、氧化皮、涂层、纤维屑、金属屑、机械加工痕迹、焊剂及焊接飞溅等影响检测效果的污染物及表面不良。如果采用水悬液，则表面不能有油污；如果采用油悬液，则表面应干燥。表面的油污或油脂，一般应该用化学溶剂等去除，尽量不使用硬的金属刷清除。表面的不规则状态，如焊缝的焊波、机械加工毛刺等，不得影响检测结果的正确性和完整性，否则可用磨、铲等机械处理方法做适当修整，修整后的被检工件的表面粗糙度 Ra 应不大于 25μm。

磁粉检测应在施加涂层之前进行，这是一条基本原则。如果可能，应去掉工件表面的涂层或镀层后再进行磁粉检测。被检工件表面有非磁性涂层时，如果能保证涂层厚度不超过0.05mm 且经标准试片验证不影响磁痕显示，则可在不清除涂层的条件下进行磁粉检测。

对于直接通电磁化的，为了提高导电性能和防止很高的磁化电流导致起弧烧伤工件表面，应将工件和电极接触处清理干净以便实现良好的电接触，必要时应在电极上安装接触垫。对于工件有非金属表面层而影响对工件直接通电磁化的，应至少对磁极接触工件处的非金属表面层予以清除。

对于工件和磁痕对比度差的或者表面粗糙度值较大的工件，为了便于观察磁痕，在采用非荧光磁粉时可在被检工件表面喷涂或刷上一层白色的、厚度为 25~45μm 的反差增强剂，在此基底上再喷洒黑色的磁粉即可得到清晰的缺陷磁痕。检测后，可用工业丙酮或其混合液擦除反差增强剂。但应注意，使用反差增强剂时，必须经标准试片验证后施行。

3. 孔洞封堵

应根据标准或技术文件的规定，对被检工件具有表面盲孔和空腔与表面连通的，应进行必要的封堵或遮盖。

4. 部件分拆

如果是装配件，一般应分拆后再进行磁粉检测。相对于装配件而言，单个零件的形状和结构简单，进行磁化和退磁操作比较容易，零件的各个面均易于观察。而且，由于装配件可能存在的导电不良问题，在直接通电磁化时有可能影响到磁化效果，从而影响磁粉检测结果的准确性。装配件的交界处也有可能形成伪磁痕，干扰磁粉检测。另外，如果装配件中存在运动部件，磁粉有可能进入运动副中造成检测后使用过程中的磨损。

4.3.3 磁化方法及规范

1. 磁化方法

磁化方法有很多种，按照在工件中建立磁场的方向不同，可分为周向磁化法、纵向磁化法和复合磁化法；按照采用磁化电流类型的不同，可分为稳恒直流磁化法、脉动直流磁化法、脉冲电流磁化法和交流电流磁化法；按照工件中是否有磁化电流，可分为有磁化电流的直接磁化法和无磁化电流的间接磁化法；按照所采用的磁化器材，可分为磁铁法、心棒法、

电磁轭法和线圈法等。下面，以工程上最常用的、也是与缺陷方向紧密相关的按磁场方向的分类予以介绍和分析。

（1）周向磁化　周向磁化是指对于有圆形面或近似圆形面的工件，建立与圆周线同心或近似同心并垂直或近似垂直于工件轴线的周向闭合磁场来磁化工件的方法。周向磁化可以检测出与工件轴线或母线夹角小于 45°尤其是平行的线性缺陷。周向磁化方法主要有中心导体法、偏心导体法、轴向通电法及触头通电法等。中心导体法和偏心导体法（即心棒通电法）主要用于管件等的空心工件；轴向通电法主要用于轴、杆类工件；触头通电法，一般仅对工件的局部通电，即进行局部磁化，主要用于板材、焊缝和大型铸钢件等。

1）中心导体法。中心导体法即将导电体置于空心工件的中心处并给导电体通以电流从而在空心工件中建立周向磁场，是心棒法的一种，如图 4-24 所示。

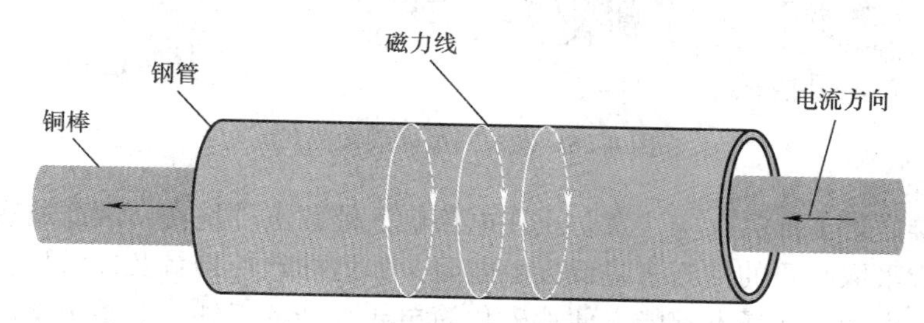

图 4-24　中心导体法周向磁化

实施中心导体法磁化工件时，工件与中心导体之间应有间隙，避免彼此直接电接触。空心工件均可采用该方法进行磁化，如管件、钢环及齿轮等。中心导体法可以检测空心工件内、外表面与电流方向平行或夹角小于 45°的纵向缺陷和端面的径向缺陷。在磁粉检测任何空心工件的内表面缺陷时，由于中心导体法在内表面具有较高的磁场强度分布，因此应该尽量采用中心导体法。在仅检测外表面时，应尽量使用稳恒直流电或脉动直流电，以便增加磁化深度。此外，如果空心工件的孔是弯曲的，则可采用软性铜电缆来代替铜棒进行中心导体法磁化。

2）偏心导体法。偏心导体法是中心导体法的变种，也是心棒法之一。如果空心工件直径很大，探伤机所提供的磁化电流不足以使整个工件表面达到所要求的磁场强度，则可采用偏心导体法磁化工件。也就是将导体穿入工件空腔并贴近工件局部内表面放置，电流从导体通过从而在该局部区域形成周向磁场。逐步改变导体和工件的相对位置，分段分区域对工件进行磁粉检测。与中心导体法相同，也要避免导体与工件内表面的直接电接触，如图 4-25 所示。

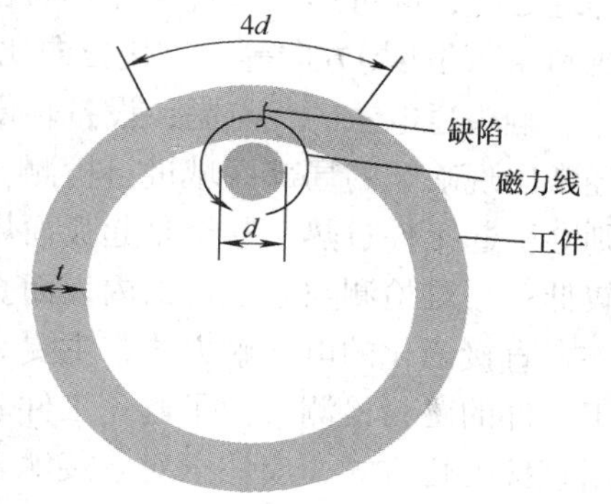

图 4-25　偏心导体法周向磁化

每次移动的外表面有效检测区长度约为 4 倍的导体直径，即 $4d$，并在改变检测区域时应有一定的重叠量以免漏检，重叠区长度不宜小于有效检测区长度的 10%。

心棒法（即中心导体法和偏心导体法）的优点是：磁化电流不从工件上直接通过，不会因产生电弧而损伤工件表面；在空心工件的内表面、外表面及端面都会产生周向磁场；可以一次性磁化重量轻、体积小的工件；一次通电操作就可以使工件全长都能得到周向磁化；工艺方法简单；检测效率高；有较高的检测灵敏度。其局限性是：厚壁空心工件外表面的检测灵敏度很低；大直径空心工件只能采用偏心导体法并进行多次磁化；仅适用于有孔工件的检测。

3）轴向通电法。对于细长杆类工件，可采用轴向直接通电的磁化方法，称为轴向通电法，如图 4-26 所示。

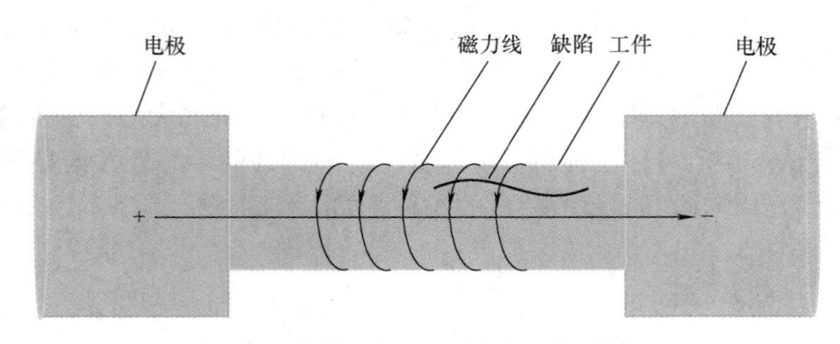

图 4-26　轴向通电法周向磁化

当电流直接通过工件时，应注意防止在电接触面处的工件烧伤，因此所有电接触面都应是清洁的，并应采取必要的措施来降低接触电阻，如增加软性接触及接触衬垫等。轴向通电法的优点是：一次和数次通电都能方便地磁化简单或复杂的工件；在整个电流通路的周围产生周向的磁场基本集中在工件的表面和近表面；两端通电，即可对工件全长进行磁化；磁化规范容易计算得到；工件端头无磁极，不会产生退磁场；用大电流可在短时间内进行大面积磁化；工艺方法简单；检测效率高；有较高的检测灵敏度。轴向通电法的局限性是：接触不良会产生电弧烧伤工件；不能检测空心工件内表面的缺陷；夹持细长工件时，容易使工件变形。

4）触头通电法。用两个电极直接接触工件并通电进行磁化的方法，称为触头通电法，如图 4-27 所示，一般用于板材的磁化。有将两个电极刚性固定的连接式触头，两个电极间距是固定的；也有将两个电极不机械连接的分立式触头，两个电极间距是可变的。以图 4-27 为例，若触头在焊缝两侧，则可形成平行于焊缝的磁场方向，用于检测横向缺陷。若触头在焊缝之上，则可形成垂直于焊缝的磁场方向，用于检测纵向缺陷，也可以以焊缝为参照，形成斜 45°的磁场方向等，磁化方向比较自由、方便。

触头通电法的优点是：设备轻便；检测方便灵活；检测灵敏度高；可将周向磁场集中在经常出现缺陷的局部区域进行检测。其局限性是：一次磁化只能检测较小的区域；接触不良则会引起工件过热，甚至是起弧而烧伤工件表面；大面积检测时，要求分块累加检测，效率较低；很难检测空心工件的内表面。

直接磁化的电接触方式，主要有触头、夹头和支杆等。在通常情况下，重要工件或精加工工件的磁粉检测，为了避免工件表面的损伤，应尽量避免采用直接磁化方式。如果必须采用直接磁化方式，应注意对电接触表面的清理及采取必要的降低表面接触电阻的措施，如触头、夹头或支杆采用铜编织网包覆或涂覆导电膏等。

5）平行导体磁化法。平行导体磁化法就是将工件与通电导体平行放置从而周向磁化工件的方法，如图 4-28 所示。平行导体磁化法也可以用于磁化板材。

6）感应电流磁化法。通过通以交变电流的通电线圈和工件之间的电磁感应，使工件中

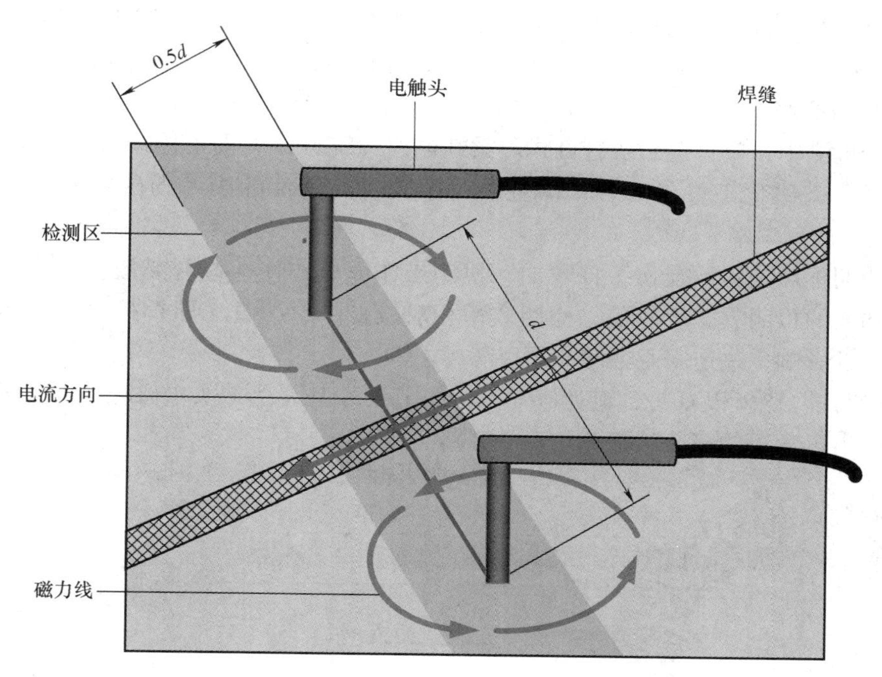

图 4-27　触头通电法周向磁化

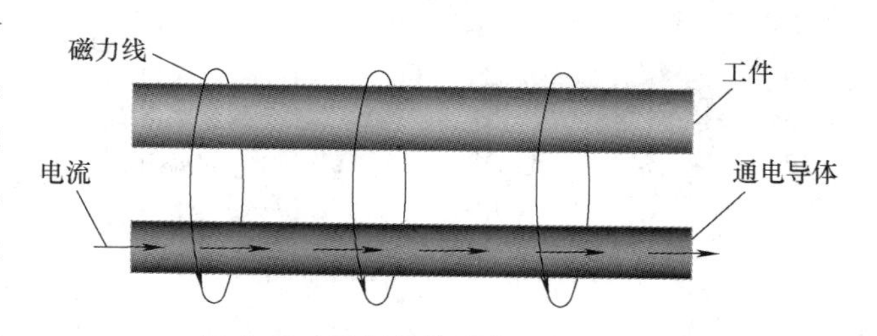

图 4-28　平行导体磁化法周向磁化

产生感应电流，该感应电流产生一个电磁场并磁化工件来进行磁粉检测。它主要用于检测中空的环形工件或长径比小于 3 的工件，特别适用于难以直接通电磁化或是不允许出现表面损伤的工件的磁粉检测。

（2）纵向磁化　纵向磁化是指在相比于截面积而言长度数值较大的工件中，建立与轴线平行或近似平行并垂直或近似垂直于工件横截面的纵向闭合磁场来磁化工件的方法。纵向磁化可以检测出与工件轴线或母线夹角大于或等于 45° 尤其是垂直的线性缺陷。纵向磁化方法主要有线圈法和磁轭法。

1）线圈法。线圈法就是将通电线圈环绕于工件的全部或部分使其全部或局部磁化的方法。采用线圈法对工件进行纵向磁化如图 4-29 所示，线圈法属于开路磁化。

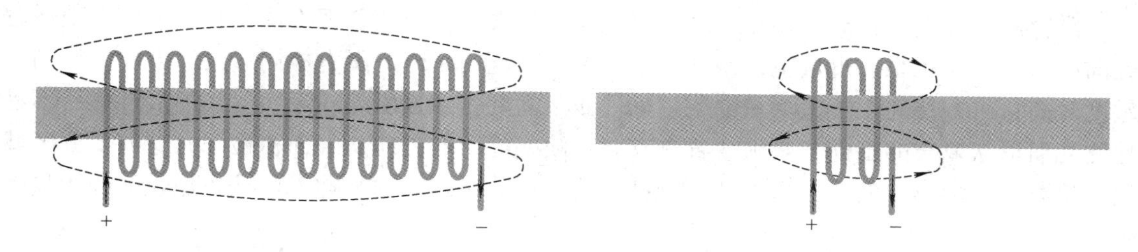

图 4-29　线圈法纵向磁化

为了得到充分磁化，用螺线管磁化工件时，工件应放在螺线管内的适当位置上。螺线管的尺寸应足以容纳工件并要注意填充系数 σ（即线圈横截面积与工件横截面积之比）。填充系数 $\sigma \geqslant 10$ 为低填充系数，$2<\sigma<10$ 为中填充系数，$\sigma \leqslant 2$ 为高填充系数。

在磁粉检测中，应首选螺线管方式。柔性电缆缠绕方式（即柔性线圈），一般仅用于不能采用螺线管来磁化工件的场合，即主要用于具有封闭性的工件的磁粉检测，如图 4-30 所示。

线圈法的优点是：不损伤工件表面；检测操作简单方便；检测灵敏度较高。其局限性是：工件端面的检测灵敏度较低；检测效率相对较低；L/D 值（即长径比）对退磁场和灵敏度有很大的影响，决定安匝数时应予以考虑。

2）磁轭法。磁轭以双头磁轭为最常见，如图 4-31 所示为双头电磁轭，内含线圈可通电建立磁场，由可弯折的多节硅钢叠片建立磁路。

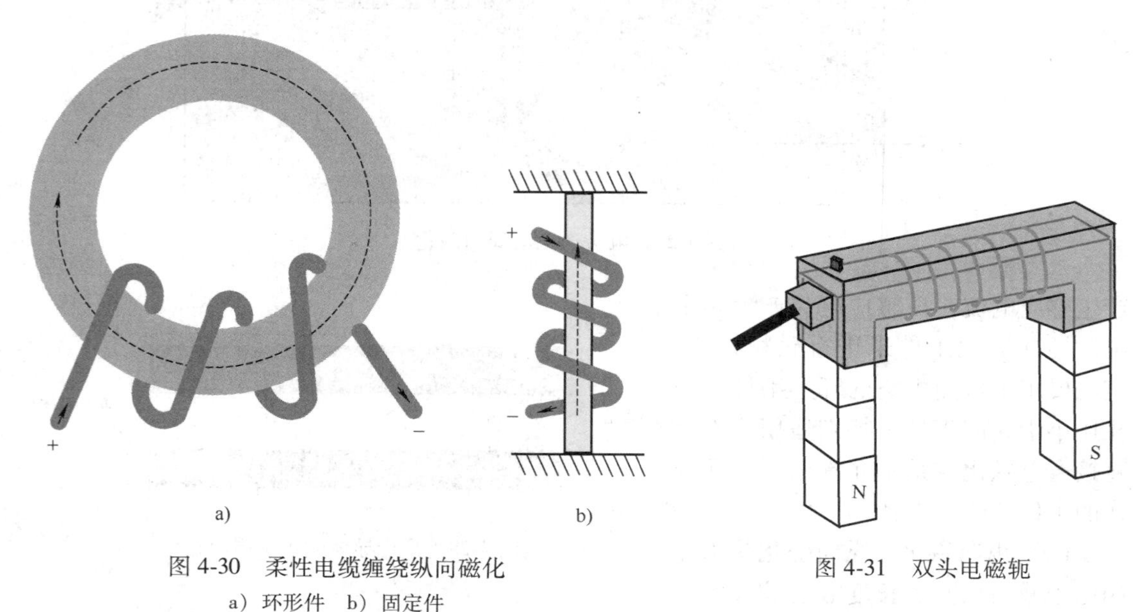

图 4-30　柔性电缆缠绕纵向磁化
a）环形件　b）固定件

图 4-31　双头电磁轭

依据是否需要通电可分为电磁轭和永久磁轭，电磁轭依据通以直流电或交流电也分为直流电磁轭和交流电磁轭。磁轭通常可用于磁化较短的管、棒类工件或板材类工件，如图 4-32 所示。磁轭法属于闭路磁化，并且永久磁轭由于通常不能改变磁化规范，因此一般仅限于野外供电不方便时采用，通常情况下应采用电磁轭来磁化工件。

磁轭法的优点是：非电接触，因而不损伤工件表面；改变磁轭方位，几乎可以发现任意方向的缺陷；体积小、重量轻，便携；永久磁铁磁轭便于野外无电检测；灵活方便；检测灵敏度较高；可方便地用于检测带漆层的工件而不需要去除接触处的漆面。其局限性是：不易检测几何形状复杂的工件；必须放置在有利于缺陷检出的方向；大面积检测时，需要分区域累加检测，检测效率低；应与工件接触良好，尽量减小间隙的影响；便携式磁轭的磁化强度较低。

（3）复合磁化　复合磁化就是将多种单一的磁化方式相结合来建立复杂磁场的磁化方法，通常而言就是指实时建立多方向磁场的磁化方法，故有时称为多方向磁化。实际上，多

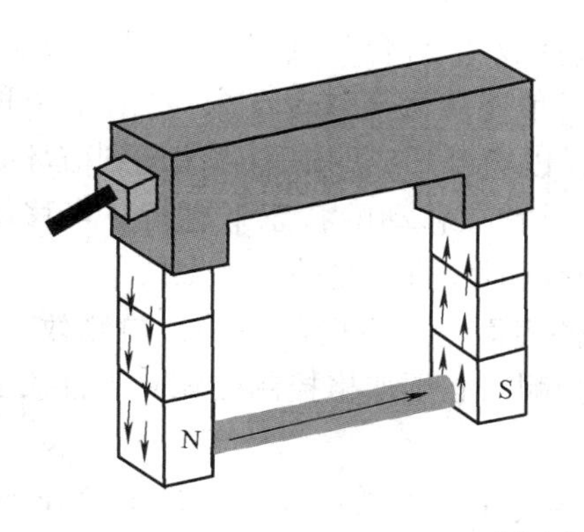

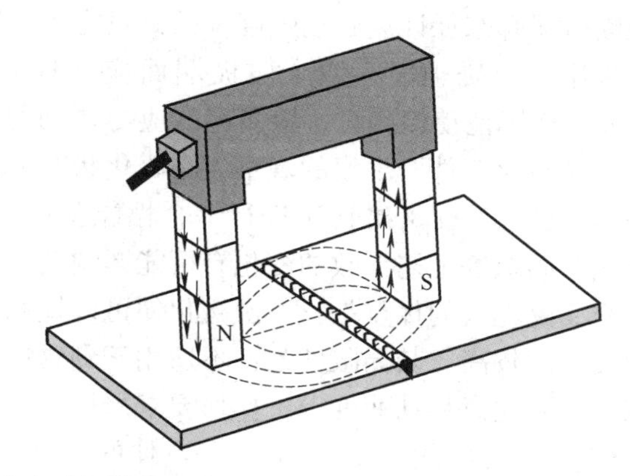

图 4-32　双头电磁轭纵向磁化

方向磁化是复合磁化的一个特例。复合磁化可以用两个或多个不同方向的磁场依次快速地使工件磁化，达到同时发现工件中不同方向缺陷的目的。通常采用旋转电场通电方式的旋转磁场来实现实时多方向磁化。

复合磁化一般包括交叉磁轭法和交叉线圈法，通常采用交叉磁轭法。交叉磁轭法是在同一平面或曲面上，由具有一定相位差且相互交叉成一定角度的两相正弦交变磁场相互叠加在该平面或曲面上来产生旋转磁场，如图 4-33 所示。

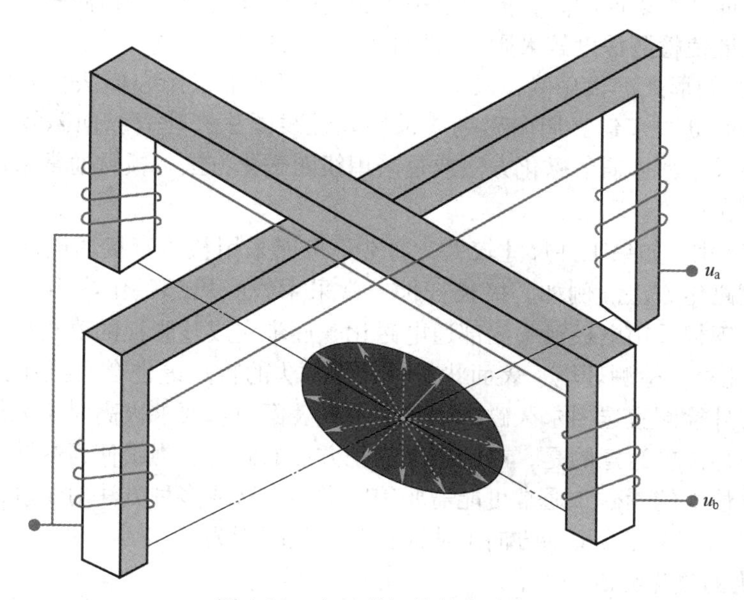

图 4-33　交叉磁轭的复合磁化

由图 4-33 可见，两相正弦交流电压 u_a 和 u_b 以某相位差交替给交叉磁轭中之一通电，从而以某相位差产生两个正弦交变磁场，其两者的合成磁场方向随时间而顺序改变并循环往复，好似一个单向磁场在旋转，其旋转频率为励磁电流的交变频率。该方法的优点是各个方向的缺陷均将产生漏磁而吸附磁粉，显示出缺陷模样，可实现一次检测即可检出所有方向的缺陷。需要说明的是，从交叉磁轭的磁场分布情况可见，在磁极所在平面不同部位的磁场强度大小和方向差别很大，这必然导致不同部位的缺陷检出灵敏度有较大差别。由于很难采用相位断电器等来保证剩磁场强度，因此只能用于连续法磁粉检测。

采用交叉磁轭时，四个磁极端面应与检测面保持良好贴合，其最大间隙不应超过0.5mm。连续拖动检测时，检测速度应尽量均匀，且一般不应大于4m/min，一般采用移动的方式来磁化工件。磁痕的观察应在磁化状态下进行，以免已形成的缺陷磁痕遭到破坏。应使用标准试片对交叉磁轭法进行综合性能验证，验证时宜在移动的状态下进行。当移动速度、磁极间隙等工艺参数的变化有可能影响到检测灵敏度时应进行复验。

交叉磁轭法的优点是：一次磁化便可以检测出工件表面任意方向的缺陷；检测效率高；检测灵敏度较高。其局限性是：不适用于剩磁法磁粉检测；必须严格控制磁轭和工件表面的间隙，并要注意移动速度等，操作要求严格。

（4）磁化方法的选择　在某一具体的工况下，选择一个适宜的磁化方法是十分关键的，决定着磁粉检测的效果。主要应从如下方面来分析和选择。

1）缺陷的特点。磁化方法的选择，首先要考虑缺陷的特点。为了说明方便，下面以管材类工件为例进行分析。首先，要考虑缺陷的走向。根据磁力线与缺陷长径正交原则，如果欲检测出轴向缺陷则应选择周向磁化方法，如果欲检测出周向缺陷则应选择纵向磁化方法。由于复合磁化方法的检测效果不如单一磁化方法，因此一般仅是为了提高检测效率而采用。其次，要考虑缺陷所在的表面。如果缺陷是在管材的外表面，则可采用直接通电法或心棒法；如果缺陷是在管材的内表面，则只能采用心棒法。最后，要考虑缺陷的深度。虽然磁粉检测只能检测表面和近表面缺陷，但如果采用交流磁化方法则只能检测表面开口或极近表面处的缺陷；如果欲使检测深度较大则应采用直流磁化方法。

2）工件的结构形式。很显然，只有有孔工件才可考虑采用心棒法。如果是封闭结构则可采用局部直接通电法来建立周向磁场或采用软性线圈法来建立纵向磁场。通常，只有管材、棒材才考虑采用整体通电磁化方法或是采用线圈磁化方法。板材通常采用局部通电磁化法及平行导体磁化法等。

3）工件的尺寸。如果工件尺寸较大，通常不可能采用整体直接通电法进行磁化，只能采用局部通电等磁化方法。例如，极长杆件通常采用线圈局部磁化或用电夹头局部通电磁化；再如，大的钢板采用电极触头局部通电磁化来逐步完成整张板的磁粉检测等。

4）其他。此外，检测环境、表面状态及磁化方法的特点等也会对磁化方法的选择产生影响。例如，野外检测宜选用永久磁铁磁轭，工件表面质量要求极高时不采用直接通电法以免烧伤表面等。还需要注意的是，在选定了磁化方法的同时，为了使得缺陷长轴与磁力线尽量垂直以便产生最大的漏磁，通常可能需要用同样的方法或多种方法对工件磁化两次或更多次，以便磁力线能产生在合适的方向上从而得到有效的检测。

2. 电流种类的磁化特点

磁化电流种类主要包括交流电、脉动直流电和稳恒直流电。此外，在一些特殊的磁粉检测场合，采用电容储能放电等的脉冲电流波形，可以获得大而短时的磁化电流，主要用于剩磁法磁粉检测中。

（1）交流电的磁化特点　采用交流电对工件进行磁化的优点是：对表面缺陷检测灵敏度高；容易退磁；电源易得，设备结构简单；能够实现感应电流法磁化；能够实现多向磁化；磁化变截面工件时磁场分布较均匀；利于磁粉迁移；可用于评价直流电磁化时发现的磁痕；适用于在役工件的检测；交流电磁化时工序间可以不退磁。其局限性是：剩磁法检测受

交流电断电相位影响；由于趋肤效应，检测深度小。

（2）脉动直流电的磁化特点　磁粉检测中的脉动直流电，主要是采用对市电的单相交流电进行半波整流来得到50Hz的脉动直流电，用其磁化工件的特点是：首先，脉动直流电具有交流电的脉动特性，对磁粉有振动作用从而增强其流动性，提高了缺陷吸引磁粉聚集并显示缺陷的能力。磁粉的流动性，在干粉检测时尤其关键。由于电磁轭往往和干粉配合进行检测，因此单相半波整流输出波形最常用于电磁轭的磁化电源中。其次，脉动直流电具有直流电特点，其磁化深度较交流电大但不如稳恒直流电，近表面缺陷的漏磁场强度较大，能提供较高的灵敏度和对比度，利于检测。最后，剩磁稳定。一方面有利于采用剩磁法检测，另一方面退磁较困难。

（3）稳恒直流电的磁化特点　稳恒直流电通常是采用单相全波整流或三相全波整流并充分地电容滤波后得到。用稳恒直流电磁化工件的优点是：检测深度大；剩磁稳定，利于采用剩磁法进行检测；适用于检测焊接件、带镀层工件、铸钢件和球墨铸铁件等的近表面缺陷；设备的输入功率小。其局限性是：退磁困难；退磁场大；变截面工件磁化不均匀；由于没有脉动性，因此对磁粉的驱动性不足，故不适合于干粉法检测；周向磁化和纵向磁化的工序间一般要进行退磁操作。

（4）选择磁化电流种类的依据　可依据如下条件进行选择：

1）用交流电磁化的湿法检测，对工件表面微小缺陷检测灵敏度高。

2）稳恒直流电的检测深度最大，脉动直流电的其次，交流电的最小。

3）交流电用于剩磁法检测时，必须有断电相位控制装置。

4）交流电磁化时，连续法检测主要与电流有效值有关，剩磁法检测与峰值电流有关。

5）整流直流电中包含的交流分量越大，检测近表面较深缺陷的能力越小。

6）单相半波整流电磁化的干法检测，对工件近表面缺陷检测灵敏度高。

7）三相全波整流电可检测工件近表面较深的缺陷，但不适用干法检测。

8）电容储能放电等冲击电流只能用于剩磁法检测和专用设备。

3. 磁化规范

磁化规范是指磁化工件时确定磁场强度值所遵循的规则，具体而言就是磁化工件时要根据工件的材料种类，热处理状态，形状、尺寸及表面状态，缺陷可能的种类、位置、走向、形状、尺寸及检查方法等确定磁化工艺及其参数。例如，采用剩磁法时，磁化电流一般应高于连续法等。从工程应用角度来看，磁化规范主要是确定合适的励磁磁场强度。如果励磁磁场强度过大，则非相关显示及伪显示明显并造成过度背景，从而影响相关显示。如果励磁磁场强度过小，则缺陷磁痕不清晰或过小，难以检出缺陷。磁粉检测应使用满足检测灵敏度要求的最小的励磁磁场强度。

磁场强度是否适宜，可以有如下方法检验：①可以用场强仪测量工件表面的切线磁场强度，连续法检测时应达到2.4~4.8kA/m，剩磁法检测时应达到14.4kA/m；②利用工件材料的磁特性曲线确定出合适的磁场强度；③当工件形状复杂、磁特性难以确定也很难计算准确时，可以采用标准试块或标准试片来确定磁场强度是否合适；④用经验公式进行计算。

由于永磁体磁化方法的磁化规范不易调节，很少应用于实际的磁粉检测工程中。电磁场场合下，周向磁化可以用磁化电流、纵向磁化可以用安匝数来表示磁场强度。磁化规范中的电流值，交流时是指有效值 I_e，脉动直流时是指平均值 I_d。各种磁化电流类型的电流表指示及换算关系见表4-15。

表4-15　各种磁化电流类型的电流表指示及换算关系

磁化电流类型	电流表指示	换算式	$I_m=100A$ 时的电流表指示值/A
50Hz交流	I_e	$I_m=\sqrt{2}I_e$	70
单相半波整流脉动直流	I_d	$I_m=\pi I_d$	32
单相全波整流脉动直流	I_d	$I_m=\frac{\pi}{2}I_d$	65
三相全波整流脉动直流	I_d	$I_m=\frac{2\pi}{3\sqrt{3}}I_d$	83
稳恒直流	I_d	$I_m=I_d$	100

（1）轴向通电法和心棒法的磁化规范　轴向通电法和心棒法可以用磁化电流来表示磁化规范，其经验计算式见表4-16。

表4-16　轴向通电法和心棒法的磁化电流

检测方法	交流电流/A	直流电流/A
连续法	$I=(8\sim15)D$	$I=(12\sim32)D$
剩磁法	$I=(25\sim45)D$	

表4-16中的 D 为工件横截面上的最大尺寸，如椭圆则 D 取长径进行计算，取单位为mm的数值代入计算。心棒法中的偏心导体法的 $D=d+2t$，参数 d 和 t 如图4-25所示。由表4-16可见，为了保证剩余磁场强度足够大从而保证足够的磁粉检测灵敏度，剩磁法检测的磁化电流往往大于同等检测工况下的连续法检测的磁化电流。

（2）触头法的磁化规范　触头法磁化工件局部时，两个电极之间的距离 d 一般应控制在75~200mm，这与磁化电流大小相关。其检测有效宽度为触头中心连线两侧再各增加 $0.25d$，如图4-27所示。分段局部磁化时应注意每相邻两段的磁化区域应有不少于10%的磁化重叠，以免漏检。

触头法是对工件直接通电，故可用磁化电流来表示磁化规范。触头法一般仅用于连续法磁粉检测场合，其经验计算式见表4-17。

表4-17　触头法的磁化电流

板厚 t/mm	磁化电流计算式/A
<19	$(3.5\sim4.5)d$
≥19	$(4.0\sim5.0)d$

表4-17中的 d 为两个触头中心之间的间距，如图4-27所示，取单位为mm的数值代入计算。触头法在采用表4-17计算式的磁化电流来磁化工件后，还要经标准试片验证磁化电流是否满足灵敏度的要求。

（3）线圈法的磁化规范　线圈法根据采用的线圈不同分为螺线管法和柔性线圈法（即柔性电缆缠绕法）。

1）有效磁化区域。低填充系数线圈法时，有效磁化区域长度为线圈及其两端各向外延长线圈半径尺寸；中填充系数线圈法时，有效磁化区域长度为线圈及其两端各向外延长 100mm；高填充系数线圈法时，有效磁化区域长度为线圈及其两端各向外延长 200mm。欲检测上述区域范围以外的缺陷，则应该通过标准试片进行验证后确定磁化规范是否可行。工件太长而采用分段磁化时，分段长度不应超过上述的有效磁化区域，并应重叠至少 10%的有效磁化区域长度，以免漏检。

2）低填充系数线圈法

① 工件中心放置。当工件置于线圈的中心位置时，安匝数按如下计算式计算：

$$IN=(1\pm10\%)\frac{1690R}{6(L/D)-5} \tag{4-8}$$

式中　I——磁化电流（A）；

N——线圈匝数；

R——线圈半径（mm）；

L——工件长度（mm）；

D——工件直径或其横截面上的最大尺寸（mm）。

② 工件偏心放置。当工件置于线圈的偏心位置时，安匝数按如下计算式计算：

$$IN=(1\pm10\%)\frac{45000}{L/D} \tag{4-9}$$

3）高填充系数线圈法。高填充系数线圈法时的安匝数按如下计算式计算：

$$IN=(1\pm10\%)\frac{35000}{L/D+2} \tag{4-10}$$

4）中填充系数线圈法。中填充系数线圈法时的安匝数按如下计算式计算：

$$IN=\frac{(IN)_{L}(\sigma-2)+(IN)_{H}(10-\sigma)}{8} \tag{4-11}$$

式中　$(IN)_{L}$——式（4-8）或式（4-9）计算出的低填充系数线圈法时的安匝数；

$(IN)_{H}$——式（4-10）计算出的高填充系数线圈法时的安匝数；

σ——填充系数。

5）计算时的注意事项。在利用式（4-8）~式（4-11）计算安匝数时，要注意如下事项：

① 计算式不适用于长径比 $L/D<2$ 的工件。或者，通过在工件两端连接与工件材料磁性相同或相近的磁极加长块来提高 L/D 后采用计算式计算；或者，通过标准试片来确定磁化规范是否合适。

② 对于 $L/D\geqslant15$ 的工件，计算式中的 L/D 取值 15 进行计算。

③ 工件太长因而采用分段磁化时，计算出的安匝数应经标准试片验证其是否合适。

④ 如果是空心工件，计算式中的 D 必须由有效直径 D_{eff} 来替换。

a. 圆筒形工件。

$$D_{eff}=\sqrt{D_o^2-D_i^2} \tag{4-12}$$

式中　D_o——圆筒的外径（mm）；

D_i——圆筒的内径（mm）。

b. 非圆筒形工件。

$$D_{eff}=2\sqrt{\frac{A_t-A_h}{\pi}} \tag{4-13}$$

式中　A_t——工件横截面轮廓线包围的面积（mm^2）；

A_h——工件横截面中空部分的面积（mm^2）。

（4）磁轭法的磁化规范　磁轭法的两个磁极之间的距离 d 一般应控制在 75～200mm，其有效检测区宽度为两个磁极中心连线两侧再各增加 0.25d 的范围，可参考触头法的图 4-27。分段局部磁化时应注意每相邻两段的磁化区域应有不少于 10%的磁化重叠，以免漏检。

磁轭法磁化工件时，工件被检部位的切线磁场强度不宜小于 2kA/m，可通过场强仪测量来确定。也可用静重提升力和标准试片的磁痕显示效果来评价对磁轭的磁化规范的要求。有些标准规定当使用磁轭最大间距时，电磁轭的静重提升力的要求如下：交流电磁轭应大于或等于 45N，直流电磁轭或永久磁铁磁轭应大于或等于 177N，交叉磁轭在磁极与工件表面间隙小于或等于 0.5mm 时应大于或等于 118N。采用磁轭法磁化工件后应经标准试片验证磁化效果。

采用电磁轭以剩磁法检测时，磁化电流应高于连续法，通常以工件直径来计算，可取 25～45A/mm。

4. 焊接接头的典型磁化方法

（1）磁轭法磁化

1）平板对接接头。平板对接接头磁轭法磁化工艺示意图如图 4-34 所示。

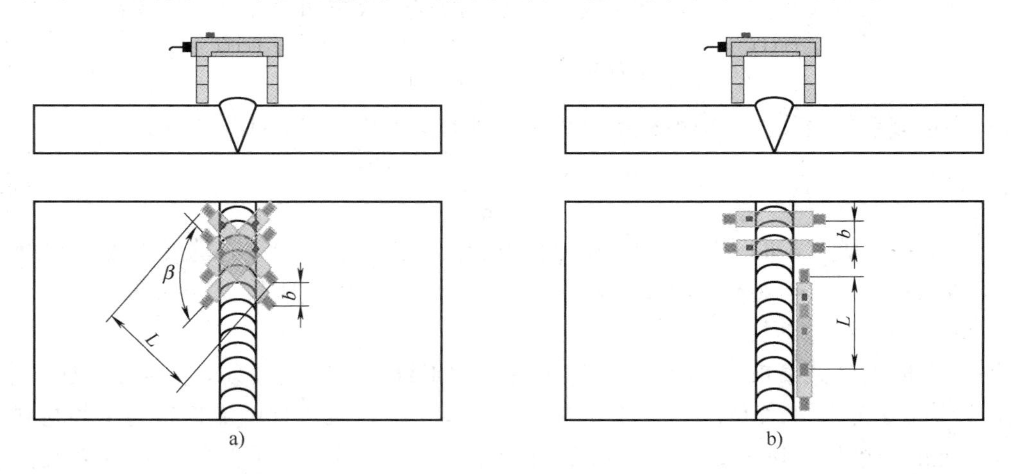

图 4-34　平板对接接头磁轭法磁化工艺示意图

a）交叉法　b）平行法

在图 4-34 中，$L\geqslant75$mm，$b\leqslant L/2$，$\beta\approx90°$。在交叉法中，以磁轭轴线与焊缝交叉并且每两次检测时的磁轭轴线相交角度约为 90°的方式进行磁粉检测，用于发现长径既不平行于焊缝也不垂直于焊缝的缺陷。在平行法中，以磁轭轴线垂直于焊缝并按规定的间隔逐步移动磁轭进行检测，以便发现长径平行或近似平行于焊缝的缺陷，即纵向缺陷。此外，还应以磁轭轴线平行于焊缝并以合适的间隔逐步移动磁轭进行检测，以便发现长径垂直或近似垂直于焊缝的缺陷，即横向缺陷。

2）平板 T 形接头。平板 T 形接头磁轭法磁化工艺示意图如图 4-35 所示。

在图 4-35 中，用于检测纵向缺陷时，$L_1 \geqslant 75\text{mm}$，$b_1 \leqslant L_1/2$；用于检测横向缺陷时，$L_2 \geqslant 75\text{mm}$，$b_2 \leqslant L_2 - 50\text{mm}$。必要时，也可以采用类似于平板对接接头的交叉法进行检测。

3）管-板接头。管-板接头磁轭法磁化工艺示意图如图 4-36 所示。

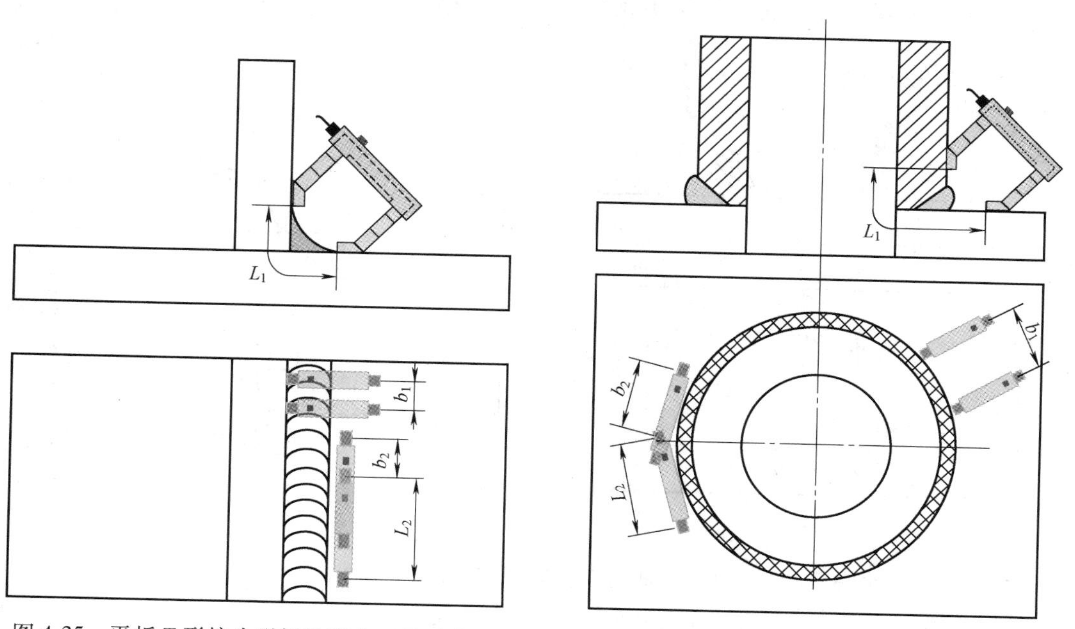

图 4-35 平板 T 形接头磁轭法磁化工艺示意图

图 4-36 管-板接头磁轭法磁化工艺示意图

在图 4-36 中，用于检测周向缺陷时，$L_1 \geqslant 75\text{mm}$，$b_1 \leqslant L_1/2$；用于检测径向缺陷时，$L_2 \geqslant 75\text{mm}$，$b_2 \leqslant L_2 - 50\text{mm}$。如果可能，也可以采用类似于平板对接接头的交叉法工艺进行检测。

4）管-管相贯接头。管-管相贯接头磁轭法磁化工艺示意图如图 4-37 所示。

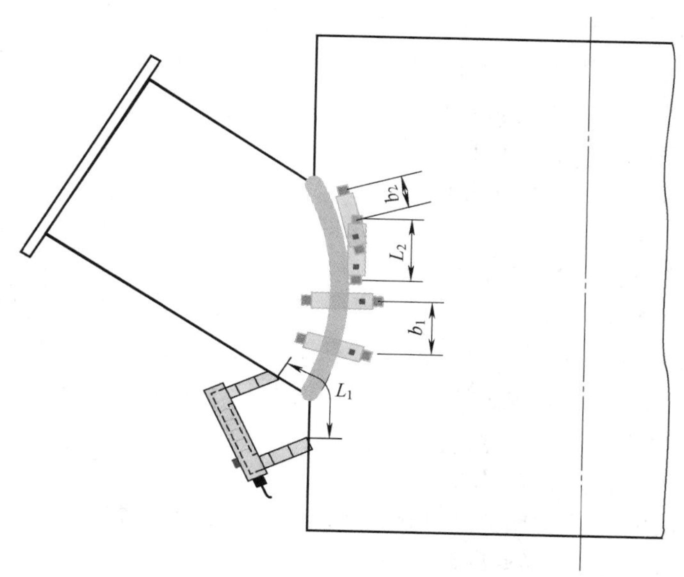

图 4-37 管-管相贯接头磁轭法磁化工艺示意图

在图 4-37 中，用于检测周向缺陷时，$L_1 \geqslant 75$mm，$b_1 \leqslant L_1/2$；用于检测径向缺陷时，$L_2 >$ 75mm，$b_2 \leqslant L_2 - 50$mm。如果可能，也可以采用类似于平板对接接头的交叉法工艺进行检测。

（2）触头法磁化

1）平板对接接头。平板对接接头触头法磁化工艺示意图如图 4-38 所示。

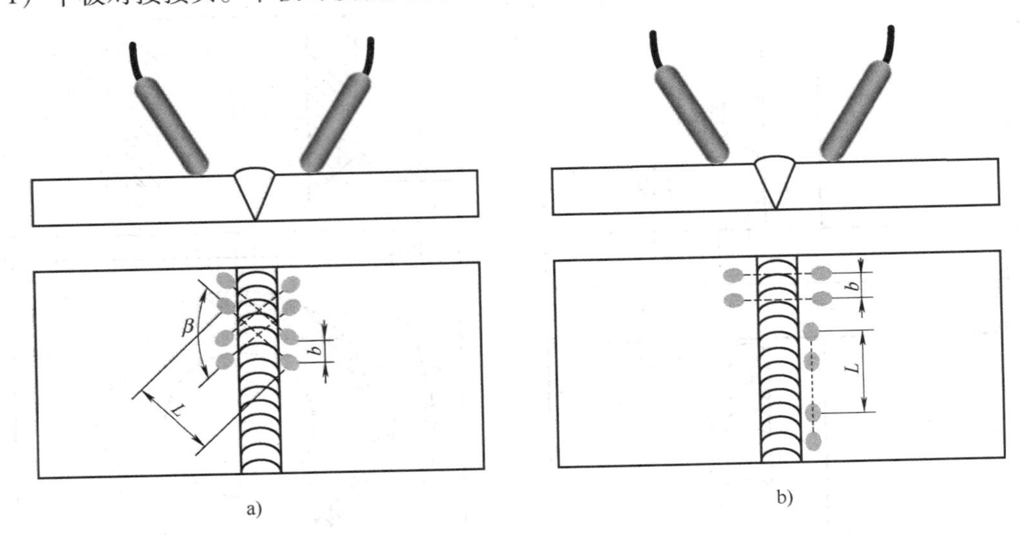

图 4-38　平板对接接头触头法磁化工艺示意图

a）交叉法　b）平行法

在图 4-38 中，$L \geqslant 75$mm，$b \leqslant L/2$，$\beta \approx 90°$。在交叉法中，以触头中心连线与焊缝交叉并且每两次检测时的触头中心连线相交角度约为 90°的方式进行磁粉检测，用于发现长径既不平行于焊缝也不垂直于焊缝的缺陷。在平行法中，以触头中心连线垂直于焊缝并按规定的间隔逐步移动触头进行检测，以便发现焊缝的纵向缺陷。此外，还应以触头中心连线平行于焊缝并以合适的间隔逐步移动触头进行检测，以便发现焊缝的横向缺陷。

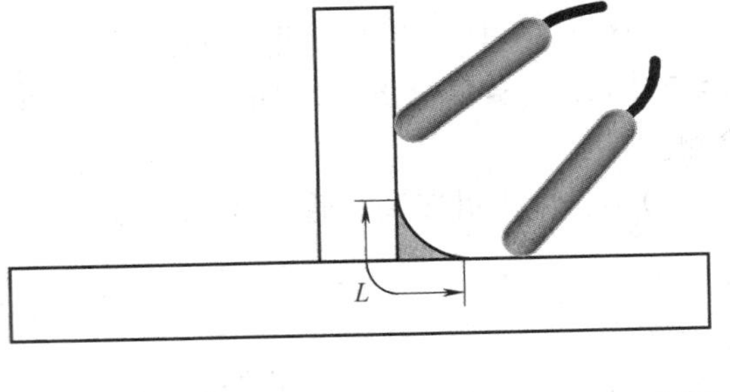

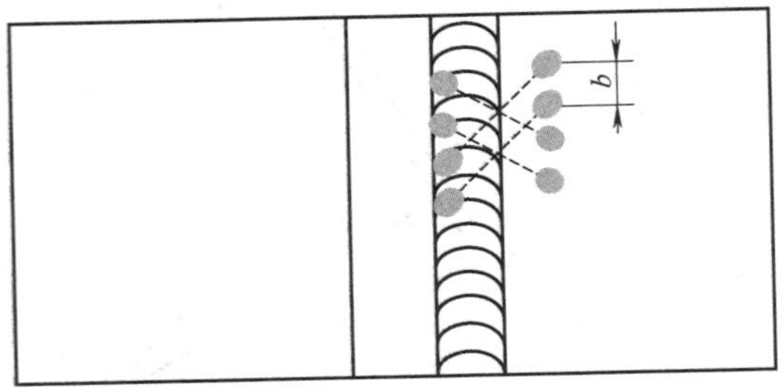

图 4-39　平板 T 形接头触头法磁化工艺示意图

2）平板 T 形接头。平板 T 形接头触头法磁化工艺示意图如图 4-39 所示。

在图 4-39 中，$L \geqslant 75$mm，$b \leqslant L/2$。

3）管-板接头。管-板接头触头法磁化工艺示意图如图 4-40 所示。

在图 4-40 中，$L \geqslant 75$mm，$b \leqslant L/2$。

4）管-管相贯接头。管-管相贯接头触头法磁化工艺示意图如图 4-41 所示。

在图 4-41 中，$L \geqslant 75$mm，$b \leqslant L/2$。

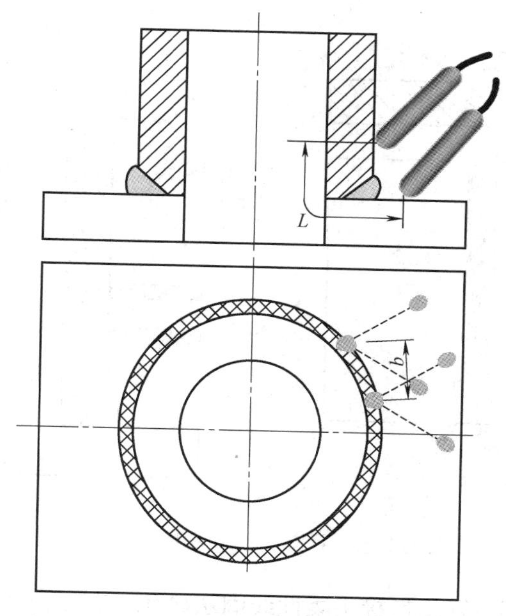

图 4-40　管-板接头触头法磁化工艺示意图

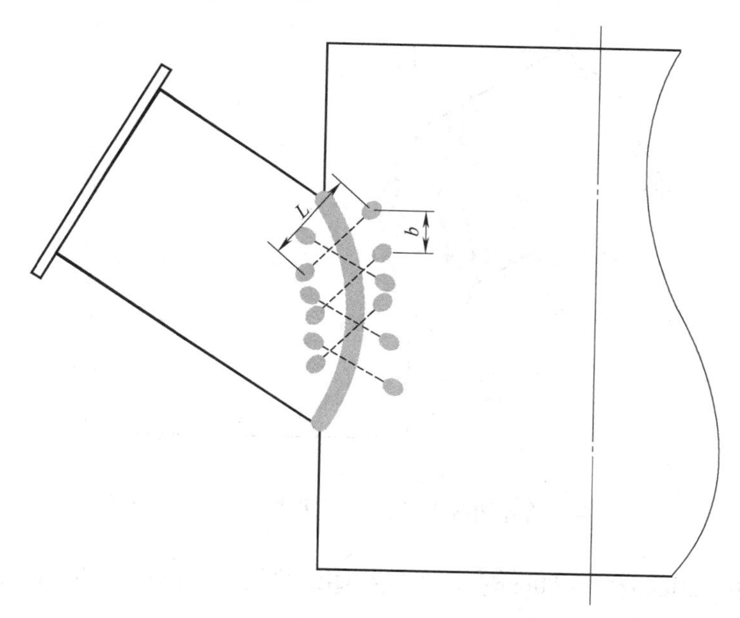

图 4-41　管-管相贯接头触头法磁化工艺示意图

（3）柔性线圈法磁化

1）平板对接接头。平板对接接头柔性线圈法磁化工艺示意图如图 4-42 所示。在图 4-42 中，20mm≤a≤50mm。该柔性线圈绕法常用于检测焊缝的纵向缺陷。

2）管-板接头。管-板接头柔性线圈法磁化工艺示意图如图 4-43 所示。在图 4-43 中，20mm≤a≤50mm。该柔性线圈绕法用于检测焊缝的纵向缺陷。

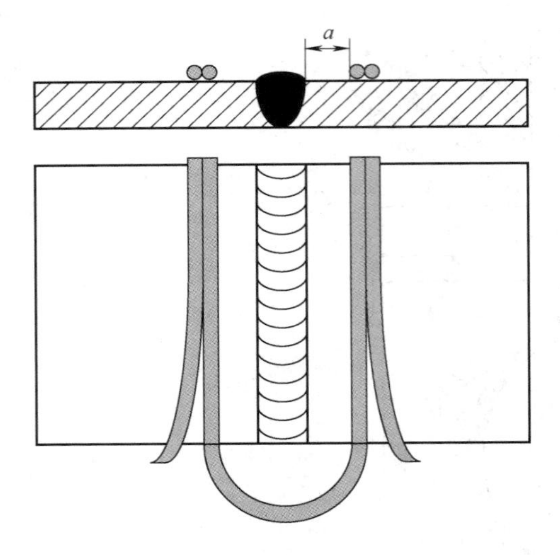

图 4-42 平板对接接头柔性线圈法磁化工艺示意图

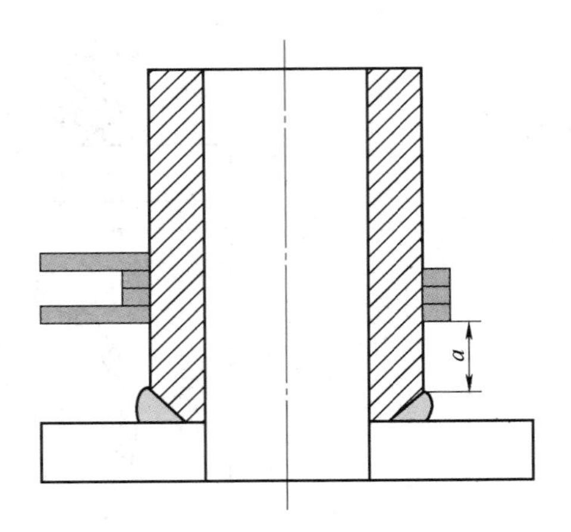

图 4-43 管-板接头柔性线圈法磁化工艺示意图

3）管-管相贯接头。管-管相贯接头柔性线圈法磁化工艺示意图如图 4-44 所示。

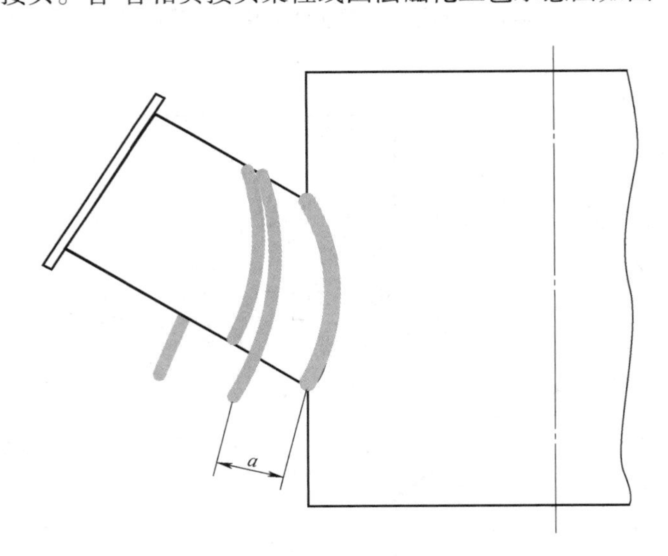

图 4-44 管-管相贯接头柔性线圈法磁化工艺示意图

在图 4-44 中，20mm≤a≤50mm。该柔性线圈绕法用于检测焊缝的纵向缺陷。

（4）交叉磁轭法磁化

1）垂直焊缝检测。垂直焊缝交叉磁轭法磁化工艺示意图如图 4-45 所示。

如图 4-45 所示，检测球罐纵向焊接接头时，磁悬液应喷洒在行进方向的前方，用于检测焊缝的纵向缺陷。

2）水平焊缝检测。水平焊缝交叉磁轭法磁化工艺示意图如图 4-46 所示。

如图 4-46 所示，检测球罐环向焊接接头时，磁悬液应喷洒在行进方向的前上方，用于检测焊缝的纵向缺陷。

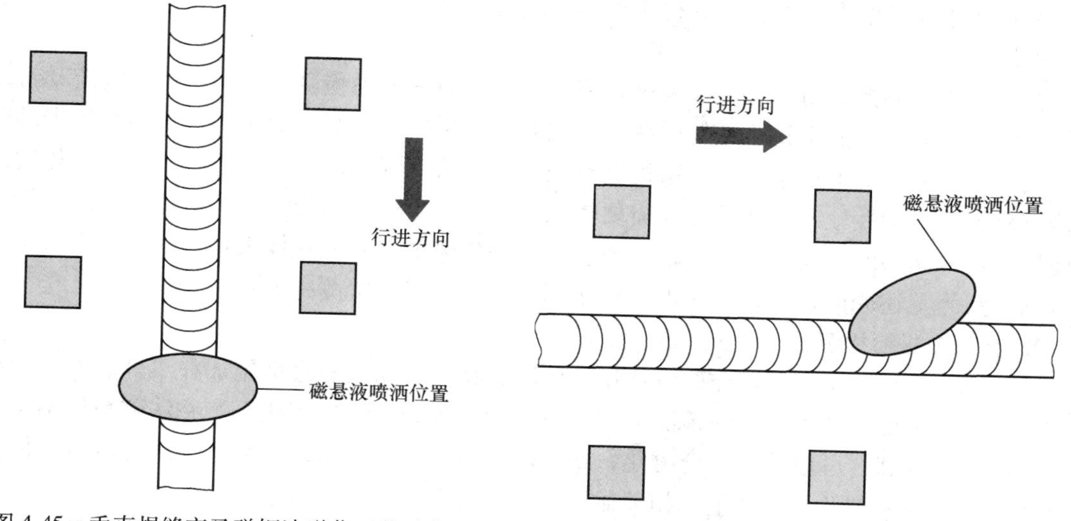

图 4-45　垂直焊缝交叉磁轭法磁化工艺示意图　　图 4-46　水平焊缝交叉磁轭法磁化工艺示意图

4.3.4　施加磁粉

依据所采用的磁粉的不同，磁粉检测分为干粉法和湿粉法；依据在工件上施加磁粉的时机不同，磁粉检测分为连续法和剩磁法。

1. 干粉法磁粉检测

干粉法磁粉检测也称为干法，通常用于交流和半波整流脉动直流的磁轭进行连续法检测。干粉法磁粉检测时，干磁粉用喷粉器呈雾状喷洒或用手撒在工件的被检表面上。必要时，用气囊等器具使堆集的磁粉分散均匀或除去过量的磁粉并轻轻地振动工件，形成薄而均匀的磁粉覆盖层。用压缩空气吹去局部堆积的多余磁粉时，应控制好风压、风量及风口距离。相比于湿粉法，干粉法对于近表面缺陷的检测灵敏度较高，但是对表面开口的细小缺陷的检测灵敏度较低。干粉法与便携式探伤机配合，适宜于野外检测或大面积工件的检测，如表面粗糙的大型铸件、锻件、焊件或毛坯的局部检测和灵敏度要求不高的工件。干粉法检测时，磁粉一般不予回收。应确认检测面和磁粉充分干燥后再施加磁粉。

2. 湿粉法磁粉检测

湿粉法磁粉检测时，磁悬液应采用软管喷或浇于工件被检的局部表面，或采用浸泡并取出的方法使整个工件表面完全覆盖磁悬液，不宜采用刷涂法。剩磁法检测时，磁化电流保持 0.2~0.5s 后切断，并尽快施加磁悬液。喷淋磁悬液时液流冲击力要微弱以免冲刷掉磁痕，仅适用于剩磁法磁粉检测的浸泡方法，则应控制好浸泡时间。湿粉法特别适于检出延伸至表面的极细小缺陷，如疲劳裂纹和磨削裂纹等。相比于干粉法，湿粉法可以更容易并更快速地将磁粉施加于不规则的工件表面上，尤其适合于固定式设备检测大批量的中小尺寸的工件。湿粉法比干粉法的检测灵敏度高，这是因为磁悬液中的磁粉的移动性更好并且可以使用更细小的磁粉的缘故。另外，湿粉法的检测效率也往往比干粉法高，尤其是对工件大面积喷洒时，并且磁粉的均匀性优于干粉法。正因为湿粉法检测灵敏度较高，因此非常适用于承压设备焊缝以及核电、航空航天工件等要求检测灵敏度高的领域。在仰视位或水下磁粉检测时，宜选用磁膏作为磁痕形成材料。湿粉法磁粉检测尤其是配合固定式检测设备时，往往回收磁悬液以便反复使用。

选择干粉法还是湿粉法，应该考虑其流动性。湿粉法磁粉检测中，利用载液的流动带动磁粉向漏磁场处流动。干粉法磁粉检测中，主要是利用气囊等提供的压缩空气的气流带动磁粉向漏磁场处流动。上述正是干粉法检测灵敏度往往低于湿粉法的根本原因。由于干粉法磁粉检测时磁粉流动性较差，因此往往需要辅以交流磁化，即利用交流电的电流方向的交替改变使得磁场方向不断改变来扰动磁粉，或利用脉动直流电的脉动磁场来扰动磁粉，促进磁粉的流动。因为上述原因，稳恒直流电一般不用于干粉法磁粉检测中。

3. 连续法磁粉检测

连续法磁粉检测是指在励磁磁场作用的同时，将干磁粉或磁悬液施加在工件表面上的检测方法，是通常优先选用的磁粉检测方法，主要用于大型工件。相比于剩磁法磁粉检测，其具有检测灵敏度高，可以施行复合磁化，既可以湿粉法检测也可以干粉法检测等优点，但是也存在着检测效率较低、易产生非相关显示等局限性。

连续法磁粉检测基本流程如图 4-47 所示。图 4-47a 所示基本流程 1 主要用于表面质量较高的（如平滑表面）工件的磁粉检测，图 4-47b 所示基本流程 2 主要用于表面质量较差的（如粗糙表面）工件的磁粉检测。

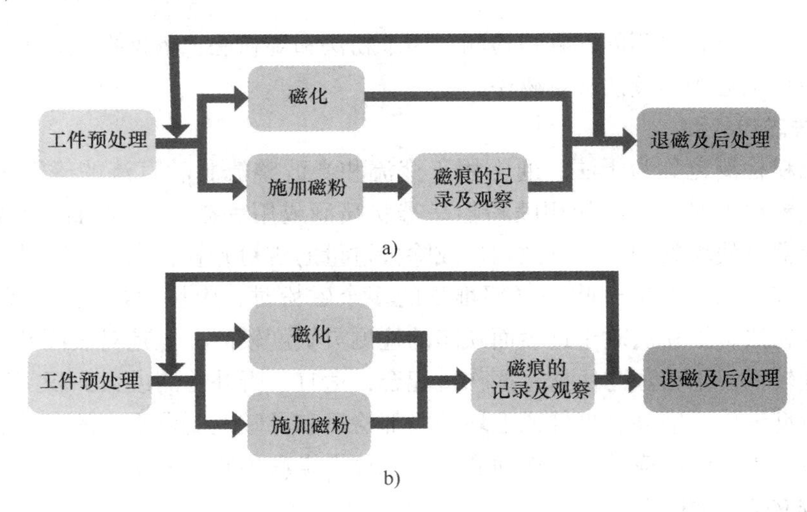

图 4-47　连续法磁粉检测基本流程

a）基本流程 1　b）基本流程 2

连续法磁粉检测时，磁粉的施加和磁痕显示的观察通常应在磁化通电时间内完成，并且停止施加磁粉至少 1s 后方可停止磁化。磁化通电时间一般为 1~3s，为保证磁化效果应至少反复磁化两次。

4. 剩磁法磁粉检测

剩磁法磁粉检测是指在切断磁化电流或移去永磁体之后，将磁悬液施加在工件表面上的检测方法。剩磁法是可行的，这是因为从铁磁性材料的磁滞回线可知，没有励磁磁场作用下，铁磁性材料仍保留有一定的磁感应强度，所以如果存在表面缺陷则势必产生漏磁现象。主要用于矫顽力不小于 1kA/m 且磁化后其保持的剩磁场强度不小于 0.8T 的材料的大批量的

小型工件。应注意的是，当采用交流磁化时，应采用断电相位控制器，以便保证断电时剩磁的稳定性，否则有可能因剩磁的不稳定而产生漏检。相比于连续法磁粉检测，其具有检测效率较高、易于实现自动化以及可以评价连续法检测出的磁痕属于表面还是近表面缺陷显示等优点，但是也存在着只适用于剩磁和矫顽力达到要求的材料、不能实施复合磁化、检测灵敏度较低及不能干粉法检测等局限性。

剩磁法磁粉检测基本流程如图 4-48 所示。

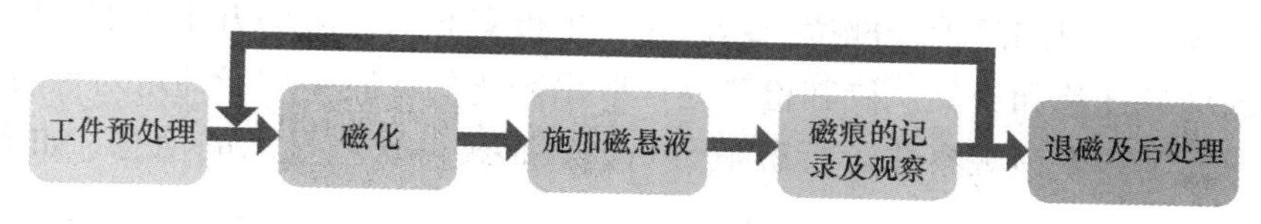

图 4-48　剩磁法磁粉检测基本流程

磁化时间一般为 0.25～1.0s，磁化之后施加磁悬液之前，任何铁磁性物质不得接触被检工件表面，以免影响剩磁场。喷淋磁悬液环节一般进行 2～3 次。浸法则可 1 次并浸泡时间应充分，一般应在磁悬液中保持 10～20s，太短则磁痕显示不明显，太长则产生过度背景。剩磁法的检测灵敏度往往低于连续法，这是因为剩余磁感应强度低于饱和磁感应强度。

4.3.5　磁痕的观察及记录

磁痕就是磁粉在被检工件表面上聚集而形成的图像。磁痕宽度一般为缺陷宽度的数倍且长度稍长，即磁痕对缺陷宽度有放大效果，所以磁粉检测可检测出目视不可见的缺陷，具有极高的灵敏度。

1. 磁痕观察

磁痕观察应在磁痕形成后立即进行，用人眼或 2～10 倍的放大镜进行观察。非荧光磁粉的磁痕观察，应在可见光下进行。被检工件表面的可见光照度应不小于 1000lx，野外或现场检测时，可见光照度应不小于 500lx，并应避免强光和阴影。荧光磁粉的磁痕观察，应在暗黑区并用黑光灯发出的黑光下进行。被检工件表面的黑光辐照度应不小于 1000μW/cm^2，同时暗黑区或暗处的可见光照度应不大于 20lx。为了黑暗适应，即视觉调整到照明减弱的环境中也可见，检测人员进入暗黑区至少 5min 后再进行荧光磁粉检测。观察时不应佩戴对检测结果评判有影响的眼镜或滤光镜（如墨镜或光敏镜片的眼镜），但可以佩戴防护紫外线的眼镜。如果光源太大以至于难以直接照亮检测区时，可使用笔式黑光光源、黑光光导管或内窥镜等特殊的照明手段，并且观察磁痕时应达到标准要求的分辨率。

2. 磁痕记录

磁痕是需要保存并做永久性记录的，以便于分析缺陷。记录手段有文字描述、磁痕草图、照相、录像、用透明胶带贴印、磁带、各种涂层剥离方法或电子扫描。通常采用上述手段中的一种或几种方式进行记录。也有橡胶铸型法及磁橡胶法等特殊的磁痕记录方法。

（1）橡胶铸型法　橡胶铸型法（Magnetic Testing Rubber Casting，MT-RC）是将磁粉检测方法与橡胶铸型方法结合使用的一种方法，主要用于检测经过疲劳试验或在役飞机的铁磁性材料零件或组件小孔内的疲劳裂纹。其基本原理是首先将孔洞中的缺陷用磁粉检测方法形成磁痕，然后将室温硫化硅橡胶液加入固化剂后灌入孔洞中，待其固化即可将磁痕“镶嵌”在固化形成的橡胶铸型表面。将橡胶铸型从孔洞中取出后，对橡胶铸型进行肉眼、放大镜或光学显微镜观察并进行磁痕分析，从而获得缺陷显示的信息，如形状、尺寸、位置及走向等。

橡胶铸型法仅适用于剩磁法磁粉检测，一般可检测孔径不小于 3mm 的内壁或由于位置原因等难以观察到的部位的缺陷。

（2）磁橡胶法　磁橡胶法是将磁粉均匀分散于室温硫化硅橡胶液中并加入固化剂，将其倒入经过适当围堵封闭的被检部位。然后磁化工件，此时在磁场力作用下，磁粉在橡胶液内向缺陷漏磁场处迁移和聚集。待其检测完毕取出固化的橡胶铸型，即可对橡胶铸型进行肉眼、放大镜或光学显微镜观察并进行磁痕分析，从而获得缺陷显示的信息，如形状、尺寸、位置及走向等。

磁橡胶法适用于连续法磁粉检测，也可用于水下磁粉检测。

4.3.6　退磁及后处理工艺

1. 退磁工艺

虽然工件中存在剩磁，但如果不影响进一步加工和使用则可以不退磁。如下情况可以考虑不进行退磁处理：磁粉检测后需要对工件进行超过居里温度的热处理；低剩磁、高磁导率材料的工件；有剩磁也不影响使用的工件；后续需要处于强磁场环境的工件。在下列情况下应对磁粉检测的工件进行退磁操作：产品技术条件有规定或委托方有要求；当检测需要多次磁化时，上一次磁化将给下一次磁化带来不良影响；剩磁将对后续的机械加工带来不良影响；剩磁将对工件附近的测试或计量装置产生不良影响；剩磁对后续的工件焊接产生不良影响。虽然从退磁原理上看存在着加热法退磁和外加退磁磁场退磁这两种，但在实际工程中很少使用加热法退磁，所以下面仅就外加退磁磁场退磁方法的工艺予以介绍。外加退磁磁场退磁方法依据采用的电流种类可分为交流退磁和直流退磁。

（1）交流退磁　磁粉检测时交流磁化的工件宜用交流退磁方法，主要是采用将工件逐步退出退磁线圈的退出法和使退磁磁场强度逐步衰减的衰减法。

1）退出法。工件逐步退出退磁线圈的具体工艺是，将被检工件从一个通有交流电的线圈中沿轴向缓慢退出至距离线圈 1m 以外，然后断电。如有需要，应重复上述过程。通常是将工件安放在拖动小车并在轨道上拖动来退出，退出速度的确定与工件的材料、形状、大小、剩磁以及退磁线圈的电流大小等相关。采用退出法退磁时，工件应与线圈轴线平行并尽量靠近线圈内壁放置。对于长径比 $L/D<2$ 的工件应通过在工件两端连接与工件材料磁性相同或相近的磁极加长块后再进行退磁操作。小工件不应以捆扎或堆叠方式退磁。也不能将小工件摆放在铁磁性材料的筐或盘中进行退磁操作。环形或形状复杂工件应旋转着通过线圈，以便保证工件各部位均匀退磁。

2）衰减法。其具体工艺是将工件放入退磁线圈中，然后将线圈中的电流逐渐减小至 0，或者用电夹头或电触头直接将交流电通入工件并逐渐将电流减小至 0。电流减小的梯度和速度对退磁效果有一定的影响，应在退磁工艺中予以确定。也有采用磁轭进行衰减退磁方法，即给磁轭励磁后将磁轭缓慢移开，直至工件表面完全脱离开磁轭磁场的有效范围。磁轭法通常用于焊缝的退磁，即将电磁轭的两极横跨焊缝放置，接通交流电源后沿焊缝缓慢移动电磁轭直至离开焊缝1m以上后断电。

（2）直流退磁　磁粉检测时直流磁化的工件宜用直流退磁方法。与交流退磁衰减法的原理近似，即不断改变直流电输入到工件中的方向，并且每次换向时逐步降低电流直至为0，如图4-49所示。很显然，应在断电期间换向。而且，每相邻两次换向的直流电的衰减幅度越小则退磁效果越好。此外，除了工件方面的因素之外，退磁效果也与换向频率、通电时间及通电时间与断电时间的比例等有关。实际上，超低频电流自动退磁方法是该方法的一个特例。

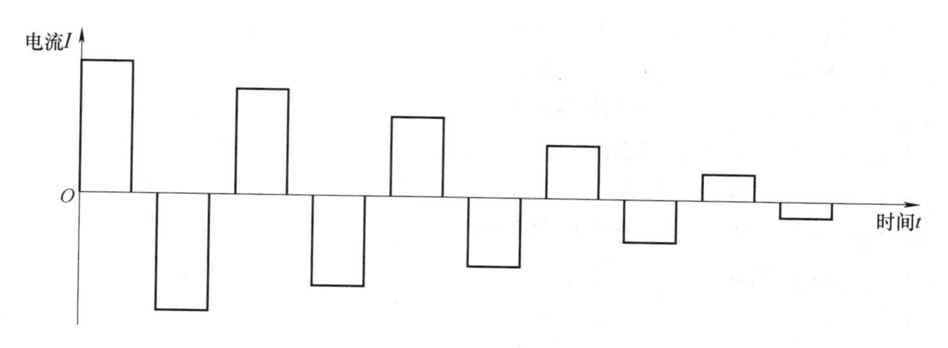

图4-49　换向衰减退磁直流电波形

上述方法主要用于中小型工件的退磁。对于大型工件（如重型、大长度、大面积等工件）或固定工件，可使用如下工艺进行退磁：移动式交流电磁轭或移动式电磁线圈进行局部分区退磁；可以采用退磁线圈逐步退出工件的方法；采用柔性线圈（即缠绕电缆形成线圈后）分段退磁；采用工件不用移动的衰减法；特别地，对于大面积的平板型工件，可以采用专用的扁平线圈退磁器。扁平线圈退磁器内装有扁平的U形铁心，在铁心两极上串绕线圈并通以低电压大电流的交流电。退磁操作时像熨斗一样在工件表面移动，最后远离工件1m以上后断电。

（3）退磁工艺注意事项

1）分段分区退磁工艺的退磁效果不如整体退磁。

2）退磁磁场强度应大于或等于磁化时的最大励磁磁场强度。

3）周向磁化的工件，应在对工件纵向磁化后退磁，以便测量退磁后的剩磁大小。

4）交流电磁化的宜用交流电退磁，直流电磁化的宜用直流电退磁。

5）直流退磁后如果再用交流退磁一次，则退磁效果更佳。

6）与大地磁场方向垂直则可有效退磁，因此退磁机及工件应尽量东西方向放置。

7）退磁后的工件不应放置在电磁场或永磁场附近，以免再次磁化。

8）退磁后工件中的剩余磁感应强度应满足规定的要求，如特种设备行业磁粉检测标准要求应不大于0.3mT或240A/m。

2. 后处理工艺

退磁后应彻底清理被检工件表面残留的磁粉，必要时进行专门的清洗操作。油性磁悬液可用汽油等溶剂清除，水性磁悬液可用水清洗后干燥，必要时可以在被检表面涂覆防护油，干粉可以用压缩空气清除。使用水性磁悬液时，有时需要做脱水防锈处理，如果使用了反差增强剂则应予以去除，应该注意彻底清除孔和空腔内残存的磁粉。

4.4 磁粉检测的缺陷评定与质量分级

4.4.1 磁痕分类

磁痕分为相关显示、非相关显示和伪显示。相关显示是指磁粉检测时由缺陷产生的漏磁场吸附磁粉而形成的磁痕，也称为缺陷显示。非相关显示是指磁粉检测时由工件截面变化或不同位置的材料磁导率改变等产生的漏磁场吸附磁粉而形成的磁痕。伪显示是指不是由漏磁场而是由其他特殊原因导致磁粉聚集而形成的磁痕。

在实际的磁粉检测中，磁痕的成因是多种多样的，如氧化皮、锈蚀或油漆斑点的边缘、咬边等凡是可能滞留磁粉的部位均可能形成伪显示。此外，金相组织不均匀、异种材料界面、加工硬化与非加工硬化的界面、非金属夹杂物偏析、残余应力及应力应变集中区等凡是磁导率发生变化或几何形状发生改变的部位，也有可能产生漏磁从而吸附磁粉，形成非相关显示，干扰对缺陷的判断。正确识别磁痕需要丰富的实践经验，同时需了解被检工件的成型工艺及材料特性等。在工程实践中，一般采用反复检测并改变磁化工艺的方法验证是不是缺陷磁痕。很显然，可以利用非相关显示来检测工件的形状特点和某些材料特性。

4.4.2 磁痕分析

磁痕分析主要是对磁痕进行相关显示、非相关显示及伪显示类型的区分以及对相关显示（即缺陷磁痕）的位置、形状、尺寸、走向、数量、分布特点及可能的缺陷类型和性质等进行分析。磁痕分析是对磁粉检测出的缺陷进行评定和工件质量分级的基础，因此尤显重要。这需要检测人员不仅掌握磁粉检测技术，还要掌握相关的材料成型工艺特点及其缺陷的特点；不仅掌握相关理论还要具有丰富的实践经验，必要时还应结合金相分析和其他分析方法进行综合分析，如有需要应进行复验。

4.4.3 缺陷评定与质量分级

磁粉检测缺陷评定与质量分级方法，因所依据的标准的不同而不同。下面以 NB/T 47013.4—2015《承压设备无损检测　第 4 部分：磁粉检测》予以介绍和分析。

评定检出的缺陷时，磁痕分为线性磁痕和圆形磁痕两类。长度与宽度之比大于 3 的缺陷磁痕，为线性磁痕；长度与宽度之比小于或等于 3 的缺陷磁痕，为圆形磁痕。长度小于 0.5mm 的缺陷磁痕不予评定，当两条或两条以上的缺陷磁痕在同一直线上且间距不大于 2mm 时按一条磁痕处理，其计算长度为所有磁痕长度及间距之和。通常不允许存在任何形式的裂纹显示，而且紧固件和轴类工件不允许存在任何横向缺陷显示。

1. 焊接接头的质量分级

焊接接头的质量分级参照表 4-18 进行。圆形缺陷的评定区域尺寸为 35mm×100mm。

表 4-18　磁粉检测焊接接头质量分级

质量等级	线性缺陷磁痕	圆形缺陷磁痕
Ⅰ	$l \leqslant 1.5$mm	$d \leqslant 2.0$mm，且在评定区内不多于 1 个
Ⅱ	缺陷尺寸大于Ⅰ级的	

表 4-18 中，l 为线性缺陷磁痕的长度或计算长度，d 为圆形缺陷磁痕的长径。

2. 其他工件的质量分级

其他工件的质量分级参照表 4-19 进行。评定区为矩形时，面积为 $2500mm^2$，并且其中一条边长应小于或等于 150mm。

表 4-19　磁粉检测非焊接工件的质量分级

质量等级	线性缺陷磁痕	圆形缺陷磁痕
Ⅰ	l=0	d≤2.0mm，且在评定区内不多于 1 个
Ⅱ	l≤4.0mm	d≤4.0mm，且在评定区内不多于 2 个
Ⅲ	l≤6.0mm	d≤6.0mm，且在评定区内不多于 4 个
Ⅳ	缺陷尺寸大于Ⅲ级的	

表 4-19 中 l 和 d 的定义与表 4-18 相同。

4.5　磁粉检测的工程实例

2016 年 10 月 23 日，河北金梯子锅炉有限公司为河北金源化工有限公司生产的一台分气缸，按照合同要求需要对焊接接头进行 100%的磁粉检测，本节将以此分气缸为例来介绍磁粉检测的工程应用。

4.5.1　分气缸的基本情况

分气缸是锅炉的主要配套设备，用于把锅炉运行时所产生的蒸汽分配到各路管道中去，分气缸属于压力容器，其承压能力和容量应与配套锅炉相对应。

1. 分气缸的技术要求

1）采用的焊条为 J426，应符合 GB/T 5117；氩弧焊焊丝为 ER49-1，应符合 GB/T 8110，并应符合 NB/T 47018—2017《承压设备用焊接材料订货技术条件》的相关规定。

2）设备安装完毕做岩棉保温，厚度为 50mm。

3）设备压力源得到可靠控制，故本设备不考虑装设溢流阀。

4）设备制造完成后进行除锈，除锈按 GB/T 8923.1—2011 中 St2 级要求为合格，红色底漆和灰色面漆各一道。

5）本容器应选用持证单位制造的压力管道元件。

分气缸的设计及制造依据《固定式压力容器安全技术监察规程》、GB 150—2011《压力容器》和 NB/T 47042—2014《卧式容器》。分气缸的技术参数见表 4-20。

表 4-20　分气缸的技术参数

压力容器类别			Ⅰ类
介质	饱和水蒸气	焊材牌号	见技术要求
介质特性	非易爆、无毒	焊接规程	按 NB/T 47015—2011 规定
工作温度/℃	194	焊缝结构	除注明外采用全焊透结构
设计温度/℃	196	除注明外角焊缝腰高	按较薄板厚度

（续）

工作压力/MPa	1.25	管法兰与接管焊接标准			按相应法兰标准	
设计压力/MPa	1.3	无损检测	焊接接头类别		方法-检测率	标准-级别
主体材料	20，Q245R		A，B	容器	每条 RT-20B% 且≥250mm MT	NB/T 47013.2—2015 Ⅲ AB 级 100%
腐蚀裕量/mm	1.0		C，D	容器	MT	100%
焊接接头系数	0.85（环焊缝）	全容积/L			65	
热处理	—	基本风压/Pa			—	
水压试验压力卧式、立式/MPa	1.83	地震烈度（级）			7 级，0.15g	
气密性试验压力 /MPa	—	环境条件			室内	
保温层厚度、防火层厚度/mm	见技术要求	涂敷与运输包装			按 JB/T 4711—2003	
设计使用寿命/年	10	设备净重量/kg			98.5	
管口方位	见图	盛水重量/kg			163.5	

2. 分气缸的结构

分气缸的总体结构如图 4-50 所示。

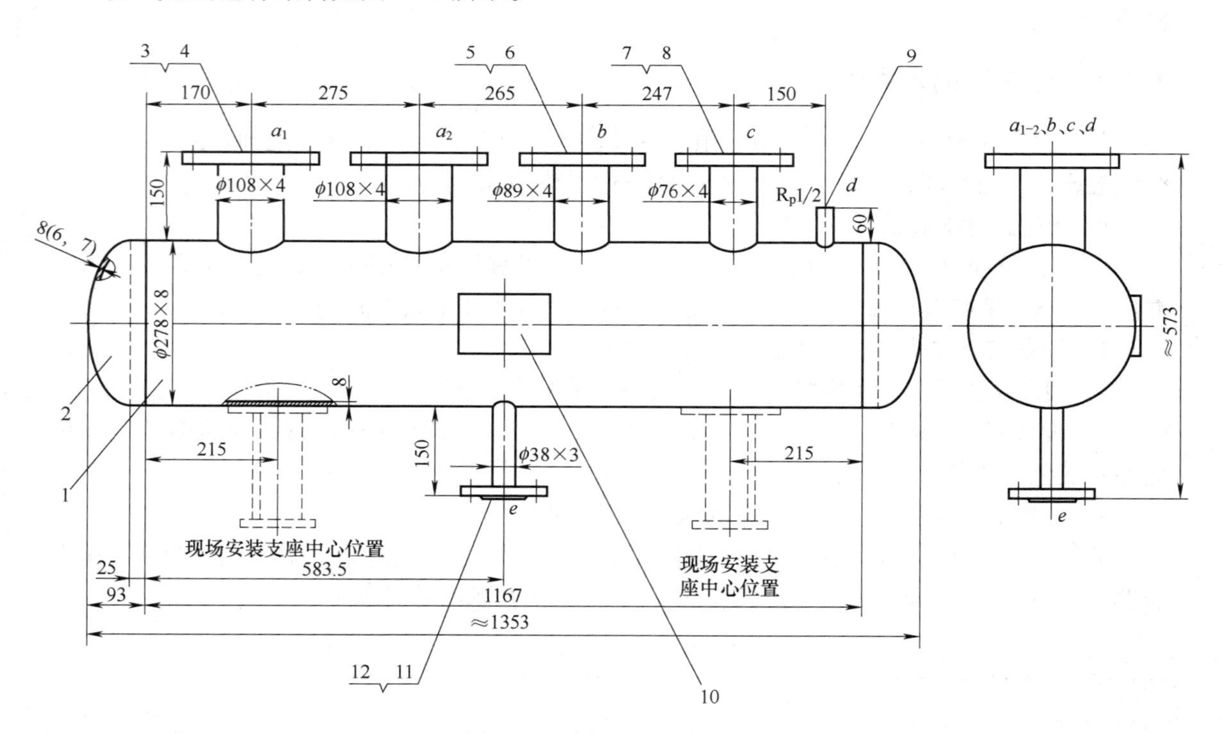

图 4-50 分气缸的总体结构

3. 分气缸的主要受压元件及材料

分气缸的主要受压元件及材料见表 4-21。

表 4-21 分气缸的主要受压元件及材料

件号	名称	规格/mm	数量	材料	质量/kg	
					单件	总计
1	筒体	ϕ273×8，L=1167	1	20	61	61
2	封头	EHB273×8（6.7）	2	Q245R	5.9	11.8
3	接管	ϕ108×4，L=175	2	20	1.8	3.6
4	法兰	PL100（B）-16RF	2	20 Ⅱ	4.57	9.14
5	接管	ϕ89×4，L=171	1	20	1.5	1.5
6	法兰	PL80（B）-16RF	1	20 Ⅱ	3.59	3.59
7	接管	ϕ76×4，L=169	1	20	1.2	1.2
8	法兰	PL65（B）-16RF	1	20 Ⅱ	3.31	3.31
9	压力表座	ϕ28×6	1	20	0.5	0.5
10	铭牌	—	1	组合件	0.2	0.2
11	接管	ϕ38×3，L=156	1	20	0.41	0.41
12	法兰	PL32（B）-16RF	1	20 Ⅱ	1.86	1.86

4. 分气缸的焊接工艺

分气缸的焊接工艺卡见表 4-22。

表 4-22 分气缸的焊接工艺卡

河北金梆子锅炉有限公司	焊接工艺卡 WELDING PROCEDURE SPECIFICATION		编号 HEP-WPS-QY-FQG-001
依据工艺评定报告编号	HEP-HP-006		
产品名称	分气缸		
焊接方法	GTAW	自动化程度	手工

母材及接头形式				
母材	20	接头形式	对接	接头简图 30°～35° δ 0.5～2 1～3
规格/mm	ϕ273×8	坡口形式	V 形	
焊接位置	全位置	衬垫	—	
焊接方向	由下向上	衬垫材料	—	
其他	—			

预热及热处理							
预热方法	—	预热温度/℃	—	层间温度/℃	≤400℃	测温方法	测温笔（仪）
热处理	—	热处理温度/℃	—	热处理时间	—	测温方法	—

其他：—

（续）

焊接保护气体							
种类	Ar	纯度	≥99.95%	流量	8~10L/min	背部保护	是/否 √
其他：—							

焊接参数							
焊道	焊接方法	焊条（丝）		焊接电流及极性		电弧电压/V	焊接速度/(mm/min)
		型（牌）号	直径/mm	极性	电流/A		
1	GTAW	TIG-J426	2.5	DCEN	80~120	10~15	40~60
2	GTAW	TIG-J426	2.5	DCEN	80~120	10~15	40~60
3	GTAW	TIG-J426	2.5	DCEN	80~120	10~15	40~60

施焊技术：

1. 无摆动焊或摆动焊：摆动焊
2. 打底焊道和中间焊道清理方法：手工清理
3. 连弧焊或断弧焊：连弧焊
4. 环境温度≥-10℃
5. 焊道设计：多层单道

编写		审核		批准	
日期		日期		日期	

4.5.2 分气缸的磁粉检测

磁粉检测操作指导书见表 4-23 和表 4-24，磁粉检测报告见表 4-25。

表 4-23 磁粉检测操作指导书 1

磁粉检测操作指导书

编号：LT（BT）PC-MT-DGC-1

工件名称	分气缸	规格/mm	φ273×8	材质	20
坡口形式	V 形	热处理状况	—	表面状况要求	Ra≤25μm
焊接方法	GTAW/SMAW	检测时机	安装前	检测部位	焊缝及热影响区
检测方法	湿法 交流连续法	检测比例	100%	检测设备	CDX-Ⅲ
试片	A1-30/100	环境温度/℃	8~15	观察亮度/lx	≥1000
磁化方法	交叉磁轭法	磁轭提升力/N	≥118 间隙为 0.5mm	磁粉、载液及磁悬液浓度	黑磁膏+水 1.2~2.4mL/100mL
电流种类 磁化规范	交流电磁轭	磁悬液 施加方法	喷洒	退磁要求	—
工艺标准	NB/T 47013.4—2015	验收标准	DL/T 869—2012	合格级别	Ⅰ

（续）

检测部位示意图：

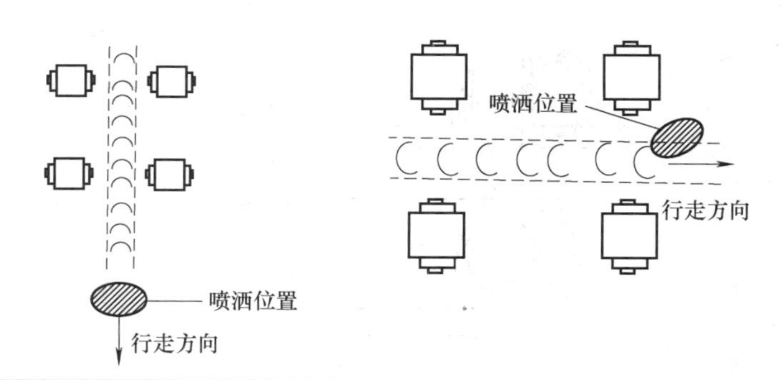

工序号	工序名称	技术参数及要求	备注
1	预处理	1）清除焊缝表面油脂、飞溅及其他黏附磁粉的物质 2）表面打磨，并圆滑过渡	现场检测时要严格遵守用电规程，防止触电
2	磁化	采用交叉磁轭磁化，检测速度应该尽量均匀，一般不应大于4m/min，检测时交叉磁轭与工件必须做相对运动	
3	施加磁悬液	1）确认整个检测面能被磁悬液润湿后再施加磁悬液 2）检测面上磁悬液流速不应过快	
4	磁痕的观察及记录	1）缺陷磁痕的观察应在磁痕形成后立即进行 2）现场检测时，可见光照度不低于1000lx 3）采用草图、照相等方法认真记录缺陷位置、形状、尺寸	
5	缺陷评级	1）不允许任何裂纹 2）不允许条形缺陷	
6	退磁	无须退磁	
7	后处理	清除被检表面残留的磁悬液	

编制/资格		审核/资格	
日期	年 月 日	日期	年 月 日

表4-24 磁粉检测操作指导书2

磁粉检测操作指导书

编号：LT（BT）PC-MT-DGC-2

工件名称	分气缸	规格/mm	ϕ273×8	材质	20
坡口形式	V形	热处理状况	—	表面状况要求	$Ra\leq25\mu m$
焊接方法	GTAW/SMAW	检测时机	安装前	检测部位	焊缝及热影响区
检测方法	湿法交流连续法	检测比例	100%	检测设备	CDX-Ⅲ
试片	A1-30/100	环境温度/℃	8~15	观察亮度/lx	≥1000
磁化方法	磁轭法	磁轭提升力/N	≥45 间距为200mm	磁粉、载液及磁悬液浓度	黑磁膏+水 1.2~2.4mL/100mL
电流种类磁化规范	交流电磁轭	磁悬液施加方法	喷洒	退磁要求	—
工艺标准	NB/T 47013.4—2015	验收标准	DL/T 869—2012	合格级别	Ⅰ

（续）

检测部位示意图：

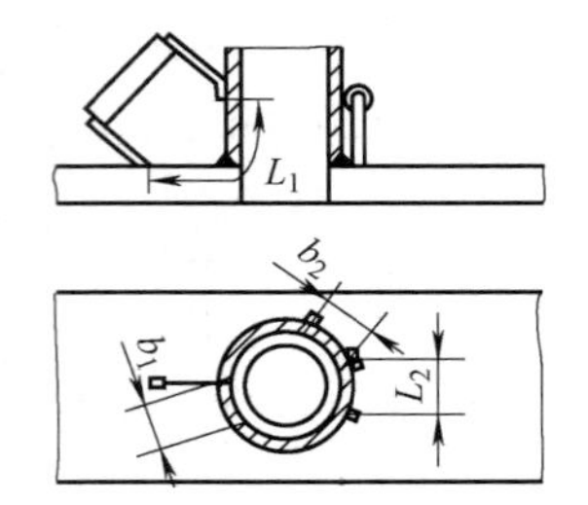

$L_1 \geqslant 75$

$L_2 > 75$

$b_1 \leqslant L_1/2$

$b_2 \leqslant L_2 - 50$

工序号	工 序 名 称	技术参数及要求	备　　注
1	预处理	1）清除焊缝表面油脂、飞溅及其他黏附磁粉的物质 2）表面打磨，并圆滑过渡	现场检测时要严格遵守用电规程，防止触电
2	磁化	角焊缝采用磁轭法纵向磁化，磁极间距控制在 75～200mm，同一检测部位垂直交叉磁化两次，磁化区域每次应有不小于 15mm 的重叠	
3	施加磁悬液	确认整个检测面能被磁悬液润湿后再施加磁悬液，通电时间为 1～3s，通电过程中施加磁悬液，停施磁悬液至少 1s 后方可停止磁化。检测面上磁悬液流速不应过快	
4	磁痕的观察及记录	1）缺陷磁痕的观察应在磁痕形成后立即进行 2）现场检测时，可见光照度不低于 1000lx 3）采用草图、照相等方法认真记录缺陷位置、形状、尺寸	
5	缺陷评级	1）不允许任何裂纹 2）不允许条形缺陷	
6	退磁	无须退磁	
7	后处理	清除被检表面残留的磁悬液	

编制/资格		审核/资格	
日期	年　月　日	日期	年　月　日

表 4-25　磁粉检测报告

工件名称	分气缸	规格、材料	ϕ273mm×8mm、20
检测仪器型号	CDX-Ⅲ	检测仪器编号	JC-131-339
磁粉类型	非荧光黑磁粉	磁悬液浓度	15g/L
灵敏度试片	A 型	磁化方法	湿式连续法
提升力/磁化电流	45N/5mA	喷洒方法	喷
检测标准	☑NB/T 47013.4—2015		
检测部位	□内表面　☑外表面　☑对接焊缝　□角焊缝		
检测部位（区段）及缺陷位置示意图：略 所有外表面焊缝			

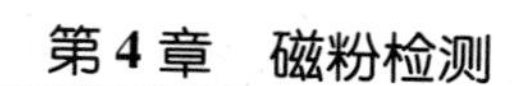

（续）

区段编号	缺陷位置	缺陷磁痕尺寸/mm	缺陷类型	缺陷处理				最终级别
				打磨后复验		补焊后复验		
				缺陷磁痕尺寸/mm	缺陷类型	缺陷磁痕尺寸/mm	缺陷类型	
1								Ⅰ
2								Ⅰ
3								Ⅰ
4								Ⅰ
5								Ⅰ
6								Ⅰ
检测结果：☑所检焊缝均为Ⅰ级焊缝；□Ⅰ级焊缝　　mm；□Ⅱ级焊缝　　mm								
检验人员/日期				审核人员/日期				

第5章 涡流检测

通过电磁感应原理在导电体中产生旋涡状电流，并利用旋涡状电流的大小及分布与导电体的材料性能相关关系来检测出导电体的物理性能、工件特性及工艺缺陷的检测方法，称为涡流检测。涡流检测是五种常规无损检测方法之一。特别地，专为得到工件表面损伤信息的涡流检测称为涡流探伤，是三种工件表面和近表面缺陷常规探伤方法之一。

涡流检测基本原理如图 5-1 所示。

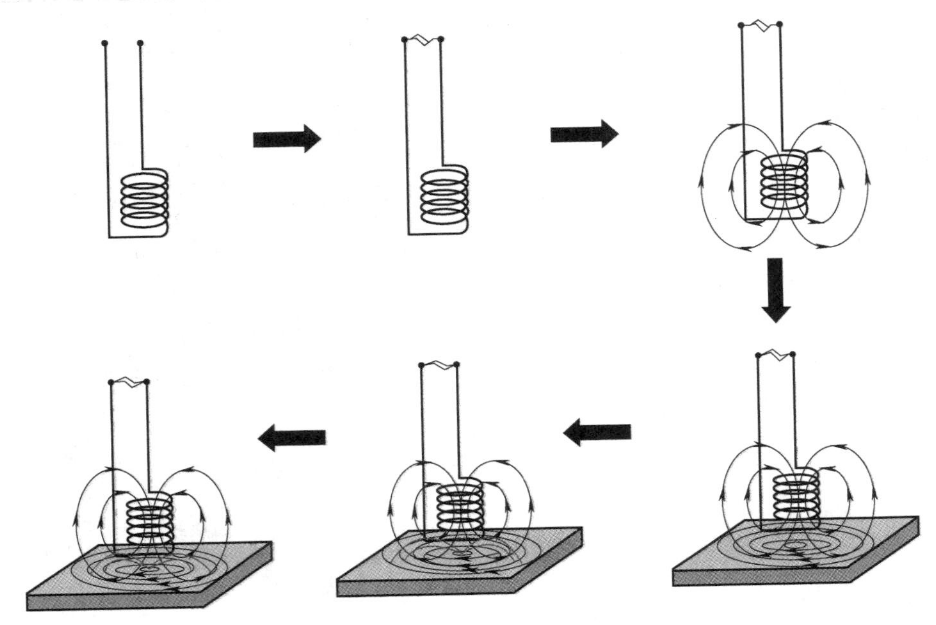

图 5-1 涡流检测基本原理

涡流检测的基本原理是，当通以高频交流电从而产生高频交变磁场的检测线圈接近导电体的表面时，因电磁感应效应而在该导电体的表面和近表面的闭合回路中感应出电流，平板导电体中的该感应电流的流动轨迹是与线圈同心的多个近似圆形，即电流呈旋涡状分布，故简称为涡流，但涡流泛指高频交变磁场在各种形状导电体中的感应电流而非专指平板导电体中的感应电流。该交变的感生涡流的幅度、相位及分布与导电体的材料因素及工艺因素相关。同时，此交变的感生涡流产生的感应磁场将反作用于线圈的激励磁场，即检测线圈的磁场是线圈电流建立的激励磁场和涡流建立的感应磁场的合成磁场，该合成磁场包含着上述因素的影响并使得检测线圈的电压和阻抗发生变化。因此，可以通过工件的材料因素及工艺因素与检测线圈电压或阻抗变化的相关关系，检测出导电体的磁导率、电导率、材料的硬度、热处理状态及工艺缺陷等。由涡流检测的基本原理可以看出，涡流检测的实质是对由导电体各种材料因素及工艺因素所引起的工件表面及近表面导电状态变化的综合结果的检测，并通过电路及信号处理，从而建立起某单一或几个影响因素与导电状态之间的逻辑关系，使得通过导电状态的变化来对某一个或某些影响因素进行当量判定。

1820年，丹麦物理学家奥斯特首次发现了流过电流的导电体周围产生磁场，开辟了电磁学。1831年，英国物理学家法拉第发现了电磁感应现象，即磁场和导电体的相对运动将在导电体中产生电动势，闭合回路的导电体将形成电流。1834年，俄国物理学家楞次指出，工件中电流产生的磁场与使得电流在工件中产生的那个磁场的方向相反，也即感应磁场与激励磁场方向相反。1873年，英国物理学家麦克斯韦建立了电磁场理论，将前人的主要基于实验的电磁学用完美的数学形式表达出来。由此，电磁学检测尤其是涡流检测的物理基础得以完整建立。1864年，麦克斯韦发现了涡流。1879年，休斯研究了线圈在接近具有不同电导率和磁导率材料时的变化情况并进行了材质分选，这是涡流检测的首次应用。1926年，研制出涡流测厚仪；1935年，研制出涡流探伤仪；1942年，实现了自动化涡流检测。20世纪50年代初期，德国的福斯特提出了阻抗分析理论并在实用型涡流检测设备的研制上取得实质性进展，提出了可以使检测人员在多种相似的检测条件下进行相同涡流检测的相似定律。20世纪50年代到60年代，涡流检测得到迅速发展，进行了诸多研究和检测实践，尤其是在飞机制造和核工业等重要领域。1974年，法国一公司研制出了多频线圈，实现了多频涡流检测，显著地提高了涡流检测技术水平。20世纪80年代中期，基于微处理器的数字化涡流检测仪的研制成功，提供了模拟式仪器难以实现的诸多功能，极大地推进了涡流检测的工业应用。从此，涡流检测广泛应用到各种工业领域并渐渐为大家所熟知。

涡流检测发展至今，随着信息电子技术的飞速发展，涡流设备和检测线圈形式多样，涡流显微镜和电导率测试仪等配备电池供电十分便携，涡流检测仪从模拟到数字再发展到智能型检测仪。基于计算机的检测系统可在实验室方便地处理数据，信号处理软件可消除背景信号从而降低噪声，阻抗分析技术对测量结果的定量性能得到改进，也可进行多维扫描并成像。此外，涡流检测数据可以采用自动扫描系统以便改进检测性能和建立扫描区域的图像。最通用的为线扫描，其以一个恒定速度在导轨上自动扫描，常用于管线检测和飞机发动机叶片槽的检测。二维系统用于检测二维区域，可以采用二维光栅方式进行平面扫描或螺纹孔检测时的转动检测，一般将信号强度或移相角以伪着色的形式来表现，显示更加直观。自动涡流检测系统的优点是降低因检测线圈晃动、不平表面及管材偏心等所造成的影响，而且重复性好、分辨率高。

目前得到工业应用的几种先进的涡流检测技术如下：

1）光感图像技术是以标准尺寸的高分辨率的涡流检测线圈作用于检测表面，并用氩离子激光器对检测区成像。该技术已成功应用于检测金属构件的裂纹、焊缝、扩散焊及钢中的局部应力变化。

2）脉冲涡流检测技术是采用矩形波电压来激励线圈，其优点在于包含有多种频率成分，因此可以一次测得几种不同频率下的电磁作用效果，在这一点上与多频涡流检测技术相似。而且，由于感应深度与频率密切相关，也可以一次得到多个深度的信息。该技术可检测飞机的双层铝结构中的腐蚀和裂纹。具有一个频谱带的电信号，相应地可以得到整个构件厚度范围内的信息。而且具有“富低频”的特点，大大增加了检测厚度。

3）远场涡流检测技术的内置式线圈有一个激励线圈和一个或两个检测线圈，激励线圈与检测线圈的距离一般为钢管内径的 2~3 倍。将该内置式线圈置于欲检测的管件内，激励线圈通以 20~200Hz 的低频交流电，其发出的磁力线从管内穿过管壁向外扩散，在远场区又再次穿过管壁向管内扩散同时产生涡流，涡流产生的磁场被检测线圈耦合接收。检测线圈接收到的信号的幅度和相位与壁厚、内外壁缺陷及管壁腐蚀情况等相关，分析相关信号特点可得到管件的材料性能或缺陷信息。远场涡流检测技术特别适合于管道尤其是铁磁性管道的检测，广泛应用于长距离管线、核反应堆压力管道、城市煤气管道以及油井套管、海洋管道的检测等，是管道在役检测的主要技术。

涡流检测应用领域比较广泛，主要应用于航空航天、核工业、电力、特种设备、机械、冶金及化工装备等工业领域。理论上来讲，凡是影响涡流大小及分布的因素，均可通过涡流检测方法来检测。实际上，除了检测仪器方面（如检测线圈）的影响因素之外，影响涡流的检测对象和检测工艺两大方面的最主要的影响因素有：①工件的电导率；②工件的磁导率；③工件的形状与尺寸；④检测间隙。检测间隙是指检测线圈与工件表面之间的距离。在实际应用中，涡流检测主要用于探伤、材质检测及尺寸检查这三大方面。涡流受到工件缺陷（如裂纹、折叠及气孔等）非导电体的影响，因而可以探伤；涡流也受到材料磁导率和电导率的影响，因而可以通过对材料电导率或磁导率的检测，进而对影响电导率或磁导率的材料因素（如材料种类、晶粒度、硬度、热损伤和材料热处理状况等）进行检测；涡流还受到工件形状和尺寸的影响，因而可以对工件几何特征和尺寸进行检测。

探伤方面，由于涡流具有趋肤效应，因此涡流检测只能用于检测金属工件表面和近表面的缺陷。某些产品由于工作条件比较特殊，如在高温、高压、高速状态下工作，在使用过程中往往容易产生疲劳裂纹和腐蚀裂纹。对这些缺陷，虽然采用磁粉检测、渗透检测等都很有效，但由于涡流法不仅对这些缺陷比较敏感，而且可以在涂有油漆和环氧树脂等覆盖层的部件上以及盲孔区和螺纹槽底进行检测，还可检测金属蒙皮下结构件的裂纹，因而受到重视。对于金属近表面缺陷，随着缺陷深度的增大，感应磁场强度最大值出现的时间就会增加。但是对于表面缺陷，不同深度缺陷的感应磁场强度最大值出现的时间几乎相同。因此可以对表面下深层缺陷进行定量检测。在实际应用中，可根据不同深度人工缺陷的响应数据绘制出深度与感应磁场强度最大值出现时间的对应曲线，实际检测中测出缺陷响应信号最大值出现的时间后，对应到参考曲线上就可以确定缺陷的深度。

材质检测方面，电导率和磁导率是影响线圈阻抗的重要因素，因此可以通过对不同工件电导率或磁导率变化的测定来评价某些工件的材质。对非磁性金属材料的材质实验一般用几千赫兹频率进行检测，并通过电导率的测定来进行。测试时不需将工件再加工，只需工件表面有较小的平面以便放置检测线圈即可，检测简单易行，适合对金属工件的某些性质进行快速无损检测。通过对电导率的测定，可以实现对金属成分及杂质含量的鉴别、对金属热处理状态和硬度的鉴别以及对各种金属工件的混料的分选。对铁磁性材料的材质实验一般是通过磁特性的测定来进行，由于电导率和磁导率共同起作用，往往更复杂一些。一般是采用 100Hz 以下的频率，特别小的工件有时用几千赫兹频率进行检测。可分为强磁化方法和弱磁化方法。强磁化方法是利用磁性材料磁滞回线中的某些量作为检测变量，由于这些量（如饱和磁感应强度 B_m、剩余磁感应强度 B_r 和矫顽力 H_c 等）都是工件材质的敏感量，其与工件的组织成分、热处理状态和力学性能等之间存在对应关系。因此，只要检测出磁滞回线中上述变量的数值，就可以根据其对应关系来推断材质的热处理状态和分选混料等。弱磁化方

法是利用初始磁导率作为检测变量，可以直接利用某些涡流探伤仪来进行材质分选。金属表面发生锈蚀时，锈蚀产物主要是金属氧化物，具有与基体金属不同的物理性能，尤其是电导率、磁导率之间的差异会影响涡流检测线圈的电阻和电感，从而使采用涡流法检测金属表面的锈蚀成为可能。有时也可用于非金属类，但是多用于自动检测出非金属中的金属杂质，如小麦粉中的金属片、药品中是否混入了金属粉以及润滑油中的金属粉的量等。

尺寸检查方面，工件形状特性方面的检测本质上是尺寸检查，实际应用中主要是厚度测量方面。由于涡流受到工件表面各种涂层、膜及检测线圈和工件表面之间距离的影响，因而可以对金属工件上的非金属涂层厚度、铁磁性材料工件上的非铁磁性涂层或镀层厚度以及极薄工件的厚度进行测量。主要用于剥下的金属膜、以非金属为基体的金属膜或以异种金属为基体的金属膜，可检测的膜厚范围为几个微米到2000μm，采用100kHz到几兆赫兹的检测频率。一般而言，强导磁体上的膜厚测定比较困难。单独的非金属膜或是非金属基体上的非金属膜不能测定，只能用于以金属为基体的非金属膜厚的检测。其应用主要有两个方面：金属基体上膜厚度的测量和金属薄板厚度的测量。由于非磁性金属大多为电导率较高的有色金属，所以测量其表面绝缘层厚度的实质是测量检测线圈到基体金属表面的距离。为了抑制基体金属电导率变化对测量结果的影响，一般都选用较高的检测频率。此时基体电导率对电感分量的影响可以忽略，而对电阻分量的影响仍较为显著。又由于电感分量主要受距离变化的影响，电阻分量主要受电导率变化的影响，因此只要从电路上将检测线圈阻抗变化信号的电感量取出，再进行调零和校正，就可测量出绝缘层厚度的变化。当磁性金属表面覆盖有非磁性金属或绝缘层（如工件上的镀铬层或油漆层）时，同样可以利用电磁感应方法来测量其厚度。即当线圈中通过激励电流时，检测线圈和磁性基体之间建立了磁通路，由于线圈和磁性基体之间间隙的变化（即非磁性膜层或绝缘层厚度的影响）将改变磁路的磁阻，并引起磁路中磁通量的变化，因此只要通过检测线圈上感应电压的测量，即可得出感应电压与间隙（即膜厚）的定量关系曲线。与上述原理相同，可以检测金属基体表面的腐蚀层厚度。

涡流法测量金属薄板厚度时，检测线圈既可以采用反射法也可以采用透射法。反射法是检测线圈与接收线圈在被测工件的同一侧，所接收的信号是阻抗幅度变化信号，材料厚度的变化与接收线圈阻抗的变化呈非线性关系。因此要求在测量仪器内部实现非线性校正，会产生较大的测量误差。透射法是根据检测线圈所产生的涡流场分布情况，即在不同深度下涡流相位滞后程度随深度增加而增大原理，通过接收信号与激励信号之间的相位差直接得到被测材料厚度值，无须进行非线性校正。在工业应用中，可以检测如管及薄钢板这样的薄壁材料的厚度。

在工业无损检测中，涡流检测一般用于磁粉检测和渗透检测难以检测的情况。与同为材料表面和近表面缺陷检测方法的磁粉检测和渗透检测相比较，涡流检测的主要优点是：

1）与工件非接触即可检测而且许多金属导电材料在高温下仍具有一定的导电性能，加之检测线圈材料不似超声检测的压电材料受居里温度的影响，因此适用于工件高温状态下的检测，而且超过居里温度的铁磁性材料因没有铁磁性故涡流检测变得更加简单。

2）没有检测耗材施加于工件，成本最低而且不污染工件。

3）检测线圈体积小、电子信号强，可对工件进行其他检测方法难以实现的狭小部位以及远处部位的检测。

4）影响感生涡流的材料因素和工艺因素较多，检测内涵极其丰富。

5）对微细裂纹和其他缺陷检测灵敏度较高。

6）可检测厚大工件表面和近表面缺陷。

7）非接触检测而且即测即得，因此检测速度可以非常快。

8）属于电测技术，可方便地实现检测结果的数字化存储和处理。

9）易于实现自动化检测。

10）仪器体积小、重量轻，非常便携。

11）不仅可以探伤还可以测量。

12）最小的工件表面质量要求。

13）由于线圈可以绕制成各种形状的检测线圈，因此便于检测复杂形状和尺寸的工件。

常规涡流检测的局限性是：

1）只能检测导电性材料。

2）由于检测线圈发出的电磁波信号易于衰减，为了提高磁耦合系数，也即在工件表面和近表面产生足够强度的涡流，以便保证检测灵敏度，检测线圈必须能够接近检测表面。

3）凡是能影响感生涡流流动和分布的材料因素和工艺因素，均对涡流检测有不同程度的影响，检测得到的是“综合结果”，因此检测技术较复杂甚至有时难以判定，也对从检测线圈和工件两方面的因素综合作用下的检测结果电信号中提取出单一或某几个因素影响的信号处理技术提出了非常高的要求。

4）常规技术检测的结果不直观，而且是多位置的综合结果，如穿过式检测线圈输出的信号是对整个棒材或管材环状区域检测的综合，因此比较难以确定缺陷的位置、尺寸、形状和性质等。虽然旋转式检测线圈可以确定缺陷位置，但检测效率较低。

5）对检测人员的理论水平、技术水平及检测经验要求较高。

6）表面粗糙度对检测有影响。

7）依靠当量比较方法检测，因此必须建立参考标准。

8）为保证涡流检测的灵敏度，激励电流频率必须较高，而较高激励电流频率因趋肤效应导致涡流渗入深度受限，因此涡流检测仅适用于厚大工件的表面和极近表面，以及薄、细材料，如金属箔、丝等。

9）层叠且与检测线圈平行则无法检测。

10）可靠性和重复性差。

涡流检测一般由工件准备、设备调整、扫描、信号分析及检测结果评价等过程组成，本章的总体结构以及各节的内容也将依此组织并进行分析和介绍。

5.1 涡流检测的物理基础

涡流检测是利用给检测线圈通以高频交流电使其产生交变的激励磁场，并通过电磁感应效应在被检工件中产生涡流，涡流产生的感应磁场与激励磁场相互耦合使得检测线圈的阻抗发生变化从而实现检测。

5.1.1 交变电磁场及电磁感应

1. 交变电磁场

当电流通过一导体时，将在该导体及其周围产生磁场，即所谓电磁场。给线圈通电，同

样可以在线圈及其周围产生电磁场。如果给线圈通以直流电，则电磁场方向并不发生改变，类似于永磁铁产生的磁场。但是，如果给线圈通以交流电，则电磁场方向和强度是发生循环交替变化的，即当给线圈通以交流电时，在线圈及其周围产生交变电磁场。

2. 电磁感应

众所周知，变化的电场和磁场之间是相互作用的，即变化的电场产生时变磁场以及变化的磁场产生时变电场。根据法拉第的电磁感应定律，涡流检测时通以交流电的检测线圈产生的交变电磁场的磁通量在随时发生变化，因此存在于检测线圈交变电磁场中的导体势必感应出电动势。电磁感应形式分为自感和互感。

（1）自感　通以交流电的线圈产生交变电磁场，而激励出该交变电磁场的线圈作为一个导电体存在于该交变电磁场中，势必在线圈中产生感应电动势，此为自感，如图5-2所示。可以简单地理解为，自感就是一个线圈因自身电流变化而引起的电磁感应现象。根据楞次定律，自感电动势与加之于线圈的交流电压方向相反，将阻碍交流电的变化也就是使其变化变慢并发生相移。

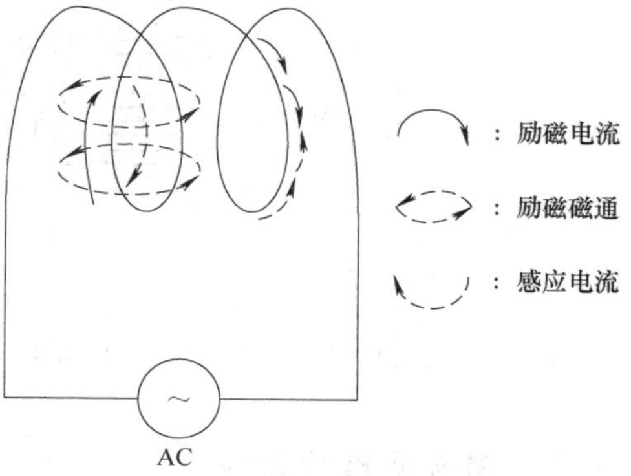

：励磁电流
：励磁磁通
：感应电流
AC

图5-2　自感

自感电动势 e 的计算公式为

$$e=-L\frac{\mathrm{d}i}{\mathrm{d}t} \tag{5-1}$$

式中　L——自感系数（H）；

　　i——电流（A）；

　　t——时间（s）。

自感电动势随着线圈匝数和交变频率的增加而增加。

（2）互感　如果在通以交流电的线圈产生的交变磁场中存在外来的导电体（如一块钢板），势必将在该外来钢板中感应出电动势，此为互感。可以简单地理解为，互感就是一个线圈中的电流变化在它周围其他导体中引起的电磁感应现象。在涡流检测中，一方面，通以交流电的检测线圈产生变化的激励磁场，对导电体材料的被检工件产生互感作用，在闭合回路中形成涡流；另一方面，变化的涡流产生变化的感应磁场，也会对由导电体材料制作的检测线圈产生互感作用使其产生感应电动势。互感是涡流检测中的一个基本的物理现象，也是涡流检测的基础。下面以两个互感线圈来分析互感现象，如图5-3所示。

需要注意的是，图5-3仅是某一时刻或处于交流电正半波时的示意图。如图5-3a所示，两个互感线圈均处于电气开路状态，没有任何电磁现象发生。如图5-3b所示，当闭合激励线圈电气回路开关通以交流电时，在激励线圈及其附近产生交变磁场，并在感应线圈中产生感应电动势。如图5-3c所示，当闭合感应线圈电气回路开关时，在感应线圈中产生感应电流。如图5-3d所示，这个交变的感应电流产生了交变的感应磁场。如图5-3e所示，交变的感应磁场使得激励线圈产生与驱动电压方向相反的感应电动势。互感的最终结果：使得激励磁通被抑制。互感在许多电器中得到应用，如比较熟悉的变压器，就是通过互感作用进行工作的。

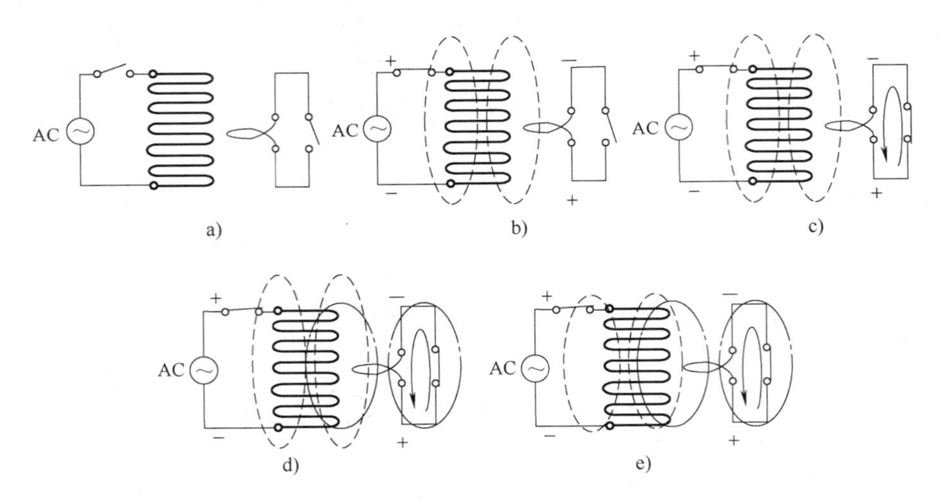

图 5-3　互感

a）互感线圈初始状态　b）产生感应电动势　c）产生感应电流　d）产生感应磁场　e）激励磁通被抑制

5.1.2　涡流及趋肤效应

1. 涡流及其影响因素

（1）涡流　由于互感效应，当一通以交流电的线圈建立交变磁场并接近一平板导电体时，将势必在该平板上产生感应电流，该感应电流以与交变磁场磁力线垂直的平板平面内多个同心闭环形式存在，类似于旋涡，称为涡流，如图 5-4 所示。

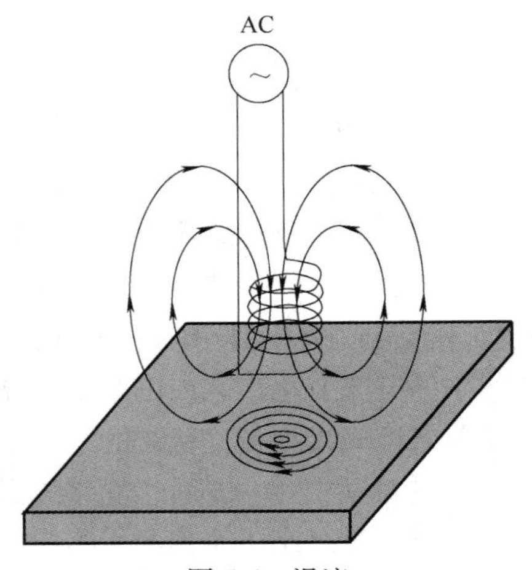

图 5-4　涡流

涡流是一平板中与检测线圈平行的闭环电流，其流通区域限制在磁感应区域内。涡流产生的感应磁场将对激励磁场产生作用，从而影响激励线圈（即检测线圈）的电压和有效感抗。可见，理论上凡是影响涡流的工件特性均可反映在线圈电压和有效感抗上，从而得以检测。

（2）电导率和磁导率　影响涡流的主要的材料物理性能是电导率和磁导率，此外其他因素，如缺陷、导电体形状的变化、导电体与线圈之间的距离及其之间的相互位置关系等，均在一定程度上对涡流产生影响。这些因素因影响到了涡流，所以其可以被检测，使得涡流检测内容十分丰富。但是正因为影响因素较多，在进行单因素检测时，其他因素又可能成为检测时的干扰因素。

1）电导率。电导率是电阻率的倒数，单位为 S/m。但是，在工业上常用国际退火铜标准（IACS）规定的电导率，标准规定将退火工业纯铜（20℃时的电阻率为 $1.7241\times10^{-8}\Omega\cdot\text{m}$）的电导率作为 100%IACS，其他金属的电导率表示为

$$\sigma=\frac{1.7241\times10^{-8}}{\rho}\times100\% \tag{5-2}$$

式中　σ——国际退火铜标准的电导率（IACS）；

ρ——金属的电阻率（Ω·m）。

影响某种金属材料电导率的因素，可以分为外部因素和内部因素。外部因素是指可使得材料发生点阵畸变的外界条件，主要是温度、应力及冷加工或热加工工艺。内部因素主要是工件材料的成分和微观组织。通常而言，工件材料的合金元素种类越多、含量越高，则其电导率越小。相比于纯金属，常见的金属固溶体的电导率往往较低，即便是高电导率的金属元素固溶到低电导率的金属晶格中。工件材料的杂质元素浓度越高，电导率越低，而且电导率的大小也与杂质元素的种类相关，如P元素的影响相对较大。固态金属导体随着温度的升高，晶格点阵中的金属正离子的热振动加剧，将阻碍自由电子的定向移动从而使得电导率下降。通常而言，工件中的应力使得金属晶格发生畸变将导致电导率的下降。工件的冷加工及热加工工艺对电导率的影响关系较为复杂，难以简单概括，应根据具体材料种类、工艺方法及其参数予以分析。但在塑性形变或外部应力作用使得电导率下降后若对其进行中低温退火，则将使得其电导率升高。

2）磁导率。通常情况下，检测铁磁性材料时往往是将其磁化达到磁饱和状态也就是使得磁导率一定的情况下进行检测。由于涡流检测主要用于非铁磁性导电材料的检测，因此仅对抗磁性材料和顺磁性材料的磁导率的影响因素进行简单分析。对于非铁磁性材料（即抗磁性材料和顺磁性材料）而言，其化学成分、应力、热处理状态、温度及加工工艺影响磁导率。

通常而言，材料的纯度高即合金成分简单或杂质元素浓度低、降低材料的各向异性、增大晶粒尺寸、较少缺陷则磁导率高。在结构钢中，元素C对磁导率影响最大。应力越小则磁导率越大，温度越高则磁导率越小。就热处理状态而言，往往是退火态和正火态材料的磁导率较高。工件的冷加工及热加工工艺对磁导率的影响关系较为复杂，难以简单概括，应根据具体材料种类、工艺方法及其参数予以分析。

2. 趋肤效应及涡流感应深度

（1）趋肤效应　直流电通过导体时，其电流密度在导体横截面上是均匀分布的，但交流电通过导体时，电流密度不一定是均匀的。平面电磁波作用于半无限大金属导体产生的交变的涡流的电流密度表达式为

$$j=j_0\exp(-\delta\sqrt{\pi f\sigma\mu}) \tag{5-3}$$

式中　j——工件中距表面δ处的电流密度（A/m^2）；

j_0——工件表面的电流密度（A/m^2）；

δ——距工件表面的距离（m）；

f——励磁电流频率（Hz）；

σ——电导率（S/m）；

μ——磁导率（H/m），对于非铁磁性材料，磁导率μ就是真空磁导率μ_0，即$\mu=\mu_0$；对于铁磁性材料，磁导率μ等于真空磁导率μ_0和相对磁导率μ_r的乘积，即$\mu=\mu_0\mu_r$。

电流密度与深度的关系如图5-5所示。

由图5-5可见，工件表面密度最大，随着距工件表面的深度增大，电流密度迅速减小。该示例中，电流密度衰减为表面电流密度的$1/e$（e为自然常数，$1/e$即约37%）处的深度约为1.44mm。

由于涡流是交变的，因此涡流集中在平板的邻近激励线圈的近表面中，而且涡流分布不

是均匀的，其电流密度表面强、深处弱，并随着离开表面距离的增大以指数衰减规律迅速减小，此即趋肤效应。这是因为楞次定律的作用，即涡流将削弱激励线圈产生的磁通，通常不可能抵消掉激励磁场。趋肤效应可以看作是表面的涡流“屏蔽”检测线圈磁场进一步向板深度方向感应。

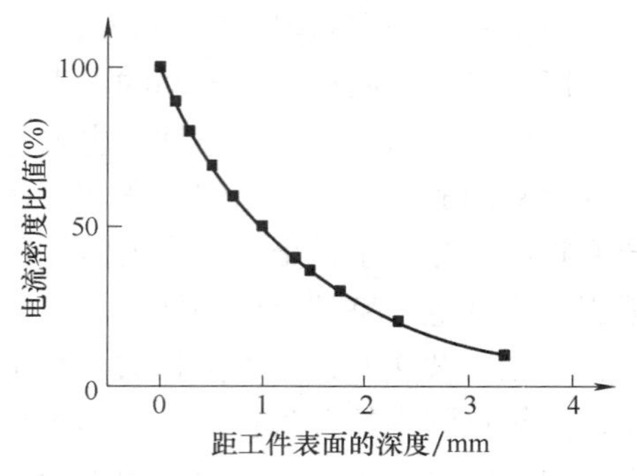

图 5-5　电流密度与深度的关系

此外，涡流检测的灵敏度取决于检测目标位置处的电流密度，电流密度越大则检测灵敏度越高。就某一深度 δ 处的检测灵敏度而言，当工件材料种类确定，即 σ 和 μ 一定的情况下，检测灵敏度主要取决于频率 f。频率 f 越高，电流密度 j 越大，检测灵敏度越高。

（2）涡流感应深度　在涡流检测中，涡流的有效深度（即标准感应深度）规定为涡流电流密度减少到表面涡流电流密度的 $1/e$（即约 37%）的深度。标准感应深度 $\delta_{1/e}$ 的计算式为

$$\delta_{1/e} = \frac{1}{\sqrt{\pi f \sigma \mu}} \tag{5-4}$$

由式（5-4）可见，感应深度主要取决于检测线圈的电流频率、工件的电导率和磁导率这三个因素。随着 f、σ 和 μ 的降低，标准感应深度（即检测有效深度）增大，如图 5-6 所示。

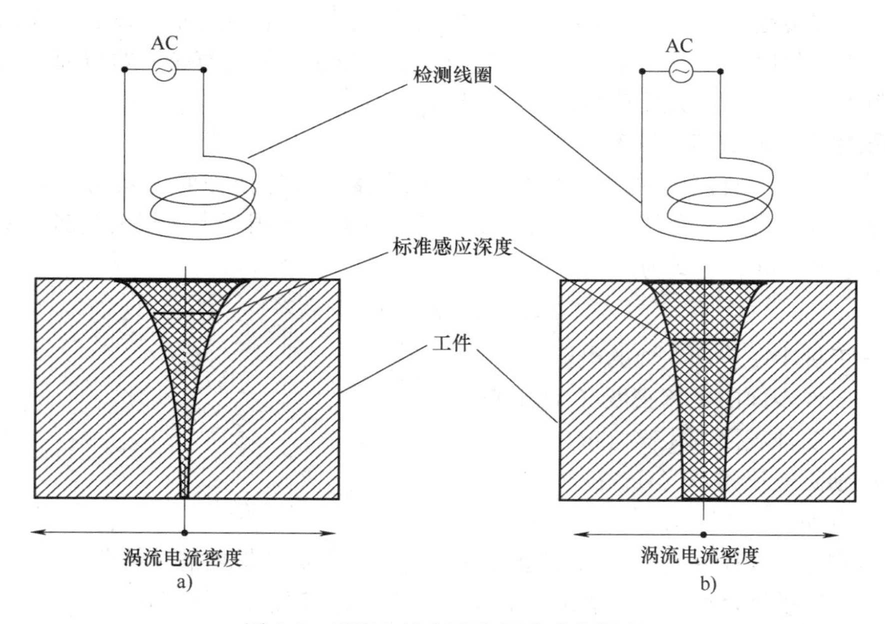

图 5-6　涡流电流密度和标准感应深度

a）高频、高电导率、高磁导率时　b）低频、低电导率、低磁导率时

当材料确定即 σ 和 μ 一定时，可以通过改变 f 来改变检测深度，即降低 f 用以检测工件深区，提高 f 用以检测工件近表面。

综合上述分析可知，对某一确定的工件材料，提高f可以提高检测灵敏度但导致检测深度减小，降低f虽然检测深度增加但导致检测灵敏度的下降，所以检测深度和检测灵敏度是相互矛盾的。由式（5-3）可以算出，$2\delta_{1/e}$处的涡流电流密度降低到表面涡流电流密度的13.5%，而$3\delta_{1/e}$处的涡流电流密度降低到表面涡流电流密度的5%，因此一般以$3\delta_{1/e}$为涡流检测的极限深度。在实际的涡流探伤工程中，通常依据标准感应深度和欲检测的深度来确定检测频率，保证探伤目标区有至少37%的表面涡流密度，以便保证一定的探伤灵敏度。但是，测量电导率时，通常依据$3\delta_{1/e}$仍在板厚之内来确定检测频率。

部分金属材料的标准感应深度见表5-1。

表5-1　部分金属材料的标准感应深度

金属名称	电阻率/$\times10^{-8}\Omega\cdot m$	电导率/IACS	磁导率	$\delta_{1/e}$/mm				
				1kHz	16kHz	64kHz	256kHz	1MHz
纯铜（退火）	1.7241	100.00	1	0.082	0.021	0.010	0.005	0.0026
6061-T6	4.1	42.05	1	0.126	0.032	0.016	0.008	0.0040
7075-T6	5.3	32.53	1	0.144	0.036	0.018	0.009	0.0046
镁	4.45	38.74	1	0.134	0.034	0.017	0.008	0.0042
铅	20.77	8.30	1	0.292	0.073	0.037	0.018	0.0092
铀	30	5.75	1	0.334	0.084	0.042	0.021	0.0106
锆	40	4.31	1.02	0.516	0.129	0.065	0.032	0.0164
钢	60	2.9	750	0.019	0.0048	0.0024	0.0012	0.0006

5.1.3　阻抗分析

1. 相位分析

（1）相位差　在涡流检测中，给检测线圈通以高频交流电来产生激励磁场从而在工件中产生涡流得以完成检测。该高频交流电往往是正弦交流电，其瞬时电压$u(t)$可表示为

$$u(t)=u_m\sin(\omega t+\varphi) \tag{5-5}$$

式中　u_m——峰值电压（V）；

ω——角频率（rad/s），$\omega=2\pi f$；

f——频率（Hz）；

t——时间（s）；

φ——初始相位角（°）。

由式（5-5）可见，$(\omega t+\varphi)$为正弦交流电压的瞬时相位角，也可称为瞬时相位。相位差可以简单理解为两个信号之间不同步的程度，具体而言就是指两个正弦交流电的参数（如电压、电流或阻抗）之间的瞬时相位差。例如，有两个正弦交流电分别为$u_1(t)=u_{m1}\sin(\omega_1 t+\varphi_1)$和$u_2(t)=u_{m2}\sin(\omega_2 t+\varphi_2)$，则这两个正弦交流电信号的相位差$\varphi_{1-2}$可表述为

$$\varphi_{1-2}=(\omega_1-\omega_2)t+(\varphi_1-\varphi_2) \tag{5-6}$$

特别地，当两个正弦交流电的角频率相等，即$\omega_1=\omega_2$时，这两个正弦交流电信号的相位差φ_{1-2}为

$$\varphi_{1-2}=\varphi_1-\varphi_2 \tag{5-7}$$

即当角频率相等时，相位差仅取决于初始相位差，且与时间无关。

（2）涡流检测中的相位滞后　涡流的产生是依赖于时间的，即工件内部产生涡流的时间要稍滞后于工件表面产生涡流的时间。涡流检测中的相位滞后就是指工件表面的涡流响应信号和工件内部的涡流响应信号之间的相位差。信号电压和电流随着深度的增加而滞后越加严重。

虽然因趋肤效应使得工件表面的小裂纹和工件内部的大裂纹对检测线圈阻抗的影响在幅度上可能是相近的，但是工件内部的大裂纹信号相比于工件表面的小裂纹信号相位滞后，将导致阻抗矢量特性的不同。相位滞后是涡流信号分析的一个重要参数，可通过相位滞后获得缺陷在工件中的深度信息，以及在工件材料确定时可大致判断缺陷的尺寸。

涡流检测时的相位滞后角的计算式为

$$\theta = 57.3\frac{x}{\delta_{1/e}} \tag{5-8}$$

式中　θ——相位滞后角（°）；

x——距工件表面的深度（mm）。

由式（5-8）可以计算出，工件中距离表面 1 个 $\delta_{1/e}$处的涡流的相位滞后角约为 57°，2 个 $\delta_{1/e}$处的涡流的相位滞后角约为 114°，而且相位滞后角随着工件中距离表面的深度的增加而成正比地增加，即相比于表面的涡流，越深处的涡流相位越滞后。因此，通过相位分析，可以判断缺陷或检测目标所处的位置距离工件表面的深度。

2. 幅度分析

涡流检测用检测线圈是简单的由铜导线密绕而成，虽然线圈每匝之间有分布电容但其数值很小，因此涡流检测线圈的阻抗 **Z** 可由下面的矢量式和复阻抗式表达：

$$\boldsymbol{Z} = R + \mathrm{j}\boldsymbol{X}_{\mathrm{L}}, Z = R + \mathrm{j}\omega L \tag{5-9}$$

式中　R——线圈的电阻（Ω）；

X_{L}——感抗（Ω），$X_{\mathrm{L}} = \omega L$；

L——线圈的电感（H）。

阻抗矢量图如图 5-7 所示。

因 X_{L} 和电阻 R 的相位相差 90°，由图 5-7 可见，其回路阻抗 Z 的数值可由下式计算：

$$Z^2 = R^2 + X_{\mathrm{L}}^2 \tag{5-10}$$

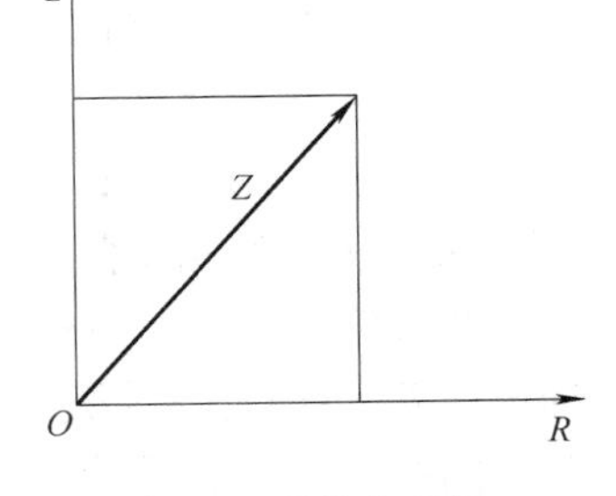

图 5-7　阻抗矢量图

实际上，上述分析忽略了自感效应。当给检测线圈通以高频交流电但不接近导电体时，产生自感现象并维持一个稳恒电压和阻抗，该阻抗称为空线圈阻抗 Z_0，可表示为

$$Z_0 = R_0 + \mathrm{j}X_{\mathrm{L0}} = R_0 + \mathrm{j}\omega L_0 \tag{5-11}$$

式中　R_0——空线圈电阻（Ω）；

X_{L0}——自感效应感抗（Ω），$X_{\mathrm{L0}} = \omega L_0$；

L_0——自感效应电感（H）。

实际上，涡流检测用线圈在空线圈状态下的感抗 ωL_0 比电阻 R_0 大得多，因此在涡流检测工程上可以认为

$$Z_0 \approx \omega L_0 \tag{5-12}$$

该空线圈阻抗近似值正是下面分析的阻抗归一化所依据的参量。

综合上述，涡流检测中重要的信号分析技术（即阻抗分析法）正是以分析涡流引起检测线圈阻抗大小和相位变化为基础的。

3. 阻抗分析法

从诸多因素综合影响的涡流检测信号中提取所需单一信息并排除干扰信号，是一项十分重要的涡流检测技术。虽然在涡流检测发展进程中尝试过许多方法，但是直到阻抗分析法的提出，才使得涡流检测在工业中得到真正意义上的应用，并至今仍是涡流检测技术的重要组成部分。阻抗分析法是以分析因涡流效应而引起的检测线圈阻抗变化及其与相位变化之间的关系为基础，从而鉴别各主要影响因素效应的一种分析方法。

工件中的涡流分布与多匝密绕的线圈中流动的电流类似，其与通以高频交流电的检测线圈的相互影响的效果，与两个互感的线圈相似。下面以如图5-8所示的两个邻近的互相耦合的线圈 L_1 和 L_2，来分析阻抗分析法。L_1 线圈相当于涡流检测的检测线圈，L_2 线圈相当于涡流检测中的工件。

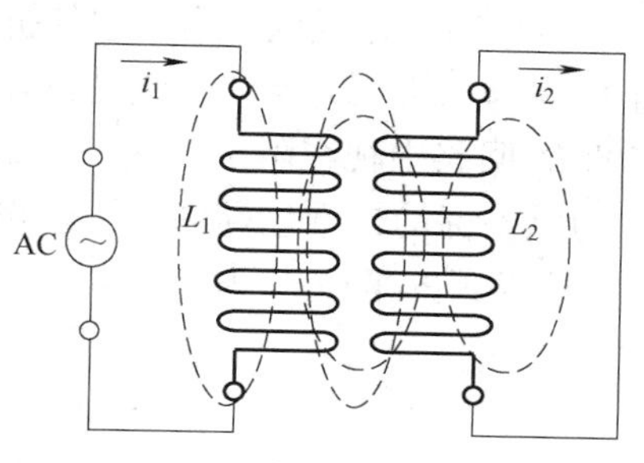

图5-8 模拟涡流检测的互感线圈

（1）折合阻抗　由图5-8可见，当给线圈 L_1（电感值为 L_1）通以交流电时建立一个交变磁场（即激励磁场），将在邻近线圈 L_2（电感值为 L_2）的闭合电路回路中感生出电流 i_2，该感生的交变电流也将建立一个交变磁场（即感应磁场），该感应磁场方向与激励磁场方向相反，即感应磁场试图减弱激励磁场，使得 L_1 回路的电压和电流的关系发生变化，即 L_1 回路的阻抗发生变化。这种变化可以用 L_2 回路的阻抗通过互感效应折合到 L_1 回路的所谓的折合阻抗 Z_Z 来体现。为避免复杂性并便于计算，$\boldsymbol{Z}_Z$ 与 L_1 回路阻抗矢量 $\boldsymbol{Z}_1$ 是重合的。式（5-13）是 Z_Z 的矢量表达式，式（5-14）是其数值计算式。

$$\boldsymbol{Z}_Z=R_Z+\boldsymbol{X}_Z \tag{5-13}$$

$$R_Z=\frac{X_M^2}{R_2^2+X_2^2}R_2=\frac{X_M^2}{Z_2^2}R_2,\quad X_Z=-\frac{X_M^2}{R_2^2+X_2^2}X_2=-\frac{X_M^2}{Z_2^2}X_2 \tag{5-14}$$

式中　X_2——线圈 L_2 的感抗（Ω），$X_2=\omega L_2$；

R_2——线圈 L_2 的电阻（Ω）；

Z_2——线圈 L_2 的阻抗（Ω）；

X_M——互感感抗（Ω），$X_M=\omega M$；

M——互感系数（H）。

根据楞次定律，折合感抗 X_Z 中的负号表明感应磁场是反作用于激励磁场的。

（2）视在阻抗　线圈 L_2 互感到线圈 L_1 回路的等效电路如图5-9所示。

由图5-9可见，线圈 L_1 回路的阻抗不再是 $\boldsymbol{Z}_1$，而是 $\boldsymbol{Z}_1$ 与折合阻抗 $\boldsymbol{Z}_Z$ 之和，称其为视在阻抗 $\boldsymbol{Z}_S$，式（5-15）为其矢量表达式。由于 $\boldsymbol{Z}_1$ 与 $\boldsymbol{Z}_Z$ 两个矢量重合，因此式（5-16）为其数值计算式。

$$\boldsymbol{Z}_S=\boldsymbol{Z}_1+\boldsymbol{Z}_Z=R_S+\boldsymbol{X}_S \tag{5-15}$$

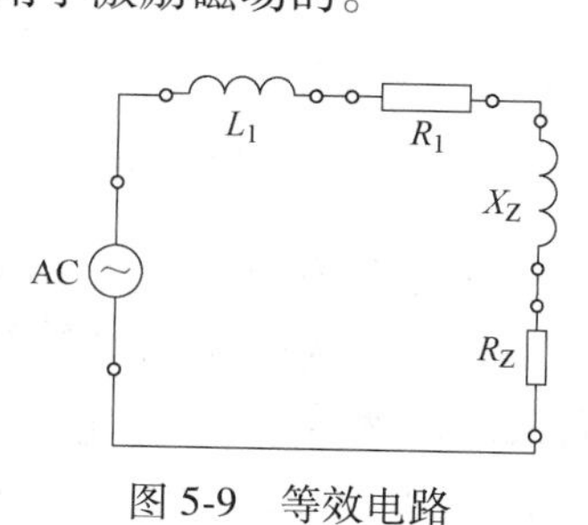

图5-9 等效电路

$$R_S = R_1 + R_Z, \quad X_S = X_1 + X_Z \tag{5-16}$$

式中 X_1——线圈 L_1 的感抗（Ω），$X_1=\omega L_1$；

R_1——线圈 L_1 的电阻（Ω）；

X_S——线圈 L_1 回路的视在感抗（Ω）；

R_S——线圈 L_1 回路的视在电阻（Ω）。

线圈 L_1 回路中的电压或电流的变化，不再是由 Z_1 来决定而是由视在阻抗 Z_S 来决定，而 Z_S 包含着线圈 L_2 回路也就是工件中的涡流回路中的阻抗变化，因此很容易地通过测量 L_1 回路中的电压或电流信号，进而测得 L_1 回路的阻抗变化，通过分析即可得到工件涡流回路的阻抗变化，从而实现对涡流回路有影响的因素的检测，如裂纹、电导率等。

（3）归一化阻抗 由上述的折合阻抗和视在阻抗的分析可以看出，如果将 L_2 回路的电阻 R_2 从∞逐步减小到0，或是将 L_2 回路的感抗 X_2 从0逐步增大到∞，便可以得到与其相对应的 L_1 回路中视在阻抗的两个分量 R_S 和 X_S 的一系列的值，将其表示在以 R_S 为横坐标、以 X_S 为纵坐标的二维坐标内，可以得到如图5-10所示的半圆曲线，此为阻抗平面图。

该半圆的半径 r_Z 为

$$r_Z = \frac{k^2 \omega L_1}{2} \tag{5-17}$$

式中 k——耦合系数。

耦合系数 k 的计算式为

$$k = \frac{M}{\sqrt{L_1 L_2}} \tag{5-18}$$

实际上，凡是表示电阻、阻抗、感抗和容抗这四者任意两个之间关系的图，均可称为阻抗平面图。图5-11所示为不同深度缺陷的阻抗平面图。

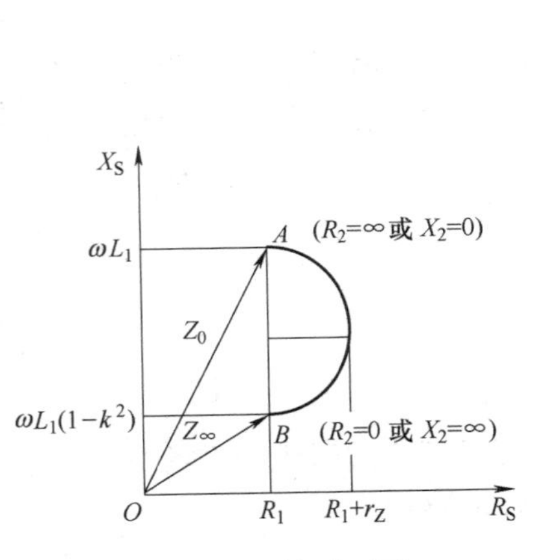

图5-10 阻抗平面图

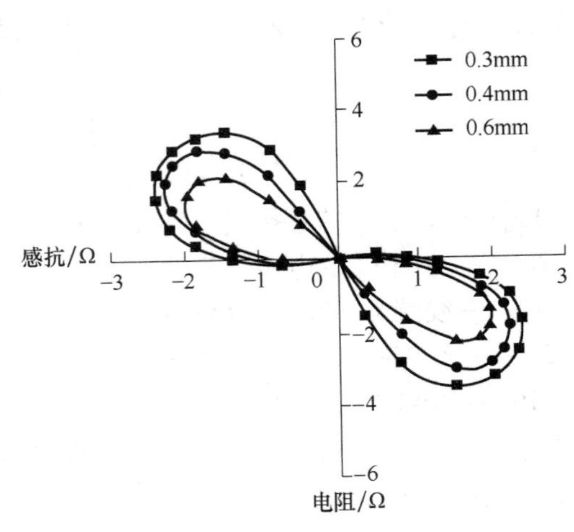

图5-11 不同深度缺陷的阻抗平面图

由图5-10可见，当 L_2 回路即工件的涡流回路阻抗发生由0到∞变化时，视在感抗 X_S 由 ωL_1 单调减小到 $\omega L_1(1-k^2)$，而视在电阻 R_S 由 R_1 开始单调递增，经过极大值点 R_1+r_Z 后又单调递减到 R_1。可见，阻抗平面图比上述的视在阻抗的计算式，便于分析问题并且更加直观。但是，由于不同的线圈阻抗和不同的电流频率下阻抗轨迹具有不同的半圆半径

和位置，而且有时阻抗轨迹不是半圆，因此不太方便对不同参数值下的多条阻抗轨迹进行相互比较。

为了解决上述问题，对 L_1 线圈阻抗进行归一化处理，即以（R_S-R_1）/（ωL_1）为横坐标、以 X_S/（ωL_1）为纵坐标重新绘图，则半圆的直径线必然重合于纵坐标，半圆上端坐标为（0，1），下端坐标为（0，$1-k^2$），半径为 $k^2/2$。阻抗轨迹仅仅取决于耦合系数 k，轨迹上各点的位置依然取决于参数 R_2 或 X_2。归一化阻抗平面图如图5-12所示。需要说明的是，半圆上端点这个特征点，表征的是 L_2 回路开路，即无互感效应也即 L_1 线圈处于空线圈状态，因此图5-12中的 $R_1=R_0$，$\omega L_1=\omega L_0$。

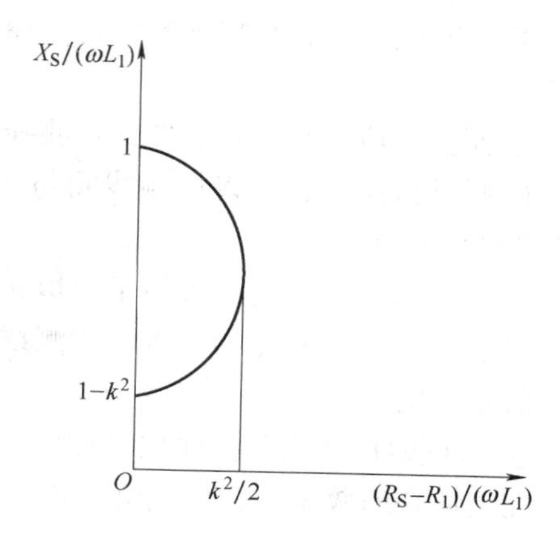

图5-12 归一化阻抗平面图

由图5-12可见，经过归一化处理后的电阻和感抗都是无量纲量且恒小于1。归一化阻抗平面图中所有轨迹均在（0，1）点重合，仅因耦合系数 k 值（即 L_1、L_2 和互感系数 M）的不同使得半圆的半径和下端点不同。由于消除了线圈电阻和电感大小不同而造成的不同影响，以影响阻抗的最主要因素（如电导率、磁导率）为参量的曲线簇来定量地表示其效应大小及方向，形式统一、可比较性强。但不同类型的检测线圈，有各自对应的阻抗平面图。

（4）影响检测线圈阻抗的四种效应 在涡流检测中，只有影响到检测线圈的阻抗，才有被检测出的理论上的可能。为了便于工程应用上的理解，除了检测设备和检测线圈自身因素所引起的除外，将影响检测线圈阻抗的各种因素总结为共四种效应：电导率效应、磁导率效应、几何效应和速度效应。

1）电导率效应。它是指导电体被检工件电导率的变化所引起的涡流信号变化。

2）磁导率效应。它是指铁磁性材料的被检工件磁导率的变化所引起的涡流信号变化。

3）几何效应。它是指由于被检工件与检测线圈的相对位置变化所引起的涡流信号变化。常见的几何效应包括：

① 边缘效应。它是指涡流检测中当线圈移近工件的边缘时，涡流流动的路径发生畸变所导致的涡流变化，其将掩盖一定范围的缺陷的检出，如图5-13所示。

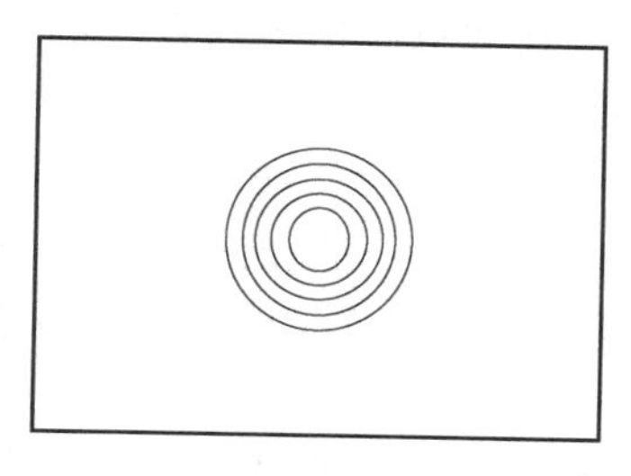
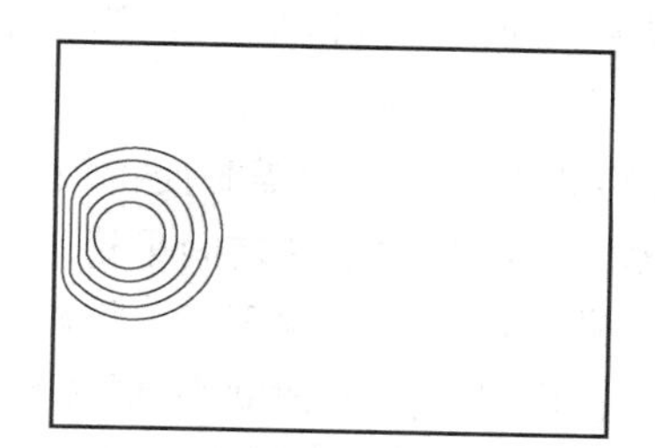

图5-13 边缘效应

② 端部效应。它是指涡流检测中当线圈移近管材、棒材及线材等工件的端部时，涡流流动的路径发生畸变所导致的涡流变化，其将掩盖一定范围的缺陷的检出。

③ 趋近效应。它是指被检管材、棒材及材线的端部接近穿过式检测线圈时产生的端部效应。

④ 远离效应。它是指被检管材、棒材及材线的端部离开穿过式检测线圈时产生的端部效应。

⑤ 倾斜效应。它是指放置式检测线圈相对于被检工件角度变化而引起的涡流变化。

⑥ 抖动效应。它是指检测线圈与被检工件之间不受控制的相对运动（如振动、晃动）所引起的涡流变化。

⑦ 填充效应。它是指被检工件填充穿过式检测线圈程度的变化所导致的涡流信号变化。

⑧ 提离效应。它是指放置式检测线圈与被检工件尤指板材工件之间距离变化所引起的涡流信号变化。

⑨ 厚度效应。它是指涂层、镀层或腐蚀层厚度变化所引起的涡流信号变化。

在上述几何效应中，填充效应和提离效应合称为间隙效应。

4）速度效应。它是指因检测线圈和被检工件之间相对运动而产生的附加涡流所导致的涡流信号变化，是动态效应。

综合上述，静态检测时有可能存在前三种涡流效应，动态检测时四种效应均有可能存在。电导率效应和磁导率效应可合称为材料效应，几何效应和速度效应可合称为工艺效应。有些效应是非单一效应。例如缺陷效应，包含着电导率效应、磁导率效应及几何效应。再如厚度测量，实际上利用的是提离效应、厚度效应和填充效应等来实现。所有的检测目标，如被检工件的化学成分、晶粒度、热处理质量、应力、硬度、材料种类、形状、尺寸以及涂层厚度等，无一不是通过影响上述各种效应之一或几个而得以检测的。

5.2 涡流检测设备及器材

涡流检测设备及器材主要包括涡流检测仪、检测线圈、试样以及涡流检测辅助装置，涡流检测仪、检测线圈及涡流检测辅助装置共同组成涡流检测系统。

涡流检测辅助装置主要有以下装置：

1）磁饱和装置。即产生直流磁化并使铁磁性被检工件达到磁饱和状态的装置，有时也采用永久磁铁制成。应该能够连续对被检工件或其局部进行饱和磁化处理，以便减小被检区域中由磁导率不均匀所引起的信号干扰并提高涡流渗入深度。

2）退磁装置。即消除被检工件中剩磁的设备。在通过磁饱和装置处理并进行涡流检测之后，在交付被检工件之前一般应采用退磁装置进行退磁处理。

3）工件进给装置。用于扫描时使得被检工件按规定路径移动，实现各种速度的自动检测。应保证检测线圈和被检工件之间平稳地做相对运动，不应造成被检工件表面损伤，且不应有影响检测信号的抖动。检测管材、棒材等时还要注意进给时检测线圈与工件之间的同心度。慢速进给装置也可以用于辅助手动检测。

4）检测线圈驱动装置。用于扫描时使得检测线圈按规定路径移动，实现自动检测，其他要求与工件进给装置相似。

5）记录装置。即对涡流检测仪的输出信号进行记录保存的装置，应能及时、准确地记录检测仪器的输出信号。

6）报警装置。即在自动探伤中，当检测到超出许可的缺陷时提供声光报警，以便检测人员及时分析判断检测结果并做出评价。

下面对涡流检测仪、检测线圈和试样分别进行分析和介绍。

5.2.1　涡流检测仪

1. 涡流检测仪的结构和工作过程

涡流检测仪的主要结构由激励源、信号放大与处理以及输出显示这三部分组成，通常具有激励、信号放大、信号处理、信号显示、信号输出及声光报警等功能。其中，信号显示具有显示检测信号幅度和相位的功能。其基本工作原理是，MCU 或 DSP 控制的信号发生器产生多种频率的交变电压供给检测线圈使其产生交变磁场并使得被检工件产生涡流，被检工件的涡流磁场与检测线圈磁场耦合，使得检测线圈阻抗发生变化，通过平衡电桥输出电压信号并经检波、滤波、放大及 A/D 转换等处理后，输入到 MCU 或 DSP 中，并经信号分析（如相位分析、幅度分析或频率分析）后在显示屏上显示检测结果。工作频率一般在 50Hz～10MHz 范围内。

在涡流检测仪中使用极其广泛的平衡电桥又称为麦克斯韦桥路，如图 5-14 所示。

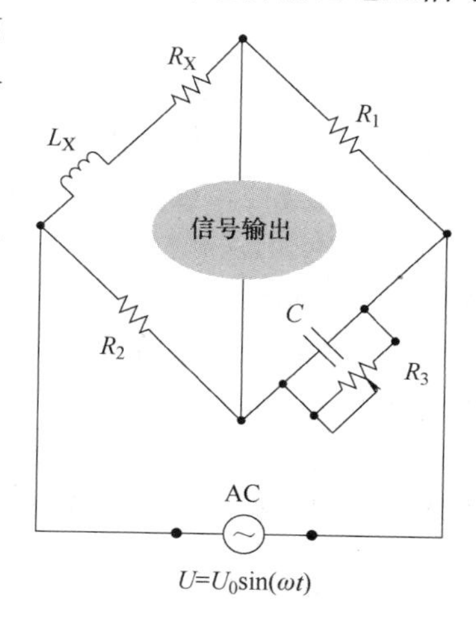

图 5-14　平衡电桥

平衡电桥是十分常用的精密测量电路，通常用于根据已校准的电阻和电容来测量某桥臂中的电感。由于电感和电容的相位差是精确相反的，因此在桥路中处于相对的两个臂中的容抗和感抗就有可能达到平衡而得以测量。

2. 涡流检测仪的分类

涡流检测的形式和内容丰富，应用领域广泛，因此有多种涡流检测仪。按用途分类，涡流检测仪可分为涡流探伤仪、电导仪又称为材料分选仪、测厚仪和多功能检测仪。按涡流检测的技术特点分类，涡流检测仪可分为单通道检测仪和多通道（阵列）检测仪、单频检测仪和多频检测仪、单参数检测仪和多参数检测仪、低频涡流检测仪和视频涡流检测仪以及其他类型，如焊缝涡流检测仪、涡流扫描成像仪及远场涡流检测仪等。按结果显示方式分类，涡流检测仪可分为阻抗幅值型涡流检测仪和阻抗平面型涡流检测仪。阻抗幅值型仪器在显示器上仅显示阻抗的幅度信息但不显示相位信息，模拟式仪器居多，常以指针式表头来显示。需要注意的是，所显示的不一定是阻抗最大值或阻抗变化的最大值，显示的通常是最有利于抑制干扰信号的相位条件下的阻抗幅度。阻抗平面型仪器在显示器上同时显示出阻抗的幅度和相位，通常采用 CRT 或液晶显示器等形式来显示，数字式仪器居多。最简单的涡流检测仪器由一个交流电源、连接到此电源的线圈以及伏特计组成，也可以用电流表替换伏特计，如图 5-15 所示。

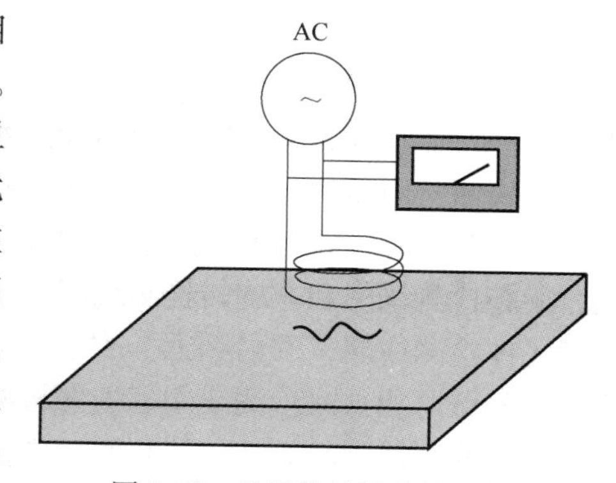

图 5-15　最简单的涡流检测仪

3. 涡流检测仪的智能化

在涡流检测中，各种检测参数的设定及检测结果的分析处理是一项比较烦琐并且需要很高技术水平的工作，这也是涡流检测较难推广应用的问题之一。随着计算机技术、通信技术及网络技术的快速发展，多种多样的 MCU 和 DSP 的出现，使得涡流检测仪智能化并为解决上述难题提供了一种可能。智能型涡流检测仪具有如下特点：

1）抗干扰能力强，信噪比高。由于采用 DSP，可以进行多种信号处理和计算，通过软件滤波等方式实现信号的提取。

2）参数自动配置。当技术人员通过人机界面指定涡流检测要求后，仪器可以自动完成参数配置与调整，最大限度地减少烦琐的参数设置工作。

3）检测精度高、速度快。可以以人们期望的检测精度对模拟信号进行高速 A/D 转换并采集，其精度远高于传统仪器的检测结果，并可根据预设程序进行高速运算，检测速度明显提高。

4）客观全面地采集、存储和分析数据。可以对采集的数据进行实时处理或后处理，并对信号进行时域分析、频域分析、人工神经元网络分析或三维图像处理等，以便提高检测的可靠性和可视性，也可通过模式识别对工件的缺陷进行定性、定量评价及质量分级。

5）方便记录和存档。由于将模拟信号转换为了数字信号，可以方便地存储和记录检测的原始信号和检测结果，甚至可以将各种检测方法的检测结果存入计算机存储器中，对工件质量进行自动综合评价，也可对在役设备定期检测结果进行综合分析，为材料评价和寿命预测提供新的手段。也可以保存多组参数配置，随时调出、查询及修改，提高检测效率。

6）柔性。通过软件更新等实现仪器功能的提升，便于适应各种现场变化。甚至有些开源软件用户可以自编程，实现特殊场合的最优检测功能。

5.2.2 检测线圈

检测线圈是涡流检测的重要器材之一，一般由单个或多组测量线圈和激励线圈组成。习惯上，将穿过式检测线圈称为检测线圈，一般情况下线圈不移动；将放置式检测线圈或旋转式检测线圈等称为检测探头，一般情况下线圈移动。在本章中，将其统称为检测线圈。检测线圈可以兼具激励涡流和接收信号的功能，即一方面，在交变电压激励下产生交变磁场，使得被检工件感生涡流；另一方面，通过磁耦合检测得到被检工件的涡流信号。除了上述两个基本功能之外，有些检测线圈还具有抑制干扰信号的功能，如差分式线圈具有抑制信号温度漂移的功能等。

涡流检测线圈的灵活性体现在可以根据被检工件的结构、形状和尺寸特点以及检测目的来设计制作形状各异、参数不同的检测线圈，以便满足不同的检测要求。由于使用对象、目的和方式的不同而种类繁多。例如：检测线圈可分为空心检测线圈和磁心检测线圈，聚焦检测线圈和非聚焦检测线圈，屏蔽检测线圈和非屏蔽检测线圈，同轴检测线圈和非同轴检测线圈，旋转检测线圈和非旋转检测线圈，半圆对称检测线圈和扇形检测线圈，单元件检测线圈和多元件检测线圈，发射-接收一体式检测线圈和发射-接收分离式检测线圈，磁通互补式检测线圈和磁通相抵式检测线圈，透射检测线圈和反射检测线圈，单检测线圈和阵列式检测线圈，表面检测线圈和螺孔检测线圈，内径检测线圈和外径检测线圈以及绝对式检测线圈和差分式检测线圈等。此外还有混合检测线圈，其是上述两种或两种以上检测线圈形式的组合，

如D型反射式差分检测线圈。下面以常用的分类方法，对检测线圈进行分析和介绍。

1. 外穿式线圈、内穿式线圈和放置式线圈

按照检测线圈和被检工件之间的相对位置关系不同，检测线圈分为外穿式线圈、内穿式线圈和放置式线圈三大类，其中外穿式线圈和内穿式线圈，合称为穿过式线圈，如图5-16所示。

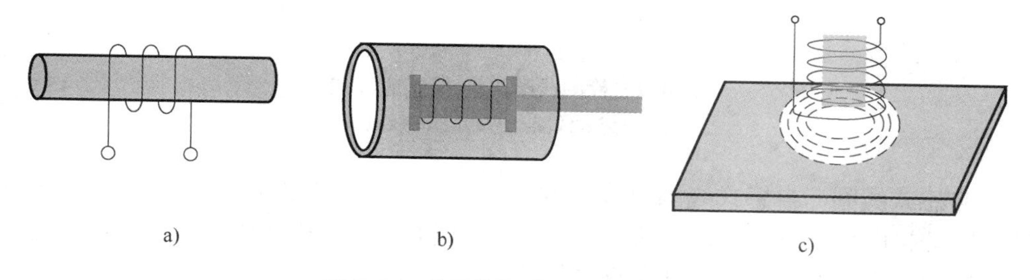

图5-16　检测线圈类型-按相对位置

a）外穿式线圈　b）内穿式线圈　c）放置式线圈

（1）外穿式线圈　外穿式线圈是将被检工件放置在线圈内进行涡流检测的检测线圈。适用于较小直径的棒材和线材表面以及管材外表面的检测，线圈轴线一般与工件轴线重合。对于管材而言，由于线圈产生的磁场主要作用在外表面，因此检出外表面缺陷的效果较好。内表面缺陷的检测是利用涡流的渗入作用来进行的，因此一般而言内表面缺陷检测灵敏度比外表面低。由于涡流的渗入深度有限，厚壁管材内表面的缺陷是不能使用外穿式线圈来检测的。

（2）内穿式线圈　内穿式线圈是放在管子内部进行涡流检测的检测线圈。一般用于管材内表面及孔洞表面的检测，线圈轴线与管材轴线重合时称为同轴式检测。常用于热电厂及化工厂的热交器、冷凝器等的管束内表面腐蚀状况的在役涡流检测。

采用穿过式线圈易于实现涡流检测的批量、高速及自动检测。检测管材外表面和内表面缺陷的能力是由多种因素决定的，但主要取决于被检管材的壁厚和检测频率，如果是铁磁性材料管材则还决定于磁饱和程度。

（3）放置式线圈　放置式线圈是放置在工件表面上进行涡流检测的检测线圈。放置式线圈的磁通、电流密度及检测灵敏度在线圈半径范围内均正比于距线圈中心的距离，因此以线圈为定位基准来看，线圈边缘的检测灵敏度最高，线圈中心的检测灵敏度最低。检测时，线圈轴线垂直于工件表面。放置式线圈通常用于工件表面缺陷探伤、工件厚度测量及材质分选。一般用于检测宽大工件的局部表面，适用于形状简单的板材、带材、板坯、方坯、圆坯及大直径管材、棒材的表面扫描检测，也适用于形状较复杂工件的局部检测。与穿过式线圈相比，由于放置式线圈的体积小及作用范围小，所以适用于检出尺寸较小的表面缺陷。而且，其一般含有磁心故有磁场聚焦性质，检测灵敏度较高。为适应不同检测场合，放置式线圈形式多样，如饼式检测线圈、弹簧检测线圈、平面检测线圈和笔式检测线圈等。

除了外穿式线圈外，内穿式线圈和放置式线圈常将线圈绕在磁心上使得磁通集中，以便提高检测灵敏度和检测效果。

2. 自感式线圈和互感式线圈

按照感应方式或输出信号的不同，检测线圈可以分为自感式线圈和互感式线圈，如

图 5-17 所示。

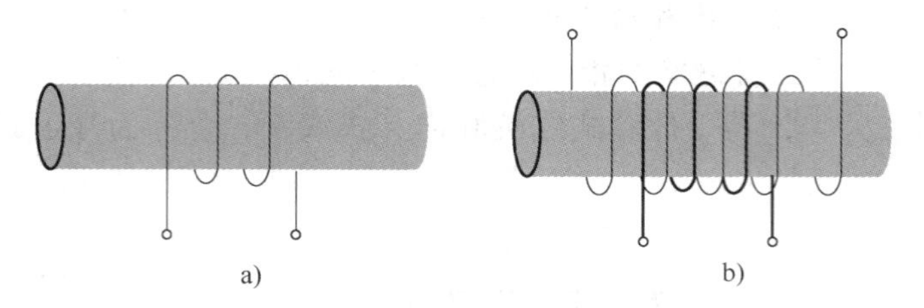

a)　　b)

图 5-17　检测线圈类型-按感应方式

a）自感式线圈　b）互感式线圈

（1）自感式线圈　自感式线圈也称为参量式线圈，是指线圈仅有一个绕组，该绕组既起激励作用又起检测作用，也就是既产生激励磁场使被检工件中产生涡流，又通过电磁感应来接收涡流信号，输出的是线圈阻抗的变化。

（2）互感式线圈　互感式线圈是指激励绕组与接收绕组分别绕制的检测线圈，也称为变压器式线圈。一般由两个或两组线圈组成，其一是用于产生激励磁场使得在被检工件中产生涡流的激励线圈或一次线圈，其一是感应并接收涡流磁场信号的接收线圈或二次线圈，输出的是感应电压的变化。

3. 绝对式线圈、自比式线圈和他比式线圈

按照检测线圈工作方式或信号输出方式不同，可分为绝对式线圈和差分式线圈。其中，差分式线圈又可分为自比式线圈和他比式线圈。绝对式线圈仅有一个绕组，差分式线圈至少有两个绕组。绝对式线圈输出的信号是检测部位电磁特性的绝对值，差分式线圈输出的信号是检测部位电磁特性与其他部位或对比试样电磁特性相比较的相对值，以外穿式线圈为例，如图 5-18 所示。

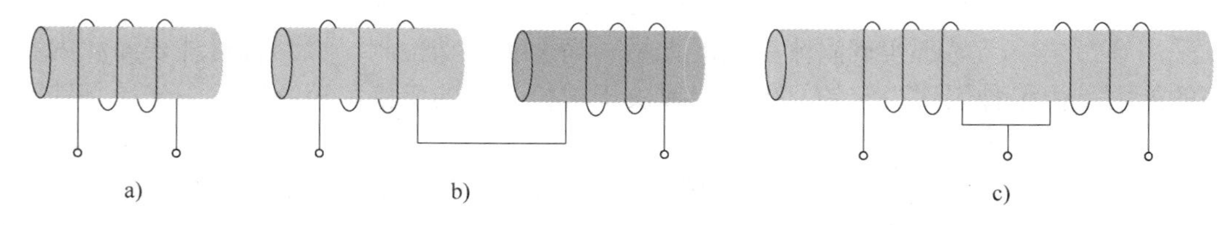

a)　　b)　　c)

图 5-18　检测线圈类型-按工作方式

a）绝对式线圈　b）他比式线圈　c）自比式线圈

（1）绝对式线圈　绝对式线圈是指只用一个线圈进行涡流检测，并且输出的信号是检测部位电磁特性的绝对值的检测线圈，其不同于差分式线圈输出的相对值，输出的是线圈阻抗的变化。通常是用试样调整仪器归零后对被检工件进行涡流检测，如果无输出则认为被检工件与试样的相关参数相同，如果有输出则表明被检工件与试样不同。应分析和判断引起不同的原因，达成检测的目的。这种线圈通常用于材质分选、测厚和探伤。

（2）他比式线圈　他比式线圈也称为标准比较式线圈，是两种差分式线圈之一，是指将两个完全相同的线圈分别放置在试样和被检工件上并将这两个线圈反向连接的检测线圈。由于反向连接，因此当试样与被检工件在涡流影响因素上不同（如在被检工件上有裂纹）时，线圈就有信号输出。

（3）自比式线圈　自比式线圈是两种差分式线圈之一，是标准比较式线圈的一个特例，即不以试样作为比较的基准而是以同一被检工件的相邻部位与检测部位相比较的标准比较式检测线圈。由于同一工件的材料物理性能及几何因素相差不大，因此该方式难以用于材质检测及几何特性测量。但是，如果被检部位存在缺陷，则与比较部位的差分信号将有较大变化，因此自比式线圈往往用于被检工件的局部探伤。

以涡流探伤为例来看，差分式检测线圈的两个线圈均在裂纹上面时，将不会有明显变化的信号产生。而当有一个线圈在缺陷之上而另一个线圈在无缺陷的材料之上（如缺陷的端部）时，则将产生差分信号。

绝对式线圈和差分式线圈相比较来看，差分式线圈具有检测信号不受温度漂移影响、检测线圈抖动对检测信号的影响较小及检测灵敏度较高等优点。其缺点是只能检测出长缺陷的起点和终点，但对缓变不敏感即有可能漏检长而缓变的缺陷。这是因为当裂纹长度大于检测线圈尺寸时，两个线圈均有裂纹信号输出，其信号将互相抵消，也有可能出现难以解释的检测信号。而绝对式线圈正相反，其优点是对工件材料性能和形状突变或缓变均有反应、对缺陷的全长有信号反应、较易区分混合信号及对涡流的各种影响因素的变化均能做出反应。但缺点是检测信号受温度漂移及检测线圈抖动的影响较大。在实际涡流检测工程中，差分式线圈比绝对式线圈应用更广泛。

5.2.3 对比试样

涡流检测结果通常是以当量形式表示，即对于被检工件质量的检测和评价需要通过与已知样品的检测信号比较而得出。而且，涡流检测系统的校准，也需要使用已知样品。在涡流检测中，一般使用对比试样来进行检测系统校准及检测结果评价。对比试样是指针对具体的检测对象和检测要求，按相关标准规定的技术条件加工制作并经相关机构或部门确认的、用于被检工件质量符合性评价的试样。对比试样主要用于调节涡流检测仪的检测灵敏度、确定验收水平和保证检测结果的准确性。对比试样必须与被检工件具有相同牌号、规格、热处理状态、表面状态以及无自然缺陷，不应有加工毛刺或加工变形，并且不能存在缺陷且表面不应沾有异物，以免影响使用效果。使用对比试样时需要注意，对比试样上的人工缺陷尺寸并非涡流检测系统可以检测到的最小缺陷尺寸。

按照涡流检测应用对象的不同，对比试样可分为外穿式线圈涡流检测用对比试样、内穿式线圈涡流检测用对比试样及放置式线圈涡流检测用对比试样；按照人工缺陷的形式不同，对比试样可分为孔形缺陷对比试样和槽形缺陷对比试样。具体而言，常用的人工缺陷为通孔型、平底盲孔型和槽型。通孔型人工缺陷可以较好地模拟贯穿型孔洞缺陷且最易加工和测量，因此应用最为广泛。平底盲孔型人工缺陷可以较好地模拟管壁的腐蚀情况，因此常用于在役管材涡流检测中。槽型人工缺陷可以较好地模拟管材、棒材及线材在制造过程中的折叠及使用过程中出现的裂纹，对自然缺陷更具有代表性，但最难加工和测量。总而言之，无论是哪种对比试样，其上的人工缺陷的形式难以统一限定，需要由产品制造或使用过程中最有可能产生缺陷的性质及其形状来决定。

对比试样通常根据具体的涡流检测工程来购买或自行制作。如果是自行制作，则要根据规范、标准或是采用合适的方法，对对比试样上加工的人工缺陷的尺寸进行测量确认后方可使用。下面，以 NB/T 47013.6—2015《承压设备无损检测　第6部分：涡流检测》为基础，结合其他一些相关资料，对涡流检测比较典型的几种对比试样进行分析和介绍。

1. 铁磁性金属管材涡流检测用对比试样

该对比试样适用于外径不小于 4mm 的铁磁性无缝钢管、焊接钢管（埋弧焊钢管除外）以及镍及镍合金管的穿过式线圈涡流检测（管材直径一般不超过 180mm），管材旋转配合扁平线圈涡流检测（管材直径可以没有限制）以及管材焊接接头的扇形线圈涡流检测的场合。扇形线圈是为了在检测焊接管件时满足焊缝在偏转的情况下仍能得到扫描。人工缺陷形状推荐采用通孔。对于管材旋转配合扁平线圈涡流检测的对比试样，应在对比试样的外表面沿轴向加工一个纵向切槽。铁磁性金属管材涡流检测用对比试样如图 5-19 所示。

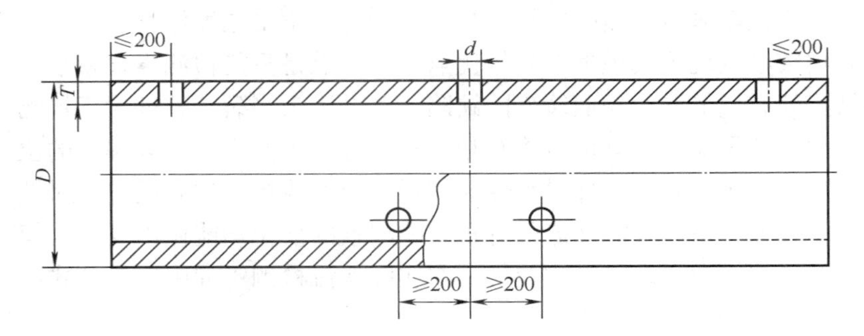

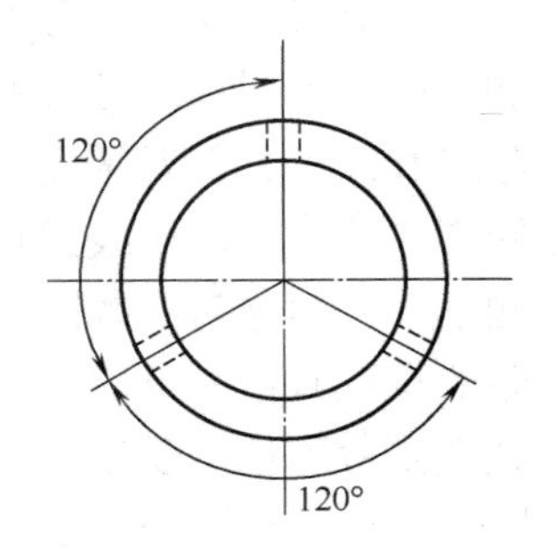

图 5-19　铁磁性金属管材涡流检测用对比试样

（1）穿过式线圈涡流检测用对比试样　对通孔的具体要求如下：

1）在管状试样的中部加工 3 个径向通孔，如果是焊接管则至少应有一个通孔在焊缝上。

2）3 个通孔沿圆周方向相隔 120°±5°对称分布，轴向间距不小于 200mm。

3）在距试样端部不大于 200mm 处的两端，各加工 1 个同尺寸通孔，用于检查端部效应。

4）通孔直径与检测结果评定及质量分级紧密相关，参见 5.4 节的内容。

（2）管材旋转配合扁平线圈涡流检测用对比试样

1）对通孔的要求

① 在管状试样的中部加工 1 个径向通孔，如果是焊接管则通孔应在焊缝上。

② 在距试样端部不大于 200mm 处的两端，各加工 1 个同尺寸通孔，用于检查端部效应。

③ 通孔直径与检测结果评定及质量分级紧密相关，参见 5.4 节的内容。

2）对刻槽的要求

纵向刻槽如图 5-20 所示。

① 槽的形状为纵向 N 形，平行于钢管的主轴线。

② 深度 h 与检测结果评定及质量分级紧密相关，参见 5.4 节的内容。

③ 宽度 b，应不大于 h 和 1mm 中之

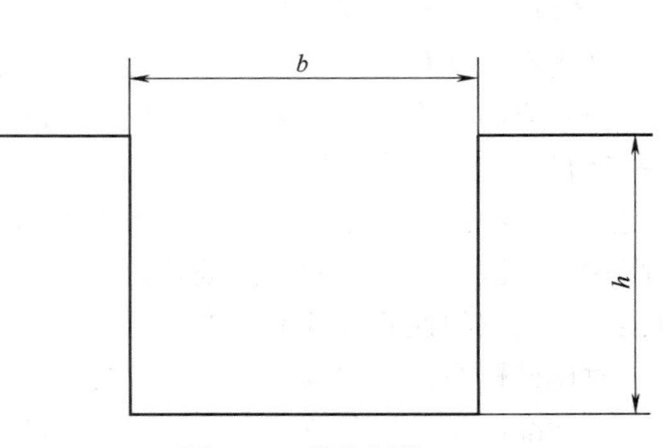

图 5-20　纵向刻槽

大者。

④ 长度 l，除非被检工件的产品标准或合同另有规定，长度 l 应大于扁平线圈宽度的两倍，但不能超过50mm。

⑤ 槽的底部或槽的底角可以加工成圆形。

（3）管材焊缝的扇形线圈涡流检测用对比试样　对通孔的具体要求如下：

1）在管状试样的中部并在焊缝上加工1个径向通孔。

2）在距试样端部不大于200mm处的两端，各加工1个同尺寸通孔，用于检查端部效应。

3）通孔直径与检测结果评定及质量分级紧密相关，参见5.4节的内容。

2. 在役非铁磁性换热管涡流探伤用对比试样

该对比试样适用于采用内穿式线圈，外径为100~200mm、壁厚为0.75~8.0mm的非铁磁性管，如铜及铜合金管、铝及铝合金管、钛及钛合金管、锆及锆合金管以及奥氏体不锈钢管等的缺陷检测的场合。人工缺陷形式为通孔、平底孔和周向切槽，分为Ⅰ型对比试样、Ⅱ型对比试样和Ⅲ型对比试样。

（1）Ⅰ型对比试样　Ⅰ型对比试样用于调整检测系统，如图5-21所示。

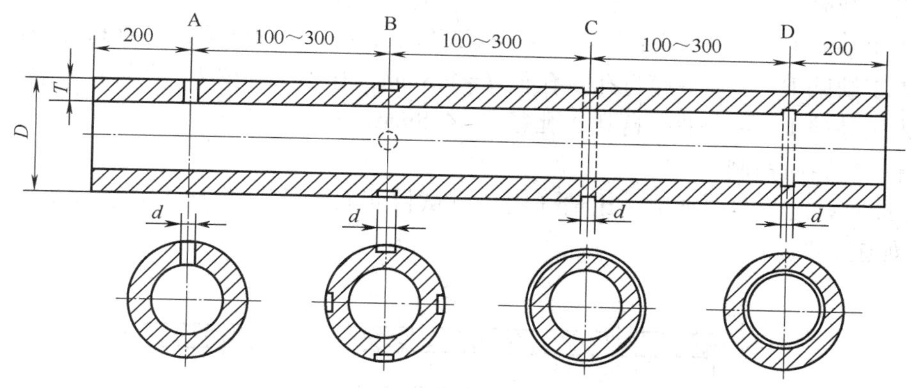

图5-21　在役非铁磁性换热管涡流探伤用Ⅰ型对比试样

人工缺陷距管端以及之间的轴向间隔，以在检测条件下可清楚地分辨为准。试样上的人工缺陷位置与尺寸如图5-21所示。

1）人工缺陷A。1个贯穿管壁的通孔，管材外径 $D \leqslant 20$mm时，通孔孔径 $d=1.3$mm；$D>20$mm时，$d=1.7$mm。

2）人工缺陷B。4个平底盲孔，孔径 $d=4.8$mm，孔深为 $20\%T$，在同一截面上相隔各90°，在管材外表面钻制。

3）人工缺陷C。1个360°的周向刻槽，槽宽 $d=3.2$mm，槽深为 $20\%T$，在管材外表面切制，用于校正绝对式线圈。

4）人工缺陷D。1个360°的周向刻槽，槽宽 $d=1.6$mm，槽深为 $10\%T$，在管材内表面切制，用于校正绝对式线圈。

（2）Ⅱ型对比试样　Ⅱ型对比试样用于测试缺陷深度与信号相位之间的关系曲线，如图5-22所示。

人工缺陷距管端以及之间的轴向间隔，以在检测条件下可清楚地分辨为准。试样上的人

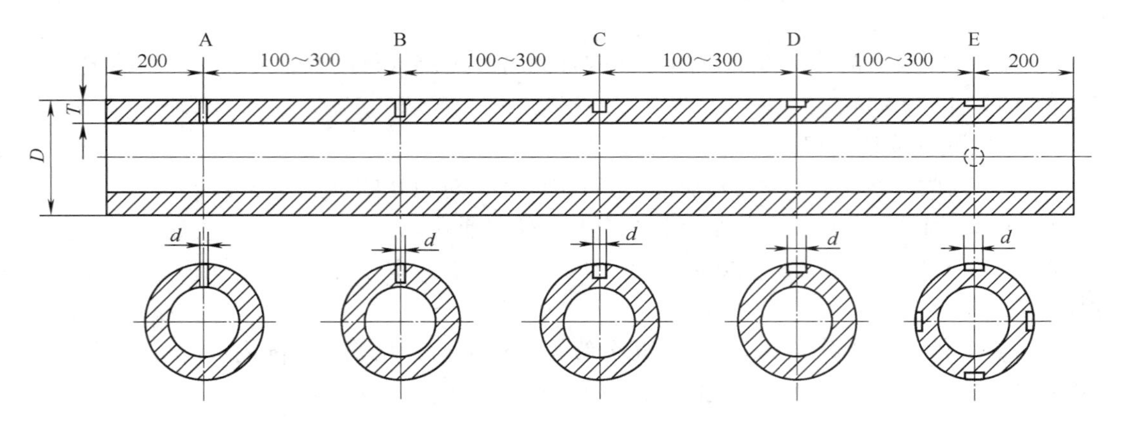

图 5-22　在役非铁磁性换热管涡流探伤用Ⅱ型对比试样

工缺陷位置与尺寸如图 5-22 所示。

1）人工缺陷 A。1 个贯穿管壁的通孔，管材外径 $D\leqslant 20$mm 时，通孔孔径 $d=1.3$mm；$D>20$mm 时，$d=1.7$mm。

2）人工缺陷 B。1 个平底盲孔，孔径 $d=2.0$mm，孔深为 80%T，在管材外表面钻制。

3）人工缺陷 C。1 个平底盲孔，孔径 $d=2.8$mm，孔深为 60%T，在管材外表面钻制。

4）人工缺陷 D。1 个平底盲孔，孔径 $d=4.8$mm，孔深为 40%T，在管材外表面钻制。

5）人工缺陷 E。4 个平底盲孔，孔径 $d=4.8$mm，孔深为 20%T，在同一截面上相隔各 90°，在管材外表面钻制。

（3）Ⅲ型对比试样　Ⅲ型对比试样用于测试检测系统检出壁厚均匀减薄及长条形缺陷的能力，如图 5-23 所示。

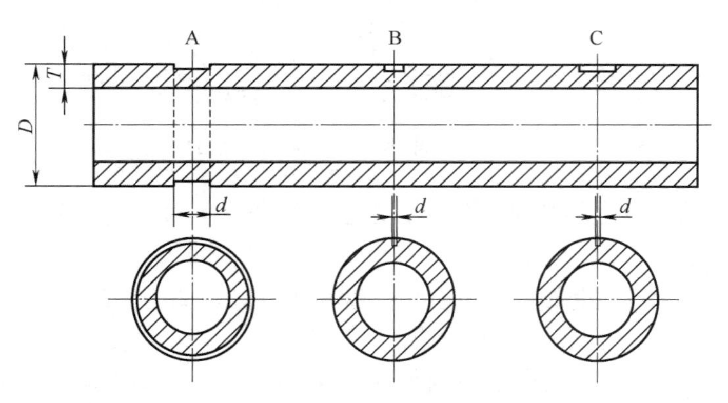

图 5-23　在役非铁磁性换热管涡流探伤用Ⅲ型对比试样

人工缺陷距管端以及之间的轴向间隔，以在检测条件下可清楚地分辨为准。试样上的人工缺陷位置与尺寸如图 5-23 所示。

1）人工缺陷 A。1 个 360°的周向切槽，槽宽 $d=200$mm，槽深为 20%T，在管材外表面切制。

2）人工缺陷 B。1 个轴向切槽，槽宽 $d=0.2$mm，槽长为 3~5mm，槽深为 20%T，在管材外表面切制。

3）人工缺陷C 1个切槽，槽宽 $d=0.2$mm，槽长为200mm，槽深为 $20\%T \sim 30\%T$，在管材外表面切制。

对比试样Ⅰ型、Ⅱ型及Ⅲ型中，平底孔和刻槽的深度误差不超过如下两值中的较小者：规定深度的±20%和±0.08mm。其他所有人工缺陷的加工尺寸误差均应小于±0.25mm。

3. 放置式线圈焊接接头涡流探伤用对比试样

该对比试样适用于铁磁性材料焊接接头表面开口和近表面面积型缺陷的涡流探伤，又称为校准试块，用于涡流检测仪器的校准。放置式线圈焊接接头涡流探伤用对比试样如图5-24所示。

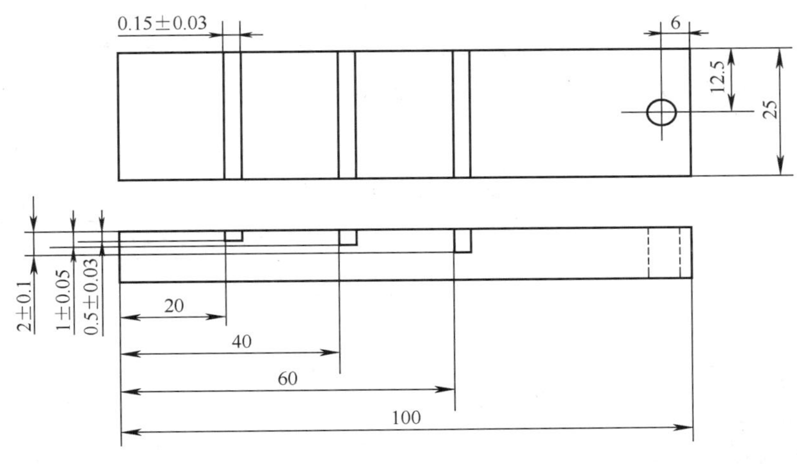

图5-24 放置式线圈焊接接头涡流探伤用对比试样

5.3 涡流检测工艺

涡流检测与其他常规无损检测方法相比较，一个非常鲜明的特点是：因检测对象和检测目的的不同，如工件材质、形状、尺寸、测厚、探伤、材料分选等，涡流检测工艺差别很大。考虑到读者对象和篇幅，下面仅对基础性和共性特点明显的典型工艺进行介绍和分析。各种典型应用，如涡流检测管材、棒材及线材，涡流检测焊接接头，涡流测量电导率等的专项工艺特点，对于涡流检测技术人员也是十分必要的，可参考其他相关书籍。

涡流检测的工艺过程一般包括检测前的准备、涡流检测系统的调整、扫描、检测结果分析及后处理。

5.3.1 检测前的准备

涡流检测前的准备工作主要包括检测工艺文件的准备、工件的准备以及检测方式和检测系统的确定。

1. 检测工艺文件的准备

和其他的无损检测方法一样，涡流检测中使用到的工艺文件包括涡流检测工艺规程、涡流检测操作指导书、涡流检测记录和涡流检测报告，均应在涡流检测前编制好书面格式文件以备使用。

（1）涡流检测工艺规程 涡流检测工艺规程一般基于产品标准、技术规范、操作规程和合同文件来生成，并表述和规定相关的重要工艺参数和操作规则。不同的涡流检测对象和目的具有不同的涡流检测工艺规程，内容一般应包括：

1）人员资格鉴定与认证及技术等级要求等。

2）仪器及检测线圈的校验周期，对比试样及必要的辅助装置。

3）工件材料种类，制造工艺及冶金条件，被检工件的形状、尺寸及表面准备要求等。

4）检测目的（探伤、材质分选、测厚）、目标、检测方法、检测频率、灵敏度、检测速度、检测区域、信号评价要求及验收标准等。

5）实施检测时的环境条件。

但是，就一个具体的工艺规程而言，不一定全部涵盖上述的所有方面。以非铁磁性管材涡流检测为例，ASME BPVC. V 的《无损检测》规定的涡流检测工艺规程需要包含的要素及其重要性见表 5-2。

表 5-2　非铁磁性管材涡流检测工艺规程要素

工 艺 要 求	重 要 变 素	非重要变素
管件的材料种类	√	
管件的直径和壁厚	√	
检测方式（差分式或绝对式）	√	
检测线圈类型和尺寸	√	
检测线圈电缆的长度和延长电缆的长度	√	
检测线圈厂家、型号及说明书	√	
检测频率、激励电压和增益设置	√	
涡流检测设备的厂家及型号	√	
数据记录时的扫描方向（拉或推）	√	
数据记录时最大的扫描速度	√	
设备位置校核	√	
校正对比标准的一致性	√	
最小的模/数转化速率	√	
扫描方式（手动、机动或遥控）	√	
人员资格		√
数据记录设备生产厂家和型号		√
不记录数据时的插入和拉出扫描速度		√
施行侧（入口或出口）		√
数据分析参数		√
管件编号		√
管件的表面处理		√

当表 5-2 中的重要变素发生变化时，涡流检测工艺将有较大变化，检测结果的可靠性也将受到影响，因此需要重新对工艺规程进行评定。如果是非重要变素发生变化，则对涡流检测结果的可靠性影响不大，可通过更新工艺规程来体现这个变化。

我国的 NB/T 47013.6—2015《承压设备无损检测　第 6 部分：涡流检测》，对所有类型的涡流检测规定了通用的工艺规程相关因素，见表 5-3。

表5-3　涡流检测工艺规程涉及的相关因素

序　　号	相关因素
1	被检工件几何形状、规格尺寸及材质
2	被检工件表面状态要求
3	检测线圈形式
4	检测仪器及型号
5	检测目的及检测区域
6	校准（对比）试样和校准方法
7	扫描方式（手动或自动）
8	辅助装置（磁饱和装置、机械传动装置、记录装置及退磁装置等）
9	缺陷定量方法及验收准则
10	人员资格要求及检测报告

（2）涡流检测操作指导书　在首次使用操作指导书前应进行工艺验证，并至少应包括：

1）检测技术要求，即执行的标准、检测技术等级、验收等级、检测时机、检测比例和检测前的表面准备要求。

2）检测设备和器材，包括仪器、检测线圈、传动装置、对比试样规格及人工缺陷尺寸等。

3）检测工艺参数，包括检测线圈参数、尺寸及型号，仪器的设置如检测主频率、增益、相位及滤波等。

4）检测标识规定。

5）检测操作程序和扫描次序。

6）检测记录，检测示意图和数据评定的具体要求。

（3）涡流检测记录　检测中或检测后，应根据检测要求记录相关工艺实施内容，主要包括：

1）检测日期。

2）检测名称。

3）工件的型号、规格、尺寸及数量等。

4）仪器的型号，线圈样式及规格。

5）试验条件，包括检测频率、灵敏度、相位、滤波器、抑制器、报警灵敏度、工件进给速度、磁饱和电流及退磁规范等。

6）验收标准，如探伤判废标准。

7）对比试样编号、人工缺陷形式及尺寸。

8）试验结果，包括各种数据、图表及验收结论等。

9）操作者、记录者、审核者的人员签名。

（4）涡流检测报告　涡流检测报告应包含足够的信息以便能依此重复该检测，检测报告至少应包含如下信息：

1）涡流检测的委托单位。

2）被检工件的名称、编号、规格，材料种类、牌号、批号，热处理状态，如果是焊件还要有坡口形式和状态。

3）采用的应用文件和检测工艺规程。

4）技术表或等同文件，该技术表在检测工艺规程对检测方法、检测设备或设备配置的规定有多重选择时给出具体细节。

5）涡流检测仪的名称、型号及主要参数（如检测频率、相位）。

6）检测线圈的名称、型号、类型（绝对式或差分式）、编号及尺寸。

7）传动装置或其他认为重要的辅助装置的型号、编号及其工艺参数。

8）检测速度。

9）对比试样的类型、规格、编号，人工缺陷的类型及尺寸。

10）实际检测数量，包括合格量和不合格量。

11）检测结果及质量分级，检测标准名称和验收等。

12）与检测工艺规程的偏差。

13）负责实施检测的组织。

14）检测人员姓名和资格。

15）检测人员或其他授权人员的签名或签章及其技术资格等级。

16）检测日期和地点以及检测报告填写日期。

17）工件检测部位应在草图上予以标明，如有因检测方法或几何形状限制而检测不到的部位（即盲区），也应加以说明。

2. 工件的准备

应检查被检工件的外观尺寸和表面。工件表面应清洁、无毛刺等，存在的污物，如金属粉、氧化皮、油脂等，尤其是非铁磁性导电材料上的铁磁性污物，均会影响被检工件中的涡流。轻则干扰检测信号而影响检测结果，重则甚至难以检测。因此，应采取适当措施予以清除。

3. 检测方式和检测系统的确定

（1）检测方式和仪器的选择　检测方式和仪器的选择，应依据检测目的（探伤、测厚及材质分选）及要求，被检工件材质、形状、规格和数量以及检测参数及其大小。

（2）检测线圈的选择　涡流检测线圈是涡流检测中非常重要的器材，其性能直接影响检测精度和结果的可靠性。选择检测线圈主要依据工件的形状及尺寸、线圈参数、信号测量方法、与仪器的适配情况、检测目的及检测目标。

如果是小直径管材、棒材等细长杆件类，首选穿过式线圈，也可选择扁平式线圈配合管材或棒材的旋转检测。如果是直径很大的管材、棒材或是检测大平板对接焊接接头，则宜首选放置式线圈。如果欲采用差分式线圈，则应注意所选用的涡流检测仪是否具有差分测量功能等。需要特别注意的是，检测线圈均有一个标称频率或频率范围，在此频率之外得到的数据不一定可靠。因此，应根据所选择的检测频率来选定具体的检测线圈型号。

检测线圈的选择还与信号测量方法紧密相关。确定了测量技术也就基本上选定了检测线圈，确定了检测线圈类型也就基本上选定了测量技术。测量技术包括静态测量和动态测量，动态测量要求检测线圈与工件相对运动。可以人工扫描被检工件，也可以采用能够准确控制扫描路径的机械装置自动扫描被检工件。常用的测量技术包括：

1）绝对测量是对与校准程序所确定的固定参考点之间的偏差的测量，参考点由参考线圈或参考电压提供。应用这一技术，可根据工件的物理特性、尺寸或化学成分对工件进行分类及分级，也可以识别连续的或缓变的缺陷。

2）比较测量是两个测量所得信号之间的差值测量，其中一个测量作为比对的参考。这

一技术常用于工件的分类和分级。

3）差分测量是以恒定的相对位置和相同的扫描路径实施的两个测量的差值的测量。这一技术能够抑制被检工件缓慢变化而引起的背景噪声。

4）双差分测量是两个差分测量的差值测量。这一技术相当于对差分测量进行高通滤波，与检测线圈和被检工件之间的相对速度无关。

5）准差分测量是以恒定的相对位置实施的两个测量的差值测量。

（3）对比试样的选择　对比试样按检测规范或标准的规定和要求进行制作和使用即可。

5.3.2　涡流检测系统的调整

1. 检测条件的确定

在检测的前期准备工作结束后，需要调节仪器来确定和选择检测条件。

（1）检测频率的选择　涡流检测的灵敏度在很大程度上依赖于检测频率。通常，检测频率依据如下因素进行选择。

1）检测深度。由于趋肤效应，在导体中流动的高频涡流将趋于导体表面。要对工件表面下某一深度进行检测时，所选的频率要低于某一值。

2）检测灵敏度。检测频率的降低将提高涡流渗入深度，但是降低检测频率会使线圈与工件之间的能量耦合效率降低，从而降低了检测灵敏度。所以，要在保证一定渗入深度下选择频率时，应兼顾到检测灵敏度。

3）检测因素的阻抗特性，方法分为两种：一是选择检测因素产生最大阻抗变化时的频率，即幅度差或相位差最大时的频率；一是选取检测因素与其他干扰因素所引起的阻抗变化最大的频率，即信噪比最大的频率。利用目标信号与干扰信号之间相位差异，通过相敏技术可以抑制干扰信号并提高信噪比，从而提高检测的可靠性。

4）在自动涡流检测中，当进给速度较大（如速度达到每分钟数米以上）时，选择频率还应考虑检测速度的影响。例如，当缺陷长度较小但进给速度很大时，应通过增大检测频率来提高检测灵敏度，以免漏检。

此外，有时还应考虑表面状态（即表面粗糙度、涂层及曲率等）对检测频率的影响。检测频率还取决于检测的对象，如果测量管材等直径的变化需要提离效应有较高灵敏度，则要求使用高的检测频率。探伤时则要求有足够的渗入深度，表面缺陷可以使用更高的检测频率以便提高检测灵敏度。对近表面缺陷，则既要保证足够的渗入深度（即采用足够低的工作频率），又要使缺陷和其他干扰因素之间有足够的相位差以便保证分辨率。可见，检测频率的影响因素较多而且有时互相矛盾，因此，在实际涡流检测工程中，检测频率的选择通常采用折中方法，应根据在对比试样和被检工件上综合调试的结果，来确定一个合适的检测频率。

（2）检测灵敏度的选择　检测灵敏度是涡流检测中非常重要的工艺参数，应在综合考虑各影响因素及实际检测情况下，选择确定一个合适的检测灵敏度。

在涡流检测中，被检工件的电导率和磁导率及材质等对涡流检测产生影响。除此之外，不管何种涡流检测，均会有如下的工艺因素对检测过程和检测结果尤其是灵敏度产生较显著的影响，需要在涡流检测时给予充分的注意。

1）检测频率。检测频率越高，检测灵敏度越高。但要注意，检测频率越高，渗入深度越小，因此可检测深度越小。

2）检测间隙。检测间隙，即线圈与检测区域的接近程度，也称为探测间隙。检测间隙越小，互感效果越好，检测灵敏度越高。

① 穿过式线圈。在采用穿过式线圈检测管材、棒材及线材时，常用“填充系数”这一术语来表达检测间隙，即线圈与被检区域的接近程度或线圈与工件形状的匹配程度。对于外穿式线圈，填充系数是指被检工件外圆截面积与线圈内圆截面积之比；对于内穿式线圈，填充系数是指线圈外圆截面积与被检工件内圆截面积之比，因此有如下表达式：

$$\eta=\left(\frac{d}{D}\right)^2 \tag{5-19}$$

式中　η——填充系数；

d——外穿式线圈检测时的工件外径或是内穿式线圈检测时的线圈外径（mm）；

D——外穿式线圈检测时的线圈内径或是内穿式线圈检测时的工件内径（mm）。

由式（5-19）可见，填充系数小于1。填充系数 η 越大，线圈与工件磁耦合越好，互感效率越高，则检测灵敏度越高。在管道检测中，填充系数过大时虽然磁耦合效果好，但是间隙太小从而影响线圈运动，甚至有可能因为抖动等因素而损坏线圈或工件表面。一般而言，η 取值应大于或等于0.5~0.6，常用 $0.75<\eta<0.9$。在大多数采用内穿式线圈检测管材时，检测间隙为1/2的壁厚。如果填充系数 η 太小，则线圈与工件之间间隙过大，不仅磁耦合效果差，而且容易出现偏心等干扰信号。在可能的条件下，检测线圈与管件之间的间隙应该尽量小以便提高检测灵敏度。填充系数的选择应考虑探伤灵敏度、探伤速度、管子的直径大小和管子的弯曲度等各种因素。

② 放置式线圈。在放置式线圈中，常用“提离高度”这一术语来表达检测间隙。提离高度是指提升放置式线圈离开工件表面的高度。提离高度越大则互感效果越弱，磁通密度减小导致涡流密度降低从而灵敏度也降低。线圈直径不同，磁通密度随着提离高度的变化也不一样，灵敏度的变化也不相同。线圈直径越小，则随着提离高度增大，灵敏度下降越大。例如，直径为5mm的线圈，提离高度为1mm时，缺陷信号幅度下降到0mm时的1/4。

3）放置式线圈的直径。实际上，放置式线圈的直径均很小，磁通量也很小。为了增加检测深度，可以增大线圈直径。但是，随着检测线圈直径的增大，必定降低对短小缺陷的检测灵敏度，而涡流检测的深度一般小于线圈直径。

4）对比试样的材质和制作。材质偏差及制作时人工缺陷的加工偏差将影响检测灵敏度，因此其材质及制作等应满足相关标准的规定。

5）检测速度。检测速度越大，检测灵敏度越低。检测时的检测速度应与调试灵敏度时对比试样与检测线圈的相对移动速度一致或接近。

6）覆盖层。采用放置式线圈对焊接接头进行涡流探伤时，工件表面的导电体覆盖层的厚度及其电导率越大，则检测灵敏度越低。工件表面的非导电体覆盖层对检测灵敏度的降低程度与提离高度相关，提离高度越大则检测灵敏度越低。

7）被检工件的形状。工件形状复杂甚至导致线圈难以接近检测表面或是表面为曲面等情况下，检测灵敏度较低。在该情况下，实质上主要是检测间隙的影响。

8）缺陷。缺陷的性质、大小、深度以及线圈与预测缺陷之间的方位关系，均影响检测灵敏度。线圈产生的涡流流向与缺陷垂直时检测灵敏度最高。缺陷深度越小、缺陷尺寸越大以及缺陷与基体在影响涡流方面的差别越大，则检测灵敏度越高。因此，在检测工程中应对

可能的缺陷进行分析和预判，并针对性地采取适宜的检测工艺。

9）边缘效应。工件的边缘，由于涡流分布受到影响，因此检测工件边缘区域时，检测灵敏度较低。

除了上述工艺因素外，检测系统中的线圈尺寸对检测灵敏度和分辨率也有很大影响。由上述可见，影响涡流检测灵敏度的因素众多且复杂。

2. 仪器的调节与设定

在正式检测前，应在选定的检测频率下对检测仪进行预调，以便保证检测结果的可靠性和良好的重复性。检测仪器的调节与设定，一般包括频率、增益、灵敏度、信噪比、漏报率、误报率、端部盲区大小、分辨力、相位角及滤波参数等内容。

（1）归零调节　归零调节是指在采用对比试样的无缺陷部位进行检测系统调节时，应通过仪器旋钮的调节或数字仪器的功能调节，使得线圈的信号输出为零。

（2）相位设定　此处所谓的相位是指采用相敏检波进行相位分析的检测仪中移相器的相位角。一般应选取能够最有效地检出对比试样中人工缺陷的相位角。有两种方法：一是将缺陷信号置于信噪比最大时的相位，这种方法可以降低输出信号中因工件抖动产生的噪声；一是选取能够区分并检测缺陷的种类和位置的相位角，这种方法必须兼顾缺陷的检测效果和不同种类、不同位置缺陷的良好区分效果。

（3）滤波器设定　滤波器设定是指在用对比试样进行探伤调整时，人工缺陷以最大信噪比被检出时滤波器的中心频率和频带宽度的设定。

（4）抑制器设定　抑制器设定是指从显示或记录仪器中消除低电平噪声的设定。由于在相位设定和滤波器设定时抑制器必须置零，因此抑制器设定应在上述操作之后进行。由于抑制作用，缺陷和缺陷信号的对应关系一般会发生变化，即破坏了两者的线性关系，这一点在检测时应予以注意。

（5）报警阈值调节　如果线圈和工件有相对运动，则应在确定的检测速度下，调试涡流检测仪器使得对比试样上的人工缺陷信号刚好报警的程度，并且信噪比一般应不小于10dB。

（6）检测灵敏度的调节和检查　灵敏度的确定与检测目标及检测系统相关，通常是采用按标准规定的验收等级制作的对比试样来调整灵敏度。首先，检测系统在确定好的检测速度下运行。其次，人工缺陷信号应能稳定产生且可清楚区分。再次，如果在对比试样上有多个相同的人工缺陷，则显示这些人工缺陷的信号幅度应基本一致，应相差不大于平均幅度的±10%，并且选择最低幅度值作为检测系统的触发报警阈值。最后，调节人工缺陷指示的信号大小，使其在显示屏满刻度的30%～70%位置上，具体比例可根据所检测对象的材质和检测经验来确定。

灵敏度是检测仪器最重要的指标，一般在下列情况下应使用对比试样对涡流检测仪的灵敏度进行检查和复验。

1）每次检测开始前和结束后。

2）怀疑检测设备运行不正常时。

3）检测对象或其规格等发生变化时。

4）连续检测时，每2h检查和复验1次。

5）合同各方有争议或认为必要时。

除了检测仪器的调节之外，配备有进给装置的自动检测仪，为了减少管材、棒材及线材等通过线圈时的偏心和振动，需要调节进给装置的滚轮高度和动作机构。如果是对铁磁性材料的工件进行检测，则还需要调整磁饱和装置使工件达到磁饱和强度的要求等。

5.3.3 扫描

静态检测即检测线圈和被检工件相对静止时，没有扫描。扫描时，应按灵敏度调整时设定的检测系统参数来对被检工件进行检测。线圈和工件之间的相对运动速度应与调试仪器时线圈和对比试样之间的相对运动速度相同。

当选择采用扁平线圈检测旋转管材工艺时，目的是使整个管材表面均被扫描到。典型的两种旋转方式为扁平线圈旋转配合管材直线进给和扁平线圈固定但管材旋转并直线进给。这种检测工艺可以高效率地扫描管材的整个表面，检测效率高，主要用于检测管材外表面的裂纹。

外穿式线圈在电气连接和机械结构方面相对简单而且与管材在形状方面吻合较好，因此对管材表面和近表面缺陷有较好的响应，而且可以高速进给，检测效率高。直径较小的管材，如直径小于180mm的管材，通常采用外穿式线圈，可对工件进行100%检测。焊管在线探伤时，由于焊接过程中焊缝很难保持一个方位，经常发生偏转甚至可偏转180°，当使用穿过式线圈检测时，无论焊缝偏转角度大小，均可保证检测的可靠性。

直径较大的管材，由于体积大因此缺陷体积所占的比例变小，导致得到集总信息的外穿式线圈的检测灵敏度较低。加之不易偏转，因此对于大直径管材或检测要求高的工件，可采用旋转检测线圈或平面的组合式检测线圈，也可以采用扇形检测线圈。

放置式线圈扫描时，线圈轴线应垂直于被检工件表面。在检测曲面或边缘时，可采用专用线圈，如和曲面同曲率的检测线圈等，以确保电磁感应效果。扫描间距应不大于检测线圈直径。在扫描中，如果发现异常响应输出，则应反复扫描确认，主要是观察响应信号的重复性及与对比试样上人工缺陷响应信号的差别性。扫描方向应尽可能与预判缺陷的方向垂直，如果完全不知缺陷方向，则扫描应至少有两个互相垂直的方向，如图5-25所示。

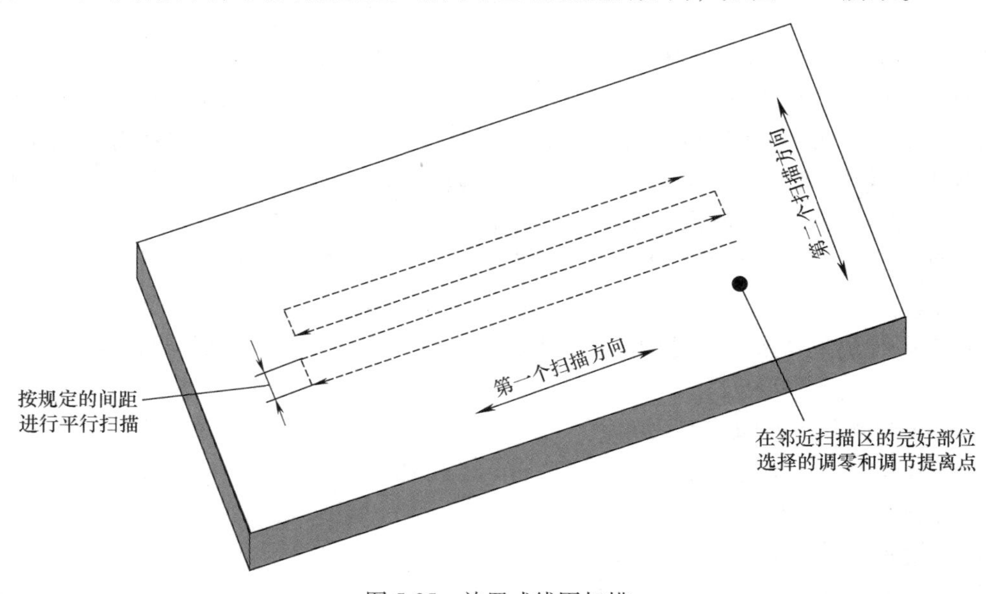

图5-25　放置式线圈扫描

5.3.4 检测结果分析

涡流检测的结果就是检测信号。检测信号分析是指对显示屏上的检测信号，根据典型检测信号并结合以往的检测经验，对检测信号进行解析和判断。涡流检测常用的信号分析技术包括幅度分析，即对涡流检测信号幅度进行评价的方法；分量分析，即在给定参考相位条件下，对涡流检测信号分量的幅度进行评价的方法；相位分析，即对涡流检测信号的相位角进行测量和分析的方法；谐波分析，即对涡流检测信号谐波成分的幅度、相位或幅度和相位进行分析的方法；调制分析，即对检波之后的涡流检测信号进行频率分析的方法；阻抗分析，即对检波后的涡流检测信号的幅度和相位随电磁耦合和被检工件电磁特性的变化关系进行分析的方法；扇区分析，即对复阻抗平面上的一个扇形区域内的信号幅度进行分析的方法。

有时，往往综合采用上述的两种或两种以上技术对涡流检测信号进行分析。

1. 幅度分析法

幅度分析法是指比较工件中的自然缺陷信号幅度和对比试样中的人工缺陷信号幅度，如果前者大于后者则认为工件中的该缺陷超标。可见，幅度分析主要采用的是当量分析法，但并不仅局限于对瞬时幅度当量的分析，也可以对幅度累积量及其他幅度参数当量的分析。一般是将对比试样的人工缺陷信号幅度设定为某确定灵敏度下的检测系统的报警阈值，检测时没有报警信号则评定为工件质量合格。很显然，当量分析法最适用于对涡流探伤结果的判定，对于电导率测量等的涡流检测不适用。前文中介绍的检测系统的灵敏度的调整方法，就是依据幅度分析法。

2. 阻抗分析法

阻抗平面图是一个十分有效的涡流检测信号的显示方式，可以实时给出阻抗的相位及幅度等特征信息。提离效应和填充系数所引起的检测线圈阻抗的矢量变化具有固定的方向，当检测频率一定时，该方向与缺陷信号的阻抗矢量方向（也即相位角）有明显差异。正因如此，也可以利用该特点，在信号处理中抑制甚至消除提离效应和填充系数对缺陷检测的影响。不同的涡流强度和材料的磁性能表现为不同形状的阻抗平面图，阻抗平面图示例如图 5-26 所示。

由图 5-26 可见，调节检测仪的平衡电桥使其在空气中平衡后检测一铝板，由于在铝板中产生涡流，将从线圈中带走能量，可视为增加电阻；涡流磁场反作用于线圈磁场而导致感性下降则线圈中的感抗下降。如果工件中有裂纹，将降低涡流进而减少电阻增加感抗。提离高度，也会影响阻抗曲线的形状。对于铁磁性材料的钢，其阻抗平面曲线形状与铝相似。但是，由于钢的铁磁性“屏蔽”了涡流磁场效应，所以电阻变化不大的情况下，可以看出检测钢时的感抗高于检测非铁磁性材料铝时的感抗。

5.3.5 后处理

得到检测结果并分析后，有可能复检，也有可能结束本次检测。

1. 复检

一般是在检测过程中每隔 2h 应对检测系统的灵敏度进行校验，如果系统灵敏度校验时的对比试样的人工缺陷特征参数发生明显的改变或是灵敏度发生大于 2dB 的变化，则应对

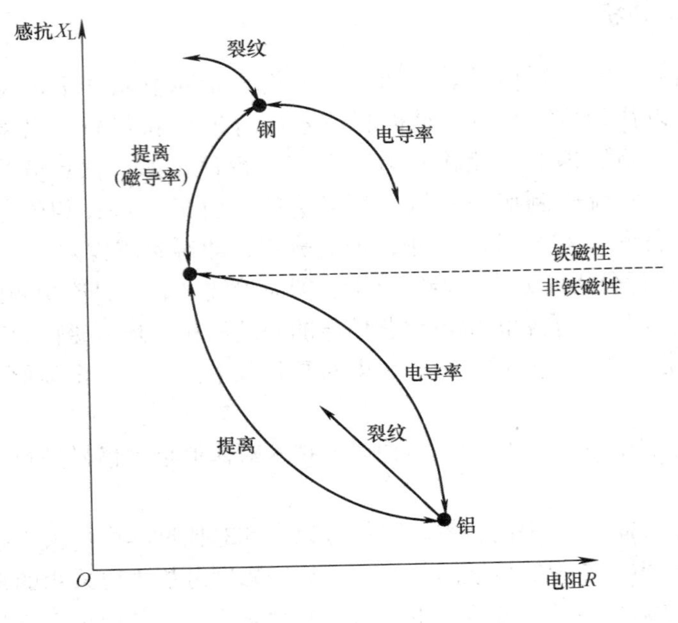

图 5-26　阻抗平面图示例

上一次系统灵敏度校验之后检测过的工件重新进行检测。

对于含有超过报警阈值缺陷的可疑工件，应对其复检。此外，也有可能对评定为不合格的工件进行复检，以便确认是否的确不符合等级要求。

2. 退磁

如果剩磁将对后续的工件加工或使用产生不良影响，则应退磁。剩磁的影响及退磁方法等的详细内容可参阅本书磁粉检测一章的相关内容。

3. 标记与记录

（1）标记　根据检测结果，应将各类工件分别标记代表不同含义的各种字符来区分，如合格品、不合格品、复检品及已退磁等。

（2）记录　按照“涡流检测记录”格式文件的内容，逐项、客观、详实地记录检测过程工艺及参数。

5.4　涡流检测的缺陷评定与质量分级

涡流检测分为电导率测量及探伤等。一般地，涡流检测结果评定及质量分级是对涡流探伤而言，即根据探伤结果来对工件进行质量分级。涡流探伤比较简单、通用的结果评定方法是当量分析法。首先采用含有不同尺寸人工缺陷的对比试样来调整检测系统，使其对标准规定的相应尺寸的人工缺陷的检测信号刚好报警，也就是将对比试样上的人工缺陷检测信号电平作为报警阈值电平。检测结果评定方法是：如果没有报警信号，则工件质量合格；如果有报警信号，则工件质量不合格。

下面以铁磁性金属管材涡流探伤为例，介绍对铁磁性金属管材进行质量分级。

5.4.1　以通孔人工缺陷进行质量分级

铁磁性金属管材涡流探伤时，对于采用对比试样中通孔人工缺陷进行检测系统调整的验收等级及对比试样通孔直径见表5-4。

表5-4　验收等级及对比试样通孔直径　（单位：mm）

验收等级A		验收等级B	
管材外径 D	通孔直径 d	管材外径 D	通孔直径 d
$D\leqslant 27$	1.20	$D\leqslant 6$	0.5
$27<D\leqslant 48$	1.70	$6<D\leqslant 19$	0.65
$48<D\leqslant 64$	2.20	$19<D\leqslant 25$	0.80
$64<D\leqslant 114$	2.70	$25<D\leqslant 32$	0.90
$114<D\leqslant 140$	3.20	$32<D\leqslant 42$	1.10
$140<D\leqslant 180$	3.70	$42<D\leqslant 60$	1.40
$D>180$	依据协议	$60<D\leqslant 76$	1.80
		$76<D\leqslant 114$	2.20
		$114<D\leqslant 152$	2.70
		$152<D\leqslant 180$	3.20
		$D>180$	依据协议

表5-4中，$d<1.10$mm时，允许的正偏差为0.10mm；$d\geqslant 1.10$mm时，允许的正偏差为0.20mm。

5.4.2　以刻槽人工缺陷进行质量分级

铁磁性金属管材涡流探伤时，对于采用对比试样中刻槽人工缺陷进行检测系统调整的验收等级及对比试样刻槽尺寸见表5-5。

表5-5　验收等级及对比试样刻槽尺寸　（单位：mm）

槽的尺寸	验收等级A	验收等级B
槽深 h	12.5%T，但 $0.50\leqslant h\leqslant 1.50$。或者，依据协议	5%T，但 $0.30\leqslant h\leqslant 1.30$。或者，依据协议
槽长 l	两倍的检测线圈宽度，$\leqslant l\leqslant 50$	
槽宽 b	$b\leqslant h$	

表5-5中，h 允许的偏差为：深度 h 的±15%和0.05mm这两者中大者。

5.5　涡流检测的工程实例

2016年5月，北京北化工程技术有限公司为某石化公司的5台催化裂化装置冷换设备进行了涡流检测。本节将以此为例介绍涡流检测的工程应用。

5.5.1　管束及其涡流检测的基本情况

1. 冷换设备和管束

冷换设备工艺参数见表5-6。

表 5-6 冷换设备工艺参数

序号	冷换设备工艺编号	介质流通路径	操作压力/MPa	操作温度/℃	工作介质	材料种类
1	E2309A	管程	0.9	—	—	—
		壳程	1.5	—	液化气	—
2	E2309F	管程	—	—	—	—
		壳程	—	—	—	—
3	E2205F	管程	0.22	—	—	—
		壳程	0.7	—	—	—
4	E2206B	管程	0.98	75~110	—	—
		壳程	0.6	140	顶循环油	—
5	E2210A	管程	—	—	—	—
		壳程	1.6	—	柴油	—

管束的材料为 TP321 奥氏体不锈钢，管径为 25mm，管与管板以胀焊方式连接。

2. 涡流检测的基本情况

本次涡流检测的主要目的是根据涡流检测图像和数据结果，评定冷换设备管束换热管壁厚腐蚀损伤情况，并据此提出处理措施和建议。

（1）抽样检测方法和检测位置　按照合同要求，需要对冷换设备的管束以 3%~5%的比例抽样检测方式对管束的换热管进行涡流检测，并在工作状态恶劣程度较高处选取更多换热管。

（2）检测设备　检测设备为 EEC-2003 型涡流检测仪，其检测精度为 10%。由于受到设备、检测环境及人员技术水平等方面的影响，因此本次检测给出的检测数据误差在 15%左右。探头直径为 17mm，对比试样管的直径为 25mm。

（3）检测标准　本次涡流检测依据 NB/T 47013.6—2015《承压设备无损检测　第六部分：涡流检测》和 DL/T 883—2004《电站在役给水加热器铁磁性管远场涡流检测技术导则》。

（4）检测结果评定依据

1）如果检测结果显示换热管壁厚减薄小于 20%，则说明该管束在现有工艺条件下可以长期使用。处理措施为继续使用。

2）如果检测结果显示换热管壁厚减薄在 20%~30%，则说明该管束在现有工艺条件下，存在一定程度的介质腐蚀，可以继续使用该管束但存在一定的风险。处理措施为继续使用，但应定期检查。

3）如果检测结果显示换热管壁厚减薄在 30%~40%或者腐蚀坑深度占壁厚比例在 30%~50%，则定义该换热管为 B 类缺陷管，说明该管束存在着较大的腐蚀。处理措施为考虑堵管并对管束进行防腐处理或更换管束，此外该管束在现有工艺条件下应监控使用。

4）如果检测结果显示换热管壁厚减薄超过 40%或腐蚀坑深度占壁厚比例超过 50%，则定义为 A 类缺陷管，说明该管束存在着极其严重的腐蚀。处理措施为必须采取堵管或报废该管束。

5）在同一管程内，堵管数如果超过其总根数的 10%，则建议报废该管束。

6）根据管束在装置中的重要程度，对于存在 2）、3）问题的管束，可以降级使用，即调换到可以随时更换管束的装置上使用。

5.5.2　管束涡流检测结果及分析

1. E2309A 冷换设备的检测结果及分析

（1）检测结果　E2309A 冷换设备检测结果如图 5-27 和图 5-28 所示。

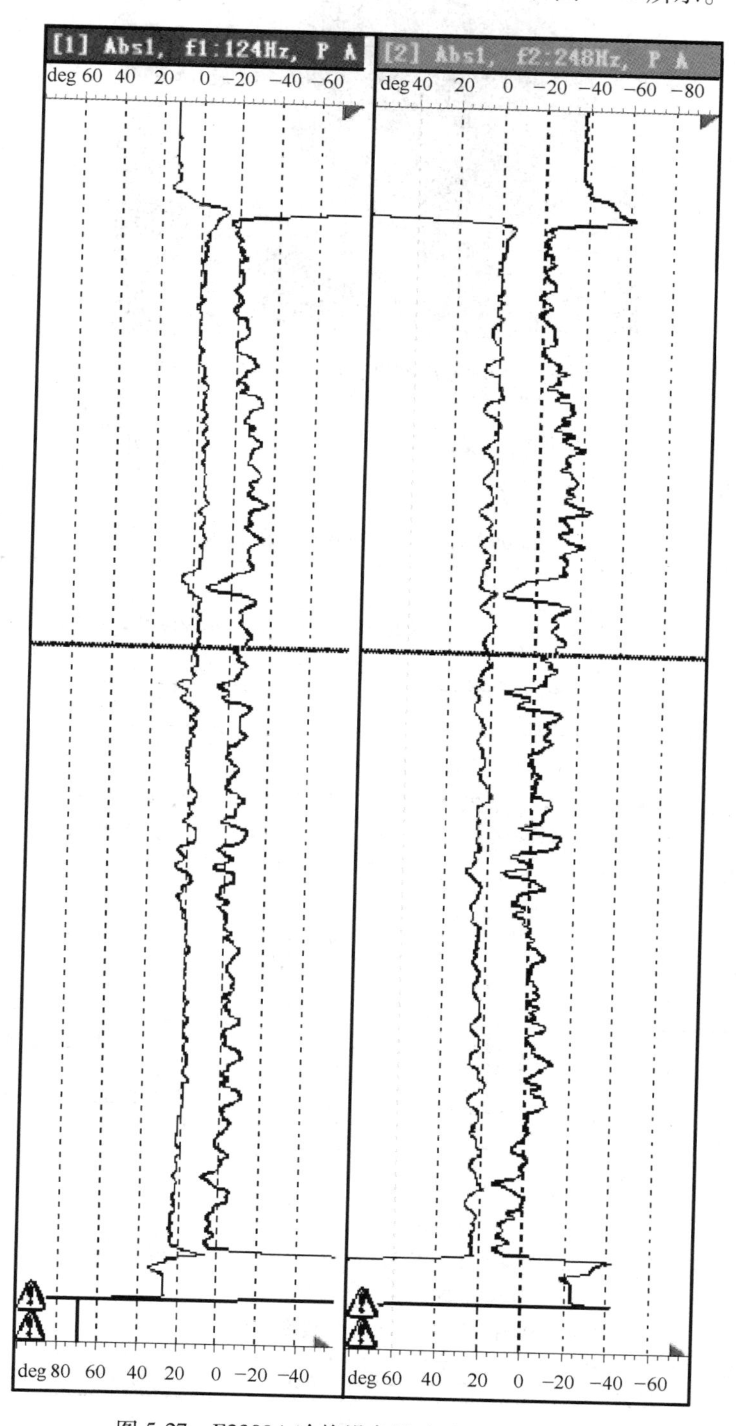

图 5-27　E2309A 冷换设备涡流检测典型信号

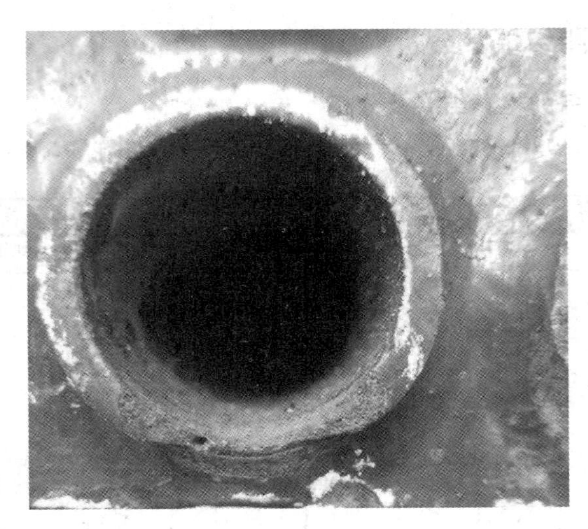

图 5-28　E2309A 冷换设备换热管典型腐蚀情况

（2）检测结果分析及处理方法（表 5-7）　表 5-7 中的 1-5 是指第 1 排第 5 列的换热管，其他的与此含义相似。

表 5-7　E2309A 冷换设备检测结果分析及处理方法

<table>
<tr><td colspan="2" rowspan="3">管束更换情况</td><td colspan="6">本次检测更换情况</td></tr>
<tr><td colspan="2">未更换</td><td>涡流检测不合格</td><td>渗漏检测不合格</td><td colspan="2">其他原因</td></tr>
<tr><td colspan="2">√</td><td>—</td><td>—</td><td colspan="2">—</td></tr>
<tr><td colspan="2">管板补焊</td><td colspan="6">√</td></tr>
<tr><td colspan="2">防腐情况</td><td colspan="6">—</td></tr>
<tr><td colspan="2">抽检编号</td><td colspan="6">1-5、2-3、3-14、4-7、5-3、6-14、7-25、8-30、9-7、10-1、11-16、12-20、13-27、14-33、15-4、16-9、17-18、18-23、19-28、20-34、21-7、22-14、23-19、24-25、25-30、26-2、27-2、28-12、29-17、30-13、31-7、32-12</td></tr>
<tr><td rowspan="3">缺陷管编号</td><td>A 类</td><td colspan="6">—</td></tr>
<tr><td>B 类</td><td colspan="6">8-30、25-30</td></tr>
<tr><td>堵管</td><td colspan="6">8-30、25-30</td></tr>
<tr><td colspan="2" rowspan="2">管束堵管情况</td><td colspan="3">检测前堵管根数</td><td colspan="3">本次检测堵管根数</td></tr>
<tr><td colspan="3">—</td><td colspan="3">2</td></tr>
<tr><td colspan="2" rowspan="2">腐蚀量</td><td>≤20%</td><td colspan="2">>20%～30%</td><td colspan="2">>30%～40%</td><td>>40%</td></tr>
<tr><td>—</td><td colspan="2">—</td><td colspan="2">√</td><td>—</td></tr>
<tr><td colspan="2">分析及处理方法</td><td colspan="6">1）建议对换热管 8-30、25-30 进行堵管处理
2）宏观检测东侧管板处第 7、16、25 排换热管焊缝余高减薄严重，焊缝处存在针孔状腐蚀孔及脱焊现象，建议对其补焊
3）堵管并补焊后，可以在监控下继续使用</td></tr>
<tr><td colspan="2">结论</td><td>继续使用</td><td>—</td><td>监控使用</td><td>√</td><td>更换管束</td><td>—</td></tr>
</table>

2. E2309F 冷换设备的检测结果及分析

（1）检测结果　E2309F 冷换设备检测结果如图 5-29 和图 5-30 所示。

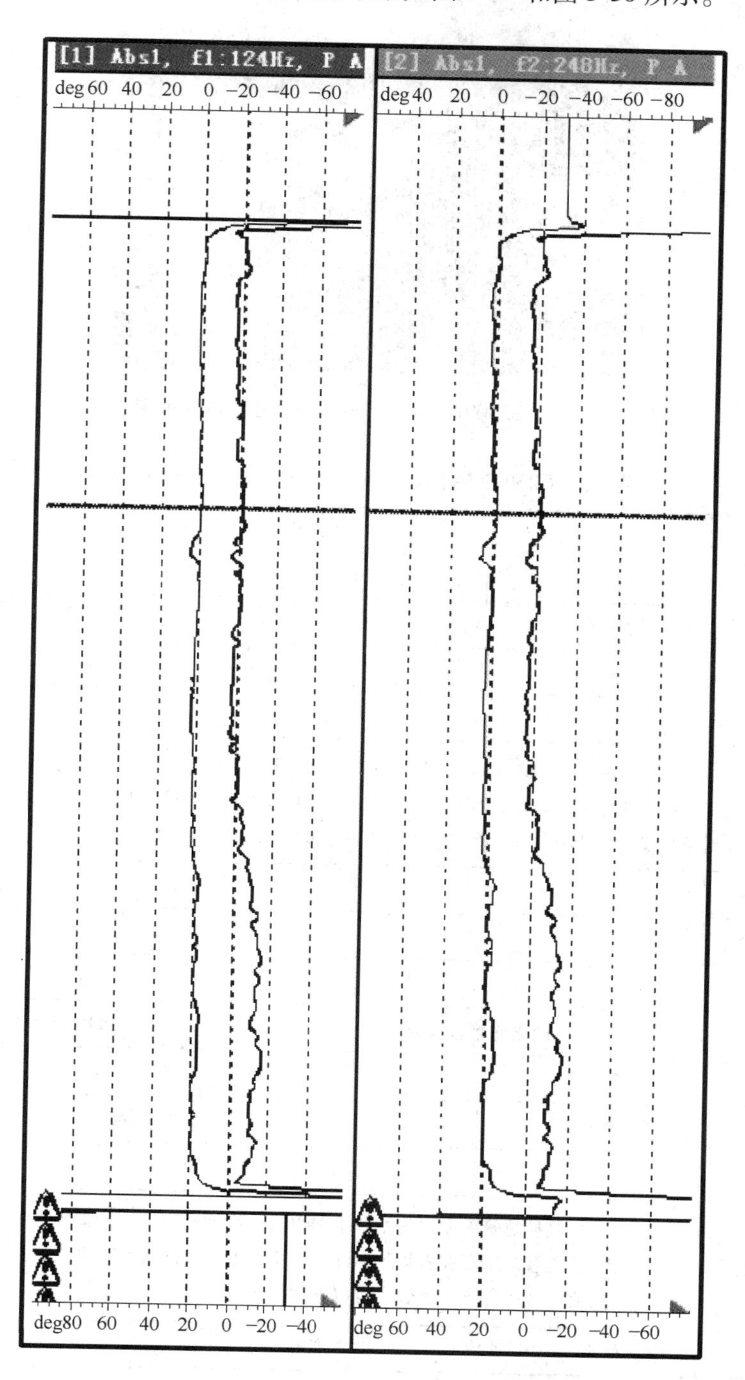

图 5-29　E2309F 冷换设备涡流检测典型信号

（2）检测结果分析及处理方法（表 5-8）

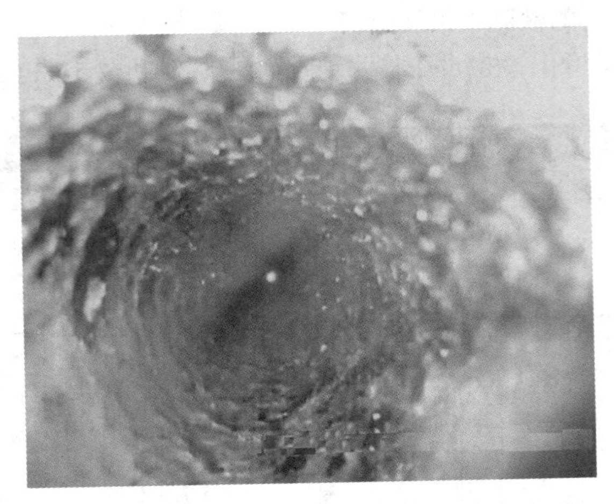

图 5-30　E2309F 冷换设备换热管典型腐蚀情况

表 5-8　E2309F 冷换设备检测结果分析及处理方法

<table>
<tr><td colspan="2" rowspan="3">管束更换情况</td><td colspan="6">本次检测更换情况</td></tr>
<tr><td colspan="2">未更换</td><td>涡流检测不合格</td><td>渗漏检测不合格</td><td colspan="2">其他原因</td></tr>
<tr><td colspan="2">√</td><td>—</td><td>—</td><td colspan="2">—</td></tr>
<tr><td colspan="2">管板补焊</td><td colspan="6">—</td></tr>
<tr><td colspan="2">防腐情况</td><td colspan="6">—</td></tr>
<tr><td colspan="2">抽检编号</td><td colspan="6">1-2、2-3、3-11、4-17、5-22、6-3、7-8、8-14、9-18、10-30、11-9、12-16、12-32、13-24、14-5、15-10、16-17、17-21、18-30、19-34、20-7、21-12、22-16、23-22、24-28、25-13、26-22、27-4、28-10、29-15、30-21、31-4、32-8、33-11、34-1</td></tr>
<tr><td rowspan="3">缺陷管编号</td><td>A 类</td><td colspan="6">—</td></tr>
<tr><td>B 类</td><td colspan="6">—</td></tr>
<tr><td>堵管</td><td colspan="6">—</td></tr>
<tr><td colspan="2" rowspan="2">管束堵管情况</td><td colspan="3">检测前堵管根数</td><td colspan="3">本次检测堵管根数</td></tr>
<tr><td colspan="3">—</td><td colspan="3">—</td></tr>
<tr><td colspan="2" rowspan="2">腐蚀量</td><td colspan="2">≤20%</td><td>>20%～30%</td><td>>30%～40%</td><td colspan="2">>40%</td></tr>
<tr><td colspan="2">—</td><td>√</td><td>—</td><td colspan="2">—</td></tr>
<tr><td colspan="2">分析及处理方法</td><td colspan="6">1）涡流检测换热管壁厚损失整体小于 30%，腐蚀类型为均匀腐蚀和腐蚀坑
2）宏观检测管内壁存在着均匀腐蚀和结垢现象，建议加强清洗，避免结垢层下的腐蚀发生
3）在现有工艺条件下，该管束可以继续使用</td></tr>
<tr><td colspan="2">结论</td><td>继续使用</td><td>√</td><td>监控使用</td><td>—</td><td>更换管束</td><td>—</td></tr>
</table>

3. E2205F 冷换设备的检测结果及分析

（1）检测结果　E2205F 冷换设备涡流检测典型信号如图 5-31 所示。

（2）检测结果分析及处理方法（表 5-9）

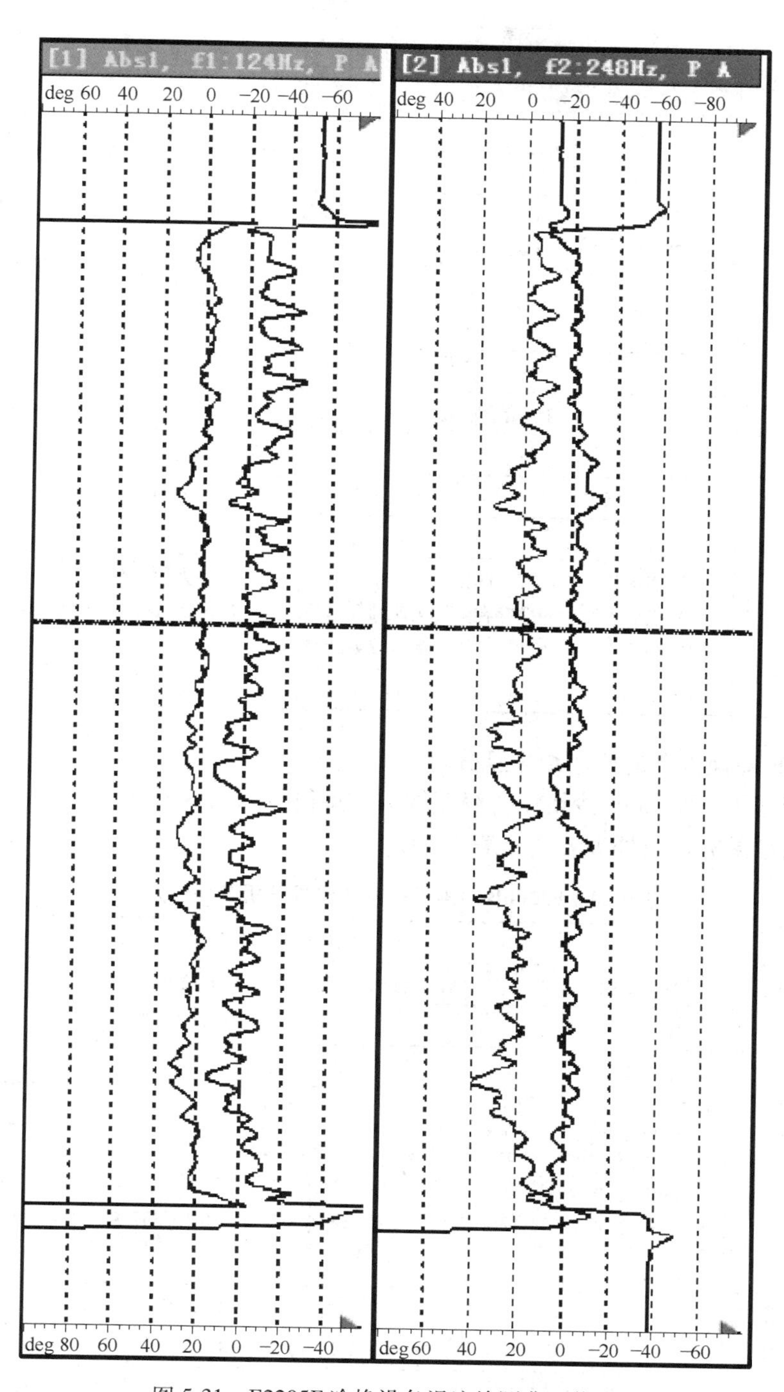

图 5-31 E2205F 冷换设备涡流检测典型信号

表 5-9　E2205F 冷换设备检测结果分析及处理方法

<table>
<tr><td colspan="2" rowspan="3">管束更换情况</td><td colspan="12">本次检测更换情况</td></tr>
<tr><td colspan="3">未更换</td><td colspan="3">涡流检测不合格</td><td colspan="3">渗漏检测不合格</td><td colspan="3">其他原因</td></tr>
<tr><td colspan="3">√</td><td colspan="3">—</td><td colspan="3">—</td><td colspan="3">—</td></tr>
<tr><td colspan="2">管板补焊</td><td colspan="12">—</td></tr>
<tr><td colspan="2">防腐情况</td><td colspan="12">—</td></tr>
<tr><td colspan="2">抽检编号</td><td colspan="12">2-3、3-12、4-4、8-20、9-5、11-16、13-32、15-7、17-14、18-18、20-24、22-3、24-8、26-15、27-15、29-18、31-1、33-3、34-3</td></tr>
<tr><td rowspan="3">缺陷管编号</td><td>A 类</td><td colspan="12">—</td></tr>
<tr><td>B 类</td><td colspan="12">—</td></tr>
<tr><td>堵管</td><td colspan="12">—</td></tr>
<tr><td colspan="2" rowspan="2">管束堵管情况</td><td colspan="6">检测前堵管根数</td><td colspan="6">本次检测堵管根数</td></tr>
<tr><td colspan="6">—</td><td colspan="6">—</td></tr>
<tr><td colspan="2" rowspan="2">腐蚀量</td><td colspan="3">≤20%</td><td colspan="3">>20%~30%</td><td colspan="3">>30%~40%</td><td colspan="3">>40%</td></tr>
<tr><td colspan="3">—</td><td colspan="3">√</td><td colspan="3">—</td><td colspan="3">—</td></tr>
<tr><td colspan="2">分析及处理方法</td><td colspan="12">1）涡流检测换热管壁厚损失整体小于 30%，腐蚀类型为均匀腐蚀和腐蚀坑
2）宏观检测管内壁存在着均匀腐蚀和结垢现象，建议加强清洗，避免结垢层下的腐蚀发生
3）在现有工艺条件下，该管束可以继续使用</td></tr>
<tr><td colspan="2">结论</td><td colspan="2">继续使用</td><td colspan="2">√</td><td colspan="2">监控使用</td><td colspan="2">—</td><td colspan="2">更换管束</td><td colspan="2">—</td></tr>
</table>

4. E2206B 冷换设备的检测结果及分析

（1）检测结果　E2206B 冷换设备涡流检测典型信号如图 5-32 所示。

（2）检测结果分析及处理方法（表 5-10）

表 5-10　E2206B 冷换设备检测结果分析及处理方法

<table>
<tr><td colspan="2" rowspan="3">管束更换情况</td><td colspan="4">本次检测更换情况</td></tr>
<tr><td>未更换</td><td>涡流检测不合格</td><td>渗漏检测不合格</td><td>其他原因</td></tr>
<tr><td>√</td><td>—</td><td>—</td><td>—</td></tr>
<tr><td colspan="2">管板补焊</td><td colspan="4">—</td></tr>
<tr><td colspan="2">防腐情况</td><td colspan="4">内壁防腐</td></tr>
<tr><td colspan="2">抽检编号</td><td colspan="4">1-2、2-6、3-11、4-1、5-5、6-9、7-15、8-4、9-10、10-18、11-5、12-11、13-16、14-20、15-2、16-6、17-10、18-16、19-23、20-4、21-8、22-12、23-20、24-1、25-5、26-11、27-16、28-21、29-2、30-7、31-12、32-18、33-3、34-9、35-13、36-19、37-1、38-6、39-11、40-2、41-5</td></tr>
<tr><td rowspan="3">缺陷管编号</td><td>A 类</td><td colspan="4">—</td></tr>
<tr><td>B 类</td><td colspan="4">1-2、10-18、28-21</td></tr>
<tr><td>堵管</td><td colspan="4">1-2、10-18、28-21</td></tr>
<tr><td colspan="2" rowspan="2">管束堵管情况</td><td colspan="2">检测前堵管根数</td><td colspan="2">本次检测堵管根数</td></tr>
<tr><td colspan="2">—</td><td colspan="2">3</td></tr>
<tr><td colspan="2" rowspan="2">腐蚀量</td><td>≤20%</td><td>>20%~30%</td><td>>30%~40%</td><td>>40%</td></tr>
<tr><td>—</td><td>—</td><td>√</td><td>—</td></tr>
</table>

（续）

分析及处理方法	1）建议对 1-2、10-18、28-21 换热管采取堵管处理 2）宏观检测管内壁存在结垢现象，建议加强清洗，避免结垢层下的腐蚀发生 3）建议对该管束进行内壁防腐处理					
结论	继续使用	√	监控使用	—	更换管束	—

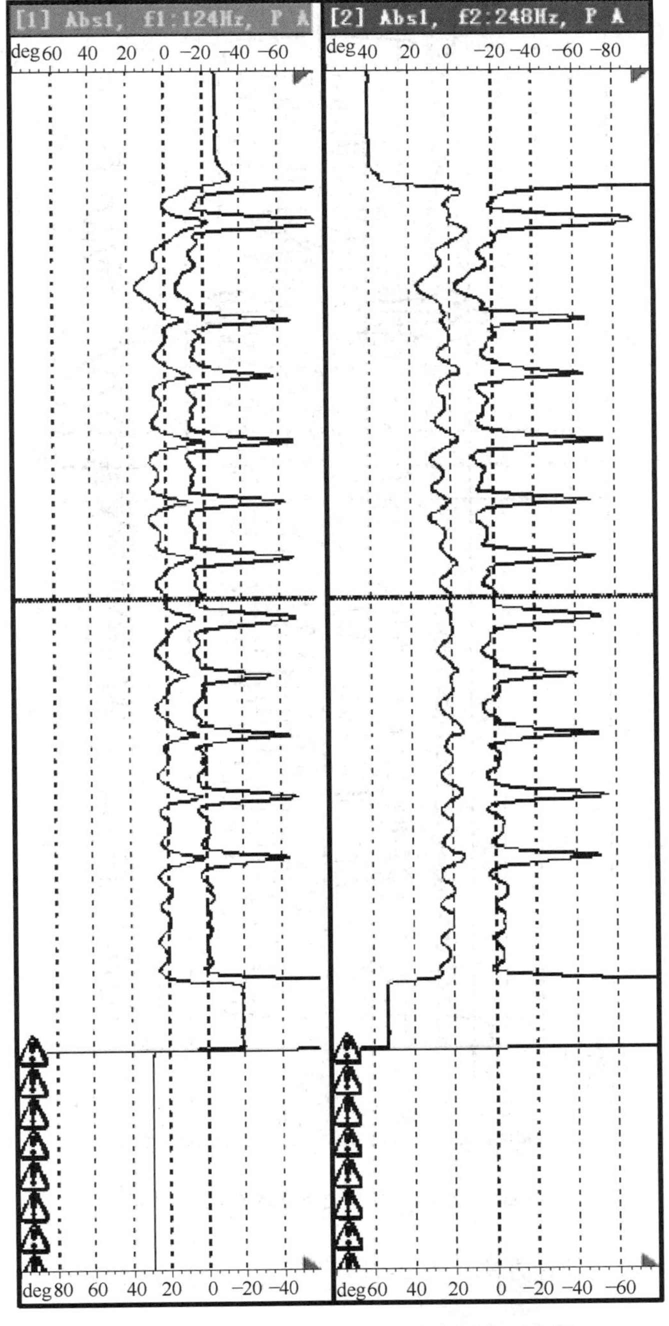

图 5-32　E2206B 冷换设备涡流检测典型信号

5. E2210A 冷换设备的检测结果及分析

（1）检测结果　E2210A 冷换设备检测结果如图 5-33 和图 5-34 所示。

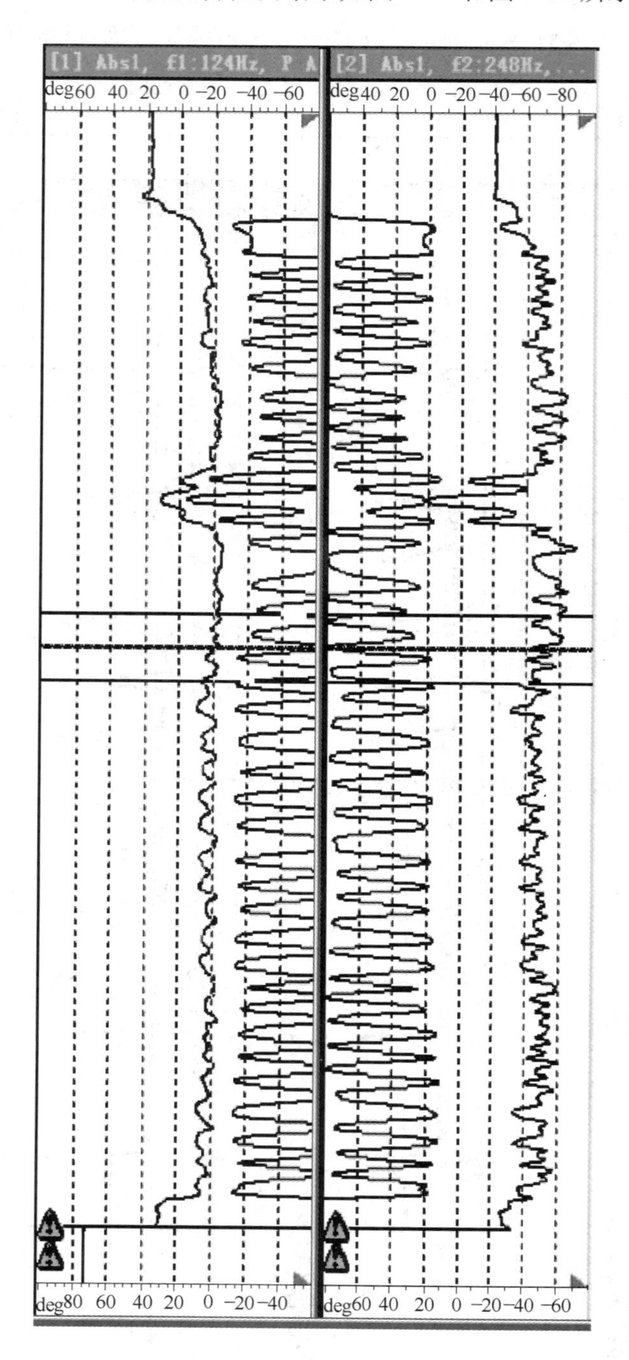

图 5-33　E2210A 冷换设备涡流检测典型信号

（2）检测结果分析及处理方法（表 5-11）

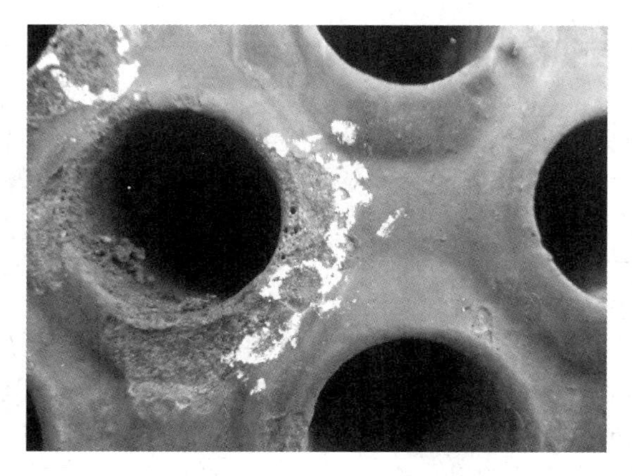

图 5-34　E2210A 冷换设备换热管典型腐蚀情况

表 5-11　E2210A 冷换设备检测结果分析及处理方法

<table>
<tr><td colspan="2" rowspan="3">管束更换情况</td><td colspan="12">本次检测更换情况</td></tr>
<tr><td colspan="3">未更换</td><td colspan="3">涡流检测不合格</td><td colspan="3">渗漏检测不合格</td><td colspan="3">其他原因</td></tr>
<tr><td colspan="3">√</td><td colspan="3">—</td><td colspan="3">—</td><td colspan="3">—</td></tr>
<tr><td colspan="2">管板补焊</td><td colspan="12">√</td></tr>
<tr><td colspan="2">防腐情况</td><td colspan="12">—</td></tr>
<tr><td colspan="2">抽检编号</td><td colspan="12">1-2、2-9、3-4、4-8、5-2、6-13、7-5、8-15、9-2、10-7、11-11、12-6、13-13、14-17、15-4、16-9、17-15、18-20、19-2、20-6、22-20、24-14、26-18、28-1、30-5、32-11、34-4</td></tr>
<tr><td rowspan="3">缺陷管编号</td><td>A 类</td><td colspan="12">—</td></tr>
<tr><td>B 类</td><td colspan="12">3-4</td></tr>
<tr><td>堵管</td><td colspan="12">3-4</td></tr>
<tr><td colspan="2" rowspan="2">管束堵管情况</td><td colspan="6">检测前堵管根数</td><td colspan="6">本次检测堵管根数</td></tr>
<tr><td colspan="6">—</td><td colspan="6">1</td></tr>
<tr><td colspan="2" rowspan="2">腐蚀量</td><td colspan="3">≤20%</td><td colspan="3">>20%～30%</td><td colspan="3">>30%～40%</td><td colspan="3">>40%</td></tr>
<tr><td colspan="3">—</td><td colspan="3">—</td><td colspan="3">√</td><td colspan="3">—</td></tr>
<tr><td colspan="2">分析及处理方法</td><td colspan="12">1）建议对 3-4 换热管采取堵管处理
2）宏观检测管板处换热管焊缝余高减薄严重，焊缝处存在针眼状腐蚀孔洞及脱焊现象，建议对其采取补焊措施
3）堵管补焊后，在现有工艺条件下，该管束可以在监控下继续使用</td></tr>
<tr><td colspan="2">结论</td><td colspan="2">继续使用</td><td colspan="2">—</td><td colspan="2">监控使用</td><td colspan="2">√</td><td colspan="2">更换管束</td><td colspan="2">—</td></tr>
</table>

焊接质量保证

焊接是产品制造和结构建造的一种重要的材料成型工艺，广泛应用于航空、航天、海洋、核工业、船舶、车辆、桥梁、锅炉、压力容器、化工设备、工程机械以及建筑等领域。焊接质量直接影响产品或结构（以下合并简称为产品）的最终质量，尤其是随着我国国民经济的深入发展，焊接产品向大型化、复杂化及高参数化方向发展，所采用的材料种类也越来越多，导致焊接质量问题多样化、复杂化，因此产品失效导致的生命财产损失将更为巨大，保证焊接质量进而保证焊接产品质量显得尤为重要。焊接质量的内涵主要包括焊接成形质量和接头使用性能这两大方面。例如，焊接变形与应力、焊件的外形尺寸、焊接缺陷、焊缝外观及接头的力学性能、耐蚀性能、低温性能、高温性能以及疲劳性能等。

随着焊接产品设计水平的提高、先进焊接工艺方法的不断涌现以及高性能焊接设备和优质焊接材料的使用，在很大程度上可以保证焊接质量。但由于各种不同类型焊接过程中复杂因素的共同影响，有时不可避免地会在焊接过程中出现焊接质量问题。因此，焊接质量首先要从提高焊接技术方面予以保证，这也是焊接质量保证的根本和基础。

为了保证焊接产品的质量，需要测定或检测其质量指标是否符合规范、标准及合同等的规定。检测手段包括破坏性的和非破坏性的，其中无损检测技术是焊接生产企业具体实施焊接质量保证的基础技术手段之一。虽然无损检测技术一般是焊接结束后的接头质量确认手段，但是由于焊接缺陷几乎是难以完全避免的，因此甚至可以说没有无损检测技术就很难保证焊接质量。

总体来看，焊接质量不仅依赖于焊接技术以及质量检测技术等技术手段，也与企业的质量管理体系关系很大，应以系统论的观点来统合、分析和控制影响焊接质量的诸多因素，才能切实可靠地保证焊接质量。焊接质量保证体系不仅可以保证焊接产品的质量，而且有利于焊接生产企业的技术进步并提高经济效益及生产管理水平。

狭义而言，焊接质量主要是焊接接头质量，是衡量焊接产品质量的重要指标，是焊接质量的集中体现。不管有任意多技术环节来控制焊接质量，最终仍然要以焊接接头的质量来体现诸多技术环节的成效。但是，作为一个现代的焊接管理人员、焊接技术人员和焊工一定要清楚，虽然具体的技术（包括焊接技术）与接头质量关系很大，但了解并掌握焊接在企业质量管理体系中的地位、作用及组成，以系统的眼光看待焊接质量并在焊接生产中予以实施，才能够给客户提供产品信任，即质量保证。至少，焊接管理人员和质量检验管理人员需要清楚质量管理的一些基本概念和施行办法，才能够更好地保证焊接质量，进而保证焊接产品质量。产品质量是生产企业的生存之本、发展之本、品牌之本，是企业其他一切的基础。产品质量好坏直接关系到企业形象和企业效益。一个企业要长久生存并发展，必须严抓质量，以质量保证效益，以质量促进发展。

本章在介绍质量管理的一些基本概念及质量管理体系的基础上，将详细介绍焊接质量保

证体系所涵盖的内容及具体实施方法，以期对企业的质量保证体系人员尤其是焊接管理人员和焊接技术人员明晰质量保证含义并掌握具体、实用的实施方法，切实提高焊接质量。

6.1　质量管理的基本概念

本节所有基本概念的定义，是依据GB/T 19000—2008/ISO 9000：2005《质量管理体系　基础和术语》的定义。但在不影响完整、准确地理解其含义的前提下，进行了适应于产品生产企业尤其是焊接产品生产企业人员的习惯和用语的改动。

1. 质量

质量是指一组固有特性满足要求的程度。特性可以是物理性能（如导电性能、力学性能），也可以是功能性（如运行速度），还可以是时间性（如可靠性）等；要求是指明示的、通常隐含的或必须履行的需求或期望，可以是标准规定的、合同约定的或行业惯例等。

焊接质量通常是指产品焊接的质量，是焊接产品质量最重要的组成部分，其有两层含义：一是“要求”，即焊接产品的适用性，是指焊接产品必须满足用户或使用的需要，具体而言是指产品的可用性、安全性、可靠性、经济性、环境适宜性和可维修性等；二是“特性”，即焊接产品符合上述要求的程度。要求，一般以特征或特性的指标参数来表征。涉及具体的焊接质量，虽然包括外形尺寸精度、美观度等要求，但是更根本、更重要的是指对焊接缺陷的控制要求。

2. 质量管理

质量管理是指在质量方面指挥和控制某一企业的协调活动，通常包括制订质量方针和质量目标，以及质量策划、质量控制、质量保证和质量改进。质量管理是企业管理的重要组成部分，为了实施质量管理，需要建立科学、完善的质量管理体系。

3. 质量管理体系

质量管理体系是在质量方面指挥和控制某一企业建立质量方针和质量目标并实现这些目标的体系。具体而言是指为保证产品满足规定的或潜在的要求，由组织机构、职责、程序、活动、能力和资源等构成的有机整体。质量管理体系通常包括一套专门的组织机构，明确了各有关部门和人员应有的职责和权利，具体了保证质量的人力和物力，规定了完成任务所必需的各项程序和活动。

4. 质量方针

质量方针是由企业的最高管理者正式发布的、关于质量方面的全部意图和方向。通常质量方针与企业的总方针相一致并为制订质量目标提供主旨和框架。

5. 质量目标

质量目标是指企业在质量方面所追求的目标。质量目标应依据企业的质量方针制订，通常需要进行质量目标的分解并具体化，即企业的相关职能和层次分别规定质量目标。例如，确定产品质量目标为一次合格率达到99%，则焊接质量首先应以满足该目标展开各项质量管理活动。

6. 质量策划

质量策划是质量管理的一部分，致力于制订质量目标并规定必要的运行过程和相关资源以实现质量目标，编制质量计划可以是质量策划的一部分。

7. 质量控制

质量控制作为质量管理的一部分，致力于满足质量要求。质量控制适用于对企业任何质量的控制，不仅仅限于生产领域，还适用于产品的设计、生产原料的采购、服务的提供、市场营销及人力资源的配置等，涉及企业内几乎所有的活动。质量控制的目的是保证质量，满足要求。为此，需要解决要求是什么、如何实现及需要对哪些进行控制等问题。

质量控制的目标就是确保产品的质量能满足法律法规所规定的或客户所提出的质量要求，如适用性、可靠性及安全性等。质量控制的范围涉及产品质量形成全过程的各个环节，如设计过程、采购过程、生产过程及安装过程等。

质量控制的工作内容主要包括作业技术和活动，也就是包括专业技术和管理技术两个方面。围绕产品生产全过程的各个环节，对影响产品质量的人、机、料、法、环五大因素进行控制，并对质量活动的成果进行分阶段验证，以便及时发现问题，采取相应措施，防止不合格重复发生，尽可能地减少损失。因此，质量控制应贯彻预防为主并与检验把关相结合的原则，必须对干什么、为何干、怎么干、谁来干、何时干及何地干等做出规定，并对实际质量活动进行监控。因为质量要求是随时间的进展而在不断变化，为了满足新的质量要求，就要注意质量控制的动态性，要随人员、工艺、技术、材料及设备的不断变化，研究新的质量控制方法。

焊接质量控制是指为保证某一焊接产品质量满足规定的质量要求所采取的作业技术和活动。这些作业技术和活动必须是在受控状态下进行，才有可能生产出满足规定质量要求的焊接产品。

8. 质量保证

质量保证作为质量管理的一部分，致力于提供质量要求会得到满足的信任。这种信任是在订货前建立起来的，如果客户对企业没有足够的信任则不会与企业订货。质量保证不同于订货后的产品制出阶段的质量控制，也不是产品销售后买到不合格品的包修、包换和包退。

需要指出的是，质量控制和质量保证是有明显差别的。质量控制主要是以技术手段来控制产品质量；质量保证主要是以管理手段来保证产品质量。质量控制的着眼点在产品制出过程的质量，质量保证的着眼点在于以企业的产品质量管理体系来赢得客户的信任。因此，具有良好质量保证体系的企业，容易获得客户更多的信任。

质量保证是在合同环境中，供方取得需方信任的一种手段。因此，质量保证的内容绝非是单纯的保证质量，而更重要的是要通过对那些影响质量的质量保证体系要素进行一系列有计划、有组织的评价活动，并为取得需方的信任而提出充分可靠的证据。信任的依据是质量保证体系的建立和运行，其原因就在于质量保证体系具有持续稳定地满足规定质量要求的能力。

9. 质量改进

质量改进作为质量管理的一部分，致力于增强满足质量要求的能力。要求可以是有关任何方面的，如有效性、效率或可追溯性。

10. 质量计划

质量计划是指对特定的项目、产品或合同，规定由谁、何时及应使用哪些程序和相关资源的文件。这些程序通常包括所涉及的质量管理过程和产品实现过程。通常，质量计划引用质量保证手册的部分内容或程序文件。质量计划通常是质量策划的结果之一。

11. 质量保证手册

质量保证手册是规定企业质量管理体系的文件。为了适应企业的不同规模和复杂程度，

质量保证手册在其详略程度和编排格式方面可以不同。

6.2　质量管理体系

一个焊接生产企业的质量保证往往是通过明确的、系统的、标准的质量管理体系来实现的。质量管理体系是指确定质量方针、目标和职责，并通过质量管理体系中的质量策划、控制、保证和持续改进来使其实现的全部活动。企业的管理者应开发、建立和实施质量管理体系，以实现所阐述的质量方针和质量目标。

质量管理体系是质量管理的核心内容，是企业内部建立的、为实现质量目标所必需的、系统的质量管理模式，是企业的一项战略决策。它是将资源与过程相结合，以过程管理方法进行的系统管理。具体到某一企业，为了建立一个经济、可行、实用并有效的质量管理体系，应根据该企业所处的社会环境、行业、企业目标、产品类型、生产特点及人员构成等，选用若干体系要素加以组合而形成具有企业鲜明特点的独特的质量管理体系。作为企业质量管理体系中重要核心内容的质量保证体系一般由若干个质量控制系统组成，质量控制系统又由若干个质量控制环节组成，而质量控制环节又可以分解为若干个质量控制点来实现。以焊接生产企业的质量保证体系为例，可以包含文件和记录控制系统、合同控制系统、设计质量控制系统、原材料质量控制系统、焊接质量控制系统、工艺质量控制系统、质量检验控制系统、热处理质量控制系统及设备质量控制系统等。质量控制环节是指组成质量控制系统的诸多过程中需要重点控制的过程，如以焊接质量控制系统为例，可以包含焊接材料烘干控制环节、焊件组对质量控制环节、施焊控制环节等。质量控制点是指质量控制环节中需要控制的重点活动，一般按照在生产过程中的重要性和控制程度，可分为检查点（也称为 E 点）、审核点（也称为 R 点）、停止点（也称为 H 点）和见证点（也称为 W 点）。以焊件组对质量控制环节为例，可以设置 E 点，即在焊接车间质量检验员检查确认接头间隙符合焊接工艺规程的规定之后，焊工才可进行焊接操作。质量保证体系需要一个专门机构进行组织和实施，焊接生产企业质量保证体系的组织机构如图 6-1 所示。

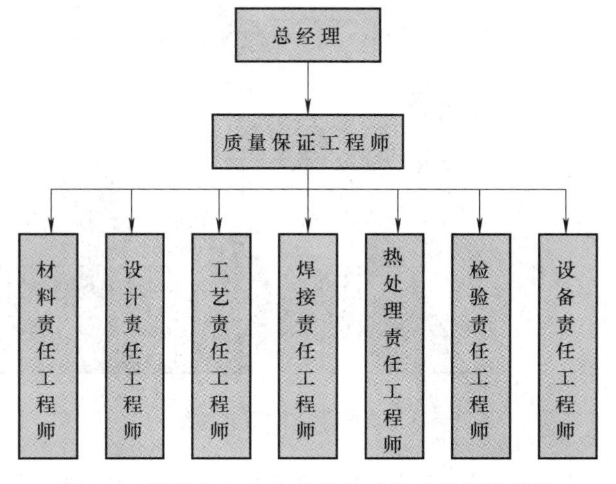

图 6-1　焊接生产企业质量保证体系的组织机构

企业可以任命质量保证工程师、材料责任工程师、焊接责任工程师、热处理责任工程师、检验责任工程师等质量保证系统各控制系统的质量负责人。在此基础上，特种设备行业根据其行业特点，一般将产品质量检验工作分开来控制，即分别设立理化检验责任工程师、无损检测责任工程师、耐压试验检验责任工程师和最终检验责任工程师等。质量保证工程师是由总经理直接授权的企业质量工作的主管，是焊接生产企业质量保证体系建立、运行、保持和改进的具体负责人，一般由企业的质量副总经理专任，也可选择一名合适的人员兼任，如技术负责人等。一方面，接受总经理的直接领导，另一方面领导焊接责任工程师、热处理责任工程师、检验责任工程师等工作并负责全面的质量保证工作。

质量保证体系组织机构不同于企业的行政组织机构，焊接生产企业的行政组织机构如图 6-2 所示。

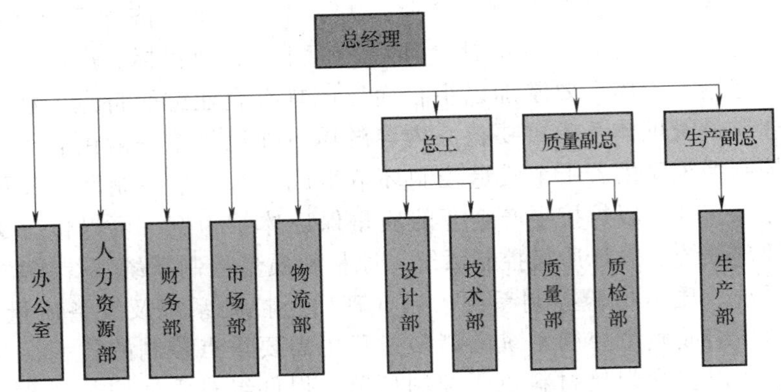

图 6-2　焊接生产企业的行政组织机构

质量保证体系一般应以文件化的方式，规定企业内部质量管理工作的要求。质量保证体系文件结构，按照文件层级分为质量保证手册、程序文件、作业文件及记录表卡，如图 6-3 所示。

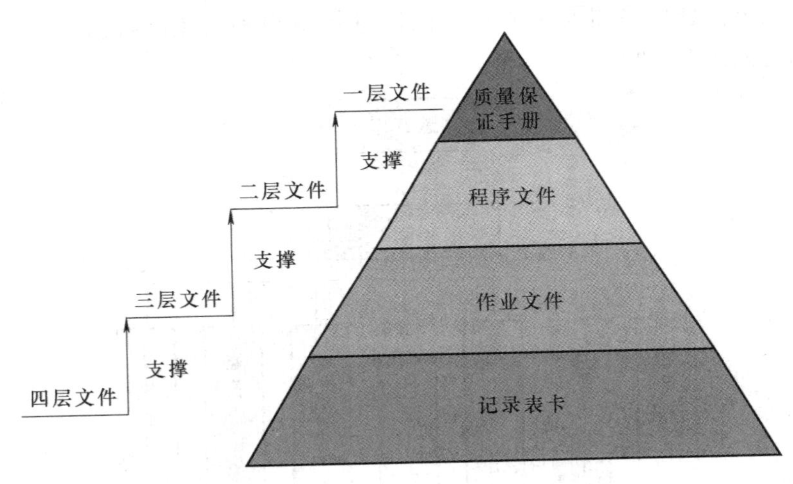

图 6-3　质量保证体系文件结构

质量管理体系所要求的文件应予以控制。文件控制是指对文件的编制、会签、审批、标

识、发放、使用、修改、回收和作废等全过程活动的管理。受控文件包括质量管理体系文件、外来文件和其他需要控制的文件。质量管理体系所要求的记录应予以控制。质量记录要真实、客观、完整、清晰、规范、便于检查和查阅，应对记录的填写、确认、收集、归档及保管等做出规定。

质量管理体系具体由质量管理体系要素来体现。质量管理体系要素通常包括管理职责、资源管理、产品实现及测量、分析与改进这四部分，涵盖了从确定客户需求、设计研制、生产、检验、销售、交付、售后等全过程的策划、实施、监控、纠正与改进活动的要求。

6.2.1　质量管理体系要素

1. 管理职责

企业的组织机构应明确规定有关质量管理体系的职能，并规定职权范围和关联方法，保证质量管理体系的有效运行。管理职责是建立和运行企业质量管理体系的一个关键要素。应确定直接或间接与质量有关的活动及形成文件，并采取以下措施：明确规定一般的和具体的质量职责；影响质量的每一项活动应明确规定职责和权限，要有充分的职责、权限和独立性，以便按期望的效率达到规定的质量目标；规定各项活动之间的接口控制和协调措施；为组建一个结构合理且有效的质量管理体系，工作的重点应该是查明实际的或潜在的质量问题并采取预防和纠正措施。

制订质量方针和确定质量目标是质量管理体系管理职责的基本内容。管理职责还涉及企业有关质量管理的各项规章制度，包括各岗位人员在质量管理体系运行中应尽的质量职责及质量管理工作的程序等。

（1）制订质量方针　企业提出的质量方针可包括以下内容：

1）企业所提供产品的等级。

2）企业在质量方面的形象和信誉。

3）企业产品质量的各项目标。

4）在达到质量目标中所采取的措施。

5）实施质量方针的管理人员的作用。

例如，制造优质产品，提供周到服务，通过持续改进，确保客户满意；再如，安全、可靠、高效地向用户提供优质的产品和优良的服务，即公司以先进的生产设备、一流的生产工艺、优良的工作环境、优秀的员工队伍和科学的管理打造出优质、安全、可靠的产品，以满足用户的需求。

（2）确定质量目标　质量目标是质量方针的具体化，应考虑以下四个主要目的：

1）实现客户满意与职业标准一致。

2）有利于企业产品质量的持续改进。

3）能回应客户和环境方面的要求。

4）有利于提高企业的效率和效益。

例如：客户满意率达到95%，每年递增0.5%；产品合格率达到98%，每年递增0.2%。再如，严格执行国家关于压力容器产品法令、法规及强制性标准的规定，压力试验一次产品合格率大于98%，合同履约率达到100%，客户满意率大于98%。

（3）确定质量职责和权限　质量职责和权限是对企业员工在质量保证工作中应承担的

任务、责任和权限所做的一些具体规定。这些规定必须与为达到质量目标所采用的手段和方法保持一致。同时，企业的质量职责还意味着企业对客户的优质服务是以企业领导和企业员工的合作为基础。焊接生产企业质量保证体系的各质量控制系统负责人和各职能部门的质量职责与权限如下所述，可供焊接生产企业结合自身企业的组织结构、产品特点和质量保证体系来补充完善具体内容。

1）总经理

① 领导企业质量保证体系全体人员贯彻执行国家法律、法规及各项规范、标准，对企业产品的质量负全责。

② 批准制订企业的质量方针和质量目标，批准发布企业的质量保证手册。

③ 负责或委托建立质量保证体系，任命质量保证工程师及各质量控制系统责任工程师，并赋予他们相应的权限，以便保障质量保证体系有效运行。

④ 负责程序文件或管理制度的批准。

⑤ 主持或委托主持质量管理评审，督促检查质量保证体系各控制系统责任人履行职责，保证质量保证体系持续改进。

⑥ 为质量保证体系的实施和有效运行提供所需的资源。

2）技术负责人

① 负责企业产品发展总体规划，并组织实施。

② 负责组织企业产品新材料、新技术及新工艺的技术攻关和应用。

③ 负责制订产品技术装备的技术更新改造规划。

④ 负责批准焊接工艺评定报告和焊接工艺规程。

⑤ 负责批准焊接接头超过两次以上的返修。

⑥ 负责组织重大生产质量事故的分析和处理。

3）质量保证工程师

① 协助总经理制订质量方针和质量目标，负责产品制造质量保证体系的建立、实施、保持和改进，并确保其有效运行。

② 按照质量保证手册的规定，对各质量控制系统的工作进行组织、协调和监督检查，根据生产的发展不断完善并改进质量保证体系的工作。

③ 组织贯彻执行与产品有关的法律、法规、规范、标准及技术规定。

④ 坚持“质量第一”的原则，行使质量否决权，保障和支持质量保证体系人员的工作。

⑤ 定期组织质量分析、质量审核，协助总经理组织管理评审。

⑥ 对质量保证体系人员定期组织教育和培训。

⑦ 组织编制和修订质量保证手册、程序文件、作业文件和其他相关文件，其中包括质量记录表卡等质量保证体系文件。

⑧ 审核并签署产品质量证明文件。

4）材料质量控制系统责任工程师

① 在质量保证工程师的领导下，认真贯彻执行与产品相关的现行法律、法规、规范和标准，并向质量保证工程师报告工作。

② 负责编制、修订及贯彻执行质量保证手册中材料质量控制系统的有关文件。

③ 负责建立健全的材料质量控制系统。

④ 审核原材料和零部件订货标准、技术条件和代用，主持合格供方的资格审查和评审工作。

⑤ 审核并签署原材料和零部件质量证明书、入库检验报告及复验报告。

⑥ 监督检查材料质量控制系统的质量控制工作。

⑦ 本系统所控制的质量活动出现不符合项时，负责组织分析并制订和监督执行整改措施。

⑧ 负责组织材料质量工作分析及质量审核，并参与管理评审工作。

⑨ 负责组织材料质量控制系统人员开展技术业务培训和考核。

5）设计和工艺质量控制系统责任工程师

① 在质量保证工程师的领导下，认真贯彻执行与产品相关的现行法律、法规、规范和标准，并向质量保证工程师报告工作。

② 负责编制、修订及贯彻执行质量保证手册中设计和工艺质量控制系统的有关文件。

③ 负责建立健全的设计和工艺质量控制系统。

④ 负责审核主要关键零部件的相关工艺文件。

⑤ 组织工艺纪律执行情况的检查，坚持“质量第一”的原则，正确处理质量和技术问题。

⑥ 监督检查设计和工艺质量控制系统的质量控制工作。

⑦ 本系统所控制的质量活动出现不符合项时，负责组织分析并制订和监督执行整改措施。

⑧ 负责组织设计和工艺质量工作分析及质量审核，并参与管理评审工作。

⑨ 负责组织设计和工艺质量控制系统人员开展技术业务培训和考核。

6）焊接质量控制系统责任工程师

① 在质量保证工程师的领导下，认真贯彻执行与产品相关的现行法律、法规、规范和标准，并向质量保证工程师报告工作。

② 负责及时跟踪与焊接相关的法律、法规及标准的变化，维持企业焊接资格和焊接安全、环保等措施的有效性。

③ 负责组织编制、修订及贯彻执行质量保证手册中焊接质量控制系统的有关文件，主要包括“焊接过程控制程序”“焊接材料管理规定”“焊接工艺管理规则”“焊接工艺评定规则”“焊工培训考试规定”“产品焊接试板管理规定”“焊接接头编号标识规则”“焊工编号及钢印标识规则”等程序文件。

④ 负责建立健全的焊接质量控制系统。

⑤ 在质量保证工程师的领导下，负责衔接和协调焊接质量控制系统与整个产品制造质量控制系统的管理工作。

⑥ 负责针对焊接技术方面与客户的沟通。

⑦ 参加对焊接产品设计及合同的评审。

⑧ 及时跟踪国内外先进焊接装备、材料及工艺，探讨其可行性并组织实施。

⑨ 负责组织制订产品制造焊接工艺试验导则和焊接工艺评定计划及方案，指导并参加焊接工艺评定工作。

⑩ 审核焊接工艺规程、焊接工艺卡和焊接工艺评定报告。如果是依据 ASME BPVC. IX

的《焊接、钎焊和塑料熔接工艺和技能评定》进行焊工技能考试，则还要审核焊工技能评定报告和焊机操作工技能评定报告。

⑪ 指导现场施焊，监督焊接工艺的贯彻执行，并解决遇到的焊接技术问题。

⑫ 负责焊接接头一、二次返修工艺的审批和超次返修工艺的审核工作。

⑬ 有权监督、检查并指导焊接材料的采购、保管、发放和使用，对焊接材料实施有效管理。根据生产计划审核焊接材料采购计划，对焊接材料采购提出相关标准或附加要求，负责焊接材料代用批准及其他材料代用的会签。

⑭ 监督检查焊接质量控制系统的质量控制工作。

⑮ 本系统所控制的质量活动出现不符合项时，负责组织分析并制订和监督执行整改措施。

⑯ 负责组织焊接质量工作分析及质量审核，并参与管理评审工作。

⑰ 负责组织焊接质量控制系统人员开展技术业务培训和考核。

7）热处理质量控制系统责任工程师

① 在质量保证工程师的领导下，认真贯彻执行与产品相关的现行法律、法规、规范和标准，并向质量保证工程师报告工作。

② 负责编制、修订及贯彻执行质量保证手册中热处理质量控制系统的有关文件。

③ 负责建立健全的热处理质量控制系统。

④ 组织编制和审核热处理方案与工艺，并指导实施。

⑤ 审核热处理记录及报告，确认热处理效果。

⑥ 如果外协，则负责热处理分包方的评价和热处理分包项目的质量控制。

⑦ 本系统所控制的质量活动出现不符合项时，负责组织分析并制订和监督执行整改措施。

⑧ 监督检查热处理质量控制系统的质量控制工作。

⑨ 负责组织热处理质量工作分析及质量审核，并参与管理评审工作。

⑩ 负责组织热处理质量控制系统人员开展技术业务培训和考核。

8）无损检测质量控制系统责任工程师

① 在质量保证工程师的领导下，认真贯彻执行与产品相关的现行法律、法规、规范和标准，并向质量保证工程师报告工作。

② 负责编制、修订及贯彻执行质量保证手册中无损检测质量控制系统的有关文件。

③ 负责建立健全的无损检测质量控制系统。

④ 对企业产品的无损检测质量负责。

⑤ 组织解决无损检测中的重大技术问题。

⑥ 负责审查无损检测报告及原始记录与委托要求是否相符，审查无损检测过程和结果是否符合规定的质量要求，对评级和报告的正确性负责。

⑦ 负责检查无损检测仪器设备的使用情况，提出仪器设备维修计划并组织实施。

⑧ 负责监督检查无损检测档案的管理工作。

⑨ 监督检查无损检测质量控制系统的质量控制工作。

⑩ 本系统所控制的质量活动出现不符合项时，负责组织分析并制订和监督执行整改措施。

⑪ 负责组织无损检测质量工作分析及质量审核，并参与管理评审工作。

⑫ 负责组织无损检测质量控制系统人员开展技术业务培训和考核。

9）理化检验质量控制系统责任工程师

① 在质量保证工程师的领导下，认真贯彻执行与产品相关的现行法律、法规、规范和标准，并向质量保证工程师报告工作。

② 负责编制、修订及贯彻执行质量保证手册中理化检验质量控制系统的有关文件。

③ 负责建立健全的理化检验质量控制系统。

④ 严格理化检验报告的审核和数据信息处理工作，确保试验数据正确。

⑤ 监督检查理化检验质量控制系统的质量控制工作。

⑥ 本系统所控制的质量活动出现不符合项时，负责组织分析并制订和监督执行整改措施。

⑦ 负责组织理化检验质量工作分析及质量审核，并参与管理评审工作。

⑧ 负责组织理化检验质量控制系统人员开展技术业务培训和考核。

10）最终检验质量控制系统责任工程师

① 在质量保证工程师的领导下，认真贯彻执行与产品相关的现行法律、法规、规范和标准，并向质量保证工程师报告工作。

② 负责编制、修订及贯彻执行质量保证手册中最终检验质量控制系统的有关文件。

③ 负责建立健全的最终检验质量控制系统。

④ 负责组织编制产品制造全过程的检验和试验质量控制程序，合理设置必要的质量控制环节和控制点。

⑤ 负责组织检验和试验人员审查图样和技术文件，编制和审核产品检验、试验规程及工艺文件，负责制订检验和试验安全操作规程及安全防护措施。

⑥ 对企业生产的产品从原料入厂验收、仓储保管发放、工序检验、外购或外协零部件检验、制造过程检验、压力试验到成品最终检验等进行控制。

⑦ 对生产中出现的不合格品，按质量保证体系规定的程序组织处理。做到违章违规必究，行使质量否决权，绝不允许不合格品流入下一道工序，保障和支持检验人员的工作。

⑧ 负责审核质量检验报告、产品出厂文件及产品档案等技术资料，并对其正确性和完整性负责。

⑨ 负责按照产品的质量计划与监督检验机构衔接确定监督检验项目，并全力配合实施监督检验。

⑩ 监督检查最终检验质量控制系统的质量控制工作。

⑪ 本系统所控制的质量活动出现不符合项时，负责组织分析并制订和监督执行整改措施。

⑫ 负责组织最终检验质量工作分析及质量审核，并参与管理评审工作。

⑬ 负责组织最终检验质量控制系统人员开展技术业务培训和考核。

11）设备质量控制系统责任工程师

① 在质量保证工程师的领导下，认真贯彻执行与产品相关的现行法律、法规、规范和标准，并向质量保证工程师报告工作。

② 负责编制、修订及贯彻执行质量保证手册中设备质量控制系统的有关文件。

③ 负责建立健全的设备质量控制系统。

④ 组织制订企业设备、计量器具和检验与试验装置更新改造计划，参与重大关键设备、计量器具和检验与试验装置的大修技术方案的制订，并组织实施。

⑤ 组织重大设备、计量器具和检验与试验装置安全事故的技术调查和分析，杜绝重大设备、计量器具和检验与试验装置安全事故的发生。

⑥ 对企业设备、计量器具和检验与试验装置的完好和专管负责，满足企业产品制造、检验、检测及试验的需要。

⑦ 严格计量器具检定的管理，确保量值溯源和对不合格计量器具的控制。

⑧ 负责设备、计量器具和检验与试验装置档案建档和保管的监督检查工作。

⑨ 负责设备、计量器具和检验与试验装置报废的鉴别及审核工作。

⑩ 监督检查设备质量控制系统的质量控制工作。

⑪ 本系统所控制的质量活动出现不符合项时，负责组织分析并制订和监督执行整改措施。

⑫ 负责组织设备质量工作分析及质量审核，并参与管理评审工作。

⑬ 负责组织设备质量控制系统人员开展技术业务培训和考核。

12）设计部

① 在总工程师的领导下，根据合同或技术协议的要求组织产品设计，依据设计条件图编制设计任务书并组织实施设计、设计评审、设计文件的改进及设计文件的审核和批准。

② 对产品设计的可行性、可靠性、经济性和设计图样、设计文件的完整性、正确性和规范性负责，符合并满足制造、安装及使用的要求。

③ 负责产品的设计与开发工作，编制相应的计划和技术文件，制订并确认产品有关的技术标准及规范。

④ 坚持“质量第一”的原则，保障和支持设计质量控制系统各级管理人员的工作。

13）市场部

① 在市场部经理的领导下，收集、整理并综合分析市场信息，为生产产品的定向及更新换代提供统计和分析依据。

② 负责组织销售及销售合同的评审工作，并对评审结论的准确性负责。

③ 做好销售合同的管理，按合同交货期限、数量和技术要求交货。

④ 负责用各种渠道大力宣传企业和产品，并认真处理好客户的函电来访，组织做好客户的售后服务和信息反馈工作。

14）生产部

① 在生产部长的领导下，加强计划的管理和生产调度，按时、保质、均衡地完成生产计划。

② 按照企业市场部的要求安排生产作业计划，并下达到生产车间。

③ 负责组织安排相关部门产品配件的生产计划并组织实施。

④ 负责组织生产车间严格执行工艺文件和工艺纪律，保证产品质量和要求。

⑤ 参与产品质量事故的调查和分析处理，并组织力量进行整改。

⑥ 负责组织生产车间、生产班组各工种和作业工艺的衔接工作。

⑦ 负责监督检查设备的使用、维护及保养情况，编制设备维修计划并实施。

⑧ 负责生产事故和设备事故的调查和分析处理，提出改进措施。

⑨ 随时接受相关部门的监督检查，发现问题及时整改。

15）技术部

① 在总工程师的领导下，加强技术部与设计部、生产部、质量检验部等部门的协调工作。全面配合质量保证工程师确保企业质量保证体系有效运行。

② 负责产品图样、技术文件、法规、标准化、工艺及焊接等日常技术管理工作。

③ 负责技术革新，开发新产品的各种技术准备工作，不断提高产品质量和工作效率。

④ 认真贯彻执行各项标准和工艺文件，及时处理生产过程中的技术、工艺和质量问题。

⑤ 对设计图样进行工艺性审查，根据本公司设备能力及技术水平编制工艺文件、设计工装及材料清单，并对工艺文件、资料的完整、统一及清晰性负责。

⑥ 负责产品质量控制点的设置，工艺规程的编制、发放。

⑦ 负责工艺文件的更改，所有更改必须按照更改原则和程序进行，但不得降低产品质量和客户的要求。

⑧ 负责企业外购设备的验收、安装、调试和鉴定工作。监督检查设备使用和维护保养状况。建立健全设备档案。

16）质量检验部

① 在质量检验部部长的领导下，全面负责产品的质量检验工作。

② 负责产品出厂文件与资料的编制工作。

③ 严格按照标准、图样、工艺、技术文件、订货合同及有关资料，负责对原材料、外购件及外协件从进货检验、生产过程检验、最终检验到成品出厂整个生产过程的质量检验。

④ 做好生产过程中不合格品管理及日常工艺纪律监督等工作。

⑤ 做好产品质量统计，进行质量分析，并行使质量否决权。

⑥ 保证产品质量检验原始记录完整，产品质量档案齐全。

17）物流部

① 在物流部部长的领导下，根据工艺技术文件，采购符合质量要求的各种原材料、零部件和配套件。

② 组织调查选择有质量保证能力和供货及时的分承包方，建立合格供方档案，并对合格的供方进行动态管理。

③ 负责原材料和零部件的进厂检查、报验、保管、发放及回收等工作。

（4）进行质量评审　质量评审是对企业质量保证体系的现状是否有效、是否符合企业质量方针和质量目标的要求以及质量保证体系是否适应在市场环境变化后确定的新目标等所做的正式评价。质量评审提出的改进措施和资源需求决议，质量保证工程师应制订和实施相关的措施并进行跟踪，确保质量保证体系的持续改进。

2. 资源管理

资源管理包括七方面资源的管理，即人力资源管理、基础设施管理、工作环境管理、财务资源管理、供方和合作伙伴资源管理、知识信息与技术资源管理以及自然资源管理。为了保证质量管理体系的顺畅运行，管理者应确定资源要求，提供实施质量方针和达到质量目标所必需的、充足而又合适的资源。

（1）人力资源管理　首先，一个企业需要明确自己为实现既定的质量目标所需要的人力资源能力要求。其次，根据这一能力要求实现人力资源的配置，推行竞争上岗、实施轮岗交流及注重优化组合等形式来实现合理配置，发挥人力资源的最佳效益。第三，对已经配置的人力资源进行相应的能力评价，如果不能满足规定的要求，需要采取培训或相应的其他措施保证满足需要。第四，对于采取的措施需要进行相应的评价与记录，以验证管理的效果。第五，对于能力的评价可以从教育、培训、技能与经验等方面进行考察。为确保各类人员的工作能力，管理者应就人员资格、经验和必需培训的要求做出规定。

（2）基础设施管理　作为一个企业，其基础设施一般包括道路交通、厂房建设、维修、改造、园林绿化、文化设施、动力系统、通电设施及供水供电系统等公用工程设施和公共生活服务设施。应确定、提供并维护相应的硬件、软件与支持性的设备设施的管理，确保现在及以后提供达到产品质量要求所需的基础设施。

（3）工作环境管理　工作环境作为一种资源管理，分为两大方面，即企业的作业环境和人文环境。作业环境包括工作时所处的条件，即车间及办公室的物理的、环境的及其他因素，如温度、湿度、噪声、安全性及清洁程度等。人文环境主要包括单位风气、领导作风、和谐程度、奖金和福利待遇、荣誉奖励及激励晋升机制等。

（4）财务资源管理　财务资源管理包括确定并获取相应的财务资源，监控并报告财务资源使用的情况，报告财务资源使用的效果以及如何改进等。

（5）供方和合作伙伴资源管理　一个企业的生存与发展离不开价值链上的合作伙伴，对于供方和合作伙伴资源的管理同样需要进行选择、评价与改进的管理，一般需要建立合格供方目录等。

（6）知识信息与技术资源管理　信息资源管理是指企业为达到预定的质量目标，运用现代的管理方法和手段，对与企业相关的信息资源和信息活动进行组织、规划、协调和控制，以实现对企业信息资源的合理开发和有效利用。从现在的需求上与将来的影响上考虑知识信息和技术资源的管理，包括识别、获取、维持、保护、使用和评价等过程，现代企业越来越重视企业自主知识产权的申请和保护。

（7）自然资源管理　从自然资源（含能源）的可获得性和使用有关的风险和机会进行管理，涉及企业运行的全过程。

3. 产品实现

从最初识别市场需要到最终成品输出的全过程的质量管理，可以用质量环来表示，如图 6-4 所示。其中，1~8 环节是企业生产环节，9~12 环节是客户服务环节。

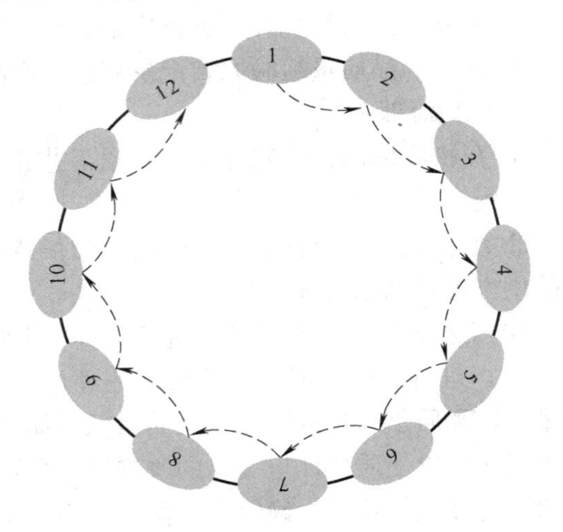

图 6-4　质量环

1—市场营销调研　2—产品设计和开发　3—工艺策划和开发　4—采购　5—生产　6—验证　7—包装和贮存　8—销售和分发　9—安装和使用　10—技术支持和服务　11—售后跟踪　12—使用寿命结束时的处置或再循环

质量环是指导生产企业建立质量管理体系的基本依据，生产企业应根据市场情况、产品类型、生产过程、自身能力及客户的需要等具体情况，选择相应的要素和采用这些要素的程序。下面，简要分析企业产品生产中的

重要质量环节。

（1）市场营销调研　市场营销调研是针对企业特定的营销问题，采用科学的研究方法，系统、客观地收集、整理、分析、解释和沟通有关市场营销各方面的信息，为营销管理者制订、评估和改进营销决策提供依据。市场营销调研是为了了解客户的质量需求和期望，是产品质量的开始。市场营销调研的职能在于准确掌握客户对产品的显式或潜在的需求，提出对产品质量的具体要求，开发客户满意的产品。

当需要新的市场机会或新产品、新项目或特殊要求的合同产品时，先行的往往是市场营销调研。市场营销调研一般应该包括宏观环境调查、市场调查、竞争者调查及客户调查。市场营销调研报告也正是第2环节“产品设计和开发”的基础。

1）宏观环境调研，内容包括国家及地方的有关方针政策、制度调整和体制变化，国家及地方颁布的法规、法令，还包括社会文化、经济状况、地理自然状况及科技状况等。

2）市场调查，内容包括对市场特性、可能的市场规模（包括现实需求和潜在需求）、可能销量、市场动向和发展、市场对产品销售的态度、市场增长率、本企业及其他产品的市场占有率及最大竞争对手的市场占有率等进行详细调研。

3）竞争者调查，内容包括竞争者属性，竞争企业各类产品销售额，各地域所占比例，客户评价，产品特性和产品竞争力及与本企业产品比较的优劣情况，按地域类别的销售网点数和销售额，交易条件及其变化，对销售网点的援助和指导情况，广告和宣传的方法、频率、投入金额及渗透情况，人员推销的方法，推销活动的特性，营销推广的方法，营销人员的数量、素质以及售后服务的方法及质量等。

4）客户调查，内容包括：客户的结构组成；客户的需求特点、数量、种类；客户的购买动机和购买习惯；客户的购买能力和购买行为；了解市场性质，包括客户分布、客户特征、客户变化、市场比较、潜在市场的决定及销售额的预测；了解客户的动机，包括购买动机、影响动机的因素、发现产品及店铺选择背后的动机以及分析购物及产品比较的动机；了解客户的态度，包括发现客户对店铺、产品的态度，搞清客户的不满，态度的相对强度，客户对店铺、对产品形象和对店铺方便性的态度，评价对购买计划的态度；对偏好的认识，如店铺偏好，产品偏好，对店铺、产品的忠诚度，评价买卖领域的选择条件，购买频率；了解购买意图，包括购买意图评价，希望和购买意图间的关系，购买意图的实现程度。

（2）产品设计和开发　产品质量包括设计质量和制造质量。产品设计和开发过程实质上就是将市场或客户的产品质量要求转化为产品的技术规范，因此设计质量决定产品的先天性质量，是质量保证的关键环节。规范的设计和开发一般应包括设计和开发的策划、输入、输出、评审、验证、确认和变更阶段。

1）设计和开发的策划。在策划阶段，要考虑所有的设计要素，包括从样件制造到验证产品和有关服务满足客户要求目标的所有环节，并确定设计和开发的计划和目标。

2）设计和开发的输入。要根据设计要求形成设计任务书。设计要求一般包括：功能（即产品作用）和性能（即作用程度）两方面的要求，这些要求来源于客户的提出、产品标准明示、企业附加的产品定位及质量目标等；法规及法律要求；必要时，还包括以前类似设计的信息。此外，还有可能包括其他要求，如资源要求等。

3）设计和开发的输出。设计完成后一般要输出如下内容：新设备、工装和设施要求；采购信息，如材料规范、原材料及外协件的技术要求；制造信息，如图样、产品技术要求等工程规范；服务信息，如产品安装、使用及维护的说明书；验收准则，如合格与否的试验大纲、产品标准等。

4）设计和开发的评审。需要在设计的适当阶段或设计结束后，针对设计结果进行评审。发现的不合格项，应采取必要的纠正或改善措施。以会议的形式进行评审，需要设计人员参加。

5）设计和开发的验证。验证方式有变换计算方法、样件试验、与类似设计进行对比及对输出文件的评审。验证表明不能满足要求时，应采取纠正措施。

6）设计和开发的确认。设计完成后，采用小批试生产进行确认。可采用鉴定会及试运行等方式，要模拟产品正常使用的条件。不满足要求时，应采取纠正措施。

7）设计和开发的变更。需要识别变更的来源：是客户提出、企业要求还是市场营销结果？更改后，应重新进行评审、验证、确认及批准。

（3）工艺策划和开发　工艺策划是指按照产品设计和开发的进度要求，根据客户产品设计图样等技术文件，对产品工艺开发职责和权限进行分工，明确产品工艺开发各阶段的接口管理，保证工艺开发和验证等活动按计划进行。工艺开发是产品生产准备的主要内容，根据产品设计、标准及规范等技术文件的要求，将信息、材料、设备、能源、环境及人员等合理地组织起来，并采取有效的控制办法以保证产品的质量。工艺开发过程主要由输入、输出、评审、验证和确认环节组成。通常是企业的技术部或设计部为归口管理部门，负责企业新产品工艺策划和开发工作的组织实施。

1）输入。输入内容主要包括：产品主要特点及性能要求，这些要求主要来自客户或市场的需求与期望，一般应包含在合同、订单或项目建议书中；适用的法律、法规及国家强制性标准要求；以前类似的工艺设计和开发提供的适用信息；开发所必需的其他要求。

2）输出。工艺开发的输出应以能针对工艺设计和开发输入进行验证的形式来表达，以便于证明满足输入要求，为生产提供适当的信息。工艺开发的输出因产品不同而不同，一般包括指导生产等活动的参数和文件，如转换图样、工艺文件、零件明细栏、控制计划、检验和试验计划、检验作业指导书、物资采购清单及工装夹具的设计图样等。

3）评审。在工艺开发的适当阶段，应进行系统、综合的评审，如输入阶段对输入项中不完善、含糊或矛盾的要求做出澄清和解决，确保设计开发的输入满足任务书的要求。

对设计的总工艺的评审内容如下：审查工艺总方案的正确性、先进性、经济性和可行性；审查工艺总方案是否能够满足企业的质量目标要求；审查工艺总方案是否满足客户产品设计及生产纲领的要求；审查产品的工艺分工和工艺路线的确定是否合理、可行；审查专用工装夹具的确定依据；审查新工艺、新技术、新设备采用的依据及合理性；审查工艺技术文件的标准化要求；审查材料消耗定额的确定及控制原则。

有时还需要对关键或重要零部件的工艺进行单独评审，评审内容与上述相似。

4）验证。根据评审通过的工艺策划和开发方案，引用已证实的类似工艺策划和开发的有关证据进行比较，作为本次设计的验证依据。应记录验证的结果及跟踪的措施，确保工艺开发输入中每一项功能和性能指标都有相应的验证记录。

5）确认。确认的目的是证明产品能够满足预期的使用要求，通常应在批量生产之前进行。如需经客户使用一段时间后才能完成确认工作的，应在可能的适用范围内实现局部确认。根据产品的特点，可以选择如下几种确认方式之一。

① 技术部组织相关人员对产品进行首件鉴定，即对产品工艺开发予以确认。

② 自验收合格的产品，如果需要由市场部联系客户并交付客户试用，则由市场部提交客户对产品符合标准或合同要求的满意程度及对适用性的评价，客户满意即为对工艺开发的确认。

③ 将产品送到国家或行业有关机构进行检验，其检验合格报告即为工艺开发的确认。

（4）采购　采购的原材料或零部件是企业产品的重要组成部分，因而采购质量直接影响产品质量。企业应制订采购质量的管理办法，一般应按如下内容进行规范。

1）采购过程

① 制订评价和选择供方的准则。

② 依据准则，选择供方。

③ 评价方式可采用现场审核、样品试用及以往业绩等。

④ 应首先在企业合格供方目录中的供方处采购。

⑤ 制订重新评价的准则，定期依准则对合格供方进行重新评价。可采用现场或以往业绩的方式进行评价，评价不合格时应采取处置措施，如限期整改、暂停供货和取消合格供方资格等。

2）采购信息。采购信息应包括拟采购的产品，适当时还应包括：

① 产品、程序、过程和设备的批准要求。

② 人员资格的要求。

③ 质量管理体系的要求。

在与供方沟通前，企业应确保所规定的采购要求是充分的、适宜的。

3）采购产品的验证。包括进货检验、验证材质单、供方记录及简单验证等方式。

① 若在供方处验证，应明确验证方式及产品放行的标准。

② 若在需方（即企业）处验证，企业检验人员应按照采购检验程序对所采购的产品进行检查和验证，并将检查和验证结果及时反馈给物流部，作为对供方质量控制和定期评定的依据。

③ 当需要企业检验人员到供方处对外购产品进行验证时，由物流部会同采购申请及使用部门，按在采购合同中验证的安排及产品放行的规定进行。

④ 当合同中有规定并且企业的客户欲在企业的供方处或在本企业对企业供方的产品进行验证时，由物流部协调安排实施。企业的客户验证，既不能免除企业提供可接收产品的责任，也不能排除其后对企业客户产品的拒收。

（5）生产　生产过程质量控制是指对从原材料进厂到形成最终产品的整个产品制造过程实施质量控制，以保证生产出符合设计质量要求的产品。在生产过程中一般应重点控制以下七个环节的过程质量。

1）原材料控制及其可追溯性，即生产过程中发现或产生问题后，对原材料可以识别和追踪，进而查明问题发生的时间、地点、缘由和责任者。

2）制订并执行预防性的设备维修保养计划。

3）对难以评定其质量特性的关键工序，纳入工序控制点进行重点控制和管理。

4）对生产过程中使用的图样及设计和工艺文件进行有效控制和管理。

5）对工艺变更质量及工艺变更进行有效控制，要有明确的工艺变更审批制度、权限及责任。

6）对原材料和零部件的验证状况做出验证标记，并进行有效控制。

7）对不合格品的控制，要制订明确的识别标志及隔离、存放和处理的规定。

（6）验证　验证可分为生产前的进货检验、生产中的工序检验和生产后的产品检验。应按照制订的检验计划和检验程序，及时地开展质量检验和验证活动。同时，要注意测量和试验设备及仪表的准确度和精度并确保在检定合格周期内，以确保质量保证体系中各项质量活动的测试数据准确、可靠。

当出现不合格品（即原材料、零部件或制成品不满足规定的质量）或是不合格项（即质量保证体系中的某些要素偏离了规定）时，应按照不合格处置程序进行有效控制，并针对不合格品或不合格项采取纠正和预防措施。一般包括不合格品的返修、返工、回用、降级或报废处理，以及不合格项的整顿和改进。企业必须指定专职部门或人员负责纠正和预防措施的指定、协调、记录和监控，并应对质量问题进行严重性程度的评价、原因调查和分析，最终要制订预防措施并付诸实施。

除了上述六个环节之外，其他质量环节，即包装和贮存、销售和分发、安装和使用、技术支持和服务、售后跟踪、使用寿命结束时的处置或再循环，对于焊接产品的质量保证而言一般影响较小，但对于特殊的焊接产品还应严格控制上述某些环节的质量。上述的产品实现是全面的，可以根据企业自身的特点决定上述环节及其内容的取舍。绝大部分的焊接生产企业，往往至少需要将 3~11 环节编入质量环中。如果企业具有产品设计资质，则应编入 2~11 环节。如果企业具有开发新产品的能力，则应编入 1~11 环节。特殊产品的焊接生产企业，如由于核电用容器在寿命结束时一般应该按预设的处置办法进行处置，因此需要将第 12 环节编入质量环中。

4. 测量、分析和改进

为了确保产品、过程及质量管理体系的符合性和持续改进质量管理体系的有效性，企业要规定、策划和实施所需的测量、分析和改进过程。规定过程的内容、频次、方式和必需的记录，包括必须了解和使用基本的统计技术，如极差分析、方差分析或回归分析等。

（1）测量　测量的目的是证实客户对企业的产品和服务的满意程度、证实质量管理体系符合规定的要求、证实质量管理体系过程满足所策划的结果的能力以及证实产品符合规定的要求等。

1）客户满意度。采用调查和统计的方法进行测量和监控。对于质量管理体系而言，主要是通过内部质量审核进行监控；对于过程而言，对特定过程的参数进行控制；对于提供的产品而言，主要是采用原材料检查、过程检查和最终成品检查等方式进行。企业的市场部通过对客户投诉及退货的统计，监视客户满意度，并在企业内部对统计分析结果实施纠正和预防措施，以提高客户满意度。

2）内部质量审核。它是企业在内部进行的一种自我审核，是为了确定质量活动和有关结果是否符合质量管理体系的策划安排，以及这些安排是否有效地实施并能达到预期目的所做的独立、系统的检查。一般要求一年内应对质量管理体系或其要素、过程、产品或服务进行至少一次的全面系统审查。

应制订“内部审核控制程序”，对内部质量审核的具体实施做出明确的规定。管理者代表应组织人员对内部质量审核进行策划，充分考虑到被审核活动和区域的状态、重要性和以

往评审结果等因素，规定审核的范围、方法、依据、频次及人员等，其中安排的审核人员应与被审核活动无直接的责任关系。

内部质量审核的实施应根据内部审核计划逐项进行，并依据审核结果提出内部质量审核报告。若审核发现不合格项，则应通知相关负责人采取纠正和预防措施。审核组长应对纠正措施的效果进行跟踪验证。所有内部质量审核的过程和结果均必须做好记录并提交审核报告。

质量管理体系评审是为了确定质量活动及相关结果符合质量计划安排，以及这些安排是否达到了质量目标所做的系统、独立的定期检查和评定。企业需采用适宜的方法对质量管理体系过程进行监视，并在适当时进行测量。这些方法必须证实过程实现所策划的结果的能力，当未能达到所策划的结果时，必须采取适当的纠正和预防措施，以确保产品的符合性。针对所有新的制造过程，企业应进行过程研究，以验证过程能力，并为过程控制提供补充输入。过程研究的结果应形成文件，并附有生产方法、测量和试验以及维护指导书等适当的规范，应包括过程能力、可靠性、可维护性和可获得性的目标及其接收准则。必须确保有效实施控制计划和过程流程图，包括符合测量技术、抽样计划、接收标准及当不满足接收标准时的反应计划。

质量管理体系评审有以下三种类型：

① 质量管理体系评审，其评审对象是对企业质量管理有重要影响的各控制过程的职能工作。

② 生产过程评审，一般是针对一个或一系列很具体环节的评审。

③ 产品质量评审，这类评审的项目可依据客户的评价意见和生产过程控制中容易出现质量问题的环节来确定。

以上三种评审能够帮助企业及时发现存在的问题，是企业，特别是中小企业改进质量管理体系的一种重要手段和保证活动。

3）过程的监视和测量。企业制订的“内部审核控制程序”“管理评审控制程序”对整个质量管理体系过程进行监视和测量。根据各过程对产品的影响程度，对必要的监视和测量参数进行明确的规定，同时也应规定各有关参数的测量方法及各责任部门。在产品实现过程中，各相关部门应对规定的监视及测量参数进行记录，必要时采取有效的统计方法对所得到的数据进行分析。当未能达到策划结果时，应由相关部门采取适当的纠正和预防措施，以确保产品的符合性。

4）产品的监视和测量。企业的质量检验部必须对来料、半成品及成品进行监视，以验证其是否满足规定的要求。未经检验或检验后不合格的物料、半成品或成品不得直接投入生产、转序，更不得出货。根据策划要求，质量检验部应对各要求的测量和监视制成“产品检验控制管理办法”，以指导检验人员顺利完成必要的检验和测量，并做好规定的记录。除非得到有关授权人员的批准，必要时得到客户的批准，否则在产品策划未完成之前不得放行产品。

（2）分析　分析的目的是消除客户不满意的因素，提高客户的满意程度。分析分为以下三类：

1）对质量管理体系的符合与否进行分析，发现不符合则进行纠正和改进，提高质量管理体系的效率和效果。

2）对过程能力进行分析，提高过程实现策划的能力。

3）对产品的符合性进行分析，不断改进产品。

为了确定质量管理体系的适应性及运行的有效性并提高其运行效率，企业应对运行质量管理体系所产生的数据进行收集、整理和分析，并识别质量管理体系中需要改进的地方。数据分析资料的主要来源有测量和监控过程所产生的记录、内部质量审核所产生的资料、客户投诉、有关供应商的各种数据资料及生产过程中所产生的数据等。

企业通过对以上来源有关数据的分析，期望给企业的有关人员提供影响产品质量的因素和原因、客户满意度、供应商的改进以及质量目标、产品质量的变化情况等，以指导企业对以后质量管理体系的策划。

（3）改进　改进的目的是：①客户满意的改进，可以使企业获得客户的忠诚，提高企业的市场份额，使企业得到发展；②对质量管理体系和过程的改进，可以提高企业满足策划结果的能力和效率；③对产品的改进，可以实现提高客户的满意度以及降低成本和能耗等目的。改进是一个持续的过程，是企业永恒的追求。

1）持续改进。企业总经理和管理者代表应策划和管理必要的过程，如资料分析、不合格品控制、测量和监控及管理评审等，以确保质量管理体系能够持续改进。企业应制订“纠正和预防措施控制程序”，以规范其有效实施。

通过对质量方针的评审、质量目标的统计分析、内外质量保证体系的审核、资料分析、实施纠正和预防措施及管理评审等，发现质量管理体系存在的问题和需要改进的地方，并采取措施予以改进，以推动质量管理体系的持续改进。

2）纠正措施。对于生产过程中出现的产品不符合项、质量管理体系运行不符合要求、客户投诉、供应商来料不合格等，均应采取相应的纠正措施，消除产生不合格的原因，防止其再次发生。纠正措施应与所遇到问题的程度和影响相适应，既不是所出现的每个不合格均需要采取纠正措施，也不是问题虽小但经常出现的不合格不采取纠正措施。实施纠正措施应按以下步骤进行：

① 识别不合格，如内审的不合格、来料的不合格、客户投诉及生产过程中的不合格等。

② 由出现不合格的责任部门进行分析，确定产生不合格的原因。

③ 评估为了确定不合格不再发生所需采取的措施。

④ 确定和实施必要的纠正措施。

⑤ 记录纠正措施的实施结果。

⑥ 对纠正措施的实施情况予以跟踪和评审。

以产品为例，企业依据质量管理体系要求制订“不合格品控制程序”，确保不符合要求的产品得到有效的识别和控制，以免其非预期地被误用或交付。出现不合格品时，责任部门应对不合格品进行标识和记录，并予以隔离。应规定相关人员对不合格品进行评审和处置，必要时应采取纠正和预防措施，防止再次出现。不合格品处置及纠正后应对其进行再度验证，以证实其已符合要求。当在交付和使用时发现不合格品，企业应对不合格品的影响或潜在影响进行评估，并采取相应措施。为降低成本，企业应对所产生的不合格品定期进行统计分析，找出影响产品质量的重要因素，并设法予以消除。企业应保持不合格品的性质以及对其进行评审和处置的记录，包括所批准的让步放行记录。

3）预防措施。通过资料分析及有关的趋势分析，找出潜在的不合格项，并采取预防措

施消除其原因以防止其发生。实施预防措施的步骤如下：

① 找出潜在的不合格项并进行原因分析。

② 确定所需要采取的预防措施并确保其实施。

③ 记录预防措施的实施结果。

④ 对预防措施的结果进行跟踪验证，并评审其有效性。

6.2.2　质量管理体系的建立、运行和改进

需要注意的是，有时在合同环境下，根据客户的质量保证要求，企业建立的质量管理体系中的某些要素需要调整和补充，以便取得客户的充分信任，顺利实现质量保证。对于从事一些特殊焊接产品（如锅炉和压力容器等）的生产企业，一般都要在合同环境下修改、补充并完善企业的质量管理体系。例如，合同中客户要求按照 ASME BPVC. Ⅷ《压力容器建造规则》来生产某型压力容器等。

1. 质量管理体系建立的主要要求

质量管理体系的建立，主要需要完成如下内容：质量管理体系结构、质量控制系统组成、质量控制环节的分解、质量控制点的设定、质量管理体系的组织结构及质量管理体系的文件化。首先，要明确采用何种质量管理体系结构，包括有明确的企业宗旨、质量方针和质量目标，并以此为基础确定其他建立的具体内容。例如，我国的压力容器生产企业需要建立质量保证体系、质量控制系统、质量控制环节及质量控制点的质量管理体系结构。其次，根据质量管理体系结构组成并结合企业自身特点，对质量控制节点进行分解。例如，分解成不同的质量控制系统、质量控制环节和质量控制点。再次，根据上述的分解，确定质量管理体系的组织结构，建立完整的质量管理组织机构并任命从事质量管理的各环节的质量控制人员。同时需要对各级质量管理人员的工作职责和权力、工作方式和工作程序做出规定。最后，要完成质量管理体系的文件化，即需要完成一整套管理文件，包括编制质量保证手册、程序文件（即管理制度）、作业文件（如工艺规程、作业指导书或工艺卡等）、各种记录表卡以及质量管理体系需要的其他资料。

以企业质量管理体系中的焊接质量保证体系为例，其构建应特别注意如下几个重要环节。

（1）组织机构　组织机构是质量保证体系的重要组成部分，在很大程度上决定了质量保证体系的有效运行和制造质量的可控性，组织机构的设置应遵循质量管理的基本原则和规律。例如，焊接生产企业一般应至少设立质量保证部并任命质量保证工程师、设计责任工程师、材料责任工程师、焊接责任工程师、质量检验责任工程师及热处理责任工程师等。

（2）设计控制　焊接结构的正确设计是保证焊接质量的初始和基本条件之一，因此应特别重视设计评审。

（3）采购控制　采购应严格按焊接材料的采购规范和焊接设备的采购技术条件来进行。所有外购的焊接材料和焊接设备都应附有符合标准规定的合格证、质量证明书或质量检验报告，这是焊接质量保证的基础。

2. 质量管理体系建立的过程

（1）组织和准备阶段　此阶段包括企业领导层的统一思想认识、编制工作计划、培训骨干、宣传教育和建立领导组织机构。

（2）质量管理体系分析阶段　此阶段包括收集各种相关资料；制订质量方针和质量目标；分析企业的内外环境，如环保要求、法律法规、标准体系、需求方要求及企业能力等；评估质量要素的重要程度并选择必要的质量要素；分析质量要素之间的相互关系；对质量管理体系的分析结果进行评审。

（3）编制质量管理体系文件阶段　此阶段主要包括分配质量活动到各个职能部门及相关人员，编制质量管理体系文件明细表并制订编写计划。质量管理体系文件一般包括质量保证手册、程序文件、作业文件及记录文件这四个层级。

质量保证手册是企业高层级的指令性文件，一般由企业法定代表人批准并签署发布。仅就焊接生产企业而言，质量保证手册中应规定焊接质量控制的目的、范围和总体要求，焊接质量保证体系的组织机构，有关部门与人员的职责和权限，规定焊接质量保证体系与其他质量保证体系的配合协作关系，规定各项焊接活动之间的接口的控制和协调措施。程序文件主要是各种管理制度，是质量保证手册的支持性文件，应与质量方针相一致并满足质量保证手册基本要素的要求，符合本企业具体情况，使焊接质量保证工作具体化并具有可操作性。焊接相关的程序文件一般包括焊工培训考试规定，焊工考绩档案规定，焊接工艺评定规则，焊缝编号标记与工艺编制规定，焊接材料管理规定，焊接设备管理，焊接试件、试样的制备与检验，施焊工艺纪律，焊缝返修程序，通用焊接工艺规程等。作业文件即工艺文件，如焊接工艺评定任务书、预焊接工艺规程、焊接工艺规程、焊接作业指导书及焊接工艺卡等。记录文件包括在管理体系运行过程中产生的数据等的记录表、记录卡及记录单等。焊接相关的记录文件一般包括焊接工艺评定或焊工技能评定的试验报告，焊接工艺评定记录，焊工考试记录表，焊工资格表，焊工技能评定记录，焊工焊接质量考绩表，材料焊接性试验记录报告，工艺评定记录和焊接工艺规程汇总表，施焊记录卡，焊接工序流转卡，焊接返修工艺和记录报告，焊接材料领用/退回记录，焊接材料温湿度记录及焊接材料烘干记录等。

在质量管理体系文件的编制阶段，应编写指导性文件，以指导和规范质量管理体系文件的编写，并逐项编写质量管理体系文件。

（4）质量管理体系的建立阶段　此阶段包括制订实施计划，发布质量管理体系文件，建立质量管理机构，配置装备，发放规范、印章、标记和图表。质量管理体系的建立应注意符合法律、法规及标准的要求，与质量方针相一致，符合企业的实际情况，具体化并具有可操作性。

在上述建立过程全部完成后，即可开始运行质量管理体系并持续改进。

3. 质量管理体系的运行

质量管理体系运行前，需要完成如下准备工作：在总经理对质量管理体系文件批准并发布后，首先应组织各质量保证体系及质量控制系统的负责人进行培训和学习，安排全体职工的教育、学习和培训，使得企业各职能部门、各级质量保证机构及全体职工了解自己在质量管理体系中的职责范围和具体的职、责、权；其次，根据文件发放范围的规定，保证文件发放到位以便质量管理体系文件的贯彻执行；最后，完善必要的硬件和软件条件。

质量管理体系应按如下要求运行：①质量管理体系能被企业全员理解、实施、保持并行之有效；②产品能满足客户需要和期望；③社会和环境两方面的需要都被阐述；④重点是问题的预防，而不是依靠事后的检查。

质量管理体系的运行，一般可以先试运行以便检查运行效果并改进后正式运行。需要开

展如下工作：①人力资源管理与培训；②文件的标识与控制，包括识别所有的规范及标准，对于产品设计图样应按照质量保证手册的相关要求进行标识及加强信息化管理；③产品质量的追踪检查，包括建立多级的质量管理体系并严格控制产品质量，坚持定期召开质量例会，为产品质量提供保障；④建立并实行严格的考核制度；⑤物资管理。

质量管理体系的有效运行标准可以概括为全面贯彻、行为到位、适时管理、适中控制、有效识别、与时俱进。

（1）全面贯彻　全面贯彻就是讲究系统性、整体性。应充分使用适宜的管理技巧，使各项要求均予满足，防止过程落入失控状态。整体管理水平取决于要素平均管理水平和要素管理水平最低者。

（2）行为到位　行为到位就是质量管理行为应当覆盖所有的管理空间，做到管理到位。质量管理体系要素管理到位的必要条件，是管理行为覆盖其要素定义的管理空间。质量管理体系做到行为到位，其含义包括文件规定到位、过程控制到位、方针目的管理到位和持续改进到位。

（3）适时管理　适时管理就是管理行为的动态性、时间性和周期性，要求在正确的时间做正确的事，应及时、准时，不要超时、误时。质量管理体系要素管理到位的根本条件和基础是时间管理。

（4）适中控制　适中控制就是管理行为要适中，掌握好度，做到恰到好处，既不应过度，也不应不足。质量管理体系要素管理到位的关键支柱是管理行为标准化和执行标准的水平。

（5）有效识别　有效识别就是管理行为对于事物状态的识别能力，对于问题、真伪的鉴别能力以及对于严重程度的判断能力等。质量管理体系要素管理到位的前提和保证，是管理体系的识别能力、鉴别能力和解决能力。

（6）与时俱进　与时俱进就是质量管理体系的先进性和运行的时效性，保持持续改进。

4. 质量管理体系的持续改进

质量管理体系应该具有持续改进的能力。质量管理体系的持续改进就是管理行为的变革性以及对于内外环境的适应性。无论是质量管理要素还是整个质量管理体系都能适时调整、变化，不断完善。为了质量管理体系的持续改进，需要完成如下工作：制订和实施预防措施和纠正措施，并跟踪验证是否实施和有效；在一定的时间间隔内进行内部审核，对于发现的问题，分析其产生原因及制订解决的措施，并跟踪验证其有效性；每年应至少进行一次管理评审，即由总经理或其授权代理人主持评审质量管理体系的先进性、适应性、充分性和有效性，是否满足质量方针和质量目标的要求等。

6.3 焊接质量保证体系

焊接质量保证是从管理和技术角度而非仅从技术角度来统合企业自身的焊接质量要素以及客户对焊接质量的要求，建立并运行焊接质量保证体系，以期提供给客户以焊接产品的质量信任，是焊接生产企业质量管理体系最重要的组成部分。简而言之，从焊接角度审视企业的质量管理体系，构建焊接质量保证体系，使其更符合焊接生产企业的质量管理。焊接质量保证是全面质量管理的基本思想和原则在焊接生产中的应用，同时结合焊接工艺的特点使其丰富、深化、具体并实用。

事实上，在我国推广认证和应用多年的、具有广泛影响力的 ISO 9001 质量标准在焊接领域并未发挥出应有的效用。最根本的原因可能是某些企业的质量管理体系对焊接生产环节的重视程度不足以及质量保证人员对焊接工艺特点的了解不足。许多企业的质量管理体系相关组织机构和人员没有充分认识到潜在焊接质量问题的重要性或“焊接是一种特殊工艺”，这在某些焊接生产企业中表现得尤为明显。尽管有的制造企业已经采用了质量管理体系，但还有更多的企业未采用，相当数量的企业甚至未采取最基本的质量控制措施来规范和管理其焊接生产活动。

焊接是一种特殊的材料成型工艺，焊接生产企业在符合一般管理规律之外，还需要有针对焊接工艺特点的专门的、具体的质量管理体系，才能够科学、完整、切实地保证焊接这一特殊工艺的质量。专门针对焊接质量管理的标准，主要有国际标准 ISO 3834-1～4《金属材料熔化焊焊接质量技术要求》，以及与其相似的我国标准 GB/T 12467. 1～4 和欧洲标准 EN729-1～4。ISO 3834 标准是基于 ISO 9000 系列标准而形成和发展的，是对 ISO 9000 系列标准在焊接生产中的细化，因此针对性更强、内容更具体、操作性也更强。ISO 3834 分为四部分：ISO 3834-1 相应质量要求等级的选择准则，ISO 3834-2 完整的质量要求，ISO 3834-3 一般的质量要求，ISO 3834-4 基本的质量要求。ISO 3834 标准有三个等级，即基本的质量要求、一般的质量要求和完整的质量要求。可以根据企业涉及安全性的产品的范围和重要性、制造的复杂性、制造产品的范围、所用不同材料的范围、可能产生冶金问题的范围及可能产生的影响产品性能的工艺缺陷来选择一个合适的等级进行焊接质量控制。

在焊接生产企业中，ISO 9001 和 ISO 3834 可以同时采用，也可以单独采用。根据我国目前大中型焊接生产企业广泛采用通用的 ISO 9001 质量管理标准的现状，结合使用这两个标准可以更好地保证焊接质量。也就是说，非焊接生产企业采用 ISO 9001 标准即可，但是焊接生产企业仅采用 ISO 9001 标准将导致对焊接这一特殊工艺的针对性不强，较难做到很好的焊接质量保证进而影响焊接产品的质量。结合采用或非 ISO 9001 认证的企业单独采用 ISO 3834 标准，是比较适宜的焊接质量保证思路。在结合使用时，ISO 3834 提供了焊接生产企业质量管理中各种要素的补充细节。在单独使用时，ISO 3834 标准可以保证焊接生产企业实施工厂控制体系，从而在产品制造的焊接过程控制中养成良好的质量管理习惯。该标准明确了质量管理体系中特别重要的一些要素，鼓励生产企业采用这些要素为企业的质量管理体系提供帮助。但需要注意的是，ISO 3834 标准本质上更多是从技术角度对焊接质量进行控制，并不是一个完整的焊接质量保证体系。根据 ISO 9001 质量标准，一个完整的质量管理体系通常包括管理职责、资源管理、产品实现及测量、分析与改进这四部分，焊接质量保证体系也可以依据这一系统、科学、成熟的做法，并结合 ISO 3834 等的焊接质量管理标准、焊接生产企业的管理实践及自身特点，建立适合焊接生产企业的焊接质量保证体系。

焊接质量保证体系与焊接产品质量管理体系是相互关联的但又是不同的，焊接质量保证体系是焊接产品质量管理体系或是焊接生产企业的质量管理体系的基础的、重要的组成部分，是焊接生产企业质量管理体系的一个最关键的子系统。一个焊接产品的质量与诸多环节和因素有关，如焊接生产企业的质量方针、机构组成和质量管理体系的运行模式等均与焊接产品的质量相关，是焊接生产企业质量管理体系的重要内容。但是焊接质量保证体系仅就与焊接生产紧密相关的、直接影响焊接生产过程及最终接头质量的过程或环节及其要素视为一个系统进行管理和运行。简单来说，焊接质量保证体系是保证焊接的质量，焊接产品质量管

理体系是保证焊接产品的质量。

焊接质量保证体系是一个涉及诸多方面的、要素众多的体系。总体而言，焊接质量保证体系可归纳为与焊接相关的管理和与焊接相关的技术这两大方面。根据上述思路，并考虑到与焊接产品生产相关联的诸多环节，一个完整的焊接质量保证体系宜包括如下 20 个要素：焊接质量目标、焊接相关人员的质量管理职责、焊接质量信息资源、标识和可追溯性、设计和合同评审、焊接生产计划、分承包商、采购、焊接人员资格、焊接相关设备、母材和焊接材料、预焊接工艺规程和焊接工艺评定、焊接工艺规程和焊接作业指导书、焊接现场环境、施焊过程、焊后热处理、试验与检验、焊接返修、焊接质量报告以及焊接质量分析与改进。下面就上述的 20 个焊接质量保证体系要素进行详细介绍和分析，以期经过不断的管理实践并经焊接专业人士及管理专业人士的补充、细化和完善，逐步形成一个专业性强、具有较高实用性的、科学的焊接质量保证体系。

6.3.1　焊接质量目标

焊接质量目标是焊接生产企业质量总目标的最重要的组成部分，一般应高于企业的质量总目标。焊接质量目标的确定是十分关键的，一方面可能来自于合同要求，即外部要求；另一方面更可能来自于企业内部对产品质量的追求。确定一个合理的焊接质量目标，有利于控制质量成本，有利于以该目标为引导来确定并开展企业的焊接质量活动，有利于科学地分解各环节需要达到的质量水平，从而确保最终的产品质量目标的达成。只有确定出明确的焊接质量目标，才有可能持续改进并不断提高企业的焊接质量。举例而言，一个压力容器制造企业的焊接质量目标可以确定为“A 类、B 类焊缝射线照相一次合格率为 98%，C 类、D 类焊缝外观检验一次合格率为 96%”等。

一般可以通过质量目标的量化和分解表来进行焊接质量目标管理，这需要质量保证部和技术部以及质量保证工程师和焊接责任工程师根据自身企业的焊接生产特点，将焊接生产分解为不同的环节予以目标分配和控制。确定焊接质量目标后，定期进行考核和评审是十分必要的，这有利于分析各环节目标分配的合理性及科学性。此外，应根据分析结果及目标完成情况，适当修正或进一步提高焊接质量目标，直至达到较高生产效率下理想的焊接质量目标。表 6-1 是在一定程度上具有普遍应用意义的“焊接质量目标分解表”参考样例，可供不同类型焊接生产企业根据自身的具体情况删减、补充、细化并采用。

表 6-1　焊接质量目标分解表

焊接质量目标	责任部门	部门质量目标
A 类、B 类焊缝射线照相一次合格率为 98%，C 类、D 类焊缝外观检验一次合格率为 96%	人力资源部	焊接人员及焊接质量检验人员的培训计划完成率为 80%
	生产部	1）焊接相关设备及仪器的完好率为 95%以上 2）焊接车间环境达标率为 95% 3）分承包商制造质量一次合格率为 95%以上 4）焊接生产计划的完成率不低于 95% 5）施焊质量一次合格率为 95%以上 6）焊后热处理一次合格率为 95%以上 7）焊接返修控制在一次之内的比率为 95%以上 8）焊工标识等的合格率为 95%以上

（续）

焊接质量目标	责任部门	部门质量目标
A类、B类焊缝射线照相一次合格率为98%，C类、D类焊缝外观检验一次合格率为96%	质量检验部	1）焊接质量检验器具完好率为95%以上 2）焊接质量检测结果的准确率不低于98%
	技术部	1）焊接质量信息准确率为99% 2）设计和合同评审合格率为95% 3）焊接工艺评定工作以及焊接工艺文件编制的差错率不大于1%
	物流部	1）母材及焊接材料采购入库检验合格率为98%以上 2）母材及焊接材料供应商交付准时率为95%以上
	焊接材料库	1）焊接材料账、物、卡差错率低于3% 2）焊接材料发放差错率低于1% 3）焊接材料保管完好率为99%以上

6.3.2 焊接相关人员的质量管理职责

焊接生产企业应根据自身企业的特点设立质量保证体系的组织机构，并规定好各部门及各责任人的质量管理职责。焊接生产企业质量管理职责分工见表6-2。

表6-2 焊接生产企业质量管理职责分工

责任人员和部门 质量管理职责分工	总经理	质量保证工程师	检验责任工程师	设计责任工程师	工艺责任工程师	材料责任工程师	焊接责任工程师	热处理责任工程师	设备责任工程师	物流部	生产部	质量检验部	质量保证部	技术部	人力资源部
管理职责	×	○	○	○	○	○	○	○	○	○	○	○	○	×	○
质量保证体系文件	×	×	○	○	○	○	○	○	○	○	○	○	○	×	○
文件和记录控制	○	○	○	○	○	○	○	○	○	○	○	○	○	×	○
合同控制	○	○	○	○	○	○	○	○	○	○	○	○	○	○	○
设计控制	○	○	○	×	○	○	○	○	○	○	○	○	○	○	○
材料、零部件控制	○	○	○	○	○	×	○	○	○	×	○	○	○	○	○
工艺控制	○	○	○	○	×	○	○	○	○	○	×	○	×	×	○
焊接控制	○	○	○	○	○	○	×	○	○	○	×	○	×	○	○
热处理控制	○	○	○	○	○	○	○	×	○	○	×	○	×	○	○
无损检测控制	○	○	×	○	○	○	○	○	○	○	○	×	×	○	○
理化检验控制	○	○	×	○	○	○	○	○	○	○	○	×	×	○	○
检验与试验控制	○	○	×	○	○	○	○	○	○	○	○	×	×	○	○
设备和检验与试验装置控制	○	○	○	○	○	○	○	○	×	○	○	○	○	○	○

（续）

责任人员和部门 / 质量管理职责分工	总经理	质量保证工程师	检验责任工程师	设计责任工程师	工艺责任工程师	材料责任工程师	焊接责任工程师	热处理责任工程师	设备责任工程师	物流部	生产部	质量检验部	质量保证部	技术部	人力资源部
不合格品（项）控制	○	○	×	○	○	○	○	○	○	○	○	×	×	○	○
质量改进与服务	○	×	○	○	○	○	○	○	○	○	○	○	×	○	○
人员培训、考核及管理	○	○	○	○	○	○	○	○	○	○	○	○	○	×	×
其他过程控制	○	○	○	○	○	○	○	○	○	○	○	○	×	○	○

注：×—归口管理部门/人员，○—配合部门/人员。

正如表6-1“焊接质量目标分解表”所显示的，各部门的质量管理职责也相应地得到确定，但要细化到具体的管理人员和执行人员。与焊接质量直接相关的人员主要包括焊接责任工程师、焊接工程师、焊接质量检验员、焊接材料库管理员和焊工。焊接责任工程师是焊接质量管理人员，对企业的焊接质量负责；焊接工程师是焊接质量管理的具体执行人；焊接材料库管理员主要负责焊接材料的管理；焊工是焊接操作人员，对焊接接头质量负责；焊接质量检验员主要是监督施焊过程和检测焊接质量。企业应加强上述人员的质量意识教育，提高责任心和一丝不苟的工作作风，并建立质量责任制，定期进行岗位培训，从理论上认识执行工艺规程的重要性，从实践上提高技术水平和操作技能。加强焊接工序的自检、互检和专职检查。执行焊工考核制度，坚持持证上岗，建立焊工技术档案。各焊接质量相关人员的焊接质量管理职责，需要根据自身企业的管理方式、产品特点、技术水平及人员特点等的具体情况来确定。下面仅就与焊接直接相关人员的质量管理职责予以说明，焊接责任工程师的质量管理职责请参考6.2.1小节的内容，其他部门或人员的焊接质量管理职责分散在相关内容中。

1. 焊接工程师

1）在焊接责任工程师的领导下，协助其完成各项工作。

2）负责日常焊接作业的巡查，监督指导焊工现场施焊，保证按时、保质、保量地完成焊接作业。

3）编制相关的焊接程序文件，如焊接工艺规程或焊接工艺卡等。

4）负责根据企业生产状况及产品特点，提出焊接工艺评定和焊工技能评定的建议和计划，并组织和协调具体的评定工作。

5）定期进行车间焊接工艺纪律检查。

6）焊接工艺评定报告、焊工技能评定报告等焊接工艺文件及焊工证、焊接工艺评定和焊工技能评定试件及试样的管理、归档和保存。

7）建立健全的、规范的焊工档案。

8）根据生产进度和库存量及时提出并编制焊接材料采购计划。

9）需要返修原材料缺陷或焊接接头缺陷时，编制焊接返修作业指导书。

2. 焊工

焊工是进行实际焊接作业的人员，包括人工作业的（如焊条电弧焊焊工）和机械作业的（如埋弧焊焊工）。前者一般称为焊工（Welder），主要是通过手工或半自动方式进行焊接操作，对人员的操作经验和技能要求较高。后者称为焊接操作工（Welding Operator），主要是通过对自动或非自动焊机的操纵来完成焊接作业，需要对焊机的功能、特性和操作比较熟悉。在我国习惯上将两者统称为“焊工”而不细分，在本书中如不特别指出则也是沿用习惯称谓。

1）接受焊接责任工程师和焊接工程师的工作指导。

2）在施焊前应理解焊接工艺规程或焊接工艺卡的内容，并严格按照其规定施焊。

3）如果有要求，焊工应在本人施焊的焊缝附近按相关工艺文件的规定，打上自己的钢印号，或按规定填写自己的名称和钢印号到施焊记录表中。

4）焊工应配合焊接质量检验员做好施焊记录。

5）维护和保养自己使用的焊接设备及仪器、仪表、工具和焊接材料等。

6）焊接作业时必须穿戴劳动保护用品，注意操作安全。

7）参加企业组织的理论学习、操作培训及技能考核。

3. 焊接材料库管理员

在焊接生产企业中，宜设立焊接材料二级库，并配备专门的焊接材料库管理员。焊接材料库管理员应具备有关焊接材料及其保存的基本知识和技能。例如，烘干箱及仪表（如温湿度计）的使用方法及简单的维护方法，熟悉相关的管理程序，了解各种焊接材料的分类、国内外焊接材料的型号或牌号及其编号方法、特点、性能、用途以及贮存和烘干方法。具体如下：

1）接受焊接材料及其管理的基础知识岗前培训，并熟悉本岗位的各项管理程序或制度。

2）负责使账、物、标识卡及记录表相符，防止错发造成质量事故。

3）焊接材料保管要做到分区保管、入库登记、焊接材料分类摆放、标识清晰、间距合理及温湿度符合要求。

4）焊接材料发放与回收时，领用单应注明焊接材料牌号、规格、数量及用于焊接产品的名称、编号及焊接接头编号、领用人、领用日期等。按计划核对领用单发放，并注明焊接材料批号，发放人签字，填写焊接材料领退记录。

5）每半年进行一次盘存，并如实填写盘存报告，做到账物相符。

6）负责焊接材料烘干室的管理和日常工作，还要保持更新焊接材料库的温、湿度日志，填写和妥善保管各项记录。

7）熟练掌握焊接材料烘干设备的性能和使用方法，定期检查维护。

8）应定期检查焊接材料有无受潮、污染情况并记录，发现保管缺陷或影响焊接材料质量的问题时，应及时向焊接责任工程师和材料责任工程师报告。

9）对所需要的计量仪器设备（如温湿度计等）提出计量要求并做到定期校验。

10）根据生产进度，及时统计近期的焊接材料使用量和库存量，核实库存量是否满足生产进度要求。焊接材料库存量不足时，应及时通知焊接工程师。

11）应依据焊接车间或班组提交的“焊接材料领用单”按焊接材料的种类、型号或牌号、规格和数量等及时进行烘干操作，以满足焊接生产要求。

12）保持焊接材料库卫生和设备的清洁。

13）坚守工作岗位，避免其他人随意存取焊接材料，并坚持按焊接材料管理程序工作。

14）接受相关质量管理人员（如焊接责任工程师）和物流部对焊接材料库日常工作的指导、监督和检查。

4. 焊接质量检验员

1）严格执行企业质量保证体系的相关规定。

2）负责按标准、图样和工艺文件对产品进行焊接质量检查和检验，并予以标识。

3）负责对产品焊接全过程的检查，在确认外观质量检查合格后，方可开出无损探伤委托单。

4）坚决制止无证焊工上岗施焊。

5）填写焊接检验记录并负责向产品检验员及时提交，并对检验记录的完整性、准确性和可靠性负责。

6）按规定进行焊接不合格品的识别和报告以及处理后的再检验和重新标识，防止未经处理的焊接不合格品转序。

6.3.3　焊接质量信息资源

质量信息是指与质量管理和产品质量相关的有意义的信息，即指在产品生产过程、管理过程和服役过程中，与质量有关的现象、数据、报表、资料和文件等。质量信息资源管理是指对质量信息的收集、整理、分析、反馈、处理和存储等活动进行识别和规范的活动的总称。焊接质量信息通常是指焊接产品生产、管理和服役过程的质量统计信息。在产品生产过程中发生的焊接质量信息应由各生产环节或部门人员进行收集、传递，并按规定要求进行处理。例如，焊接材料库管理员应在一定的周期内统计焊接材料的质量问题，并做报表给焊接责任工程师。

焊接质量信息是一种资源，应对其进行有效管理。明确焊接质量信息管理的基本内容、程序和要求，使焊接质量信息正确、迅速地收集、存储、传递、分析和利用，促进焊接质量的持续改进。焊接质量信息是企业质量信息之一，包含在企业的质量信息资源管理中，并不单独进行管理。焊接生产企业应建立一套系统、完整的质量信息资源管理程序，以便保证焊接质量，可参照如下制订。

1. 质量信息管理职责

（1）质量保证部　质量保证部是质量信息的综合管理部门，负责企业质量信息系统的建立和日常管理，并对企业内、外部产品质量信息系统的规范运行进行检查和考核。此外，对反馈的产品质量信息包括焊接质量信息进行登记、汇总、分析、处理和传递。

（2）市场部　市场部负责建立外部质量信息反馈系统，对收集的外部质量信息包括焊接质量信息的及时性、完整性和准确性进行管理，对反馈信息进行统计、分析和传递，并对异常、重大质量信息进行及时传递和报告。

（3）其他部门　企业的其他部门负责对本部门生产过程或其他部门反馈的焊接质量信息进行统计汇总，并会同焊接工程师进行分析和处理。如果存在不合格，则同时制订纠正与预防措施并组织实施。

2. 质量信息分类

按质量信息源，质量信息可分为企业内部质量信息和外部质量信息。内部质量信息主要包括过程检验、质量监督、质量成本及质量事故中的数据、图表和报告等有关质量信息。外部质量信息主要包括产品故障反馈、主动服务、用户质量投诉、市场调研和客户调查等有关质量信息。按质量信息严重程度，质量信息分为重大质量信息、异常质量信息和一般质量信息，具体可根据企业产品特点和生产情况来确定。例如：重大质量信息主要包括造成重大质量损失、集团级以上的用户书面投诉、市级以上新闻媒体曝光等信息；异常质量信息主要包括生产过程和产品服役过程中出现的，偶发性的、批量的、有重复出现趋势的、已改进但未取得明显效果的以及需要相关部门关注并采取必要措施的质量信息；一般质量信息主要包括生产过程和产品服役过程中出现的，有一定的规律性、在本部门范围内可正常处理的质量信息。

3. 焊接质量信息要求

焊接质量信息有其独特性，具体要求如下所述。

（1）完整性　在焊接生产过程中，凡涉及的焊接质量信息，宜至少包含如下内容：

1）信息的发生时间、地点。

2）焊接质量问题造成的故障件或不合格件的名称及规格型号。

3）对应的整机型号和编号。

4）焊缝位置、焊接缺陷形式以及焊缝编号和焊工标识号等。

5）初步的原因分析和处理措施。

（2）及时性　一般焊接质量信息当天收集和传递，按月汇总并分析；异常焊接质量信息当天收集和传递，处理部门应在一定的时限内解决或提出解决措施计划及解决期限；重大焊接质量信息当天接收、传递和上报，处理部门应当天解决，受客观条件限制不能当天解决的，应向质量保证部提出解决措施计划及解决期限。

（3）准确性　焊接质量信息中的故障件应采取规范的名称，如设计图样的名称和图号等，对焊接缺陷的描述应明确和具体。例如，应包括缺陷部位，焊缝编号，施焊焊工编号，缺陷的形态、类型及尺寸等信息，并应尽量采用国家或行业相关标准（如焊接缺陷分类标准）的规定予以描述。如果没有标准规定，则应尽量采用行业惯例进行处理，并应尽量避免俗称、不严谨或易产生歧义的表述。

4. 质量信息传递

（1）质量信息传递要求

1）在生产过程的各阶段，凡涉及的质量信息，信息的发生单位要对发生的质量信息进行记录、分析和处理，建立质量信息台账，并按要求传递到相关部门。

2）相关部门应每月对各种质量信息进行分类和整理，做到记录齐全、完整，确保信息的可追溯性。

3）质量保证部对质量信息进行管理，协调、督促职能部门对传递信息及时处理和反馈，使质量信息形成闭环管理。

4）生产部应对工序制造中的质量信息进行及时记录、分析和处理，对相关的产品设计、工艺和过程检验等质量信息进行及时传递。

5）技术部对各部门传递的产品设计和工艺等技术质量信息进行及时分析和处理，并回复处理结果。

6）物流部对各种原材料包括焊接材料以及零部件的质量信息及时进行记录、分析、处

理和传递，并回复处理结果。

7）市场部应对客户反馈的外部产品质量信息及时进行记录、分析和处理，对外部质量信息按质量保证手册规定的要求进行质量信息传递。

（2）质量信息传递方式

1）生产过程质量信息

① 一般质量信息由各部门及时通过书面、邮件等方式向有关责任部门传递。

② 严重影响产品质量的信息或需要质量保证部协调的异常质量信息，由信息发生部门填写“内部质量信息传递单”传递至责任人或部门，同时传递到质量保证部。

③ 生产部对产品实现过程中的产品质量信息，如下料、加工、焊接过程检验、整机装配、调试和涂装过程检验中的质量信息按月汇总、统计和分析，并通过信息平台、书面文件或电子邮件等方式向有关部门传递。

④ 责任人或部门接到质量问题信息后，应在一定的时限内组织分析并采取纠正措施或确定质量改进措施，同时将措施回复给质量信息反馈部门。对于以“内部质量信息传递单”传递的信息同时回复质量保证部。

⑤ 各相关部门应对涉及本部门的纠正措施或质量改进措施进行跟踪，并将经验证有效的措施纳入到有关图样、工艺、控制办法和管理制度等标准或体系文件中。

⑥ 质量保证部对各部门的质量信息传递情况、责任单位的信息处理情况、纠正措施或质量改进措施的实施情况以及措施的落实效果和验证情况进行监督和检查。

2）进货检验质量信息

① 物流部负责对采购件报检条件的符合性进行确认，对不符合报检条件的采购件信息及时传递，每月汇总后传递至质量保证部。

② 进货检验质量信息由质量检验部分别按采购件进货检验日常质量信息（即采购件进货检验不合格信息）以及采购件进货检验质量信息月度汇总分析传递到信息平台上。

③ 进货检验日常质量信息由质量检验部明确专人每天对采购件进货检验中的不合格信息进行收集，并在信息平台添加和维护，同时按检验文件规定保存与不合格品有关的记录。

④ 进货检验质量信息月度汇总分析由质量检验部对当月所有采购件的进货检验不合格情况分区域或分产品进行汇总、统计及分析。内容一般包括不合格批次、不合格件数量、采购件供方批次和典型质量问题排序等。

日常质量信息一览表和质量信息传递单分别见表6-3和表6-4。

表6-3 日常质量信息一览表

序号	名称	提供部门	主要用途	接收部门	资料形式	提交日期
1	退换产品情况汇总	质量保证部	统计	相关部门	表格	××××
2	过程检验不合格信息	焊接车间、质量保证部	统计、分析	相关部门	表格	××××
3	采购件进货质量检验不合格信息	质量保证部	统计、分析	相关部门	表格	××××
4	质量改进建议	各部门/技术部	督促协调	质量保证部	文字、表格	××××

表 6-4 质量信息传递单

发生部门		填写人		重要度	
产品型号		零部件名称		图号	
质量问题及初步分析	分析部门或人员：　年　月　日				
接收单位		接收人		日期	
质量问题分析及处理措施	处理部门或人员：　年　月　日				
	部门领导意见				
跟踪落实及验证	跟踪部门或人员：　年　月　日				

6.3.4 标识和可追溯性

同其他产品一样，在焊接产品生产管理中，标识和可追溯性系统可以预防和减少焊接质量问题，可以赢得客户的信任，有效提高焊接生产企业的竞争力，是焊接质量保证体系不可或缺的重要内容。标识是指以指定的方式提供用以区别材料或产品状态的标记。可追溯性是指为了溯源，根据标识对材料或产品的历史、应用情况和所处的场所等的判断。在整个生产流程中，应按要求保持标识和可追溯性。标识和可追溯性系统应用于从原材料采购到产品交付的全过程中，即在产品生产的全过程中均应保持有效的标识和可追溯性。

标识和可追溯性系统可以为生产过程焊接质量保证的改进提供可查询的依据，可以使产品召回和内部返工的范围降到最低，可以快速满足客户要求。焊接生产企业建立标识和可追溯性系统的目的是：在焊接生产的全过程中使用适合的方式标识产品和原材料，能有效地对产品和原材料进行识别和隔离，防止不同类型及规格的产品或原材料混用或错用；对生产过程中各阶段的检验和试验的产品按规定进行检验状态标识，保证只有经检验和试验合格或经批准的产品转序使用、安装和交付；确保在需要时对产品质量的形成过程实现可追溯。

特别地，保证焊接作业过程的标识及可追溯性的文件体系一般应包括：生产计划标识；位置卡片标识；结构中焊缝部位的标识；无损检测规程及人员标识；焊接材料标识，包括型号、商标、制造商及炉批号；原材料标识，如型号、炉批号及可追溯性；修复部位标识；临时附件位置标识；全机械化、自动化焊接设备对特定焊缝的可追溯性；对焊工焊接特定焊缝的可追溯性；对依据某焊接工艺规程焊接的特定焊缝的可追溯性。

1. 管理职责

在焊接生产企业中，如下部门负责标识和可追溯性系统的运行、维护及管理。

1）质量保证部。负责标识和可追溯性的策划和归口管理。负责过程标识和可追溯性的能力检查，并进行不定期检查。检查中发现不符合规定的标识，应及时通知责任部门，会同责任部门或质量控制系统的负责人进行纠正，确保标识的有效性。

2）物流部。物资采购人员负责采购的相关进货物资的标识和保持。材料库管理员负责产品和原材料的接收、贮存、出厂及服务过程的有效标识的实施和保持，以及可追溯性的控制。

3）生产部。负责生产过程的有效标识和可追溯性的控制，即负责生产产品的“待检验”标识，各车间人员负责已有标识（如原材料标识）的保护和保持。

4）质量检验部。进货检验人员负责进货物资的检验或检验后的检验状态的标识，如“待检”和“已检”等；产品检验人员负责过程产品、最终产品的标识和检验后的检验状态，如“合格品”“不合格品”“待处理”“返修品”和“报废”等的标识。此外，还应负责“紧急放行”产品的标识、标识移植或遗失后重新标识的确认以及交检产品“待检验”标识的保持。

2. 标识的手段和方法

标识可根据具体情况采用标签、标识牌、单据、记录、印章、油漆书写或其他标记手段，标识应清晰、明确、牢固和耐久，有时可能需要符合产品生产所依据的规范和标准的要求。

1）印章可分为“合格”与“不合格”章。

2）检查和试验区域可分为“待检区”“合格品区”和“退货区”。

3）产品区域可分为“成品区”“半成品区”“原材料区”“发货区”和“不合格品区”等。

4）物料管制/标识卡应粘贴于原材料的外包装上或直接粘贴在原材料上。

5）检验状态标识牌可分为“待检”“复检”“合格”和“不合格”等。

6）客户提出的特殊标识方法。

标识示例和物料管制/标识卡分别如图 6-5 和图 6-6 所示。

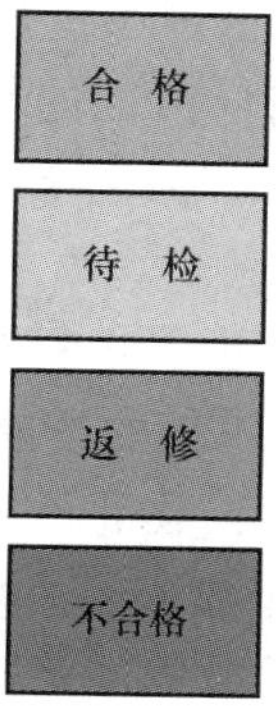

合　格

待　检

返　修

不合格

图 6-5　标识示例

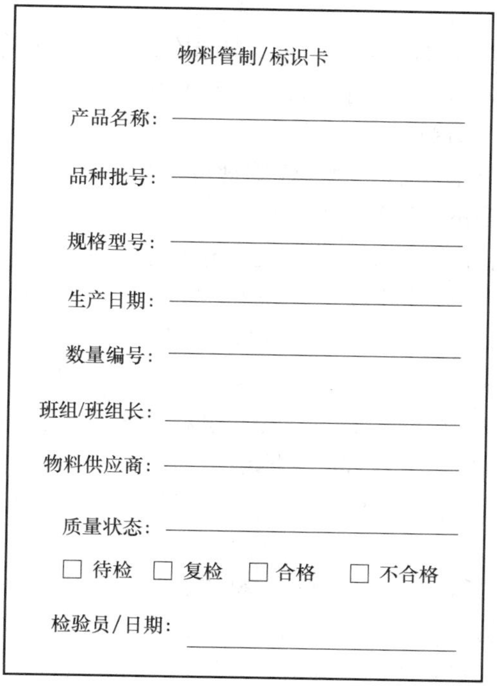

物料管制/标识卡

产品名称：______

品种批号：______

规格型号：______

生产日期：______

数量编号：______

班组/班组长：______

物料供应商：______

质量状态：______

☐ 待检　☐ 复检　☐ 合格　☐ 不合格

检验员/日期：______

图 6-6　物料管制/标识卡

3. 标识的类别

1）产品标识。产品标识为永久性标识，即从投入到产出，标识一直不变，也即不因生产过程改变而改变。通常以产品型号、规格、产地、数量、日期和批次号等进行标识。

2）状态标识。按照产品所处的检验或使用状态进行标识，状态标识是可以改变的，通常采用合格、不合格、待检和待定为标识，也可以包括返工、返修、降级、让步接收、拒收和报废等，采取分区管理。还可以根据企业自身特点确定状态标识，如返修品、加工品、全检品、选别品、对策品、修模品、变更品、特采品、限量品、暂定品、配套品和试制样品等。设备的状态标识可采用报废、待修、停用和闲置作为标识。

3）环保标识。法律、法规对该项有明确标识要求时，必须对生产场地、过程及阶段性制件或最终产品予以标识。

4. 入库过程标识

（1）采购或外加工件入库过程标识　具体程序可参考如下：

1）供方送交原材料或外加工件时，置于“待检区”并由材料库管理员在待检品上粘贴“待检”标识，或由材料库管理员在待检品上直接放置“待检”标识牌。

① 采购人员在购进原材料时，应保持原材料原有的标识，如标签、铭牌或包装上的名称、型号和规格等标识以及出厂合格证等。对要求具有质量证明文件的产品，还必须具备产品合格证或质量证明书（如材质证明书等）来作为该产品的标识，可不需要进行再标识。

② 客户提供的外加工件由接收人员标明名称、规格、数量、合同号以及用其本身铭牌等来标识。客户提供的图样和技术资料用客户图样或资料原有编号或名称等进行标识。

2）检验员在进货检验中应确认和保持产品标识，在检验过程中做好产品标识的完整、准确的移植工作。

3）经检验为不合格时，由检验员在该待检品上将“待检”标识牌换为“不合格”标识牌。材料库管理员在收到“原材料验收单”后，应将不合格品转移到“退货区”内，并使检验状态标识牌保持到供方前来处理为止。由物流部负责通知供方。

4）经检验合格后，材料库管理员应按如下要求保持或实施产品标识：

① 由检验员在该待检品上将“待检”标识牌换为“合格”标识牌。

② 原材料用其本身所附带的合格证、质量证明书或标签来标识。带有标明品名等的外包装的原材料，以其外包装上品名、型号和规格等以及原有的产品标签或合格证来标识。不能整件发出时，要保留原有标签或合格证作为产品标识。发出的零散或小包装产品，若可能产生混淆，则凭入库检验单“合格”印章来标识或用原有标签或合格证的复印件来标识。外购材料标识不全的，如钢管等，材料库管理员应加贴“物料管制/标识卡”，并应根据材质证明书或资料进行详细的、明确的标识。

③ 对于备用的合格品入库后，材料库管理员应及时填写和粘贴“物料管制/标识卡”，并放置到相应的“原材料区”或“半成品区”。进货原材料或外加工件的产品标识的内容可包括编号、名称、型号、规格、材质、制造单位、批号或进厂日期、数量和颜色等。

④ 为保证外购原材料或外加工件的可追溯，原材料入库应由物流部填写“原材料验收单”，注明材料的名称、种类、规格、数量、产品编号、复检情况、材质单号、生产日期、制造单位、合同编号和批号等信息，经由质量检验部验收合格后出具验收单，材料库管理员凭“原材料验收单”方可办理入库。

⑤ 当进货原材料或外加工件紧急放行时，由进货检验人员填写“紧急/例外放行申请审批表”，并在原材料或外加工件上按其所注明的唯一性标记进行标识，该“紧急/例外放行申请审批表”和唯一性标记即为产品标识。“紧急/例外放行申请审批表”上的唯一性标记可用材质、规格、合同号、批号和数量来做标记，也可视具体情况予以简化。

⑥ 对失去标识的或拆除包装后没有标识的原材料、半成品及完成品应及时通知质量检验部进行验证确认，可验证确认的重新标识，不可验证确认的则应按废品处理。

（2）自制件入库过程标识

1）生产车间送交自制件，仓库收到完工待检通知时，置于“待检区”并由材料库管理员在自制件上粘贴“待检”标识，或由材料库管理员在自制件上直接放置“待检”标识牌，并通知检验员进行检验。

2）经检验为合格的自制件，由检验员在待检品上将“待检”标识牌换为“合格”标识牌，并粘贴“物料管制/标识卡”或在其上做记录。材料库管理员在收到“完工检验报告”后，视不同情况进行如下处理。

① 如为备用品，应将其移入“半成品区”或“成品区”，并做好“物料管制/标识卡”记录。

② 如为急用品，可保持原位不动或置于“发货区”，直接送至车间、供方或客户或通知其领用，仓库管理员应做好相应的出库手续。

③ 经检验被判为“报废”的自制件，由检验员在该自制件上将“待检”标识牌换为“不合格”标识牌。材料库管理员应及时将其转到“不合格品区”。

5. 退库过程标识

材料库管理员在收到退回的原材料或半成品时，根据以下不同情况分别进行处理：

1）不合格原材料或半成品，按不同的供方单位、产品名称和规格，置于“不合格品区”，并予以记录。

2）合格原材料或半成品，应将其归入原位，并做好“物料管制/标识卡”记录，如焊条应做好烘干次数的标识或堆放到标识区域。

6. 生产过程标识

1）操作工自检或质量检验员巡检时发现的零星不合格品，应及时置于“不合格品区”。

2）完工的半成品或成品经检验为合格品，由质量检验员在该待检品上放置“合格品”标识牌，并在“物料管制/标识卡”上加盖“合格”标识章。

3）检验员巡检及完工检验时发现的批量不合格品，应放置于“不合格品区”，并在“物料管制/标识卡”上加盖“不合格”标识章。

4）接收整件材料时，用其原有的合格证或产品标签作为产品标识；当接收或发出零散或小包装材料时，如可能产生混淆，则以“出库单”或标签来作为产品标识。

5）生产过程中的产品以其对应的生产记录和检验记录分别作为产品标识和“待检验”“合格品”“不合格品”“待处理”“返修品”或“报废”等检验状态标识。

6）最终产品的产品标识可采用印记，即用油漆喷刷产品代号、企业代号、分组代号及入库日期等进行标识。

7）最终产品的检验状态标识用生产记录来标识。检验记录作为最终产品“合格”或“不合格”标识。

8）标识模糊不清或丢失时，应向制作标识的部门或产品流出部门追查并重新标识。若无法追查时，应由相关部门会同质量检验部对产品进行鉴别确认，并重新做出正确的标识。

9）在生产过程中，检验和试验状态标识随产品同步流转。无标识的产品，操作工人应拒绝加工，检验人员应拒绝验收。

10）上道工序失效的检验和试验状态标识，由下道工序操作人员回收，交检验员统一处理。

11）若客户对验证标识方法有特殊要求时，应按客户要求执行。

7. 退回产品的标识

1）购方退回的产品，置于“待检区”并由材料库管理员在退回产品上粘贴“待检”标识，或由材料库管理员在退回产品上直接放置“待检”标识牌，并通知检验员进行复检。

2）经复检判为“返工”或“返修”时，由检验员撤销检验状态标识牌，并做“返工”或“返修”标识。材料库管理员应及时通知相关部门，并按品名、规格分类放置。

3）经复检被判为“报废”时，由检验员在退回产品上将“待检”标识牌换为“不合格”标识牌。材料库管理员应及时将其转到“不合格品区”。

8. 可追溯性控制和管理

通常情况下，检验或审核时发现产品关键质量特性包括安全特性不合格、产品批量质量事故、客户重大投诉或客户要求的其他情形下，应进行追溯。

1）当要求时，采购产品应追溯到“原材料验收单”进而追溯到初始检验，试验分析报告或其他此类与产品一同提交的质量记录。

2）产品追溯以包装的标签（即物料管制/标识卡）为依据，追查生产日期、生产班组、作业人员及检验员等。

3）紧急、例外放行产品可通过其上的唯一性标识和紧急/例外放行申请审批表中对应的使用和流向记录进行追溯。

4）客户提供的原材料用对应的“客户财产记录单”进行追溯。

5）当合同要求时，有关人员应按要求做好标识或记录，以便客户或其代表进行追溯。

6）当按本企业承诺或合同要求进行服务时，服务人员在服务完成后所填写的有关“服务记录表”可作为追溯服务质量的证据。

7）工作、检验记录上有关人员的签名可作为追溯其工作质量的证据。

8）各种质量记录可作为追溯产品质量控制的证据。如不合格品可通过有关检验记录进行追溯，文件和资料的发放现场或区域和数量可通过其“文件发放登记表”进行追溯。

9）产品的追溯性应可逆向追溯，从而明确其生产批次、工序、日期及作业人员等。

6.3.5 设计和合同评审

合同是明确供需双方权利和义务的协议文件，受到法律保护。焊接产品的需求方（即甲方）的所有要求应以合同的形式与焊接产品的提供方（焊接生产企业，即乙方）进行约定而非其他方式。项目合同或产品合同的评审是焊接生产企业质量保证的起点。

合同评审是指接到客户订单以后，为了确认是否符合法律、法规、安全技术规范和能够按照相关标准保质保量地按时完成订单，而对生产能力和物料进行确认，排除生产过程中的不确定因素，避免因生产过程中出现解决不了的问题而影响产品质量、数量和交货时间的一项活动。只有认真地进行合同评审，才能明确并具体化客户要求，全面完整地评估供方能

力，协调供需双方的关系。合同评审的目的是在符合法律法规和行业标准的前提下，确保客户的需求和期望得到充分、清晰地理解和准确地规定，明确合同签订双方的权利和义务。

设计评审是指对产品设计所做的正式的、综合性的和系统性的审查。主要是从技术角度评审设计的技术条件是否可以满足、是否具有相应的生产能力及人员技术资格等。设计评审也可以作为合同评审的一项重要内容来实施。设计评审的目的是保证产品设计图样等技术文件符合法规、标准、规范和需方合同的要求，并且保证企业的生产资格和技术水平能够满足设计图样文件的要求。

1. 设计和合同评审的内容

对每份合同或订单在正式签订前都要进行评审。合同评审应着重于下列几方面：

1）任何与法律法规和行业规范等不一致的合同或订单的要求是否已经得到解决？

2）合同各项条款是否规定完整、明确、合适和合理？

3）合同的甲方（即需方）要求是否已经被充分理解？是否存在歧义的可能？

4）供方是否有能力从经济、技术、装备、人力和时间等方面满足合同要求，以及满足产品的国家或行业标准及附加要求？

合同评审的内容包括设计部、技术部、生产部及物流部等部门的意见。设计部或技术部应保证合同产品的设计方案的正确性、先进性、可行性和经济性，并使设计的开发周期及设计的产品质量得到保证。对于焊接生产企业而言，主要是评定设计是否满足合同要求，是否符合设计规范及有关标准、准则；企业的生产资质和能力是否满足产品设计要求；识别设计方面的技术问题，提出解决办法。设计评审是对一项设计进行正式的、按文件规定的、系统的评估活动，即便企业具有设计资质，也应由不直接涉及开发和设计工作的人员来进行。设计评审通常采用向设计单位或设计部提建议的形式，并就设计是否满足客户所有要求进行评估。焊接产品的设计评审的主要内容为：有关焊接标准；设计要求的接头部位；焊接、检验及试验的可行性；焊接接头的详细要求；接头的质量及合格要求；产品焊接标准及客户附加的焊接要求；企业的焊接生产能力、焊接工艺资格、焊工资格及有关活动。另外，对于有设计资质的焊接生产企业，设计评审还包括新产品开发时的设计评审，程序和内容与上述的稍有不同。生产部对合同要求的项目的制造周期和装配调试周期进行评审，以保证在合同约定的时间内完成产品的制造、安装和调试工作。物流部对外购件、外协件的采购进行评审，以保证原材料保质保量并及时到位。

焊接生产企业进行合同评审时，需要评价企业满足合同或订单要求的能力主要为技术保证能力、质量保证能力、材料保证能力及生产保证能力等。

2. 技术保证能力

技术保证能力包括应用的材料、采用的结构和工艺、要求的加工精度、产品的性能指标要求、设备加工性能的符合性、产品包装要求、功能和尺寸以及客户的其他特殊要求。

对于焊接生产企业而言，应考虑的技术保证能力主要是：母材技术条件及焊接接头性能；接头质量及验收要求；焊缝的位置、可达性及次序，包括试验和无损检测的可达性；焊接工艺规程、无损检测规程及热处理规程；焊接工艺资格及评定；焊接人员资格及评定，包括焊工资格和无损检测人员资格等；试验及检验；焊后热处理；其他焊接要求，如焊接材料的批量试验、焊缝金属的铁素体含量、时效、含氢量、永久衬垫、锤击、表面加工及焊缝外形等；特殊方法的使用，如单面焊双面成形；坡口及焊缝的尺寸和细节；施焊场所；有关工艺方法应用的环境条件，如低温条件等；不合格项的处理。

3. 质量保证能力

质量保证能力包括检验和试验要求、质量验收方式、质量保证期、检验能力、质量标准、特殊质量要求及质量责任的确定方法和质量纠纷的仲裁。

4. 材料保证能力

材料保证能力包括有无库存或数量是否充足、材料质量状况、是否采用了新材料、是否需要采购及采购周期能否保证合同交货期要求。对材料采购期、交货期、价格、运输方式等进行评审。

5. 生产保证能力

生产保证能力包括合同产品的数量、合同交货期、合同产品所需设备能力和生产能力。

除了上述四方面之外，还要对资金保证能力和财务结算、价格和盈利能力及其他（包括交货方式、付款条件、运输方式是否符合交通运输法规及企业运输现状和保险费等）进行评审。

6.3.6 焊接生产计划

凡事预则立不预则废，生产计划的重要性不言而喻。生产计划是指一方面为满足客户要求的三要素“交期、品质、成本”而计划；另一方面又要使企业获得适当利益，而对生产的五要素“人员、设备、材料、工艺及环境”的确定、准备、分配及使用的计划。具体到焊接生产计划，主要是对焊工资格及数量、设备的完好率及生产能力、母材及焊接材料的充足率、工艺资格的满足性以及生产空间及环境的完备性等的确定、准备、分配及使用计划。

生产计划是关于企业生产运作系统总体方面的计划，是企业在计划期应达到的产品品种、质量、产量和产值等生产任务的计划和对产品生产进度的安排。它反映的并非某几个生产岗位或某一条生产线的生产活动，也并非是产品生产的细节问题，而是对人员、设备、材料、工艺及环境的整备和使用安排问题。

制订生产计划的目的是保证交货日期与生产量，使企业维持同其生产能力相称的工作负荷及适当开工率，作为物料采购的基准依据，将重要的产品或物料的库存量维持在适当水平，对长期的增产计划做人员与设备补充的安排等。生产计划是物料需求计划的依据、产能需求计划的依据及其他相关计划的制订依据。

1. 生产计划的内容

制订生产计划时，应至少包括如下内容：生产什么，即产品名称、零件名称等；生产多少，即产品数量或重量等；生产主体，即部门或单位；要求什么时候完成，即生产周期和交货期；什么时候开始生产。

具体而言，作业计划应包括作业及加工的场所，作业及加工的种类、顺序，标准工时等。制程计划应包括能力基准和负荷基准。材料、零件计划应包括零件构成表及零件表，安排分区、供给分区，批量大小、产出率。日程计划应包括基准日程表、加工及装配批量。库存计划应包括库存管理分区、订购周期、订购点、订购量、安全库存、最高库存及最低库存。而且每逢上述计划变化时，应及时修正并予以维持。

具体到焊接产品，应至少包括如下内容：结构即单件、组件及最终总装件制造顺序的规划并规定；制造结构所要求的每种工艺方法标识；相应的焊接及相关工艺规程的编号；焊缝

的焊接顺序；实施每种工艺方法的顺序和时机；试验及检验规程；环境条件，如防风和防雨；产品或部件的标识；合格人员的指派；生产试验的安排。

2. 生产计划的编制

生产计划的编制要注意全局性、效益性、平衡性、群众性和应变性。编制生产计划前，应充分分析和掌握以下几点：查看物料是否齐备；熟悉企业产品并了解产品加工工序；了解材料使用途径；了解市场需求；了解员工动态、机器的正常运作以及物料状况；关注生产进度的有效跟踪与控制；下达生产指令需仔细、准确，不能少项和漏项；信息需及时反馈与跟进；适当考虑异常情况；了解车间产能；管理独立需求；质量控制；正常情况下不能排期太紧，以便考虑插入急单的情况；了解产品的相关工艺流程及瓶颈工序，前工序优先采购；了解物料的性能；物料的采购周期及到料情况跟进；以人为本，合理地调配人员；与技术部联系技术支持；制订和查看相应的系列计划，如产品开发计划、生产作业排序计划、人员计划、产能计划与负荷计划、库存计划、出货计划、物料计划和外协计划等。

生产计划的编制，一般应遵循如下四个步骤：

1）收集资料，分项研究。编制生产计划所需的资源信息和生产信息。

2）拟定优化计划方案，统筹安排。初步确定各项生产计划指标，包括产量指标的优选和确定、质量指标的确定、产品品种的合理搭配及产品制出进度的合理安排。

3）编制计划草案，做好生产计划的平衡工作。主要是生产指标与生产能力的平衡；测算企业主要生产设备和生产面积对生产任务的保证程度；生产任务与劳动力、物资供应、能源、生产技术准备能力之间的平衡；生产指标与资金、成本及利润等指标之间的平衡。

4）讨论、修正与定稿以及报批和通过。综合平衡，对计划做适当调整，正确制订各项生产指标，报请总经理或上级主管部门批准。

6.3.7　分承包商

分承包商是指在合同条件下，向企业提供产品、服务或活动的供应商。在焊接生产企业中主要是指提供整个项目中部分产品的供应商。

当制造流程中的某些环节（如试验、无损检测、热处理或部分焊接）委托给分承包商时，企业应向分承包商提供满足应用要求所必需的信息。应要求分承包商提供其相关工作的报告和文件。企业应保证分承包商的工作符合相关要求，其工作质量达到规定的标准。为了保证分承包商符合技术要求，可规定附加要求。

焊接产品或焊接项目的分承包商的管理，应依据企业的分承包商管理规定执行。通常应对分承包商要求建立质量保证体系，并且要求质量保证体系中必须设有焊接责任工程师。焊接责任工程师应对分承包商生产的产品或部件的焊接，全过程参与监督和指导，并对分承包商的产品焊接质量负责。

6.3.8　采购

采购管理是对计划下达、采购单生成、采购单执行、到货接收、检验入库、采购发票的收集到采购结算的采购活动的全过程中物流的各个环节状态进行严密的跟踪、监督，实现对企业采购活动执行过程的科学管理。采购管理的职能划分为三类，即保障供应、供应链管理及采购信息管理。

1. 保障供应

采购管理最首要的职能就是要实现对整个企业的物资供应，保障企业生产和生活的正常进行。企业生产需要原材料、零配件、机器设备和工具，需要在生产或使用前配备或安装到位。

2. 供应链管理

企业为了有效地进行生产和销售，需要大批供应商企业的支持和相互之间的协调配合。一方面，只有把供应商组织起来，建立起一个供应链系统，才能够形成一个友好的协调配合采购环境，保证采购供应工作的高效顺利进行；另一方面，企业的物流部通过与供应商的沟通、协调和采购供应操作，建立起友好协调的供应商关系从而建立起供应链，并进行供应链运作和管理。

3. 采购信息管理

企业的物流部直接与资源市场相关，既是企业和资源市场的物资输入窗口，同时也是企业和资源市场的信息接口。所以采购管理除了保障物资供应、建立起良好的供应链之外，还要随时掌握资源市场信息并反馈到企业，为企业的经营决策提供及时有力的支持。

标准的采购流程包括收集信息、询价、比价、议价、评估、索样、决定、请购、订购、协调与沟通、催交、进货验收及整理付款等。采购管理具体包括采购工作管理目标、采购管理系统、采购管理工作内容、标准采购作业程序、标准采购作业细则、采购规程、采购工作实施办法及采购入库验收管理规定等。采购信息管理就是对上述采购管理产生的信息，由物流部进行统计和分析，并传递到质量保证部。

6.3.9 焊接人员资格

企业应配置足够的、胜任的从事焊接生产管理、设计、作业及试验和检验人员，主要包括焊接材料库管理人员、焊工、焊接工程师和焊接责任工程师以及试验和无损检测人员。上述人员应经过相应的培训和考试，取得相应种类和等级的任职资格。一般应由企业的人力资源部负责组织培训和考试，但应经各专业工种的责任工程师审核并经单位主管领导批准后实施。例如，焊工培训考试计划应经焊接责任工程师审核。下面，仅就焊工技能评定进行详细介绍及分析。

有些行业的焊接，不需要经过技能评定合格的焊工进行焊接作业。但是，有些行业规定必须由取得某项技能资格的焊工进行符合其技能资格的焊接作业，如锅炉、压力容器及压力管道等特种设备，航空航天、造船及电力建设行业等。即便是上述行业的焊工，也不是所有的焊接工作均需要相应的技能资格。例如，压力容器焊工在焊接如下焊缝时必须具有相应的焊接技能资格：受压元件焊缝、与受压元件相焊的焊缝、包括上述两类焊缝的定位焊缝及受压元件母材表面的堆焊缝，除上述之外的焊缝的焊接不必具备相应的焊接技能资格。

在我国，承压设备焊工的技能评定主要依据我国标准 TSG Z6002、ASME BPVC. IX 以及欧盟企业主要采用的 ISO 9606 标准。对于焊工技能的评定，不同行业有不同但类似的技能评定的规定，也因企业所依据的质量标准的不同而不同。例如，ASME BPVC. IX 规定，焊工技能评定由焊工所在生产单位组织并实施。但是，我国锅炉、压力容器焊工应依据 TSG Z6002《特种设备焊接操作人员考核细则》并由官方机构进行考核，合格焊工方可取得焊接资格。下面主要依据我国标准 TSG Z6002 对承压类特种设备焊工的技能评定工作及其管理进行详述，其他行业焊工技能评定也可作为参考。

1. 考核管理机构

由省级质量技术监督部门负责确定并且公布本行政辖区内的焊工考试机构及其考试类别和项目范围，由省级质量技术监督部门或授权设区的市级质量技术监督部门，对焊工考试进行监督、审核、发证和复审，由考试机构在公布的考试类别和项目范围内组织实施考试。焊接生产企业可由人力资源部组织实施，并具体由焊接工程师负责向相关的质量技术监督部门申报并组织焊工到考试机构进行考试。

2. 焊工的基本要求

焊接承压类设备受压元件焊缝、与受压元件相焊的焊缝、包括上述焊缝的定位焊缝以及受压元件母材表面堆焊缝的焊工，必须依据该标准进行技能评定。而且，即便取得焊接技能资格，但某焊接方法中断特种设备焊接作业六个月以上或年龄超过55岁的焊工，仍需要重新参加技能评定。

3. 考核内容

考核内容包括基本知识考试和焊接操作技能考试。下述四种情况必须进行基本知识考试：首次申请考试的、改变或增加焊接方法的、改变或增加母材种类的（如钢、铝、钛等）及被吊销《特种设备作业人员证》的焊工重新申请考试的。由于基本知识考试内容因焊接方法或母材种类的不同而有较大差别，故在改增焊接方法或母材种类时需要重新进行基本知识考试。

4. 焊接操作技能考核要素

将对焊接操作有重要影响且难以合并的要素予以分类，以要素分类管理的办法保证焊接操作技能水平进而保证焊接质量。共分为九类焊接操作技能要素，即焊接方法、焊接方法的机动化程度、金属材料类别、填充金属类别、试件位置、衬垫、焊缝金属厚度、管材外径及焊接工艺因素。

（1）焊接方法　制造特种设备时常用的焊接方法及其代号见表6-5。

表6-5　制造特种设备时常用的焊接方法及其代号

焊接方法类别	代　号
焊条电弧焊	SMAW（Shielded Metal Arc Welding）
气焊	OFW（Oxyfuel Gas Welding）
钨极气体保护焊	GTAW（Gas Tungsten Arc Welding）
熔化极气体保护电弧焊	GMAW（Gas Metal Arc Welding）
埋弧焊	SAW（Submerged Arc Welding）
电渣焊	ESW（Electroslag Welding）
等离子弧焊	PAW（Plasma Arc Welding）
气电立焊	EGW（Electrogas Welding）
惯性驱动或连续驱动摩擦焊	FRW（Friction Welding）
搅拌摩擦焊	FSW（Friction Stir Welding）
螺柱电弧焊	SW（Stud Welding）
电子束焊	EBW（Electron Beam Welding）
激光焊	LBW（Laser Beam Welding）
电阻焊	RW（Resistance Welding）
扩散焊	DFW（Diffusion Welding）

（2）焊接方法的机动化程度　在焊工技能评定中，按焊接方法的机动化程度分为手工

焊、机动焊和自动焊。它们之间的差别是，手工焊是指由焊工自行调节和控制焊接参数来完成焊接，机动焊是指由焊工通过操作焊机来调节和控制焊接参数来完成焊接，自动焊是指没有焊工参与而由焊机自动调节和控制焊接参数来完成焊接。需要注意的是，如所谓的 CO_2 半自动气体保护焊在该规范中只能归为手工焊；再如，埋弧焊通常情况下不能归为“自动焊”，只能归为机动焊。

（3）金属材料类别　将常用金属材料分为钢、铝及铝合金、铜及铜合金、镍及镍合金、钛及钛合金共五大类（ASME BPVC. IX 分为六大类，此外还包括锆及锆合金）。每一大类又分为一些子类，钢类材料主要是按照强度等级以及焊接性的差异进行分类的，其他有色金属材料主要是按照其焊接性差异进行分类。金属材料类别及其代号见表 6-6。

表 6-6　金属材料类别及其代号

种　类	类　别	代　号	示　例
钢	低碳钢	Fe Ⅰ	Q235
	低合金钢	Fe Ⅱ	Q345R
	Cr≥5%[①]铬钼钢、铁素体钢、马氏体钢	Fe Ⅲ	06Cr13
	奥氏体钢、奥氏体与铁素体双相钢	Fe Ⅳ	06Cr19Ni10
铝及铝合金	纯铝、铝锰合金	Al Ⅰ	1200
	铝镁合金（Mg≤4%）	Al Ⅱ	5052
	铝镁硅合金	Al Ⅲ	6061
	铝镁合金（Mg>4%）	Al Ⅴ	5083
铜及铜合金	纯铜	Cu Ⅰ	T2
	铜锌合金、铜锌锡合金	Cu Ⅱ	H62
	铜硅合金	Cu Ⅲ	QSi3-1
	铜镍合金	Cu Ⅳ	B19
	铸造铜铝合金	Cu Ⅴ	ZCuAl10Fe3
镍及镍合金	纯镍	Ni Ⅰ	N6
	镍铜合金	Ni Ⅱ	Monel400
	镍铬铁合金 镍铬钼合金	Ni Ⅲ	Inconel600
	镍钼铁合金	Ni Ⅳ	C-276
	镍铁铬合金	Ni Ⅴ	Incoloy800
钛及钛合金	低强纯钛、钛钯合金	Ti Ⅰ	TA0
	高强纯钛、钛钼镍合金	Ti Ⅱ	TA2

① 此表中的百分数是指质量分数。

（4）填充金属类别　填充金属主要包括焊条和焊丝，按照所焊接的金属材料种类进行分类，见表 6-7。

其他如铝及铝合金、铜及铜合金、镍及镍合金、钛及钛合金的填充金属分类，请参见 TSG Z6002—2010《特种设备焊接操作人员考核细则》的相关部分。

（5）试件位置　焊缝位置不同如处于平焊位置或仰焊位置，焊接操作难度有较大差别。焊缝位置基本上由试件位置所决定，见表 6-8，具体的位置示意图可参见 TSG Z6002—2010《特种设备焊接操作人员考核细则》。试件位置适用的焊件焊缝和焊件位置见表 6-9。

表 6-7　填充金属类别、代号、示例及适用范围

种类	类别	代号	示例	适用范围
钢	碳钢焊条、低合金钢焊条、马氏体钢焊条、铁素体钢焊条	Fef1（钛钙型）	E××03	Fef1
		Fef2（纤维素型）	E××10	Fef1，Fef2
		Fef3（钛型、钛钙型）	E×××（×）-16	Fef1，Fef3
		Fef3J（低氢型、碱性）	E××15	Fef1，Fef3，Fef3J
	奥氏体钢焊条、奥氏体与铁素体双相钢焊条	Fef4（钛型、钛钙型）	E×××（×）-16	Fef4
		Fef4J（碱性）	E×××（×）-15	Fef4，Fef4J
	全部钢焊丝	FefS	ER50-1	FefS

表 6-8　试件类别、位置与代号

<table>
<tr><th>试件类别</th><th>试件位置</th><th colspan="2">代号</th></tr>
<tr><td rowspan="4">板材对接焊缝试件</td><td>平焊试件</td><td colspan="2">1G</td></tr>
<tr><td>横焊试件</td><td colspan="2">2G</td></tr>
<tr><td>立焊试件</td><td colspan="2">3G</td></tr>
<tr><td>仰焊试件</td><td colspan="2">4G</td></tr>
<tr><td rowspan="4">板材角焊缝试件</td><td>平焊试件</td><td colspan="2">1F</td></tr>
<tr><td>横焊试件</td><td colspan="2">2F</td></tr>
<tr><td>立焊试件</td><td colspan="2">3F</td></tr>
<tr><td>仰焊试件</td><td colspan="2">4F</td></tr>
<tr><td rowspan="6">管材对接焊缝试件</td><td>水平转动试件</td><td colspan="2">1G</td></tr>
<tr><td>垂直固定试件</td><td colspan="2">2G</td></tr>
<tr><td rowspan="2">水平固定试件</td><td>向上立焊</td><td>5G</td></tr>
<tr><td>向下立焊</td><td>5GX</td></tr>
<tr><td rowspan="2">45°固定试件</td><td>向上立焊</td><td>6G</td></tr>
<tr><td>向下立焊</td><td>6GX</td></tr>
<tr><td rowspan="5">管材角焊缝试件（分管板角焊缝试件和管管角焊缝试件两种）</td><td>45°转动试件</td><td colspan="2">1F</td></tr>
<tr><td>垂直固定横焊试件</td><td colspan="2">2F</td></tr>
<tr><td>水平转动试件</td><td colspan="2">2FR</td></tr>
<tr><td>垂直固定仰焊试件</td><td colspan="2">4F</td></tr>
<tr><td>水平固定试件</td><td colspan="2">5F</td></tr>
<tr><td rowspan="5">管板角接头试件</td><td>水平转动试件</td><td colspan="2">2FRG</td></tr>
<tr><td>垂直固定平焊试件</td><td colspan="2">2FG</td></tr>
<tr><td>垂直固定仰焊试件</td><td colspan="2">4FG</td></tr>
<tr><td>水平固定试件</td><td colspan="2">5FG</td></tr>
<tr><td>45°固定试件</td><td colspan="2">6FG</td></tr>
<tr><td rowspan="3">螺柱焊试件</td><td>平焊试件</td><td colspan="2">1S</td></tr>
<tr><td>横焊试件</td><td colspan="2">2S</td></tr>
<tr><td>仰焊试件</td><td colspan="2">4S</td></tr>
</table>

表 6-9 试件位置适用的焊件焊缝和焊件位置

试件		适用焊件范围			
		对接焊缝位置		角焊缝位置	管板角接头位置
类别	代号	板材和外径大于600mm的管材	外径小于或等于600mm的管材		
板材对接焊缝试件	1G	F	F	F	
	2G	F、H	F、H	F、H	
	3G	F、VU	F	F、H、VU	
	4G	F、O	F	F、H、O	
管材对接焊缝试件	1G	F	F	F	—
	2G	F、H	F、H	F、H	
	5G	F、VU、O	F、VU、O	F、VU、O	
	5GX	F、VD、O	F、VD、O	F、VD、O	
	6G	F、H、VU、O	F、H、VU、O	F、H、VU、O	
	6GX	F、H、VD、O	F、H、VD、O	F、H、VD、O	
管板角接头试件	2FG			F、H	2FG
	2FRG			F、H	2FG、2FRG
	4FG			F、H、O	2FG、4FG
	5FG			F、H、VU、O	2FG、2FRG、5FG
	6FG			F、H、VU、O	2FG、2FRG、4FG、5FG、6FG
板材角焊缝试件	1F	—	—	F	
	2F			F、H	
	3F			F、H、VU	
	4F			F、H、O	—
管材角焊缝试件	1F			F	
	2F			F、H	
	2FR			F、H	
	4F			F、H、O	
	5F			F、H、VU、O	

注：1. F—平焊，H—横焊，VU—向上立焊，VD—向下立焊，O—仰焊。

2. 通过板材试件所取得的管材焊件资格均限制在管外径 $D \geqslant 76$mm。

对表 6-9 的详细分析可以得到对“焊接位置”项评定的规律如下：①由于板材对接焊缝试件、管材对接焊缝试件或管板角接头试件可以覆盖板材和管材的角焊缝的焊接资格，因此应首选板材对接焊缝试件、管材对接焊缝试件或管板角接头试件来进行焊工操作技能评定；②管板角接头的焊接位置资格，仅能凭管板角接头试件的考试来取得；③管材对接接头的向下立焊位置的焊接资格，仅能凭 5GX 或 6GX 试件的考试来取得；④通过板材试件所取得的管材焊件焊接资格，均限制在管外径 $D \geqslant 76$mm，如欲取得 $D<76$mm 管材的焊接资格，必须进行管材对接焊缝试件的焊接操作考试。

（6）衬垫　如果不使用衬垫并被要求焊透的情况下，则对焊工操作技能的要求较高，因此衬垫的存在与否也会对焊工技能水平的要求有较大差别。因此，将该因素在板材对接焊

缝试件、管材对接焊缝试件和管板角接头试件中分为带衬垫和不带衬垫两种。需要注意的是，试件和焊件的双面焊、角焊缝以及不要求焊透的对接焊缝和管板角接头，虽然没有实际的衬垫但与有衬垫下的焊接操作技能要求相似故均视为带衬垫。

（7）焊缝金属厚度　薄板（即焊缝金属厚度较小）以及厚板（即焊缝金属厚度较大甚至要采用多层多道焊时），对焊接操作技能的要求是不同的，因此也作为一个因素予以体现。

（8）管材外径　小直径管材和大直径管材，对焊工操作技能的要求有较大差别，如小直径管材相对于大直径管材对焊接技能的要求更高，也应作为一个操作技能因素予以体现。

（9）焊接工艺因素　焊接工艺因素与代号见表 6-10。表 6-10 中的工艺因素变化均在不同程度上影响焊接操作，故将其列为影响焊接技能的因素。

表 6-10　焊接工艺因素与代号

机动化程度	焊接工艺因素		焊接工艺因素代号
手工焊	气焊、钨极气体保护焊、等离子弧焊用填充金属丝	无	01
		实芯	02
		药芯	03
	钨极气体保护焊、熔化极气体保护焊和等离子弧焊时，背面保护气体	有	10
		无	11
	钨极气体保护焊电流类别与极性	直流正接	12
		直流反接	13
		交流	14
	熔化极气体保护焊	喷射弧、熔滴弧、脉冲弧	15
		短路弧	16
机动焊	钨极气体保护焊自动稳压系统	有	04
		无	05
	各种焊接方法	目视观察、控制	19
		遥控	20
	各种焊接方法自动跟踪系统	有	06
		无	07
	各种焊接方法每面坡口内焊道	单道	08
		多道	09
自动焊	摩擦焊	连续驱动摩擦	21
		惯性驱动摩擦	22

根据上述焊工操作技能考试的九个项目，焊工操作技能考试项目代号组成如下：焊接方法代号-金属材料类别代号-试件位置代号-焊缝金属厚度-管材外径-填充金属类别代号-焊接工艺因素代号，共七部分。其中，焊接方法代号中，如果是耐蚀堆焊则加代号 N 与试件母材厚度值；在金属材料类别代号中，如果相焊的两块试件为异类别金属，则用“X/Y”来表示；在试件位置代号中，如果是带衬垫的则加代号 K；在焊缝金属厚度值中，对于板材角焊缝试件则为试件母材的厚度值。相关细节可参考 TSG Z6002—2010《特种设备焊接操作人员考核细则》标准。

5. 焊接操作技能考试和管理技巧

对于考试规则的理解思路为：只要是上述的九大焊接操作技能考核要素中的类别发生变化，通常需要重新考试来取得资格，同时注意已取得资格的覆盖范围以便决定是否必须重新考试。

焊接操作技能考试可以由 1 名焊工在同一试件上采用一种焊接方法进行，也可以由 1 名焊工在同一试件上采用不同焊接方法进行组合考试，或由 2 名及 2 名以上焊工在同一试件上采用相同焊接方法或不同焊接方法进行组合考试。由 3 名及 3 名以上焊工进行的组合考试，试件厚度不得小于 20mm。钢材焊接操作技能考试规则见表 6-11。

表 6-11　钢材焊接操作技能考试规则

焊接操作技能因素	资格覆盖范围
焊接方法	无覆盖。只要类别变化，必须重新考试
焊接方法的机动化程度	仅机动焊可以覆盖自动焊，其他无覆盖
金属材料类别	1）手工焊时，可以覆盖同类别钢号、较低类别钢号（Fe Ⅳ类别除外，其仅可焊同类别钢号）以及同类别钢号与较低类别钢号的焊接 2）机动焊和自动焊时，全覆盖
填充金属类别	1）焊条：Fef1，仅覆盖 Fef1；Fef2，覆盖 Fef2 和 Fef1；Fef3 覆盖 Fef3 和 Fef1；Fef3J 覆盖 Fef3J、Fef3 和 Fef1；Fef4 仅覆盖 Fef4；Fef4J 覆盖 Fef4J 和 Fef4 2）焊丝：覆盖所有焊丝
试件位置	见表 6-9
衬垫	1）除气焊之外，不带衬垫的可以覆盖带衬垫的 2）气焊时，带衬垫的可以覆盖不带衬垫的
焊缝金属厚度	1）除半自动短路弧熔化极气体保护焊和气焊，当母材厚度小于 12mm 时，覆盖范围为小于或等于 2 倍的试件焊缝金属厚度；当母材厚度大于或等于 12mm 时，全覆盖，但试件焊缝金属厚度不得小于 12mm 且不少于 3 层 2）半自动短路弧熔化极气体保护焊，当试件的焊缝金属厚度小于 12mm 时，覆盖范围为小于或等于 1.1 倍的试件焊缝金属厚度；当大于或等于 12mm 且不少于 3 层时，全覆盖 3）气焊，仅覆盖小于或等于试件的母材厚度和焊缝金属厚度 4）机动焊和自动焊，全覆盖
管材外径	1）手工焊，只要采用管材对接焊缝试件、管材角焊缝试件或者管板角接头试件，管外径 D<25mm 时，覆盖范围为大于或等于试件管径；25mm≤D<76mm 时，覆盖范围为管径大于或等于 25mm；76mm≤D 时，覆盖范围为管径大于或等于 76mm。但要注意四个例外：①采用管材对接焊缝试件时，如果是向下立焊，即 5GX 或 6GX，则试件管外径大于或等于 300mm 即可覆盖管径大于或等于 76mm。②采用管板角接头试件时，附加一个熔敷金属厚度限制，即板厚<12mm 时，允许的熔敷金属厚度为小于或等于 2 倍的实际熔敷金属厚度；板厚≥12mm 时，则无熔敷金属厚度限制。③采用板材角焊缝试件时，则取得外径 D≥76mm 管材角焊缝焊接资格，但板材厚度 T<5mm 时有一个母材厚度限制：必须大于或等于 T 并小于或等于 $2T$。④采用管材对接焊缝试件或者管板角接头试件时，全覆盖角焊缝焊件的管径和母材厚度 2）机动焊或自动焊时，全覆盖

（续）

焊接操作技能因素	资格覆盖范围
焊接工艺因素	表 6-10 的焊接工艺因素与代号中，代号为 01、02、03、04、06、08、10、12、13、14、15、16、19、20、21、22 中某一因素变更时，没有覆盖，必须重新考试

注：没有提到则表示可以覆盖。

根据上述资格覆盖表，焊接工程师应整理出企业所有焊工的技能资格系列表格，便于管理，示例如下。表 6-12～表 6-17 可用于焊接责任工程师或焊接工程师对企业的焊工技能方面的管理，图 6-7 和图 6-8 可供焊接车间主任安排焊工焊接作业时的参考依据，以便保证符合相关规范的规定。

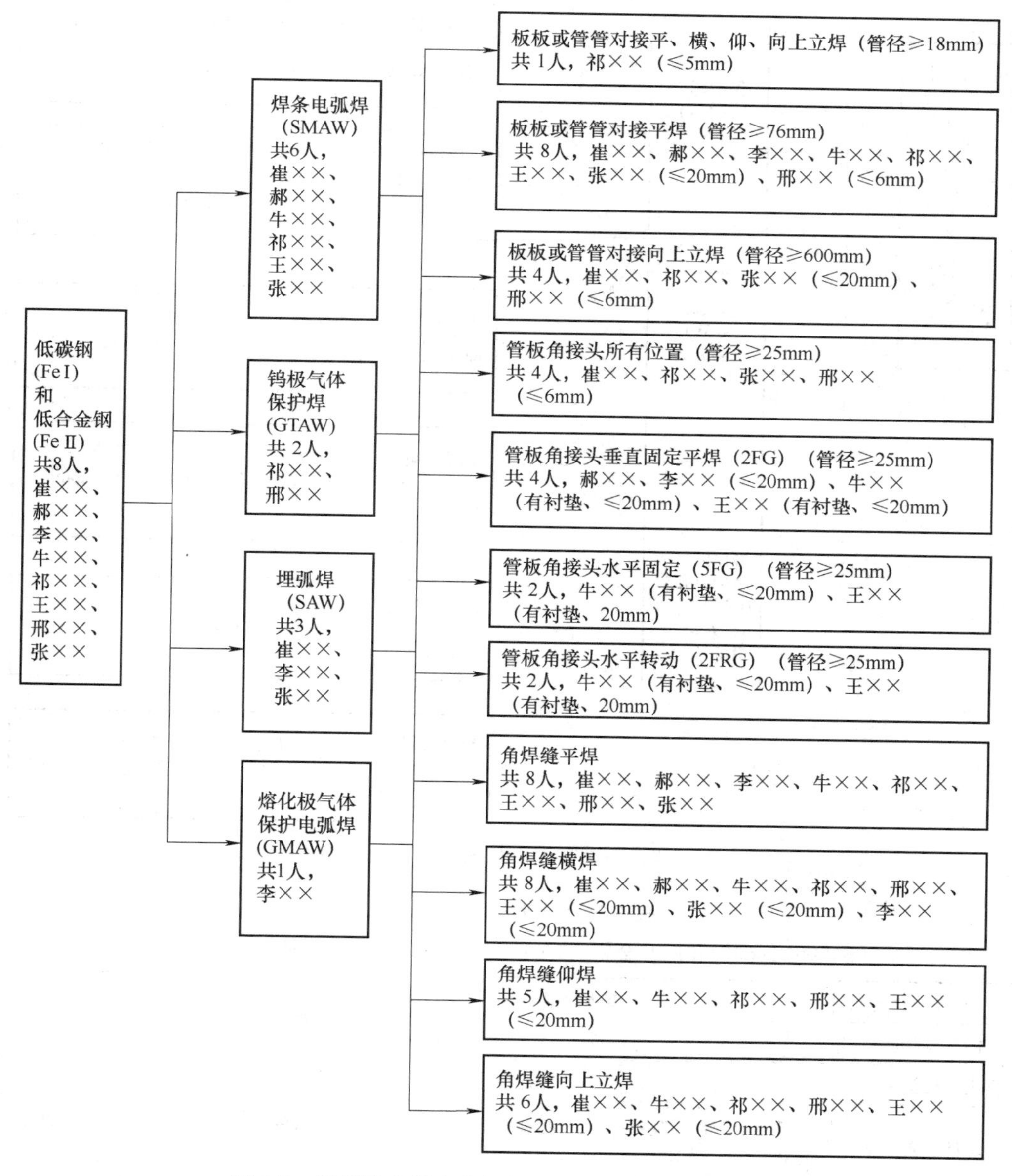

图 6-7　低碳钢和低合金钢焊工技能资格人员分布图

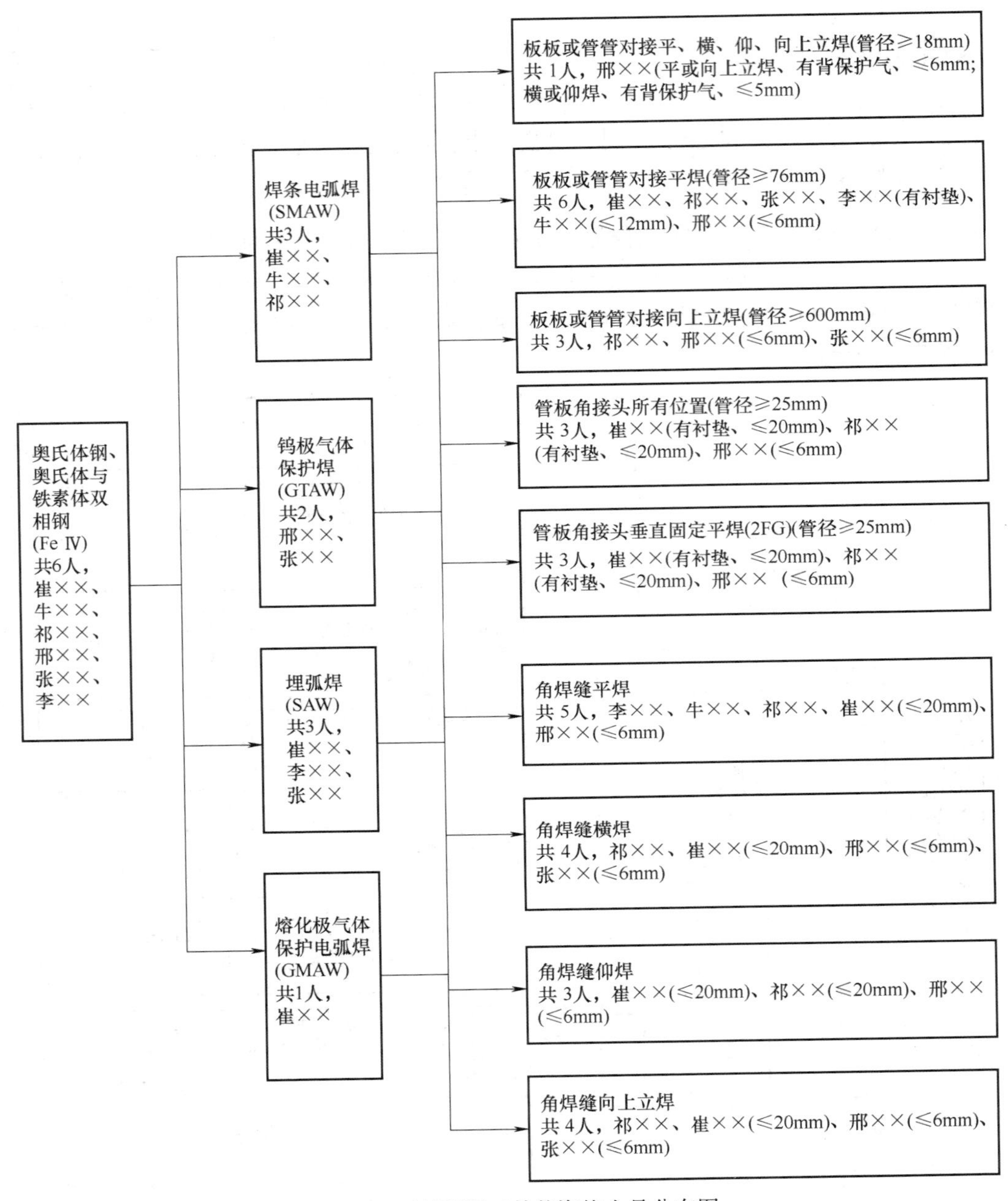

图 6-8　不锈钢焊工技能资格人员分布图

表 6-12　焊工技能资格一览表

[SMAW-低碳钢和低合金钢（Fe-1-1 和 Fe-1-2）-GB150 体系-企业资格]

焊工人数及姓名	6 人（祁××、崔××、郝××、牛××、王××、张××）			
机动化程度	仅可手工焊			
填充金属类别	除纤维素型焊条外的所有碳钢和低合金钢焊条			
焊件位置	板板或管管对接平焊	板板或管管对接向上立焊	管板角接头的所有位置	角焊缝的平、横、仰、向上立焊

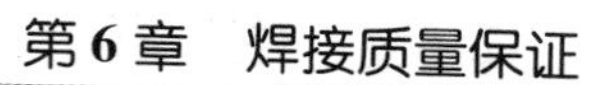

（续）

衬垫	有或无			有
焊缝金属厚度/mm	无限制			
管材外径/mm	≥76	>600	≥25	无限制
焊接工艺因素	无			

表 6-13　焊工技能资格一览表

［SMAW-奥氏体钢（Fe-8-1）、奥氏体与铁素体双相钢（Fe-10H）-GB150 体系-企业资格］

焊工人数及姓名	6 人（祁××、崔××、郝××、牛××、王××、张××）				
机动化程度	仅可手工焊				
填充金属类别	所有奥氏体钢焊条或双相钢焊条				
焊件位置	板板或管管对接平焊	板板或管管对接向上立焊	管板角接头的所有位置	角焊缝的平、横、向上立焊	角焊缝的仰焊
衬垫	有或无		有		
焊缝金属厚度/mm	无限制		≤20	无限制	≤20
管材外径/mm	≥76	>600	≥25	无限制	
焊接工艺因素	无				

表 6-14　焊工技能资格一览表

［GTAW-低碳钢和低合金钢（Fe-1-1 和 Fe-1-2）-GB150 体系-企业资格］

焊工人数及姓名	3 人（邢××、祁××、张××）				
机动化程度	仅可手工焊				
填充金属类别	所有钢焊丝				
焊件位置	板板或管管对接平焊	板板或管管对接向上立焊	板板或管管对接横、仰焊	管板角接头的所有位置	角焊缝的平、横、仰、向上立焊
衬垫	有或无				有
焊缝金属厚度/mm	1）板板对接时，≤6 2）管管对接且管径≥76 时，≤6 3）管管对接且 76>管径≥18 时，≤5	1）板板对接时，≤6 2）管管对接且管径≥600 时，≤6 3）管管对接且 600>管径≥18 时，≤5	≤5	≤6	
管材外径/mm	≥18			≥25	无限制
焊接工艺因素	1）只能用实芯焊丝，不能用药芯焊丝，也不能自熔焊 2）必须直流正接，不能直流反接，也不能采用交流焊				

表 6-15　焊工技能资格一览表

［GTAW-奥氏体钢（Fe-8-1）、奥氏体与铁素体双相钢（Fe-10H）-GB150 体系-企业资格］

焊工人数及姓名	3 人（邢××、祁××、张××）
机动化程度	仅可手工焊

（续）

填充金属类别	所有钢焊丝				
焊件位置	板板或管管对接平焊	板板或管管对接向上立焊	板板或管管对接横、仰焊	管板角接头的所有位置	角焊缝的平、横、仰、向上立焊
衬垫	有或无				有
焊缝金属厚度/mm	≤6		≤5	≤6	
管材外径/mm	背保护气，无则≥76；有则≥18	背保护气，无则>600；有则≥18	≥18，必须有背保护气	≥25	无限制
焊接工艺因素	1）只能用实芯焊丝，不能用药芯焊丝，也不能自熔焊 2）必须直流正接，不能直流反接，也不能采用交流焊				

表 6-16　焊工技能资格一览表

（SAW-所有钢-GB150 体系-企业资格）

焊工人数及姓名	3 人（崔××、李××、张××）	
机动化程度	仅可机动焊	
填充金属类别	所有钢焊丝	
焊件位置	板板或管管对接平焊	角焊缝的平焊
衬垫	有	
焊缝金属厚度/mm	无限制	
管材外径/mm	≥76	无限制
焊接工艺因素	1）必须单道焊 2）只能目视观察、控制，不能采用遥控	

表 6-17　焊工技能资格一览表

［GMAW-低碳钢和低合金钢（Fe-1-1 和 Fe-1-2）以及奥氏体钢（Fe-8-1）、奥氏体与铁素体双相钢（Fe-10H）-GB150 体系-企业资格］

焊工人数及姓名	2 人（崔××、李××）		
机动化程度	仅可手工焊或半自动焊		
填充金属类别	所有钢焊丝		
焊件位置	板板或管管对接平焊	管板角接头的垂直固定平焊	角焊缝的平、横焊
衬垫	有或无	有	
焊缝金属厚度/mm	无限制	≤20	
管材外径/mm	≥76	≥25	无限制
焊接工艺因素	除短路弧以外的喷射弧、脉冲弧和熔滴弧		

应当给每名焊工建立焊工档案，一般包括焊工资历登记表、考核持证项目记录表、焊工技能资格一览表、焊绩记录表、焊接质量汇总表以及焊接质量事故登记表等，上述表格的示例见表 6-18～表 6-23。

表 6-18　焊工资历登记表

<table>
<tr><td>姓　　名</td><td></td><td>性　　别</td><td></td><td rowspan="5">照片</td></tr>
<tr><td>出生年月</td><td></td><td>文化程度</td><td></td></tr>
<tr><td>考前工种</td><td></td><td>焊接工龄</td><td></td></tr>
<tr><td>技术等级</td><td></td><td>焊工钢印</td><td></td></tr>
<tr><td>焊工证号</td><td></td><td>发证机关</td><td></td></tr>
<tr><td>从事焊接
工作经历</td><td colspan="4"></td></tr>
<tr><td>焊工培训记录</td><td colspan="4"></td></tr>
<tr><td>免试记录</td><td colspan="4"></td></tr>
<tr><td>备注</td><td colspan="4"></td></tr>
</table>

表 6-19　考核持证项目记录表

序　　号	项 目 代 号	考 试 日 期	有　效　期	到　期　日
1	SAW-1G(K)-07/08/19	2011. 11. 22	4 年	2015. 11. 21
2	GMAW-FeⅡ-1G-12-Fefs-11/15	2012. 06. 01	4 年	2016. 05. 31
3	GMAW-FeⅡ-2FG(K)-10/51-Fefs-11/15	2012. 06. 01	4 年	2016. 05. 31

表 6-20　焊工技能资格一览表-GB150 体系（依据 TSG Z6002—2010）

截止日期：2015 年 5 月 5 日

<table>
<tr><td>焊工姓名及钢印号</td><td colspan="2">××（××）</td></tr>
<tr><td>焊接方法及其
机动化程度</td><td>埋弧焊（SAW）
仅可机动焊</td><td>熔化极气体保护电弧焊（GMAW）
仅可手工焊或半自动焊</td></tr>
<tr><td>金属材料类别</td><td>所有钢种</td><td>低碳钢和低合金钢（Fe-1-1 和 Fe-1-2）</td></tr>
</table>

（续）

填充金属类别	所有钢焊丝					
焊件位置	板板或管管对接平焊	角焊缝的平焊	板板或管管对接平焊	管板角接头的垂直固定平焊	角焊缝的平焊	角焊缝的横焊
衬垫	有		有或无	有		
焊缝金属厚度/mm	无限制			≤20	无限制	≤20
管材外径/mm	≥76	无限制	≥76	≥25	无限制	
焊接工艺因素	必须单道焊；只能目视观察、控制，不能采用遥控		除短路弧以外的喷射弧、脉冲弧和熔滴弧			

注：“有衬垫”是指如下两种情况：有实际的衬垫；在板板对接接头、管管对接接头或管板角接头时，虽然没有实际的衬垫，但在双面焊、角焊缝或不焊透时，视为有衬垫。

表 6-21　焊绩记录表

用人单位：________________

焊接操作人员姓名：________________

公民身份证号码：________________

《特种设备作业人员证》编号：________________

记录表编号：HJ04

产品名称与编号	焊 缝 编 号	合格项目代号	填表人与施焊日期
			年　　月　　日
			年　　月　　日

表 6-22　焊接质量汇总表

序号	施 焊 记 录						质 量 检 验 情 况							
	生产令号	产品名称	工件编号	焊接部位	焊缝编号	施焊时间	探伤一次合格率（%）	外观质量		水压一次合格率		不合格情况	检验员	检验日期
								修补数	次数	渗水数	次数			
备注														

表 6-23 焊接质量事故登记表

日 期	质量事故内容	检 验 员
说明	1）该表记录在生产过程中因焊工操作技能不佳而导致的零部件报废以及焊工施焊设备出厂后发生的事故 2）质量事故应以质量事故处理报告为依据，该质量事故处理报告需由检验责任工程师、焊接责任工程师及质量保证工程师签署处理意见	

6.3.10 焊接相关设备

焊接过程中使用的焊机、工装及仪器仪表等均可统称为焊接相关设备，一般包括：焊接电源及其他焊接器具，如弧焊电源、送丝机、焊枪、滚轮架及纵缝焊机等；坡口加工设备包括热切割设备（如等离子切割机等）和机械加工设备（如刨床等）；预热、后热及焊后热处理的设备，如马弗炉等；焊件的起重及装夹设备，如夹钳、气动夹具等；仪器和仪表，如气体流量计、温湿度计、卡尺、压力表、电流表及电压表等；焊接防护设备，如除烟机、防护面罩等；焊接材料处理设备，如烘干箱、保温筒等；焊件表面清理设备，如碳弧气刨、角磨机等；焊接接头破坏性试验和无损检测设备，如拉伸试验机和 X 射线探伤机等。

在上述焊接相关设备中，往往对使用到的仪器仪表重视不足。工业企业所使用的仪器仪表是指用于对产品的表面状况、技术特性和其他特性的表征，以及对生产过程的状况进行量度、计算、控制、测试及指示的器具，其中单纯用于指示的器具称为仪表。企业为了保证焊接质量和保障生产设备正常安全运行，保持其技术状况完好并不断改善和提高企业装备素质，应该制订设备管理制度，建立设备台账和档案，并要求一机一档。一般应包括：设备管理体制及机构设置的规定，固定资产管理制度，设备前期管理制度，设备改造、更新管理制度，进口设备、重点设备管理制度，设备检修计划管理制度，设备检修技术管理制度，设备事故管理制度，特殊设备管理制度，设备的使用、操作、维护和检修规程，备件管理办法等。同时，应定期维护、保养、检修，定期校验焊接设备上的电流表、电压表及保护气体流量计等仪表，建立焊接设备状况的技术档案，建立设备使用人员责任制。

根据我国实际的焊接生产情况，为了保证基本的焊接质量，企业应至少制订如下的设备管理制度：计量器具检定管理制度；计量器具的配备、使用、维护和保养制度；不合格计量器具管理制度。上述三项管理制度可参考如下程序并根据企业的具体情况予以补充和完善。

1. 计量器具检定管理制度

1）检定用计量标准器具必须定期送上级计量部门检定，不可超周期使用。

2）计量器具使用部门应联系质量检验部及时送检定机构检定或校准。

3）经检定或校准合格的计量器具，应要求出具检定或校准证书，并在计量器具上做好合格标记。

4）不合格的计量器具，可降级使用的以降级使用处理，不能再用的应申请报废。

5）原始记录和检定或校准证书，统一由质量检验部按月保存。

6）对各部门所用计量器具，还应经常定期抽检，并做好抽检记录。

7）计量管理员必须按月做出检定或校准情况统计表，统计和计算计量器具周检计划的应检数、实检数、送检合格数、周检合格率、抽检数、抽检率、合格数和抽检合格率等。

2. 计量器具的配备、使用、维护和保养制度

（1）计量器具的配备

1）设计、生产和检验工作中所必需的计量器具的购置，由相关人员提出和填写计量器具采购申请书并经部门负责人同意，报质量保证部负责人审核、批准后予以实施。

2）各部门要配合质量检验部确定配置主要的计量器具，首先要将已有的计量器具进行评审，对没有的计量器具从用途、计量特性指标及经济性等几方面进行综合评审，并在产品技术文件中加以说明。

3）计量器具的配置准确度等级和数量应从实际需要出发，多余及超高要求的计量器具应服从统一调配。

4）在对计量器具进行配置策划时，还需考虑如何实现量值的溯源性，优先考虑本系统及本部门提供溯源。

5）涉及索赔的试验项目，计量器具的配置及测试方法需经相关负责人确认。

6）各产品项目的质量策划中应包含计量器具配置策划。

（2）计量器具的使用及维护保养

1）应根据质量目标确定计量器具的完好率目标，并根据该目标制订设备管理程序并开展设备管理活动。

2）计量器具必须有检定合格证，对不合格或超过检定期限的计量器具禁止使用。如遇特殊困难确实不能按时送检又必须使用的计量器具，需要办理脱检手续，报生产部批准后可适当延期使用。一般延期 1 个月，最长不超过 3 个月。

3）使用者应熟悉计量器具的技术性能和操作方法，并严格按各装置操作规程或说明书使用。

4）计量器具在使用过程中发现有异常情况时，不得任意拆卸和调整，应立即停止使用、做好记录并及时报告给质量检验部。

5）计量器具运输和使用要注意防振和防潮等技术要求。

6）计量器具的维护保养应定机、定人和定期，应经常保持计量器具的清洁和润滑。

7）计量器具的操作和维护保养人员应做到“三会四懂”，即会操作、会维修、会排除故障，懂原理、懂结构、懂性能、懂用途。

8）应根据工作机时制订小修、中修和大修的时间间隔，特殊计量器具应根据国家或行业规定进行。

（3）计量器具的降级和报废

1）计量器具符合下列情况之一者，可申请降级使用或报废。

① 由于结构设计不合理、组合件性能达不到要求的过时产品，可进行报废处理。

② 更换部分零件即能达到低准确度等级的，可进行降级使用。

③ 由于生产企业的技术变更，不再生产该型号组合件且无代用品，经检定不合格者予以报废，若准确度等级仍能达到要求则可以继续使用。

④ 使用寿命超过规定年限而又不再使用的可予以报废。

⑤ 经检定不合格且难以修复的可予以报废或降级使用。

2）需要降级的计量器具，使用部门应填写降级申请单，报质量检验部审核。

3）申请报废的计量器具，经生产部审核同意后，如属于固定资产则按固定资产的管理办法办理有关手续。

4）降级的计量器具应在台账上加以说明，报废的计量器具应贴上明显的禁用标记，按规定处理并集中存放、销账以防误用。

（4）计量器具的封存和启用　对于暂时不使用的计量器具，由各部门提出申请，报质量检验部审批后可予以封存停用。封存的计量器具在重新启用时，由使用部门填写启封申请单，报质量检验部审批同意并重新检定合格后方可使用。

3. 不合格计量器具管理制度

通常情况下，质量保证部是不合格的控制及实施部门，负责对不合格的评审和处置。对重大不合格，经评审并报总经理批准后做出处置。但是，属于企业自检的不合格计量器具，通常做法是，由质量检验部的计量管理人员负责。一般程序如下：计量器具使用部门或检验人员发现不合格计量器具，应立即停止使用，并及时向计量管理人员提出检定、校准或调整申请，做好标识、记录、处置和追溯，控制程序可如下：

1）计量器具出现下列情况之一，即视为不合格计量器具：已经损坏、过载或误操作、显示不正常、功能出现了可疑、测量数据失真、超过了规定的确认间隔及封印的完整性已被破坏。

2）对出现的不合格计量器具应立即停止使用，隔离存放，贴上“禁用”标记，直到排除不合格原因，并经重新确认后方可使用。如果确认后不合格，由计量管理人员提出并报质量保证部批准后可做降级、限用或报废处理。

3）属校准范围内的不合格计量器具，由专业公司人员进行调整和修理；对试验仪器的测量设备送计量检定机构维修检定，检定合格的继续使用，不合格的做报废处理。

4）对多功能计量器具在一种或几种功能或量程出现问题时，应停止对这几种功能或量程的使用，并贴上限用标记，其他正常功能或量程经确认后可继续使用。

5）当确定或怀疑某计量器具不合格时，计量管理人员应对不合格计量器具状况进行记录，需要进行具体描述不合格事实或怀疑不合格的证据，为如何处置提供支持。不合格计量器具记录的内容包括计量器具的名称、编号、使用地点以及不合格的具体现象。

6）质量检验部会同使用部门对不合格计量器具的影响后果进行评估。按程度分为可能造成人身伤害或设备重大事故、可能造成浪费大量或贵重原材料、造成重大经济损失及可能造成环境影响这三类。

7）质量检验部应组织计量人员和计量器具使用人员对不合格计量器具所检测过的物品或过程进行复测，对是否造成影响及后果严重程度做出评估，填写不合格计量器具评价处置记录并做出评价结论。

6.3.11　母材和焊接材料

对于焊接生产使用的主要材料可分为母材和焊接材料，母材是指组成构件主体的板材、管材、型材及零部件等，焊接材料主要是指焊接作业中的耗材，包括焊条、焊剂、焊丝及保护气等。通常将母材归入普通物料管理范畴，但是由于焊接材料的专业性和独特性，其质量管理具有一定的特殊性。焊接材料质量控制的主要任务就是确保所使用的材料一直处于合格状态，并在生产流转过程中始终处于监督和可追溯的状态之下。

通常情况下，技术部负责编制焊接材料采购规范、焊接材料验收检查质量计划以及焊接材料验收试验等与焊接材料管理相关的程序文件，以及负责对焊接材料管理进行监督检查；生产部负责焊接材料验收试件的焊接工作；质量检验部负责焊接材料的入厂检验以及企业没有试验能力的检验项目的外部委托及试验过程见证工作，并负责验收合格后的焊接材料在保管、发放及产品制造过程中焊接材料使用的验证检查工作；物流部负责焊接材料的采购，并负责焊接材料的保管、烘干、发放及回收工作。

焊接材料的质量控制环节与其他原材料基本相同，应对编制焊接材料采购计划、采购、材料验收、标记、入库、保管、发放及回收等全过程进行控制，重点是材料验收并严格管理和发放，坚持标识制度。焊接材料的管理流程如图 6-9 所示。

1. 编制焊接材料采购计划

焊接工程师依据设计图样及焊接工艺评定的要求，按照不同焊接材料种类，根据焊接材料计算公式及本企业实际使用经验来测算某一项目或产品的焊接材料用量，并填写“焊接材料采购申请单”。物流部根据该申请单及相应焊接材料的库存情况，编制焊接材料采购计划。可以单独制订焊接材料采购计划或将其纳入原材料采购计划。

2. 采购

焊接材料供应商应提供焊接材料的质量证明书，并保证其所提供的焊接材料产品符合相关规范、标准或供货合同的要求。必要时，由焊接责任工程师指定特殊焊接材料供应商。凡按国家或国际标准直接采购的焊接材料，由技术部向物流部提出“焊接材料采购申请单”来申请订货。此外的焊接材料，物流部应按技术部编制的焊接材料采购规范的具体要求来订货。物流部应优先从企业的焊接材料合格供方名单中的焊接材料供应商处订购相应焊接材料。

3. 材料验收

质量检验部组织并由质量检验部、库房和焊接工程师负责验收。主要是验证焊接材料种类、规格、数量、质量保证书及包装质量，并随机抽取焊接材料进行工艺性验证，检查合格后填写焊接材料验收记录表。如果合格，则进入焊接材料库保管；如果不合格，则应进行退换货处理。

（1）焊接材料验收工作程序

1）焊接材料到货后应存放在材料库内的指定区域，物流部负责焊接材料采购的采购人员填写入库单并转交给焊接材料库管理员。焊接材料库管理员接到入库单后核对到货的焊接材料的种类、数量及标识，同时将到货验收所需要的焊接材料的质量证明书等转交质量检验部负责焊接材料验收的检查员。

2）质量检验部负责焊接材料验收的检查员根据焊接材料采购规范以及相应的国家、行业或国际标准确定验收检查项目，同时对申请入库的焊接材料的质量证明文件进行审查，质量证明书审查合格后方可进行后续的验收检查工作。

3）质量检验部负责焊接材料验收的检查员对申请入库的焊接材料的包装及标识进行检查，同时对其尺寸进行抽样检查。

4）包装、标识及尺寸检查合格后，如果有规定或认为有必要，则由检查员开具领料单领取焊接材料验收试验所需要的焊接材料，根据焊接材料验收工艺履历卡将焊接材料转交承担焊接试件焊接工作的有关人员如焊接工程师。如果焊接材料验收试验委托具有相应资质的检验机构进行，则领取的焊接材料由焊接工程师或检查员转交相应检验机构。

5）焊接材料的验收试验全过程应按照焊接材料验收计划进行，验收试验的每道工序结

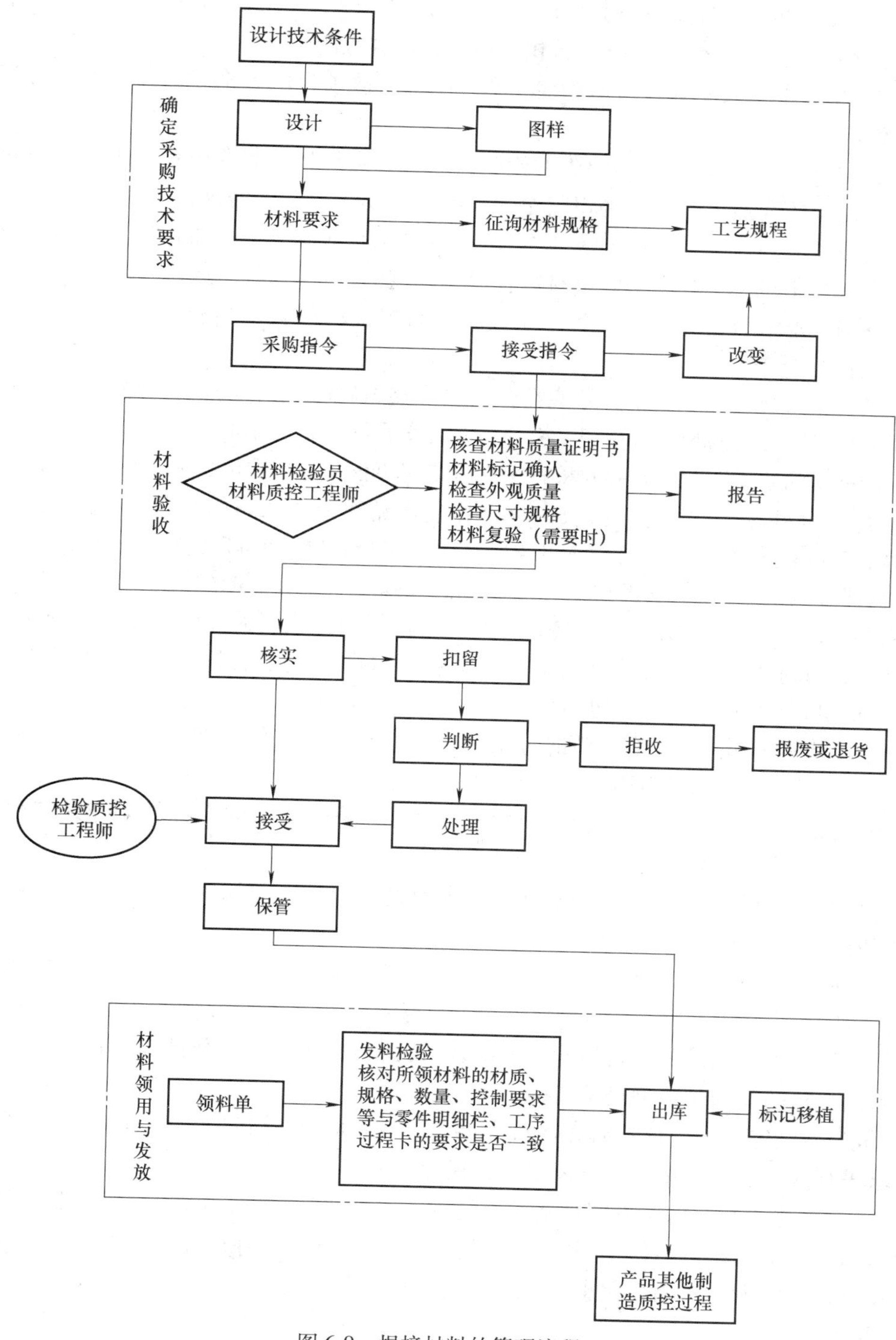

图6-9　焊接材料的管理流程

束后，操作者和检查员必须在焊接材料验收计划上签字。

6）由具有相应技术资格的无损检测人员承担焊接材料验收试验的焊接试件的无损检测工作，并负责出具无损检测报告。

7）质量检验部负责焊接材料验收试验焊接试件的理化检验试样的加工或委托加工和相应的理化检验工作，并负责出具及传递相应的理化检验报告。

8）质量检验部负责企业没有试验能力和资格的检验项目的外部委托及其试验过程的见证检查工作。

9）质量检验部负责焊接材料验收的检查员负责开具焊接材料验收试验的焊接试件无损检测和理化检验的委托单，并负责相应检验报告的回收。

10）对于验收不合格的焊接材料应按照“不符合项控制程序”的有关规定进行处理，同时将正在进行不符合项处理的焊接材料存放到指定的不合格焊接材料存放区域内。

11）所有的验收检查项目结束后，检查员填写焊接材料验收检查记录，并整理所有焊接材料验收检验报告。

12）所有的焊接材料验收检查结束后，负责焊接材料验收的检查员将焊接材料制造厂的质量证明书与经过整理的验收检查记录文件一并转交质量检验责任工程师。质量检验责任工程师负责焊接材料的质量证明书和验收检查文件的最终审核，并负责产品完工后将其归档。

（2）焊接材料的验收内容　验收内容因焊接产品制造所依据的规范或标准、焊接产品的种类等的不同而不同，应根据企业自身所需的焊接材料特点制订具体的采购技术要求，并据此确定验收内容。焊接材料的检验方法和检验规则应根据有关标准确定，必要时可由供需双方协商确定。焊接材料的入厂检验依据为焊接材料采购规范以及订货合同中明确提出的国家、行业或国际标准，入厂检验项目应与焊接材料采购规范以及订货合同中明确提出的国家、行业或国际标准相符。一般包括如下内容：

1）包装检验。检验焊接材料的包装是否符合相关标准（如 NB/T 47018 或 ASME BPVC）规定，外包装是否完好等。

2）种类、规格及数量检查。由材料库管理员或质量检验部的检查员检查并核对所购焊接材料的种类、规格及数量是否与采购计划相符。

3）质量证明书检验。核对质量证明书与实物的相符性，并核查提供的数据是否齐全并符合规定要求。

4）外观检验。检验焊接材料表面是否被污染或受潮，是否有在储运过程中造成的损伤或缺陷，识别标志是否清晰、牢固及其与产品实物是否相符。有如下问题的，一般应做退货处理：焊条药皮破裂超过 15cm 的、焊条药皮上无牌号标记的、焊丝严重污损或腐蚀、焊条焊剂等受潮严重的及与包装型号不符的等。

5）成分及性能试验。如有必要或首次采购，一般应进行该项检验。根据标准或供货协议的要求进行成分及性能试验。不满足的，做退货处理。

6）工艺性能验收。抽取不同规格、不同批号的焊接材料进行焊接工艺性能的判定。判定内容可以包括引弧和再引弧是否容易，焊缝外观成形是否良好，焊条、焊剂等的熔渣保护性是否良好，飞溅大小及烟尘大小等。超标或不符合企业规定的，做退货处理。

4. 标记

验收合格的焊接材料应该按照企业的“标识与可追溯管理程序”进行标注，尤其是在每个最小包装上做出专门的、醒目的合格标志。

5. 入库

验收合格的焊接材料进行入库登记，内容主要包括焊接材料名称、型号或牌号、规格、炉批号、数量或重量、生产日期、入库时间、有效期及生产厂等。焊接材料入库后应建立库存档案，如入库登记、质量证明书、验收检验报告、检查及发放回收记录等。焊接材料库可根据需要划分为“待检”“合格”及“不合格”等区域并应有明显标识。

6. 保管

验收合格的焊接材料应按型号或牌号、规格及炉批号分别堆放贮存并分类放置铭牌等识别标识，铭牌中一般应注明焊接材料的牌号、规格、检验编号、入库日期及数量等信息。每包及每根焊条，每袋焊剂，以及每包、每盘卷装焊丝和每包、每根直条焊丝，均必须有清晰的标记。

（1）对焊接材料库的要求　有条件的单位应设立一级焊接材料库和二级焊接材料库，一级焊接材料库一般设在总库房内，二级焊接材料库一般设在焊接车间内。焊接材料库一般应具备独立、封闭、干燥及通风等条件，并应配备烘干箱、保温箱、温度计、湿度计、除湿机、加热器、排风扇及空调等，功能相同的可以合并。此外，焊接材料库内不应放置有害气体和腐蚀性介质并严格保持温度和湿度。温度一般应在15~25℃，相对湿度在60%以下，焊接材料库管理员应做好温度、湿度日志。对于已发放出库的焊接材料尤其是领用焊条、焊剂等易受潮的焊接材料后应妥善保管，在使用之前应采取必要的防潮措施，如将焊条筒与弧焊电源电气连接以便保持焊条不吸潮等。

（2）焊接材料摆放　应采取必要的防潮措施，如将焊接材料摆放在货架上，并且货架需距离顶棚、墙壁和地面至少300mm，甚至采用吸潮剂或安装吸湿器等。焊接材料摆放时一般应按品种、规格、型号、牌号、炉批号及入库时间等分类摆放，并且每一类应有明显标识。一般应在6个月内使用完入库的焊接材料，并按先入库先使用的“先进先出”原则发放。堆叠摆放高度应根据焊接材料特点确定，如焊条和焊剂不宜堆叠摆放过高。特殊焊接材料，应根据生产企业的产品说明书或建议，采取特殊的保管措施。

（3）报废或降级处理　对焊接材料库中存放超过规定年限和检查质量不合格的焊接材料以及烘干操作超过三次的焊接材料（如焊条、焊剂或药芯焊丝），应设专门区域堆放并做明显标识。由质量检验员检验并与焊接工程师共同对其做出评判，或报废处理或降级使用。原则上以检验焊接材料是否产生影响焊接质量的缺陷为准则，一般以外观检验和工艺性试验方法进行。

7. 发放

焊接材料的一般发放流程，通常如图6-10所示。

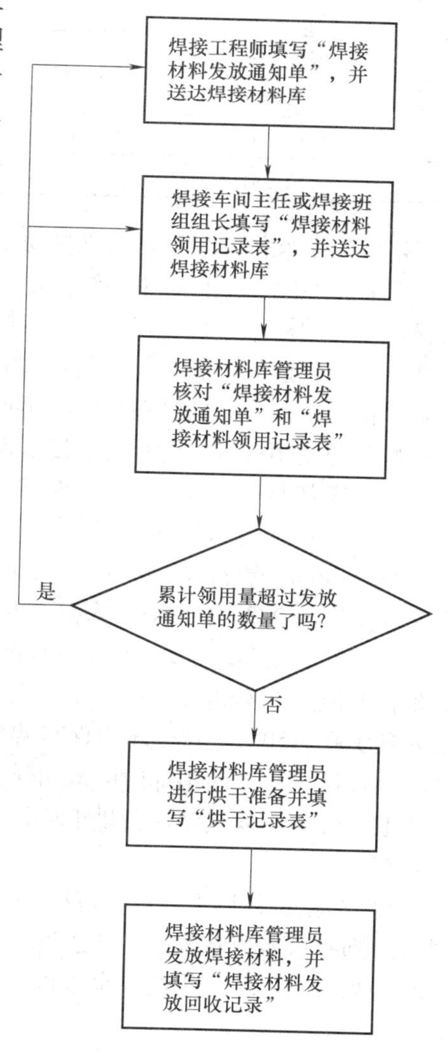

图6-10　焊接材料的一般发放流程

焊接材料的发放，应注意如下几点：

1）生产部应提前一天将焊接材料使用计划申报到一级焊接材料库，以便焊接材料库安排烘干作业。

2）易受潮焊接材料（如焊条等）的发放量，低氢型焊条以能够满足4h焊接作业量为准，一般不宜超过100支，也可以以一天的用量为限。不易受潮的焊接材料（如实芯焊丝等），可不受此限制，但也应要求使用部门（如焊接车间或班组）采取适当的保管措施保持其洁净，如不应受油、粉尘等的污染。焊接材料应由焊工本人领取，领用焊条时应携带具有保温功能的保温筒（如焊条筒），且一个保温筒只能放入一种牌号的焊条。

3）对于易受潮的焊接材料（如焊条、焊剂等），在发放前应按照生产企业的烘干要求或通用的烘干规范进行烘干操作。焊条和焊剂的烘干，应严格按照《焊接材料烘干操作规程》进行，并进行质量抽查。具体的烘干规范应优先选用焊条或焊剂生产企业的建议，如果没有则可按表6-24中的通用烘干规范进行烘干作业。

表6-24　焊条通用烘干规范

药皮类型	烘干温度/℃	烘干时间/h
酸性焊条	150~200	1
碱性焊条	300~350	1~2
熔炼焊剂	250~300	2
烧结焊剂	300~400	2

需要烘干操作的焊接材料是指易于吸潮的焊接材料，主要是焊条和焊剂。药芯焊丝一般在生产时已经除去了粉料中的结晶水，并且在运输与贮存过程中有一定的保护措施防止焊丝药粉与空气的接触，在合理的时间内使用完毕则不需要烘干操作。焊条往往会因吸潮而使工艺性能变差，造成电弧不稳、飞溅增大，并容易产生气孔和裂纹等缺陷。因此，焊条使用前必须严格烘干。焊条的吸潮程度与生产过程中的药皮种类及工艺，运输过程中的包装、保护以及贮存和使用过程中的环境温度、湿度及时间等因素有关。焊条受潮程度一般可通过如下简易方法来判断：包装破损、长时间贮存、药皮出现白霉斑点或焊芯生锈。

4）在烘干时，焊剂应散布在烘干盘中，厚度最大不能超过5cm。焊条在烘干箱中的叠放层数，ϕ4mm焊条不宜超过3层，ϕ3.2mm焊条不宜超过5层，并且叠放高度不宜超过烘干箱内高度的2/3，使得潮气易于排除并使焊条受热均匀。此外，为避免焊条药皮在烘干操作时开裂甚至脱落，加热和冷却速度不宜过快。例如，烘干箱温度低于100℃时放入常温的焊条，升温速度不超过150℃/h，不能从高温烘干箱中直接取出到室温环境下保存待用而应放入到100~150℃的保温箱中保存待领用。此外，当保温箱中存有焊条时不允许断电。经过烘干的焊接材料，使用部门应该用保温筒领用或退回。不得对正在进行烘干作业的烘干箱放入或取出焊条。低氢型焊条烘干后，应在温度降至100~150℃时转存到100~150℃的恒温箱内暂存。

5）焊接材料烘干数量，可按每天的生产实际需要量再加10%~20%的余量来确定，余量太少则有可能影响焊接生产进度，余量太多则有可能导致焊接材料多次烘干操作致使焊接材料的品质下降甚至报废。也可以一次性烘干2~3天的用量并予以妥善保持，但不宜烘干数量太大。

6）每次发放数量，可以根据企业的焊接生产特点以及焊接车间的焊接材料保温器具的

数量，规定一次发放数量不得超过5kg等。而且只允许向每名焊工每次发放一种牌号规格的焊条或直条焊丝，并且只允许向同一台焊机同时发放一种牌号规格的盘装、桶装焊丝或焊剂，以免焊工误用。确有必要同时领取两种或两种以上牌号规格的焊条、焊丝或焊剂时，需经焊接工程师确认同意并注意在焊接作业时加强监督检查工作。

7）同种焊接材料而且烘干规范相同时，可以在同一烘干箱中烘干，但是不同牌号的焊接材料之间应分隔且有明显标记。不同种类的焊接材料不应放在同一烘干箱内进行烘干操作，尤其是不同材质的焊接材料应分别烘干。

8）烘干温度大于或等于350℃且进行过两次烘干操作的焊条应不予发放，并经第三次烘干后的工艺验证性试验后，根据试验结果来决定是否可以进行第三次烘干操作并发放到生产车间。超过三次烘干操作的焊接材料不得发放到生产部，或者降级使用，如用于非重要部件的焊接等，或者报废。

9）优先烘干并发放打开包装、曾经回收或烘干次数较多的焊条或焊剂。焊剂发放时应使用带封闭盖子的专用焊剂筒领用，以免焊剂被污染。焊工在领用焊条时应交还上次使用过的焊条头，焊条头长度不得大于50mm。焊工有责任在使用完毕某种焊接材料前保持焊接材料标识完整且清晰可辨。

8. 回收

在一个工作周期内未使用完的易受潮焊接材料，一般应将其退回到焊接材料库。低氢型焊条在焊接现场的保存时间不应超过4h，抗拉强度在590MPa以上的低氢型高强度钢焊条应在1.5h之内，如超过则应退回焊接材料库并重新烘干后使用。不应将剩余焊接材料自行转交给下一个焊接班组使用。焊接材料库管理员应确认其标识清楚、无污染，然后采用适当的方式标识退回焊接材料的使用或烘干次数并回收保管，而且应填写“焊接材料发放回收记录表”。

回收时如果发现焊条有药皮脱落、弯曲、生锈或严重受潮等现象时，应做报废处理，不得进行再次烘干和发放。回收的焊条应建立单独的重复烘干、重复发放记录并单独成册。经检查人员认可回用的焊剂，由焊接材料库登记其牌号、批号、数量及回收日期等，发放时注明焊剂回用次数，回用焊剂一般不应超过三次。回收的焊接材料应单独分类存放，不得与尚未发放过的焊接材料相混。

9. 焊接材料的资料管理

焊接材料库对焊接材料制造厂的质量证明书和入厂验收原始资料等应做永久保存。焊接材料库应保存好焊接材料的烘干、发放及回收记录台账和领用单等，保存期可根据企业的具体情况确定。形成的管理文件应该包括焊接材料采购规范、焊接材料采购通知单、焊接材料烘干记录表、焊接材料发放回收记录表及焊接材料验收检查记录表等。表6-25~表6-37供编制焊接材料工作流程管理程序时参考。

表6-25　焊接材料发放通知单

项目、产品名称或编号				
序号	焊接材料型号或牌号	规　格	数　量	母材种类
1				
2				

（续）

<table>
<tr><td colspan="2">项目、产品名称或编号</td><td colspan="5"></td></tr>
<tr><td>序号</td><td>焊接材料型号或牌号</td><td colspan="2">规　　格</td><td>数　　量</td><td colspan="2">母 材 种 类</td></tr>
<tr><td>3</td><td></td><td colspan="2"></td><td></td><td colspan="2"></td></tr>
<tr><td>4</td><td></td><td colspan="2"></td><td></td><td colspan="2"></td></tr>
<tr><td>5</td><td></td><td colspan="2"></td><td></td><td colspan="2"></td></tr>
<tr><td>6</td><td></td><td colspan="2"></td><td></td><td colspan="2"></td></tr>
<tr><td>编制</td><td></td><td>审核</td><td colspan="2"></td><td>批准</td><td></td></tr>
<tr><td>日期</td><td></td><td>日期</td><td colspan="2"></td><td>日期</td><td></td></tr>
</table>

表 6-26　焊接材料领用记录表

<table>
<tr><td colspan="2">项目、产品的名称或编号</td><td colspan="2"></td><td>母 材 种 类</td><td colspan="2"></td></tr>
<tr><td>序号</td><td>零部件图号</td><td>零部件名称</td><td>WPS 编号</td><td>焊接材料
型号或牌号</td><td>规格</td><td>数　　量</td></tr>
<tr><td>1</td><td></td><td></td><td></td><td></td><td></td><td></td></tr>
<tr><td>2</td><td></td><td></td><td></td><td></td><td></td><td></td></tr>
<tr><td>3</td><td></td><td></td><td></td><td></td><td></td><td></td></tr>
<tr><td>4</td><td></td><td></td><td></td><td></td><td></td><td></td></tr>
<tr><td>领用人</td><td></td><td>班组长或
车间主任</td><td></td><td>发放人或库管员</td><td colspan="2"></td></tr>
<tr><td>日期</td><td></td><td>日期</td><td></td><td>日期</td><td colspan="2"></td></tr>
</table>

表 6-27　焊接材料烘干记录表

烘干箱号：

序号	日期（年-月-日）	型号/牌号及规格	生产批号	材质号	数量	烘干温度/℃	起始时间（时：分）	结束时间（时：分）	记录人

注：数量可以选择填写根数（焊条）或重量（焊条或焊剂）。

表 6-28 焊接材料发放回收记录表

序号	焊接材料型号或牌号	规格	发放数量	发放日期和时间	领用人姓名（签字）及焊工号	回收数量	回收日期和时间	退回人姓名（签字）及焊工号
1								
2								
3								
4								
5								
6								
7								
8								

表 6-29 焊接材料接收发放回收明细台账

名称		型号/牌号		规格		入库单号		验收编号	

接收日期	生产令号	部件清单号	部件名称	存放区域	接收数量	库管员	
发放日期	生产令号	部件清单号	部件名称	发出量	结存量	库管员	检查员
回收日期	生产令号	部件清单号	部件名称	回收量	结存量	库管员	检查员

表 6-30 焊接材料消耗明细表

项目、产品的名称或编号						
日　　期	年　　月					
序号	零部件图号	零部件名称	WPS 编号	焊接材料型号或牌号	规格	数量
1						
2						
3						
4						
整理人			审核人			

注：该表依据“焊接材料发放回收记录表”形成月报表，送达焊接责任工程师。

表 6-31 焊接材料库温湿度记录表

序号	记录日期	记录时间	库房温度/℃	库房相对湿度（%）	记录人	备注
1						
2						
3						
4						
5						
6						
7						

注：由材料库管理员填写，每日上午9：00和下午4：00分别记录一次。

表 6-32 焊接材料库焊条烘干计划表

计划使用单位：

使用日期		审核	
规格型号		数量	
项目或产品名称与编号			

使用部位及重要坡口编号：

备注：

计划申请人（焊工）： 签收（保管员）：

表 6-33 焊接材料领用申请表

领用单位： 日期：

焊工姓名			产品或项目名称		
钢印号码			产品或项目编号		
焊接材料名称			型号或牌号		
规格			数量		
具体使用部门及重要坡口编号					
审批		领料		库管员	

表 6-34 焊接材料领用跟踪记录表

材料编号： 到货日期：

焊接材料名称					

表 6-35 剩余焊接材料退库台账

序号	领用日期	领用部门	项目或产品名称	型号或牌号	规格	领用数量	退库数量	退料人签字	备注
1									
2									
3									
4									
5									

表 6-36 焊接材料采购通知单

产品令号			产品名称		
序号	牌号	类别号	规格	数量	采购规程编号
1					
2					
3					
4					
5					
6					
编制		审核		批准	
日期		日期		日期	

表 6-37 焊接材料验收检验记录表

工作令号		相应的图号/规范/版本	
工程或产品名称		采购合同号/版本号	
采购规范编号/版本号		材料型号/牌号、规格	
制造厂		供方验证报告	
炉/批号		材料鉴定试验报告编号	
供方偏差处理单编号		不符合项报告编号	
检验编号			

（续）

合格证或材料鉴定试验报告号审核								
体系证书	化学成分	热处理	性能	无损检测	目视/尺寸	水压	证明书编号	备注
入厂验收								
外观	损坏防护	清洁度	标识	数量	尺寸	器具编号	备注	
检查员				检验工程师				
日期				日期				

6.3.12 预焊接工艺规程和焊接工艺评定

1. 预焊接工艺规程

预焊接工艺规程是指为了进行焊接工艺评定所拟定的焊接工艺规程，简称 pWPS（Preliminary Welding Procedure Specification）。也就是，首先应根据具体材料的焊接性、设计文件的规定、焊接工艺特点和以往类似的国内外焊接生产经验，并根据目前欲完成的焊接生产特点，预先编制一份可行的焊接工艺规程（即 pWPS），然后进行焊接工艺评定，以便验证该 pWPS 是否可行。可行，则正式的焊接生产按照该 pWPS 进行；不可行，则根据焊接过程和结果分析，修改 pWPS 后再次进行工艺评定直至满足要求。实际上，可行的 pWPS 便成为正式的焊接工艺规程。

pWPS 应由具有一定焊接专业知识和焊接生产经验的焊接工程师，依据材料的焊接性能并结合产品设计要求及焊接生产企业的生产条件编制出来的。

2. 焊接工艺评定

（1）定义、标准及意义　焊接工艺评定是指为了验证所拟定的焊接工艺规程的适用性，依据某一标准进行的试件焊接、性能试验及其结果评价的过程。记录这个过程的文件简称 PQR（Procedure Qualification Record）。焊接工艺评定的性能试验主要是接头的力学性能试验，即工艺评定主要是验证制成的焊接接头的抗拉强度、伸长率及冲击韧性等是否满足使用要求。也可以包括其他任何使用性能方面的试验，如接头的耐蚀性试验等。

焊接工艺一般应在正式的焊接生产之前进行评定并合格，但并非所有的行业均要求对焊接作业所使用的焊接工艺进行评定。通常而言，主要是对重要设备或构件的焊接，如锅炉、压力容器及压力管道、船舶、电力设备及航空航天构件等的焊接工艺有强制性的评定要求，必须进行焊接工艺评定。与焊接技能评定要求不同的是，上述产品的所有焊缝的焊接均需要采用评定合格的焊接工艺进行焊接，如压力容器的焊缝不区分是受压元件焊缝还是非受压元件的焊缝，均需采用评定合格的焊接工艺规程进行焊接。

由于焊接工艺评定往往是某行业强制性的要求，因此必须有一套完整的评定标准作为焊接工艺评定工作的依据，在我国较有影响力的有 ASME 标准、欧盟标准、日本标准及我国各行业标准，如 ASME BPVC. IX、API 1104、EN ISO 15614 以及 NB/T 47014 等。这些标准因国家和行业特点的不同稍有差别，如 ASME BPVC. IX 中将焊接工艺因素分为重要变素、附加重要变素和非重要变素，而我国的 NB/T 47014—2011 将焊接工艺因素分为通用因素和专

用因素，并将专用因素分为重要因素、补加因素和次要因素。再如，ASME BPVC. IX 中不需要评定过程的见证，但 NB/T 47014—2011 或欧盟 EN ISO 15614-1：2012 则需要有官方或有资质的第三方对评定过程的现场见证。需要注意的是，上述标准不是焊接工艺评定的唯一依据。焊接工艺评定还需要满足相关行业或产品的标准和技术文件的要求。例如，我国压力容器制造企业的焊接工艺评定，不仅要依据 NB/T 47014，还必须满足 GB 150《压力容器》的规定和技术要求。

焊接工艺评定的意义在于，首先可以保证所采用的焊接工艺规程的正确性。其次，对焊接工艺评定标准的准确理解，一方面可以保证企业所需要的焊接工艺资格得到满足，另一方面可以简化焊接工艺评定程序进而避免不必要的重复评定，可以节省大量的人力、物力和财力。此外，焊接工艺评定是企业保证焊接质量非常重要的环节。焊接工程师应正确理解标准中的相关要点，熟练掌握相关内容并能正确地开展焊接工艺评定工作。焊接工艺评定仅能证明该焊接工艺的适用性，不能用于评定施焊单位的能力。

随着我国经济国际化进程的推进，越来越多的我国焊接生产企业被要求以 ASME BPVC 进行焊接生产，并且我国的有关焊接工艺评定标准（如 NB/T 47014）主要是参考了美国的 ASME BPVC. IX 并在填充金属分类方面参考了日本的 JIS B8285《压力容器焊接工艺评定》所制定的且有一定的补充，因此本书将以 NB/T 47014—2011 为基准，并参考 ASME BPVC. IX 的标准，来介绍和分析焊接工艺评定的相关内容。

（2）与其他相近概念的区别

1）与产品焊接试板评定的差别。产品焊接试板的评定不同于焊接工艺评定但与焊接工艺评定程序相似，差别就在于产品焊接试板是在焊接生产过程中与实际焊接生产条件高度近似的条件下焊接的试板，如在压力容器纵缝埋弧焊时故意加长一合适的焊件长度，并裁切下来作为产品焊接试板，其后的评定过程基本相同于焊接工艺评定。产品焊接试板相比于焊接工艺评定，高度近似于实际的焊接生产过程，而焊接工艺评定是对实际的焊接生产过程的“模仿”，如用平板对接可以“模仿”大于一定管径的管材焊接等。产品焊接试板的评定结果一般仅适用于该产品，而焊接工艺评定结果适用于某一类焊接生产的各种焊接产品。如果从过程上来看，焊接工艺评定一定是在焊接生产前完成，而产品焊接试板评定一定是在焊接生产中完成。

2）与焊接工艺附加评定的差别。焊接工艺附加评定是指为了使得焊接接头的附加特性符合规定，对拟定的预焊接工艺规程进行验证性试验及结果评价。附加特性一般是指除了力学性能及耐蚀性等主要使用性能以外的、认为为了使用安全有必要加以确认的一些接头特性。例如，换热管和管板的角焊缝承受着冷热交替的热循环且有可能承受着腐蚀液体的侵蚀，因此为了保证焊接接头的可靠性，有必要对其焊缝厚度予以确认。该确认试验就是焊接工艺附加评定。即便是焊接工艺评定是合格的，但如果焊接工艺附加评定不合格，则应重新修改 pWPS，并再次重复焊接工艺评定和焊接工艺附加评定，直至满足这两个评定的相关标准的要求。

焊接工艺附加评定本质上是焊接工艺评定，只不过是一种特殊形式的焊接工艺评定。

3）与材料焊接性试验的差别。材料焊接性试验主要是解决某类材料如何焊接的问题，但一般不涉及某具体工艺条件下的焊接接头的使用性能是否满足实际工程需要的问题。材料焊接性是焊接工艺评定的基础和前提，接头微观组织、裂纹产生机理、耐蚀性试验及回火脆性等问题均属于材料焊接性范畴。也就是，焊接工艺评定不着眼于接头微观组织或者结晶裂纹等，仅主要着眼于宏观的接头力学性能，验证其是否满足实际使用要求。例如焊接工艺评定试板，在裁切力学性能试样时可以避开焊接缺陷处，但这并不影响焊接工艺评定的最终结果。但是，接头微观组织或结晶裂纹影响到接头的使用性能，因此欲使对焊接工艺的评定顺利合格，应对材料焊接性进行前期的充分研究并拟定出合格的 pWPS。

（3）焊接工艺评定方法的分类　焊接工艺评定方法分为五种，即基于焊接工艺评定试验的、基于试验焊接材料的、基于焊接经验的、基于标准焊接工艺规程的以及基于焊接生产试验的。

1）基于焊接工艺评定试验。该方法是最基本、最通用的焊接工艺评定方法。通常是依据某一评定标准，根据拟定的 pWPS 焊制焊接试板，并对接头进行标准规定的力学性能试验来确定焊接工艺的可行性。当焊接接头的性能对结构或产品的使用具有重要、关键影响时，应该采用该方法进行焊接工艺评定。不同国家和不同行业均对依据该方法进行的焊接工艺评定制定有相关的标准，可根据产品规范、行业要求或产品特点，严格依据相关标准进行焊接工艺评定。

2）基于试验焊接材料。该方法是通过试验焊接材料对母材的适用性来评定所采用的焊接工艺是否可行，适用于焊接过程不会明显降低热影响区性能的母材种类，否则不宜采用，这是因为通过焊接材料很难保证热影响区的性能。很显然，也不适用于不使用焊接材料的焊接。有些焊接材料，在一些焊接工艺方法中极大地影响焊接过程和焊接接头质量。例如，添加了晶粒细化剂的焊接材料可使得焊缝晶粒细化，从而提高了接头的力学性能；再如，钨极氩弧焊时，采用活性剂可极大地影响焊接熔池行为和焊缝形状从而影响焊接接头的力学性能。因此，以焊接材料为主要评定因素进行焊接工艺评定，是有一定的合理性的，是以主要矛盾为着眼点的解决思路，也正因此存在着一定的片面性和局限性。

3）基于焊接经验。该方法是参考以前成功的焊接经验和展示以前合格的焊接生产能力，来评定目前焊接工艺的可行性。采用该方法时，必须曾经令人满意地采用相同的焊接方法、焊接材料等焊接工艺焊制过相同的母材及接头。只有以前的焊接经验证明了目前的焊接工艺确实可靠时，方可采用该方法，具有很大的局限性。

4）基于标准焊接工艺规程。标准焊接工艺规程是指经过标准程序评定合格且经官方认可并发布的、具有一定代表性的典型焊接工艺规程，简称 SWPS（Standard Welding Procedure Specification）。例如，ASME BPVC. IX 就提供了许多经美国焊接学会（即 AWS）官方发布的 SWPS，并要求第一次使用 SWPS 时，焊接一个验证性试件验证 SWPS 可行。但是，SWPS 的适用性受到一定的限制，如不适用于要求进行冲击试验的产品，而且对母材种类、焊接方法也有一定的限制。此外，由于该方法涉及不同国家的法规及技术规范的强制输出问题，因此我国目前尚不推荐采用该方法进行焊接工艺评定。

5）基于焊接生产试验。该方法是通过采用拟定的 pWPS 进行模拟的焊接生产试验，来评定焊接工艺是否可行。由于焊接接头性能在一定程度上受到实际生产时的结构尺寸、拘束度、传热条件及生产条件（如焊接设备及生产环境等）的影响，因此通过模拟焊接生产来评定焊接工艺有较高的适用性和合理性，是一种最接近焊接生产实际情况、最可靠的焊接工艺评定方法。但是，工艺评定结果的局限性较大。

（4）焊接工艺评定流程　最常用的基于焊接工艺评定试验的焊接工艺评定的标准流程

如图 6-11 所示。

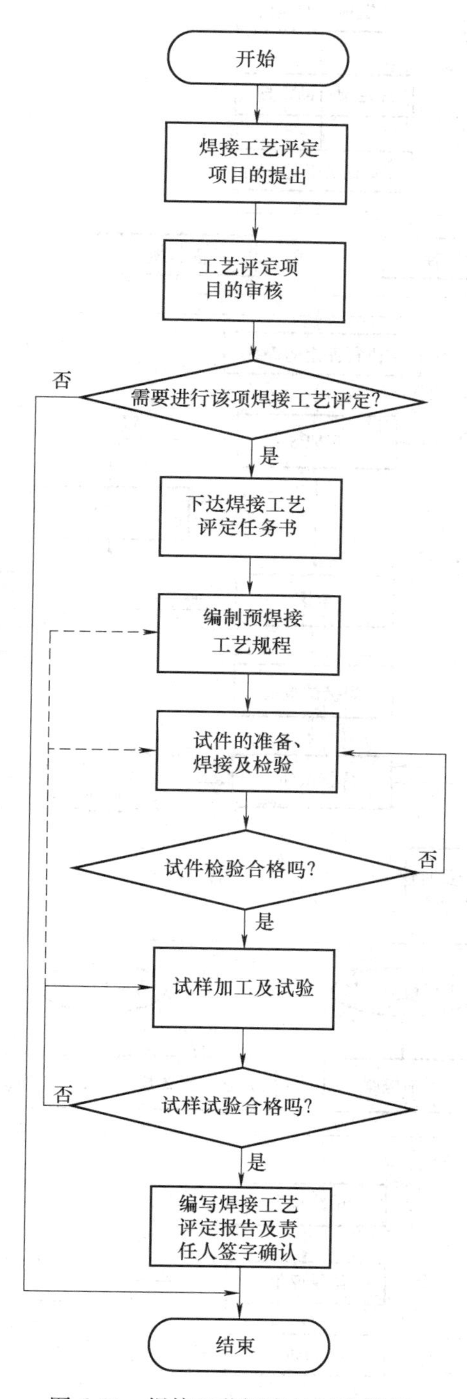

图 6-11　焊接工艺评定的标准流程

焊接工艺评定非常重要，应规范并严格执行评定流程。以承压设备焊接工艺评定为例的评定流程，如图 6-12 所示。

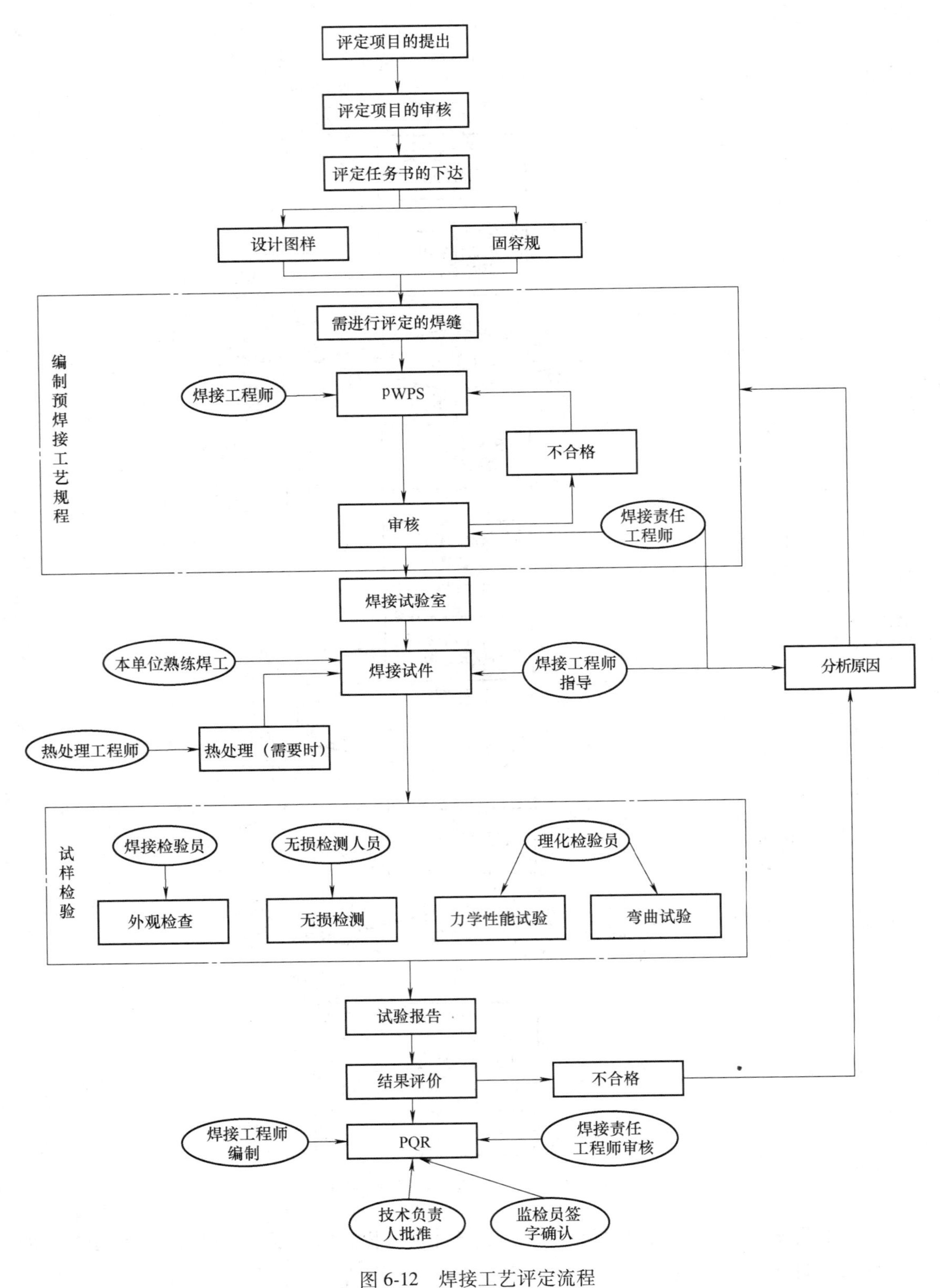

图 6-12　焊接工艺评定流程

由图6-11和图6-12可见，焊接工艺评定质量控制有以下九个环节：评定项目的提出、评定项目的审核、评定任务书的下达、编制预焊接工艺规程、材料准备、焊接试件、制作试样、力学性能试验及编制PQR。

1）焊接工艺评定项目的提出。由焊接生产企业的技术部根据产品的母材种类、焊接方法、填充金属种类、焊后热处理以及预热温度、保护气种类的改变等，参比对照已有的焊接工艺评定，做出是否具备焊接该产品的工艺资格的判断。不满足时，应提出新的焊接工艺评定项目并初步拟定评定方案和评定指导书。当然，上述是以满足企业焊接生产最低需要为准则的，实际上也可以根据企业焊接生产特点并预判可能需要具备的焊接工艺资格，预先进行焊接工艺评定工作。

焊接工艺评定方案主要应包括如下内容：评定的目的、所依据的评定标准、工艺评定项目及其工艺覆盖范围、评定试验项目、评定所需材料种类及数量、评定所需设备和仪器清单及其测量精度、评定工作的时间安排、评定所涉及的部门和人员及需要协助的工作内容、是否需要外委及外委项目。编制的评定指导书，应包括从拟定pWPS开始的各个具体评定环节并详细说明。

2）焊接工艺评定项目的审核。由总工办、技术部或是上述部门委托焊接责任工程师组织召集焊接工艺评定新项目的评审会，相关的部门派员参会。主要评审内容为：新项目的必要性、评定方案的可行性、工艺覆盖面大小、预期的工艺评定可能、评定所需设备的完好性、评定涉及的人员资格评审、评定工作时间安排的合理性、外委项目及外委的必要性等，并确定最终的评定方案，评定指导书应根据评审确定的评定方案进行修改、补充和完善。

焊接工艺评定的具体工作往往要涉及如下部门及工作：物流部，足额提供评定所需材料；焊接车间，试件焊接；机械加工车间，试件及试样加工；质量检验部，无损检测、力学性能和理化性能检验；技术部，pWPS、PQR的编写及评定工作的全过程组织等。几乎所有的工艺评定标准均规定试件的焊接工作必须在本企业、采用本企业焊接设备并由本企业焊工来完成，其他工作可以外委。

3）焊接工艺评定任务书的下达。根据评审结果确定的评定方案和评定指导书并经过一定的审批程序后，根据相关标准和产品的技术要求，下达焊接工艺评定任务书。任务书的主要内容包括产品订货号、焊接方法、母材及焊接材料的牌号与规格、对焊后热处理的要求、检验项目及工艺评定依据的标准等。焊接工艺评定任务书见表6-38。

表6-38　焊接工艺评定任务书

企业名称					
任务书编号			工艺评定编号		
评定目的					
产品名称			产品令号		
评定标准			完成日期		
焊接方法					
母材牌号		母材形式		母材规格	
焊接材料牌号		焊接材料种类		焊接材料规格	

（续）

焊后热处理的要求					
无损检测项目	□外观、□RT、□UT、□MT、□PT、□ET、□其他：________				
力学及理化试验项目	□拉伸、□弯曲、□冲击、□金相、□化学成分、□硬度、□其他：________				
编制		审核		批准	
日期		日期		日期	

4）编制预焊接工艺规程。预焊接工艺规程由具有一定焊接专业知识和焊接生产经验的焊接工程师编制。一般可根据所依据的标准提供的样表，考虑母材、接头类型、填充金属、过程工艺（如焊后热处理、预热要求、焊接位置、保护气等）多方面进行编制，参考样例见表6-39。

表6-39　预焊接工艺规程参考样例

单位名称________________

预焊接工艺规程编号 pWPS-51　　日期 2012.03.12　　所依据焊接工艺评定报告编号 HP-51

焊接方法氩弧焊　　机动化程度（手工、机动、自动）手工

焊接接头及简图（接头形式、坡口形式与尺寸、焊层、焊道布置及顺序）

坡口形式：X形

衬垫（材料及规格）无

其他________

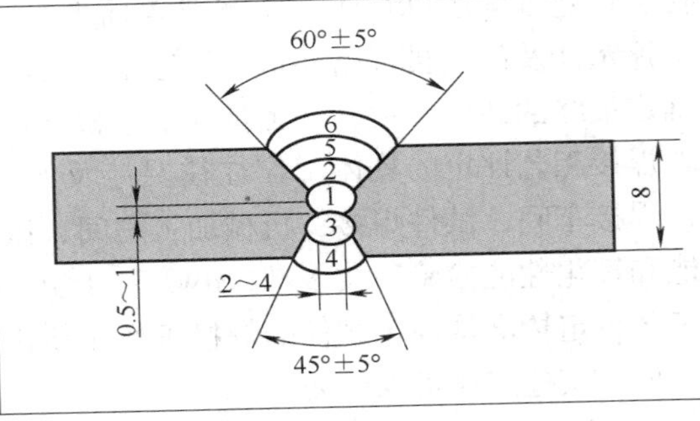

母材

类别号 Fe-8　组别号 Fe-8-1 与类别号 Fe-8　组别号 Fe-8-1 相焊或

标准号 GB/T 24511、GB/T 12771、GB/T 24593、NB/T 47010　材料代号 022Cr17Ni12Mo2（S31603）与标准号 GB/T 24511、GB/T 12771、GB/T 24593、NB/T 47010　材料代号 022Cr17Ni12Mo2（S31603）相焊

对接焊缝焊件母材厚度范围/mm1.5~16

角焊缝焊件母材厚度范围/mm 不限

管子直径、壁厚范围/mm：对接焊缝直径不限，壁厚 1.5~16　角焊缝不限

其他________________

填充金属

焊材类别	焊丝	
焊材标准	YB/T 5092	
填充金属尺寸/mm	ϕ1.2	
焊材型号	ER316L	
焊材牌号（金属材料代号）	H03Cr19Ni12Mo2	
填充金属类别	FeS-8	

（续）

其他：

对接焊缝焊件焊缝金属厚度范围/mm ≤16

角焊缝焊件焊缝金属厚度范围/mm 不限

耐蚀堆焊金属化学成分（%）										
C	Si	Mn	P	S	Cr	Ni	Mo	V	Ti	Nb

其他：

焊接位置	焊后热处理
对接焊缝的位置 F（平焊） 立焊的焊接方向（向上、向下）____ 角焊缝的位置____ 立焊的焊接方向（向上、向下）____	保温温度/℃____ 保温时间范围/h____

预热	气体
最小预热温度/℃ 20 最大道间温度/℃ 100 保持预热时间/h____ 加热方式____	气体种类 混合比（%） 流量/(L/min) 保护气 $Ar+O_2$ 98+2 12 尾部保护气____ ____ ____ 背面保护气____ ____ ____

电特性

电流种类直流　　极性正接

焊接电流范围/A 125～155　　电弧电压/V 11～12

焊接速度/(cm/min) 2.5～6.5

钨极类型及直径/mm 铈钨极 ϕ2.4　　喷嘴直径/mm 11

焊接电弧种类（喷射弧、短路弧等）____　　焊丝送进速度/(cm/min)____

（按所焊位置和厚度，分别列出电流和电压范围，记入下表）

焊道/焊层	焊接方法	填充金属		焊接电流及极性		电弧电压/V	焊接速度/(cm/min)	热输入/(kJ/cm)
		牌号	直径/mm	极性	电流/A			
1	氩弧焊	H03Cr19Ni12Mo2	ϕ1.2	正接	125～135	11～12	2.5～3.5	38.88
2	氩弧焊	H03Cr19Ni12Mo2	ϕ1.2	正接	145～155	11～12	5.5～6.5	20.29
3	氩弧焊	H03Cr19Ni12Mo2	ϕ1.2	正接	145～155	11～12	5.5～6.5	20.29
4	氩弧焊	H03Cr19Ni12Mo2	ϕ1.2	正接	125～135	11～12	4.0～5.0	24.30
5	氩弧焊	H03Cr19Ni12Mo2	ϕ1.2	正接	145～155	11～12	5.5～6.5	20.29
6	氩弧焊	H03Cr19Ni12Mo2	ϕ1.2	正接	125～135	11～12	4.0～5.0	24.30

技术措施

摆动焊或不摆动焊摆动　　摆动参数<5mm

焊前清理和层间清理手砂轮打磨　　背面清根方法手砂轮打磨

单道焊或多道焊（每面）多道　　单丝焊或多丝焊____

导电嘴至工件距离/mm 5～10　　锤击无

其他：

编制：　　日期：

审核：　　日期：

批准：　　日期：

5）材料准备。焊接工艺评定用材料主要是母材和填充金属，必须采用具有符合相关标准（如 ASME BPVC）要求的材料质量证明书的材料。根据企业质量管理的要求及相关的程序文件，对金属材料和从其按尺寸要求裁切下来的试件进行标记或标记移植。裁切试件时，需要首先确定试件的尺寸。试件尺寸的确定方法如下：

① 试件宽度。可以以试样的最长长度并有一定的余量来确定，如根据拉伸试样长度为250mm 而确定焊接试件宽度为 300mm。

② 试件长度。如图 6-13 所示，并可按如下计算式进行计算：

$$L = b_{CJ} + 2b_{LS} + 4b_{WQ} + 2b_{SQ} + b_{BY} \tag{6-1}$$

式中　L——试件长度（mm）；

b_{CJ}——冲击试样宽度（mm）；

b_{LS}——拉伸试样宽度（mm）；

b_{WQ}——弯曲试样宽度（mm）；

b_{SQ}——舍弃宽度（mm）；

b_{BY}——备用宽度（mm）。

由于焊接开始和焊接结束阶段的焊接质量有可能与焊件中部的质量不同，因此应舍弃一定的宽度。若力学性能试验失败且确定是由于缺陷造成的，则可以在备用区重新制取试样进行试验。备用区，是为了在力学性能试验失败而且确定是由于缺陷造成的，则可以在备用区重新制取试样进行试验。一般应将计算长度 L 圆整到 1cm 误差的实际试件长度。

式（6-1）中，b_{CJ}可取 10mm，b_{LS}可取 20mm，b_{WQ}可取 40mm，b_{SQ}可取 30mm，b_{BY}可取 100mm。将上述取值代入式（6-1）可确定不切取侧弯试样但需要冲击试样时的试件尺寸为 400mm×300mm。焊接工艺评定的实践经验证明，如果没有由于试验结果不合格而多次重复切取试样的情况，则可定试件尺寸为 300mm×300mm。

此外，如果是先以火焰切割然后机械加工方式来制取试样，而非直接采用精密机械加工（如线切割）方式切取试样，则图 6-13 中的备用区宽度应增加以便补充火焰切除量。当试件采用横向侧弯试样或采用纵向弯曲试样时，试样切取顺序及试样个数也发生变化。当采用管材作为评定试件时，切取位置等也发生一定的变化。上述的变化，需要引起注意并依据标准要求进行。

6）焊接试件。依据 pWPS 完成试件焊接，除此之外也包括当需要时的热处理等附加处理过程。试件的焊接及附加处理，根据所依据的标准不同，可能需要现场见证。焊接时，需要严格按照 pWPS 进行。ASME BPVC. IX 规定，如果焊接工艺评定合格，则焊接该评定试件的焊工自动取得相应的技能资格而不必专门安排该名焊工的技能评定。

焊接或附加处理时应该有操作记录，如施焊记录，见表 6-40。

表 6-40　施焊记录表

焊道编号	焊接方法	焊接电流/A	电弧电压/V	焊接速度/(mm/min)	保护气流量/(L/min)	焊工姓名或编号	备　注
1							
2							
3							

（续）

焊道编号	焊接方法	焊接电流/A	电弧电压/V	焊接速度/(mm/min)	保护气流量/(L/min)	焊工姓名或编号	备　注
4							
5							
6							
施焊部门				施焊日期			

7）制作试样。

① 检测。从焊接试件制取试样前，应首先对试件进行外观检查以及必要时的无损检测。焊接试件外观检查记录表见表 6-41，无损检测记录表见表 6-42。

表 6-41　外观检查记录表

检验报告编号：

裂纹	□有　，　□无		
检验员		日期	

表 6-42　无损检测记录表

检验报告编号：

检测方法			
裂纹	□有　，　□无		
检验员		日期	

② 划线及标记。取样前，因切取试样的加工方法不同，可能需要根据试样尺寸要求进行划线操作。取样前或取样后应及时在试样上做出识别标识。

③ 切取试样类型及个数。与采用的标准所要求的试验相关。以 NB/T 47014 为例，从试件切取试样要注意如下几点：a）焊接结束后，如果有焊接变形影响机械加工切取试样，则应对试件进行冷校平；b）正反面的焊缝余高，以机械加工方法修除至近似与板面平齐，可以稍高但不得低于母材；c）首选精密冷加工方式取样，如线切割加工，也可采用火焰切割等热加工方式但应修除热影响区；d）按标准要求的切取顺序进行取样，并应做好标记；e）允许避开焊接缺陷取样，这是因为焊接工艺评定仅是确定焊接工艺是否可以焊制出满足使用要求的焊接接头，并且焊接缺陷还有可能是因为焊工技能欠缺所致。

④ 切取顺序。首先需要介绍几个基本概念。在弯曲试验中，正面是指焊缝宽度较大的那个面，当两面焊缝宽度相等时，先焊完的那个面为正面。背面与正面的定义正相反。侧面是指除了正面和背面外的两个切割面的任意一面。横向是指垂直于焊缝的方向。纵向是指平行于焊缝的方向。横向面弯是指弯曲试验后的试样凸面为正面。横向背弯是指弯曲试验后的试样凸面为背面。横向侧弯是指弯曲试验后的试样凸面为侧面。厚度较大的板材试件通常应采用横向侧弯，纵向弯曲通常仅用于异种金属焊接等特殊情况。NB/T 47014 规定的、不切取侧弯试样时的切取顺序如图 6-13 所示。

由图 6-13 可见，切取试样时是有顺序要求的，必须遵守。

⑤ 试样厚度。板材的板厚或管材的壁厚小于或等于 30mm 时，必须采用全厚度的拉伸试样。当厚度大于 30mm、试验机不能进行全厚度试样的拉伸试验时，应以满足如下要求制取试样：试样厚度最接近于试验机允许的最大厚度且试样个数最少。例如，试件板材厚度为 40mm，拉伸试验机允许的最大厚度为 30mm，则应取试样厚度为 20mm，并沿板厚方向等分取样两个，不得确定取样厚度为 10mm 并制取 4 个试样；再如，试件板厚为 50mm，则应制取两个厚度为 25mm 的拉伸试样。

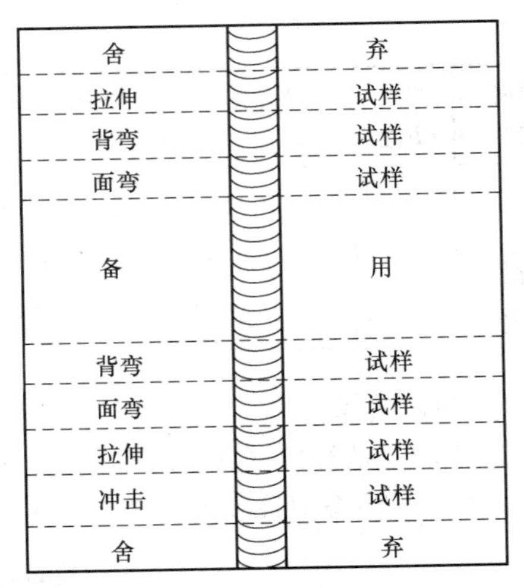

图 6-13　不切取侧弯试样时的切取顺序

⑥ 试样形状及尺寸。拉伸试样、弯曲试样和冲击试样示例如图 6-14 所示。

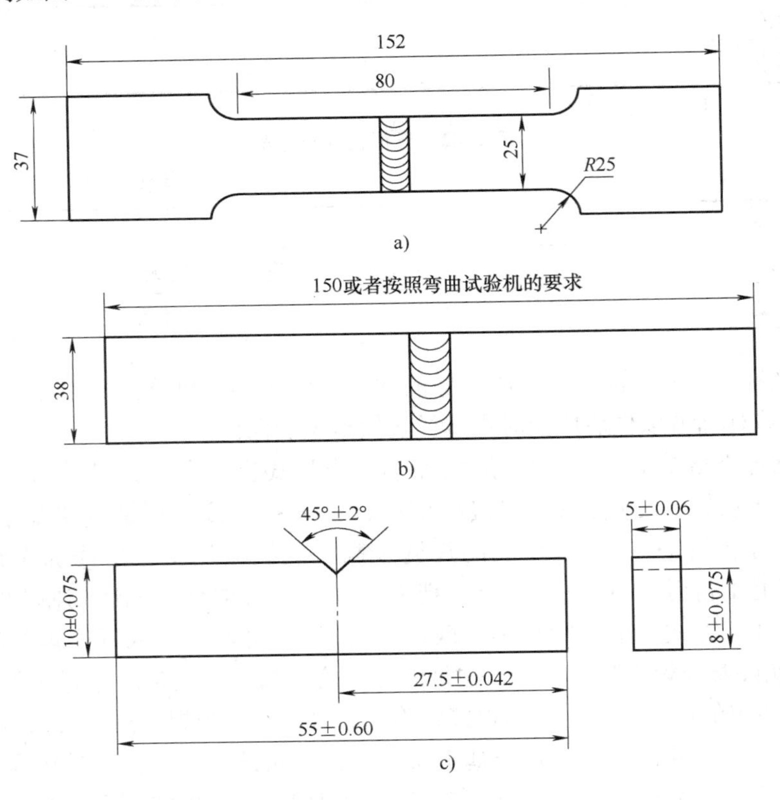

图 6-14　拉伸试样、弯曲试样和冲击试样示例

a）拉伸试样　b）弯曲试样　c）冲击试样

无论何种试样，试样加工时除了应满足焊接工艺评定规范或标准中所要求的，还应满足所依据的拉伸试验、弯曲试验和冲击试验标准中规定的试样加工要求。

8）力学性能试验。有设备条件和人员资格的企业可以在本企业进行力学性能试验，如果没有则应委托有资质的机构进行。通常的焊接工艺评定，如平板对接工艺评定，至

少要求进行拉伸试验和弯曲试验，有的母材（如低合金钢）还需要进行冲击试验。焊接试样的力学性能和工艺性能及其他要求的试验项目，需要出具试验记录或报告。力学性能试验过程的现场见证，因焊接工艺评定所依据标准的不同而不同，如 ASME BPVC. IX 标准不要求对焊接过程及力学性能试验过程等进行现场见证，但欧盟的 EN ISO 15614-1：2012 标准则需要。

① 拉伸试验。拉伸试验可参考焊接工艺评定所依据的规范或标准中的规定。拉伸试验记录表见表 6-43。

表 6-43　拉伸试验记录表

试验报告编号：

序　　号	试 样 编 号	试样宽度/mm	试样厚度/mm	最大载荷/kN	断裂部位和特性	试 验 结 果
1						
2						
3						
4						
试验员			日期			

注：1. 试样宽度及厚度应是实测尺寸而非名义尺寸。
2. 试样尺寸及最大载荷应保留小数点后面两位有效数字。

拉伸试验的合格准则如下：a）当厚度大而需要制取多个试样进行拉伸试验时，对制取的两个或多个试样逐个进行拉伸试验，来代替全厚度试样试验，即两个或多个试样的拉伸试验均合格，方可视为合格。b）同种母材焊接时，试样的抗拉强度值不应低于标准规定的该母材抗拉强度的最低值。c）异种母材焊接时，试样的抗拉强度值不应低于标准规定的该两种母材抗拉强度最低值的较小者。d）使用了抗拉强度低于母材的填充金属时，试样的抗拉强度值不应低于标准规定的焊缝金属抗拉强度最低值。e）断裂部位在焊缝及熔合线以外的母材上时，试样的抗拉强度值不应低于标准规定的母材抗拉强度最低值的 95%；异种母材焊接时，为该两种母材抗拉强度最低值的较小者的 95%。

② 弯曲试验。弯曲试验可参考焊接工艺评定所依据的规范或标准中的规定。弯曲试验记录表见表 6-44。

表 6-44　弯曲试验记录表

试验报告编号：

序号	试样编号	试样及试验类型	试样厚度/mm	弯心直径/mm	弯曲角度/(°)	试验结果
1						
2						
3						
4						
试验员			日期			

注：试样及试验类型是指横向弯曲或纵向弯曲以及面弯、背弯或侧弯。

弯曲试验的合格准则如下：a）弯曲后的试样凸面上，在焊缝和热影响区内，沿任何方向测量，不得有大于3mm的开口缺陷；b）边角部位的开口缺陷不计入，如果有确切证据证明其由未熔合、夹渣或其他焊接内部缺陷所致，则应计入；c）当厚度较大而制取两个或多个试样替代全厚度试样时，每个试样均合格方视为合格。

③ 冲击试验。冲击试验可参考焊接工艺评定所依据的规范或标准中的规定。冲击试验记录表见表6-45。

表6-45　冲击试验记录表

试验报告编号：

序号	试样编号	试样长×宽×高/mm	缺口位置	试验温度/℃	吸收能量/J	侧向膨胀量/mm	试验结果
1			焊缝				
2							
3							
4			HAZ				
5							
6							
试验员				日期			

注：侧向膨胀量值应保留小数点后面两位有效数字，奥氏体不锈钢需要测定。

是否需要做冲击试验，应依据焊接工艺评定规范或标准以及母材的材料标准，并且试验温度不应高于规定的冲击试验温度。

冲击试验的合格准则如下：a）钢类焊接接头3个试样吸收能量平均值应符合设计文件或相关标准规定，并且不应低于表6-46中规定的值，至多允许有一个试样的吸收能量低于规定值但不得低于规定值的70%；b）标准冲击试样宽度为10mm，当采用宽度为7.5mm或5mm的小尺寸冲击试样时，其吸收能量指标分别为标准试样吸收能量指标的75%或50%。

表6-46　钢类焊接接头的吸收能量最低值

材料类别	钢材标准抗拉强度下限值 R_m/MPa	吸收能量平均值 KV_2/J
碳钢或低合金钢	≤450	≥20
	>450~510	≥24
	>510~570	≥31
	>570~630	≥34
	>630~690	≥38
奥氏体不锈钢焊缝	—	≥31

表6-43~表6-45可用于企业内部具有试验资质时，外委时建议使用表6-47。

管板焊接时的焊接工艺附加评定，还需要进行渗透检测和金相检验，检测和检验记录表见表6-48和表6-49。

表 6-47　焊接工艺评定力学性能试验报告书

试验报告书

编号：

委托单位：××　　试验机构：××　　试样厚度：××

试样名称：××　　试样材质：××

试验分类：■拉伸　■弯曲　■冲击　　送验目的：××

送检日期：××　报告日期：××　　试样是否保留：××　试验编号：××

试样编号	拉伸试验						弯曲试验		冲击试验		
	宽度/mm	厚度/mm	最大载荷/kN	抗拉强度/MPa	断裂位置	伸长率(%)	面弯	背弯	吸收能量/J	侧向膨胀量/mm	试验温度/℃
备注：					试验员：						

注：此报告盖公章有效。

表 6-48　焊接工艺附加评定渗透检测记录表

检测报告编号：

接头编号	有无裂纹	
1		
2		
3		
4		
5		
6		
7		
8		
9		
10		
试验员		日期	

表 6-49　焊接工艺附加评定金相检验记录表

检验报告编号：

检验面编号	有无裂纹、未熔合	角焊缝厚度/mm	是否焊透
1			
2			
3			
4			

（续）

检验面编号	有无裂纹、未熔合	角焊缝厚度/mm	是否焊透
5			
6			
7			
8			
是否合格			
试验员		日期	

注：角焊缝厚度应保留小数点后面两位有效数字。

9）编制PQR。根据试验记录和检验记录，按照规定的要求来编写焊接工艺评定报告并签字，见表6-50。

表6-50　焊接工艺评定报告

单位名称______

焊接工艺评定报告编号 HP-51　　预焊接工艺规程编号 pWPS-51

焊接方法氩弧焊　　机动化程度：（手工、机动、自动）手工

接头简图（坡口形式、尺寸、衬垫、每种焊接方法或焊接工艺的焊缝金属厚度）

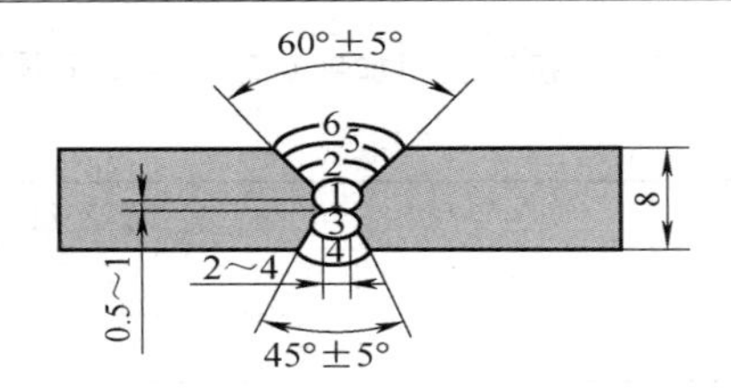

母材	焊后热处理
材料标准：GB/T 24511、GB/T 12771、GB/T 24593 NB/T 47010 材料代号：022Cr17Ni12Mo2（S31603） 类、组别号 Fe-8-1 与类、组别号 Fe-8-1 相焊 板厚/mm8 管直径及壁厚/mm ______ 其他______	保温温度/℃______ 保温时间/h______ **保护气体** 气体种类　混合比（%）　流量/（L/min） 保护气体　A_r+O_2　98+2　12 尾部保护气　______　______　______ 背面保护气　______　______　______
填充金属	**电特性**
焊材类别焊丝 焊材标准 YB/T 5092 焊材型号 ER316L 焊材牌号 H03Cr19Ni12Mo2 焊材规格/mmϕ1.2 焊缝金属厚度/mm8 其他______	电流种类直流 极性正接 钨极尺寸/mmϕ2.4 焊接电流/A125～155 电弧电压/V11～12 焊接电弧种类______ 其他______

（续）

焊接位置	技术措施
对接焊缝位置 F（平焊） 方向（向上、向下） 角焊缝位置______方向（向上、向下）	焊接速度/(cm/min) 2.5~6.5 摆动或不摆动摆动 摆动参数<5mm 多道焊或单道焊（每面） 多道 多丝焊或单丝焊______ 其他______
预热、后热	
预热温度/℃ 20 道间温度/℃ 100 后热温度和时间______	

拉伸试验　　试验报告编号：LX-HP-51

试样编号	试样宽度/mm	试样厚度/mm	横截面积/mm²	最大载荷/kN	抗拉强度/MPa	断裂部位和特性
HP-51-1L	24.7	7.7	190.19	119	626	母材、韧性断口
HP-51-2L	25.0	7.8	195	122.7	629	母材、韧性断口

弯曲试验　　试验报告编号：LX-HP-51

试样编号	试样类型	试样厚度/mm	弯心直径/mm	弯曲角度/(°)	试验结果
HP-51-1W	横向面弯	8	32	180	合格
HP-51-2W	横向面弯	8	32	180	合格
HP-51-3W	横向背弯	8	32	180	合格
HP-51-4W	横向背弯	8	32	180	合格

冲击试验　　试验报告编号：______

试样编号	试样尺寸 长×宽×高/mm	夏比 V 型 缺口位置	试验温度 /℃	吸收能量/J	侧向膨胀量 /mm	备　注
焊缝平均：						
HAZ 平均：						

金相检验（角焊缝）　检验报告编号：______

根部（焊透、未焊透）______　焊缝（熔合、未熔合）______

焊缝、热影响区（有裂纹、无裂纹）______

检验截面	Ⅰ	Ⅱ	Ⅲ	Ⅳ	Ⅴ
焊脚差/mm					

无损检测　　检测报告编号：______

外观检查无裂纹

RT 无裂纹　　UT______

MT______　　PT______

ET______

（续）

耐蚀堆焊金属化学成分（质量,%）										
C	Si	Mn	P	S	Cr	Ni	Mo	V	Ti	Nb

化学成分测定表面至熔合线的距离（mm）

附加说明：

结论：本评定按 NB/T 47014—2011 规定焊接试件、检验试样、测定性能，确认试验记录正确

评定结果（合格、不合格）：合格

焊工姓名	××	焊工代号	AM11	施焊日期	2006. 08. 15

编制：　　日期：

审核：　　日期：

批准：　　日期：

监检：　　日期：

第三方检验	

6. 3. 13　焊接工艺规程和焊接作业指导书

焊接工艺规程是指根据合格的焊接工艺评定报告编制的、用于产品施焊的焊接工艺文件，简称 WPS（Welding Procedure Specification）。焊接作业指导书是指与制造焊件有关的焊接加工和操作的细则性作业文件，简称 WWI（Welding Working Instruction）。WWI 一般要比 WPS 更具体化，并对某产品或构件的施焊更有针对性，并且含有 WPS 中未涉及的焊接细节的指导。企业可以直接使用 WPS 指导焊接生产，或者使用专门的 WWI。WWI 的编制主要源于合格的 WPS 并有所补充，WWI 不需要进行评定。

WPS 反映了焊接产品工艺设计的基本内容，是用以指导产品焊接的技术规范，是企业安排生产计划、进行生产调度、技术检验、劳动组织和材料供应等工作的技术依据。WPS 的制订一般应遵循三个原则：①确保产品焊接质量，焊缝中不允许存在超标缺陷，接头的各项性能符合产品技术条件和相应标准的要求；②在确保焊接接头质量的前提下，尽可能提高焊接生产效率，最大限度地降低生产成本，获取最高的经济效益；③焊接工艺过程比较复杂，影响接头质量的工艺参数多且关联性复杂，因此焊接工艺的正确性和合理性应通过相应的试验加以验证。

工艺方面影响焊接接头质量的因素很多，并且因焊接方法的不同而有较大差别。不仅要注意通识性焊接工艺因素的影响，还要注意特殊性焊接工艺因素的影响。例如，焊接压力容器时的通识性焊接工艺因素包括但不限于：①高合金钢制或有色金属制压力容器场地应与其他类别材料分开，并且地面应铺置防划伤垫。②预热、后热及热处理等对测温点位置要求。③焊接环境出现如下情况则应采取有效防护措施：风速，气体保护焊时大于 2m/s，其他焊接方法大于 10m/s；相对湿度大于 90%；下雨、下雪环境施焊；焊件温度低于 -20℃。④当焊件温度为 -20～0℃时应在开始焊接处 100mm 范围内预热到 15℃以上再开始施焊等。

特殊性焊接工艺因素，以常用的 SMAW、GTAW 和 SAW 等为例，可以分为焊接接头形式、母材、填充金属、焊接位置、预热、焊后热处理、保护气体、电参数及焊接技巧等。WPS 尤其是 WWI 应对上述诸多工艺因素做出明确的规定。以 GTAW 为例，如下焊接工艺因素细节如果在实际焊接中涉及，则应在 WPS 或 WWI 中予以规定或说明：坡口形式、坡口间隙、衬垫、成形块、填充金属的有无、填充丝直径、填充材料类型、可熔性嵌条、焊接位置、需做清根处理的根部焊道、向上立焊或向下立焊、预热温度、焊道间温度、保护气体、背部保护气体、尾部保护气体、保护气流量、电参数、热输入、钨极种类及直径、是否摆动焊枪、坡口或层间清理方法、清根方法、焊道数量、单丝或多丝、多丝时的电极间距、自动化程度、是否锤击焊缝、喷嘴直径以及焊接钛及钛合金等时的密室焊接。

对于产品焊接而言，WPS 或 WWI 均可用于焊接生产的指导，ASME BPVC. IX 只规定了 WPS，NB/T 47014 既规定了 WPS 也规定了 WWI。WPS 的编制基础是合格的 PQR，并且一份 PQR 可以编写出几份 WPS，也可以多份 PQR 编写出一份 WPS。合格的 PQR 和 WPS 是 WWI 的编制基础，并且一般需要对 NB/T 47014 中提出的针对每一种焊接方法的重要工艺因素、补加工艺因素和次要工艺因素均做出明确规定或说明，有时还对焊接工程师认为有必要的其他焊接细节进行规定。

WPS 和 WWI 的样例见表 6-51 和表 6-52。

表 6-51　WPS 的样例

单位名称××

所依据焊接工艺评定报告编号 HP-19　　　　日期 2012. 03. 12

焊接方法焊条电弧焊　　　　机动化程度（手工、机动、自动）手工

焊接接头及简图（接头形式、坡口形式与尺寸、焊层、焊道布置及顺序）

坡口形式：Y 形 衬垫（材料及规格）无 其他＿＿＿＿＿＿	60°±2° 1 2 3 4 5 12 3.5～4 0.8～1

母　　材

类别号 Fe-8 组别号 Fe-8-1 与类别号 Fe-8　组别号 Fe-8-1 相焊或

标准号 GB/T 12771、GB/T 24511、GB/T 24593、NB/T 47010

材料代号 06Cr18Ni11Ti 与标准号 GB/T 12771、GB/T 24511、GB/T 24593、NB/T 47010

材料代号 06Cr18Ni11Ti 相焊

对接焊缝焊件母材厚度范围/mm5～24

角焊缝焊件母材厚度范围/mm 不限

管子直径、壁厚范围/mm：对接焊缝不限，壁厚 5～24　　角焊缝不限

其他＿＿＿＿＿＿

填充金属

焊材类别	焊条	
焊材标准	NB/T 47018. 2	

（续）

填充金属尺寸/mm	ϕ3.2 或 ϕ4.0	
焊材型号	E347-16	
焊材牌号（金属材料代号）	A132	
填充金属类别	FeT-8	

其他：

对接焊缝焊件焊缝金属厚度范围/mm：≤24

角焊缝焊件焊缝金属厚度范围/mm：不限

耐蚀堆焊金属化学成分（%）

C	Si	Mn	P	S	Cr	Ni	Mo	V	Ti	Nb

其他：

焊接位置	焊后热处理
对接焊缝的位置 F（平焊） 立焊的焊接方向：（向上、向下） 角焊缝的位置 立焊的焊接方向：（向上、向下）	保温温度/℃ 保温时间范围/h

预热	气体
最小预热温度/℃ 0 最大道间温度/℃ 150 保持预热时间/h 加热方式	气体种类　混合比（%）　流量/(L/min) 保护气 尾部保护气 背面保护气

电特性

电流种类直流　　极性反接

焊接电流范围/A 90~190　　电弧电压/V 20~24

焊接速度/(cm/min) 8.0~12.0

钨极类型及直径/mm　　喷嘴直径/mm

焊接电弧种类（喷射弧、短路弧等）　　焊丝送进速度/(cm/min)

焊道/焊层	焊接方法	填充金属		焊接电流及极性		电弧电压/V	焊接速度/(cm/min)	热输入/(kJ/cm)
		牌号	直径/mm	极性	电流/A			
1	焊条电弧焊	A132	ϕ3.2	反接	90~120	20~22	8.0~12.0	19.8
2	焊条电弧焊	A132	ϕ4.0	反接	150~190	22~24	8.0~12.0	34.2
3	焊条电弧焊	A132	ϕ4.0	反接	150~190	22~24	8.0~12.0	34.2
4	焊条电弧焊	A132	ϕ4.0	反接	150~190	22~24	8.0~12.0	34.2
5	焊条电弧焊	A132	ϕ4.0	反接	150~180	22~24	8.0~12.0	34.2

技术措施

摆动焊或不摆动焊摆动　　摆动参数<5mm

焊前清理和层间清理手砂轮打磨　　背面清根方法手砂轮打磨

单道焊或多道焊（每面）多道　　单丝焊或多丝焊

导电嘴至工件距离/mm　　锤击无

编制：　　日期：

审核：　　日期：

批准：　　日期：

监检：　　日期：

表 6-52　WWI 的样例

<table>
<tr><td rowspan="9">接头简图：
a　d
c　b
12mm+12mm</td><td>焊接工艺程序</td><td>焊接工艺卡编号</td><td>WWI-35-3</td></tr>
<tr><td>1）清理焊缝及其邻近 25mm 范围内的锈迹或油污等</td><td rowspan="2">接头名称</td><td rowspan="2">工字梁 T 形接头</td></tr>
<tr><td>2）将焊件装配满足尺寸精度后，定位焊</td></tr>
<tr><td>3）焊接焊缝 a</td><td rowspan="4">焊接工艺评定报告编号</td><td rowspan="4">HP-35</td></tr>
<tr><td>4）焊接焊缝 b</td></tr>
<tr><td>5）焊接焊缝 c</td></tr>
<tr><td>6）焊接焊缝 d</td></tr>
<tr><td></td><td>焊工持证项目</td><td>SAW-1G（K）-07/08/19</td></tr>
</table>

<table>
<tr><td colspan="4"></td><td rowspan="5">检验</td><td>序号</td><td>本厂</td><td>监检单位</td><td>第三方或用户</td></tr>
<tr><td rowspan="2">母材</td><td>304</td><td rowspan="2">厚度/mm</td><td>12</td><td>1</td><td>外观</td><td></td><td></td></tr>
<tr><td>304</td><td>12</td><td></td><td></td><td></td><td></td></tr>
<tr><td rowspan="2">焊缝金属</td><td>321</td><td rowspan="2">厚度/mm</td><td>10~12</td><td></td><td></td><td></td><td></td></tr>
<tr><td></td><td></td><td></td><td></td><td></td><td></td></tr>
</table>

<table>
<tr><td>焊接位置</td><td>平焊</td><td>层-道</td><td rowspan="2">焊接方法</td><td colspan="2">填充材料</td><td colspan="2">焊接电流及极性</td><td rowspan="2">电弧电压/V</td><td rowspan="2">焊接速度/(cm/min)</td><td rowspan="2">热输入/(kJ/cm)</td></tr>
<tr><td>施焊技术</td><td>机械焊</td><td></td><td>牌号</td><td>直径/mm</td><td>极性</td><td>电流/A</td></tr>
<tr><td>预热温度/℃</td><td>0~20</td><td></td><td>SAW</td><td>H0Cr20Ni10Ti</td><td>4.0</td><td>DCEP</td><td>450~500</td><td>28~30</td><td>55~65</td><td></td></tr>
<tr><td>道间温度/℃</td><td>—</td><td></td><td></td><td></td><td></td><td></td><td></td><td></td><td></td><td></td></tr>
<tr><td>焊后热处理</td><td>—</td><td></td><td></td><td></td><td></td><td></td><td></td><td></td><td></td><td></td></tr>
<tr><td>后热处理</td><td>—</td><td></td><td></td><td></td><td></td><td></td><td></td><td></td><td></td><td></td></tr>
<tr><td>导电嘴至工件距离/mm</td><td>32~40</td><td></td><td></td><td></td><td></td><td></td><td></td><td></td><td></td><td></td></tr>
<tr><td>脉冲频率</td><td>—</td><td></td><td></td><td></td><td></td><td></td><td></td><td></td><td></td><td></td></tr>
<tr><td>脉宽比（%）</td><td>—</td><td></td><td></td><td></td><td></td><td></td><td></td><td></td><td></td><td></td></tr>
<tr><td>焊剂</td><td colspan="2">HJ260</td><td></td><td></td><td></td><td></td><td></td><td></td><td></td><td></td></tr>
</table>

编制：　　　　　　审核：　　　　　　批准：
日期：　　　　　　日期：　　　　　　日期：

6.3.14　焊接现场环境

与世界上先进工业国家相比，这一方面是目前我国大多数生产企业普遍不太重视的质量保证环节。焊接生产过程的特点，使得我国许多企业对焊接现场环境管理还是粗放型的。但是，随着我国焊接生产企业整体素质的提高、与国际市场接轨的需要以及为取得客户对焊接质量的信任，在焊接现场环境管理方面的不足有望得到逐步改善。实际上，许多国外企业在选择我国的焊接产品的合格供方的现场审查时，非常重视的考察内容之一就是焊接现场环境评价方面，需要引起我国焊接生产企业的足够重视。

焊接现场的环境管理与其他生产现场的环境管理一样，也是要加强起源于日本的5S管理工作。5S是指整理（せいり，SEIRI）、整顿（せいとん，SEITON）、清扫（せいそ，SEISO）、清洁（せいけつ，SEIKETSU）和素养（しつけ，SHITSUKE），因日语的罗马拼音均为S字母开头，所以简称为5S。5S是指在生产现场中对人员、机器及材料等生产要素进行有效的管理，这是日本企业独特的一种管理办法。1955年，日本的生产环境宣传口号为“安全始于整理，终于整顿”。当时只推行了前两个S，其目的仅是确保作业空间和生产安全。后因生产和质量控制的需要又逐步提出了3S，也就是清扫、清洁和素养。从上述5个日语单词本身的含义来看，比较直接的含义分别是清理不使用的、将用具摆放整齐、扫除不需要的、使用具保持清洁、员工之间的交往礼貌。可见，不仅是要重视生产环境，还要重视人文环境。不同企业有不同的理解和做法，但根据日语的原始含义，焊接生产企业删繁就简，一般可按如下做法，也可根据企业的具体特点做出更详细的规定。

1. 整理

将焊接车间现场内物品分类为需要的和不需要的。应处理或丢弃不需要的东西，目的是腾出空间，活用空间，防止误用、误送，整理成清爽的工作场所，具体内容如下：

1）将生产现场的废品、边角料及焊条头等当天产生、当天处理入库或从现场清除。

2）将报废的工装、夹具、量具及机器设备拆除并搬离现场，存放到指定的地点。

3）焊接现场内不允许存放不需要的材料和零部件。

4）使用频次很低的物品，存放到仓库等指定地点。

2. 整顿

将焊接现场必需的物品分门别类并整齐地放置于适当位置，以便于取用。物品的保管要定点、定容、定量并有效标识，以便可用最快的速度取得所需之物。目的是使工作场所一目了然，降低找寻物品的时间，具体内容如下：

1）绘制现场物品放置地点图，并张贴于车间或工位。

2）对工装、器具、仪器、母材及焊接材料等进行分类摆放。

3）废品、废料应存放于指定废品区、废料区。

4）不合格品、待检品、返修品要与合格品区分放置。

3. 清扫

清除工作场所的脏污并防止脏污的产生，目的是消除污物，保持车间场所的干净、整洁，具体内容如下：

1）建立班组或工位的清扫责任区，落实到具体责任人。

2）边角料、垃圾或废物及时清除。

3）公共通道要保持地面干净、光亮。

4）消除焊接作业产生的污浊的空气、粉尘、噪声和污染源。

4. 清洁

1）有防止设备、工具、仪器及焊接用具在使用中被弄脏的措施，并随时清洁，保持完好、易用状态。

2）要保持所用原材料、焊接材料和零部件的清洁、干净。

5. 素养

提高员工文明礼貌水平，提升人格修养，养成遵守规则、按规定行事的良好工作习惯，营造团体精神，具体内容如下：

1）对各班组人员进行多种类型和形式的教育和培训，不仅要进行技能培训，还要包括思想品德教育。

2）工作服洁净、注意仪表和使用文明礼貌用语。

3）互助互爱，具备良好的协作意识。

4）爱护公共环境，不随意乱堆乱放。

5）对焊接人员进行德、勤、能、绩四个方面考核，并对优秀焊接员工给予奖励。

6.3.15 施焊过程

施焊过程控制主要包括对自然环境条件、焊接工艺纪律和焊接操作等的控制，也可包括对焊接过程检验的控制。自然环境条件方面，如压力容器的焊接就对现场的风速、相对湿度及气温等均有限制，超标则不得焊接或采取相应措施后施焊，而且焊接环境条件应符合法律法规规定的安全卫生要求。应明确工艺纪律检查时间、人员、检查工序以及检查项目和内容等，并在施焊过程中严肃焊接工艺纪律。施焊过程工艺纪律检查内容见表6-53。焊接工程师和焊接检验人员应指导、监督焊工的施焊过程，保证施焊工艺质量，做好施焊记录。另外，施焊工艺质量并非仅仅取决于焊工的焊接操作过程，还与前道工序及后续处理相关。例如，机械加工部门的坡口加工质量与最终的焊接接头质量具有直接的关系，这需要技术部和生产部的组织、协调和控制。

表6-53 施焊过程工艺纪律检查内容

检查项目	项目内容	责任人	证明材料
焊工管理	上岗焊工持证管理	焊接责任工程师	焊工证，持证焊工表
	焊工业绩考核		焊工档案
焊接设备管理	设备完好	设备责任工程师	检修计划
	焊接仪表周检		检定计划
焊接材料及焊接材料库管理	焊接材料保管	焊接材料库管理员	焊接材料库现场
	焊接材料烘干		烘干记录
	焊接材料恒温存放		焊接材料台账
	焊接材料发放与回收		发放回收记录
焊接工艺管理	焊接工艺文件的有效性	焊接责任工程师	WPS或WWI
	焊接工艺更改		更改单
	焊接工艺贯彻实施		焊接工艺
产品施焊管理	焊工资格、焊工钢印	焊接责任工程师	证件、实物标记
	焊接环境		车间现场
	焊接工艺纪律		工艺纪律检查卡
	施焊过程		施焊过程记录卡
	焊接检验	焊接质量检验员	检验记录
焊接返修	焊接1、2次返修，超次返修	焊接责任工程师	返修记录

对于首次使用的 WPS 或 WWI，焊接工程师应组织焊工的现场培训及焊接指导，使施焊焊工完整、准确地理解 WPS 和 WWI 的内容并保证实际操作的正确性。焊接前，焊工应清理焊接区域、穿戴好安全防护器具、确认母材标识和焊接材料的型号或牌号的正确性并在 WPS 或 WWI 限定的焊接参数范围内调节焊机并试焊，以便选取出该焊工技能下的适合的具体焊接参数。应在焊接接头组对、定位焊过程中，禁止野蛮组对，并应尽量保持整条焊缝组对间隙的一致性。定位焊操作的焊接电流、焊接速度等焊接参数也应严格按照 WPS 或 WWI 限定的范围选取并提前试焊。在焊接操作过程中，应尽量减少熄弧次数，并严格按照 WPS 或 WWI 所要求的层间温度、预热温度等的要求施焊。当出现焊接质量异常现象时，焊工应停止焊接并通知焊接工程师到现场分析解决。清根方法、是否锤击及是否可以摆动等焊接技巧要求，也应参照 WPS 或 WWI 中的规定执行。焊接操作结束后，不可为了抢进度马上强行进行清渣操作，以免焊缝表面过度氧化。如果是检查点、审核点、停止点或见证点，则应停止焊接操作，并通知焊接质量检验员到焊接现场进行检查确认。待检查确认并给出继续焊接指令后，焊工方可继续焊接操作。所有焊接操作结束后，应将剩余的焊条、焊条头和焊剂退回给焊接材料库，清理焊接现场使设备及用具归位并清扫焊接现场。

6.3.16 焊后热处理

焊后热处理工艺的制订，应考虑母材、接头及结构特点，并应符合产品标准或规范的要求。焊后热处理操作者应熟悉热处理的一般要求并经过适当的培训。焊后热处理的质量控制，主要包括所用的热处理设备、测温装置、温度自动记录装置、计时仪表以及热处理记录和热处理报告的填写、审核及确认等。热处理记录内容一般应包括时间-温度曲线、热处理炉号、工件号或产品编号、热处理日期、操作工签字及责任人签字等。

1. 热处理设备

热处理设备性能应满足相应产品的热处理工艺的要求，热处理设备和参数测试仪器、仪表应处于完好状态。

2. 热处理工艺

如果需要进行水压试验，则焊后热处理一般应在水压试验前及焊接返修后进行，但检查渗漏的预水压试验可以在焊后热处理前进行。

制订合理的热处理工艺规程，必要时应采用试板进行工艺评定。作为最低要求，加热带应包括焊缝、热影响区和邻近的部分母材。该部分的最小宽度为在最宽焊缝的每一侧或焊缝的每一端加上板厚的尺寸，但最大为 50mm。

焊后热处理应首选整体热处理方式。如果采用分段加热进行热处理，则各加热段一般应至少有 1.5m 的重叠部分，并且在热处理炉外的部分应予以保温，以免产生较大的温度梯度造成不良影响。应该用足够的温度指示和记录仪表，协助控制并维持热处理件温度的均匀分布。

3. 热处理操作

如果是要求较高的焊件（如压力容器部件等），操作者应按下面指定的这些要求进行焊后热处理：焊件进入热处理炉时，炉温不应太高，一般不得超过 425℃，温度达到 425℃以上时，加热速率（℃/h）为 5550/板厚 t，但绝对不能超过 222℃/h，升温期间，被加热焊件的各个部分不应有较大的温度变化，在任何 4.5m 长的范围内的温差不应大于 140℃。

抗拉强度级别为 400MPa、500MPa 和 550MPa 的碳钢和低合金钢的焊后热处理温度和时

间见表6-54，表6-54中的 t 为板厚。

表6-54　碳钢和低合金钢的焊后热处理温度和时间

最低保温温度/℃	最小保温时间/min	
	$t\leqslant 50\text{mm}$	$t>50\sim125\text{mm}$
600	$60t/25$，最少为15	$120+15t/25$

在加热和保温期间，应控制炉内气氛以免焊件表面过度氧化，设计炉膛时应防止火焰直接喷烧焊件。温度高于425℃时，降温应在封闭的炉内进行，其冷却速率（℃/h）不应大于7000/板厚 t，但不应超过280℃/h。温度低于425℃后，可在空气中继续冷却。温度记录仪和热电偶应在有效检定期内，热电偶应直接接触到温度可能变化的区域。

实施热处理过程中应做好相关的记录，一般应有热参数自动记录装置，热处理工程师应记录热处理件的识别号、热处理要求、炉名以及热电偶号和记录仪号，并附在时间-温度曲线图上，还应出具热处理报告。报告应体现按照规程执行，并对特定产品具有可追溯性。

6.3.17　试验与检验

为了保证达到规范、标准或合同的焊接质量要求，在生产流程适当环节应进行相应的试验和检验。试验或检验的部位和数量，应依据设计图样、技术标准或规范、工艺文件及订货合同来确定。

1. 焊前检验

焊前检验通常应检验如下内容：

1）母材种类及所用的焊接材料型号及规格是否正确，焊条或焊剂是否按规定的烘干温度和时间进行了烘干处理，焊接材料是否污损。

2）焊接设备、仪表及工艺装备功能是否正常，相关仪表是否在检定期内。

3）装夹位置、定位焊、装配间隙、错边量以及坡口形状和尺寸等是否符合WPS或WWI的要求。

4）检查坡口及其附近是否存在水、油污、锈迹及杂物等影响施焊质量的因素。

5）检查焊缝是否按照焊接工艺规程进行了焊前预热，预热温度是否达到规程要求。

6）焊接工艺文件的适用性和有效性，主要是编号是否正确、版本是否最新。

7）施焊焊工是否具有相应的技能资格，主要是资格的适用性和有效性。

8）WPS或WWI中的任何特殊要求，如反变形等预防焊接变形的措施。

9）工作条件（包括自然环境条件）对焊接的适用性。

2. 焊中检验

在焊接过程中，应在适宜的检查点或以持续监控的方式做下列检验：

1）检查焊缝的每一层、每一道的外观形状及是否有裂纹、气孔、夹渣和焊穿等缺陷。

2）采用的焊接参数，如焊接电流、电弧电压、焊接速度、电流种类及极性是否符合WPS或WWI的要求。

3）检查层间温度是否满足施焊要求。

4）根部气刨的施工质量。

5）焊接顺序的正确性。

6）焊接材料的正确使用与保管。

7）变形的控制情况。

8）焊接操作检查，包括焊接位置、焊接角度、焊接顺序及运条方法等。

9）其他中间检查，如尺寸检查等。

3. 焊后检验

焊后应检验焊接质量是否达到验收标准，并应采取适当的方式标识焊接构件的试验及检验状态，一般包括如下内容：

1）最终焊缝外观质量及尺寸是否满足规范、标准及工艺文件的要求。

2）是否按照标准和焊接工艺规程的要求进行时效、焊后热处理或后热处理等。

3）是否按照要求进行了必要的焊接标识，如焊工钢印。

4）是否按照要求及时对焊缝进行了清渣处理，如奥氏体不锈钢焊缝的酸洗及活性有色金属焊缝表面氧化物的金属刷的刷除处理等。

5）是否有施焊记录，与实际是否相符。

6）检查产品焊接试板（如果有）。

7）无损检测焊接接头质量。

8）检查构件或整体焊接结构的形式、形状及尺寸。

4. 检验记录和档案

试验和检验之中或之后应做好检验记录并建立检验档案。

（1）检验记录　对于产品的检验情况常用检验记录表述，应包括：焊缝编号；WPS 或 WWI 的编号；焊工代号；施焊时间；焊接材料及其数量；焊接设备；焊接参数，如电流、电压及焊接速度等。

（2）检验档案　检验档案主要包括如下内容：

1）订货合同。

2）产品质量证明书和合格证。

3）产品主体材料化学成分和力学性能。

4）产品试板试验报告（如果有）。

5）主要尺寸检查记录和焊接参数记录。

6）热处理报告，包括工艺过程记录和热处理试板试验报告。

7）耐压试验报告、气密性检验报告和无损探伤报告，如果是射线探伤则要附上射线底片。

8）产品竣工图。

9）产品生产过程中各种通知单，如设计变更通知单、材料变更通知单、工艺变更通知单和焊接返修通知单等。

10）其他。

6.3.18　焊接返修

当原材料、零部件或焊接接头出现缺陷时，往往采取焊接返修方式修复。

对需要焊接返修的缺陷，应首先分析产生原因并提出改进措施，按评定合格的焊接工艺编制焊接返修工艺文件。焊接返修必须有相应的返修方案或措施，返修方案和措施可以体现

在相关的生产方案中。但特殊焊接结构或特殊材料的焊接返修，必须有专门的返修方案或措施，此方案或措施必须经主管部门或责任人批准。焊接返修方案由技术部编制；焊接返修实施由生产部负责；返修后的质量检验由质量检验部负责。焊接返修要求由技能较高的焊工承担，以确保返修的焊接质量符合要求。焊接返修次数不能超过标准或规范的规定，焊接返修应做必要的返修记录。一般而言，同一部位的返修次数不宜超过两次，第三次及以上的返修技术方案应经企业的技术总负责人批准后实施，并将返修次数、部位、焊工钢印号和返修后的无损检测结果进行记录。要求焊后进行热处理的，应在焊接返修后进行焊后热处理。在焊后热处理后焊接返修的，应在返修后再次进行焊后热处理。

返修时，需将缺陷清除干净，必要时可采用无损检测方法予以确认。缺陷的去除应注意如下问题：①可采用碳弧气刨、角磨机或其他机械加工方法去除缺陷，当发现去除缺陷部位氧化时应打磨出金属光泽；②当对最低抗拉强度大于540MPa的钢材去除缺陷时，必要时应用PT或MT确认加工部位有无加工缺陷；③奥氏体不锈钢，尤其是低碳型（如304L等）不建议用碳弧气刨方式去除缺陷，以免降低材料的耐晶间腐蚀能力。

返修部位应制备坡口，坡口形状及尺寸要防止产生焊接缺陷且便于焊工操作。坡口应宽度均匀、表面平整，两端应有一定的坡度且平滑过渡。此外，如需预热，预热温度应较原焊缝焊接时采用的预热温度适当提高。返修焊缝的性能和质量要求应与原焊缝相同。焊接返修的流程如图6-15所示。

下面，以ASME BPVC产品的焊接返修为例介绍对焊接返修的要求。

1. 原材料缺陷的焊接返修

检验过程中，在压力部件上发现材料局部划伤、电弧擦伤等缺陷时，检验员应向质量检验工程师报告。如果发现不符合项存在，质量检验工程师应填写“不符合报告”（NCR）并负责策划NCR的处置，同时负责将NCR的编号记录在“工序检查单”（PCL）上。针对焊接返修的内容，焊接工程师负责制订返修方案，返修方案应包括缺陷去除。如果缺陷需要焊接返修，应使用合格的焊接工艺规程和焊工或焊机操作工进行返修。在返修前，应向授权检验师（AI）通报缺陷的类型和程度、去除缺陷的方法、返修方法和无损检测或测试的方法。除此之外，还应向AI提交所有的检查和检验报告及结果，以便协助他决定是否接受材料返修结果。在征得AI对修补方法及其范围的同意后，材料缺陷方可予以返修。材料的所有焊接返修应充分执行ASME BPVC标准的要求。返修后经检查和检验确认是可接受的，材料可以使用在规范产品上。

2. 焊接接头缺陷的焊接返修

焊缝不规则、焊瘤和余高过高等缺陷，应采用磨修方法去除。未焊透、未熔合、夹渣、气孔、咬边和填充不足等可以通过目视检查随机发现的缺陷，应采用焊接修复。在返修前，缺陷应被彻底去除，缺陷去除后应目视检查。返修焊接应由合格且有经验的焊工依据原焊缝的WPS进行。用于返修的焊接材料，也应按原始WPS控制。返修焊缝应做好记录和焊工标识。在返修后，应进行目视检查，其返修结果应在AI下次来企业时提交。如果缺陷是通过无损检测手段发现的焊缝内部缺陷，缺陷返修后应再次进行无损检测，其结果也应提交给AI。

焊接中发现有规律的缺陷时，质量检验工程师应调查可能的原因。应分发“不符合报告”并从各个相关部门收集处置建议。如果认为必要，则应编制新的WPS或重新评定焊工

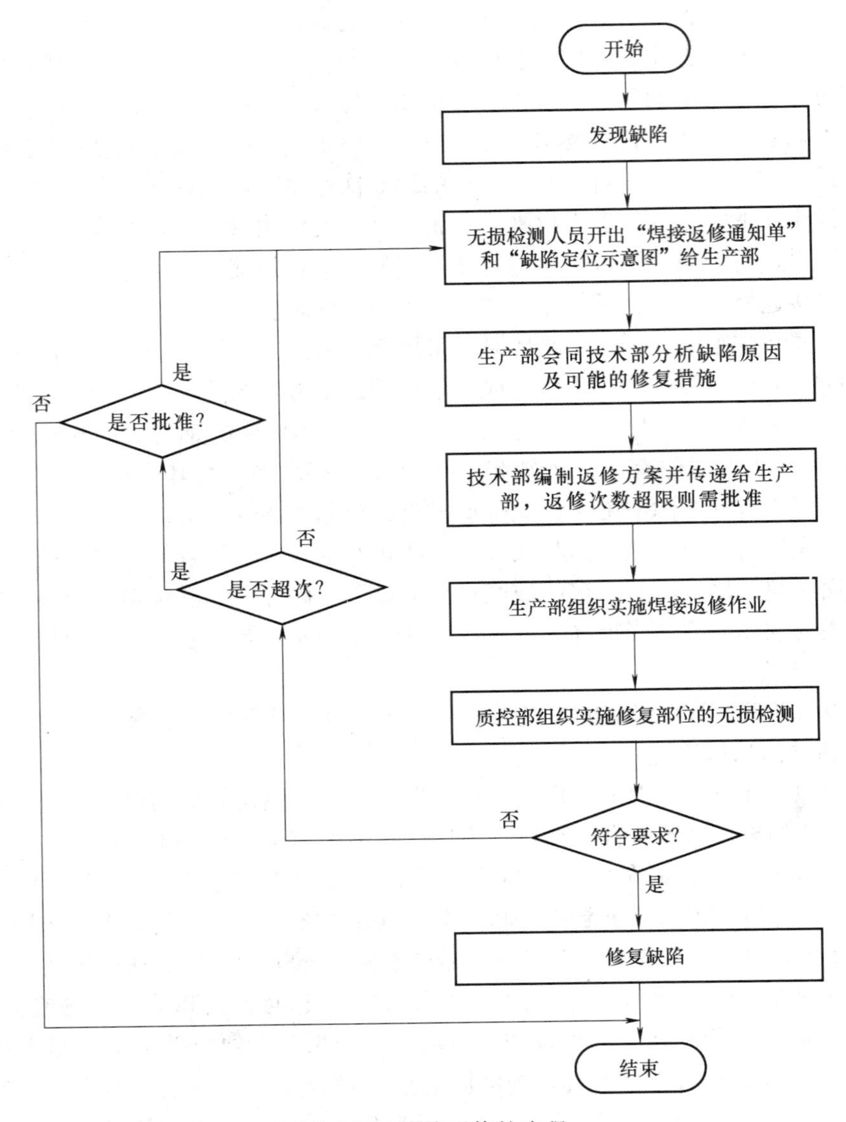

图 6-15　焊接返修的流程

资格。所有与返修相关的检验和检查应在“工序检查单”上说明。在焊接之前、之中和之后，均应通知 AI。所有与返修相关的检验和检查的结果或报告以及 NCR 都应准备齐全，以便 AI 的审核和接受。在压力试验或其他操作时发生缺陷，也可根据上述返修程序进行返修。

6.3.19　焊接质量报告

无任何特殊规定时，焊接质量报告应至少保存 5 年。

焊接质量报告内容应包括：合同评审报告；母材质量证明；焊接材料质量证明；焊接工艺规程；设备维护报告；焊接工艺评定报告；焊工证书；生产计划；无损检测人员证书；热处理工艺规程及报告；无损检测及破坏性试验规程及报告；尺寸报告；修复记录及其他不符合项的报告；要求的其他文件。

6.3.20 焊接质量分析与改进

企业应持续地、定期地总结焊接质量，形成焊接质量分析报告，并采取改进措施，持续提高企业产品质量。对于突发的焊接质量事故或焊接质量问题，应临时召开焊接质量分析会议并形成焊接质量分析报告。质量保证部为焊接质量分析会议的责任主体，组织和实施焊接质量分析和改进。焊接质量分析的目的是不断改进焊接质量保证体系，满足客户要求和质量改进。

焊接质量分析报告一般应包括如下内容：

1）产品焊接质量的分析方法和时间范围，如采用随机抽取方式，重点对焊接质量进行统计和趋势分析，并应明确统计期限。

2）焊接生产基本情况。

3）焊接描述，包括焊接特点及关键参数等。

4）焊接质量情况分析及评价

① 主要原材料质量问题统计见表6-55，主要原材料采购情况统计见表6-56。

表6-55 主要原材料质量问题统计

序号	时间	产品名称	规格型号	供应商	问题描述	处置措施
1						
2						
3						

表6-56 主要原材料采购情况统计

序号	原材料名称	质量判定	合格率（%）	第一批、日期	第二批、日期	第三批、日期
1		合格				
		让步接收				
		拒收				
2		合格				
		让步接收				
		拒收				

② 供应商的管理情况，包括新增供应商、变更供应商及供应商评价的情况。

③ 分析和评价。

5）焊接质量指标情况分析及评价

① 焊接质量指标见表6-57。

表6-57 焊接质量指标

序号	指标参数	实测参数值或范围	标准要求值	
			最低值	最高值
1				
2				
3				

② 焊接质量指标统计及趋势分析。对表 6-57 中的焊接质量指标参数的实际检验数据实施统计与分析。

③ 分析和评价。

6）生产工艺分析及评价

① 关键焊接参数控制情况。

② 中间体控制情况。

③ 工艺变更情况，包括变更内容、原因、相关研究、验证情况及申报情况。

④ 返工与再加工统计见表 6-58。

表 6-58　返工与再加工统计

序　　号	时　　间	品名及批号	质量问题描述	处 理 措 施
1				
2				
3				

⑤ 分析和评价。

7）设备情况分析及评价。主要包括设备变更、维护及维修的情况以及对其进行的分析和评价。

8）人员情况分析及评价。主要包括人员资格及续期、人员使用情况以及对其进行的分析和评价。

9）总体分析、评价及改进措施。

参 考 文 献

[1] CHARLES J HELLIER. 无损检测与评价手册 [M]. 戴光，等译. 北京：中国石化出版社，2006.
[2] 郑晖，林树青. 超声检测 [M]. 北京：中国劳动社会保障出版社，2008.
[3] 史亦韦. 超声检测 [M]. 北京：机械工业出版社，2005.
[4] 沈玉娣，曹军义. 现代无损检测技术 [M]. 西安：西安交通大学出版社，2012.
[5] 魏坤霞，胡静，魏伟. 无损检测技术 [M]. 北京：中国石化出版社，2016.
[6] 刘贵民，马丽丽. 无损检测技术 [M]. 北京：国防工业出版社，2010.
[7] 李国华，吴淼. 现代无损检测与评价 [M]. 北京：化学工业出版社，2009.
[8] 夏纪真. 工业无损检测技术（渗透检测）[M]. 广州：中山大学出版社，2013.
[9] 刘贵民. 无损检测技术 [M]. 北京：国防工业出版社，2006.
[10] 柯成，唐与谌，李再娟，等. 金属功能材料词典 [M]. 北京：冶金工业出版社，1999.
[11] 中国机械工程学会无损检测分会. 磁粉检测 [M]. 北京：机械工业出版社，2004.
[12] 万升云. 磁粉检测 [M]. 北京：中国铁道出版社，2015.
[13] 任吉林，林俊明，徐可北. 涡流检测 [M]. 北京：机械工业出版社，2013.
[14] 邵泽波，刘兴德. 无损检测 [M]. 北京：化学工业出版社，2011.
[15] 缪春生，谢铁军，汪杰，等. 压力容器监督检验规则释义与范例 [M]. 北京：新华出版社，2014.